全国优秀教材二等奖

国家级精品课程教材　普通高等教育精品教材

"十二五"普通高等教育本科国家级规划教材

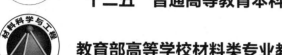
教育部高等学校材料类专业教学指导委员会规划教材

材料科学与工程基础

第三版

赵长生　顾　宜　主编

化学工业出版社

·北京·

本书共分5章：绪论、材料结构基础、材料组成与结构、材料的性能、材料的制备与成型加工。从材料科学与工程的基本原理出发，综合介绍了各种材料组成、结构、制备工艺、性能及应用的共性规律及金属材料、无机非金属材料和有机高分子材料的个性特点和多种组分复合体系的基本特征。

本书可供材料类专业本科生使用，也可供研究生、教师和工程技术人员阅读参考。

图书在版编目（CIP）数据

材料科学与工程基础 / 赵长生，顾宜主编. —3版.
—北京：化学工业出版社，2019.10（2024.5重印）
国家级精品课程教材　普通高等教育精品教材　"十二五"普通高等教育本科国家级规划教材　普通高等教育"十一五"国家级规划教材
ISBN 978-7-122-34841-8

Ⅰ.①材…　Ⅱ.①赵…　②顾…　Ⅲ.①材料科学-高等学校-教材　Ⅳ.① TB3

中国版本图书馆CIP数据核字（2019）第137703号

责任编辑：王　婧　杨　菁　　　　　文字编辑：于　水
责任校对：王素芹　　　　　　　　　装帧设计：刘丽华

出版发行：化学工业出版社（北京市东城区青年湖南街13号　邮政编码100011）
印　　装：大厂聚鑫印刷有限责任公司
787mm×1092mm　1/16　印张27　字数627千字　2024年5月北京第3版第8次印刷

购书咨询：010-64518888　　　　　　　售后服务：010-64518899
网　　址：http://www.cip.com.cn
凡购买本书，如有缺损质量问题，本社销售中心负责调换。

定　　价：79.00元

前　言

四川大学的"材料科学与工程基础"课程于2004年评为国家级精品课程，于2013年作为"国家级精品资源共享课"上线，此课程的"中国大学MOOC"也于2019年上线。由四川大学主编的《材料科学与工程基础》于2002年4月正式出版发行，历经多次重印，获多所院校选用。2006年，《材料科学与工程基础》教材列入普通高等教育"十一五"国家级规划教材。2011年《材料科学与工程基础》（第二版）出版发行，同年被评为国家级精品课程教材，2013年获得中国石油和化学工业出版物奖（教材奖）一等奖，2014年列入"十二五"普通高等教育本科国家级规划教材。

第二版教材通过融入部分英文教材内容调整和完善教材体系，及增添例题、习题、小故事等方式，进一步提高了教学效果，受到教师和学生的广泛欢迎。然而，材料学科是当今世界上发展最为迅速和应用最为广泛的学科之一，新材料、新原理、新方法等层出不穷、日新月异，需要我们不断地对教材内容进行补充。另外，作为一本高水平的教材而言，第二版教材在文字描述、图表等方面仍存在着一些疏漏之处，需要进行修订改正。此外，涉及教材的可读性问题，与专著不同，教材的使用者是学生，因此，有必要将文字描述得更加通俗易懂、概念更加准确清晰。

与第二版教材相比，第三版主要在以下方面进行了修订：对部分章节的内容进行了补充或删减，使相关知识点更加完善和明晰；对部分图表进行了修正，使其更加准确；对全书文字描述进行了修订，提高了可读性和适应性；对章节后的小故事进行了更新，并采用扫描二维码的方式进行展示，增加了科学性和趣味性。

修订工作以2011年7月出版的《材料科学与工程基础》（第二版）为蓝本，以国家精品课程的课堂讲义内容为主线，由赵长生和顾宜提出修订大纲并统稿，其中大部分章节内容有所变动，部分章节未做变动。修订分工为：顾宜（第1章，第2章2.1节、2.2节、2.3节、2.4节）；赵长生（第4章4.1节）；冉起超（第3章3.2节、3.3节、3.5节，第4章4.5节、4.7节、4.8节，第5章5.1.1节、5.1.2节、5.2.1节）；凌红（第4章4.2节、4.4节、4.6节及习题）；杨坡（第3章3.4节，第4章4.3节，第5章5.1.3节）；谢邦互（第2章2.5节、2.6节、2.8节）；李曹（小故事）。

虽然该教材内容经过历次修订已不断完善，但是材料科学与工程所涉及的学科和知识面十分广阔，囿于我们的专业范围和知识水平，仍有可能存在疏漏之处，敬请各位同仁批评指正。

编　者
2019年9月

第二版前言

由四川大学主编的《材料科学与工程基础》教材于2002年4月正式出版发行，之后多次重印，在多个学校获得使用。自2001年以来，四川大学对《材料科学与工程基础》课程进行了一系列改革，于2004年评为国家级精品课程，2006年《材料科学与工程基础》教材列入"十一五"国家级规划教材进行修订。在课程建设过程中，我们引进了William D. Callister, Jr.编写的《Fundamentals of Materials Science and Engineering》（Fifth Edition）（2001, John Wiley & Sons, Inc., New York），将中英文教材的内容相结合，组织实施"双语"教学，建立了新的课程体系，编写了相应的讲义、课件、习题集；并在多年教学实践的基础上，按照新的课程内容体系完成了教材的修订。

目前，国内外有关《材料科学与工程基础》类的教材从内容体系上主要有两大系列，一是传统的模式，将金属材料、无机非金属材料和高分子材料等三大类材料分别按照结构、特征和性质进行讨论，另一种是现代的、集成化的模式，将三大类材料整合在一起，讨论材料的结构、特征和性质的共性规律和个性特征。由四川大学主持编写、于2002年出版的《材料科学与工程基础》教材，正是一本按集成化方式编写的教材。该教材的内容体系由我们独立创建，但与英文教材（Fundamentals of Materials Science and Engineering, Fifth Edition, William D. Callister, Jr.）不谋而合。William D. Callister, Jr.教授先后编写了Fundamentals of Materials Science and Engineering教材五个版本，前四个版本都是按传统的模式编写的。在多年教学总结的基础上，他从更有利于教和学的角度，按照集成化的模式编写了第五版教材，受到了广泛的欢迎。

与2002年版教材相比，修订版的《材料科学与工程基础》教材发生了一些显著的变化。通过删减一些不必要的内容和融入国外同类高水平教材部分内容，进一步完善了教材内容，使之更具先进性、科学性、系统性和适应性；增设了教学例题，进一步丰富了习题和思考题，更有利于学生学习和理解教学内容；在章节后添加一些小故事，介绍材料科学与工程领域中的著名科学家、高新技术领域的新材料，可扩展学生的知识面，激发学生的学习热情。

修订工作以国家精品课程的课堂讲义内容为主线，以2002年版教材为蓝本，由顾宜和赵长生提出修订大纲并统稿，其中部分章节内容变动较大，部分章节未做变动。修订分工为：顾宜（第1章，第2章2.1、2.2、2.3、2.4、2.7，第3章3.1、3.2、3.3、3.4，第4章4.2，第5章5.1、5.2.1）；谢邦互（第2章2.5、2.6、2.8）；赵长生（第4章4.1、4.6）；汤嘉陵（第3章3.5，第4章4.7、4.8）；沈新元（第4章4.3、4.4、4.5）；蔡绪伏（第5章5.2.2）；李曹（习题和小故事）。

虽然该修订教材内容已经过多年教学实践不断完善，但是材料科学与工程所涉及的学科和应用领域十分广阔，囿于我们的专业范围和知识水平，仍难免存在不少错误，敬请各位同仁批评指正。

编　者
2010年12月

第一版前言

材料科学是20世纪60年代初期创立的研究材料共性规律的一门科学，其研究内容涉及金属、无机非金属、有机高分子等材料的成分、结构、加工同材料性能及材料应用之间的相互关系。由于材料的获得、质量的改进与使材料成为人们可用的器件或构件都离不开生产工艺、制造技术和应用技术等工程知识，所以，人们往往把"材料科学"与"工程"相提并论，而称为"材料科学与工程"。国外大学的工学院已广泛把材料科学与工程作为大学低年级的一门公共必修课。

四川大学（原成都科技大学）高分子材料系自1989年始，按照教育部教学改革的方针，为培养知识面广、适应面宽、基础扎实的高分子材料高级专业人才，在本科生专业主干课程《高分子材料导论》中讲授材料科学与工程的基本原理，并于1996年正式开设《材料科学与工程基础》课程。在由四川大学牵头，北京化工大学、华东理工大学、东北大学、武汉工业大学主持，东华大学、吉林工业大学参加的教育部面向21世纪高等工程教育教学内容和课程体系改革计划《材料类专业人才培养方案及教学内容体系改革的研究与实践》项目的五年研究中，项目组各校共同认识到：现代材料工业和科学技术的发展正推动着各类材料从多样化和单一性走向一体化和复合化；培养既掌握材料科学与工程基本原理，又通晓某一类材料制备与加工、组成与结构、性能与应用系统知识的宽专业人才，是21世纪材料类专业人才培养思路的重要内容。为此，决定设置材料科学与工程一级学科平台课程三门，并编写相应教材。《材料科学与工程基础》正是其中之一，该教材由四川大学主编，武汉工业大学和东华大学参编，教育部批准列入"面向21世纪课程教材"出版。

本书编写从材料科学与工程的基本原理出发，力求较全面地说明各种材料的共性规律及金属材料、无机非金属材料和有机高分子材料的个性特点和多种组分复合体系的基本特征。本着材料科学的范畴，以物质结构为基础，按照从微观到宏观、从内部到表面、从静态到动态、从单组分到多组分的顺序，阐述原子结构、原子间相互作用和结合方式，与固体内部和表面原子的空间排列状态、聚集态结构及变化规律之间的相互关系，使学生对材料组成（成分）与物质结构的内在联系有较系统、深刻的理解。从材料的组成（成分）入手，详细阐述高分子材料、金属材料和无机非金属材料的聚集态结构和宏观组织结构特点；详细阐述由特性不同的各类材料相互复合而成的纳米级、微米级、粒子填充、纤维增强等复合材料的微观和宏观结构以及界面结构，使学生较系统地掌握不同类型材料从微观到宏观的结构变化特点。本着材料科学的基本原理与材料的工程应用相结合，用大量篇幅阐明了在应力、热、电、光、磁、化学介质、氧等外界因素的作用下，各类材料所表现出来的宏观性质、破坏形式及其内部结构的变化规律；讲述各类宏观物理性质的定义及测试和评价方法。使学生掌握材料结构与性能关系的基本规律，了解不同类材料的结构与性能特征，为材料的设计和应用奠定基础。并从原料出发，简要地讲述材料的制备原理和主要方法，及由各种材料的结构和性能特点，讲述其加工行为和主要加工方法，使学生在材料工程的基础上，建立材料制备-加工-

结构-性能关系的整体概念。本书在编写中注意引入材料科学中的新原理和新方法，例如在第4章增加了"纳米材料及效应"一节，以便学生对材料科学与工程发展中的前沿领域有一定的初步了解。

本书由顾宜、尹光福、淡宜、曾光廷、汤嘉陵、赵长生、蔡绪伏（四川大学）、沈新元（东华大学）和黄学辉（武汉工业大学）编写。以顾宜和樊渝江1996年编写的《高分子材料导论（上册）》为蓝本，由顾宜提出编写大纲和统稿。编写分工为：顾宜（第1章、第2章2.1、2.3、2.5.1、2.5.2、2.6.4、2.7、2.8、第4章4.2），黄学辉（第2章2.2、2.4、2.5.3、2.6、2.8.4），沈新元（第4章4.3、4.4、4.5），淡宜（第3章3.1、3.2，第5章5.1.3），尹光福（第3章3.4、第5章5.1.2），曾光廷（第3章3.3、第5章5.1.1、5.2.1），汤嘉陵（第3章3.5、第4章4.7、4.8），赵长生（第4章4.1、4.6），蔡绪伏（第5章5.2.2），王劲协助编写习题和制图。

该书稿于2000年12月汇稿并印制讲义供四川大学材料工程类专业九九级学生试用一届后进行了修改并编写习题。材料科学与工程所涉及的学科和应用领域十分广阔，囿于我们的专业范围和知识水平，难免存在较多误漏，祈望读者指正，以利进一步修订。在此，对教育部领导，对支持本书编写的四川大学、武汉工业大学、东华大学以及北京化工大学、华东理工大学、东北大学、吉林工业大学的领导、同仁表示深切的谢意。

编　者

2001年8月

目 录

1 绪　论

在人类的生活和生产中，材料是必需的物质基础。历史学者曾将人类的历史按石器时代、铜器时代、铁器时代来划分。新材料的使用对人类历史的发展起到重要的作用。20世纪70年代，人们曾把材料、信息、能源归纳为现代文明的三大支柱，现在又预言新的技术革命即将来临，并且把信息技术、生物技术和新型材料作为这次技术革命的重要标志。材料科学是一门以材料为研究对象的科学，是发展国民经济和实现国防现代化的具有全局性的重要科学技术领域之一。因此，作为材料工作者，系统学习材料科学与工程基本理论，学习和掌握各类材料的共性与个性、结构、性能及应用的特点，具有十分重要的意义。

1.1 材料的定义、分类及基本性质

材料是指具有满足指定工作条件下使用要求的形态和物理性状的物质，是组成生产工具的物质基础。

世界各国注册的材料有几十万种，并在不断增加。材料可有多种分类方法。按状态来分，材料有气态、液态和固态三大类。工程技术中最普遍使用的是固态材料。按材料组成和结合键的性能，把材料分为金属材料、高分子材料、陶瓷（无机非金属材料）以及半导体材料四大类。价键四面体（图1-1）清晰地表示出各类材料之间的本质区别和内在联系。

按照材料特性，可将其分为金属材料、无机非金属材料和有机高分子材料三类。金属材料包括各种纯金属及其合金。塑料、合成橡胶、合成纤维等称为有机高分子材料。还有许多材料，如陶瓷、玻璃、水泥和耐火材料等，既不是金属材料，又不是有机高分子材料，人们统称它们为无机非金属材料。此外，人们还发展了一系列将两种以上的材料通过特殊方法结合

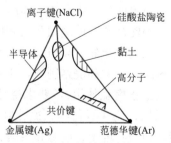

图1-1　价键四面体

起来而构成的复合材料。按照材料所起的作用，可分为结构材料和功能材料两类。按照使用领域的不同，又可将它们分为建筑材料、电子材料、医用材料、仪表材料、能源材料等。

1.1.1　金属材料

金属材料通常分为黑色金属材料和有色金属材料（非铁材料）两类。黑色金属材料包括钢和铸铁。钢按照化学成分分为碳素钢和合金钢；按照品质分为普通钢、优质钢和高级优质钢；按照冶炼方法分为平炉钢、转炉钢、电炉钢和奥氏体钢；按照用途分为建筑及工程用钢、结构钢、工具钢、特殊性能钢及专业用钢。铸铁通常分为灰铸铁、可锻铸铁、球墨铸铁、蠕墨铸铁和特殊性能铸铁等。钢铁是现代工业中的主要金属材料，在机械产品中占整个用材消耗的60%以上。有色金属材料是指除Fe以外的其他金属及其合金。这些金属有八十余种，分为轻金属（相对密度小于4）、重金属（相对密度大于4.5）、贵金属、类金属和稀有金属五类。工程上最重要的有色金属是Al、Cu、Zn、Sn、Pb、Mg、Ni、Ti及其合金。有色金属材料的消耗虽然只占金属材料总消耗的5%，但是因为它们具有优良的导电、导热性，同时密度小、化学性质稳定、耐热、耐腐蚀，因而在工程上占有重要地位。

金属材料的基本特性：
① 结合键为金属键，常规方法生产的金属为晶体结构；
② 金属在常温下一般为固体，熔点较高；
③ 具有金属光泽；
④ 纯金属范性大，展性、延性也大；
⑤ 强度较高；
⑥ 自由电子的存在，金属的导热和导电性好；
⑦ 多数金属在空气中易被氧化。

1.1.2　无机非金属材料

无机非金属材料又称硅酸盐材料，主要包括陶瓷、玻璃、水泥和耐火材料四类。它们的主要原料是天然的硅酸盐矿物和人工合成的氧化物及其他少数化合物。它们的生产过程与传统的陶瓷的生产过程相同，需经过原料处理→成型→煅烧三个阶段。在这四类材料中，陶瓷是最早使用的无机材料，因此无机非金属材料又常常被统称为"陶瓷"（ceramics）。

按照成分、化学结构和用途，无机非金属材料的分类如图1-2。

陶瓷是含有玻璃相和气相的晶体。绝大多数陶瓷是一种或几种金属元素与非金属元素组成的化合物。陶瓷分为传统陶瓷和特种陶瓷。传统陶瓷以天然硅酸盐矿物为原料，经粉碎、成型和烧结制成，主要用作日用陶瓷。建筑陶瓷和卫生陶瓷（部分传统陶瓷也作为工程陶瓷使用），要求烧结后不变形、外观美，但对强度要求不高。特种陶瓷是以人工化合物（氧化物、氮化物、碳化物、硼化物等）为原料制成的，主要用于化工机械、动力、电子、能源和某些新技术领域。工程陶瓷主要指的是特种陶瓷。

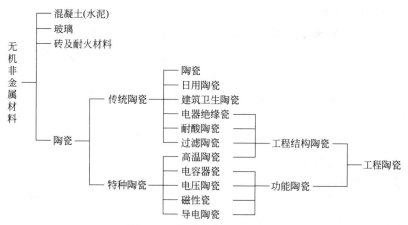

图1-2 无机非金属材料的分类

无机非金属材料（以陶瓷为例）的基本特性：

① 结合键主要是离子键、共价键以及它们的混合键；

② 硬而脆、韧性低、抗压不抗拉、对缺陷敏感；

③ 熔点较高，具有优良的耐高温、抗氧化性能；

④ 自由电子数目少、热导率和电导率较小；

⑤ 耐化学腐蚀性好；

⑥ 耐磨损；

⑦ 成型方式为粉末制坯、烧结成型。

1.1.3 高分子材料

高分子化合物以C、H、N、O等元素为基础，由许多结构相同的小单位（链节）重复连接组成，含有成千上万个原子，分子量很大，并在某一范围内变化着。

目前高分子材料（化合物）的分类方法很多，根据来源可分为天然和人工合成两类；根据使用性质可分为塑料、橡胶、纤维、黏合剂、涂料等类；根据高分子化合物的主链结构可分为碳链、杂链、元素高聚物三类；根据其对热的性质又可分为热塑性、热固性及热稳定性高聚物三类。如果按照材料的用途，又可分为高分子结构材料、高分子电绝缘材料、耐高温高聚物、导电高分子、高分子建筑材料、生物医用高分子材料、高分子催化剂、包装材料等多个品种。

塑料是极重要的一类高分子材料，除树脂外，塑料还含有增塑剂、填料、防老剂、固化剂等各种添加剂。从使用的角度，塑料分为通用塑料和工程塑料。通用塑料是指产量大、用途广、价格低的一类塑料，主要包括六大品种，即聚乙烯、聚氯乙烯、聚苯乙烯、聚丙烯、酚醛塑料和氨基塑料。工程塑料一般是指具有高强度、高模量，并能在较高温度下长期使用的塑料，如拉伸强度大于49MPa、拉伸和弯曲模量超过2GPa，并能在一定载荷作用下于100℃以上长期使用的塑料。常见的工程塑料有耐冲击的ABS（丙烯腈-丁二烯-苯乙烯共聚体）、聚酰胺、聚甲醛、聚碳酸酯等。而聚苯硫醚、聚酰亚胺、聚芳醚砜、聚芳醚酮、聚芳酯、聚芳酰胺等聚合物具有更高的强度、模量和耐热性，称为特种工程塑料。

高分子材料的基本特性：

① 结合键：分子链内为共价键，分子间为范德华键和氢键；

② 分子量大，无明显的熔点，有玻璃化转变温度、黏流温度，并有热塑性和热固性两类；

③ 力学状态有玻璃态、高弹态和黏流态，强度较高；

④ 重量轻；

⑤ 具有良好的电绝缘性；

⑥ 良好的化学稳定性；

⑦ 成型方法较多。

1.1.4　复合材料

由两种或两种以上组分组成，并具有与其组分不同的新性能的材料称为复合材料。

复合材料按性能分为结构复合材料和功能复合材料。目前研究比较充分、应用较多的主要是前者。而后者近年来发展迅速。

根据增强剂形状及增强原理，可分为粒子增强复合材料和纤维增强复合材料。后者复合效果最突出，研究最多，应用最广。

复合材料根据所用增强体和基体不同，可有许多种类，见表1-1。

其中，连续纤维增强的聚合物基复合材料的基本特点如下：

① 比强度和比模量高；

② 良好的抗疲劳性能；

③ 耐烧蚀性和耐高温性好；

④ 结构件减振性能好；

⑤ 具有良好的减摩、耐磨和自润滑性能。

■ 表1-1　复合材料的种类

增强体 \ 基体		金属	无机非金属				有机材料		
			陶瓷	玻璃	水泥	碳素	木材	塑料	橡胶
金属		金属基复合材料	陶瓷基复合材料	金属网嵌玻璃	钢筋水泥	无	无	金属丝增强塑料	金属丝增强橡胶
无机非金属	陶瓷 纤维粒料	金属基超硬合金	增强陶瓷	陶瓷增强玻璃	增强水泥	无	无	陶瓷纤维增强塑料	陶瓷纤维增强橡胶
	碳素 纤维粒料	碳纤维增强金属	增强陶瓷	陶瓷增强玻璃	增强水泥	碳/碳复合材料	无	碳纤维增强塑料	碳纤维炭黑增强橡胶
	玻璃 纤维粒料	无	无	无	增强水泥	无	无	玻璃纤维增强塑料	玻璃纤维增强橡胶
有机材料	木材	无	无	无	水泥木丝板	无	无	纤维板	无
	有机纤维	无	无	无	增强水泥	无	塑料合板	有机纤维增强塑料	有机纤维增强橡胶
	橡胶胶粒	无	无	无	无	无	橡胶合板	高聚物合金	高聚物合金

1.2 材料科学与工程概述

1.2.1 材料科学的由来

材料非常重要，发展也很快，但是就研究材料整体来说，认为它已构成一门科学，还是近40多年的事。在20世纪50年代末、60年代初，美国学者首先提出材料科学这个名词。由于材料的获得、质量的改进与使材料成为人们可用的器件或构件都离不开生产工艺和制造技术等工程知识，所以，人们往往把"材料科学"与"工程"相提并论，而称为"材料科学与工程"。这里所指的材料，包括金属材料、陶瓷材料（无机非金属材料）、有机高分子材料以及由几种材料组合在一起的复合材料。将这些原来分属不同学科的知识融为一体，形成新的学科，是材料应用水平和科学技术发展的必然结果。

首先，各种材料的制造和应用发展到一个崭新的阶段。18世纪蒸汽机的发明和19世纪电动机的发明，使材料在新品种开发和规模生产等方面发生了飞跃。如1856年和1864年先后发明了转炉和平炉炼钢，使世界钢的产量从1850年的6万吨突增到1900年的2800万吨，大大促进了机械制造、铁路交通的发展。随之不同类型的特殊钢种也相继出现，如1887年高锰钢、1903年硅钢及1910年镍铬不锈钢等的问世，使人类进入了钢铁时代。在此前后，铜、铅、锌也得到大量应用，而后铝、镁、钛和稀有金属相继问世，从而使金属材料在20世纪中占据了材料的主导地位。20世纪初，人工合成高分子材料问世，如1909年的酚醛树脂（胶木）、1925年的聚苯乙烯、1931年的聚氯乙烯以及1941年的尼龙等，且发展十分迅速，如今世界年产量在1亿吨以上，论体积已超过了钢。有些工业发达国家如美国，高分子材料的体积已是钢的两倍。而有些材料如木材、砖瓦、石料、水泥及玻璃等一直占有十分重要的地位，因为这些材料资源丰富，性能价格比在所有材料中最有竞争能力。20世纪50年代，通过合成化工原料或特殊制备方法，制造出一系列先进陶瓷。由于其资源丰富、相对密度小、耐高温、耐磨等特点，很有发展前途，成为近70年来研究工作的重点，且用途在不断扩大，有人甚至认为"新陶瓷时代"即将到来。

其次，固体物理、无机化学、有机化学、物理化学等学科的发展，以及现代分析测试技术和设备的发展，对物质结构和物性的深入研究，推动了对材料本质的了解；同时，冶金学、金属学、陶瓷学、高分子科学等的发展也使对材料本身的研究大大加强，从而对材料的制备、结构与性能，以及它们之间的相互关系的研究也越来越深入，为材料科学的形成打下了比较坚实的基础。

第三，在材料科学这个名词出现以前，金属材料、高分子材料与陶瓷材料都已自成体系，目前复合材料也正在形成学科体系。但它们之间存在着颇多相似之处，不同类型的材料可以相互借鉴，从而促进本学科的发展。如马氏体相变本来是金属学家提出来的，而且广泛地被用来作为钢热处理的理论基础；但在氧化锆陶瓷中也发现了马氏体相变现象，并用来作为陶瓷增韧的一种有效手段。又如材料制备方法中的溶胶-凝胶法，是利用金属有机化合物的分解而得到纳米级高纯氧化物粒子，成为改进陶瓷性能的有效途径。复合材料更需要借鉴、利用其他材料的基础知识和制备方法。

第四，各类材料的研究设备与生产手段有颇多共同之处。虽然不同类型的材料各有其专用测试设备与生产装置，但许多方面是相同或相近的，如显微镜、电子显微镜、表面测试及物性与力学性能测试设备等。在材料生产中，许多加工装置也是通用的，如挤压机，对金属材料可以用来成型及冷加工以提高强度；而某些高分子材料，在采用挤压成丝工艺以后，可使有机纤维的比强度和比刚度大幅度提高。研究设备与生产装备的通用不但节约资金，更重要的是相互得到了启发和借鉴，加速材料的发展。

第五，从应用而言，许多不同类型的材料可以相互代替和补充，能更充分发挥各种材料的优越性，达到物尽其用的目的。但长期以来，金属、高分子及无机非金属材料相互分割，自成体系。由于互不了解，习惯于使用金属材料的，便想不到采用高分子材料，即使想用，又因对其不太了解，而不敢用；相反，习惯于用高分子材料的，也想不到用金属材料或陶瓷材料来代替。设计人员的"因循守旧"，对采用异种类型的新材料持怀疑态度，这既不利于材料的推广，又有碍于使用材料行业的发展。

第六，复合材料在多数情况下是不同类型材料的组合，特别是出现超混杂复合材料以来更为如此。如果对不同类型材料没有一个全面的了解，复合材料的发展必然受到影响，而复合材料又是今后新材料发展重点之一。因此，发展材料科学，对各种类型材料有一个更深入的了解，是复合材料发展的必要基础。

正是在这样的背景下，一门新的综合性学科——材料学科诞生了。

1.2.2　材料科学与工程的性质与范围

材料科学与工程有以下几个特点：①材料科学是多学科交叉的新兴学科。作为每一类材料来说，各自早就是一门学科了，如与金属材料有关的物理冶金和冶金学等，有机高分子材料传统上是有机化学的一个分支，陶瓷材料则是无机化学中的一部分，都积累了丰富的专业知识和基础理论。材料科学理所当然地继承了其中的精粹部分。此外，材料科学与许多基础学科还有不可分割的关系，如固体物理学、电子学、光学、声学、固体化学、量子化学、有机化学、无机化学、胶体化学、数学与计算科学等。作为正在发展中的生物材料，当然脱离不开生物学，乃至医学。因此，材料科学的边界不十分固定，其范围随科学技术的发展而不断变化，研究对象的内涵也在变化。因此，材料科学工作者要有广阔而坚实的基础知识，也要有因需要而变更研究课题的能力和素质。②材料科学与工程技术有不可分割的关系。材料科学研究材料的组织结构与性能的关系，从而发展新型材料，并合理有效地使用材料；但是材料要能商品化，要经过一定经济合理的工艺流程才能制成，这就是材料工程。反之，工程要发展，也需要研制出新的材料才能实现。因此，材料科学与工程是相辅相成的。广义而言，控制材料的微观结构也是一种工程，例如分子工程是发展高分子材料最重要的手段，界面工程是当前控制陶瓷材料和复合材料韧性和结合力的一个有效途径。③材料科学与工程有很强的应用目的和明确的应用背景，这和材料物理有重要区别。研究材料中的基本规律，目的在于为发展新型材料提供新途径和新技术、新方法或新流程；或者为更好地使用已有材料，充分发挥其作用，进而能对使用寿命作出正确的估算。因此，材料科学与工程是一门应用基础科学，它既要探讨材料的普遍规律，又有很强的针对性。材料科学研究往往通过具体材料的研究找出带有普遍性的规律，进而促进材料的发展和推广使用。

根据上述的学科性质，可以把材料科学与工程定义为"关于材料组成、结构、制备工艺与其性能及使用过程间相互关系的知识开发及应用的科学"，可用图1-3来表示。

图1-3中所说材料的性质是指材料对电、磁、光、热、机械载荷的反应，而这些性质主要取决于材料的组成与结构，不管它是固体、液体或气体，还是微观或宏观。使用性能是材料在使用状态下表现出的行为，它与设计、工程环境密切相关，有些材料的实验室性能很好，但在复杂的使用条件下，如在氧化与腐蚀、疲劳及其他复杂载荷条件下，就不能令人满意。使用性能包括可靠性、耐用性、寿命预测及延寿措施等。有的材料性能可能不尽如人意，但是通过优化设计，可以得到解决，如脆性很大的陶瓷材料，有可能通过设计而得到广泛应用。

合成与制备过程内容很丰富，既包括传统的冶炼、铸锭、制粉、压力加工、焊接等，也包括各种新发展的真空溅射、气相沉积等新工艺；从微观水平到宏观制品，从制取高纯单一元素到多种材料复合，各种化学的、物理的、机械加工的方法均应综合应用。这对实现新材料的生产应用往往起决定性的影响。进而言之，新工艺的出现又将促进产生一系列新型材料。现在对材料合成的理解更为深入，如制造"人造材料"，它包括材料在原子尺度上的合成，称之为电子材料的工艺过程。

材料科学与工程所包括的内容，除了用图1-3表达之外，还可用图1-4来表示，它把学科基础与应用对象都包括进来，更容易看清材料科学与工程所涉及的范围及相互关系。

图1-4说明通过基础学科已有的知识指导材料成分、结构与性能的研究，也指导了工艺流程的发展，通过工艺流程生产出可供使用的工程材料，而工程材料在使用过程中所暴露的问题，再反馈到成分、结构与性能的研究，进而改进工艺过程，得到更为合适的工程材料，这里所指工程材料包括结构材料和功能材料。如此反复，使材料不断改进而更加成熟。这就是材料科学与工程的内容与任务。

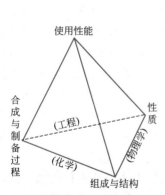

图1-3　材料科学与工程四要素的关系

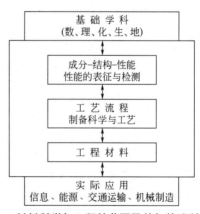

图1-4　材料科学与工程的范围及其与基础科学和应用的关系

1.2.3　材料科学在工程中的作用

材料科学在机电、能源、空间、激光、红外、环境保护、通信等各个技术领域中已获得一系列重要的具体应用。

例如，机电工程技术人员常与各种材料打交道，虽然可在有关手册中查到使用的数据，但要运用自如地选用材料是不容易做到的。人们经常由于对材料的本质以及影响材料性能的各种因素缺乏足够的认识，而可能造成机件的早期损坏或其他意外事故。例如二次世界大战期间，美国近两千艘自由轮在使用中曾发生一千多次脆性破坏事故。又如用于密封圈的橡皮或塑料必须富有弹性和柔软性，这种性能可由材料内部分子连接成长链而得到。但是在核反应器中，中子辐照会引起链的断裂或胶联，导致橡皮变硬而失去密封的作用。

人们在了解材料的内在规律之后，也可以将这些规律运用到设计中，获得许多有用的结果。例如光电材料的电导率取决于表面电磁辐照强度和波长，故把光电材料放到电路中可起光检测器的作用。又如半导体的电阻值对温度很敏感，可用作精密的温度计或温度控制元件等。

工程设计和制造人员有了一定的材料科学知识，就能更好地向材料科学工作者提出问题，相互研讨，加速新材料的研制，反过来又加速工程的发展。例如，用于变压器芯子的磁性材料，过去曾用纯铁制作，20世纪初人们发现含3%～4%硅的铁硅合金具有比纯铁更高的磁导率和更低的功率损失。后又发现，将这种合金加工成薄板，在经一种特殊的处理，板的磁性将随方向变化，产生了所谓的"各向异性"。工程设计人员利用这种性质，使变压器的功率损失大为降低。现在进一步发现，用超高速冷却等方法制成的非晶态合金，其做芯子所具有的功率损失更低。据统计，美国1980年因铁芯发热损失约21亿美元（电动机占14亿，变压器占7.4亿），如能成功地用非晶态磁性材料代替硅钢，则可节约4亿美元，相应节省电力1.4×10^{10}kW·h，相当于我国葛洲坝水电站一年的发电量。虽存在一定的困难，但前景是令人鼓舞的。

材料科学好像是一座桥梁，将许多基础学科的研究结论与工程应用连接起来，这既加深了人们对工程材料性能的理解，又导致了许多重大工程技术的形成和发展。所谓的亚微观与分子工程便是一个突出的方面。这类工程所制作的对象与传统构件如工字梁、电器开关、真空管、电阻等不同，是非常小的，即在一个分子或一个单晶片上制作器件和设备。实践表明，在许多电器、电子产品上，器件做得小，不仅大大缩小了产品的体积和重量，而且可靠性高，价格低。经过多年努力，人们在理论上说明了材料，特别是半导体材料的微观结构与宏观性质之间的关系，因而可以把许多诸如杂质原子、表面和捕获中心等具有原子线度的微观量取出来作为工程应用的数据来设计器件。20世纪60年代初人们在晶体管发展的基础上发明了集成电路，在一个芯片上完成的不再是一个晶体管的放大或开关效应，而是一个电路的功能。20世纪90年代以来，一个芯片已从包含几个到几十个晶体管的所谓小规模集成电路发展到包含几千、几万个晶体管的超大规模集成电路，使一个电路能完成非常复杂的功能，从而引起许多工业和科技部门的巨大变革。正是由于电子元器件的集成化、微型化、多功能化和大容量，支撑并推动了当今电子信息技术的高速发展。

目前人们对材料的研究还很不够。由于材料的限制，阻碍了许多工程的发展。例如燃气轮机的热效率随燃气温度增高而增大，但目前叶片材料的使用温度还很有限，影响了燃气轮机的发展。有些国家正在大力研究用快速凝固来制备微晶合金，它有极细和极均匀的显微结构，并且有很高的合金溶解度，从而有可能使叶片工作温度提高100℃。另一方面，全陶瓷的燃气轮机作为汽车等的动力装置正在发展之中，其不仅成本低廉，而且可以达到比金属更高的工作温度。但目前尚存在一些问题，其中之一就是陶瓷中的微小裂纹会引起脆性断裂，故还有赖于无损检测等技术的发展。

又如开发新能源是当代重大的科学技术课题之一。目前，太阳能电池已获得一定程度的应用，但它能否更加普遍使用，关键在于材料。同时需要进一步大幅度降低发电成本，即研制出制备成本低而光电转换效率高的新型太阳能电池材料。

再如目前超导材料通常只能在液氮（77K）下使用，需要一套制冷系统，因而大大限制了超导技术的应用。要是能找到较高使用温度的超导材料，无疑会引起许多工业技术的巨大变革。

尤其是随着现代科学技术和社会文明程度的高速发展，以环保和节能为中心的新材料和新技术开发及资源循环利用已得到高度重视。

另外，生物材料也得到了迅速发展，它是用于诊断、治疗和器官修复与再生的材料，具有延长病人生命、提高病人生存质量的作用；是材料科学、化学、生命科学和医学交叉的发展领域。其研究与开发，既有重大的社会需求，也有重大的经济需求。

总之，新材料的开发将主宰着一系列重要的工程技术成就的取得；同时，对现有的材料进行深入研究，不断提高质量，增加品种，降低成本，也具有很大的实际意义。这一切，必将促使材料科学与工程这门学科的迅速发展。

小故事

掀起视觉革命的
材料——液晶

材料结构基础

本章所涉及的内容是材料结构和组成的普遍原理。该原理是认识和研究各类材料在结构与性能方面所表现出来的个性和共性的基础。

2.1 物质的组成、状态及材料结构

2.1.1 物质的组成和状态

世界按其本质来说主要是物质的，也就是说，物质组成了世界。我们在自然中观察到的多种多样的现象，都是运动着的物质的各种不同形式。物质是自然界中一切过程的唯一源泉和最终原因。物质具有质量和能量，并占有一定的空间。所以物质在时间上是永恒的，在空间上是无穷无尽的，它不会重新产生，也不会消失；它不能被创造，也不能被消灭，它只可能改变自己的形式。

物质有两大类型，即物体和场（引力场、电磁场、核力场等）。我们日常所见到的物体以三种状态——固态、液态和气态的形式存在于自然界。除此之外还有高空的等离子态，地球内部高温高压作用下的塑态等状态。

自然界中所有的物质都是由化学元素及其化合物组成的，即由原子和分子组成。由于原子的排列状态及相互作用的不同，物体便表现出各种形态。人们已经发现110余种元素，而地球上存在90余种天然元素，它们在自然界的含量有着很大的差别。在通常环境下，这些元素有的以固态形式存在，有的则以液态或气态形式存在。这些元素在大气层、水圈和岩石圈中的分布是不均衡的。

大气层中只有惰性气体元素是以原子状态存在的（表2-1），其余的大多数化学元素则以分子状态存在，它们由两个或两个以上的同类原子或异类原子组成（如H_2、O_2、N_2或CO_2）。水圈（即海洋）主要是水，其中数量不等地溶有各种物质元素，如表2-2所示。这些物质大多数是离子的状态（带电状态），而不是原子的状态（中性状态）。岩圈（即地壳，从地球表面至10～15km的地球外壳上部）中的岩石、砂子和泥土主要

是元素的一些化合物的固态聚集体（表2-3），这些化合物有 SiO_2、Al_2O_3、TiO_2、Fe_2O_3、FeO、MnO、MgO、CaO、Na_2O、K_2O，在不同的岩圈样品中，这些化合物的比例是不同的。除此之外，在岩圈中亦有其他化合物，如水和碳氢化合物等。

物质按其状态可分为固体、液体和气体。这完全是由于它们原子或分子结构的不同而产生的。当原子或分子之间相距较远、相互之间的作用力较小时，则原子或分子的运动显得非常自由，此时原子或分子的排列没有规则，客观上表现出物质没有一定的形状，也没有一定的体积，此时物质为气体形态。当原子间力（或分子间力）较大时足以使原子或分子之间不能轻易脱离，但这种力还不是很强，原子或分子还可以自由运动，此时分子或原子的排列出现局部有序，宏观的物质表现为有一定的体积但无一定的形状，这种形态称为液体。当原子间力（或分子间力）非常强大足以使原子或分子不能自由运动，迫使它只能在某一平衡位置做振动时，物质表现为既有一定的形状，又有一定的体积，此时物质的状态称为固体。处于固体的物质其原子或分子的排列可以是有规则的，也可以是无规则的。固体可分为晶体与非晶体两大类。原子或分子按一定规律呈周期性排列时的固体物质称为晶体，如金属、岩盐、云母等。相反，若原子或分子只是在短程的或局部的小范围内是有序的，而在较大范围内是无定形的，这种固体物质称为非晶体，也称玻璃态，如玻璃、固体沥青、塑料、橡胶等。液体和气体也属于无定形结构。固体、液体都属于凝聚态物质。目前对凝聚态物质的研究已发展成物理学最广阔和最重要的领域之一。

■ 表2-1 地球大气的组分

组分	相对原子质量或相对分子质量	体积分数/%	组分	相对原子质量或相对分子质量	体积分数/%
N_2	28.01	78.0	CH_4	16.04	7.4×10^{-4}
O_2	32.00	21.0	He	4.00	5.2×10^{-4}
Ar	39.95	0.93	CO	28.01	1×10^{-4}
CO_2	44.01	0.03	H_2	2.02	5×10^{-4}
Ne	20.18	1.8×10^{-3}	H_2O	18.02	变量

■ 表2-2 海水的大致成分

元　素	原子分数/%	元　素	原子分数/%
H	66.4	S	0.017
O	33	Ca	6×10^{-3}
Cl	0.33	K	6×10^{-3}
Na	0.28	C	5.4×10^{-3}
Mg	0.034	Br	5×10^{-4}

■ 表2-3 地壳的大致成分

元素	原子分数/%	质量分数/%	元素	原子分数/%	质量分数/%
O	60.4	49.6	Fe	1.9	4.8
Si	20.5	27.3	Ca	1.9	3.4
Al	6.2	8.3	Mg	1.8	1.9
Na	2.5	2.7	K	1.4	2.6
H	2	1	Ti	0.3	—

2.1.2　材料结构的含义

人们要有效地使用材料，必须了解影响材料性能的各种因素，其中基本因素是材料的内部结构。

材料的内部结构可随化学成分和外界条件的变化而改变，从而改变材料的性能。例如碳含量在0.25%以下的低碳钢，通常具有良好的塑性和韧性，但强度和硬度较低；碳含量在0.6%～1.4%范围的高碳钢，其强度和硬度较高，而塑性和韧性较差。又如碳含量为0.77%的共析碳钢，退火后的硬度约为HRC15，淬火后的硬度高达HRC62，这是因为碳钢经不同的热处理之后得到了不同的结构。因此，了解材料成分、结构与性能之间的关系以及材料加工、处理和使用过程中结构的变化规律是非常重要的。

材料结构的含义是广泛的，从宏观到微观，即按研究的层次，材料结构大致可分为宏观组织结构、显微组织结构、原子或分子排列结构、原子中的电子结构等。

宏观组织结构是指人们用肉眼或放大镜所能观察到的晶粒或相的集合状态。例如纯金属经静止的金属锭型浇铸［图2-1（a）］和冷却后，得到一个铸锭，然后将其剖开和磨平，再用一定的酸溶液进行浸蚀，可显示出如图2-1（b）所示的宏观组织结构。这个铸锭有两个结晶区：边缘是一层薄的、由许多细晶粒构成的细晶区，内部是很宽的、由许多粗大柱状晶粒构成的柱状晶区。

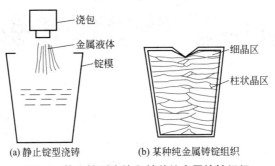

(a) 静止锭型浇铸　　　　(b) 某种纯金属铸锭组织

图2-1　静止锭型浇铸和某种纯金属铸锭组织

显微组织结构是借助光学显微镜和电子显微镜观察到的晶粒或相的集合状态，其尺度约为10^{-8}～10^{-7}m。例如金属铸锭经外压加工或热处理后，晶粒（或相区）变细，用肉眼和放大镜已观察不清楚，而需要用显微镜。由于金属不透明，故需先制备金相样品，包括样品的截取、磨光和抛光等步骤，把观察面制成平整而光滑如镜的表面，然后经过一定的浸蚀，在金相显微镜下观察其显微组织结构。

图2-2是工业纯铁的显微组织，图中每一个多边形是一颗晶粒。晶粒之间的交界面称为晶界。由两颗以上晶粒所组成的材料称为多晶体材料。实际上显微镜下所看到的晶粒只是其截面（图2-3）。光学显微镜以可见光作为光源，波长为4×10^{-7}～7×10^{-7}m，分辨极限最小为2×10^{-7}m，有效放大倍率最大为1600倍左右。用这种显微镜可以观察到金属晶粒的形状和大小，较粗大的夹杂物和杂质粒子、晶界以及沿晶界分布的杂质薄膜等，但不能观察到许多精细结构，此时需要提高显微镜的分辨能力。由于电子束波长比可见光波长短得多，所以用电子束作为光源的电子显微镜得到了很大的发展。目前电子显微镜的分辨极限可小于3×10^{-9}m。

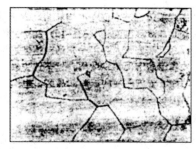

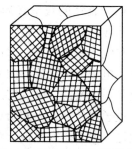

图2-2　工业纯铁的显微组织（4%硝酸酒精浸蚀，×250）　　　图2-3　金属内部晶界示意图

与显微组织结构相比更细的层次是原子（或分子）排列结构。对晶体来说，其原子排列结构称为晶体结构，尺度约为10^{-10}m。

原子中的电子结构是指原子中电子的分布规律。这种结构的尺度更小，约为10^{-13}m。当众多的原子聚合成固体时，必须考虑众多原子的电子之间的相互作用，这会对材料的化学和物理性能产生重要的影响。因此电子结构应分为两部分进行研究：孤立原子的电子结构和固体中原子聚合体的电子结构。

2.2 材料的原子结构

固体材料都是由一种或多种元素的原子结合而成的。元素以单原子态孤立存在时称为该元素的自由原子。关于原子结构目前有多种假设模型，其中最有名的是玻尔原子模型，该模型认为原子中心有原子核，核外由快速运动的电子围绕，如图2-4所示。

经典的原子模型认为，原子由带正电荷$+Ze$的原子核和Z个绕核旋转的电子e组成（Z是原子序数）。为了解释原子的稳定性和原子光谱（尖锐的线状光谱），玻尔对此经典模型做了两点重要的修正。

① 电子不能在任意半径的轨道上运动，只能在一些半径为确定值r_1、r_2等的轨道上运动。我们把在确定半径的轨道上运动的电子状态称为定态。每一定态（即每一个分立的r值）对应着一定的能量E（$E=$电子的动能+电子与核之间的势能）。由于r只能取分立的数值，能量E也只能取分立的数值，这就叫能级的分立性。当电子从能量为E_1的轨道跃迁到能量为E_2的轨道上时，原子就发出（当$E_1 > E_2$时）或吸收（当$E_1 < E_2$时）频率为v的辐射波。v值符合爱因斯坦公式。

$$E_1 - E_2 = hv \tag{2-1}$$

式中，h为普朗克常数。

② 处于定态的电子，其角动量L只能取分立值，且必须为$(h/2\pi)$的整数倍，即：

$$L = |r \times mu| = k\left(\frac{h}{2\pi}\right) \tag{2-2}$$

式中，m和u分别为电子的质量和速度；k为整数。

式（2-2）即为角动量的量子化条件。

能量的分立性和角动量的量子化条件，就是玻尔理论的基本

图2-4　玻尔原子模型

内容。原子直径的数量级为 10^{-10}m，核直径的数量级为 10^{-15}m，其中以氢原子（H）为最小，铯（Cs）原子为最大。然而，玻尔理论虽然能定性地解释原子的稳定性（定态的存在）和线状原子光谱，但在细节和定量方面仍与实验事实有很大差别。特别是该理论不能解释电子衍射现象，因为它仍然是将电子视为服从牛顿力学的经典粒子。从理论上讲它也是不严密的，因为它给牛顿力学硬性附加了两个限制条件，即能量的分立性和角动量的量子化条件。因此要克服玻尔理论的缺陷和矛盾，就必须摒弃牛顿力学，建立崭新的理论。深入研究发现，经典力学理论并不适用于原子，而要用一种新的力学——量子力学来说明原子的行为，这就是波动力学（或量子力学）理论。因此，本节先介绍量子力学的几个基本概念，然后分析原子的结构。

2.2.1 量子力学的几个基本概念

2.2.1.1 微观粒子的波粒二象性

1905年爱因斯坦（A. Einstein）提出光子理论，认为电磁辐射是由光子组成的。每个光子能量 E 和动量 P 为：

$$E=h\nu=\hbar\omega \tag{2-3}$$

$$P=\frac{h\nu}{c}=\frac{h}{\lambda}=\hbar k \tag{2-4}$$

式中，h 为普朗克常数；ν 和 λ 分别是辐射的频率和波长；$\hbar$ 为 $h/2\pi$；k 为波矢量，其值为 $2\pi/\lambda$；c 是光速。此式称为爱因斯坦关系式。

后来人们发现，不仅光具有波粒二象性，而且静止质量不为零的电子、质子、中子、介子和分子等微观粒子都具有这种性质。德布罗意（de Broglie）假定式（2-5）和式（2-6）也适用于各种微观粒子，即：

$$\omega=E/\hbar \tag{2-5}$$

$$\lambda=\frac{h}{p} \tag{2-6}$$

式（2-5）、式（2-6）称为德布罗意公式。可见，微观粒子能量 E 和动量 p，与平面波频率 ν 和波长 λ 之间的关系，正像光子与光波的关系一样。

按照波动力学观点，电子和一切微观粒子都具有二象性，即既具有粒子性，又具有波性。联系二象性的基本方程是：

$$\lambda=\frac{h}{p}=\frac{h}{mu} \tag{2-7}$$

此式表明，一个动量为 $p=mu$ 的电子（或其他微观粒子）的行为（属性）同波长为 $\lambda=h/p$ 的波的属性一样。从上式可以看出，如果通过改变外场而改变电子的动量，电子波的波长也就随之而变。将实验中通常遇到的电子速度和质量值代入上式计算出波长 λ 后即可发现，λ 值正好和晶体中相邻原子间的距离为同一数量级，因而有可能满足布拉格公式而发生电子（被晶体）衍射效应。因此，上式可以认为是一切有关原子结构和晶体性质的理论和实验基础。

现代的物理学家已从各个角度证实了实物粒子的波动性。

2.2.1.2　海森堡测不准原理

海森堡（Heisenberg）提出：同时确定位置和动量，原则上是不可能的，若将其中一个量测量到任何的准确程度，则对另一个量的测量准确度就会相应降低。设测不准量分别为Δx和Δp，则有：

$$\Delta x \Delta p \approx \frac{h}{2\pi} = \hbar \qquad (2\text{-}8)$$

能量E和时间t存在类似的关系，则有：

$$\Delta E \Delta t \approx \frac{h}{2\pi} = \hbar \qquad (2\text{-}9)$$

海森堡原理表明了量子力学的一个基本特点：我们不能决定某一物理量的确切数值，而只能从宏观大量的测量中得到它的概率分布；如果要使这个概率范围达到极窄，则只有牺牲该体系中要测量的其他物理量的精度才能达到。这与经典力学有着本质上的区别。

测不准原理是普遍原理。经典力学中共轭的动力变量，如角动量与角位移、能量与时间、动量与位移等均满足该关系式。测不准原理来源于物质的二象性：既是微粒，又是波的这一客观规律，不是测量技术和主观能力的问题。微观粒子不可能如经典力学的要求，既可以知道它的精确位置，又同时知道它的动量的确定值。因此对微观物体位置的恰当描述是说它处于某一位置的概率。

海森堡原理能够告诉我们在多大限度内微观粒子可采用经典方法来描述。设粒子速度远小于光速c，$p = mv$，代入式中得到：

$$\Delta x \Delta v \approx h/2\pi m \qquad (2\text{-}10)$$

现比较两种电子情况：①原子中的电子。因电子$h/m \approx 7 \times 10^{-4} \, \text{m}^2/\text{s}$，原子线度为$10^{-10} \, \text{m}$，故$\Delta v = 10^6 \, \text{m/s}$，可见此时用经典方法描述电子的速度是不行的。②电子在威尔逊云室中运动。设粒子径迹的粗细是$\Delta x = 10^{-4} \, \text{m}$，得$\Delta v = 7 \, \text{m/s}$，此时只要电子以$1000 \, \text{m/s}$速度飞行，上述测不准量就无关紧要，于是可用经典方法描述。

2.2.1.3　薛定谔方程

由于电子具有波动性，谈论电子在某一瞬时的准确位置就没有意义。我们只能讨论电子出现在某一位置的概率（可能性），因为电子有可能出现在各个位置，只是出现不同位置的概率不同。为此，人们往往用连续分布的"电子云"代替轨道来表示单个电子出现在各处的概率，电子云密度最大的地方就是电子出现概率最大的地方。

在量子力学中微观粒子具有波动性，并且是一种统计意义上的概率波。它是位置和时间的函数，写为$\psi(x, y, z, t)$或$\psi(r, t)$，称为波函数。在光的电磁波理论中，光波是用电磁场E及H来描述的，光在某处的强度与该处的能量$|E|^2$或$|H|^2$成正比。仿照这点，概率波的强度应与$|\psi(r, t)^2|$成正比。但是，微观粒子的概率波与其他波出现的概率总和等于1，故粒子在空间各点出现的概率只取决于波函数在空间各点强度的比例，而不取决于强度的绝对大小。

微观粒子的状态用波函数$\psi(r, t)$描述，当时间改变时，粒子状态（波函数）将按照薛定谔（Schrodinger）方程进行变化，即：

$$ih\frac{\partial}{\partial t}\psi(r,\ t)=\left[-\frac{\hbar^2}{2m}\nabla^2+U\right]\psi(r,t) \qquad (2\text{-}11)$$

式中，U 是粒子在外场中的势能；m 是粒子的质量，

$$\nabla^2=\frac{\partial^2}{\partial x^2}+\frac{\partial^2}{\partial v^2}+\frac{\partial^2}{\partial z^2} \quad \text{是拉氏符号，}$$

由于 $|\psi(r,t)|^2 d^3r$ 表示瞬间 t 在体积元 d^3r 所找到粒子的概率，因此这个函数必须满足归一化条件：

$$\int|\psi|^2 d^3r=1 \qquad (2\text{-}12)$$

此积分是对整个空间的。如果 U 与时间无关，则 ψ 可以表示为：

$$\psi=\psi(r)\,e^{-i(B/h)t} \qquad (2\text{-}13)$$

与空间有关的 $\psi(r)$ 应满足方程：

$$\left[-\frac{\hbar}{2m}\nabla^2+U\right]\psi(r)=E\psi(r) \qquad (2\text{-}14)$$

式中，E 为常数。

具有式（2-13）形式的波函数所描述的状态为定态，此时概率密度 $|\psi(r)|^2$ 与时间无关。式（2-14）称为定态薛定谔方程。用一定的边界条件解这个方程，就可以求出可能的 E 及它们对应的波函数。分析表明，此时粒子的总能量就是 E。

2.2.2 原子核结构

自由原子由带正电荷的原子核和带负电荷的电子集团组成，在一定条件下原子核仅由质子和中子组成。质子的质量约为 1.673×10^{-27}kg，中子是 1.675×10^{-27}kg，质子和中子的质量约为电子的 1800 倍。电子的质量是 9.11×10^{-30}kg，原子的半径约为 10^{-10}m 数量级。而原子核很小，其半径不超过 10^{-14}m。一个质子具有正电荷 $e=1.672\times10^{-19}$C。该值与电子电荷相等，但符号相反。中子呈电中性。在原子内部，电子围绕原子核运动，电子数与质子数相等，故整个原子呈电中性。如果某自由原子的原子序数为 Z，则核内有 Z 个质子，带 $+Ze$ 电荷；因此核外就有 Z 个电子，带 $-Ze$ 电荷。在一定条件下，原子可以失去某些电子，变为正离子，带有正电荷；也可得到一些电子，变为负离子。

中子与质子统称为核子。不同数量的中子和质子构成不同类型的原子核，称为核素。不同的化学元素是以核内质子数目的不同来区分的。例如铁的质子数为 26，铀的质子数为 92。具有相同质子数而中子数不同的原子，称为同位素。例如 U^{235} 和 U^{238} 都是铀的同位素，质子数均为 92，但中子数分别为 143 和 146。目前世界上已经发现近两千种核素，其中稳定的不到 300 种，不稳定的核素通过放射性衰变或其他方式向稳定的核素转化。

原子核内核子间的结合是非常紧的。使核子聚在一起的是一种新的力，称为强相互作用力或核力。它比万有引力大 40 个数量级，但作用范围却十分小，只在 10^{-15}m 的范围内起作用。如果超出几个核子半径距离之外，核力的影响就消失了。关于核力的本质以及核的结构不属于材料学研究的范畴，还有待深入研究。

2.2.3 原子核外电子

2.2.3.1 电子的分布和运动

原子中电子的分布和运动是一个微观问题，需用波动力学（量子力学）的方法进行研究。由海森堡测不准原理可知，电子在原子中的位置不能被严格地确定，但是理论和实验都能精确得到电子在原子核势场的作用下所处的一些特定能量状态——能级。因此，对电子绕核作高速运动的描述，已放弃经典理论中"轨道"的概念，而是按电子在空间各点出现的概率（宛如有疏有密的云雾一样，称为电子云）来说明。图2-5比较了玻尔模型和波动力学模型中电子绕核高速运动的分布状况。如果沿用"轨道"或"壳层"这个词，该概念仅是代表电子的一种能量状态或某一波函数。

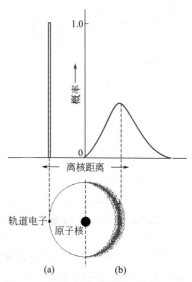

图2-5 玻尔模型（a）和波动力学模型（b）中电子绕核运动的分布状况

核外电子运动的波函数是一个三维空间的函数，因此常用分析的方法，分别从ψ随角度的变化和随半径（r）变化两个方面来讨论。波函数角度部分又称为原子轨道的角度分布图，径向波函数图反映径向在任意角度随r变化的情形。对电子的波函数的描述是统计解释。电子在核外空间出现机会的统计结果即表示电子的概率密度分布，因此形象地称为电子云。

我们知道波函数ψ是描述核外电子在空间运动状态的数学函数式，是表示微观实物体系在一定条件下状态的形式。波函数ψ本身没有明确的物理意义，但粒子运动在某一时间某一点的波函数平方的绝对值$|\psi^2|$却有明确的物理意义：即核外空间某处出现电子的概率和波函数平方的绝对值$|\psi^2|$成正比，在微体积dv中发现电子的概率dw表示为：

$$dw=|\psi^2|dv \qquad (2\text{-}15)$$

若对电子衍射后的照片进行分析，我们会发现即使用很弱的电子流，只要时间足够长，也会得到衍射环的结果，即在密集的地区电子流的出现概率较大，在稀薄的地区电子流出现的概率较小。

最简单的情况是氢原子，它由一个带正电的质子（构成氢原子核）和一个带负电的电子组成。其电势能U仅取决于两电荷相隔的距离r，即

$$U=-\frac{1}{4\pi\varepsilon_0}\frac{e^2}{r} \qquad (2\text{-}16)$$

式中，ε_0为真空介电常数。当两电荷相距无限远时，势能为零。将式（2-16）代入式（2-15），可求出这个方程的解：

$$E_n=-\frac{me}{8\varepsilon_0^2 h^2}\frac{1}{n^2}=-13.6\frac{1}{n^2} \qquad (2\text{-}17)$$

式中，普朗克常数$h=6.624\times10^{-34}\text{J·s}$；电子电荷$e=1.602\times10^{-19}\text{C}$；真空介电常数$\varepsilon_0=8.854\times10^{-12}\text{F/m}$；电子质量$m=9.108\times10^{-31}\text{kg}$；$n$为主量子数，可为$n=1,2,3,\cdots$。由此可见，电子在原子核势场作用下只能处在这样的不连续能量状态，其值由主量子数n决

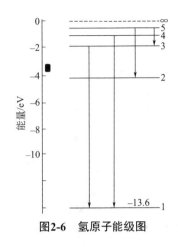

图2-6 氢原子能级图

定，并与n^2的倒数成正比。n越大，能级间距越小；当$n=\infty$时，电子的能量为零，电子就不受束缚。图2-6为氢原子能级图。E与电子基态能量E_0之差称为电离能。

氢原子的电离能为：

$$-E_1=-\frac{me}{8\varepsilon_0^2h^2}\frac{1}{n^2}=-13.6\text{eV} \qquad (2\text{-}18)$$

在多电子的原子中，电子的能量也是不连续的，它们分布在不同能级上。这种按层分布称为电子壳层，以主量子数n来标态。n为1时，电子距核最近，受核引力最大，E值最小，故能量最低，习惯上称为K壳层。n为2时，距核稍远，能级较高，称L壳层，依此类推（M，N，O，…）。n越大，能级越高。

电子绕核运动不仅具有一定能量，而且也具有一定的角动量。量子力学已证明，这种角动量P_l也必定是量子化的，即：

$$P_l=\frac{h}{2\pi}\sqrt{l(l+1)} \qquad (2\text{-}19)$$

因P_l只与量子数l有关，故通常称l为角量子数。按光谱学的习惯，将$l=0,1,2,3,…$的状态称为s，p，d，f，g状态。具有不同l的电子，在空间各方向的分布状态不同。对同一个主量子数n，l的可能值为$0，1，2，…，(n-1)$。不同l的壳层称为支壳层。例如$n=1$时，l只能为0，处于这种状态的电子称为1s电子；$n=2$时，可以有$l=0,1$两种状态，分别称为2s，2p电子。

如果在磁场H中进行实验，则电子轨道运动角动量P_l不仅在数值上不能任意取值，而且相对于磁场方向的取向也不能任意。量子力学证明，P_l沿磁场方向的分量P_Z是量子的：

$$P_Z=m_l\frac{h}{2\pi} \qquad (2\text{-}20)$$

式中，m_l称为磁量子数，它决定了轨道角动量在空间的方位。对一个角量子数l，m_l的可能值为$0，\pm1，\pm2，…，\pm l$，共有$2l+1$个不同的值。例如s电子只有一个状态，p电子则有$2l+1=3$个不同的状态，对应于$m_l=0，\pm1$。

电子除绕核运动外，还有自旋运动，并且自旋运动仍是量子化的，其自旋角动量P_S只取$m_s\frac{h}{2\pi}$。其中m_s值为1/2或-1/2，称为自旋量子数。

综上所述，电子在原子中的某一运动状态是由n、l、m_l和m_s四个量子数确定的。研究指出，在多电子的原子中，电子的分布必须遵从以下两个基本原理：

① 泡利不相容原理。在一个原子中不可能有运动状态完全相同的两个电子；或者说在同一原子中，最多只能有两个电子处于同样能量状态的轨道上，而且这两个电子的自旋方向必定相反。由这个原理可计算得到，主量子数为n的壳层中最多容纳$2n^2$个电子。当$n=1$时最多容纳两个电子，$n=2$时最多容纳8个电子，依次类推。这从理论上说明了周期表的结构特点（表2-4）。

② 能量最低原理。原子核外的电子是按能级高低而分层分布的，在同一电子层中

材料科学与工程基础

■ 表2-4 电子壳层的轨道和电子数

壳层	n	m_l	轨道	轨道的最大电子数	完整壳层的最大电子数
K	1	0	s	2	2
L	2	0 -1, 0, 1	s p	2 6	8
M	3	0 -1, 0, 1 -2, -1, 0, 1, 2	s p d	2 6 10	18
N	4	0 -1, 0, 1 -2, -1, 0, 1, 2 -3, -2, -1, 0, 1, 2, 3	s p d f	2 6 10 14	32

电子的能级依s、p、d、f的次序增大。核外电子在稳定态时，电子总是按能量最低的状态分布，即从1s轨道开始，按照每个轨道中只能容纳两个自旋相反的电子这一规律，依次分布在能级较低的空轨道上，一直加到电子数等于原子的核电荷数Z为止。

当填充至碳原子时，要用到从量子力学导出的洪特规则。其内容是：为了减少电子间的排斥作用，在相同能量的轨道（亦称简并轨道，即n、l均相同以致具有相同能量的轨道），如表2-4所示的三个p轨道、五个d轨道、七个f轨道上分布的电子，将尽可能分布在不同的轨道，而且自旋方向相同。简并轨道中半满（p^3，d^5）的原子或离子状态比较稳定就是这个规律的例子。例如碳原子在2p轨道上有2个电子，但2p轨道有三个。根据洪特规则，这两个2p电子的排布应是↑↑□，而不是↑↓□□。同理，氮原子中的3个p电子也是分布在三个p轨道上，并且具有相同的自旋方向↑↑↑，而不是↑↓↑。

在氩（Ar）之后的钾（K）原子（Z=19）中，由计算表明，最后一个电子不是进入4s轨道。研究发现，多电子原子的核外电子能级之高低常有交叉现象，而且其具体情况与原子序数Z有关，具有中间大小的Z值时，能级次序较乱。

在钙（Ca）之后，出现了第一过渡金属系Sc、Ti、V、Cr、Mn、Fe、Co、Ni。在这些元素中，当一个或两个电子已经进入更外面的一层轨道（如4s）之后，再增加的电子进入较里面的一层轨道如3d。这是因为这一系列过渡元素中4s电子的能量低于（但接近于）3d电子的能量。由此不仅这些元素的原子价是可变的，而且也引起合金化时性质的显著变化。过渡元素的合金中原子之间相互作用很容易使电子的能态发生变化。

在电子分布到镧（Z=57）原子时，电子开始进入5d能级，看起来应有一个新的过渡系出现，但实际上由于核电荷的增加使4f能级比5d还低。4f能级可以容纳14个电子，因此恰恰只有14个稀土元素。由于这些离子具有共同的外层组态$5s^2 5p^6$，所以决定了它们的化学性质很相似，比较难以分离。

小故事

原子结构发展简史

2.2.3.2 原子中电子的稳定性

（1）价电子 原子中某一主壳层中轨道（或支壳层）的最大电子数目只能为$2(2l+1)$，总的电子数目为：

$$\sum_{l=0}^{n-1} 2(2l+1) \tag{2-21}$$

原子的最外壳为K壳层时，可容纳2个电子，L壳层可容纳8个电子，M、N、O、P

壳层均最多各为8个电子时是稳定的。如果最外层的电子填满，此时，这些电子或原子极为稳定，称为惰性气体。另一些元素如H、Li、Na、K…这些元素最外层壳层中仅有一个电子，这个电子很容易与其他原子交换，所以这些元素是极不稳定的。

当原子结合组成物质时，与物质的电导率等物理性质和化学性质最密切相关的电子是配置在最外电子壳层中的电子。这最外层的电子又叫做价电子，它是原子在形成阳离子时释放出的电子，或参与键合的电子。

（2）电子跃迁　不同电子壳层中的电子其能级是不同的，越接近于原子核的电子其能级越低，也就是说电子越稳定，离开核越远能级越高，如图2-7。电子可以从一个轨道或定态跳至另一个轨道或定态。假使能量为E_I的轨道较能量为E_{II}的轨道离核更近，由于电子是受原子核吸引的，因此电子必须吸收能量才能由轨道E_I跳至轨道E_{II}；反之，如果电子从E_{II}（高能级）跳回E_I（低能级）则将放出能量。玻尔认为电子从一个稳定态跳到另一个稳定态，原子所放射或吸收的能量是具有某一定频率（ν）的电磁辐射，它等于一个光量子，即

$$E_I - E_{II} = h\nu \qquad (2-22)$$

（3）电离能　用其他的电子去轰击孤立的原子，可以把原子的一些电子打掉，从孤立原子中，去除束缚最弱的电子所需要的能量称为电离能（称为第一电离能），又常常称为电离势，它通常以电子伏（eV）为单位，失去电子的原子称为正离子，电离电势的高低说明原子失去电子的难易程度，也表明原子的其他外表性质与原子序数有周期性的关系。

表2-5为一些元素的第一电离电势，图2-8为自由原子的第一电离能和第二电离能随原子序数的变化关系，从表2-5中可见惰性气体的电离能最高。这是由于这些元素的最外电子壳层已被电子完全填满，电子之间相互作用较大之故，而碱金属原子（Li、Na、K等）则有最小的电离电势，其中Cs的电离能最小，仅3.89eV，这是因为碱金属原子比惰性气体原子的稳定电子结构多一个外层s电子，故相当容易去除这个电子。

电离势的数值大小主要取决于原子的有效核电荷、原子半径以及原子的电子构型。

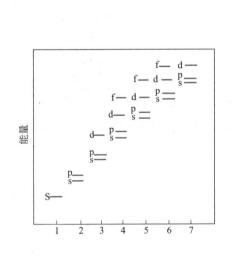

图2-7　束缚电子处于不同原子轨道时相
对能级示意图

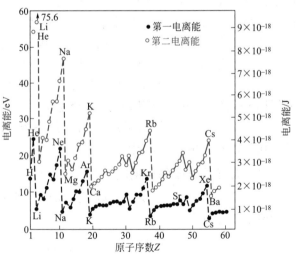

图2-8　自由原子的电离能随原子序数的变化

H							He
13.60							24.4
Li	Be	B	C	N	O	F	Ne
5.39	9.32	8.30	11.2	14.5	13.61	17.4	21.56
Na	Mg	Al	Si	P	S	Cl	Ar
5.14	7.64	5.98	8.15	10.3	10.01	13.0	15.76
K						Br	Kr
4.34						11.8	14.00
Rb						I	Xe
4.18						10.4	12.13
Cs							
3.89							

一般说来，同一周期的元素具有相同的电子层数，从左到右有效核电荷增大，原子的半径减小，原子核对外层电子的引力加大。因此，越靠右的元素，原子越不易失去电子，电离势也就大。不同周期元素的电子层数不同，最外层电子数相同原子半径增大起主要作用，因此，半径越大，原子核对电子的引力越小，原子越易失去电子，电离势就越小。电子构型是影响电离势的第三个因素，各周期中惰性气体元素的原子具有相对稳定的8电子最外层构型。某些元素由于具有全充满和半充满的电子构型，稳定性能也较高。如 Zn（$3d^{10}4s^2$）、Cd（$4d^{10}5s^2$）、Hg（$5d^{10}6s^2$）比同周期相同元素的电离势高。电离势不仅能用来衡量元素的原子气态时失电子能力的强弱，还是衡量元素通常价态存在的因素之一。反之，不同元素电离势的突跃性变化，又是核外电子分层排布的有力证明。电离势的实验测定可以用原子发射光谱和电子脉冲等方法得到相当准确和完全的数据，所以电离势成了原子的电子构型最好的实验佐证。

（4）电子亲和能　原子接受一个额外的电子通常要释放能量，所释放的能量叫做电子亲和能（即第一亲和能）。我们可以查阅出几种元素的测量值以及计算的电子亲和能值，周期表左边的元素（金属）和惰性气体的电子亲和能较低，而非金属的电子亲和能较高，卤素原子（F、Cl等）的电子亲和能特别高，这也许是由于它们只缺少一个电子就达到惰性气体那样的稳定电子结构。通过接受一个电子它们自身的稳定度可以增加，在这种情况下，增加的电子来到缺少一个电子的轨道中，就被牢固地保留下来。

2.3 原子之间相互作用和结合

在自然界，单原子往往是不能存在的，通常都是原子结合成集团，再组成物质或材料。同种原子组成元素，异种原子组成化合物，自然界中纯元素物质是很少的，更多的是化合物，当人们掌握了各种原子相互结合的规律后，就可以合成出无穷无尽的对人类有用的物质，也可以在自然界千万种化合物中提取有用的元素。

材料本身是物质，或由各种物质组成的。物质都是由原子或分子结合而成。不论什么物质，其原子结合成分子或固体的力（结合力）从本质上讲都起源于原子核和电子间的静电交互作用（库仑力）。要计算结合力，就需要知道外层电子（价电子）围绕各原子核的分布。根据电子围绕原子的分布方式，可以将结合键分为5类，即离子键、金属键、共价键、范德华键和氢键。虽然不同的键对应着不同的电子交换及分布方式，但它们都满足一个共同的条件（或要求），即键合后各原子的外层电子结构要成为稳定的结构，也就是惰性气体原子的外层电子结构，如$(1s)^2$、$(ns)^2(np)^6$和$[(n-1)d]^{10}(ns)^2(np)^6$。由于"八电子层"结构 [即$(ns)^2(np)^6$结构] 是最普遍、最常见的稳定电子结构，因此可以说，不同的结合键代表实现八电子层结构的不同方式。其结合方式有两大类型，即基本结合和派生结合。在基本结合中包括离子键、共价键、金属键，派生结合包括分子极化，分散效应、氢键。在前一类结合中伴随着电子的交换，又称为化学键合，后一类结合中不产生电子的交换，称为物理结合，但这两类结合时原子之间的吸引力仍属于电场力作用。对各种结合分别讨论如下。

2.3.1 基本结合（化学键合）

有一些物质如氯化钠、硅和铜，有很高的熔点，这表明它们在固态下有很强的键合，这三种材料属于三类主要化学键合的例子，即离子键合（NaCl）、共价键合（Si）和金属键合（Cu）。在这三类结合中，都存在价电子的电子交换。

2.3.1.1 离子键合

离子键是由原子释放出最外壳层的电子变成带正电荷的原子（正离子），与接收其放出的电子变成带负电荷的原子（负离子）相互之间的吸引作用（库仑引力）所形成的一种结合。随着正、负离子相互充分接近，离子的电子云互相排斥，当吸引和排斥作用相等时则形成稳定的离子键，离子键没有方向性和饱和性。典型的金属元素与非金属元素就是通过离子键而化合的，此时发生电子交换，金属原子的部分外层价电子完全转移到非金属原子的外层，因而形成外层都是"八电子层"的金属正离子和非金属负离子，正负离子通过静电引力（库仑引力）而结合成所谓离子型化合物（或离子晶体），因此，离子键又称极性键。离子化合物是电中性的，即正电荷数等于负电荷数。典型的离子化合物有NaCl、$MgCl_2$等。这种引力使得任一原子都同邻接的所有其他原子互相发生作用构成一个整体。例如Na与Cl相接时，Na释放出最外壳层的1个电子变成稳定的带有1个正电荷的正离子（阳离子）。Cl的最外壳层有7个电子，它收容Na放出的1个电子之后有8个电子而达到稳定，结果Cl成为带有1个负电荷的负离子（阴离子）。如图2-9所示，正负离子相互吸引使两种原子结合在一起。

由于正负离子互相吸引达到静力平衡，故Na^+与Cl^-配位，形成立方体结构（图2-10）。由离子键结合的物质，在溶液中离解成离子。

离子键的形成，与中性原子形成离子的难易和离子形成晶体时的堆积方式有关。在离子型化合物的生成过程中，晶格能的变化很大。

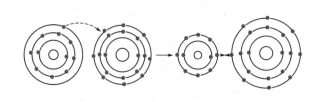

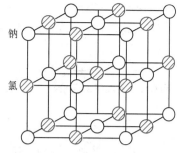

图2-9　NaCl的离子键合　　　　　图2-10　NaCl晶体中的离子排列

2.3.1.2　共价键合

共价键合是两个原子共有最外层电子的键合。为实现共用电子云的最大重叠，共价键合既有饱和性，又有方向性。周期表中同族非金属元素的原子通过共价键而形成分子或晶体。典型的例子有H_2、O_2、F_2、金刚石、SiC等。此外，碳-氢有机化合物也是通过共价键结合的。在这些情况下，原子间不可能通过电子的转移使每个原子外层成为稳定的八电子层（或$1s^2$）结构，也就是说，不可能通过离子键而使原子结合成分子或晶体。然而，相邻原子通过共用一对或几对价电子（电子云重叠）却可以使各原子的外层电子结构都成为稳定的八电子层（或$1s^2$）结构。例如，形成氢分子时2个氢原子都通过共用一对电子获得了$1s^2$的稳定外层结构。同样，两个氧原子通过共用两对价电子获得八电子层的稳定结构，形成稳定的氧分子。在金刚石晶体中，每个碳原子贡献出4个价电子，和4个相邻的碳原子共用，因而每个碳原子的外层达到八电子层的稳定结构。

共价键合的结合力也来源于静电引力。参与共价键合的两个原子相应轨道上的电子各有一个且自旋方向是相反的，当两个原子的吸附力保持在均衡位置时达到稳定。共价键合可发生在同类原子中如H_2、O_2、N_2分子，也可发生在异类原子中，如水（H_2O）、氟化氢（HF），气体氨（NH_3）、甲烷（CH_4）等分子。当共有电子对称地分布于两个原子之间，此种共价键便称为非极性（或均匀极性）共价键。反之，当共用电子对不是对称地分布于两个原子之间，而是靠近某原子（因为它们对电子的引力更强），此种共价键便称为极性共价键。如果此时分子中正、负电荷中心不重合，这种分子便称为极性分子。氢分子（H_2）是同类原子中最简单的共价键合，两个氢原子结合成氢分子时，没有一个原子能完全占有成键电子而形成闭合电子层的，它们只能共用电子，如图2-11所示，我们用简单的点符号来描述共价键是方便的，点的数目为价电子数。则

$$H^\bullet + H^\bullet \longrightarrow H\!:\!H$$

单质分子（O_2、N_2、F_2等）共价键结合时是p电子共用。氟原子（$1s^2$、$2s^2$、$2p^5$）要达到氖的电子排布只缺少一个电子，氟分子形成共价单键；而氧分子（O_2）和氮分子（N_2）分别为双重键和三重键。这是由氧原子的电子结构（$1s^2$、$2s^2$、$2p^4$）和氮原子的电子结构（$1s^2$、$2s^2$、$2p^3$）所决定的，如图2-12所示。

异类原子结合成共价键分子时，参加键合的原子各贡献一个电子形成价电子对。如图2-13所示为氟化氢（HF）、水（H_2O）、氨（NH_3）和甲烷（CH_4）分子结构。

另一类共价键叫做配位共价键。此时，两个共用电子仅由键合原子之一单独提供，如H^+与NH_3结合成铵离子时就形成配位共价键。

共价键的强度，随着原子中参与键合的电子数增多而增强，所以二重键合要比单

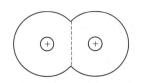

图2-11　氢原子的共价键合

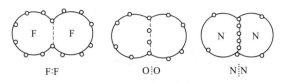

F:F　　　　　O:O　　　　　N:N

图2-12　同类原子共价结构示意图

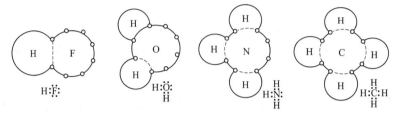

H:F̈:　　　　H:Ö:　　　　H:N:　　　　H:C:
　　　　　　　　H　　　　　H　　　　　H

图2-13　异类原子共价键结构示意图

键合强。三重键合又比二重键合牢固。此外，键合强度还与结合能和键长有关。由共价键形成的化合物，不能离子化的一般为非电解质，例如 O_2、N_2、CH_4、C_2H_5OH 等。但有的极性共价键也会发生离子受授而呈现离子化，例如 HCl 在有水存在时离解成 H_3O^+ 与 Cl^-。

2.3.1.3　金属键合

金属原子的外层价电子数比较少（通常 s、p 价电子数少于4），而金属晶体结构的配位数却很高（高于6），因此金属晶体中各原子不可能通过电子转移或共用电子而达到八电子层的稳定结构。金属晶体中各原子的结合方式是通过金属键，即各原子都贡献出其价电子而变成外层为八电子层的金属正离子，所有贡献出来的价电子则在整个晶体内自由地运动（故称为自由电子），或者说，这些价电子是为所有金属原子（正离子）所共用。金属晶体的结合力就是价电子集体（亦称自由电子气）与金属正离子间的静电引力，有人形象地将自由电子气比作"黏结剂"，它将金属正离子牢牢地粘在一起，金属键合是通过游离电子用库仑引力将原子结合到一起的键合，如图2-14所示。

金属键同样也是引力和斥力对立的统一，因为金属正离子之间和电子云之间存在斥力，所以不能靠得太近。当金属原子的间距达到某个值时，引力和斥力达到短暂平衡，组成稳定的晶体。这时，金属离子在其平衡位置附近振动。金属键也可以看成是由许多原子共用许多电子的一种特殊形式的共价键。但又与共价键不同，金属键不具有方向性和饱和性。在金属中，每个原子将在空间允许的条件下，与尽可能多数目的原子形成金属键。这一点说明，金属结构一般总是按紧密的方式堆积起来，具有较大的密度。

在金属键合中，价电子不是紧密地结合在离子对上，它不会在任一特定原子附近长期停留，而是以混乱的方式在整个金属内漂移。因此不能形成强的电子对键，而且金属键合也只发生在大集体中。

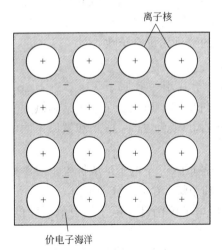

离子核

价电子海洋

图2-14　金属键合模型

金属的热导率和电导率之所以大，主要是由于自由电子的存在。此外，金属具有相当高的强度，大的范性形变性质（可塑性）和不透光性也是由金属的游离电子引起的。而硅酸盐材料（陶瓷、玻璃等）因为是以共价键或共价键与离子键以共振状态相结合的，当化学键断开之后便互相分离，不会像金属那样显示出范性变形。

2.3.1.4 混合键合

在某些化合物中存在着既有离子键合又有共价键合，即介于离子键和共价键之间的混合键。从前面的讨论已经知道，原子间结合的本质是核外价电子行为决定的。假定有A、B两类原子，如果价电子在A、B原子周围的电荷密度大小是相等的，就以共价键结合在一起；如果B原子周围的价电子密度大大超过A原子周围的价电子密度，就形成离子键结合。元素的原子在化合物中把电子引向自己的能力叫做元素的电负性。形成共价键结合的两元素的电负性相等或接近，而形成离子键结合的两元素的电负性差别较大。所以，比较不同元素间电负性之差，就可大体看出它们形成化合物时离子键的成分有多大比例。表2-6列出了一些元素的电负性，表2-7为元素电负性差与离子性结合的关系。

■ 表2-6 元素的电负性

I_A	II_A	III_B	IV_B	V_B	VI_B	VII_B	VIII	VIII	VIII	I_B	II_B	III_A	IV_A	V_A	VI_A	VII_A	O
1 H 2.1																	2 He ....
3 Li 1.0	4 Be 1.5											5 B 2.0	6 C 2.5	7 N 3.0	8 O 3.5	9 F 4.0	10 Ne ....
11 Na 0.9	12 Mg 1.2											13 Al 1.5	14 Si 1.8	15 P 2.1	16 S 2.5	17 Cl 3.0	18 Ar ....
19 K 0.8	20 Ca 1.0	21 Sc 1.3	22 Ti 1.5	23 V 1.6	24 Cr 1.5	25 Mn 1.5	26 Fe 1.8	27 Co 1.8	28 Ni 1.8	29 Cu 1.9	30 Zn 1.6	31 Ga 1.6	32 Ge 1.8	33 As 2.0	34 Se 2.4	35 Br 2.8	36 Kr ....
37 Rb 0.8	38 Sr 1.0	39 Y 1.2	40 Zr 1.4	41 Nb 1.6	42 Mo 1.8	43 Tc 1.9	44 Ru 2.2	45 Rh 2.2	46 Pd 2.2	47 Ag 1.9	48 Cd 1.7	49 In 1.7	50 Sn 1.8	51 Sb 1.9	52 Te 2.1	53 I 2.5	54 Xe ....
55 Cs 0.7	56 Ba 0.9	57~71 La~Lu 1.1~1.2	72 Hf 1.3	73 Ta 1.5	74 W 1.7	75 Re 1.9	76 Os 2.2	77 Ir 2.2	78 Pt 2.2	79 Au 2.4	80 Hg 1.9	81 Tl 1.8	82 Pb 1.8	83 Bi 1.9	84 Po 2.0	85 At 2.2	86 Rn ....
87 Fr 0.7	88 Ra 0.9	89~103 Ac~Lr 1.1~1.3															

■ 表2-7 元素电负性差与离子性结合的关系

电负性差值	0.2	0.4	0.6	0.8	1.0	1.2	1.4	1.6	1.8	2.0	2.2	2.4	2.6	2.8	3.0	3.2
离子性结合/%	1	4	9	15	22	30	39	47	55	63	70	76	82	86	89	92

2.3.2 派生结合（物理键合）

派生结合，又称物理键合或次价键合，主要有范德华键合、氢键等。物理键合的作用力也是库仑引力，但在这些键合过程中不存在电子的交换，是电子在其原子或分子中的分布受到外界条件的影响导致分布不均匀而引起原子或分子的极性结合，强度很弱。

物理键合的大小直接影响物质的许多物理化学性质，如熔点、沸点、溶解度、表面吸附等。

2.3.2.1 范德华键合

范德华键又称分子键，它是电中性的原子或分子之间的非化学键长程作用力。原子或分子间的偶极相互作用是范德华键合的重要形式，图2-15说明了两个偶极正负两端的

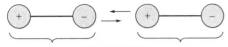

图2-15 两个偶极间的范德华键合作用

吸引作用。所有惰性气体原子在低温下就是通过范德华力而结合成晶体的。N_2、O_2、CO、Cl_2、Br_2 和 I_2 等由共价键结合而成的双原子分子在低温下聚集成所谓分子晶体，此时每个结点上有一个分子，相邻结点上的分子之间就存在着范德华力。正是此种范德华力使分子结合成分子晶体（分子键的名称即由此而来）。

范德华力按形成原因和特性可分为三部分：取向力、诱导力和色散力。

（1）取向力 为极性分子永久偶极之间的静电相互作用所产生的引力，其本质是静电引力，其作用能为12～21kJ/mol。取向力与下列因素有关：与分子的偶极距的平方成正比，即分子的极性越大，取向力越大；与绝对温度成反比，温度越高，取向力越弱；与分子间距离的6次方成反比，随分子间距离增大，取向力迅速递减。

（2）诱导力 诱导偶极与固有偶极间的作用力叫诱导力，其作用能为6～12kJ/mol。这种作用力存在于极性分子与非极性分子之间和极性分子与极性分子之间。在极性分子与非极性分子同时存在时，由于极性分子偶极所产生的电场对非极性分子的影响，使其电子云发生变形，即电子云被吸向极性分子偶极的正端，导致非极性分子的电子云与电荷平衡中心或原子核发生相对位移，致使原非极性分子中重合的正负电荷重心变得不重合了，从而产生偶极。这种电荷重心的相互移动叫做"变形"，因变形产生的偶极叫诱导偶极，以区别于极性分子中原有的固有偶极。另外，在极性分子与极性分子之间，除了取向力外，由于极性分子的相互影响，每个分子也会发生变形，产生诱导偶极，使极性分子的偶极矩增大，进而导致极性分子之间出现了除取向力以外的额外的吸引力，即诱导力。此外，诱导力也会出现在离子与分子和离子与离子之间。与取向力一样，诱导力的本质也是静电引力。诱导力与下列因素有关：与极性分子偶极距的平方成正比；与被诱导分子的变形性成正比，通常，分子中各原子核的外层电子壳越大（含重原子越多），则其在外来静电力的作用下越容易变形；与分子间距离的六次方成反比，随距离增大，诱导力迅速衰减。但诱导力与温度无关。

（3）色散力 色散力可看作是电中性原子或非极性分子的瞬时偶极矩相互作用的结果。如图2-16（a）所示，如果将核外电子的分布（或电子云的密度）看成是不随时间改变的固定分布，那么电中性原子的正电荷中心和负电荷中心在任何时刻都应该重合，因而不可能对其他原子或电子有静电引力。然而，实际上核外电子是在不断运动的，因而电子云的密度随时而变。在每一瞬间，负电荷中心并不和正电荷中心重合，这样就形成瞬时电偶极矩［图2-16（b）］，产生瞬时电场。这样，相邻原子间因瞬时感应电场的交互作用而使原子间产生了静电引力。这种引力就是范德华力中的色散力。

色散力存在于一切极性的与非极性的分子中，是范德华力中最普遍、最主要的一种力，在非极性高分子中，色散力甚至占分子间力的80%～100%。色散力具有加和性和普遍性。虽然一般小分子的色散作用能较小，为0.8～8.4kJ/mol，但由于色散力的加和性，随分子量增加，色散力增大，因此，高分子间的色散

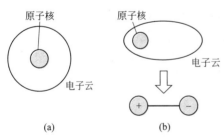

图2-16 电荷对称的原子（a）及产生诱导偶极的原子（b）

力非常大，有时甚至可能超过其主价力。色散力与下列因素有关：相互作用分子的变形性越大，色散力越大；相互作用分子的电离势越低，色散力越大；此外，色散力与分子间距离的六次方成反比，但与温度无关。

范德华力（分子间力）是决定物质的沸点、熔点、汽化热、熔化热、溶解度和表面张力等物理化学性质的重要因素。与化学键相比较，分子间相互作用能通常很小，数量级为10kJ/mol，作用力的范围为 $(3 \sim 5) \times 10^{-10}$m，没有方向性和饱和性。范德华力普通存在于惰性气体及分子性固体和液体之中，尽管这种引力非常小，但在由长链大分子构成的聚合物材料中，却具有十分重要的作用。

2.3.2.2 氢键结合

氢键是一种特殊类型的物理键，它比范德华键要强得多，但比化学键弱。在 HF、H_2O、NH_3 等物质中，分子内都是通过极性共价键结合的（见前面关于共价键的讨论），而分子之间则是通过氢键连接的。

图 2-17 是水的氢键结合模型。氢原子和氧原子以共价键结合，由于氢-氧原子间的共用电子对靠近氧原子而远离氢原子，又由于氢原子除去一个共价电子外就剩下一个没有任何核外电子作屏蔽的原子核（质子），于是这个没有屏蔽的氢原子核就会对相邻水分子中的氧原子外层未键合电子产生较强的静电引力（库仑引力），这个引力就是氢键，如图 2-17 中的虚线所示。氢键将相邻的水分子连接起来，起着桥梁的作用，故又称为氢桥。

从上面的讨论可知，形成氢键必须满足以下两个条件：①分子中必须含氢；②另一个元素必须是电负性很强的非金属元素（F、O 和 N 分别是 VII_B、VI_B 和 V_B 族的第一个元素）。这样才能形成极性分子，同时形成一个裸露的质子。

由图 2-17 可见，因分子有确定的几何形状，因此氢键结合是方向性的，由于氢键比范德华键强，所以氢键结合的物质，其液态的稳定温度范围比范德华键合的更宽。

氢键基本上还是属于静电吸引作用，它的键能一般在 41.8kJ/mol 以下，比化学键的键能要小得多，和分子间作用力的数量级相近，所以通常说氢键是较强的有方向的分子间作用力，但与分子间作用力有两点不同：饱和性和方向性。能够形式氢键的物质是很广泛的，如水、胺、羧、酸、无机酸、水合物、氨合物等。在生命体中具有意义的基本物质（蛋白质、脂肪、糖）都含有氢键。氢键主要存在于固体和液体中。

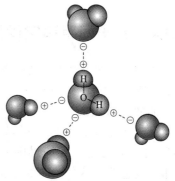

图2-17 H_2O 分子氢键结合模型

2.3.3 各种键性的比较

从上面的讨论可以看出，离子键、共价键和金属键都牵涉原子外层电子在原子间的交换和重新分布，这些电子在键合后不再仅仅属于原来的原子，因此，这三种键都称为化学键。相反，在形成范德华键和氢键时，原子的外层电子分布没有变化，或变化极小。它们仍然属于原来的原子（仍然绕原来的原子核运动）。因此，这两种键就称为物理键。一般来说，化学键最强，氢键次之，范德华键最弱。在化学研究中，为了方便地表示外界条件下（101.3kPa，298K），物质原子间相互作用的强弱，一般采用"键能"的概念。键能的定义为：在101.3kPa，298K条件下（理想气体，标准状态），断开1mol AB 为 A 和 B 过程的焓变，称为AB键的键能（严格地叫标准键离解能）。通用符号为 $\Delta H_{298}^{\ominus}$（AB）。

各种类型的键在键合时将伴随能量的改变（放出或吸收能量），每摩尔放出的能量的大小表示结合的强弱。各种键型所列物质的结合键能如表2-8所示。从表中可见化学键能较大，物理键能较小；在化学键中，以金属键能为最小，在所有键合中以范德华键能最小。这就是金属具有范性形变和能进行喷涂等性质，以及惰性气体在低温下凝聚容易升华的原因所在。

■ 表2-8 各种键型的键能比较

键的类型		物质	键能/kJ·mol⁻¹	物质	键能/kJ·mol⁻¹
基本结合	离子键	NaCl	772.3	NaF	909.2
		KCl	704.7	LiI	744.5
	共价键	金刚石	710.6	SiC	1183
		硼	480.7	水晶	192.3
	金属键	Na	108.3	Fe	392.9
		Au	284.2	W	501.6
派生结合	范德华键	Ne	2.17	H_2	10.20
		He	0.22	O_2	7.27
	氢键	H_2O	51.0	NH_3	35.1

2.3.4 原子间距和空间排列

虽然在双原子分子的情况下只有两个原子的键合和配位，但大部分材料是由许多原子配位而成的整体结构。原子间距和空间排列这两个因素很重要，下面将详细地予以讨论。

前面所讨论的是原子间吸引力将原子拉在一起；但是什么因素使原子避免继续靠近？从以前的图形和讨论可以明显地看到：一个原子中，在核的周围有非常大的"空间"。中子能穿过核反应堆中的燃料和其他材料，在许多原子间运动直至最后停止。这个事实就证明了这种空间的存在。

除了前面叙述过的原子间吸引力外，还存在原子间斥力，原子之间的空间是由原子间的斥力引起的。相互排斥的原因主要是当两个原子过于接近时，使太多的电子处于相互作用的区域。原子间斥力和引力相等时达到平衡，此时原子间的距离就是平衡间距。

2.3.4.1 原子间斥力和引力

通常用离子键来说明材料中引力和斥力的平衡。

两个点电荷间产生的库仑引力 F_C 与带电量 Z_1q 和 Z_2q 以及两者之间的距离 a_{1-2} 有关，其关系如下：

$$F_C = -K_0(Z_1q)(Z_2q)/a_{1-2}^2 \qquad (2\text{-}23)$$

式中，Z是价数（+或-）；q是1.672×10^{-19}C；K_0是比例常数，它取决于不同单位制。

两个原子（或离子）的电场间的斥力F_R也是距离的反函数，但是其幂次较高：

$$F_R = -bn/a_{1-2}^{n+1} \qquad (2\text{-}24)$$

式中，b和n分别为经验常数。在离子固体中，n近似为9。

比较起来，$F_C \propto a^{-2}$，而$F_R \propto a^{-10}$，因此，当原子间距较大时，引力占优势，而当原子间距较小时，斥力占优势［图2-18（a）］。平衡间距a'是平衡时的自然结果，此时

$$F_C + F_R = 0$$

如果增大间距，就需要张力来克服占优势的引力。相反，要使原子更加靠近，就要施加压力以抵抗迅速增加的电子斥力。

对于一对给定的原子或离子，平衡间距是一个十分特定的距离。当温度和其他因素控制得较好时，用X射线衍射可以测量到5位有效数。使这一距离拉长或压缩百分之一需要很大的力。根据杨氏模量，对铁需要应力2000MPa。正是由于这个原因，在讨论有关强度和原子排列的许多问题时，硬球为原子提供了一个有用的模型。

由于$E = \int F\mathrm{d}a$，因此图2-18（a）中的阴影面积等于图2-18（b）中能谷的深度。

2.3.4.2 键能

上述两种力的总和为我们提供了计算键能的基础［图2-18（b）］。由于力和距离的乘积是能量，

$$E = \int_{\infty}^{a}(F_C + F_R)\mathrm{d}a \qquad (2\text{-}25)$$

我们将原子间距为无穷大时的能量作为能量的参考点，$E_{a=\infty}=0$。当原子靠近时，将释放出能量，其值等于图2-18（a）中的阴影面积，放出能量的数量表示在图2-18（b）。不过要注意：在a'处，$F=\mathrm{d}E/\mathrm{d}a=0$，这是能量的最小值，因为要使原子继续靠近，必须再供给能量。能阱深度$E_{a=\infty}-E_{\min}$代表键能，因为当两个原子接近时（0K）应放出能量。

2.3.4.3 原子半径和离子半径

两个相邻原子中心的平衡距离可以认为是两个原子的半径之和（图2-19），由此可定义单质金属中的原子半径为1/2平衡间距，离子晶体中平衡间距为正、负离子半径之和（图2-20）。两相邻原子之间能量为最小值时的距离（即平衡间距）就是键长。例如在金属铁中，室温时两个原子中心间的平均距离为0.2482nm（或2.482Å）。既然两个原子是相同的，那么铁的原子半径就是0.1241nm。

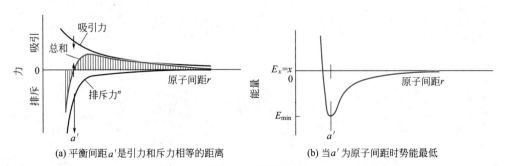

(a) 平衡间距a'是引力和斥力相等的距离　　　　(b) 当a'为原子间距时势能最低

图2-18　原子间距

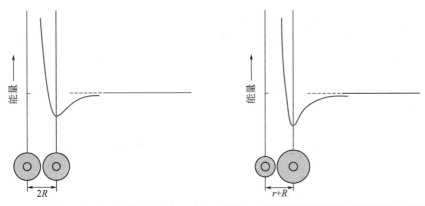

在纯金属中，所有原子具有相同的半径
图2-19　金属键长

在离子晶体中，因为两个相邻离子总是不相同的，所以半径也不同
图2-20　离子晶体键长

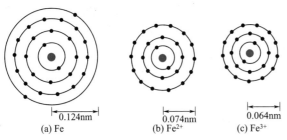

(a) Fe　0.124nm　　(b) Fe^{2+}　0.074nm　　(c) Fe^{3+}　0.064nm

图2-21　铁原子和离子大小示意图

有几个因素能改变原子中心之间的距离。第一个因素是温度。当能量增加而超过图2-18（b）中的最低点时，平均距离也将增大，因此能谷不是对称的。原子间平均距离的增大说明了材料具有热膨胀性。

影响原子间距（或离子半径）的第二个因素是离子价。二价铁离子（Fe^{2+}）的半径为0.074nm，它小于金属铁原子的半径（表2-9）。由于铁离子已经失去了2个外层价电子（图2-21），余下的24个电子将被仍保持26个正电荷的核拉得更紧。当再失去1个电子而成为三价离子（Fe^{3+}）时，可以看到原子间距将进一步减小。三价离子的半径为0.064nm，即只有金属铁原子的一半。

在负离子中，由于围绕核的电子数多于核中的质子数，因此，核对附加电子的吸引不像对原有电子那样紧密。负离子的半径大于相应的原子，且随离子价增加而增大。

■　表2-9　部分原子半径

元素	金属原子		离子			共价键	
	CN	半径/nm	价	CN	半径/nm	键长/2/nm	
碳						单键 双键 三键	0.077 0.065 0.06
硅			4+ 4+	6 4	0.042 0.038	单键	0.117
氧			2- 2- 2-	8 6 4	0.142 0.140 0.136	单键 双键	0.075 0.065
氯			2- 1- 1-	2 8 6	0.140 0.127 0.181	单键	0.099
钠	8	0.01875	1+	6	0.097		
镁	12	0.161	2+	6	0.066		

元　素	金属原子		离　子			共价键
	CN	半径/nm	价　CN		半径/nm	键长/2/nm
铝	12	0.1431	3+　6 3+　4		0.054 0.046	
铁	8 12	0.1241 0.127	2+　6 3+　6		0.074 0.064	
铜	12	0.1278	1+　6		0.096	

影响原子和离子大小的第三个因素是相邻原子的数目。当铁原子与8个相邻铁原子接触时（这是室温下的正常排列），铁的原子半径为0.1241nm。如果原子重新排列，使一个铁原子与另外12个铁原子接触，则每个原子的半径将略增至0.127nm。相邻原子数越多，来自邻近原子的电子斥力也越大，从而原子间距也增大（表2-9）。

在共价键合的材料中，通常不用原子半径这一名称，因为电子分布可以完全不是球形的。而且，由于键的方向性，原子配位的限制因素不是原子的大小，而是可能的电子对数目。即使如此，通过表2-9也可以比较某些原子间距。在具有C—C单键的乙烷中，核与核的间距是0.154nm。对比C═C双键的0.13nm和C≡C三键的0.12nm，因为复键的键能较大，这种变化是可以预料到的。

2.3.4.4　原子的空间排列与配位数

上述讨论大多是关于两个原子的双原子结合。但是，大部分工程材料是由许多原子组成的配位团构成的，因此我们必须将注意力集中在多原子团上。在分析材料中的原子键合时，常常用到"配位数"这个概念。配位数表示的是一个原子周围近邻原子的数目，而近邻原子的数目决定了材料中的空间排列方式。例如，碳的配位数为4，氢原子只有1个最近邻，所以，它们的配位数就只是1。图2-22中，Mg^{2+}的配位数为6。

原子配位数受两个因素控制，第一是共价键数。具体说，围绕一个原子的共价键数取决于原子的价电子数目。由于共价键不但具有饱和性，而且具有方向性，因此配位原子的数目及其所形成的共价键之间的夹角（非键合配位原子之间的距离），决定了材料中原子的空间排列方式。因此，周期表中Ⅶ族的卤素元素，在共价键合时只形成1个键，因此其配位数为1。Ⅵ族氧族的成员在分子中用两个键结合，通常其最大配位数为2（当然，氧可以通过双键只与一个其他原子配位）。由于元素氮位于Ⅴ族，它的最大配位数为3。最后，Ⅳ族中的碳和硅与其他原子有4个键，其最大配位数为4。

影响配位数的第二个因素是原子的有效堆积，这主要出现在离子键合和金属键合

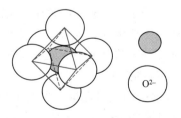

(a) 在每个镁离子(Mg^{2+})周围最多
有6个氧离子(O^{2-})

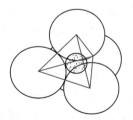

(b) 位于O^{2-}间的Si^{4+}的配位数只有4，
因为其离子大小比值小于0.414

图2-22　离子键合的配位数

的情况下。对于离子键合来讲由于带异种电荷的离子互相接近时将放出能量，因此只要不引起相同电荷离子间的强相互推斥力，即要求近邻异号离子尽可能地多，离子化合物通常具有高的配位数。这一点已由图2-10的NaCl说明，并再次由图2-22（a）中Mg^{2+}被O^{2-}包围的情况所说明。Mg^{2+}的离子半径r为0.066nm（表2-8），其值足以允许有6个O^{2-}（$R=0.140nm$）包围它而负离子之间不会互相直接"接触"。允许6个近邻而彼此互不干涉的最小半径比（r/R）为0.414（表2-10）。在离子化合物中，最常见的配位数为6（CN=6）。

■ 表2-10　配位数与最小半径比

配位数	半径比 r/R	配位数	半径比 r/R
3重	≥0.155	8重	≥0.732
4重	≥0.225	12重	1.0
6重	≥0.414		

2.4　多原子体系中电子的相互作用与稳定性

　　分子和晶体分别由几个（至少两个）或大量原子组成，因此我们通常面临的是由多个原子核和电子组成的复杂体系问题。分析这些问题的基本出发点仍然是薛定谔方程，加上泡利不相容原理。在此基础上即可求得在分子或晶体中电子的分布和能态。如同分析氢原子问题一样，关键还在于由薛定谔方程解出表征电子状态的波函数。但是，由于在分子或晶体中每个电子都是在多个核和其他各电子产生的复杂势场中运动，势函数往往难以确定。即使能求出一个比较准确的势函数，在求解薛定谔方程时也往往会遇到巨大的数学上的困难。因此，在分析分子和晶体问题时往往要做一些简化（或近似）的处理。这里，将近似后所得结果简单归纳如下。

　　① 各原子的内层电子状态基本上不受其他原子的影响，键合前后电子的能级和电子云分布基本上没有变化，或者说，内层电子是属于原子的，它们仍占据原子轨道（或非键合轨道），仍然用孤立原子的4个量子数描述其状态。

　　② 各原子的外层电子状态或多或少要受到其他原子的影响，影响程度取决于结合键的类型。范德华键影响最小，电子基本上占据各自的原子轨道。形成离子键时，电子转移到相邻原子而处于后者的原子轨道上，故仍属于单个原子。形成共价键和金属键时，外层电子的能级发生很大的变化：对分子来说，共价的电子能级分裂成两个或多个新的能级，形成所谓分子轨道。而对晶体来说，形成共价键或金属键的价电子能级分裂成大量的、相距甚近（即能量差甚小）的新能级，形成一个近乎连续的能带。

　　③ 外层（键合）电子的能量、角动量等力学量仍然只能取一些分立值，这些分立值也是用一组量子数表征，称为分子量子数，它不同于孤立原子的量子数。对共价分子来说，一组分子量子数就决定了一个分子轨道（即分子中价电子的一个能级）。分子和晶体中的电子都要服从泡利不相容原理，因而每个分子轨道上只能容纳两个自旋相反的键

合电子。

④ 在分子和晶体中相邻原子（或离子）之间的距离是一定的，称为平衡间距，因为它是原子间的引力和斥力达到平衡时的位置。图2-23示意地画出了两原子间的引力势、斥力势和总势能随原子间距离r的变化，总势能曲线的极小值处就对应着平衡间距r。

上面一般性地讨论了多原子体系的电子状态，下面将就不同的理论做具体讨论。

2.4.1 杂化轨道和分子轨道理论

2.4.1.1 杂化轨道理论

原子在化合成分子的过程中，为了实现电子云最大程度重叠，使形成的化学键强度更大，更有利于降低体系能量，往往趋向于将原有的原子轨道进一步线性组合成新的原子轨道，这种在一个原子中不同原子轨道的线性组合就称为原子轨道的杂化，杂化后的原子轨道称为杂化轨道。

原子在化合过程中，受其他原子的作用，原来的状态发生改变，从而使能量相近、轨道类型不同的原子轨道重新组合成新的杂化轨道。在组合过程中，轨道的数目不变，轨道在空间的分布方向和分布情况发生改变，轨道的能级状态也改变。组合所得的杂化轨道一般均和其他原子形成较强的σ键，使分子稳定地存在。由于杂化轨道由能量不同的原子轨道杂化形成，若组成的杂化轨道有的未被利用，以空轨道的形式存在，则一般不发生杂化，让电子处于低能级的轨道之中，所以杂化轨道一般均参加成键。这里将主要讨论等性杂化轨道，即每一杂化轨道中s、p、d等成分相等的杂化轨道。

原子轨道经过杂化，可使成键的电子云相对强度加大，因为杂化后的原子轨道沿着一个方向分布，更为集中，当与其他原子成键时，电子云重叠部分增大，成键能力增加。图2-24给出了碳原子的sp³杂化轨道等值线图，由此可见，杂化轨道角度部分相对最大数值有所增加，这就意味着相对成键强度增大。

两个杂化轨道的最大值之间的夹角θ可按下式计算：

$$\alpha+\beta\cos\theta+\gamma\left(\frac{3}{2}\cos^2\theta-\frac{1}{2}\right)+\delta\left(\frac{5}{2}\cos^3\theta-\frac{3}{2}\cos\theta\right)=0 \tag{2-26}$$

式中，α、β、γ、δ分别为杂化轨道中s、p、d、f轨道所占的分数。

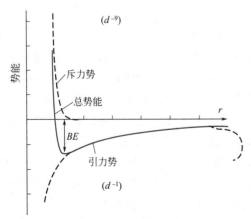

图2-23 两原子间的势能曲线

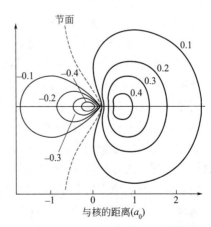

图2-24 碳原子的sp³杂化轨道等值线图

用杂化轨道了解配位原子的空间排列方式，即分子的几何构型非常方便，表2-11给出了若干种原子轨道的杂化作用和分子的几何构型。

■ 表2-11 原子轨道的杂化作用和分子的几何构型

中心原子的杂化轨道	配位原子的空间排列	实例	中心原子的杂化轨道	配位原子的空间排列	实例
sp_x	直线形	CO_2，N_3^-	$sp^3d_{x^2}$	三方双锥形	PF_5，SOF_4
$p_xd_{z^2}$	直线形	XeF_2	$sp^3d_{x^2-y^2}$	四方锥形	$Sb(C_6H_5)_5$
sp_xp_y	平面三角形	BF_3，SO_3，CO_3^{2-}	$sp^3d_{z^2}d_{x^2-y^2}$	八面体形	SF_6，SiF_4^{2-}
sp^3	四面体形	SiH_4，SO_4^{2-}	$sp^3d_{xz}d_{yz}d_{xy}$	五方双锥形	IF_7

表2-11中所列的杂化轨道除三个例外，其余对相同的配位体具有等同的成键能力，键的强度也是相同的，只不过空间取向有差异。三个例外的情况是：①三方双锥的$sp^3d_{z^2}$的杂化轨道包含两组不等同的轨道，三个处在水平的赤道位置，两个处在轴的位置，两组成键能力有差别，有时水平键较强，有时却较弱。例如PF_5中水平位置上P—F键的键长要短些，即键的强度要大些。②四方锥的$sp^3d_{x^2-y^2}$杂化轨道，底上的四个轨道是等同的，顶点上的一个轨道和底上四个轨道不同，所以在$Sb(C_6H_5)_5$中给出两种键长。③五方双锥的sp^3d^3杂化轨道，有五个等同的水平键和两个较强的轴上的键。IF_7分子稍有变形，五个赤道上的氟原子并不完全共平面，而两个轴上的氟原子与中心原子不是共直线，∠FIF=171°。

2.4.1.2 分子轨道理论

分子轨道理论要点如下。

① 分子中每个电子是在由各个原子核和其余电子组成的势场中运动，它的运动状态可用分子轨道ϕ描述。分子中每个电子都处在某一特定的分子轨道ϕ上，用ϕ来描述电子的运动状态和电子的分布，ϕ^2为电子在空间分布的概率密度，$\phi^2 d\tau$表示该电子在空间某点附近微体积元$d\tau$内的概率。

② 分子轨道ϕ可近似地用能量相近的原子轨道组合得到。这些原子轨道通过线性组合成分子轨道时，轨道数不变，轨道能量改变。两个能量相近的原子轨道组合成分子轨道时，能量低于原子轨道的称为成键轨道，高于原子轨道的称为反键轨道，等于原子轨道的称为非键轨道。

③ 分子中的电子根据泡利不相容原理、能量最低原理和洪特规则增填在分子轨道上。由两个原子轨道有效地组合成分子轨道时，必须满足能量相近、轨道最大重叠、对称性匹配这三个条件。所谓能量相近是指原子轨道的能量差越小越好，若原子轨道的能量相等，能够最有效地组成分子轨道，能量差越大，组成分子轨道的能力就越小。另外，当两个不同能级的原子轨道组成分子轨道时，能量降低的分子轨道必含有较多成分的低能级原子轨道，而能量升高的分子轨道则含有较多成分的高能级原子轨道。所谓轨道最大重叠就是使β积分增大，成键时体系降低能量较多，这就给两个轨道的重叠方向以一定的限制。所谓对称性匹配，就是指原子轨道重叠时，必须有相同的符号，图2-25（a）示出若干种满足对称性条件，有效地组成分子轨道的情况。图2-25（b）示出若干种不满足对称性条件的情况，这时，重叠区有一半是正正重叠，使能量降低，另一半是正负重叠，使能量升高，二者效果抵消，不能有效组成分子轨道。在上述三个条件中，对称性条件是首要的，它决定

这些原子轨道能否组合为成键轨道，而其他两个条件只决定组合的效率问题。

按照分子轨道沿键轴分布的特点，可以分为σ轨道、π轨道和δ轨道三种，图2-26示出沿键轴一端观看时三种轨道的特点。现将三种轨道分述如下。

（1）σ轨道和σ键　从H_2分子结构知道，两个氢原子的1s轨道线形组合成两个分子轨道，这两个轨道的分布是圆柱对称的，对称轴就是连接两个原子核的键轴。这种转动键轴不改变轨道符号和大小的分子轨道，称为σ轨道。

除s轨道可组成σ轨道以外，p轨道和p轨道，p轨道和s轨道也可以组成σ轨道。在σ轨道上的电子称为σ电子，由于在σ轨道上的稳定性而形成的共价键称为σ键。图2-27示意图表示出H_2^+、H_2和He_2^+通过σ键形成分子的情况。在H_2中，由两个σ电子占据成键轨道，称为双电子σ键。H_2^+不如H_2稳定，因为它只有一个电子占据低能级，容易接受外来电子形成H_2。而在He_2^+中，两个电子在成键轨道，一个电子在反键轨道，成键电子数超过反键电子数，故能够存在，光谱实验证明有He_2^+。这种由相应的成键和反键两个轨道中的三个电子组成的σ键称为三电子σ键。He_2是不存在的，因为它有四个电子，成键轨道的两个电子和反键轨道的两个电子能量升高和降低互相抵消了。由此可以推论，原子的内层电子在形成分子时成键和反键抵消，它们基本上仍在原来的原子轨道上。

（2）π轨道和π键　假定键轴是x轴，原子的p_y和p_z轨道的极大值方向均和键轴垂直。

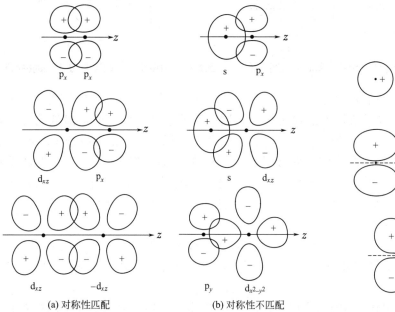

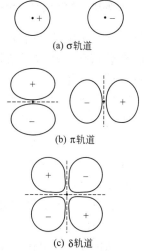

图2-25　轨道重叠时的对称性条件　　　图2-26　沿键轴一端观看时三种轨
道的特点（虚线表示节面）

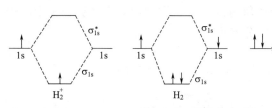

图2-27　H_2^+、H_2和He_2^+的电子排布图

当有两个原子沿x轴靠近，两个p_z轨道沿键轴方向肩并肩地重叠，若两轨道符号相同地相加，则可得图2-28上方所示的结果，此时通过键轴有一个Ψ为0的节面。但在键轴两侧电子云比较密集，能量较低，为成键轨道，以π_p表示。若两轨道相减，可得图2-28下方所示的结果，此时通过键轴也有一个Ψ为0的节面，而在两核之间波函数互相抵消，垂直键轴又出现一节面，这种轨道能量较高，称为反键轨道，以π_p^*表示。凡是通过键轴有一个Ψ为0的节面的轨道，都称为π轨道。在π轨道上的电子称为π电子，由成键π电子构成的共价键叫做π键。

（3）δ轨道和δ键　凡是通过键轴有两个Ψ为0的节面的分子轨道称为δ轨道。δ轨道不能由s或p原子轨道组成，但若键轴方向为z方向，则由两个d_{xy}或$d_{x^2-y^2}$轨道重叠而成的轨道是δ轨道。在某些过渡金属化合物中有这种分子轨道。图2-29表示由两个$d_{x^2-y^2}$轨道互相重叠形成δ轨道的示意图。

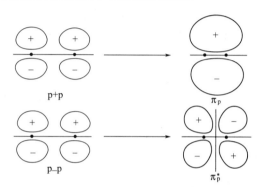

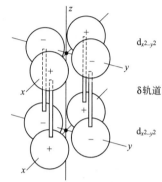

图2-28　由两个p轨道组成π_p和π_p^*示意图　　　**图2-29　由两个$d_{x^2-y^2}$轨道重叠而成的δ轨道**

分子轨道的能量是由以下两个因素决定的，即构成分子轨道的原子轨道类型和原子轨道的重叠情况。从原子轨道的能量考虑，在同核双原子分子中，能量最低的分子轨道是由1s原子轨道组合成分子轨道σ_{1s}和σ_{1s}^*，其次是由2s原子轨道组合成分子轨道σ_{2s}和σ_{2s}^*，再次是由2p原子轨道组合成三对分子轨道。从轨道重叠情况考虑，在核距离不是相当小的情况下，一般两个2s轨道或两个$2p_x$轨道之间的重叠比两个$2p_y$或$2p_z$轨道之间的重叠大，所以σ键的重叠比π键的重叠大，因此成键和反键π轨道间的能量间隔比成键和反键σ轨道间的能量间隔小。

根据分子轨道的能级次序，就可以按泡利原理、能量最低原理和洪特规则排出分子在基态时的电子组态。图2-30列出由第二周期各种原子形成的同核双原子分子的能级高低和电子排布情况。

对于异核双原子分子，由于不同的原子有不同的电子结构，它们不能像同核双原子分子那样，利用相同的原子轨道进行组合，但是组成分子轨道的条件仍须满足。异核原子间内层电子的能量可以相差很大，但最外层电子的能量总是相近的。异核原子间可利用最外层原子轨道组合成分子轨道。分子轨道理论对于认识分子中的价电子状态，解释材料的光化学和光物理现象十分有用。

2.4.2　费米能级

在绝对零度时（$T=0K$），金属中自由电子对能态的填充是从最低能级一直填充到称

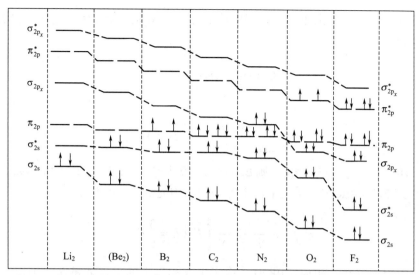

图2-30　由Li₂到F₂的同核双原子分子的能级和电子排布示意图

为费米能级 E_F 的最高能的。在热平衡时，金属自由电子中电子处在能量为 E 的状态的概率可用费米能进行描述。

$$f(E) = \frac{1}{e^{\frac{E-E_F}{k_B T}} + 1} \tag{2-27}$$

式中，$f(E)$ 称为费米分布函数；k_B 是玻耳兹曼常数；T 是绝对温度（K）；E_F 即是费米能。E_F 是温度 T 和电子数 N 的函数，当 $T \neq 0$ 时，在 $E = E_F$ 能级：

$$f(E_F) = \frac{1}{2} \tag{2-28}$$

表示在费米能级 E_F，被电子充填的概率和不被充填的概率是相等的。

图2-31是费米分布函数 $f(E)$ 在不同温度时的图像。图中横坐标是 $(E-E_F)$，纵坐标是 $f(E)$。我们看到，在 $T = 0$ K 时，$E < E_F$，$f(E) = 1$，能量等于和小于 E_F^0 的能级全部被电子占满；当 $E > E_F$，$f(E) = 0$，能级大于 E_F^0 的能级全部空着；当 $E = E_F$，$f(E_F)$ 发生陡直的变化。如果温度很低（如 $k_B T = 1$），$f(E)$ 从 $E \ll E_F$ 时的接近1的数值，下降到 $E \gg E_F$ 时的接近0的数值，函数 $f(E)$ 在 $E = E_F$ 附近发生很大的变化。随温度上升（如 $k_B T = 2.5$），函数 $f(E)$ 发生大变化的能量范围变宽。

根据自由电子的能级密度关系 $\frac{dz}{dE} = CE^{\frac{1}{2}}$，则系统中能量在 E 和 $E+dE$ 之间分布的电子数为：

$$dN = c\sqrt{E}\,f(E)\,dE \tag{2-29}$$

其中，在 $T = 0$ K 时，当 $E < E_F$，$f(E) = 1$，则：

$$dN = C\sqrt{E}\,dE \tag{2-30}$$

此时，令系统的总电子数为 N，则：

$$N = C\int_0^{E_F^0} \sqrt{E}\,dE = \frac{2}{3}C(E_F^0)^{\frac{3}{2}} \tag{2-31}$$

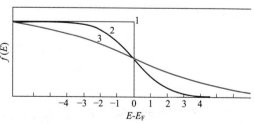

图2-31　不同温度的费米分布函数

其中，1—$T = 0$；2—$k_B T = 1$；3—$k_B T = 2.5$

式（2-31）中，积分上限 E_F^0 代表 0K 时系统的费米能。令 $n = N/V_0$ 代表单位体积中的自由电子数，由

$$C = 4\pi V_c (2m)^{\frac{3}{2}} / h^3 \tag{2-32}$$

则有：

$$E_F^0 = \frac{h^2}{2m} \left(\frac{3n}{8\pi} \right)^{\frac{2}{3}} = \frac{\hbar^2}{2m} (3n\pi^2)^{\frac{2}{3}} \tag{2-33}$$

设 $n = 10^{28} \mathrm{m}^{-3}$，$m = 9 \times 10^{-31} \mathrm{kg}$，则 E_F 的数量级大约是几个电子伏特，如金属钠为 3.1eV，金为 5.5eV。0K 时，系统中自由电子的平均能量（E_0）是：

$$E_{\mathrm{kin}} = \frac{\int E \mathrm{d}N}{N} = \frac{C}{N} \int_0^{E_F^0} E^{\frac{3}{2}} \mathrm{d}E = \frac{3}{5} E_F^0 \tag{2-34}$$

由式（2-34）可知，即使在 0K 时，电子仍有相当大的平均能量（即平均动能），但按照经典统计理论此平均能量等于零。这是由于电子在填充时必须满足泡利不相容原理，每个状态只能容纳两个自旋方向相反的电子，因此在 0K 时，不可能所有的电子都填在最低的能量状态。

再结合图 2-31，讨论温度 $T \neq 0\mathrm{K}$、但 $k_B T \ll E_F$ 的情况。此时能量 E 大于 E_F 的能级可能有电子，能量 E 小于 E_F 的能级可能是空的，系统的总电子数 N 等于能量从零到无限大范围各个能级上电子数之总和，即：

$$N = \int_0^{\infty} C f(E) E^{\frac{1}{2}} \mathrm{d}E \tag{2-35}$$

经过分步积分后得到：

$$N = -\frac{2}{3} C \int_0^{\infty} E^{\frac{3}{2}} \frac{\partial f}{\partial E} \mathrm{d}E \tag{2-36}$$

最后得到：

$$N = \frac{2}{3} C E_F^{\frac{3}{2}} \left[1 + \frac{\pi^2}{8} (k_B T / E_F)^2 \right] \tag{2-37}$$

由于系统的电子数相同，结合式（2-31）有：

$$(E_F^0)^{\frac{3}{2}} = E_F^{\frac{3}{2}} \left(1 + \frac{\pi^2}{8} \frac{(k_B T)^2}{E_F^2} \right) \tag{2-38}$$

利用 $k_B T \ll E_F$，最后得：

$$E_F \approx E_F^0 \left[1 - \frac{\pi^2}{12} \frac{k_B^2 T^2}{(E_F^0)^2} \right] \tag{2-39}$$

由此可以看出，当温度升高时，E_F 比 E_F^0 小。对于金属而言，费米能 E_F 是几个到十几个电子伏特，相应的费米温度 $T_F = E_F / k_B$，在 $10^4 \sim 10^5 ℃$。所以在一般温度 T（室温或金属熔点温度以下），$k_B T \ll E_F$ 的条件总是能够满足的，E_F 和 E_F^0 的数值是相近的，故可以认为金属费米能不随温度变化。

对于自由电子来说，等能面是球面，特别有意义的是$E=E_F$的等能面，这称为费米面，它是k-空间的球面，其半径：

$$k_F = \sqrt{2mE_F}/\hbar \qquad (2-40)$$

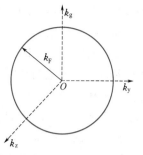

图2-32　自由电子气的费米球面

如图2-32所示。在$T=0K$时，费米球面E_F以内的状态都被电子占据，球外没有电子。根据上面计算，在$T \neq 0K$时，费米球面的半径k_F比$T=0K$时费米面半径k_F^0小，此时费米面以内能量离E_F约k_BT范围的能级上的电子将被激发到E_F之上约k_BT范围的能级。

2.4.3　固体中的能带

通过对氢分子的分析得到，当两个原子趋近而形成分子时，孤立原子的每个能级会分裂成两个能级：成键能级E_s和反键能级E_a。这两个能级相对于原子能级E_0的差值（E_0-E_s）和（E_a-E_0）取决于两个原子间的距离。按类似的分析方法不难推知，当3个、4个或N个原子由远趋近而形成分子或原子集团时，每个非简并的原子能级将相应地分裂成3个、4个或N个能级，而最高和最低能级相对于原子能级的差值只取决于原子间的距离，与原子数无关。这样，原子数越多，相邻能级间距离就越小（能级越密）。对于1mol固体来说，$N=6.02 \times 10^{23}$，因而相邻能级间的距离就非常小，近乎是连续的。也就是说，每个原子的s能级将展宽成包含6.02×10^{23}条能级的近连续能带，称为s带；每个原子的p能级将展宽成包含3N条能级的近连续能带，称为p带……带的宽度只取决于原子间的距离。作为一个例子，图2-33中分别示意地画出了由Li原子形成假想的Li_2分子以及固体Li时能级的分裂和能带的形成过程。

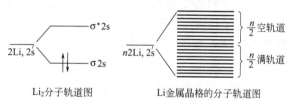

Li$_2$分子轨道图　　　　Li金属晶格的分子轨道图

图2-33　锂分子的能级和固体锂的能带

由于能级分裂是相邻原子的各轨道相互作用（或电子云交叠）的结果，因而当原子间距等于实际固体中原子的平衡间距时，只有外层（和次外层）的电子的能级有显著的相互作用而展宽成带，内层电子仍处于分立的原子能级上，如图2-34所示。人们通常把由价电子（即参加化学键合的电子）的原子能级展宽而成的带称为价带，由价电子能级以上的空能级展宽而成的带则称为导带。

电子填充能带时仍然遵从能量最低

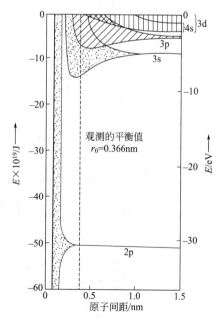

图2-34　外层和内层电子的能量分布与原子间距的关系

原则和泡利不相容原理，即电子尽量占据能带底部的低能级，但每个能级上最多只能有两个自旋相反的电子。

在平衡原子间距时，相邻能带（特别是价带和导带）的相对位置对固体的性质有很大的影响。根据这两个能带所对应的原子能级的能量间隔和固体中平衡的原子间距，可能有两种相对位置：一是交叠；二是两带分开。两个分开能带之间的能量间隔 ΔE_g 称为能隙，或称禁带，因为固体中的价电子能量不允许在这个范围内（见图2-35）。

能带理论常用来定性说明导体、绝缘体和半导体的区别（参见图2-35）。

导体的特点是外电场能改变价电子的速度分布或能量分布，造成价电子的定向流动。这有两种情形：一种情形是固体中的价电子浓度（即平均每个原子的价电子数）比较低，没有填满价带。例如，一价的金属锂中价电子就只填充了2s带中的一半能级（位于能带底部的能级），因而在很小的外电场作用下最高的被填充能级（费米能级 E_F）上的电子就能跃迁到相邻的空能级上，从而其下层能级上的价电子又能跃迁到上一层，依次类推，这样就改变了价电子的能量和速度分布，形成定向电流。另一种导电的情形是价带和导带交叠，因而在外电场作用下电子能填入导带。例如在二价的金属铍中，价电子数恰好能填满2s带，如果在2s和2p带间存在着能隙 ΔE_g，那么电子就不能在外电场作用下由2s带跃迁到2p带。既然外电场不能改变电子的速度（和能量）分布，铍就将是绝缘体。然而事实上铍是导体，原因就在于铍的价带（2s带）和导带（2p带）交叠，没有能隙，故在外电场作用下费米能级上的电子能填入2p带的底部能级上，依次类推，从而改变了价电子的速度和能量分布。绝缘体的特点是在价带与导带间存在着较大的能隙 ΔE_g，而价带又被电子填满，因而通常情形下外场不能改变电子的速度和能量分布。半导体的能带结构和绝缘体类似，即价带被电子填满，它与导带间有一定的能隙 ΔE_g，但 ΔE_g 比较小（一般小于2eV）。半导体为什么有一定的导电性呢？有三种情形（图2-36）。

① ΔE_g 非常小，热激活就足以使价带中费米能级上的电子跃迁到导带底部，同时在

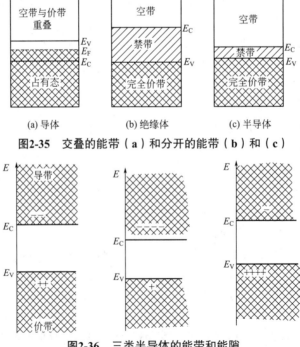

图2-35　交叠的能带（a）和分开的能带（b）和（c）

图2-36　三类半导体的能带和能隙

价带中留下"电子空穴"。于是，在外电场作用下，导带中的电子和价带中的电子空穴都可以向相邻的能级迁移，从而改变价电子的速度和能量分布。这样的半导体就称为本征半导体。

② ΔE_g 比较小，在能隙中存在着由高价杂质元素产生的新能级。热激活中以使电子从杂质能级跃迁到导带底部。于是，在外电场作用下，通过导带中电子的迁移而导电。这样的半导体就称为 N 型半导体，而杂质原子称为"施主"原子。

③ ΔE_g 比较小，在能隙中存在着由低价杂质元素产生的新能级。热激活足以使价带中费米能级上的电子跃迁到杂质能级，从而在价带中留下电子空穴。于是在外电场作用下，通过价带中的电子空穴的迁移也产生电流。由于电子空穴的行为类似于带正电荷的粒子，故这类半导体称为 P 型半导体，而杂质原子称为"受主"原子。

值得指出的是，固体中能带的存在是有实验证据的，这就是固体的软 X 射线谱实验。我们知道，用高能粒子轰击原子时会发出具有特定波长的 X 射线，其频率由公式 $E_1-E_2=h\nu$ 决定，式中 E_1 和 E_2 分别是外层和内层电子的能级。现在，如果用高能粒子轰击某些原子序数较小的固体材料，如 Li、Be、Al 等，那么由于外层电子不再在一个具有确定能量 E_1 的原子能级上，而是具有连续能量，因而由外层电子跃迁到内层而发出的 X 射线也就不再是具有特定波长的 X 射线，而是具有连续波长的 X 射线谱。由于波长比较长（约为 10nm），故称为软 X 射线。这样，根据软 X 射线谱的宽度即可求出能带宽度，而发射谱在短波方面的尖锐边缘（短波限）就相当于价带中的费米能级。图 2-37 给出了若干固体的软 X 射线发射谱。

小 **故** 事

一波四折——
**半导体材料的
诞生历程**

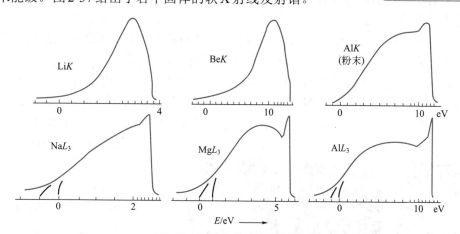

图2-37　固体的软X射线发射谱

2.5　固体中的原子有序

2.5.1　晶体的特点与性质

自然界的物质中晶体是非常广泛的存在形式。固体物质绝大多数是晶体，气体、液体和非晶物质在一定条件下也可以转变成晶体。晶体是由原子（或离子、分子）在空间周期性长程有序排列构成的固体物质。在晶体中，原子（或离子、分子）按照一定的方式作周期性排列，即按一定的间距及方位重复有序地出现于较长尺度空间，且这种排列具有三维空间的周期性。几乎所有金属、大部分陶瓷以及一些聚合物在其凝固时都要发生结晶，从而形成有序排列的晶体。结构简单、规整性高、相互间作用力强的组分易于结晶。在固体物质中有些是非晶体，如玻璃、塑料和松香等，在它们内部原子像液体那样杂乱无章地分布，基本没有周期性排列的规律，可以看作过冷液体，称为玻璃体或非晶态物质。

晶体的周期性结构，使晶体具有下列共同的性质：确定的熔点；自发地形成规则多面体外形的能力；稳定性，即晶体中的化学成分处于热力学上的能量最低状态；各向异性，即在晶体中不同的方向上呈现不同的物理性质；均匀性，即同一晶体各部分的宏观性质相同。所以晶体是一种均匀而各向异性的结构稳定的固体。晶体的均匀性来源于晶体中原子周期地排布，因其周期很小，宏观观察分辨不出微观的不连续性。气体、液体和玻璃体也有均匀性，那是由于原子杂乱无章地分布，其均匀性来源于原子分布的统计规律。

2.5.2 晶体几何学基础

2.5.2.1 晶体的对称元素

对称性是自然界许多事物的基本属性之一。生长良好的晶体外形常呈某种对称性，图2-38中若干雪花晶体的外貌都显示出很好的宏观对称性。晶体外形的宏观对称性是其内部晶体结构微观对称性的表现。

每一对称形体都有一组相应的对称元素，组成对称元素系。因此可按照晶体所具有的对称元素系，对晶体进行分类，以便了解晶体的结构和性质。

所谓对称即是指相同部分的有规律重复。不改变其任两点间距离的操作而能完全复原的图形即为对称图形；能使图形自身重合复原的操作称为对称操作；一组操作依据的不动的点、线、面称为对称元素。常见的对称操作及对称元素（图2-39）如下。

① 反演操作——对称中心（点）。

② 旋转操作——n重旋转轴（线），n为360°可旋转的整次数。

③ 反映操作——镜面。

④ 旋转反演操作——n重反轴，由n重旋转与反演两种对称操作组成。

⑤ 平移操作——点阵（平移轴），沿图形中连接任何两点的矢量进行平移，图形能复原。

⑥ 旋转平移操作——n重螺旋轴，由n重旋转与平移两种对称操作组成。

图2-38 雪花晶体外貌

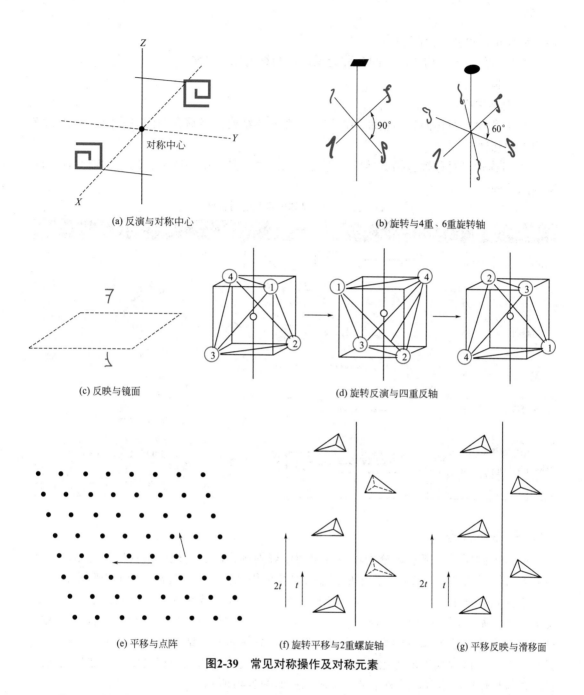

(a) 反演与对称中心　　　　　　　　　　　(b) 旋转与4重、6重旋转轴

(c) 反映与镜面　　　　　　　　　　　(d) 旋转反演与四重反轴

(e) 平移与点阵　　　　　(f) 旋转平移与2重螺旋轴　　　　(g) 平移反映与滑移面

图2-39　常见对称操作及对称元素

⑦ 平移反映操作——滑移面，由反映和平移两种对称操作组成。

分子结构的对称性只有前四种类型的对称操作和对称元素。

晶体结构最基本的特点是具有空间点阵结构，晶体的点阵结构使得晶体的对称性和分子的对称性有差别。

晶体的点阵结构，包括了平移的对称操作。一方面，在分子结构的前四种类型的对称操作和对称元素基础上，晶体结构的对称性还增加了后三种类型的对称操作和对称元素；另一方面，晶体的对称操作和对称元素必须受点阵的制约。在晶体结构中存在的对称轴，包括旋转轴、螺旋轴和反轴，只有轴次为1、2、3、4、6几种。而滑移面和螺旋轴的滑移量，也要受点阵制约。

因此，在晶体结构中出现的对称元素，可归纳为以下几种。

① 点阵。

② 对称中心。

③ 对称面。对称面包括镜面和滑移面，在晶体结构中能够存在的对称面只有表2-12中列出的几种。

④ 对称轴。对称轴包括旋转轴、螺旋轴和反轴。晶体中能够存在的对称轴有表2-13所列的几种。

■ 表2-12 晶体中存在的对称面

名　称	国际记号	符　号	滑　移　量
镜面	m	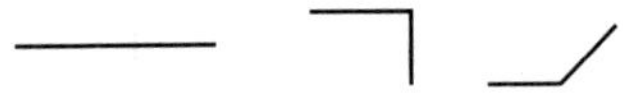	
轴滑移面	a	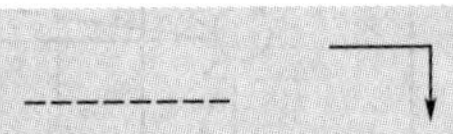	$\frac{1}{2}a$
	b	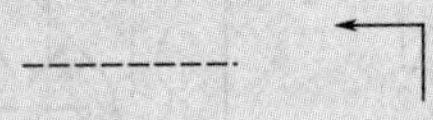	$\frac{1}{2}b$
	c		$\frac{1}{2}c$
对角滑移面	n		$\frac{1}{2}(a+b)$，或 $\frac{1}{2}(a+c)$， 或 $\frac{1}{2}(b+c)$，或 $\frac{1}{2}(a+b+c)$
金刚石滑移面	d	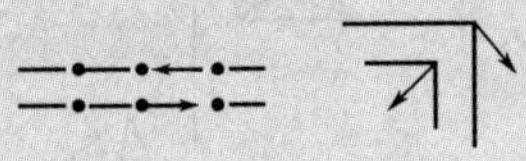	$\frac{1}{4}(a\pm b)$，或 $\frac{1}{4}(b\pm c)$ 或 $\frac{1}{4}(a\pm c)$

2.5.2.2 空间点阵

晶体内的原子、离子、分子在三维空间作规则排列，这个规则本身指的是相同的部分具有直线周期平移的特点。为了概括晶体结构的周期性，人们提出了空间点阵学说。

空间点阵学说认为，一个理想晶体由完全相同的称作基元的结构单元在空间无限重复而构成。基元可以是原子、离子、分子或原子基团，同一晶体中的所有基元是等同的，即它们的组成、位形和取向都是相同的。因此，晶体的内部结构可抽象为由一些相同的几何点在空间做周期性的无限分布，几何点可以代表基元的某个相同位置，这些几何点的总体就称作空间点阵，简称点阵。点阵示意如图2-40所示。

为了简明地描述晶体中微粒的空间排列，引入了空间点阵的概念。可见，空间点阵是实际晶体结构的数学抽象，是一种空间几何构图。它突出了晶体结构中微粒排列的周期性这一基本特点。因此，在谈及晶体结构时离不开空间点阵。但只有点阵而无构成晶体的物理实体微粒——基元，则不会成为晶体。在讨论晶体时二者缺一不可，显然可得到如下的逻辑关系：

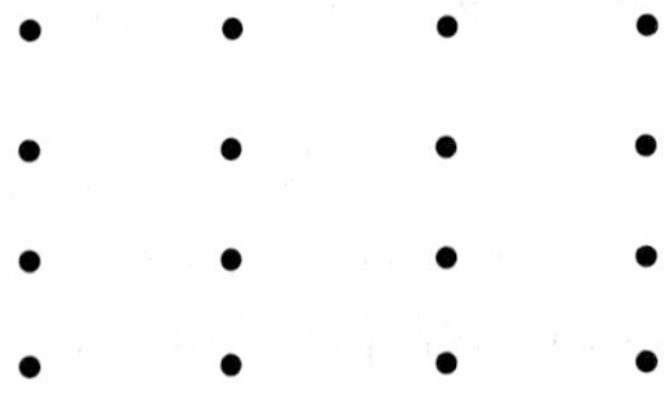

点阵＋基元＝晶体结构

图2-40　点阵示意图

此处的基元就是指构成晶体的重复出现的原

■ 表2-13 晶体中存在的对称轴

名称	国际记号	符号	滑移量[1]及附注	名称	国际记号	符号	滑移量[1]及附注
一重旋转轴	1			四重螺旋轴	4_1		$\dfrac{1}{4}c$
一重反轴	$\bar{1}$	○	即对称中心		4_2		$\dfrac{2}{4}c$
二重旋转轴	2				4_3		$\dfrac{3}{4}c$
二重反轴	$\bar{2}$		即镜面	六重旋转轴	6		
二重螺旋轴	2_1		$\dfrac{1}{2}c$	六重反轴	$\bar{6}$		即 3+2
三重旋转轴	3			六重螺旋轴	6_1		$\dfrac{1}{6}c$
三重反轴	$\bar{3}$		即 3+i		6_2		$\dfrac{2}{6}c$
三重螺旋轴	3_1		$\dfrac{1}{3}c$		6_3		$\dfrac{3}{6}c$
	3_2		$\dfrac{2}{3}c$		6_4		$\dfrac{4}{6}c$
四重旋转轴	4				6_5		$\dfrac{5}{6}c$
四重反轴	$\bar{4}$						

子、离子、分子或原子基团。图2-41（a）表示由两个原子组成的一个基元，图2-41（b）中代表基元的任何确定位置的黑点总体就构成点阵。就是说，在每个黑点（称作阵点）上安置具体的基元，就得到了具体的晶体结构。空间点阵是一种数学抽象，便于用来概括各种晶体结构的周期性。

整个晶体结构可看作由代表基元的阵点沿空间三个不同的方向，按一定的距离周期性地平移而构成。如图2-42所示。因此，其空间点阵可用点阵矢量 $\boldsymbol{R}$ 的诸点列阵表示：

$$\boldsymbol{R}=n_1\boldsymbol{a}+n_2\boldsymbol{b}+n_3\boldsymbol{c}$$

式中，n_1，n_2，n_3 为任意整数；$\boldsymbol{a}$，$\boldsymbol{b}$，$\boldsymbol{c}$ 是以任一阵点为原点、3个不共面方向上的单位矢量（基矢）。$\boldsymbol{R}$ 即是该空间点阵所具有的一个平移矢量，能使一个点阵复原的全部平移矢量的集合 $\{\boldsymbol{R}\}$ 构成一个平移群。

从前面的讨论可知，点阵概括了理想晶体结构上的周期性，而这样的理想晶体实际上并不存在。只有在绝对零度下，在忽略了表面原子与体内原子的差别，并忽略了体内原子在排列时具有少量的不规则性时，理想晶体才是实际晶体的较好近似。

2.5.2.3 晶胞、晶系和空间点阵形式

按照晶体内部结构的周期性，划分出一个个大小和形状完全一样的平行六面体，以代表晶体结构的基本重复单位，叫做晶胞。整个晶体可看成是按晶胞在三维空间周期地重复排列堆砌而成的。晶胞一定是一个平行六面体，但三条边的长度不一定相等，也不一定互相垂直。晶胞的形状和大小由晶体的结构决定。平行六面体的划分方式当然可以

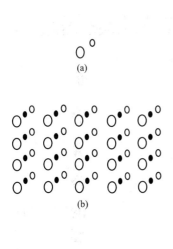

(a)

(b)

图2-41　基元与点阵的关系图

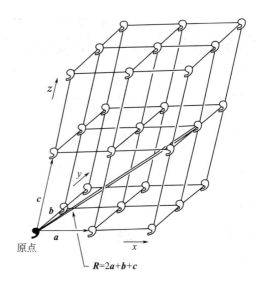

原点

$R=2a+b+c$

图2-42　空间点阵及点阵矢量

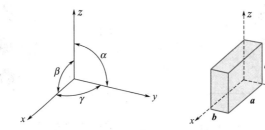

图2-43　晶轴与单位晶胞边长

有多种，但在实际确定晶胞时，是按一定原则进行的：一是尽可能反映晶体内部结构的对称性；二是尽可能选取对称性高的素单位（仅含一个阵点）。由于晶胞是晶体内部结构的基本重复单位，因此研究晶体结构只要了解晶胞的两个基本要素就可知道整个晶体的空间结构了。一个要素是晶胞的大小和形状，另一个要素是晶胞内部各个原子的坐标位置。

晶胞由晶体空间点阵中3个不相平行的单位矢量a、b、c所规定，其大小形状用晶胞的3个边的长度a、b、c和3个边之间的夹角α、β、γ来表示（图2-43），这6个参数通常称为晶格常数。在晶胞中原子的坐标位置通常用分数坐标(u, v, w)表示，由于晶胞原点指向原子的矢量r可用单位矢量a、b、c表达，即$r=ua+vb+wc$，其中u、v、w均不大于1，故称为分数坐标。

晶胞的类型一共有7种，分别和7个晶系对应。每个晶系有它自己的特征对称元素，按其特征对称元素的差异和有无，可沿表2-14中从上而下的顺序划分晶系，并根据特征对称元素选择晶体的坐标轴x、y、z，它们分别和单位矢量a、b、c平行。

在空间点阵结构中，必可划出和7个晶系相当的平行六面体晶胞单位。但结果是，有的晶胞只含一个点阵点，这样的晶胞即为素晶胞；有的晶胞中则含两个或两个以上的点阵点，才能和表2-14规定的对晶胞的要求相符合，这样的晶胞是复晶胞。实际上，7个晶系总共具有14种空间点阵形式，常称为布拉菲点阵，如图2-44所示。

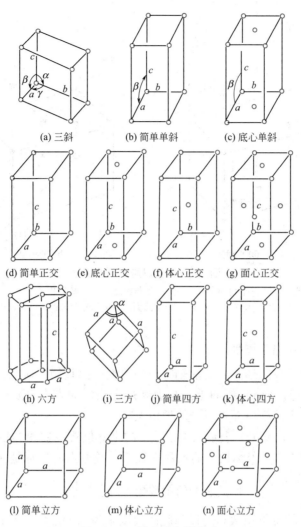

(a) 三斜　　　(b) 简单单斜　　　(c) 底心单斜

(d) 简单正交　(e) 底心正交　(f) 体心正交　(g) 面心正交

(h) 六方　　(i) 三方　　(j) 简单四方　(k) 体心四方

(l) 简单立方　　(m) 体心立方　　(n) 面心立方

图2-44　14种空间点阵形式

■ **表2-14　晶系的划分和选轴的方法**

晶系	特征对称元素	晶胞类型	选择晶轴的方法
立方	四个按立方体的对角线取向的三重对称轴	$a=b=c$ $\alpha=\beta=\gamma=90°$	四个三重轴和立方体的四个对角线平行，立方体的三个互相垂直的边即为 a，b，c 的方向
六方	六重对称轴	$a=b\neq c$ $\alpha=\beta=90°$ $\gamma=120°$	c // 六重轴，a，b // 二重轴，或⊥对称面，或⊥c的恰当的晶棱
四方	四重对称轴	$a=b\neq c$ $\alpha=\beta=\gamma=90°$	c // 四重轴，a，b // 二重轴，或⊥对称面，或⊥c的恰当的晶棱
三方	三重对称轴	菱面体晶胞 $a=b=c$ $\alpha=\beta=\gamma<120°\neq90°$	a，b，c 选三个与三重轴交成等角的晶棱
正交	两个互相垂直的对称面或三个互相垂直的二重对称轴	$a\neq b\neq c$ $\alpha=\beta=\gamma=90°$	a，b，c // 二重轴或⊥对称面
单斜	二重对称轴或对称面	$a\neq b\neq c$ $\alpha=\gamma=90°\neq\beta$	b // 二重轴或⊥对称面 a，c⊥b轴的晶棱
三斜	无	$a\neq b\neq c$ $\alpha\neq\beta\neq\gamma\neq90°$	a，b，c 选三个不共面的晶棱

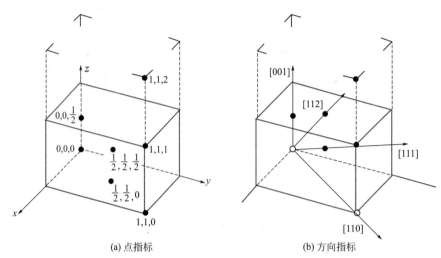

(a) 点指标　　　　　　　　　　　　(b) 方向指标

图2-45　正交晶胞中点的定位

在正交晶胞中原点一般选在后面左下角顶点上，但并不是非如此不可。规定用方括号［uvw］表示晶向，用尖括号＜uvw＞表示晶向族，用圆括号（uvw）表示晶面。并用逗号分开的u，v，w表示点的位置。

2.5.2.4　晶向指数和晶面指数

（1）**晶胞定位**　　按照通常确定晶轴方位的习惯，当我们面对晶体时，x轴指向我们，y轴指向我们的右边，而z轴则向上。与上述规定相反的方向是负方向。因此，按照习惯，原点的位置位于晶胞后面左下方的顶角上。

要用分数坐标（u，v，w）表示晶胞中原子的坐标位置，如图2-45（a）所示，即晶胞内的每一点都用其在3个坐标轴上的系数来表示。故原点的坐标是（0，0，0）。由于晶胞中心点的位置是$\left(\dfrac{a}{2}, \dfrac{b}{2}, \dfrac{c}{2}\right)$，因此它们的系数是$\dfrac{1}{2}$，$\dfrac{1}{2}$，$\dfrac{1}{2}$，其坐标常记为$\left(\dfrac{1}{2}, \dfrac{1}{2}, \dfrac{1}{2}\right)$。可见，晶胞中原子的定位系数总是以晶胞的尺度来表示。因此，不管是立方的、正方的还是正交的晶系的晶胞内，离原点最远的顶角点的系数是1，1，1。

（2）**晶向指数**　　晶向是一根从原点出发通过某一点的射线或矢量［图2-45（b）］，晶向在晶胞各轴上投影的最低的一组整数称为晶向指数。通常用方括号［uvw］来表示晶向指数，字母u，v，w分别表示x，y，z三个主方向上的指数。因此，［111］晶向就是从（0，0，0）点出发通过（1，1，1）点的射线，当然这个晶向的射线也通过$\left(\dfrac{1}{2}, \dfrac{1}{2}, \dfrac{1}{2}\right)$和（2，2，2）点。同样［112］晶向通过$\left(\dfrac{1}{2}, \dfrac{1}{2}, 1\right)$点。可见，用整数来标记更为简明。相互平行的晶向其指数是相同的。最后要注意，对于负的指数，是在其上加一横线来表示。如［11$\bar{1}$］晶向在z轴上的分量是负值。晶向指数的确定方法如下。

① 将矢量定位于适当的坐标系，让其通过原点及晶胞面。选用与此保持平行的矢量也不会对结果产生影响。

② 依次确定矢量在x、y、z轴上的投影长度，分别用晶胞尺度a、b、c为单位表示。

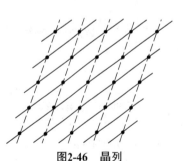

图2-46　晶列

③ 将投影长度去掉单位后的3个数字通分并去掉分母，成无公约数的3个最小整数。

④ 将3个整数加上方括号即为晶向指数，其间不加逗号分隔。

另一方面，空间点阵的阵点可以看成分列在一系列相互平行的直线系上，这些直线系称为晶列。图2-46用实线和虚线表示出了两个不同的晶列。由此可见，同一个点阵可以形成方向不同的多个晶列。每一个晶列都定义了一个方向，即为晶向。

在晶体中原子密度相同的晶向（即与对称性相联系的原子排列相同，但空间方向不同的所有晶向）属于同一个晶向族，记为$\langle uvw \rangle$，例如立方晶体的四根对角线$[111]$、$[1\bar{1}1]$、$[\bar{1}11]$ $[\bar{1}\bar{1}1]$ 都属于$\langle 111 \rangle$晶向族。

例题 2-1

在立方晶胞中画出$[122]$晶向。

解：将晶向指数分别除以2，即1/2　1　1；

画出立方晶胞，从原点在x、y、z轴上分别取1/2、1、1，即为P点；

作原点至P点的射线即得。

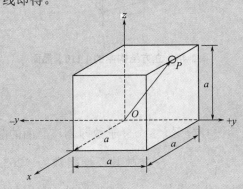

（3）晶面指数　晶体内空间点阵的阵点可以从各个方向被划分成许多组平行且等距的平面点阵。这些平面点阵所处的平面称为晶面。所有彼此平行的晶面构成晶面组。

晶面具有以下两个特点：

① 晶面组一经划定，所有阵点全部包含在晶面组中而无遗漏；

② 一组晶面平行且两两等距，这是空间点阵周期性的必然结果。

晶体的这些平面与材料的性能和行为有密切的关系，因此，需要对晶体内各种不同的平面进行识别。点阵平面除构成晶胞轮廓的那些平面外，还有许多其他的晶面，如图2-47所示的晶面标以（010），图2-48所示的晶面标以（110），圆括号中的数字（hkl）被称作晶面指数（或密勒指数）。

晶面指数是晶面在3个晶轴上的截距倒数之比。晶面指数的确定方法如下。

① 选晶胞的某一顶点为原点，三条棱边分别为x、y和z轴。

② 写出该晶面与x、y、z轴相交的截距。为了避免出现零截距，所选的原点一定要在被标定的晶面之外。

③ 取各截距的倒数。如果截距用晶胞各棱边长度（即晶格常数）a、b、c的倍数r、s、t表示，取倒数则为$\dfrac{1}{r}$，$\dfrac{1}{s}$，$\dfrac{1}{t}$。例如，图2-49中的ABC晶面，其$\dfrac{1}{r}$，$\dfrac{1}{s}$，$\dfrac{1}{t}$分别为

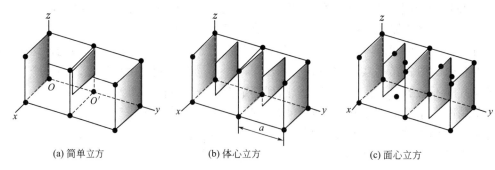

(a) 简单立方　　　　　　　　(b) 体心立方　　　　　　　　(c) 面心立方

图2-47　立方结构中的（010）晶面

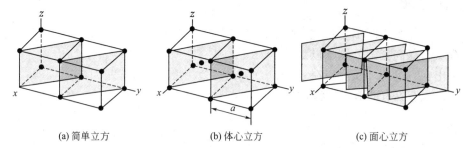

(a) 简单立方　　　　　　　　(b) 体心立方　　　　　　　　(c) 面心立方

图2-48　立方结构中的（110）晶面

$\dfrac{1}{3}$，$\dfrac{1}{1}$，$\dfrac{1}{2}$。

④ 将三个倒数通分后去掉分母，3个分子数即为该晶面的晶面指数。例如，图2-49中的 ABC 晶面，通分后为 $\dfrac{2}{6}$，$\dfrac{6}{6}$，$\dfrac{3}{6}$，故其晶面指数为（263）。如果3个数字有公约数，则应除以最大公约数。当泛指某一晶面的指数时，常用 hkl 字母表示，并加圆括号，即用符号（hkl）表示。

确定晶面指数时，还要注意以下几点。

① 当晶面与某晶轴平行时，则可认为晶面与该轴在无限远处相交，截距无穷大其倒数为0，故相应的指数为0。

② 如果被标定晶面与坐标轴的负方向相截，则在指数上方冠以负号。

③ 在晶体中凡是位于坐标的同一象限中互相平行的平面都具有同一晶面指数。例如图2-49中的 $A'B'C'$ 面，求出的晶面指数也是（263），它与 ABC 面平行。如果在晶面指数的3个数字上，都乘以（-1），则所代表晶面仍是互相平行的，只是不在坐标的同一象限中。因此，晶面指数（hkl）不仅指一个晶面，而也代表所有互相平行的一组晶面（晶面组）。

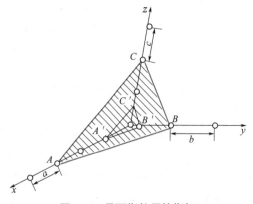

图2-49　晶面指数用的指标

例题 2 - 2

求出下图所示平面的米勒指数。

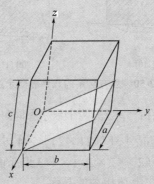

解：由于该面过原点 O，可将（0，1，0）为新原点 O' 建立新坐标。

在新坐标中该面与3个坐标轴的截距分别为 ∞a，$-b$，$c/2$（∞，-1，$1/2$）。

截距取倒数，故可得到该面的米勒指数为（$0\bar{1}2$）。

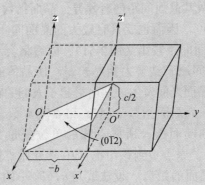

答：所示平面的米勒指数为（$0\bar{1}2$）。

在晶体中有些晶面虽方位不同，但原子排列和分布完全相同，晶面间的距离亦相同，这些晶面合称为一个晶面族，常用记号 $\{hkl\}$ 表示。总之，在同一晶体结构中相互平行的晶面，以及空间方位虽不同而原子排列情况相同的晶面都属于同一晶面族。

立方晶体的3条棱边相等，3个夹角都为90°，对称性甚高。在立方晶体中同一晶面族的晶面指数，数字相同但排列次序和符号可以不同。例如 $\{100\}$ 包括（100），（010），（001）。另3个指数为（$\bar{1}00$），（$0\bar{1}0$），（$00\bar{1}$）所表示的晶面是与它们分别平行的（只要乘以-1即可），故不必计入。$\{111\}$ 包括（111），（$\bar{1}11$），（$1\bar{1}1$），（$11\bar{1}$）。$\{110\}$ 包括（110），（101），（011），（$\bar{1}10$），（$\bar{1}01$），（$0\bar{1}1$）。

立方晶系的 $\{hkl\}$ 晶面族所包含的晶面数可计算如下。

① 若 h、k、l 中三个数字都不相同，且都不为零，则此晶面族包括有 3!×4=24组晶面，其中3! 为 h、k、l 的排列数，4为象限数（原为8个，因对称关系，一对以原点为对称的晶面互相平行，只能计一个，故为4个象限）。

② 若在 h、k、l 中有两个数字相同，则包括有 $\frac{3!}{2!}$×4=12组晶面；若有三个数字相同，则包括有 $\frac{3!}{3!}$×4=4组晶面。

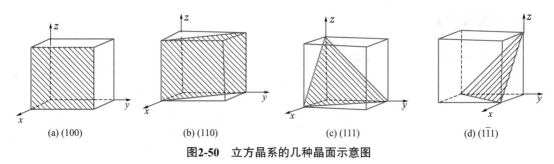

(a) (100)   (b) (110)   (c) (111)   (d) (1$\bar{1}$1)

图2-50　立方晶系的几种晶面示意图

③ 若在 h、k、l 中有一个 0 存在，当另两个数字不同时，晶面族包括 $\dfrac{3!}{2} \times 4 = 12$ 组晶面；当另两个数字相同时，晶面族包括 $[3!/(2! \times 2)] \times 4 = 6$ 组晶面。

④ 若有两个 0，则为 $[3!/(2! \times 2 \times 2)] \times 4 = 3$ 组晶面。

图2-50 是立方晶系的几种与上述相关的晶面。

2.5.2.5　晶面间距

一组平行晶面中最邻近的两个晶面间的距离称为晶面间距。点阵中的各组点阵面上原子排列密度各不相同，故其晶面间距便有差异。晶面指数（三个数字之和）较低的晶面通常具有较高的原子密度，因而也就具有较大的晶面间距；而晶面指数较高的晶面，其面上原子排列稀疏，晶面间距较小（图2-51）。以后将会看到，正因为低指数晶面具有大的晶面间距，故晶面间原子结合力相对较弱，使晶体的变形、断裂及其他一些物理、化学过程较易沿这些晶面之间发生，从而引起了人们的特别关注。

晶面间距用 d_{hkl} 表示，为晶面指数 (hkl) 和点阵常数 $(a, b, c, \alpha, \beta, \gamma)$ 的函数。设有指数为 (hkl) 的晶面族，所属点阵的单位矢量为 $\boldsymbol{a}$，$\boldsymbol{b}$，$\boldsymbol{c}$，由前述晶面指数和晶面间距的定义可知：原点 O 到该组晶面中最近原点的一个晶面的距离 ON 即为 $\{hkl\}$ 晶面族中两个相邻晶面的距离。设法线与 a, b, c 的夹角为 α, β, γ，那么晶面间距为：

$$d_{hkl} = \frac{a}{h}\cos\alpha = \frac{b}{k}\cos\beta = \frac{c}{l}\cos\gamma$$

由此得：

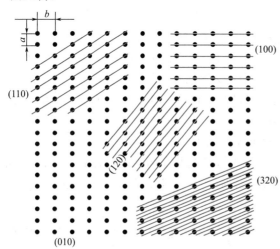

图2-51　晶面间距

$$d_{hkl}^2 \left[\left(\frac{h}{a}\right)^2 + \left(\frac{k}{b}\right)^2 + \left(\frac{l}{c}\right)^2 \right] = \cos^2\alpha + \cos^2\beta + \cos^2\gamma \quad （2\text{-}41）$$

因此只要算得 $\cos^2\alpha + \cos^2\beta + \cos^2\gamma$ 之值，就可求得 d_{hkl}。

例如对直角坐标系：$\cos^2\alpha + \cos^2\beta + \cos^2\gamma = 1$

所以

$$d_{hkl} = \frac{1}{\sqrt{\left(\dfrac{h}{a}\right)^2 + \left(\dfrac{k}{b}\right)^2 + \left(\dfrac{l}{c}\right)^2}} \quad （2\text{-}42）$$

对于立方晶系，三个单位矢量都为**a**，故上式可简化为：

$$d_{hkl} = \frac{a}{\sqrt{h^2 + k^2 + l^2}} \tag{2-43}$$

必须注意，该计算公式适于简单立方晶体的各（hkl）晶面；对于体心立方晶体，仅适于当$h+k+l$=偶数时；对面心立方晶体，仅适于当h，k，l全为奇数或全为偶数时。这是由于中心型原子的存在使晶面层数增加而更为复杂。

晶体材料的晶面间距可用布拉格定律来测定。X射线射入晶体材料时，会被晶体内的原子平面（或离子平面）所衍射。在图2-52中，考察使X射线发生衍射的间距为d_{hkl}的两个平行原子平面（或离子平面）A—A'和B—B'。当一束波长λ的平行单色X射线以θ角射入晶体材料时，光线1和2分别与原子P和Q相遇，并以θ角反射为光线1'和2'。如果1'和2'间的光程差（$SQ+QT$）等于波长的整数倍，将是相干的，可得到因叠加而加强的衍射线。从图2-52中可以看出，入射光与反射光之间的夹角为2θ，即为衍射角。衍射的条件是：

$$n\lambda = 2d_{hkl}\sin\theta \tag{2-44}$$

该式即为著名的布拉格定律，其中整数n为衍射级数。

X射线衍射分析是研究材料晶体结构的常用方法，通常将极细的粉末与黏结剂进行混合并制成一根细的针状的试样置于圆形相机的中心（图2-53）。用一束准直的X射线对准粉末试样。由于存在着大量的粉末颗粒，它们几乎具有所有可能的取向，因而衍射光束形成了一个与入射线成2θ夹角的辐射状圆锥（在图2-52中可以看出衍射线与入射线成2θ的夹角）。衍射锥使相机中的条状底片在两处曝光，每处与通过入射口的直线之间的夹角都是2θ，对应于每一个晶面间距d_{hkl}值就有一个圆锥（或一对衍射线）。由于衍射线可以测量，故晶面间距d_{hkl}便可由式（2-44）算出。

例题 2-3

对于BCC铁，计算：①晶面间距，②晶面组（220）的衍射角。已知Fe的晶格参数是0.2866nm，所用射线波长为0.1790nm，衍射级数为1。

解：① 晶面间距：$d_{hkl} = \frac{a}{\sqrt{h^2 + k^2 + l^2}} = \frac{0.2866}{\sqrt{(2)^2 + (2)^2 + (0)^2}} = 0.1013$nm

② 由布拉格定律可得：$\sin\theta = \frac{n\lambda}{2d_{hkl}} = \frac{1 \times 0.1790}{2 \times 0.1013} = 0.884$

$\theta = \arcsin 0.844 = 62.13°$

所以衍射角为：$2\theta = 2 \times 62.13° = 124.26°$

答：BBC铁的①晶面间距为0.1013nm；②晶面组（220）的衍射角为124.26°。

2.5.3 晶体的类型

按照键合的种类，可以将晶体划分为金属晶体、离子晶体、共价晶体和分子晶体四大类。

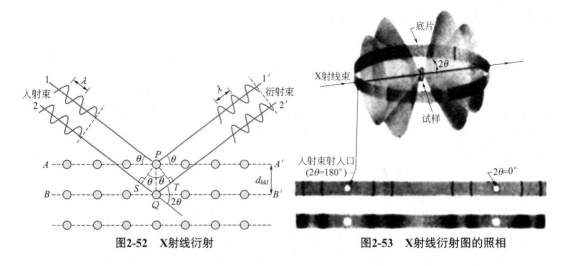

图2-52　X射线衍射　　　　　　　　　　图2-53　X射线衍射图的照相

2.5.3.1　金属晶体

（1）晶胞结构　　金属在固态时一般都是晶体。由于金属键无方向性，因而其能量最低的结构是每个原子的周围都有尽可能多的相邻原子。一个原子最邻近的、等距离的原子数称为配位数。金属结构的配位数高，结构紧密。如果把原子视为刚性的均匀小球，它们组成密堆积的结构。最常见的金属结构有面心立方（FCC）、体心立方（BCC）和密排六方（HCP）三种（图2-54）。周期表中从左起直至ⅠB族的铜、银、金，大多具有上述三类结构。这些晶体结构的特征可用点阵类型、点阵常数（晶格常数）、最近的原子间距、配位数、致密度等表示，见表2-15。其中致密度（atomic packing factor）APF是指一个晶胞中原子占有的总体积与整个晶胞体积之比，可以看到，面心立方和密排六方的致密度为0.74，此为均匀刚球的最大堆积密度。面心立方的晶胞中原子、原子半径与面对角线的关系可参见图2-55；体心立方的晶胞中原子、原子半径与体对角线的关系参见图2-56。从中可以方便地看出真实晶胞中的原子数和推导出点阵常数等与原子半径的关系。

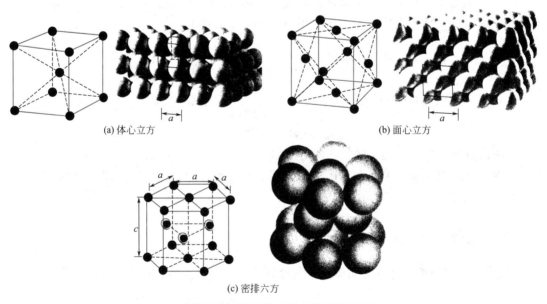

(a) 体心立方　　　　　　　　　　　　(b) 面心立方

(c) 密排六方

图2-54　典型金属晶体结构（最密排面用阴影面表示）

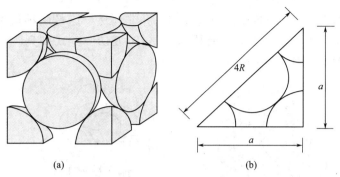

(a)　　　　　　　　(b)

图2-55　面心立方的晶胞中原子、原子半径与面对角线的关系

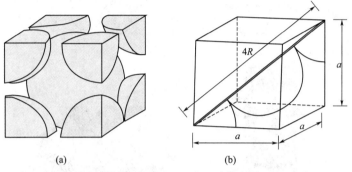

(a)　　　　　　　　(b)

图2-56　体心立方的晶胞中原子、原子半径与体对角线的关系

■ **表2-15　典型金属结构晶体学特点**

结构特征	结构类型		
	体心立方（BCC）	面心立方（FCC）	密排六方（HCP）
点阵类型	体心立方	面心立方	简单六方
点阵常数	a	a	a, c, $c/a=1.633$
最近的原子间距（原子直径）	$d=\dfrac{\sqrt{3}}{2}a$	$d=\dfrac{\sqrt{2}}{2}a$	$d_0=\sqrt{\dfrac{a^2}{3}+\dfrac{c^2}{4}}=a$
晶胞中原子数	$1+\dfrac{1}{8}\times8=2$	$\dfrac{1}{8}\times8+\dfrac{1}{2}\times6=4$	6
配位数	8	12	12
致密度	$\dfrac{2\times\left(\dfrac{4}{3}\pi\right)\left(\dfrac{\sqrt{3}}{4}a\right)^3}{a^3}=0.68$	$\dfrac{4\times\left(\dfrac{4}{3}\pi\right)\left(\dfrac{\sqrt{2}}{4}a\right)^3}{a^3}=0.74$	0.74

例题 2-4

求出FCC晶胞体积V_c与原子半径R的关系。

解：在FCC晶胞中，三个单位矢量都为a，晶面对角线长度为$4R$。

即　　$a^2+a^2=(4R)^2$

$$a=2R\sqrt{2}$$

所以　$V_c=a^3=(2R\sqrt{2})^3=16R^3\sqrt{2}$

答：FCC晶胞体积$V_c=16R^3\sqrt{2}$。

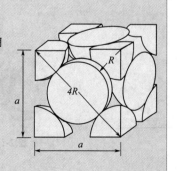

面心立方和密排六方的致密度都是0.74，并非偶然。这是两种最密排的方式，差别只是最密排面的堆垛方式不同，密排六方是按$ABAB\cdots$方式排列，而面心立方是按$ABCABC\cdots$方式堆砌而成，见图2-57。

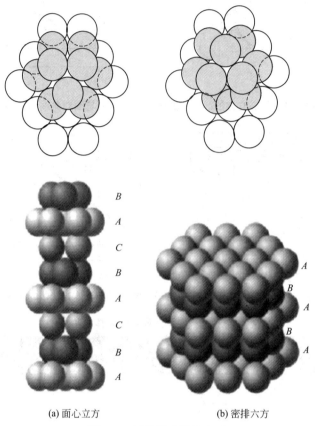

(a) 面心立方　　　　(b) 密排六方

图2-57　两种最密堆积方式

（2）间隙　虽然金属的结构紧密，但球体密堆结构中仍有大量空隙。如图2-58所示，密堆的原子间存在着两种间隙，分别位于晶胞中由近邻金属原子为顶点构成的四面体和八面体的中心。晶胞中的间隙大小和位置在体心立方与面心立方中有所不同。体心立方中四面体间隙较大，而面心立方中八面体间隙较大，间隙数量和大小列于表2-16。

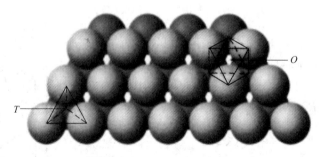

图2-58　四面体间隙（T）和八面体间隙（O）

晶胞类型	四面体间隙			八面体间隙		
	配位数	数量	间隙大小	配位数	数量	大小
面心立方 （密排六方）	4	8 （12）	0.225R	6	4 （6）	0.414R
体心立方	4	12	0.291R	6	6	〈100〉方向0.155R 〈110〉方向0.633R

体心立方和面心立方中四面体间隙及八面体间隙的位置如图2-59所示。各图中虽仅示出一个多面体间隙，但须特别注意每个图中的空心小圆点均表示同种间隙的位置，一个晶胞的这种间隙的数量为晶胞拥有该圆点的总和（面上占1/2，棱上占1/4）。从表2-16以及图2-59中可以清楚看到，体心立方的八面体间隙在平行于坐标轴的［001］方向和垂直于晶胞面对角线的［110］方向上，其大小是不相同的，可看成是仅能容纳一个扁平椭球的间隙。

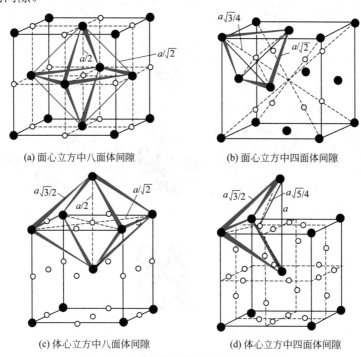

(a) 面心立方中八面体间隙 (b) 面心立方中四面体间隙

(c) 体心立方中八面体间隙 (d) 体心立方中四面体间隙

图2-59　两种立方晶体结构中的空隙位置

2.5.3.2　离子晶体

由于离子键不具有方向性和饱和性，有利于离子在空间作密堆积，因此，离子晶体的堆积形式主要取决于正负离子的电荷数和正负离子的相对大小。

正负离子在空间堆积时，每个正离子都倾向于有尽可能多的负离子包围它。正负离子的密堆积条件是负离子之间不相互重叠，负离子与中心正离子相互接触。离子晶体的结构可以看作是众多正离子在空间无限延伸排布构成离子晶体的空间点阵，以任一正离子为中心，多个负离子在其周围形成负离子配位多面体（离子周围最邻近的反号离子数，亦称配位数）。正离子在空间的无限延伸就构成了离子晶体的空间点阵。负离子配位多面体的形状（即离子的配位形式）就决定了离子晶体的空间构型。离子晶体中正负离子半径比、离子配位数与负离子配位多面体的关系如表2-17所示。表2-18给出了当配位数为6时一些正负离子的半径。

■ 表2-17 正负离子半径比、离子配位数与负离子配位多面体

配位数	正负离子半径比 R^+/R^-	配位图形	负离子配位多面体
2	＜0.155		线性配位
3	0.155～0.225		等边三角形
4	0.225～0.414		正四面体
6	0.414～0.732		正八面体
8	0.732～1.0		立方体

■ 表2-18 当配位数为6时，一些离子的半径

正 离 子	离子半径/nm	负 离 子	离子半径/nm
Al^{3+}	0.053	Br^-	0.196
Ba^{2+}	0.136	Cl^-	0.181
Ca^{2+}	0.100	F^-	0.133
Cs^+	0.170	I^-	0.220
Fe^{2+}	0.077	O^{2-}	0.140
Fe^{3+}	0.069	S^{2-}	0.184

正 离 子	离子半径/nm	负 离 子	离子半径/nm
K^+	0.138		
Mg^{2+}	0.072		
Mn^{2+}	0.067		
Na^+	0.102		
Ni^{2+}	0.069		
Si^{4+}	0.040		
Ti^{4+}	0.061		

图2-60是正负离子的电荷数相同、半径比约为0.5（如NaCl）的离子晶体点阵。

例题 2-5

求正离子的配位数为3时，最小的正负离子半径比。

解：若正、负离子半径分别是r_C和r_A，可知正离子位于3个负离子组成的等边三角形平面中心，并与它们相接触时，为正负离子半径比最小，如图所示。

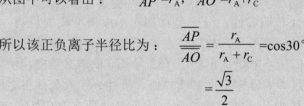

从图中可以看出： $\overline{AP} = r_A$， $\overline{AO} = r_A + r_C$

所以该正负离子半径比为：

$$\frac{\overline{AP}}{\overline{AO}} = \frac{r_A}{r_A + r_C} = \cos 30°$$

$$= \frac{\sqrt{3}}{2}$$

$$\frac{r_C}{r_A} = \frac{1 - \sqrt{3}/2}{\sqrt{3}/2} = 0.155$$

答：正离子的配位数为3时，最小的正负离子半径比为0.155。

2.5.3.3 共价晶体

由于共价键具有严格的方向性和饱和性，一个特定原子的最邻近原子数是有限制的，并且这些原子只能在特定的方向与该原子进行键合。因此，共价晶体中原子在空间的排布达不到密堆积程度。

共价晶体多由周期表中右边ⅣA、ⅤA、ⅥA族元素组成，其特点是每个原子都趋向于享有8个电子，能与邻近的原子形成稳定的共价结合。每个第N族的非金属元素的原子可以提供（8-N）个价电子去与（8-N）个邻近的原子形成（8-N）个共价（单）键。因此共价晶体结构服从（8-N）法则，即结构中每个原子都有（8-N）个最近邻的原子。例如在ⅥA族的碲有两个最近邻的原子［图2-61（a）］。ⅤA族的砷有三个最近邻原子［图2-61（b）］，而ⅣA族中的金刚石、硅、锗和灰锡均有四个价电子，因此还需要（8-4）个电子才能形成8个电子的稳定壳层，所以每个原子均有四个最近邻的原子，形成金刚石型结构。

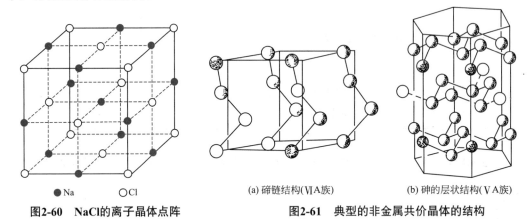

● Na　　○ Cl

图2-60　NaCl的离子晶体点阵　　　　　(a) 碲链结构(ⅥA族)　　(b) 砷的层状结构(ⅤA族)

　　　　　　　　　　　　　　　　　　　　图2-61　典型的非金属共价晶体的结构

　　不过，严格讲，只有ⅣA族元素间完全由共价键构成三维空间的晶体结构；ⅥA族碲链间和ⅤA族砷层状间不是共价键合，而是范德华键合，并非完全的共价晶体。

2.5.3.4　分子晶体

　　顾名思义，分子晶体的基本组元是分子而不是原子，是分子间通过范德华键和氢键等物理相互作用形成晶体结构。

　　由于范德华键合没有方向性和饱和性，分子晶体都有形成密堆积的趋势。但是，一般共价分子都有一定的非球形几何形状，故它们在堆积成晶体时，虽然存在尽量减少空隙的趋势，但实际的堆积仍然不能像球形的原子或离子堆积那么紧密，所以多数分子晶体，特别是有机化合物晶体的堆砌密度都比较低。极性分子永久偶极之间的静电相互作用，会进一步限制晶体中分子的堆砌方式。由于氢键具有饱和性和方向性，因此存在氢键的分子晶体的堆砌密度最低。图2-62是冰分子的晶胞示意图，图中虚线代表氢键。

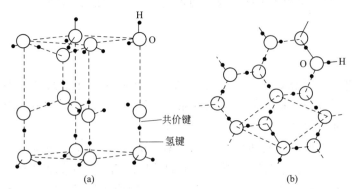

共价键

氢键

(a)　　　　　　　　　　　　　　　　　(b)

图2-62　冰分子晶胞模型

材料科学与工程基础

有机高分子晶体则由于长链大分子结构的特殊性，其结晶结构出现较大差异，这将在第3章中详细讨论。

2.5.3.5 多晶型

如果一化合物存在两种或两种以上不同的晶体结构形式，则称该化合物存在多晶型现象。多晶型现象在自然界中也很普遍，当外界条件变化时，晶体结构形式可能发生改变。碳、硅、金属的单质、硫化锌、氧化铁、二氧化硅以及其他很多物质均有这一现象。例如铁在906～1401℃温度范围内为面心立方结构，而超出这一范围则为体心立方结构。碳在自然界中存在金刚石和石墨两种晶型，从热力学观点来说，在一定条件下一种是稳定的晶型，另一种是介稳的晶型。它们之间虽然存在晶型的变化，但由于其变化速度很缓慢，一旦某种晶型形成以后，可以在自然界中以地质年代存在。

多晶型现象可大致分为四类。

① 不改变配位情况的多晶型现象　在许多化合物的多晶型晶体中，离子的配位情况基本上不变，但是配位体的连接方式发生改变或是配位多面体发生一定位移。

② 改变配位情况的多晶型现象　这类多晶型现象常发生于金属键和离子键型的晶体中。共价键晶体的结构不容易改变配位情况。

③ 分子热运动形成的多晶型现象　当温度升高时，晶体中的分子或某些离子团通过自由旋转，取得较高的对称性而改变晶体的结构。

④ 具有键型改变的多晶型现象　这类多晶型现象并不常见。白锡和灰锡的转变是个例子。金刚石和石墨是碳的两种晶型，由于相互间结合力性质的差异使得晶型间的转变非常缓慢而且困难。

上述四种多晶型转变，总是由于温度、压力等外界条件变化而发生变化。对于压力这个因素的影响较单纯，当压力增高时，促使晶体结构往高密度和高配位的方向转变。而温度因素的影响比较复杂，一般升高温度往往配位数下降，而晶体的对称性提高。表2-19举例列出压力和温度对多晶型转变的影响情况。

2.5.3.6 液晶

（1）液晶的状态　一些分子晶体受热熔融或被溶剂溶解之后，表观上虽然失去了固态物质的刚性，变成具有流动性的液态物质，但结构上仍保持着一维或二维有序排列，从而在物理性质上呈现出各向异性，形成一种兼有部分晶体和液体性质的过渡状态，这种中间状态称为液晶相，又称为中间相，处在这种状态下的物质称为液晶，又称为中间物。图2-63说明，几何形状各向异性较大的分子形成的晶体在加热至完全熔融的过程中，由于位置有序或取向有序的变化，形成不同的结构。在加热过程中，当晶体失去位

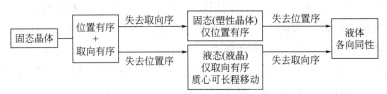

图2-63　加热过程中分子晶体结构的有序性变化与液晶的产生

■ 表2-19　压力和温度对结构的影响实例

（a）压力				
化合物	结构晶型		高压晶型	
	结构形式	配位数	结构形式	配位数
RbCl RbBr RbI	NaCl型	6∶6	CsCl型	8∶8
Cs Fe	立方体心	8	立方面心	12
GeO$_2$	石英型	4∶2	金红石型	6∶3

（b）温度					
化合物	低温晶型		转变温度/℃	高温晶型	
	结构形式	配位数		结构形式	配位数
CaCl	CsCl	8∶8	445	NaCl型	6∶6
RbCl	CsCl	8∶8	-190	NaCl型	6∶6
Ti Zr Tl	六方最密堆积	12	—	立方体心	8
CaCO$_3$	文石型	9	—	方解石型	6
KNO$_3$	文石型	9	128	方解石型	6

置有序时，即转变为具有取向有序的液晶结构，进一步加热失去取向有序后转化为清亮的各向同性的液体。

从成分和出现的物理条件来看，液晶大体可以分为热致液晶和溶致液晶两大类。热致液晶是指单成分的纯化合物或均匀混合物在温度变化下出现的液晶相。典型的热致液晶的相对分子质量一般在200～500g/mol，分子的轴比（长宽比）Z在4～8之间，实验室里通常用的热致液晶有氧化偶氮茴香醚［PAA，para-azoxyanisole，$CH_3O(C_6H_4)N_2O$-$(C_6H_4)OCH_3$］和 N-（4-甲氧基亚苄基）-4-丁基苯胺［MBBA，N-（p-methoxybenzylidene）-p'-n-butylaniline，$CH_3O(C_6H_4)CHN(C_6H_4)C_4H_9$］。前者的熔点和清亮点分别为118.2℃和135.5℃，后者是21℃和48℃。热致液晶中所有的分子对长程有序都具有同等的作用。

溶致液晶是两种以上组分形成的液晶，其中一种是水或其他的极性溶剂。在一定浓度下，溶液出现液晶相。溶致液晶中的溶质在温度变化下常常是不稳定的，因此可以忽略温度引起相变的问题。溶致液晶中的长棒状分子一般要比构成热致液晶的长棒状分子大得多，分子的轴比在15左右。最常见的溶致液晶有肥皂水、洗衣粉溶液、表面活化剂溶液等。溶致液晶中引起长程有序的原因主要是溶质与溶剂之间的相互作用，溶质与溶质之间的相互作用是次要的。溶致液晶在生物系统中大量存在，生物膜就具有液晶特征。因此，溶致液晶的研究对生物物理学颇为重要。

（2）液晶的结构类型　目前，已知的液晶大多数由长形有机化合物分子构成。根据分子的排列形式和有序性的不同，液晶有三种不同的基本结构类型，即向列型、胆甾型和近晶型，如图2-64所示。

① 丝状相（向列相）　丝状相这个名词是由于早期对处在这种相的液晶材料进行显

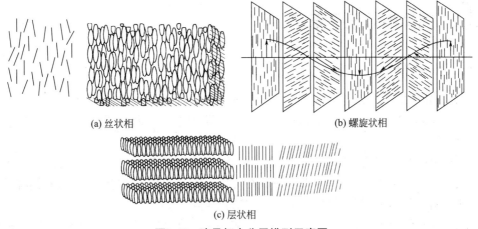

(a) 丝状相 (b) 螺旋状相

(c) 层状相

图2-64 液晶相中分子排列示意图

微镜观测时，普遍地看到有线状的条纹而提出的，化学上称它为"向列相"。丝状相的特点是分子具有长程取向有序，局部地区的分子趋向于沿同一方向排列。两个不同排列取向区的交界处，在偏光显微镜下显示为丝状条纹。这就是丝状这个名词的来源。对于长棒状分子构成的丝状相液晶，在同一排列取向区，分子的排列很像丝线中纤维的顺丝排列。图2-64（a）就是丝状相中分子排列示意图。

② 螺旋状相（胆甾相） 螺旋状相与丝状相的差别在于分子的排列取向沿着一条螺旋轴螺旋式地变换方向，螺旋状相中分子排列取向示意图见图2-64（b）。出现螺旋状相的材料许多都是胆甾醇的衍生物，因此化学上称它为"胆甾相"。在丝状液晶中添加少量具有旋光性的分子（手征性分子）也同样可以获得具有螺旋状相的材料。这种材料常被称为"扭曲丝状液晶"（twisted nematic）。通常把胆甾相液晶和扭曲丝状液晶统称为螺旋状液晶。虽然螺旋状相中分子的排列取向为螺旋式地改变方向，但在局域地区分子的排列仍然同丝状相一样是沿同一方向排列。丝状相可以说是螺旋状相中分子的排列取向螺旋式地改变方向，但在局域地区分子的排列仍然同丝状相一样是沿同一方向排列。丝状相可以说是螺旋状相的一个特例，就是沿螺旋轴方向要经过无限远的距离，分子排列取向转动有限角的螺旋状相。不过由于丝状相系统比较简单，螺旋状相比丝状相只多了取向旋转的因素，因此人们常反过来说螺旋状相是丝状相的一个分支。从热力学角度来看二者是相当的，螺旋状相中分子也是具有长程取向有序。近年来在螺旋状相中又分出了一个"蓝相"（blue phase）。蓝相是具有稳定点阵缺陷的螺旋状相。

③ 层状相（近晶相） 如图2-64（c）所示。一般把不属于丝状相和螺旋状相的热致中介相都归为层状相，因此它不是一个很确切的相，又称为"近晶相"。目前最少已提出了九种不同的层状相，分别称为层状A相、B相、…、I相。层状相中分子除具有取向有序外还有一些位置有序，在一些情形中甚至还有键取向有序（bond-orientational order）。长程键取向有序状态可以看作是失去了晶体点阵的平移有序，但是保留着分子相互作用力的取向各向异性的状态。

小故事

布拉格父子与X射线晶体结构分析

2.6 固体中的原子无序

2.6.1 固溶体

外来组分（离子、原子或分子）分布在基质晶体晶格内，类似溶质溶解在溶剂中一样，但不破坏晶体的结构，仍旧保持一个晶相，称固溶体。通常所说的固溶体具有以下两个基本特征。

① 固溶体的点阵类型和溶剂的点阵类型相同。例如图2-65中，少量的锌溶解于铜中形成的以铜为基的 α 固溶体（亦称 α 黄铜）就具有溶剂（铜）的面心立方点阵，而少量铜溶解于锌中形成的以锌为基的 η 固溶体则具有锌的密排六方点阵。

② 固溶体有一定的成分范围，也就是说，组元的含量可在一定范围内改变而不会导致固溶体点阵类型的改变。某组元在固溶体中的最大含量（或溶解度极限）便称为该组元在该固溶体中的固溶度。由于成分范围可变，故固溶体的化学式通常用含有待定参数的化学式来表示。

固溶体可从不同角度分类。

2.6.1.1 根据相图划分

（1）端部固溶体　端部固溶体，也称初级固溶体。它位于相图的端部，亦即固溶体的成分范围包括纯组元（C_A=100% 或 C_B=100%）。例如，在Cu-Zn系相图中（图2-65），α 和 η 固溶体都是端部（或初级）固溶体。通常讲的固溶体就是指端部固溶体。

（2）中间固溶体　中间固溶体，也称二次固溶体。它位于相图的中间，因而固溶体任一组元的浓度均为大于0又小于100%。例如，β 黄铜在高温下就是一个二次固溶体（图2-65）。但是，这种固溶体虽有一定的成分范围，却并不具有任一组元的结构，故严格来讲，不符合前述的固溶体定义。因此，"二次固溶体"这个名称已不常用，而代之以"中间相"。不过，也可以将它看成是以某种化合物为基（再加入一组元）形成的固溶体，例如 β 黄铜就可看成是以金属间化合物CuZn为基的固溶体。

2.6.1.2 根据溶质位置划分

溶质原子在点阵中位置不同形成的固溶体主要为置换型固溶体和间隙型固溶体。下面对其进行分别介绍，并介绍与固溶体密切相关的非化学计量化合物。

（1）置换型固溶体　置换型固溶体是指晶体点阵中的一种原子（离子）被其他原子（离子）替换后所形成的固溶体。一般金属和金属形成的固溶体都是置换式的，如Cu晶

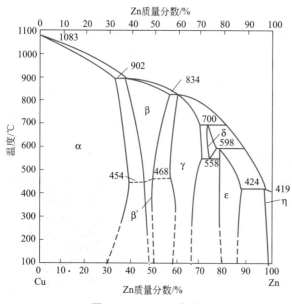

图2-65　Cu-Zn系相图

体中的Cu原子被Zn原子取代后形成的黄铜晶体（图2-66）。氧化镁晶体内常含有FeO或NiO，前者即Fe^{2+}置换了晶体中Mg^{2+}，无序的分布在晶格中Mg^{2+}的位置上，甚至它的组成可以写成$Mg_{1-x}Fe_xO$，其中$x=0 \sim 1$。其他如Cr_2O_3和Al_2O_3，ThO_2和UO_2，钠长石和斜长石以及许多尖晶石等都能形成置换型固溶体。从固溶度方面来看，如果其置换量是无限的，则

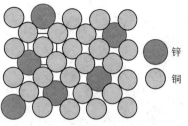

图2-66　置换型固溶体

称为完全互溶固溶体，其相图特征如图2-67（a）所示。如果置换量有限，则称为部分互溶固溶体，如图2-67（b）所示。有些情况下，两组分不能形成固溶体［图2-67（c）］。

置换型固溶体形成的影响因素如下。

① 原子（离子）大小。如果晶体结构形式相同，两种原子（离子）半径相差又不超过15%，则它们能形成完全互溶固溶体，如上述具有NaCl型结构的MgO和FeO所形成的系统。当半径相差大于15%，溶质原子将使晶格畸变进而形成新相。若两者离子半径相差20% ～ 40%，其置换量是有限的，只能形成部分互溶固溶体，如上述CaO和MgO所形成的系统。图2-68是Fe^{2+}置换Mg^{2+}的置换型固溶体。

② 键的性质或者极化的影响。例如Cu^+和Zn^{2+}半径分别为9.6nm和9.8nm，很相近。但是Zn^{2+}和Cu^+的键性质趋向共价键，故此它们不能互相置换成固溶体。两元素的电负性差异越大，也越可能形成金属间化合物而非置换。

③ 晶体的结构和晶胞的大小。对于形成完全互溶固溶体，除离子半径和键性因素外，两个组分的晶体结构类型相同是一个很重要的条件。例如MgO和FeO，Al_2O_3和Cr_2O_3，Mg_2SiO_4和Fe_2SiO_4等能形成完全互溶固溶体，它们的晶体结构型都是相同的。BeO和CaO不能形成固溶体，不仅是因为离子半径相差大，晶体结构类型也是不同的。

④ 电价的影响。Al^{3+}和Si^{4+}半径相差达45%以上，电价又有差异，但在大晶胞中，利用其他离子补足电价，也能形成固溶体。例如钙长石$Ca[Al_2Si_2O_8]$和钠长石$Na[AlSi_3O_8]$能形成完全互溶固溶体就是利用$Na^+ + Si^{4+} \longrightarrow Ca^{2+} + Al^{3+}$进行互相置换的结果。

（2）间隙型固溶体　若所加入的溶质原子比较小，它们能进入溶剂晶格的间隙空间内，这样形成的固溶体称间隙型固溶体，亦称填隙式固溶体。在金属键的物质中这类固溶体很普遍，添加的H、B、C、N等形成的固溶体都是间隙式的。图2-69是碳原子在面心立方铁中的填隙情况（示出间隙中的碳原子对周围铁原子有一定的挤压变形作用）。

间隙固溶体形成的影响因素如下。

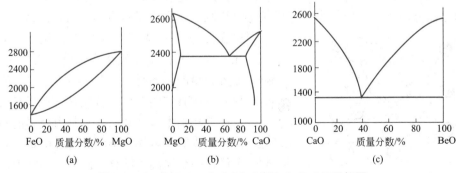

图2-67　MgO-FeO，CaO-MgO和BeO-CaO二元相图

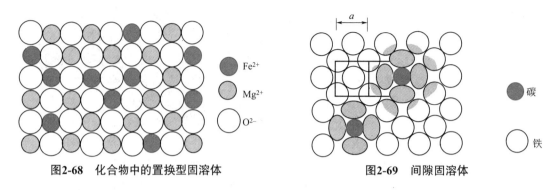

图2-68　化合物中的置换型固溶体　　　　　　图2-69　间隙固溶体

① 添加原子的大小和难易是与晶格结构密切相关的。例如面心结构的MgO，只有四面体间隙可以利用；反之在TiO$_2$晶格中还有八面体间隙可以利用，所以形成间隙型的固溶体的次序必然是TiO$_2$＞MgO。

② 添加到间隙位置中的离子，必定需要一些电荷来平衡，以便保持电中性，方法是形成空位、生成置换型固溶体（或改变电子结构状态）。例如将YF$_3$或ThF$_4$加到CaF$_2$形成固溶体，F$^-$跑到CaF$_2$晶格的间隙位置中，同时Y^{3+}置换了Ca^{2+}，仍旧保持电中性。

（3）判断方法　通过实验可以判断一个固溶体是置换型还是间隙型。首先通过X射线或电子衍射确定固溶体的点阵类型和点阵常数，由此可推出一个晶胞内的原子数N和晶胞体积V，再根据该固溶体的平均原子量$\bar{A}$及阿伏伽德罗常数N_A即可算出固溶体的理论密度ρ_c：

$$\rho_c = \frac{N\bar{A}}{VN_A} \tag{2-45}$$

另一方面，又可通过实验直接测出该固溶体的实际密度ρ_e，于是比较ρ_c和ρ_e即可判断该固溶体的类型。

$\rho_c ＜ \rho_e$，则固溶体为间隙式；

$\rho_c ＝ \rho_e$，则固溶体为置换式；

$\rho_c ＞ \rho_e$，则固溶体为缺位式（即有的点阵结点上没有原子）。

（4）非化学计量化合物　在化学中曾介绍化合物的化学式和分子式是符合倍比定律和定比定律的。也就是说，构成化合物的各个组分，其含量相互之间是呈比例的，而且还是固定的。但是Fe$_{1-x}$O，Co$_{1-x}$O，Cr$_{2+x}$O$_3$等化合物就不符合上述定律了。这类偏离化学式的化合物，称为非化学计量化合物。表2-20是方铁矿的组成和晶胞大小。从晶体的结构来看，很清楚它是有正离子空位存在的。随着铁离子空位不断形成，它的密度和晶胞也跟着减小了。但是电价怎样保持平衡呢？这是由于每有两个Fe^{3+}正离子，同时也在晶格中形成了一个Fe^{2+}正离子空位。因此，这种非化学计量化合物就可看作是Fe$_2$O$_3$加入FeO的固溶体（如图2-70所示）。但是这种固溶体有它的特点，首先是它形成时必定伴有位置缺陷生成；其次，它是由金属的不同氧化态构成的固溶体。不同的价态就是电子和哪个位置的金属离子结合的问题。实际上，电子不是固定在特定位置的离子中，而是很容易从

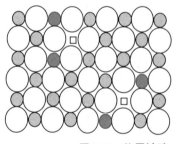

图2-70　位置缺陷

Fe^{2+}
Fe^{3+}
O^{2-}
□ 空孔

一个位置的金属中迁移到另一位置的金属中，因此这类物质的导电性增加很大。其他如 $Co_{1-z}O$，$Cu_{2-x}O$，$Ni_{1-x}O$ 化合物也是一样的。它们的结构中同样存在着正离子空位。由于这类氧化物与化学式相比缺金属，称缺金属氧化物；同理还有像 ZrO_{2-x}、TiO_{2-x} 等存在负离子空位的固溶体，称缺氧氧化物。此外还有金属过剩氧化物和氧过剩氧化物，例如 $Zn_{1+x}O$，$Cr_{2+x}O_3$，$Cd_{1+x}O$ 和 UO_{2+x}。然而它们的结构特点也是不同的，前者存在间隙正离子缺陷，后者存在间隙负离子缺陷。所有这些晶体都是由金属的高氧化态和低氧化态形成的固溶体。如 Zn 溶入 ZnO 和 U_3O_8 溶入 UO_2 就是例子。

■ 表2-20 方铁矿的组成和晶胞大小

组成	Fe原子含量/%	晶胞边长/10^{-10}m	密度/（g/cm³）	组成	Fe原子含量/%	晶胞边长/10^{-10}m	密度/（g/cm³）
$Fe_{0.91}O$	47.68	4.290	5.613	$Fe_{0.93}O$	48.23	4.301	5.658
$Fe_{0.92}O$	47.85	4.293	5.624	$Fe_{0.945}O$	48.65	4.310	5.728

2.6.1.3 根据固溶度划分

（1）有限固溶体　有限固溶体的固溶度小于100%。通常端部固溶体都是有限的，例如，Cu-Zn系的 α 和 η 固溶体，Fe-C系的 α 和 γ 固溶体等都是有限固溶体。

（2）无限固溶体　无限固溶体，又称连续固溶体，是由两个（或多个）晶体结构相同的组元形成的，任一组元的成分范围均可为0～100%。例如，Cu-Ni系、Mo-W系、Ti-Zr系等在室温下都能无限互溶，形成连续固溶体。

2.6.1.4 根据各组元原子分布的规律性划分

（1）无序固溶体　无序固溶体中各组元原子的分布都是随机的（无规的）。例如，对A-B二元置换式无序固溶体来说，每个点阵点既可被A原子，也可被B原子占据，且占据的概率就等于相应组元的成分，即每个点阵点被A原子占据的概率为 C_A，被B原子占据的概率为 C_B（C_A，C_B 为原子数量百分数）。也可以认为，每个阵点上都有一个由 C_A 个A原子和 C_B 个B原子构成的"平均原子"，因而各阵点仍然是等同点，形成一个布拉菲点阵（这种处理方法常用于X射线和电子衍射分析中）。对M-X二元间隙式无序固溶体来说，非金属组元X的原子可分布在任意一个八面体（或四面体）间隙中。例如在铁素体中碳原子就可位于任何一个八面体间隙中（而不限于某些特定的八面体间隙）。

（2）有序固溶体　有序固溶体中各组元原子分别占据各自的布拉菲点阵——称为分点阵，整个固溶体就是由各组元的分点阵组成的复杂点阵——也叫超点阵或超结构（或迭结构）。例如，0.5Fe（摩尔分数）+0.5Al（摩尔分数）合金在高温下为具有体心立方点阵的无序固溶体，每个阵点由半个Fe原子和半个Al原子组成的"平均原子"所占据，但在低温下，一种原子（如Fe原子）占据晶胞的顶点，另一种原子（如Al原子）占据晶胞的体心。此时晶胞的顶点和体心不再是等同点，因而FeAl合金在低温下就不再是体心立方阵，而是由两个分别被铁原子和铝原子占据的简单立方分点阵穿插而成的复杂点阵，即超点阵。又如 Fe_3Al 合金，在高温下也是体心立方点阵，每个阵点被一个由3/4个铁原子、1/4个铝原子组成的平均原子所占据，但在低温下则是由4个简单立方分点阵穿插而成的超点阵，其中3个分点阵由铁原子占据，1个分点阵由铝原子占据。另外，如图2-71所示，绝大多数（并不是全部）某种原子的四周都是另一种原子，也构成

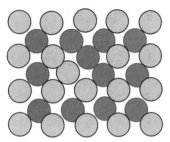

图2-71　有序固溶体

一种有序固溶体。

2.6.2　晶体结构缺陷

即使在0K，实际晶体中也不是所有原子都严格地按照周期性规律排列的，因为晶体中存在着一些微小的区域，在这些区域内或穿过这些区域时，原子排列的周期性受到破坏。这样的区域便称为晶体缺陷。按照缺陷区相对晶体的大小及其维数，可将晶体缺陷分为以下四类：点缺陷、线缺陷、面缺陷、体缺陷。它们分别可以近似地分别看成是零维、一维、二维和三维的缺陷。

不论哪种晶体缺陷，其浓度（或缺陷总体积）都是十分低的。虽然如此，缺陷对晶体性质的影响却非常大。例如，它影响到晶体的力学性质、物理性质（如电阻率、扩散系数等）、化学性质（如耐蚀性）以及冶金性能（如固态相变）等。

下面分别具体介绍这几种类型的缺陷。

2.6.2.1　点缺陷

如果在任何方向上缺陷区的尺寸都远小于晶体或晶粒的线度，因而可以忽略不计，那么这种缺陷就称为点缺陷。例如，溶解于晶体中的杂质原子就是点缺陷。晶体点阵点上的原子进入点阵间隙中时便同时形成两个点缺陷——空位和间隙原子。

空位和间隙原子是点缺陷的两种基本形式。前者是未被占据的（或空着的）阵点原子位置［图2-72（a）］，后者则是进入点阵间隙中的原子［图2-72（b）］。

除了外来杂质原子这样的间隙原子外，晶体中的空位和间隙原子的形成是和原子的热运动或机械运动有关的。众所周知，固体中的原子是围绕其平衡位置做热振动的。由于热振动的无规则性，原子在某一瞬时可能获得较大的动能或较大的振幅而脱离平衡位置。如果此原子是表面上的原子，它就会脱离固体而"蒸发"掉，接着次表面的原子就

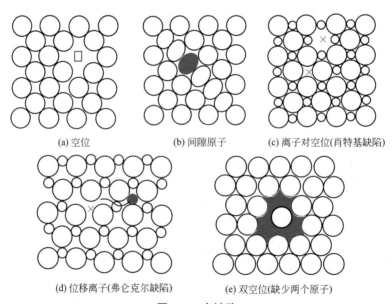

(a) 空位　　(b) 间隙原子　　(c) 离子对空位(肖特基缺陷)

(d) 位移离子(弗仑克尔缺陷)　　(e) 双空位(缺少两个原子)

图2-72　点缺陷

会迁移到上述表面原子的空余位置，于是就在晶体内部形成一个空位。如果此原子是晶体内部的原子，它就会从平衡原子进入附近的点阵间隙中，于是就在晶体中同时形成一个空位和一个间隙原子。

在金属晶体中，空位是最简单的点缺陷，所有晶体都含有空位。实际上空位的存在增加了晶体的熵。一定量材料的平衡态空位数量 N_V 与温度相关，如下式：

$$N_V = N\exp\left(-\frac{Q_V}{kT}\right) \tag{2-46}$$

式中，N 为原子位置的总数；Q_V 是形成一个空位所需的能量；T 为热力学温度，K；k 为气体或玻耳兹曼常数，1.38×10^{-23}J/K。可见，空位数量随温度升高而呈指数增加。图2-73显示了金属的空位和自间隙原子同时存在的情况，在金属晶体中，挤进间隙的自间隙原子将对周围阵点引起较大的变形，因原子明显大于间隙的空间。所以这种缺陷的形成可能性不大，仅以非常小的浓度存在，远小于空位。

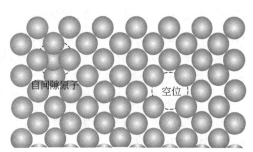

图2-73　金属的自间隙原子和空位

例题 2-6

计算铜在1000℃时，每立方米平衡态空位数。已知空位形成能是0.9eV/原子；铜的原子量和密度分别是63.5g/mol和8.40g/cm³。

解： 该题可直接用公式（2-46）计算。但首先需计算每立方米铜的原子数 N；而 N 可通过原子量、密度和阿伏伽德罗常数计算。

$$N = \frac{N_A\rho}{A_{Cu}} = \frac{6.023\times10^{23}\times8.40\times10^6}{63.5} = 8.0\times10^{28}\text{m}^{-3}$$

因此，1000℃时，每立方米平衡态空位数为：

$$N_V = N\exp\left(-\frac{Q_V}{kT}\right) = 8.0\times10^{28}\times\exp\left[-\frac{0.9}{8.62\times10^{-5}\times1273}\right] = 2.2\times10^{25}\text{m}^{-3}$$

答： 铜在1000℃时，每立方米平衡态空位数为 2.2×10^{25} 个。

离子晶体至少含有两种离子，每种离子都可能形成空位和间隙原子。但由于负离子相对较大，不易挤进较小的间隙空间，故其间隙原子浓度不大。离子晶体形成的缺陷还需维持电中性（电荷平衡）的条件。在正负离子等价的晶体中，由一个正离子空位和一个负离子空位组对形成的缺陷称为肖特基缺陷 [图2-72（c）]，可看作是一对离子从晶体内部移出了表面所致。由一个正离子空位和一个间隙正离子组对形成的缺陷称为弗仑克尔缺陷 [图2-72（d）]，可看作是一正离子从其原位置移动到一间隙位置所致。

在实际晶体中，点缺陷的形式也可能更为复杂。例如，即使在金属晶体中，也可能存在两个、三个，甚至多个相邻的空位，分别称为双空位 [图2-72（e）]、三空位或空位团。但由多个空位组成的空位团从能量上讲是不稳定的，很容易沿某一方向"塌陷"成空位片（即在某一原子面内有一个无原子的小区域）。同样，间隙原子也未必都是单

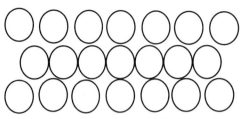

图2-74 含有挤列子的FCC晶体的（111）面

个原子，而有可能是m个原子均匀地分布在n个原子位置的范围内（$m>n$），形成所谓"挤列子"，如图2-74。

2.6.2.2 线缺陷（位错）

如果在某一方向上缺陷区的尺寸可以与晶体或晶粒的线度相比拟，而在其他方向上的尺寸相对于晶体或晶粒的线度可以忽略不计，那么这种缺陷就称为线缺陷或位错。实际晶体在结晶时受到杂质、温度变化或振动产生的应力作用，或由于晶体受到打击、切削、研磨等机械应力的作用，使晶体内部质点排列变形，原子行列相互滑移，而不再符合理想晶格的有秩序的排列，就会形成线状的缺陷，习称位错。

（1）棱位错　如图2-75所示，晶体受到压缩作用后，使$ABEFGH$滑移了一个原子间距时，造成质点滑移面和未滑移面的交界为一条线EF，称为位错线。在这条线上的原子配位就和其他原子不同了。位错线的周围区域呈现一定的局部晶格畸变，上部原子被挤得更紧密，下部原子被撕得更稀疏。其原子间的距离出现疏密不均匀现象，因此它是一种线缺陷。由于好像有额外半片原子面似刀刃劈进晶体，一般称它是棱位错或刃位错，其特征是滑移方向BB'和位错线EF垂直。图2-76是晶体棱位错的立体图形，可以更清晰地看到位错线上原子的排列。离子晶体的位错比较复杂，为了保持电中性，一个位错必须保持正负离子比，图2-77示出了由Mg^{2+}和O^{2-}构成两个额外的半片平面。

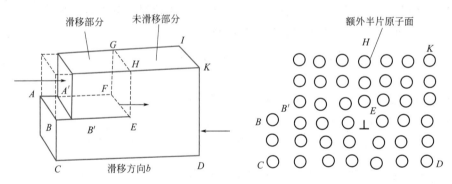

图2-75　棱位错示意图

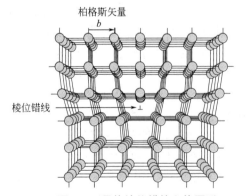

图2-76　晶体棱位错的立体图形

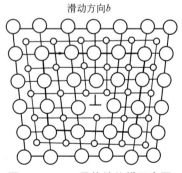

图2-77　MgO晶体棱位错示意图

一些单晶材料，受到拉应力超过弹性限度后，会产生永久形变，即所谓塑性形变。其原因就是晶体被拉长时，晶体各部分沿某族晶面形成位错直至发生了相对移动，即所谓滑移，就造成永久形变了，图2-78是实验所得塑性变形示意图，可观察到滑移带的存在。

（2）螺旋位错　另一种位错（图2-79），是由于剪应力的作用，使晶体的晶面相互滑移，并在晶体中滑移部分与未滑移部分的相交线 *AD* 周围呈现一定的局部晶格畸变，*AD* 即为位错线。可以看出位错线与滑移方向 *B'B* 是平行的。由于和位错线 *AD* 垂直的周围原子面不再是水平的，而呈现出斜坡状与螺旋形迹，故称螺旋位错。在滑移面上质点的排列，如图2-79（b），空圆圈和实圆点分别代表在滑移面左右侧的同一种质点。

（3）混合位错　在晶体材料中见到的绝大多数位错可能既不是纯的刃位错也不是纯的螺旋位错，而显示出这两种位错的不同组合程度的特征，它们都称为混合位错。图2-80中偏离两个晶面的晶格畸变均为混合位错，从图中可清楚看出混合位错从一种纯位错到另一种纯位错演变时，两种纯位错的不同组合程度的变化情况。

（4）位错的柏格斯矢量　从研究中发现位错有两个特征：一个是位错线的方向，它表明给定点上位错线的方向，如图2-75中 *E* 点的位错线方向是 *EF*，图2-79中 *A* 点的方向是 *AD*，用单位矢量 *ζ* 表示；另一个是为了表明位错存在时，晶体一侧的质点相对于另一侧质点的位移，即与位错相关的晶格畸变的大小和方向，用柏格斯矢量（Burgers vector）*b* 表示。柏格斯矢量是指该位错的单位滑移距离，其方向和滑移方向平行，它是用柏格斯回路确定的。所谓柏格斯回路是假想一个理想晶格和实际晶格相当。如图2-81所示，在理想晶格中，从 *A* 点开始向右位移4步布拉菲格子矢量（Bravais lattice vector），然后向下移5步，再向左4步，向上5步，刚巧回到 *A* 点，构成一个闭合回路。而在含有刃位错的实际晶体中，从 *A'* 点开始，依照理想晶格中的回路顺序，用同样的布拉菲格子

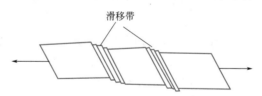

图2-78　单晶受拉伸产生永久形变示意图

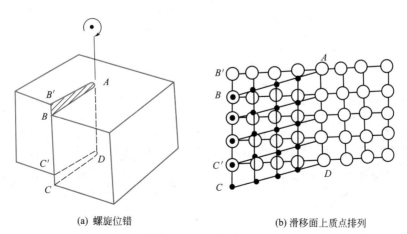

(a) 螺旋位错　　　　　　　　　　(b) 滑移面上质点排列

图2-79　螺旋位错示意图

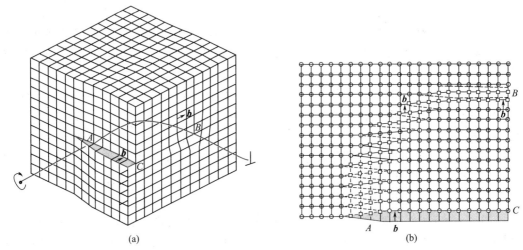

(a)

(b)

图2-80　混合位错示意图

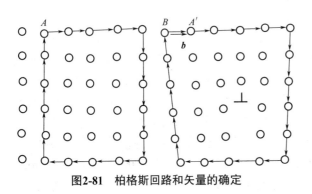

图2-81　柏格斯回路和矢量的确定

矢量的步数，则不能回到开始点 A'，而是达到 B 点。为了使它形成闭合回路，只有作 B 到 A' 的矢量 b，该矢量即为柏格斯矢量，其方向从柏格斯回路的终点指向起点，其大小等于晶格间距（或其倍数），但与柏格斯回路的大小无关。由此看来，柏格斯回路只是把存在于位错线周围原子间距的畸变量叠加起来，其总的结果就是柏格斯矢量。图2-82（a）示出晶体左侧面螺旋位错上点 b 的柏格斯回路，可得出从 S 到 F 的柏格斯矢量 b。

从上述所求柏格斯矢量知道，它的方向和柏格斯回路是顺时针还是逆时针转向有关，转向不同，它的方向刚巧相反。不同的书上所采用的转向是不一致的。但是必须注意对同一条位错线或同一个晶体内分布的各条位错线，确定柏格斯矢量时是要统一转向的。本书采用右手规则求柏格斯矢量。例如图2-82（b），晶体中存在一条弯曲的位错线 ab，在线上各点的方向就是从各点作位错线切线的方向，以右手大拇指指向表示位错

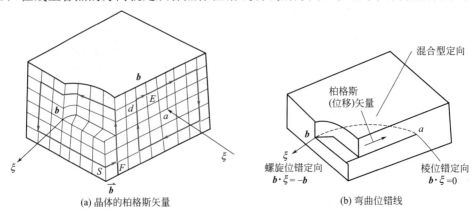

(a) 晶体的柏格斯矢量

(b) 弯曲位错线

图2-82　弯曲位错线的柏格斯矢量

线方向，其余四指转向就是柏格斯回路转向，并规定在a点的位错线方向指向晶面内，则b点处的位错线方向必须朝向晶面外。这样，点a处的位错线方向和柏格斯矢量相互垂直，因此$\boldsymbol{b} \cdot \xi = 0$，此是纯棱位错的特征。在b点处，两者相互逆向平行，$\boldsymbol{b} \cdot \xi = -b$，此是纯螺旋位错的特征（或者同向相互平行，其值是+b）。在此两点之间各点位错线方向和柏格斯矢量既不相互平行，也不相互垂直，而是具有混合型的性质，它可分解成垂直和平行于柏格斯矢量的两个分量，也就是说，它包含有棱位错和螺旋位错两种成分。

根据以上对弯曲位错线ab的方向和柏格斯矢量关系的分析，可以看出，尽管位错线方向逐点变化，但对一条位错线来说，只能有一个柏格斯矢量。由此得出位错线具有柏格斯矢量守恒性的重要概念。这一科学概念对分析实际晶体中位错结构有重要指导意义的。

（5）位错的滑移和爬移

① 滑移　对于完整的单晶体如图2-83所示，若要使晶体中某个原子A向左右（或上下）移动一个原子距离，需要同时克服一系列原子间（如A和B，C和D，E和F…）的约束力，其移动相当困难。而在有位错存在的晶体中移动要容易得多，图2-84是垂直刃位错的截面，原子A的下面就是刃位错通过的地方。A处在下一层平面中原子B和C的上方中间，并受到原子B和C的吸引力。B原子对A原子的吸引力使A原子在水平方向趋于向左移动，C原子的作用则相反，使A原子趋于向右。无外力作用时，在B、C两原子的吸引下，A原子所受的向左、右的力基本上抵消。但是当外界有力使A原子有一个小的向左移动时，B原子对A原子的吸引力将增加，而C原子对A原子的吸引力将减小。此时A原子将受到向左的净推力，故使得位错向左移动一个距离。位错在平行滑移面方向的运动，称位错的滑移运动。可见，具有刃位错的单晶，以刃位错和滑移方向组成的平面（即滑移面）为界的两部分晶体，它们相对移动是比较容易的。这就是无位错晶体的屈服应力比实际晶体的屈服应力大的原因。

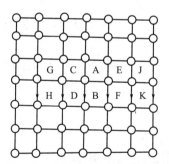

图2-83　理想晶体中原子的位移

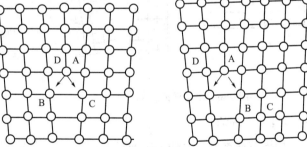

图2-84　位错的滑移

② 爬移　前面曾经表明，在一定温度下，由于热运动晶体中存在一定数量的空位和间隙离子。类似地可以想象，在刃位错线处的一系列原子也可以由热运动移去他处成为间隙原子或该处吸收他处空位而显现类似的移去效果，这就使位错线向上移一个滑移面，如图2-85所示。反之在刃位错附近，其他处的间隙原子移入而增添一列原子，将使位错线向下移一个滑移面。位错在垂直滑移面方向的运动，称为位错的爬移

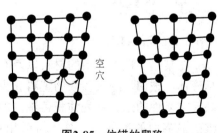

图2-85　位错的爬移

运动。位错的爬移运动和滑移运动是性质完全不同的两种位错运动。前者和晶体中空位和间隙原子的数目有关,后者和外力有关。

在实际单晶生产中,利用位错的爬移运动来消灭位错,使位错吸附扩散来的空位或间隙原子,一面交换位置,一面移到表面来,直至消失。例如拉伸没有位错的单晶硅时,先提高拉伸速率,然后骤然冷却,使空位在晶体内形成过饱和,并使生长的晶体逐渐变细形成一个细颈,这些措施的目的都是促使位错吸收空位、爬移到表面而消失。

2.6.2.3 面缺陷

如果在共面的各方向上缺陷的尺寸可与晶体或晶粒的线度相比拟,而在穿过该面的任何方向上缺陷区的尺寸都远小于晶体或晶粒的线度,则这类缺陷称为面缺陷。

用X射线测定单晶晶面取向时,发现晶体摆动很小角度后仍能得到反射。也就是说,有一个取向差存在。其原因是单晶晶体不是理想晶体,而是由许多结合得并不十分严密的微小晶粒构成的聚集体。这些晶粒边长约10^{-5}m,晶粒和晶粒之间不是公共面,而是公共棱的,相互之间仅仅是以数秒到0.5°的微小角度倾斜着。故此可以认为各晶粒相互取向基本上是平行的。如此的晶体构造称"镶嵌构造"。形成原因是单晶在成长过程受热或机械应力或表面张力作用而产生的。很明显这样的构造也是一种缺陷,但是和线缺陷不同,这种缺陷可以看成有许多刃位错排列汇集成一个平面,称为"镶嵌界面缺陷"或"小角度晶界"。这种缺陷导致镶嵌块之间有微小角度差。部分质点的排列如图2-86所示,可以看出界面质点排列着一系列刃位错。相邻的同号位错间距离是:

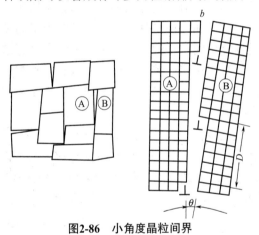

图2-86 小角度晶粒间界

$$D = \frac{b}{\theta} \quad\quad (2\text{-}47)$$

式中,b是柏格斯矢量的大小;θ是一个小的旋转角。

同样一颗晶粒垂直晶粒界面的轴旋转微小角度,也能形成由螺旋位错构成的扭转小角度晶界。

2.6.2.4 体缺陷

如果在任意方向上缺陷区的尺寸都可以与晶体或晶粒的线度相比拟,那么这种缺陷就是体缺陷。例如,亚结构(嵌镶块)、沉淀相、空洞、气泡、层错四面体等都是体缺陷。

2.6.3 非晶体

2.6.3.1 非晶材料

在某些工程上常用的材料以及有科研价值的材料中,并没有长程有序。这些材料包括液体、玻璃、绝大多数的塑料和少数从液态快速冷却下来的金属。原则上,可把这种缺乏重复性的结构视为体积范围内的(或三维的)无序,并看作是点缺陷、线缺陷和二维的晶界面的扩展,与晶体材料相对比,称这种材料为非晶型(也称无定形,按定义

"没有定形"的意思）。

由于不存在平移对称性，没有长程有序，所以用来定义晶体的结构及对晶体进行分类的方法对非晶体都失效了。人们也无法确定其无穷多个原子的坐标。不仅如此，对于这类原子组态，即使人们真正"看到"了每一个原子的确切位置，也不可能用无穷多个原子的坐标来描述非晶固体的结构，这种描述也没有真正揭示原子排布的规律性。

在晶体中，一种结构只对应一种构型，如果构型改变，则结构也改变，并成为另一种晶体。而非晶态结构与晶体结构相比，由于平移对称性的消失，其原子的分布仅具有统计的规律。

非晶材料原子位置的排布完全不具有周期性，有的原子形成紧密的乱堆垛形式，例如玻璃态金属合金，如图2-87所示；有的形成一种无规的网络结构，大多数氧化物玻璃、非晶半导体都属于这类结构，如图2-88所示。

2.6.3.2 分布函数

通过实验方法，人们可以获得非晶固体物质中原子分布的信息，至今为止，最主要的实验手段是X射线衍射。由于在非晶固态物质中，同种原子分布不存在周期性，衍射得到的信息非常有限，所以最重要、最直接的信息是原子分布的径向分布函数。

衍射的基本原理是利用波长稍短于材料中原子间距的入射粒子与样品中的原子相遇后产生的相干散射，然后通过计算得到有关材料结构的信息。最主要的结构信息是分布函数，它常用来描述非晶态材料中的原子分布。例如，从衍射数据得出的双体分布函数 $g(r)$ 就相当于取某一原子为原点（$r=0$）时，在离开原点 r 处找到另一个原子的概率，由此可以描述原子的排列情况。

通过X射线衍射，可以得到平均每个原子所产生的相干散射强度 $I(K)$，进而求得距原点 r 处原子的数目密度 $\rho(r)$。经过归一化处理和傅里叶变换，就可以得出非晶态材料的径向分布函数 $G(r)$：

$$G(r)=4\pi r[\rho(r)-\rho_0]=\frac{2}{\pi}\int_0^\infty K[I(K)-1]\sin Kr\mathrm{d}r \qquad (2-48)$$

式中，ρ_0 是整个样品的平均原子数密度；$K=4\pi\sin\theta/\lambda$，λ 是入射X射线的波长，θ 是布拉格角。

再由它求出材料的径向分布函数 $J(r)$ 或双体分布函数 $g(r)$：

$$J(r)=4\pi r^2\rho(r) \qquad (2-49)$$

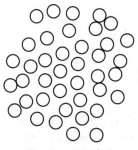

图2-87 无规密堆

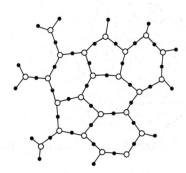

图2-88 无规网络

$$g(r) = \frac{\rho(r)}{\rho_0} \tag{2-50}$$

双体分布函数$g(r)$的含义是，以某原子为原点，距离r处找到另一原子的概率，图2-89是双体分布函数的示意图。当原子的排列情况不同时，$g(r)$曲线也不同。图2-90画出了气体、液体和固体中的原子排列及对应的分布函数曲线示意图。气体中，各原子间的相互关系很弱，原子的平均自由程很大，除了在小于原子最小间距a_0以内的距离上不存在原子，即$g(r)=0$以外，在所有距离大于a_0的（或r_1）的其他的r处，入射粒子所遇到的都是原子的平均数密度，故$g(r)=1$，如图2-90（a）所示。在液体中，原子的排列比气体中要致密得多，原子的平均自由程减小，原子间的相互作用较强，因此可在一定的距离上发生相干散射，这样在$g(r)$曲线上就出现峰和谷，如图2-90（b）所示。晶体是长程有序的固体，原子局域在晶格点附近，即原子只出现在离原点一定的距离上，而在其他距离上原子出现的概率为零，因此$g(r)$曲线是不连续的，如图2-90（c）所示。

在图2-90中还画出了非晶态材料的$g(r)$曲线（b'）。非晶态材料的黏度比液体大，但和液体一样，原子的排列也是长程无序而又存在某种程度的短程有序。这可以从$g(r)$曲线看出，和液体一样，曲线也出现一系列的峰和谷，但曲线不如液体的那样光滑。

根据双体分布函数曲线，可以求得两个重要的参数：①配位数；②原子间距。最邻近原子数目可以由$g(r)$-r曲线上第一个峰下面所包含的面积求得；第一、第二……峰的位置则相应表示最邻近原子、次邻近原子……的距离。此外，对于$g(r)$-r曲线精细结构

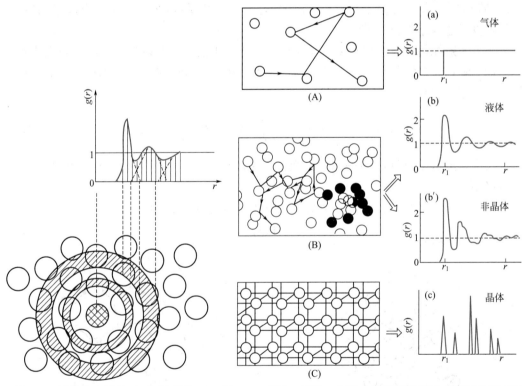

图2-89　双体分布函数$g(r)$示意图　　图2-90　气体、液体、固体中的原子排列及分布函数示意图

（A）气体中的原子分布；（B）液体中的原子分布；（C）固体中的原子分布。（a）气体的分布函数图；（b）液体的分布函数图；（b'）非晶体的分布函数图；（c）晶体的分布函数图

地分析还可以得到其他重要的信息。

2.6.3.3　非晶态结构模型

径向分布函数常用来描述非晶态结构的主要特征，但仍有很大局限性，远远不能反映非晶态材料中原子排列的细节。因此，人们采用结构模型来研究非晶态材料中原子的排列。模型归纳起来可分为两大类，一类是不连续模型，如微晶模型、聚集团模型。微晶模型认为非晶态材料由晶相非常小的微晶粒组成，如图2-91所示，微晶内的短程有序和晶态相同，但各个微晶的取向是散乱分布的，因此造成长程无序。该模型计算的分布函数与X射线衍射实验结果仅是定性相符，定量上差距较大。第二类是连续模型，又称拓扑无序模型，如图2-92所示，如硬球无序密堆模型、无规网络模型等，下面主要讨论这两种模型。

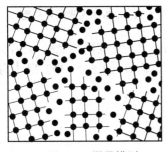

图2-91　微晶模型

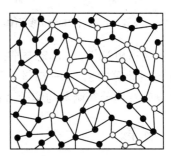

图2-92　拓扑无序模型

（1）硬球无序密堆模型　在硬球无序密堆模型中，把原子看作是不可压缩的硬球，"无序"是指在这种堆积中不存在晶格那样的长程有序，"密堆"则是指在这样一种排列中不存在足以容纳另一个硬球那样大的间隙。这一模型最早是由贝尔纳（Bernal）提出，用来研究液态金属结构的。它在一只橡皮袋中装满了钢球，并进行搓揉挤压，使得从橡皮袋表面看去，钢球不呈现规则的周期排列。贝尔纳经过仔细观察，发现无序密堆结构仅由五种不同的多面体组成，称为贝尔纳多面体，如图2-93所示。多面体的面均为三角形，其顶点为硬球的球心。图2-93中（a）、（b）两种多面体分别是四面体和正八面体，这在密堆晶体中也是存在的；而后三种（c）、（d）、（e）多面体只存在于非晶态结构中。在非晶态结构中，最基本的结构单元是四面体或略有畸变的四面体。这是因为构成四面体的空间间隙较小，因而模型的密度较大，比较接近实际情况。但若整个空间完全由四面体单元所组成，而又保留为非晶态，那也是不可能的，因为这样堆积的结果会出现一些较大的孔洞。有人认为，除四面体外，尚有6%的八面体、4%的十二面体和4%的十四面体等。人们把这种模型与非晶态NiP合金径向分布函数进行了比较，两者基本符合，这类模型已成为讨论非晶态金属结构的主要模型。

实验中得到的无规密堆密度上限值为0.637±0.001，与有序密堆结构的面心立方和六方密堆的密度值0.7405相差0.1039。这说明无规密堆达到的不是真正的密堆，真正的密堆应该是有序的，无序密堆中的四面体结构只是一种短程的、局部的密堆结构。

（2）无规网络模型　无规网络模型被用来描述二氧化硅玻璃的结构。认为在二氧化硅玻璃中，仍保留着硅氧四面体结构单元，硅氧四面体通过桥氧相互连接。但是其O—Si—O键角α在一定范围内有变化，而Si—O—Si键角β的变化范围更大，如图2-94所示。由于键角α、β均有一定程度的变化，因此最终形成的原子组态是无规网络的结构。

从结构上看，该模型的特点是保留了晶体中具有的短程有序单元，从短程有序上看，

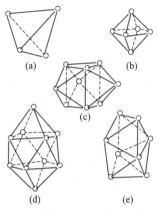

图2-93 五种Bernal多面体

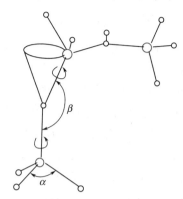

图2-94 α-SiO$_2$无规网络模型

晶态与非晶态相差甚小，晶态与非晶态结构的主要差别是单元之间的相互联结情况。

该模型计算的Si—O—Si键角平均值为153°，与实验值151.5°～152.2°十分接近，而且计算的径向分布函数与实验值符合甚好。

2.6.4 扩散

2.6.4.1 扩散现象

为了使化学反应有效地进行，一般应充分混合反应物，这一点是很重要的。原子排列成无序状态的气体或液体，可以通过机械搅拌或热对流使气体或液体流动而混合成溶液。对于促使气体溶液或液体溶液成分均匀（即均匀化），以上两种方法都很有效。即使在静止的状况下，也可通过扩散进行混合。这时是通过单个原子（或分子）的热运动而达到均匀化的（图2-95）。液体中的扩散混合比气体中慢得多，而固体中，则由于原子运动更不自由，扩散将更慢。

固体中的扩散可以用实验来证明，例如在纯金和纯镍之间制成非常清洁的接合面，如图2-96（a）所示。在高温（例如900℃）下将这个扩散对保持一个长时间，此后，通过适当的化学分析，即可测定金和镍的混合程度，并可画出其成分分布曲线［图2-96（b）］。曲线表明：金原子已经扩散进入镍中，而镍原子也已经扩散进入金中，这种现象称为互扩散。在金原子和镍原子相互扩散的同时，镍原子也在镍中移动，金原子也在金中移动，这种现象称为自扩散。实验表明：在稍低于熔点的温度下，要使固体金属中的原子通过自扩散而移动1厘米的距离，将需要三年以上的时间。

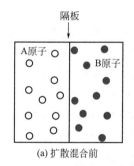

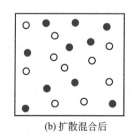

(a) 扩散混合前　　　　(b) 扩散混合后

图2-95 气体通过扩散而混合

原子能够在固体中到处移动，因为它们不是静止的。固体中的原子围绕其平衡位置进行着迅速的小振幅的振动，这种振动随温度升高而加剧。并且在任何的温度下都有很小一部分原子具有足够的振幅，使其可以从一个原子位置移动到另一个相邻的位置，具有这种振幅的原子份额会随温度升高而明显增多。原子从一个平衡位置

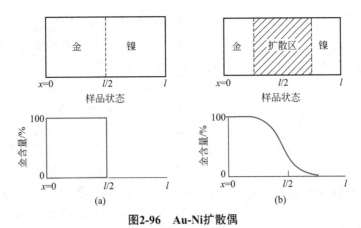

图2-96　Au-Ni扩散偶

（a）扩散处理之前，纯金在左边，纯镍在右边；（b）扩散偶经热处理后，金原子已渗入镍内，镍原子也渗入金内

跳到另一个平衡位置的过程中，由于原子的结合键需发生畸变和破坏，原子就得经过一个能量较高的状态。这部分需增加的能量（即激活能）是由相邻原子的热振动提供的。如预期的那样，缺陷（特别是空位）对晶体中的扩散过程很有帮助。在一种具体的材料中，扩散不仅与原子的热振动有关，而且还与所存在的缺陷类型和数量有关。更普遍地说，即与材料中原子排列的有序性相关。

2.6.4.2　金属中的体积扩散机制

金属中体积扩散过程的基本步骤是金属原子从一个平衡位置转移到另一个平衡位置，也就是说，通过原子在整体材料中的移动而发生质量迁移。在自扩散的情况下，没有净的质量迁移，而是原子以一种无规则状态在整个晶体中移动；在互扩散中，几乎都发生质量迁移，从而减少成分上的差异。已经提出了各种关于自扩散和互扩散的原子机制，扩散的微观机制主要有三种，示于图2-97。从能量角度看，最有利的过程是一个原子与其相邻的空位互相交换位置［图2-97（a）］。原子扩散的方向与空位运动的方向相反，称为空位机制或空位扩散。当然，这个过程需要空位的存在，其发生程度取决于空

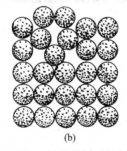
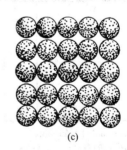

图2-97　扩散的微观机制

（a）空位机制，其中一个原子与一个相邻空位交换位置，这是大多数金属和置换固溶体合金中的扩散机制，按这种机制自扩散的激活能，是形成空位所需的能量与移动空位所需的能量之和。

（b）间隙机制，原子移动是因为间隙原子可以将一个相邻原子调换到间隙位置上。虽然这种移动的激活能较小，但自间隙原子却很少发生，以致在大部分金属和置换固溶体合金中，自间隙机制对扩散并没有贡献。不过间隙杂质原子或间隙固溶体中的溶质原子却能按间隙机制相当容易地移动。

（c）直接交换机制，相邻原子成对地互相交换位置，这种可能性很小，因为与此相应的激活能非常高。也就是说，按这种机制进行的扩散不仅与空位的运动（原子的相应运动）有关，并且也与空位所占位置的份额有关

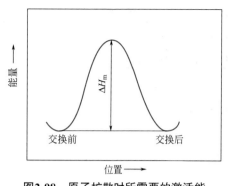

图2-98 原子扩散时所需要的激活能

位的数量。实验证明，这种过程在大多数金属中都占优势。因在不太低的温度下金属中存在较高浓度的空位。自扩散和互扩散都可以该方式进行，而后者的溶质原子需置换溶剂原子。对于这种过程，原子的能量与其位置有关，如图2-98所示。原子处于初始位置与最终位置的中点时为中间状态（即激活态），这时它具有的能量最高，能量的增量即相当于移动原子（或空位）所需要的激活能。对于按空位机制进行的扩散，其激活能是形成一个空位所需要的能量 ΔH_v 再加上将空位从一个平衡位置移动到另一个平衡位置所需要的能量 ΔH_m。

自间隙原子比空位更易活动，因为当自间隙原子移动到原子位置平衡的同时，并使相邻原子移动到间隙位置，这样所需要的激活能比较小。但是形成一个自间隙所需要的能量非常大，因此在任何温度下，平衡的自间隙数目与平衡的空位数目相比都可以忽略不计，所以，按自间隙机制[参见图2-97（b）]扩散的激活能比空位机制的扩散激活能要高得多。与此相似，不依赖于缺陷而直接交换的机制[图2-97（c）]也是不能成立的，因为它需要的激活能特别高。

在溶质原子比溶剂原子小到一定程度的合金中，溶质原子占据了间隙的位置。这时在互扩散中，占优势的是间隙机制，即溶质原子从其间隙位置移动到相邻的空间隙位置。因此，氢、碳、氮和氧在多数金属中是间隙扩散的。由于与间隙原子相邻的未被占据的间隙数目通常是很多的，所以扩散的激活能仅仅与原子的移动有关。结果，间隙溶质原子在金属中的扩散比置换溶质原子的扩散要快得多。

■ **表2-21 金属和合金中的扩散激活能/（kcal/mol）**[1]

溶剂 扩散物质	扩散物质的熔点升高→												
	Hg	Sn	Tl	Zn	Ag	Au	Cu	Mn	Ni	Co	Fe	Cr	Nb
Al				31				29					
Ag	38	39	38	42	44[2]	48	46		55	60	49		
Au	37			40	42				42	42			
Cu	44		43	46	47	50	48		57	55	51		
Ni					65	61			70		55	65	
α-Fe						62			59	65	57		
β-Ti		69							60	61	61	66	70

（第一列"溶剂的熔点升高↓"）

① 1kcal/mol=4.18kJ/mol。

② 加横线的是自扩散激活能。

对于金属中的体积自扩散，扩散率（即扩散系数）是扩散进行速率的度量，它由下式给出：

$$D=D_0 e^{-(\Delta H_v+\Delta H_m)/(RT)} \tag{2-51}$$

式中，D_0 为不依赖温度的实验常数，取决于金属；$\Delta H_v+\Delta H_m$ 为扩散激活能 Q_d，可认为是使1mol原子扩散运动所需的能量。表2-21列出了由实验测定的几种金属和合金中的扩散激活能 Q_d。应该注意到：自扩散的 Q_d 随熔点升高而增加，这说明原子间的结

材料科学与工程基础

合能强烈地影响扩散进行的速率。通常，扩散系数可表示为：

$$D=D_0\,\mathrm{e}^{-Q_d/(RT)} \tag{2-52}$$

表2-22是一些金属中的扩散数据，可以看到温度的显著影响。如Fe在 α-Fe中的自扩散，温度从500℃升高到900℃，扩散系数D约增加6个数量级。

2 材料结构基础

■ 表2-22　金属中的扩散数据

扩散物质	金属	$D_0/$（m²/s）	激活能 Q_d/（kJ/mol）	计算值	
				$T/℃$	$D/$（m²/s）
Fe	α-Fe	2.8×10^{-4}	251	500	3.0×10^{-21}
	（BCC）			900	1.8×10^{-15}
Fe	γ-Fe	5.0×10^{-5}	284	900	1.1×10^{-17}
	（FCC）			1100	7.8×10^{-16}
C	α-Fe	6.2×10^{-7}	80	500	2.4×10^{-12}
				900	1.7×10^{-10}
C	γ-Fe	2.3×10^{-5}	148	900	5.9×10^{-12}
				1100	5.3×10^{-11}
Cu	Cu	7.8×10^{-5}	211	500	4.2×10^{-19}
Zn	Cu	2.4×10^{-5}	189	500	4.0×10^{-18}
Al	Al	2.3×10^{-4}	144	500	4.2×10^{-14}
Cu	Al	6.5×10^{-5}	136	500	4.1×10^{-14}
Mg	Al	1.2×10^{-4}	131	500	1.9×10^{-13}
Cu	Ni	2.7×10^{-5}	256	500	1.3×10^{-22}

2.6.4.3　离子固体和共价固体中的体积扩散

大多数离子固体中的扩散是按空位机制进行的，照例，较大的阴离子只有当存在着阴离子空位时才能移动。而相对阴离子来说，处于间隙位置的较小的阳离子只有当存在着阳离子空位时才能扩散。但是，在某些开放的晶体结构中，例如在萤石（CaF_2）和UO_2中，阴离子却是按间隙机制进行扩散的。在离子型材料中，影响扩散的缺陷来自两方面：①本征点缺陷，例如热缺陷，其数量取决于温度；②掺杂点缺陷，它来源于价数与溶剂离子不同的杂质离子。前者引起的扩散与温度的关系类似于金属中的自扩散，后者引起的扩散与温度的关系则类似于金属中间隙溶质的扩散。纯NaCl中阳离子Na^+的扩散率与金属中的自扩散相差不大，因为在NaCl中，肖特基缺陷比较容易形成。而在非常纯的正常化学比的金属氧化物中，相应于本征点缺陷的能量非常高，以至于只有在很高温度时，其浓度才足以引起明显的扩散（表2-23）。在中等温度时，少量杂质能大大加速扩散，图2-99就是这种效应的一个实际例子。

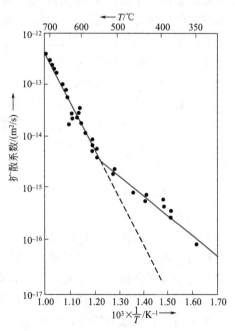

图2-99　在NaCl中加入少量$CdCl_2$时，Na^+的扩散系数随温度变化曲线

高温时与肖特基缺陷有关的Na^+空位数远大于与Cd^{2+}有关的空位数，所以本征缺陷占优势；低温时情况正好相反，Cd^{2+}的存在所产生的Na^+空位促使了Na^+的扩散。外推的虚线表示在没有Cd^{2+}存在时Na^+的扩散率

■ 表2-23　某些离子材料中的扩散激活能

扩 散 原 子	$Q/$（kcal/mol）	扩 散 原 子	$Q/$（kcal/mol）
Fe 在 FeO 中	23	Cr 在 $NiCr_2O_4$ 中	76
Na 在 NaCl 中	41	Ni 在 $NiCr_2O_4$ 中	65
O 在 UO_2 中	36	O 在 $NiCr_2O_4$ 中	54
U 在 UO_2 中	76	Mg 在 MgO 中	83
Co 在 CoO 中	25	Ca 在 CaO 中	77
Fe 在 Fe_3O_4 中	48		

在低温时，阳离子空位数与阳离子杂质数相等，扩散的激活能仅仅与移动有关，并且扩散率与杂质含量成正比。高温时，Na^+ 扩散的激活能比较高，因为它不仅涉及 Na^+ 的移动，还包括肖特基缺陷的形成。

虽然大多数共价固体具有比较开放的晶体结构（起因于共价键的方向性），它比金属和离子型固体具有较大的自间隙位置。但其自扩散和互扩散仍以空位机制为主，例如，在金刚石立方结构中，自间隙位置的体积与原子位置的体积大体相同。然而从能量的角度看，自间隙是不利的，因为方向性成键轨道的共价键的几何关系得不到满足，正是方向性的键合使共价固体的自扩散激活能通常高于熔点相近金属的激活能。例如，虽然 Ag 和 Ge 的熔点仅仅相差几度，但是锗自扩散的 Q 为 290kJ/mol，而银自扩散的 Q 却为 186kJ/mol。

2.6.4.4　其他通道的扩散

除了在整个固体中进行扩散以外，原子还可以沿着对移动来说能垒比较低的外部和内部通道迁移。因此扩散可能沿位错、晶界及外表面进行，在沿这些短路通道扩散时，其扩散速率明显地高于体积扩散的速率，这是因为与短路通道扩散相联系的激活能比体积扩散的激活能要低得多。在自由表面上，原子应该是最活动的，而内部线缺陷和面缺陷上的原子错排也会使原子有相当高的活动性，这在物理上似乎是有道理的。然而在大多数情况下，质量迁移仍然是依靠体积扩散，因为与体积扩散相比，短路扩散过程的有效截面积要小得多。但是，对于这一普遍规律，也确实有些例外，在相当低的温度时，细晶粒金属的晶界扩散比体积扩散更为重要。这是由于晶界扩散具有较低的激活能，而且与激活能较高的体积扩散相比，其扩散系数随温度的变化比较小。在某些粉末冶金过程中，当金属或陶瓷烧结时，细颗粒粉末的比表面（面积与体积比）较大，有利于表面扩散。

2.6.4.5　非晶体中的扩散

长链聚合物的特征是分子内部为强的共价键，而分子之间为弱的次价键，由于其分子尺寸太大，因此扩散显得迟缓，在这类材料中，自扩散包括分子链段的运动，并且与材料的黏滞流动的行为密切相关。较高的聚合度（相应的分子量较大）导致低的扩散速率，当研究聚合物溶于溶剂的互扩散实验时，就可以观察到这一点。

在工艺上，比较重要的聚合物扩散情况是外来分子的扩散，因为这关系到聚合物所呈现的渗透和吸收等特性。在吸收时，较小的分子进入聚合物引起溶胀，或许还引起化学反应。这二者都会改变聚合物的力学性能和物理性能。在渗透时，较小的分子扩散通过聚合物之间的自由空间。小分子的扩散比大分子的扩散快得多，并且只有那些可溶的而又基本上不与聚合物起化学反应的原子和分子比较容易扩散，扩散的通道几乎总是通过聚合物内的非晶区，因为对于外来小分子的迁移，结晶区的阻碍大得多。扩散速率不仅取决于扩散物质，而且还与聚合物的形态有关。低于玻璃态转变温度时的扩散比高于玻璃态转变温度时的扩散慢得多。

类似的见解也适用于无机玻璃中的扩散，在硅酸盐玻璃中，硅原子与邻近氧原子的结合非常牢固。因而即使在高温下，它们的扩散系数也是小的，在这种情况下，实际上移动的是单元，硅酸盐网络中有一些相当大的孔洞，因而像氢和氦那样的小原子可以很容易地渗透通过玻璃，此外，这类原子对于玻璃组分在化学上是惰性的，这增加了它们的扩散率。这种见解解释了氢和氦对玻璃有明显的穿透性，并且指出了玻璃在某些高真空应用中的局限性。钠和钾离子由于其尺寸较小，也比较容易扩散穿过玻璃。但是，它们的扩散速率明显低于氢和氦，因为阳离子受到Si—O网络中原子的周围静电吸引。尽管如此，这种相互作用要比硅原子所受到相互作用的约束性小得多。

2.6.4.6　扩散的数学描述

扩散过程可以分类为稳态和非稳态。在稳态扩散中，单位时间内通过垂直于给定方向的单位面积的净原子数（称为通量）不随时间变化。在非稳态扩散中，通量随时间而变化。稳态扩散由Fick第一定律描述，它说明通量J正比于浓度梯度和扩散系数。对于相距Δx的两个横截面位置，其浓度差为ΔC，并满足图2-100所示的一维情况，Fick第一定律由下式给出：

$$J_x=-D\frac{\Delta C}{\Delta x}=-D\frac{\mathrm{d}C}{\mathrm{d}x} \qquad (2-53)$$

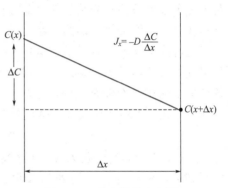

图2-100　稳态扩散示意图

如果扩散物质的浓度分布不随时间变化，则扩散为稳态扩散。对于图中所示的线性浓度梯度，单位时间内通过单位横截面的扩散物质的净原子数（即扩散通量）由Fick第一定律给出：$J_x=D\Delta C/\Delta x$。根据Fick第一定律，物质迁移方向与浓度梯度的方向相反

式中，$\Delta C/\Delta x$或（$\mathrm{d}C/\mathrm{d}x$）为浓度梯度。在讨论扩散时，采用原子数/cm^3或g/cm^3作为浓度单位是方便的（任一种单位都是指某一类原子，例如B原子数/cm^3），而相应的通量J的单位是kg/（$cm^2 \cdot s$）或atmos/（$cm^2 \cdot s$）。在这两种情况下，扩散系数D的单位都是cm^2/s。式（2-53）指出：原子倾向于逆化学梯度方向而移动。温度梯度引起的稳态热流以及电场（即电位梯度）引起的稳态电流也用类似式（2-53）的方法来描述。当钯片两侧维持不同的氢气压力时，氢原子将渗透穿过钯片，这是稳态扩散的一个例子。这种方法可以用来提纯氢气，因为钯对于其他气体（如氮、氧和水蒸气等）是不渗透的。

例题 2-7

一块铁板的一面暴露在富碳的气氛中，另一面暴露在缺碳的气氛中，温度为700℃。若达到了稳定状态，在距富碳表面5mm和10mm位置的碳浓度分别为1.2kg/m^3和0.8kg/m^3，计算碳穿过铁板的扩散通量。假设该温度下的扩散系数为$3\times10^{-11}m^2/s$。

解：用Fick第一定律确定扩散通量。将两个位置分别记为A和B，可得到

$$J=-D\frac{\Delta C}{\Delta x}=-D\frac{C_A-C_B}{x_A-x_B}$$

$$=-3\times10^{-11}\times\frac{1.2-0.8}{5\times10^{-3}-10^{-2}}$$

$$=2.4\times10^{-9}kg/（m^2\cdot s）$$

碳穿过铁板的扩散通量为2.4×10^{-9}kg/（$m^2\cdot s$）。

大多数重要的扩散不是稳态的，因为给定地点的浓度随时间而变化，所以通量也随时间而变化。为了研究这种情况，根据扩散物质的质量平衡，导出Fick第二定律，用以分析非稳态扩散。在一维情况下，Fick第二定律表示为：

$$\frac{\partial C}{\partial t} = \frac{\partial}{\partial x}\left(D\frac{\partial C}{\partial x}\right) \tag{2-54}$$

dC/dt为给定地点x处的浓度随时间的变化率。如果假定D为常数（即与浓度无关）则Fick第二定律为：

$$\frac{\partial C}{\partial t} = D\frac{\partial^2 C}{\partial x^2} \tag{2-55}$$

对于许多边界条件和初始条件，此方程的解已经求得。

现对二元混合物（即两个组元的混合物）中的互扩散进行简短的讨论，因为即使各个组元可能同样的进行扩散，其中一个组元仍可以比另一个组元扩散得快些。例如在金和镍互扩散的情况下，金原子一般地比镍原子移动得快。其结果是：互扩散系数除了与各种原子的相对份额有关外，还与二元合金的本征扩散率有关。就互扩散而言，在Fick定律表达式（2-53）和式（2-54）中出现的扩散系数实际上是互扩散系数。

$$D \approx x_B D_A + x_A D_B \tag{2-56}$$

式中，D_A和D_B分别为A、B置换固溶体中与A原子和B原子与扩散有关的本征扩散系数；x_A和x_B为各自的摩尔分数。显然，如果D_A和D_B不等，则D与成分有关。在大部分的实际情况中，D_A和D_B与成分也有关系。必须指出：在稀固溶体（即$x_A \approx 1$，$x_B \approx 0$）的互扩散中，稀组元的本征扩散系数就给出了互扩散系数（即$D \approx D_B$）。同样

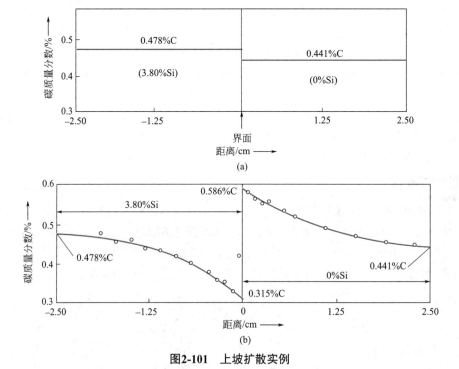

图2-101 上坡扩散实例

（a）在由Si.Fe合金和不含Si的钢所组成的扩散偶中，碳（C）的初始分布；（b）经1050℃扩散处理13d之后，C已经优先偏聚到不含Si的钢中，这样便发生了上坡扩散

地，如果一个组元比另一个组元活动得多（即$D_B \gg D_A$），那么这一组元就确定了合金中的互扩散系数（也就是$D \approx x_A D_B$，条件是$x_A D_B \gg x_B D_A$）。在间隙溶质与金属的互扩散中，各种组元按不同的机制进行扩散，而Fick定律中的扩散系数就是间隙原子的扩散系数，因为它的扩散率比置换原子的扩散率要大得多。

虽然Fick第一定律式（2-53）表明互扩散的推动力是浓度梯度，但是将总自由能的减少作为推动力则更为正确。这一点与一个相中自由能趋于处处相等（相应于浓度趋于处处相等）的情况相符合。在大多数情况下，消除浓度梯度正是减少了自由能；但是，在某些情况下，扩散进行的方向并不与浓度梯度方向相反，而是与浓度梯度的方向相同。这种上坡扩散可以用图2-101所示的简单实验来说明，它描述了碳在（Fe-Si）钢扩散偶中的扩散情况。这里的结果是，钢一侧积累的碳量要比假定以浓度梯度为推动力所预期的更多些，因扩散偶中一侧溶解的硅改变了平衡关系。故从自由能观点看来，碳在钢中比在硅铁合金中更受欢迎。

小故事

生命荏苒，
源于扩散

2.7 固体中的转变

如前所述，原子或分子通过化学的或物理的相互作用，结合成了固态的有序的晶体结构和无序的非晶体结构。通常，晶体结构是一种能量最低的稳定态结构，而非晶体结构是一些能量较高的不稳态结构或亚稳态结构。然而，由于外界温度、压力或环境应力的变化，以及多元体系中各组元化学势的不同，导致原子或分子在固体材料中产生扩散运动或改变原有的结合方式，使得不稳态的结构转变为亚稳态的结构，能量较高的亚稳态结构转变为能量较低的亚稳态结构，亚稳态结构转变为稳态结构等；而且一种稳态结构也可能转变为另一种稳态结构。对于多元体系，则可能由均匀混合体系发生相分离，形成不同组成或结构的相；以及进一步发生相转变。从热力学角度讲，体系吉布斯自由能的变化是影响固体材料结构稳定性（即结构转变）的主要原因。而动力学因素则对固体材料结构转变的快慢程度，对原子或分子的扩散速度产生决定性的影响。本节将从固体材料中主要存在的结构转变类型、体系的热力学平衡与相变、相图等几方面进行讨论。

2.7.1 固体中的转变类型

2.7.1.1 同素异构转变

有些成分相同的物质可以有不同的晶体结构，其性质也可能因结构的差异而迥然不同。例如石墨和金刚石都属于碳，但因它们的晶体结构不同，而具有显著不同的性质。另外碳也可在一定条件下变成无定形粉末——炭黑。又如铁在101.3kPa气压下，低于910℃为体心立方结构（α-Fe），910～1400℃为面心立方结构（γ-Fe），高于1400℃又变为体心立方结构（δ-Fe）。改变温度或压力等条件，可使固体从一种晶体结构变为另一种晶体结构，这种现象称为同素异构转变。

2.7.1.2 非晶态的晶化

非晶态材料是亚稳态，在一定条件下，有的非晶态材料可以通过成核和晶核长大过程发生晶化。非晶态的许多性质经过晶化之后，会发生十分显著的变化。

晶化使非晶态材料原有的某些优良性能消失，此时我们必须防止这种晶化过程的发生，这也决定了材料使用的极限条件，如使用的最高温度。

另一方面，如果结晶过程使非晶态发生部分晶化或形成微晶态并改进材料的某些性质，那么我们将有意使其发生结晶过程。非晶态的晶化过程与熔体冷凝形成非晶态过程中可能发生的结晶过程，既有共同点，又有区别。它们的共同点是最终都形成了晶态，都是由亚稳态向晶态的相变，整个过程都受成核与晶体生长两个阶段的控制。它们的不同点如下。

① 非晶态的结晶，在 T_g 以下温度进行，这时体系的黏滞性很大，基本特性是固相内的扩散，且扩散过程比较缓慢。而熔体冷却过程中发生的晶化，是从熔点直到 T_g 温度整个冷却过程中进行的，扩散过程进行的速度随温度改变有较大的变化。在略低于熔点时，扩散过程基本特点是液体内的扩散，在 T_g 点附近，接近固相内扩散。

② 非晶态的结晶，在 T_g 以下温度进行，过冷度非常大，因此相变驱动力十分大。由成核功表示式可知，成核功与相变驱动力平方成反比，所以成核功十分小。熔体冷却过程中发生的结晶，过冷度由 0 变为 $\Delta T = T_m - T_g$，相变驱动力也随温度下降而加大。

以上两点区别说明，非晶态晶化过程是相变驱动力大，成核功小，而扩散系数也小的过程。相变驱动力大、成核功小，有利于成核和晶体生长，但扩散系数小，则又不利于成核和晶体生长，而有利于保持非晶状态。

2.7.1.3 结构弛豫

弛豫是指在外界因素影响下，一个偏离了原来平衡态或亚稳态的体系回复到原来状态的过程。

刚制备完的非晶材料，不是稳定态。在常温常压条件下，或加热到一定温度进行保温退火，非晶材料的许多性质将随时间而发生变化，最终会达到另一种亚稳态，这就是非晶态的结构弛豫。

在非晶态的弛豫过程中，并未发生结晶，这与晶化过程不同，不是亚稳态向稳定态的相变。此外，弛豫过程中也不产生新相，所以也不同于相分离过程。它在微观上发生了结构的松弛，是由一种亚稳态变化为另一种能量较低的亚稳态。

弛豫过程总伴随着体系各物理性质的改变。为了获得性能稳定的非晶材料，必须研究最佳的退火工艺，以改善和稳定材料的性能。所以从材料的实际应用上看，弛豫过程的研究具有重要的意义。

另外，弛豫是自然界极为普遍的现象，但许多过程进行的速度过慢或过快，使人们难以研究。而非晶材料的结构弛豫是非晶材料的共同特性，而且弛豫过程进行的速度随外界条件的改变而变化显著。

非晶材料的弛豫发生在整个材料制备、退火及使用过程中。对于已制备成的非晶材料，可把它加热到一定温度，例如可在玻璃转变温度附近、在不发生结晶的前提下进行保温。非晶态的许多性质将随时间或退火温度的不同而改变。

2.7.1.4 相分离

当温度、压强等外界条件变化时，多组元体系有时会分离成具有不同组分和结构的几个相，这就是相分离。如液相，当温度下降时，可能分成两种不相溶混的液相，或分成固相与液相。晶相也可能分离成结构十分不同的两相。

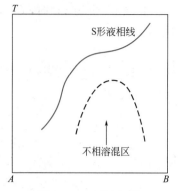

图2-102　S形液相线

在固相形成过程中，例如从熔体中冷却，高温的稳定态，在降温过程中可能是不稳态或亚稳态，它们会分离成不同成分和结构的相。这时分相过程有两种不同的机制，一种是核及晶核长大过程，另一种不经过成核。这两种分相过程差别很大，后一种不经过成核的相分离过程，称为拐点分解或旋节分解。从热力学角度看，拐点分解是不稳态向亚稳态或稳定态的转变，这与结晶过程不同，结晶是由亚稳态向稳定态的转变。由相分离出现不均匀性的尺寸，大的可用肉眼观察到，小的可用电子显微镜观察。对拐点分解的研究工作，最早是从对体系中S形液相线开始的（图2-102）。Oreig指出，S形的液相线可能是由于在液相线下存在有亚稳的不混溶区。而后，在传统的玻璃体系研究工作中，对玻璃形成区中发生的相分离开展了广泛的研究。近些年来，这一研究进一步扩展到了玻璃金属体系和聚合物共混体系，所以相分离问题是非晶态中重要而普遍的问题。

2.7.2　平衡和相变

2.7.2.1　热力学平衡

平衡是自然界的一个重要状态。当合力为零时，系统处于机械平衡；当温度差消失时，系统达到热平衡；当各区域化学势相等时，组元浓度不再变化，系统就达到化学平衡。在热力学系统中，如果同时达到这三种平衡，则系统到达热力学平衡。不同过程自发进行及达到平衡的条件如表2-24所示。

材料通常在恒温恒压条件下进行相变和化学反应，用吉布斯自由能作为判据。根据最小自由能原理，唯有使G减小的过程才能自发进行，达到最小值时就处于平衡状态。

■ 表2-24　不同过程自发进行及达到平衡的条件

过程情况	所用函数	自发进行条件	平衡条件
内能一定，等容	S	$dS > 0$	$dS=0$，$d^2S < 0$
熵一定，等容	U	$dU < 0$	$dU=0$，$d^2U > 0$
熵一定，等压	H	$dH < 0$	$dH=0$，$d^2H > 0$
等温，等容	F	$dF < 0$	$dF=0$，$d^2F > 0$
等温，等压	G	$dG < 0$	$dG=0$，$d^2G > 0$

2.7.2.2　相变

在均匀单相内，或在几个混合相中，出现了不同成分或不同结构（包括原子、离子或电子位置及位向的改变）、不同组织形态或不同性质的相，就称为相变。

相变可从不同角度进行分类。

（1）从热力学角度分类　可分为一级相变和高级（二级，三级，……）相变。

由1相转变为2相时，$G_1=G_2$，$\mu_1=\mu_2$，但化学势的一级偏微商不相等的称为一级相变。即一级相变时：

$$\left.\begin{array}{l}\left(\dfrac{\partial \mu_1}{\partial T}\right)_p \neq \left(\dfrac{\partial \mu_2}{\partial T}\right)_p \\[3mm] \left(\dfrac{\partial \mu_1}{\partial p}\right)_T \neq \left(\dfrac{\partial \mu_2}{\partial p}\right)_T\end{array}\right\} \tag{2-57}$$

但

$$\left(\dfrac{\partial \mu}{\partial T}\right)_p = -S$$

$$\left(\dfrac{\partial \mu}{\partial p}\right)_T = V$$

因此一级相变时，具有体积和熵（及焓）的突变：

$$\left.\begin{array}{l}\Delta V \neq 0 \\ \Delta S \neq 0\end{array}\right\} \tag{2-58}$$

焓的突变表示相变潜热的吸收或释放。

当相变时，$G_1=G_2$，$\mu_1=\mu_2$，而且化学势的一级偏微商也相等，只是化学势的二级偏微商不相等，称为二级相变。即二级相变时：

$$\mu_1=\mu_2$$

$$\left(\dfrac{\partial \mu_1}{\partial T}\right)_p = \left(\dfrac{\partial \mu_2}{\partial T}\right)_p$$

$$\left(\dfrac{\partial \mu_1}{\partial p}\right)_T = \left(\dfrac{\partial \mu_2}{\partial p}\right)_T$$

$$\left.\begin{array}{l}\left(\dfrac{\partial^2 \mu_1}{\partial T^2}\right)_p \neq \left(\dfrac{\partial^2 \mu_2}{\partial T^2}\right)_p \\[3mm] \left(\dfrac{\partial^2 \mu_1}{\partial p^2}\right)_T \neq \left(\dfrac{\partial^2 \mu_2}{\partial p^2}\right)_T \\[3mm] \dfrac{\partial^2 \mu_1}{\partial T \partial p} \neq \dfrac{\partial^2 \mu_2}{\partial T \partial p}\end{array}\right\} \tag{2-59}$$

但

$$\left.\begin{array}{l}\left(\dfrac{\partial^2 \mu}{\partial T^2}\right)_p = -\left(\dfrac{\partial S}{\partial T}\right)_p = -\dfrac{C_p}{T} \\[3mm] \left(\dfrac{\partial^2 \mu}{\partial p^2}\right)_T = \left(\dfrac{\partial V}{\partial p}\right)_T = -Vk, \; k = \dfrac{1}{V}\left(\dfrac{\partial V}{\partial p}\right)_T \\[3mm] \dfrac{\partial^2 \mu}{\partial T \partial p} = \left(\dfrac{\partial V}{\partial T}\right)_p = V\alpha, \; \alpha = \dfrac{1}{V}\left(\dfrac{\partial V}{\partial T}\right)_p\end{array}\right\} \tag{2-60}$$

式中，k 称为材料的压缩系数；α 称为材料的膨胀系数。由上式可见，二级相变时

$$\left.\begin{array}{l}\Delta V = 0 \\ \Delta S = 0 \\ \Delta k \neq 0\end{array}\right\}\begin{array}{l}\Delta C_p \neq 0 \\ \Delta \beta \neq 0 \\ \Delta \alpha \neq 0\end{array} \qquad (2\text{-}61)$$

即在二级相变时，在相变温度，$\partial G/\partial T$ 无明显变化，体积及熵均无突变，而 C_p、k 及 α 具有突变。

一级相变和二级相变时，两相的自由能、熵及体积的变化分别如图2-103、图2-104所示。

晶体的凝固、沉淀、升华和熔化，金属及合金中的多数固态相变都属一级相变。超导态相变、磁性相变、液氮的 λ 相变以及合金中部分的无序-有序相变都为二级相变。量子统计爱因斯坦玻璃凝结现象为三级相变。二级以上的高级相变并不常见。

（2）按相变方式分类　Gibbs 把相变过程区分为两种不同方式：一种是由程度大、但范围小的起伏开始发生相变；另一种是由程度小、范围广的起伏引发相变。前者形成新相核心，称为经典的形核-长大型相变；后者连续地长大形成新相，称为连续型相变，可以由 Spinodal 分解示例（图2-105）。

（3）按原子迁动特征分类　母相和新相结构只是对称性的改变、相变过程以有序参量表征的称有序-无序相变；相变过程中原子需经位移的称位移型相变；相变过程只涉及电子旋转方向的改变为磁性相变。

在相变过程中，相变依靠原子（或离子）的扩散来进行的，称为扩散型相变；相变过程不存在原子（或离子）的扩散，或虽存在扩散，但不是相变所必需的或不是主要过程的，称为无扩散型相变。

2.7.2.3　相分离动力学

相分离是多元体系中最普遍的现象，拐点分解是描述相分离最基本的方法。对于 AB 二元混合体系，吉布斯自由能随 A 和 B 组成的变化如图2-105所示。

图2-105中横坐标代表二元体系中 A 和 B 两个组分质量分数的变化。图上半部分的纵

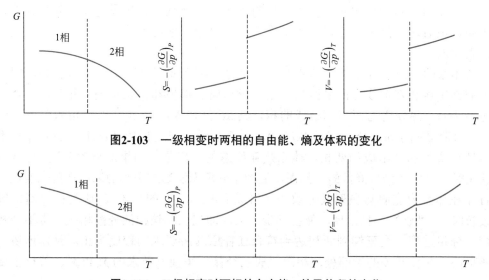

图2-103　一级相变时两相的自由能、熵及体积的变化

图2-104　二级相变时两相的自由能、熵及体积的变化

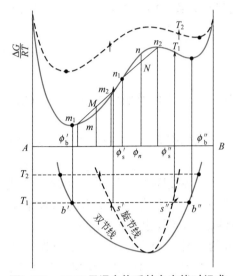

图2-105 AB二元混合体系的自由能对组成的变化及相应的双节线和旋节线

坐标是二元体系的自由能 $\Delta G/RT$，图中的曲线代表的是不同温度下自由能随成分的变化。如温度为 T_1 时，ΔG 对组成的曲线有两个极小值，相对于两个平衡相的组成 ϕ_b' 和 ϕ_b''，同时 ΔG 曲线的两个拐点则对应于组成 ϕ_s' 和 ϕ_s''。对于一系列温度 T_2、T_3…，我们均可在对应的 ΔG 曲线上找到极小值和拐点。图中的下半部纵坐标是温度，为此我们可以将不同温度相对应的 ΔG 曲线的极小值点和拐点在下半部分的温度对组成的图上表示出来。图中极小值点的连线表示各温度下分相的平衡组成，称为双节线；而拐点的连接线称为spinnodal线，即旋节线。在双节线的全部范围内，无论二元体系的组成如何变化，体系都是两相的，但是存在两个不同的相分离机理，其一为旋节线机理，其二为形核和生长机理。

当体系的组成处于两个拐点之间时（例如 ϕ_s' 和 ϕ_s''），也就是在相图上处于旋节线的区域内时，相分离属于旋节线机理。如果体系的组成为 ϕ_n，这时体系的自由能为 n，若体系产生一微小的组成涨落而分相，两相组成必在 n 两侧，例如，两相 ΔG 值分别为 n_1 和 n_2，那么分相后体系的总自由能则为 N（n_1、n_2 连线与由 n 至横坐标所作垂线的交点）。显然，N 值总是低于 n，即 $\Delta G < 0$。对于总组成处于两个拐点之间的体系来说，是不稳定体系，分相过程是没有热力学位垒的，是自发过程。这种相分离过程进行得较快，两相的组成是逐渐变化的。随着时间推移，两相会逐步接近双节线所对应的平衡相组成。另一方面，由于分相是自发产生的，也就是体系内到处有分相现象，到一定程度，分散相之间出现相互连接。进一步地讲，在总组成为 ϕ_n 的二元体系分相的初期，两相组成的差别很小。随着时间推移，在降低自由能的驱动下，原子或分子会逆着浓度梯度的方向进行相间迁移，两相的组成差越来越大。如果时间充分长且体系黏度不高，最后这些具有一定程度相互连接的分散相会聚集为球形分散相，以降低两相间的表面能。

当体系的总组成处于极小值点和拐点之间（ϕ_b' 和 ϕ_s' 之间，ϕ_s'' 和 ϕ_b'' 之间），即在相图上的旋节线和双节线之间的区域，则相分离属于形核和生长机理。此时，若体系总自由能为 m，并分离为两相邻组成的相，其 ΔG 分别为 m_1 和 m_2，则两相的总自由能为 M，此值明显高于 m，分相前后 $\Delta G > 0$。也就是说，在这样的情况下，混合体系不会自发地分离为相邻组成的两相，体系是亚稳态的。但是，如果能直接分离为 ϕ' 和 ϕ'' 的两相时，自由能仍是降低的。然而，这种相分离无法通过微小的浓度涨落来实现，必须首先在体系内克服势垒形成分散相（组成为 ϕ' 或 ϕ''）的"核"。这类相分离一般需要较长时间，"核"一旦出现，便会逐步扩大，即生长。这样的分散相区通常不会相互连接，分相过程一直延续到两相达到符合杠杆原理所要求的程度为止。具体地讲，一旦核形成，在核及核的近邻处，相的组成已经接近平衡态要求的 ϕ_b' 和 ϕ_b''，若核主要由成分B构成，进一步的发展是连续相内的成分B沿浓度梯度的方向向核内扩散使得核的体积增长，形成分散相，最后二元混合体系的全部区域都分别达到平衡态的ϕ_b'和ϕ_b''组成。

2.7.3 相图

相平衡是研究物质在多相系统中相的平衡问题，即主要是研究多相系统的状态如何随温度、压力、组分的浓度等变数的变化而改变的规律。根据多相平衡的实验结果，可以制成几何图形来描述这些在平衡状态下的变化关系，这种图形就称为相图，或叫做状态图。相图是用来表示材料相的状态和温度及成分关系的综合图形，其所表示的相的状态是平衡状态，因而是在一定温度、成分下热力学的最稳定且自由焓最低的状态。

相图是材料科学的基础内容。在材料工程中有重要意义，可举出以下应用的有关方面。

① 研制、开发新材料，确定材料成分。根据研制材料应用的工况条件和性能要求，利用已有材料的相图与性能关系的知识，可选定材料的系统和确定材料的成分。对陶瓷材料，根据Al_2O_3-SiO_2系统相图，可以找出铝硅质耐火材料的合适组成，根据CaO-Al_2O_3-SiO_2系统相图设计容易烧成的、性能优良的水泥熟料配方。

② 利用相图制订材料生产和处理工艺。一般金属材料主要的生产过程是熔炼、铸造获得铸锭或铸件，铸锭再经锻轧热变形生产出锻坯、锻件或型材，加工后的零、部件须进行热处理以改善性能；陶瓷材料和部分金属材料采用粉末冶金方法生产，压制成形，固态烧结。在材料的生产和处理中，熔炼温度、热变形温度范围、烧结温度、热处理类型以及工艺参数均可由该合金或陶瓷材料的相图作为依据来制订。

③ 利用相图分析平衡态的组织和推断不平衡态可能的组织。根据相图可确定形成单相组织或两相组织，组织中相的分布和数量；不平衡状态下组织的可能变化趋势和特征。

④ 利用相图与性能关系预测材料性能。相图与材料的力学性能、物理性能以及工艺性能都有一定关系，因而可根据材料的相图预测其有关性能。

⑤ 利用相图进行材料生产过程中的故障分析。如工件在热加工中出现的一些缺陷、废品，可根据某些杂质元素在相图中可能的反应予以分析和控制。

2.7.3.1 相律

（1）相 在系统内部物理和化学性质相同而且完全均匀的一部分称为相。相与相之间有分界面，可以用机械的方法把它们分离开。在界面上，从宏观的角度来看，性质的改变是突变的。例如，水和水蒸气共存时，其组成虽同为H_2O，但因有完全不同的物理性质，所以是两个不同的相。

一个相必须在物理性质和化学性质上都是均匀的，但不一定含有一种物质。例如，不同的气体因其能够以任何比例互相均匀混合，所以如果所指的平衡不是在高压下的话，则系统内不论有多少种气体，只可能有一个气相。又如，食盐水溶液，虽然它有两种物质，但它是真溶液，整个系统也只是一个液相。再如固溶体也只是一个固相。

如上所述，对于气体物质一般总是成一相的。而对于液体，则视其互溶程度而定，通常可以是一相或两相的。对于固态物质的混合物，则有几种物质就可能有几个相。

一个系统中所含相的数目，以符号 P 表示。按照相数的不同，系统可分为单相系统、二相系统、三相系统等。含有两个相以上的系统，统称为多相系统。

（2）组分、独立组分　组分（或称组元）是指系统中每一个可以单独分离出来，并能独立存在的化学纯物质称为组分，组分的数目叫组分数。独立组分是指足以形成平衡系统中各相组成所需要的最少数目的化学纯物质。它的数目，称为独立组分数，以符号 C 表示。例如，由 $CaCO_3$、CaO、CO_2 组成的系统，在高温时，三组分发生下面的反应，并建立平衡：

$$CaCO_3（固）\rightleftharpoons CaO（固）+CO_2（气）$$

此时系统虽然由三种物质所构成，但独立组分只有两个，因为在系统中的三个组分之间存在有一个化学反应，当达到平衡时，只要系统中有任何两个组分的数量已知时，那么，第三种组分的数量将由反应式确定，而不能任意变动。

从上面的例子可以看出，若系统中各组分之间有化学反应，则独立组分数少于组分数。一般说来，系统的独立组分数是等于组分数减去所进行的独立的化学反应数。

按照独立组分数目的不同，可将系统分为单元系统、二元系统、三元系统等。

（3）自由度　在相平衡系统中可以独立改变的变量（如温度、压力或组分的浓度等）称为自由度。其中可以在一定范围内任意改变，而不致引起旧相消失或新相产生变量的数目，叫做自由度数，以符号 F 表示。

按照自由度数可对系统进行分类，自由度数等于零的系统，叫做无变量系统；自由度数等于一的系统，叫做单变量系统；自由度数等于二的系统，叫做双变量系统等。

（4）相律　吉布斯（W.Gibbs）根据前人的实验数据，用严谨的热力学作为工具，于 1876 年导出了多相平衡系统的普遍规律——相律。相律确定了多相平衡系统中，系统的自由度数（F）、独立组分数（C），相数（P）和对系统的平衡状态能够发生影响的外界因素之间有如下的关系：

$$F=C-P+n \tag{2-62}$$

这是相律的数学表示式。式中 n 为能够影响系统的平衡状态的外界因素的数目，如温度、压力、电场、磁场、重力场等。一般情况下只考虑温度和压力对系统的平衡状态的影响，则相律可以以下式表示：

$$F=C-P+2 \tag{2-63}$$

没有气相的系统称为"凝聚系统"。有时气体虽然存在，但可忽略，而只考虑液相与固相参加平衡，这种系统也称为"凝聚系统"。合金和硅酸盐系统均为凝聚系统。对于凝聚系统，一般可以不考虑压力的改变对系统相平衡的影响，即压力可以不作为一个可变因素来考虑，此时相律的数学表示式为：

$$F=C-P+1 \tag{2-64}$$

由相律可知，系统的自由度数，在相数一定时随着独立组分数的增加而增加；在独立组分数一定时，随着相数的增加而减少。

2.7.3.2　单元系统相图

在单元系统中所研究的对象只有一个纯物质，即独立组分数 $C=1$，根据相律（$F=C-P+2$，或 $F=3-P$），单元系统中平衡共存的相数最多不超过三个，在三相平衡共存时系统是无变量的（一个自由度也没有）。因为系统中的相数不可能少于一个，所以单元系统的最大自由度是2。

由于单元系统各组分中，只有一种纯物质，组成是不变的，所以自由度数为2，表明了这两个独立变量是温度和压力。如果把这两个变量确定下来，系统的状态就可以完全确定。因此，可以用温度和压力作坐标的平面图（P-T图）来表示单元系统的相图。

以水的相图为例（图2-106）。首先要在不同的温度或压力条件下测出水-汽、冰-汽和水-冰两相平衡时相应的温度和压力，然后以温度为纵坐标，压力为横坐标，把每一个数据都在图上以一个点标出，在将这些点连接起来即成，如图2-106（a）所示。根据相律$F=C-P+2=3-P$，由于自由度数不能是负数，故$P=3$，也就是外界条件数为2的情况下，单元系中最多只有三相平衡共存。如果外界压力保持为101.3kPa（1大气压），则单元系相图只用一个温度轴来表示。水的情况见图2-106（b），在汽、水和冰的各单相区内，根据相律$F=C-P+1=1-1+1=1$，故温度可在一定范围内变动，而不改变原来的相数和状态。在熔点和沸点处，两相平衡共存，$F=0$，所以温度不能变动，相变为恒温过程。显然，在外界条件数只有1的情况下，单元系内平衡相的数目不能多于2。图2-107是纯铁相图。大致情况同上，只是熔点、沸点等转变点不同，此外在固态还有同素异构转变，在相图上将增加相应的点。

2.7.3.3 二元系统相图

（1）二元相图的表示方法　图2-108是一个示例。二元相图有两个坐标：纵坐标为温度；横坐标表示合金成分，左端点为100% A，右端点为100% B，自左至右表示B量增加，A量减少，反之是A量增加而B量减少。元素含量通常用质量分数或摩尔分数表示，有的相图上两者同时标出。他们可以互相换算。令W_A、W_B分别为某一个二元材料A、B组元的质量分数；M_A、M_B分别为A、B组元的相对原子质量；x_A、x_B分别为A、B组分的摩尔分数，则

$$W_A = \frac{M_A x_A}{M_A x_A + M_B x_B} \times 100\%$$

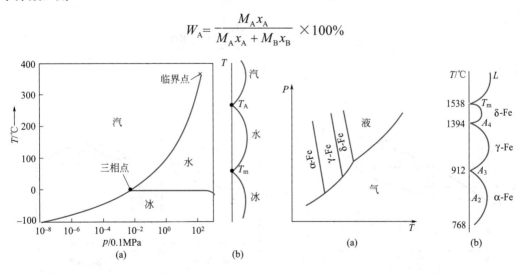

图2-106　水的相图

（a）温度与压力都能变动情况（三相点是汽、水、冰三相平衡点图中临界点的含义是：超过此点后水汽相边显得不清晰）；（b）只有温度能变动的情况

图2-107　纯铁的相图

（a）温度与压力都能变动的情况；（b）只有温度能变动的情况（图中A_2点是磁性转变点）

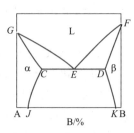

图2-108 二元相图示例

$$W_B = \frac{M_B x_B}{M_A x_A + M_B x_B} \times 100\%$$

$$x_A = \frac{W_A / M_A}{W_A / M_A + W_B / M_B} \times 100\%$$

$$x_B = \frac{W_B / M_B}{W_A / M_A + W_B / M_B} \times 100\% \qquad (2\text{-}65)$$

任一成分（作垂线）的二元系材料在任一温度（作水平线）下都能在这种坐标图上找到相应的一点，由此查出此时材料中存在的相以及各相的成分。

如果外界条件除温度外，压力也变化，那么二元相图变成三维形式，其坐标有 p、T 和成分三个。实际常用的二元相图多为二维图形，即 p 是恒定的。

（2）二元相图的基本类型　二元相图种类很多，有的简单，有的复杂，但复杂相图都是由一些基本类型的相图组合起来的。掌握基本类型的相图就容易分析任何复杂的相图。现加以说明和归纳。

① 匀晶相图　图2-109为匀晶相图，A和B两组分在液态及固态均无限溶解。当一定成分的AB合金自高温液态冷却下来，到达液相线时（O点）开始结晶，固相成分由水平线与固相线之交点 f 来决定。随温度下降，液相成分沿液相线变化，固相成分沿固相线变化。冷到 d 点，结晶完毕，得到与原液相成分相同的单相均匀固溶体 a。

一定成分的二元系材料处于两相区内的一定温度时，两平衡相的相对量可用杠杆法则确定。例如图2-109中，AB合金在 t_1 温度时由液相L和固相α两平衡相所组成，此时液、固两平衡相在整个合金中所占百分数 Q_L 和 Q_α 分别为：

$$Q_L = \frac{x_2 - x}{x_2 - x_1} \times 100\% = \frac{l(cb)}{l(ab)} \times 100\%$$

$$Q_\alpha = \frac{x - x_1}{x_2 - x_1} \times 100\% = \frac{l(ac)}{l(ab)} \times 100\%$$

故 $\qquad\qquad Q_L / Q_\alpha = l(cb) / l(ac) \qquad\qquad (2\text{-}66)$

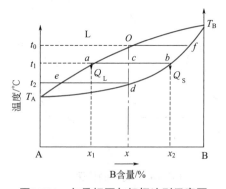

图2-109　匀晶相图与杠杆法则示意图

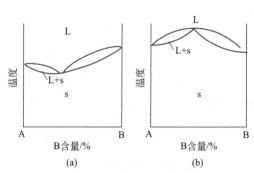

图2-110　具有最低点的匀晶相图（a）和
具有最高点的匀晶相图（b）

即两平衡相在整个合金中所占的分数的比值是以c为支点的杠杆（ab）的两力臂（ac和cb）之反比。Q_L和Q_a的单位根据成分坐标来定（质量分数或原子分数）。

匀晶相图具有最低点和最高点的形式，如图2-110所示。

② 共晶相图　共晶相图的特点是，在一个确定的温度，二元合金发生共晶转变，在共晶转变点从一个液相中同时结晶出两个不同成分固相的混合物。

图2-111为Cu-Ag二元合金相图。图中E点为三相平衡点即共晶点，AE和FE是液相线，AB和FG是固相线，BC和GH是固溶线。当液相冷却到T_E温度（779℃）时，由E点成分的液相同时结晶出α（Cu）和β（Ag）两个固溶体相：$L_E \rightarrow \alpha(Pb)_M + \beta(Sn)_N$构成的共晶混合物。成分在$BE$范围内的合金冷却时，从液相中首先结晶出α（Cu）初晶、冷到共晶温度T_E时，剩下的液相L_E发生共晶转变，结晶完毕后的组织是α+β的固溶体。

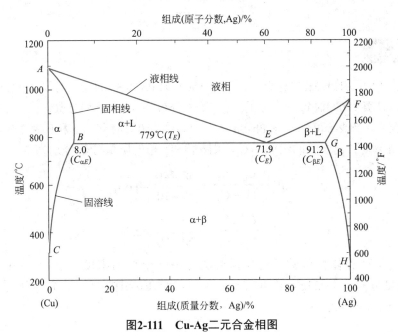

图2-111　Cu-Ag二元合金相图

图中779℃水平线为共晶线

例题 2-8

如图为Pb（60%，质量分数，下同）-Sn（40%）二元合金的相图，在液体冷却至150℃时（a）有哪些相存在？（b）这些相的组成是什么？

解：（a）作图，温度和组成两条线交于相图中α和β共存区的B点，此时，二元合金中为固体，包含α和β两个相。

（b）如图，150℃的温度线分别与α/（α+β）固溶线和β/（α+β）相交，分别得到α相（C_a）由10% Sn-90% Pb组成，β相（C_β）由98% Sn-2% Pb组成。

答：（a）150℃时，该Pb-Sn合金包含α和β两个固相。

（b）α相由10% Sn-90% Pb组成，β相由98% Sn-2% Pb组成。

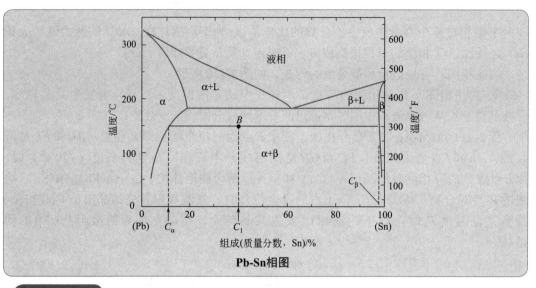

Pb-Sn相图

对例题2-8中的Pb-Sn二元合金，已知150℃时Pb和Sn的密度分别为11.23g/cm³和7.24g/cm³，计算150℃时每一个相的（a）质量分数和（b）体积分数。

解：（a）由例2-8可知，该Pb-Sn二元合金在150℃时包含α和β两个相，按照杠杆原则，如果该二元合金的组成为C_1，则α相和β相的质量分数分别为：

$$W_\alpha = \frac{C_\beta - C_1}{C_\beta - C_\alpha} = \frac{98 - 40}{98 - 10} = 0.66$$

$$W_\beta = \frac{C_1 - C_\alpha}{C_\beta - C_\alpha} = \frac{40 - 10}{98 - 10} = 0.34$$

（b）为了计算体积分数，首先需要测定每一个相的密度。已知，150℃时，Pb和Sn的密度分别为11.23g/cm³和7.24g/cm³，它们在α相中的质量浓度分别为90%和10%，则α相的密度为：

$$\rho_\alpha = \frac{100}{\dfrac{C_{Sn(\alpha)}}{\rho_{Sn}} + \dfrac{C_{Pb(\alpha)}}{\rho_{Pb}}}$$

代入数据：

$$\rho_\alpha = \frac{100}{\dfrac{10}{7.24} + \dfrac{90}{11.23}} = 10.64 \text{g/cm}^3$$

同理，β相的密度为：

$$\rho_\beta = \frac{100}{\dfrac{C_{Sn(\beta)}}{\rho_{Sn}} + \dfrac{C_{Pb(\beta)}}{\rho_{Pb}}} = \frac{100}{\dfrac{98}{7.24} + \dfrac{2}{11.23}} = 7.29 \text{g/cm}^3$$

由于体积等于质量除以密度（$V = W/\rho$），则有α相的体积分数为α相的体积除以α相和β相的体积之和，即：

$$V_\alpha = \frac{\dfrac{W_\alpha}{\rho_\alpha}}{\dfrac{W_\alpha}{\rho_\alpha} + \dfrac{W_\beta}{\rho_\beta}} = \frac{\dfrac{0.66}{10.64}}{\dfrac{0.66}{10.64} + \dfrac{0.34}{7.29}} = 0.57$$

同理，β相的体积分数为：

$$V_\beta = \frac{\dfrac{W_\beta}{\rho_\beta}}{\dfrac{W_\alpha}{\rho_\alpha} + \dfrac{W_\beta}{\rho_\beta}} = \frac{\dfrac{0.34}{7.29}}{\dfrac{0.66}{10.64} + \dfrac{0.34}{7.29}} = 0.43$$

③ 具有中间相的相图　匀晶相图和共晶相图相对较为简单，而很多的二元合金相图要复杂得多，这些合金中存在中间固溶体（中间相）。图2-112是Cu-Zn二元合金相图的部分区域，所显示的是Zn质量百分浓度在60%～95%之间的中间相相图。图中E点和P点是三相平衡点，分别称作共析点和包晶点。共析指的是，在一确定的温度，一个固体相（而不是液体相）同时转变成另外两个固体相。在图2-112中，当温度降低到560℃时，δ固体相在E点同时转变成γ和ε两个固体相。包晶指的是，在一确定的温度，一个固体相同时转变成一个液体相和另一个固体相。在图2-112中，当温度升高到598℃时，ε固体相在P点同时转变成液体相L和固体相δ。

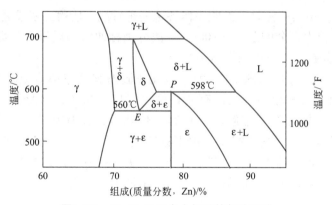

图2-112　Cu-Zn二元合金相图的部分区域

2.7.3.4　三元系统相图

（1）三元相图的表示方法　三元比二元多了一个组元，即成分变量是三个，因此在相图上表示成分的坐标轴应为两个，需要一个平面来表示，而温度轴垂直于这个平面，使三元相图为立体图形。在三元相图中，表示成分变量的坐标轴可以交成任意角度，但一般采用等边三角形，称为成分三角形，又称浓度三角形（图2-113）。其三个顶点A、B、C分别代表三个组元，三条边分别代表三个二元系，三角形内任意一点代表某成分的三元材料。如图2-113中P点，通过该点分别作为三角形BC、CA和AB边相平行的直线aa、bb和cc，则其三组元A、B、C的含量可分别由Ca/CA（或Ba_1/BA）、Ab/AB（或Cb_1/CB）及Bc/BC（或Ac_1/AC）求得，即A=20%、B=40%、C=40%。这是利用了等边三

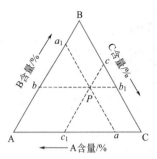
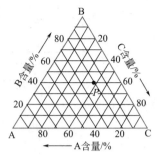

图2-113 成分三角形

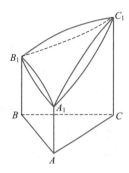

图2-114 三元匀晶相图

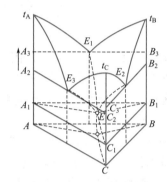

图2-115 三元共晶相图

角形的一个特性：由其中任意一点顺序作各边的平行线，所得三线段之和等于三角形的边长。这里取边长为合金的总量（100%）。成分坐标通常为质量百分数或原子百分数，为方便起见，可先在三角形中画上格子。

（2）三元相图的分析　图2-114为三组元在固态和液态都能无限互溶的三元匀晶相图。它由液相面与固相面构成，有液相区、固相区和液、固两相共存区。图2-115为液态无限互溶，固态互不溶解，并且其中任意两组元具有共晶转变的三元共晶相图。它的三个侧面是二元共晶相图，由于第三组元的加入，共晶转变不再在恒温下进行，原来的共晶点也延伸为曲线，最后汇于一点E，称为三元共晶点。这两个三元立体相图都较复杂，在实际使用中很不方便，故通常是用水平截面、垂直截面和投影图三种形式来研究。

2.8　固体的表面结构

任何一个实际的物体都有确定的体积，该物体被它的表面所包围。前面讨论的都是物体内部的情况，在物体内部任意一个质点（原子、离子和分子），周围对它的作用状况是完全相同的。但在物体的表面却呈现出一系列与物体内部不同的特殊性质，其原因主要就是表面层质点受力情况不同，表面层结构不同。研究固体表面或界面的结构和性质，对于了解固体材料的物理、力学、化学性质和工艺过程是十分重要的，已逐渐发展成为一门独立的表面科学。

研究固体表面现象时，表面力和表面能是最重要的两个概念。它们也是固体表面产生一切界面现象的根本原因，是与表面结构密切相关的。在表面结构中与固体内部一样存在着缺陷，其中裂纹和微裂纹是对固体力学性能具有巨大影响的表面缺陷。下面分别加以分析和讨论。

2.8.1　表面力和表面力场

固体内部质点由于受到周围质点对它的共同作用，故在静力平衡情况下，这些质点都处于稳定状态，故晶体内部质点周围存在的力场都是有心的、对称的。但在固体表面，质点排列的周期重复性被终止，使处于表面质点周围的力场对称性遭到破坏，总之表面上质点受到的作用力没有达到平衡而保留有自由的剩余力场。这种剩余力场表现出固体表面对其他物质有吸引作用（如润湿、吸附、黏附等），该吸引力称为固体表面力，可分为化学力和分子引力两种类型。

2.8.1.1　化学力

化学力本质上是静电力。主要来自表面质点的化学键，当固体表面和被吸附物之间发生电子转移时，就产生化学力。其大小可用表面能的数值来估计，而表面能与晶格能成正比，与分子体积成反比。

2.8.1.2　分子间引力

分子间引力属于物理键，包括范德华力和氢键，是固体表面产生物理吸附和气体凝聚的原因。范德华力主要来源于如下三种不同效应。

（1）取向作用　主要发生在极性分子（离子）之间，每一个极性分子可看成电偶极子，当极性分子相互靠近时，将发生转向利于其异号电荷端相互吸引。这种力本质上也是静电力，但与化学键是不同的，它不发生价电子的转移。

（2）诱导作用　主要发生在极性分子与非极性分子之间，如非极性分子在极性分子附近受到其静电场作用，将产生微弱的极化作用，被诱导极化为一个暂时的电偶极子，诱导偶极再与原极性分子产生电荷吸引作用。

（3）色散作用　主要发生在非极性分子之间，是由于电子的瞬时分布产生非对称现象的结果。这种分子产生的瞬时偶极矩而引起分子之间的吸引作用，称为色散作用。

在固体表面出现的化学力和分子间力可以同时存在，两者在表面力中所占有的比重，可随条件改变而变化。

2.8.2　表面能和表面张力

众所周知，如果没有外力的约束，任何液体将倾向于形成圆形液滴，因为球形的表面积与体积之比值最小。这种使总的表面积尽可能减小的倾向是由于总表面能趋向于最低的结果。总表面能是表面能与面积的乘积，根据定义，表面能是增加单位面积的表面所需要做的功，其单位为 J/m^2。

液体表面收缩的倾向也可以看作是表面张力的结果，对液体来说，表面能和表面张力具有相同的数值和量纲，这是由于增加单位面积表面所消耗的能量与扩散表面时单位长度上所需要的力相等，不过后者是用单位长度上的力来表示的，量纲为 N/m。液体的表面张力或表面能可用许多方法来测定，最常用的一种方法是将一根毛细管插入液体中，测定液体在毛细管中上升的高度h，就可求出液体的表面张力γ为：

$$\gamma = \frac{\rho g r h}{2\cos\theta} \tag{2-67}$$

式中，ρ为液体密度；g为重力加速度；r为毛细管半径；θ为接触角。

液体的表面张力随温度的升高而减小，这是因为热扰动减小了原子、离子或分子之间的吸引力。例如，水的表面张力在25℃时为0.072N/m，在100℃时减小到0.059N/m。由于液体水分子主要是由物理力而相互吸引的，所以水的表面能较低，而液态金属和熔盐等则是由化学键吸引的，其表面能就高得多。表2-25为某些材料处于液态时的表面能。

■ 表2-25　某些材料液态时的表面能

液　体	温度/℃	表面能/（J/m²）	液　体	温度/℃	表面能/（J/m²）
Hg	20	0.48	H_2O	0	0.075
Zn	650	0.75	H_2O	100	0.059
Au	1130	1.10	NaCl	800	0.114
Cu	1120～1150	1.10～1.27	NaCl	910	0.105
钢（Fe-0.4%C）	1600	1.56	$NaPO_2$	620	0.209
Pb	250	0.442	FeO	1420	0.585
Ag	1000	0.92	Al_2O_3	2080	0.70
Pt	1770	1.865			

应当指出，由于液体结构与固体结构的特点差别很大，因而它们的表面特点也差别很大。处于液体表面的原子、离子或分子受到一种垂直指向液体内部的吸引合力，表面积越小则这类原子、离子或分子的数目就越小，系统的能量也相应越低。所以，液体的表面积有自行缩小的趋势，可以把这种趋势视为表面原子、离子或分子相互吸引的结果。这就如同在液体表面形成了一层拉力膜，拉力的方向是与表面平行的，它的大小反映了表面自行收缩趋势的大小，此拉力就是所说的表面张力。要使液体表面积增大就必须消耗一定数量的功，所消耗的功便转化为表面能。液体的表面张力与表面能的数值虽是一样的，但它们的物理概念是有所不同的。

固体是一种刚性物质，其内部和表面上原子、离子或分子的流动性都很差，它们能够承受较大的剪应力的作用，因此固体可以抵抗表面收缩的趋势。固体的表面张力是根据在固体表面上增加附加的原子或分子以建立新的表面时所作的可逆功来定义的。

杂质的存在可以对材料的表面能产生显著的影响。如果某材料中含有少量表面张力较小的其他组分，则这些组分便会在材料的表面层中富集，即使它们的含量很少，也可以使该材料的表面张力大大减小。如果某材料中含有少量表面张力较大的其他组分，则这些组分便倾向于在该材料的体积内部富集，即这些组分在表面层的浓度低于在体内的浓度，因而对该材料的表面张力只有微弱的影响。对于材料表面张力能产生强烈影响的其他组分常常被称为表面活化剂。例如在熔融的铁液中，只要含有万分之五的氧和硫，就可以使铁液的表面张力由1.835J/m²下降为1.2J/m²。对于许多固体金属、氮化物和碳化物的表面，氧能产生类似的影响。同理，在这些材料的表面一旦形成氧的吸附层，就较难将其除去。

2.8.3 表面结构及几何形状

2.8.3.1 表面结构

由于固体表面质点环境不同于内部，在表面力作用下，其表面层结构也不同于内部。固体表面结构可以从微观质点的排列状态和表面几何状态两方面来描述。前者属于原子尺寸范围的超细结构；后者属于一般的显微结构。

表面力的存在使固体表面处于较高能量状态，但系统仍会通过各种途径来降低这部分过剩的能量，这就导致表面质点的极化变形、重排并引起原来晶格的畸变。对于液体来说总是可以力图形成球形表面来降低系统的表面能。对于固体，由于质点不能自由流动，只能借助离子极化或位移等方式来实现系统能量降低，故而造成了表面层与内部的结构差异。对于不同结构的材料，其表面力的大小和影响因素不同，因而其表面结构状态也会不同。

威尔（Weyl）等人研究了晶体的表面结构，认为晶体质点间的相互作用，键强是影响其表面结构的重要因素。

对于离子晶体，表面力的作用影响如图2-116所示。处于表面层的负离子（X^-）只受到上下和内侧正离子（M^+）的作用，而外侧是不饱和的。表面层负离子的电子云将被拉向内侧的正离子一方而变形，使该负离子诱导成偶极子，见图2-116（b）。这样就降低了晶体表面的负电场。实际上，表面层正离子也类似被诱导成偶极子，但其变形及作用都很小。表面层离子开始重排以便在能量上趋于稳定。为此，表面的负离子被推向外侧；正离子被拉向内侧，从而形成了表面双电层，如图2-116（c）。与此同时，表面层中的离子间键性逐渐过渡为共价键性。结果，固体表面好像被一层负离子所屏蔽，并导致表面层在组成上成为非化学计量的。从维尔威（Verwey）以氯化钠晶体为例所作的计算结果可以看到，在NaCl晶体表面，最外层和次外层质点面网之间，Na^+间的距离为2.66×10^{-10}m，而Cl^-间的距离为2.86×10^{-10}m，实际形成一个厚度为0.20×10^{-10}m的表面双电层，见图2-117。在真空中分解$MgCO_3$所制得的MgO粒子呈现相互排斥的现象，也可作为一个例证。可以预期，对于其他由半径大的负离子与半径小的正离子组成的化合物，特别是金属氧化物如Al_2O_3、SiO_2等也会有相应的效应，也就是说，在这些氧化物

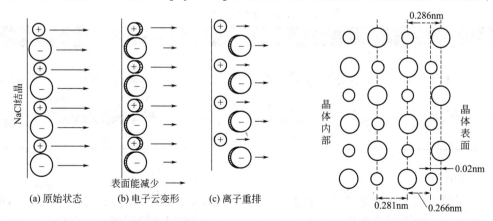

**图2-116　离子晶体表面的电子云变形
和离子重排**

**图2-117　NaCl表面层中Na^+向里，Cl^-向外移动
并形成双电层**

的表面，可能大部分由氧离子组成，正离子则被氧离子所屏蔽。而产生这种变化的程度主要取决于负离子的极化性能。

2.8.3.2 固体表面的几何形状及微裂纹

固体的表面与晶体一样，总会存在一些缺陷，因为固体表面的质点受到外界的影响，排列的几何形状并不会那么理想的整齐有规则。通常固体表面存在着无数的台阶、裂纹、孔洞和凹凸不平的峰谷，固体表面的这些缺陷往往比晶体内部严重得多。

因此，固体的实际表面是不规则而粗糙的，表面粗糙度引起表面力场变化，进而影响其表面结构。对于吸附非极性分子的色散力来说，位于凹谷深处的质点，其色散力最大，位于凹谷面上的次之，位于峰顶处最小；反之，对于静电力，则位于孤立峰顶处最大，而位于凹谷深处最小。由此可见，表面粗糙度将使表面力场变得不均匀，表面的活性和其他表面性质也随之发生变化。其次，表面粗糙度还直接影响到固体表面积及与之相关的属性，如强度、密度、润湿、孔隙率和孔隙结构、透气性和浸润性等。此外，表面粗糙度还关系到两种材料间的连接，结合界面之间的啮合和结合强度。

固体表面微裂纹可以因晶体缺陷或外力作用而产生，微裂纹同样会强烈地影响表面性质，并且对材料的强度，尤其是铸铁、玻璃、陶瓷等脆性材料的强度影响很大。

2.8.4 固体表面的特性

2.8.4.1 吸附

固体表面对气体或液体中原子、离子或分子的吸住现象称为吸附。通常，将固体表面与外来原子或分子结合微弱的膜层归之为物理吸附。这种结合是范德华型的，且吸附时所释放的能量小于约40kJ/mol。在降低压力或升高温度时，固体对气体的物理吸附将迅速降低。物理吸附的膜层厚度为单个或几个分子，而化学吸附的膜层则不同，它通常是单原子的。此外，化学吸附时所放出的热量可达400kJ/mol。化学吸附的速率遵循阿伦尼乌斯关系，高温时比低温时更容易发生化学吸附。洁净金属发生的相与相之间的化学反应，多数是从化学吸附开始的，然后在位错和晶界之类的优先位置上发生稳定反应产物的成核和长大。物理吸附和化学吸附的主要特征列于表2-26。

■ 表2-26 吸附特征对比表

主要特征	物理吸附	化学吸附
吸附力	分子间力	化学键
选择性	不明显	很显著
吸附热	近于液化热 0 ~ 20kJ/mol	近于反应热 80 ~ 400kJ/mol
吸附速率	速率快且易平衡	速率慢且难平衡
吸附层	单或多分子	单原子

2.8.4.2 润湿

（1）润湿过程　润湿是指固体表面与液体接触形成固相-液相界面的现象。在干净的玻璃板上滴一滴水，水滴迅速扩张展开；而滴在固体石蜡上的水滴几乎保持原形而不展开。故前者叫润湿，后者叫不润湿。润湿是常见的界面现象，与人类生活密切相关，已成为许多生产过程的基础。例如，机械润湿、矿物浮选、洗涤、焊接等。

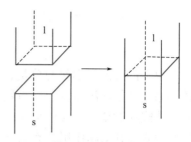

图2-118　沾湿过程

润湿过程可以分为三类：沾湿、浸湿和铺展。它们各自在不同的实际问题中起作用。

① 沾湿　是指液体与固体从不接触到接触时，原固气界面和液气界面变为固液界面的过程（图2-118）。设形成的接触面积为单位值，此过程中体系自由能降低值（$-\Delta G$）为：

$$-\Delta G = \gamma_{sg} + \gamma_{lg} - \gamma_{sl} = W_a \qquad (2\text{-}68)$$

式中，γ_{sg} 为固气界面自由能；γ_{lg} 为液气界面自由能；γ_{sl} 为固液界面自由能。

W_a 称为黏附功，是沾湿过程体系对外所能做的最大功，也是将接触的固体和液体自交界处拉开，外界所需做的最小功。显然，W_a 值越大则固体和液体结合越牢，故此值反映了固液界面结合能力及两相间相互作用力的大小。根据热力学第二定律，在恒温恒压条件下，$W_a > 0$ 的过程为自发过程。这也就是沾湿发生的条件。

② 浸湿　是指固体浸入液体中的过程。此过程的实质是原固气界面为固液界面所代替，而液体表面在过程中并无变化，如图2-119所示。在浸湿面积为单位值时，此过程的自由能降低值为：

$$-\Delta G = \gamma_{sg} - \gamma_{sl} = W_i \qquad (2\text{-}69)$$

W_i 称为浸湿功，反映液体在固体表面上取代气体（或另一种与之不相混溶的流体）的能力，$W_i > 0$ 是浸湿过程能够自发进行的条件。

③ 铺展　它是多种工业生产中应用的涂布工艺，如图2-120所示。目的是为在固体基底上均匀地形成一液体薄层，即不仅要求液体能附着于固体表面，而且能自行展开成均匀膜。铺展过程的实质是原固气界面被固液界面代替，同时还扩展了液气界面。当铺展面积为单位值时，体系自由能降低为：

$$-\Delta G = \gamma_{sg} - \gamma_{sl} - \gamma_{lg} = S \qquad (2\text{-}70)$$

S 称为铺展系数。在恒温恒压下，$S > 0$ 时液体可以在固体表面上自动展开，即连续地从固体表面上取代气体。只要用量足够，液体将会自行铺满固体表面。将式（2-69）与式（2-70）结合可得：

$$S = W_i - \gamma_{lg} \qquad (2\text{-}71)$$

此式说明，若要铺展系数 $S > 0$，则 W_i 必须大于 γ_{lg}。γ_{lg} 是液体的表面张力，表征液体收缩表面的能力。与之相应，W_i 则体现了固体与液体间黏附的能力，故又称之为黏附张力，习惯用符号 A 来代表。

④ 三者关系　三种润湿过程皆可以用黏附张力 A 来表示：

$$W_a = A + \gamma_{lg} \qquad (2\text{-}72)$$

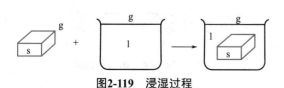

图2-119　浸湿过程

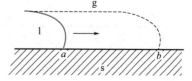

图2-120　液体在固体上的铺展

$$W_i = A \tag{2-73}$$

$$S = A - \gamma_{lg} \tag{2-74}$$

由于液体的表面张力总是正值，可见对于同一体系：$W_a > W_i > S$，即凡能自发铺展的体系，其他润湿过程皆可自发进行。故而常以铺展系数作为体系润湿性的指标。

从式（2-72）～式（2-74）还可以看出，固体表面能对体系润湿特性的影响都是通过黏附张力 A 来起作用。其共同的规律是：固气界面能越大、固液界面能越小，也就是黏附张力越大，越有利于润湿。液体表面张力对三种润湿过程的影响则各不相同。对于沾湿，γ_{lg} 越大越有利；对于铺展，γ_{lg} 越小越有利；而对于浸湿，则 γ_{lg} 的大小与之全无关系。

从上述内容应该得出一个结论：根据界面能的数值可判断各种润湿过程是否能够进行；再通过改变相应的界面能的办法即可达到所需要的润湿效果。但实际情况却并非如此简单。且不说随心所欲地改变各种界面能并非易事，就是有关各界面能的数值也不是都能求之即得的。在三种界面中只有液体表面张力可以方便地测定。因此应用上述润湿判断实际上是困难的。

（2）接触角与润湿方程　将液体滴于光滑的固体表面上，液体铺展而覆盖固体表面，或形成一液滴停于其上（图2-121），其形状随体系性质而异。形成的液滴形状可以用接触角来描述。接触角是在固、液、气三相交界处，自固界面经液体内部至气液界面的夹角，以 θ 表示。平衡接触角与三个界面自由能之间有如下关系：

$$\gamma_{sg} - \gamma_{sl} = \gamma_{lg} \cos\theta \tag{2-75}$$

此式称为杨氏方程，是光滑表面润湿的基本公式，亦称为润湿方程，可以看作是三相交界处三个界面张力平衡的结果。此关系适用于具有固液、固气连续表面的平衡体系。

尽管用力学方法导出的润湿方程是完全正确的，但由于固体界面的不均匀性，固液及固气界面张力的性质不易了解，人们又用多种热力学方法导出润湿方程。下面介绍其中的一种。设停于固体表面上的液滴在平衡条件下扩大固液界面面积 dA，相应的气液界面面积的增值为 $dA\cos(\theta - d\theta)$（图2-122）。

因为 $d\theta$ 值很小可以忽略，故体系自由能的变化为：

$$\Delta G = \gamma_{sg}dA - \gamma_{sl}dA - \gamma_{lg}\cos\theta\, dA \tag{2-76}$$

由于是在平衡条件下，故 $\Delta G = 0$，于是得润湿方程即式（2-75）。

将润湿方程与式（2-71）、式（2-72）和式（2-73）结合，则得：

$$W_a = \gamma_{lg}(\cos\theta + 1) \tag{2-77}$$

$$W_i = A = \gamma_{lg}\cos\theta \tag{2-78}$$

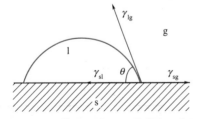

图2-121　固体光滑表面形成液滴示意图

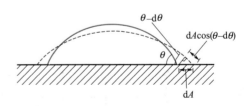

图2-122　接触角与界面能

$$S = \gamma_{lg}(\cos\theta - 1) \tag{2-79}$$

因此，原则上说，测定了液体表面张力和接触角即可得到黏附功、浸湿功（或黏附张力）和铺展系数的数值，从而解决了应用各种润湿判据的困难。从式（2-77）～式（2-79）不难看出，接触角的大小是很好的润湿（浸润）标准。接触角越小（$\cos\theta$越大），润湿性越好。习惯上常将$\theta = 90°$定为润湿与否的标准。$\theta > 90°$为不润湿，$\theta < 90°$为润湿。平衡接触角$\theta = 0$或不存在，则为铺展。

由于固-液界面的结合键比较少，因此经常发现固-液表面能低于相应的固-气表面能。实际上，如果固体和液体在化学上是相容的，且没有表面吸附的玷污，则通常是有利于浸润的。当界面上形成化合物，或者当液体能与固体基底合金化时，就有这种相容性。因此，液态的铜能浸润固态的镍，因为铜能与镍形成固溶体；而与液态铁和固态铁互不溶解的铅则很难浸润铁的表面。加入锡或锑使液态铅改性，就能促进浸润，因为锡或锑能与铁形成化合物，而铅则不能，这就是用Pb-Sn或Pb-Sb合金作为焊锡的一个原因。

（3）粗糙表面的润湿性　如前所述，实际固体材料的表面并非理想的光滑表面，总会存在若干的缺陷，如裂纹、孔洞和凹凸不平的峰谷等，其表面形貌呈现出不规则，即粗糙的特点。因表面粗糙度会使表面力场变得不均匀，就可能使材料的表面性质等发生明显的变化。作为固体表面重要特征之一的表面浸润性，是由表面的化学组成和微观几何结构共同决定的。影响浸润性的两个重要因素除表面能外就是表面粗糙度。

在自然界，可以观察到不少奇异的现象。如荷叶具有与众不同的"出淤泥而不染"的品质，表现出"自洁性"的很好特点。当水滴落在荷叶表面上时，仔细观察可以发现，水滴几乎不能铺展覆盖于荷叶表面（强烈疏水），而形成晶莹的易于滚动的球形水珠，并可清洁其表面尘污。如图2-123所示。

用扫描电子显微镜（SEM）观察荷叶表面的微观结构，可以看到，其粗糙表面上具有大量微米级凸起的乳突，如图2-124（a）所示，进一步观察还可看到在这些乳突上还存在更为细小的纳米结构，如图2-124（b）所示。研究认为这种微米结构与纳米结构相结合的阶层结构即纳/微米阶层结构可以产生很高的接触角，特别是纳米结构对增大表面接触角起到了很有效的作用，是引起荷叶表面超疏水性的根本原因。

  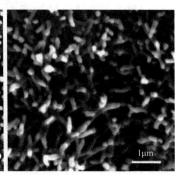

（a）荷叶表面上的大量乳突　　　　（b）乳突上的纳米结构

图2-123　在荷叶表面上的滚动水滴　　　　**图2-124　荷叶表面的微观结构**

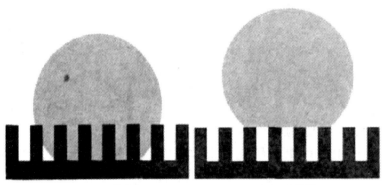

(a) Wenzel模型　　　　　　　　(b) Cassie模型

图2-125　粗糙表面不同的浸润模型

与光滑表面适用Young氏模型（2-75）不同，粗糙表面的液体接触角可由Wenzel模型和Cassie模型表示。

Wenzel模型假设液体始终能填满粗糙表面上的凹槽［如图2-125（a）］，粗糙表面的存在使得液体与固体的实际接触面积要大于表观几何上观察到的面积，有：

$$\cos\theta' = r\frac{\gamma_{sv} - \gamma_{sl}}{\gamma_{lv}} = r\cos\theta \qquad (2\text{-}80)$$

式中，r为固体表面的粗糙度因子，即粗糙表面的实际表面积与表观表面积之比；θ'为粗糙表面的实际接触角；θ为Young模型中的本征接触角。

由于$r>1$，故对于亲水表面$\theta<90°$，则$\theta'<\theta$，即亲水表面在增加粗糙度后更加亲水；对于疏水表面$\theta>90'$，则$\theta'>\theta$，即疏水表面在增加粗糙度后更加疏水。

Cassie模型是将粗糙不均匀的固体表面设想为固体和空气组成的复合接触表面［图2-125（b）］，液体并不充满固体表面的沟槽，液体和固体间存在小气泡，即液滴在粗糙表面上的接触是一种包含液-固和气-液的复合接触。从热力学角度分析可推导出适合任何复合表面接触的公式：

$$\cos\theta' = f_1\cos\theta_1 + f_2\cos\theta_2 \qquad (2\text{-}81)$$

式中，f_1和f_2分别表示物质1和物质2与液体接触所占的面积分数（$f_1 + f_2 = 1$）；θ_1和θ_2分别表示物质1和物质2的本征接触角。当其中一种物质为空气时，因其液-气接触角为180°，故复合接触表面上的表观接触角，即理论接触角与其本征接触角之间的关系为：

$$\cos\theta' = f_1\cos\theta + f_1 - 1 \qquad (2\text{-}82)$$

（4）表面改性及功能化　不同种类和材质的固体材料具有各自的表面微结构和表面性质，对很多材料及制品而言，常常需要对其进行表面微结构的调控或表面改性以实现其表面的功能化，从而满足材料的使用需求，提高材料的使用价值，扩大材料的应用领域和范围。随着社会发展和需求增加，以及对产品质量和多样化的不断追求，促进了通过适当手段和技术对特定材料的表面赋予某种特殊功能，使之适用于特殊场合或发挥特殊作用，并已在很多领域显示出了重大价值。材料表面的功能化，包括表面超疏水自洁功能、表面附着脱附功能、表面反应功能、表面催化功能、表面减阻功能、表面生物功能、表面仿生耦合功能、表面光功能、表面视频隐身功能等众多方面，已广泛应用于光电子、微电子、新能源、新材料、生物医学工程等高新技术产业。下面简述超疏水自洁表面及两种材料的表面功能化改性。

超疏水表面一般是指与水的接触角大于150°的表面，可以用于防雪、防污染、抗氧化以及防止电流传导等。材料低的表面自由能和高的表面粗糙度可导致其超疏水性。低表面能材料是获得超疏水性质的基础，常用的低表面能材料有：①有机氟\有机硅树脂及其改性树脂；②聚烯烃、聚酰胺、聚酯、聚碳酸酯、聚丙烯腈、熔融石蜡以及一些无机物。

超疏水性表面可以通过两种方法来制备：一种是在低表面能物质即疏水材料（接触角大于90°）表面构建粗糙结构；另一种是在粗糙表面上修饰低表面能的物质。制备超疏水表面的方法包括：刻蚀法、溶胶-凝胶法、模板法、相分离法、自组装、气相沉积法等。通过碳纳米管、纳米粒子、纳米纤维，金属氧化物及其合金材料等，可以制备草莓状、蜂窝状、菜花状、山沟状等各种形貌的粗糙表面。

荷叶等许多动植物（如水稻叶、蝉翼）表面具有很好的自洁性，被认为除其超疏水外，还与表面蜡状物的存在相关，即这种自洁效果是由粗糙表面上的微/纳米结构及表面存在的蜡状物共同引起的。当水滴落到荷叶上时，由于空气层、乳头状突起和蜡质层的共同托持作用，使得水滴不能渗透，减少了两者间的摩擦力，水滴能在叶面上自由滚动也极易滚落，同时叶面的尘埃及污垢易被滚动或滚落的水滴裹走或洗掉。

同样，超亲水性表面（水的表面接触角为0°）也引起了人们的极大兴趣，已被用于防雾及自清洁的透明涂层。超双疏（水的接触角大于150°，油的接触角也大于150°的超疏水超疏油）表面已用于多种材料及制品表面的防油、防水处理，以及鱼雷、舰船、油、水输送管道的减阻和防粘等。

（1）高分子材料表面的功能化改性　通过适当方法有效调控高分子表面层的基团性质和数量，不仅可以达到改进和完善材料的表面性质的目的，还可以根据需要在表面设计、形成或引入不同的功能化基团，实现其表面结构和性能的功能化。聚乙烯等聚烯烃材料具有良好的物理化学性能，价廉而易于加工，应用广泛。但在实际应用中，其非极性的惰性表面也存在一些问题，如润湿性差、黏结力弱，导致其亲水性、油墨印刷性、表面抗静电性及生物相容性很差。通过表面改性可进一步扩展这些材料的用途，常用的方法如下。

① 火焰处理。火焰处理可以使聚乙烯表面发生氧化，生成羟基、羰基和羧基等极性的功能性基团。主要用于提高聚合物表面的油墨印染性等。

② 电晕处理。辉光放电利用电荷在氮气及其混合物中的灼烧对聚乙烯膜表面进行改性，可大幅提高HDPE膜的表面能。

③ 高能射线处理。高能的氢和氩粒子轰击能够使聚乙烯及其共混物的表面形貌和内部结构发生重大变化。

④ 化学处理。卤化反应可在膜表面引入溴原子等，可通过取代反应进一步功能化，使其表面带上其他功能性基团，如氨基、羟基和羧基等。用低沸点的三氯化磷、四氯化钛和三氯氧钒来处理LDPE的表面后，膜表面的磷、钛和钒元素含量可为10^{-3}mmol/cm^2，表面的亲水性有所提高。

⑤ 表面接枝与交联。利用引发剂及光可以实现表面引发，可使多种类型单体在表面进行接枝聚合反应，导致其表面形成酰胺基、羟基、羧基等极性基团。将功能性单体如荧光

单体接枝到LDPE膜表面，改性膜可在紫外光下发射出很强的荧光。通过极性基团的转换等方式还可得到多种功能化的材料，使其具有特殊的生物活性、反应性及催化性等。如将肝磷脂固定在改性膜表面，可使膜的抗血栓性和体外血液相容性得到明显改善。在聚乙烯膜的表面引发含氟低聚物进行交联反应，可制得表面既疏水又疏油的功能化聚乙烯膜。

（2）玻璃表面的功能化改性 玻璃表面功能化改性是拓展玻璃应用领域的重要途径，玻璃通过表面改性可获得诸如杀菌、自洁、节能、超导、超硬等多种新的功能特性。传统的玻璃表面改性技术有热喷涂、沉积法等。由于纳米材料具有传统材料所没有的物理、化学特性，将纳米改性技术与玻璃表面功能化技术相结合，研制出的功能化纳米玻璃材料具有更广阔的应用前景；纳米表面功能化改性玻璃具有高光学非线性、热发射、杀菌自洁等性能，在信息技术、医疗、建筑领域具有广阔的应用前景。目前玻璃表面功能化纳米改性技术的常用方法如下。

① 热喷涂法。通过火焰、电弧或等离子体等热源将材料加热至熔化状态，经气流吹动使其雾化，并高速喷射到玻璃基体表面形成喷涂层。

② 沉积法。气相沉积通过热、激光、电子束照射含金属等掺杂物的靶材，使靶原子在玻璃上沉积成纳米薄膜；溅射沉积则采用惰性气体分子轰击靶材，使靶原子凝集在玻璃上生长成纳米膜。

③ 离子交换法。用熔盐中的金属离子交换掉玻璃表层的碱金属离子，再使金属离子还原聚集，并在表层附近析出纳米金属颗粒。

④ 溶胶-凝胶法。利用某些元素的有机醇盐或无机盐制备溶胶，并浸渍提拉或涂覆在玻璃表面形成纳米氧化物膜。

⑤ 化学镀法。通过金属盐溶液还原，在玻璃表面形成金属纳米膜。

2.8.4.3 黏附

表面能对于固体之间的黏附有重要的作用。黏附是指两个紧密接触的固体表面之间的相互吸引。黏附可以用黏附功来表示，这就是分开单位面积黏附表面所需要的功或能。黏附功 W_{AB} 由下式给出：

$$W_{AB} = \gamma_A + \gamma_B - \gamma_{AB} \tag{2-83}$$

式中，γ_A 和 γ_B 分别为材料A和B的表面能（对应于它们最终接触的蒸汽或真空）；γ_{AB} 为A与B之间的界面能。

当两个结构相似的或相容的材料表面相接触时，由于它们之间的界面能 γ_{AB} 不大，这时 W_{AB} 就比较大。而两个结构完全不相似或不相容的材料表面——通常是两个互不形成化合物或固溶体的物质表面接触时，它们之间的界面能 γ_{AB} 较高，而 W_{AB} 就比较小。因此，如果不存在吸附污染，相容材料之间的黏附将比不相容材料之间的黏附更为牢固。云母或许是一个典型的例子，当云母在真空中解理后，再重新合到一起，其黏附的牢固程度几乎与解理前一样。

在空气中，将名义上为平滑表面的固体压到一起时，通常并不能黏附得很好，这可以归结于下列几个因素：表面污染的存在妨碍了紧密接触；即使名义上平滑的表面，由原子尺度看来也是粗糙的，因此实际接触面积是不大的；当接触压力去除后，固体残留的弹性应力将使已经黏附的连接点断开。像铟那样的软金属有可能使其与其他具有清洁表面的金属黏附，这是由于软金属可通过流动而获得良好的接触，并且接触区的弹性应力将通过软金属的形变而释放，而不是通过断开接触点而释放。在金与金、铝与铝这样一些延性金属之间，如果在连接时有足够的塑性形变，以扫除所吸附的气体或破坏可能存在的氧化膜，就比较容易实现牢固的黏附连接，这称之为冷焊，当两种金属在压力下接触时，即使只存在有限的黏附，也总能在金属之间形成一些连接点，通过放射性金属与非放射性金属的接触已经证明了这一点。当将其分开后，在原来没有放射性的金属上总能探测到放射性。

像动物胶这样的有机黏结剂早就用来连接木材和其他纤维素制品，已经证明，像硅酸、金属氧化物与磷酸的组合物这样一些无机黏合剂，在连接无机材料方面也是有效的。现在，有机聚合物广泛被用来作为黏合剂，其中有一些具有足够的强度可用来连接金属结构零件。黏结剂必须同时浸润准备连接的两个表面，并在随后的固化（即硬化）时不开裂。虽然黏结材料通常比所连接的固体要弱得多，但黏结层的接触面积大，厚度薄，常常能提供相当大的连接强度。

小故事

二维表面化学

2 材料结构基础

习题及思考题

2-1　阐述原子质量和原子量的区别。

2-2　简要阐述四个量子数分别对应何种电子状态。

2-3　元素周期表中的所有 ⅦA 族元素的核外电子排布有何共同点？

2-4　按照能级写出 N、O、Si、Fe、Cu、Br 原子的电子排布（用方框图表示）。

2-5　按照能级写出 Fe^{2+}、Fe^{3+}、Cu^+、Ba^{2+}、Br^- 和 S^{2-} 的电子排布（用方框图表示）。

2-6　影响离子化合物和共价化合物配位数的因素有哪些？

2-7　将离子键、共价键和金属键按有方向性和无方向性分类，简单说明理由。

2-8　简要阐述离子键、共价键和金属键的区别。

2-9　阐述泡利不相容原理。

2-10　判断以下元素的原子可能形成的共价键数目：锗、磷、硒和氯。

2-11　解释为什么共价键材料密度通常要小于离子键或金属键材料。

2-12　根据氢键理论，解释水结冰时出现的反常现象，即为何结冰后体积反而膨胀了？

2-13　按照杂化轨道理论，说明下列的键合形式：

① CO_2 的分子键合　　　　　　④ 水（H_2O）的分子键合

② 甲烷（CH_4）的分子键合　　　⑤ 苯环的分子键合

③ 乙烯（C_2H_4）的分子键合　　⑥ 羰基中 C、O 间的原子键合

2-14　FCC 间隙位置的配位数是多少？如果每一个间隙位置都被小原子或离子占满，则会产生什么样的结构？

2-15　简述键合类型是如何影响局部原子堆垛的？

2-16　0℃时，水和冰的密度分别是 $1.0005g/cm^3$ 和 $0.95g/cm^3$，请解释这一现象。

2-17　硬球模式广泛适用于金属原子和离子，为何不适用于分子？

2-18　为何离子对空位会成对出现？

2-19　举例说明出点缺陷、线缺陷和二维空间的缺陷。

2-20　请阐述刃位错、螺旋位错和混合位错中伯格斯矢量与位错线的关系。

2-21 固体材料存在哪些结构转变类型？受哪些因素的影响？举例说明。

2-22 为什么表面能和表面张力具有相同的量纲？影响材料表面能高低的实质是什么？

2-23 为什么金属、金属氧化物、无机化合物（氮化物等）具有高的表面能，而有机物（包括高聚物）表面能很低？

2-24 88.83%的镁原子有13个中子，11.17%的镁原子有14个中子，试计算镁原子的原子量。

2-25 试计算N壳层内的最大电子数。若K、L、M、N壳层中所有能级都被电子填满时，该原子的原子序数是多少？

2-26 计算O壳层内的最大电子数。并定出K、L、M、N、O壳层中所有能级都被电子填满时该原子的原子序数。

2-27 计算一对距离为1.5nm的K^+和O^{2-}之间的吸引力。

2-28 计算下列化合物中离子键成分的百分比：TiO_2、$ZnTe$、$CsCl$、$InSb$和$MgCl_2$。

2-29 方向为 [111] 的直线通过1/2，0，1/2点，请写出此直线上另外两点的坐标。

2-30 画出正交晶胞中的 [12$\bar{1}$] 晶向和（210）晶面。

2-31 在如图以下两个金属晶胞内：

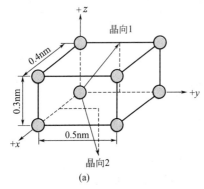

(a)

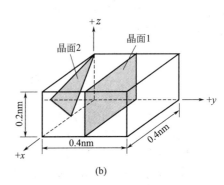

(b)

① 指出图（a）中两个矢量所代表的晶向指数？
② 指出图（b）中两个晶面的晶面指数？

2-32 请在一个立方晶胞中画出以下晶向：
① [$\bar{1}$10]； ② [12$\bar{1}$]； ③ [0$\bar{1}$2]； ④ [1$\bar{3}$3]；
⑤ [$\bar{1}$11]； ⑥ [122]； ⑦ [12$\bar{3}$]； ⑧ [$\bar{1}$03]。

2-33 确定如图所示的立方晶胞中矢量所代表的晶向指数。

2-34 指出如图所示晶胞中晶面的密勒指数。

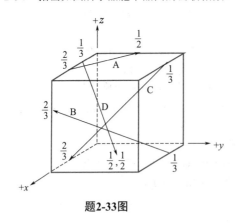

题2-33图

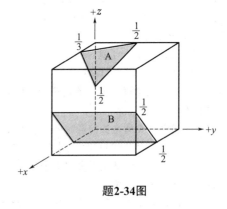

题2-34图

2-35 在一个立方体内画出以下平面。

① $(01\bar{1})$;　　② $(\bar{1}12)$;　　③ $(\bar{1}02)$;　　④ $(1\bar{3}1)$;

⑤ $(\bar{1}11)$;　　⑥ $(1\bar{2}2)$;　　⑦ $(\bar{1}2\bar{3})$;　　⑧ $(01\bar{3})$。

2-36　在立方体系中，① [100] 方向和 [211] 方向的夹角是多少？② [011] 方向和 [111] 方向的夹角是多少？

2-37　一平面与晶体两轴的截距为 $a=0.5$，$b=0.75$，并且与 Z 轴平行，则此平面的米勒指标是什么？

2-38　一平面与三轴的截距为 $a=1$，$b=-2/3$，$c=2/3$，则此平面的米勒指标是什么？

2-39　①方向族 <111> 的哪些方向是在铁的（101）平面上？②方向族 <110> 的哪些方向是在铁的（110）平面上？

2-40　氯化钠晶体被用来测量某些 X 射线的波长，对氯离子的 d_{111} 间距而言，其衍射角 2θ 为 $27°30'$。①X 射线的波长是多少？（NaCl 晶格常数为 0.563nm）②若 X 射线的波长为 0.058nm，则其衍射角 2θ 是多少？

2-41　某 X 射线波长 0.058nm，用来计算铝的 d_{200}，其衍射角 2θ 为 $16.47°$，求晶格常数为多少？

2-42　请算出能进入 FCC 银的间隙位置而不拥挤的最大原子半径。

2-43　碳原子能溶入 FCC 铁的最大间隙位置：①每个单元晶胞中有多少个这样的位置？②在此位置四周有多少铁原子围绕？

2-44　请找出能进入 BCC 铁间隙位置的最大原子的半径（提示：最大空洞位在 1/2，1/4，0 位置）。

2-45　当 CN=6 时，K^+ 的半径为 0.133nm。①当 CN=4 时，负离子的半径是多少？②CN=8 时，负离子的半径是多少？（正负离子半径比取最小值）

2-46　计算①面心立方金属的原子致密度；②面心立方化合物 NaCl 的离子致密度（离子半径 $r_{Na}^+ = 0.097$nm，$r_{Cl}^- = 0.181$nm）；③由计算结果，可以引出什么结论？

2-47　请计算金属钛的晶胞体积是多少？已知金属钛为密排六方结构，钛的原子半径为 0.145nm。

2-48　计算面心立方、体心立方和密排六方晶胞的致密度。

2-49　在体心立方晶胞的（100）面上，按比例画出该面上的原子以及八面体和四面体间隙。

2-50　①在 1mm³ 的固体钡中含有多少个原子？②其原子堆积密度是多少？③钡属于哪一种立方体结构？（原子序数 =56，原子质量 =137.3aum，原子半径 =0.22nm，离子半径 =0.143nm，密度 =3.5g/cm³）

2-51　画出配位数为 6，最大阳离子/阴离子半径之比为 0.414 的晶体结构图。（提示：参考 NaCl 晶体结构，假设阴阳离子沿立方体边线相切并通过对角线。）

2-52　依据离子电荷与离子半径等参数判断以下化合物的晶体结构，并阐述理由：①CsI，②NiO，③KI，④NiS。

2-53　硫化铬（CdS）具有立方体晶胞，通过 X 射线衍射测试其晶格常数为 0.582nm，密度为 4.82g/cm³，请问每个晶胞中有几个 Cd^{2+} 和 S^{2-}？

2-54　碳和氮在 γ-Fe 中的最大固溶度分别为 8.9% 和 10.3%，已知碳、氮原子均占据八面体间隙，试分别计算八面体间隙被碳原子和氮原子占据的摩尔分数。

2-55　如果 Fe^{3+}/Fe^{2+} 比为 0.14，则 FeO 的密度是多少？[FeO 为 NaCl 结构；(r_0+r_{Fe}) 平均为 0.215nm]

2-56　计算在熔点 327℃ 下金属铅中空位原子的百分数。假设空位形成能为 0.55eV/每原子。

2-57　在无氧条件下升高温度，立方结构的 CuO 中部分 Cu^{2+} 会转变成为 Cu^+。请问：

① 在此情况下为保持电中性，哪类晶体缺陷可能形成？

② 每个缺陷可能有几个 Cu^+ 形成？

2-58　如果在固溶体中每个 Zr^{4+} 中加入一个 Ca^{2+}，就可能形成 ZrO_2 的立方体，因此阳离子形成 FCC 结构，而 O^{2-} 位于四重对称位置，①每 100 个阳离子有多少个 O^{2-} 存在？②有多少百分比的四重对称位置被占据？

2-59　下表列出了系列元素的原子半径，晶体结构，电负性及常见化合价。请判断在铜中：①哪些元素可以形成完全互溶的置换型固溶体？②哪些元素可以形成部分互溶的置换型固溶体？③哪些元素可以形成间隙型固溶体？

元素	原子半径/nm	晶体结构	电负性	化合价
Cu	0.1278	fcc	1.9	+2
C	0.071			
H	0.046			
O	0.060			
Ag	0.1445	fcc	1.9	+1
Al	0.1431	fcc	1.5	+3
Co	0.1253	hcp	1.8	+2
Cr	0.1249	bcc	1.6	+3
Fe	0.1241	bcc	1.8	+2
Ni	0.1246	fcc	1.8	+2
Pd	0.1376	fcc	2.2	+2
Pt	0.1387	fcc	2.2	+2
Zn	0.1332	hcp	1.6	+2

2-60　铜和铂均具有FCC的晶体结构，室温下铜在铂中形成置换型固溶体的最大浓度为6%，试计算组分（质量分数）为95% Pt-5% Cu合金的晶格常数？

2-61　如图2-112，某熔化的Pb-Sn焊锡共晶温度（183℃），共晶点组成（质量分数）为Sn 61.9%-Pb 38.1%，假设此焊锡50g加热到200℃，则有多少克的锡能熔进此焊锡中而无固相析出？

2-62　指出组分（质量分数）为74% Zn-26% Cu的合金在以下温度时的相组成及其比例：850℃，750℃，680℃，600℃，500℃。

2-63　在平衡状态下，铜银合金中 α 相和 β 相的质量分数分别为 W_α=0.60 和 W_β=0.40，在何温度下有无可能获得质量比为50：50的铜银合金？如不能获得，请解释原因。

2-64　据下表中锗硅体系的液相和固相温度，画出该体系相图，并标明每相组成。

Si组分（质量分数）/%	固相温度/℃	液相温度/℃	Si组分（质量分数）/%	固相温度/℃	液相温度/℃
0	938	938	60	1282	1367
10	1005	1147	70	1326	1385
20	1065	1226	80	1359	1397
30	1123	1278	90	1390	1408
40	1178	1315	100	1414	1414
50	1232	1346			

2-65　某65Cu-35Zn黄铜（参见图2-65）由300℃加热到1000℃，则每隔100℃有哪些相会出现？

2-66　计算在500℃下每小时通过一块面积为0.20m^2，厚度为5mm的金属铂板的氢原子质量。假设在稳态条件下氢原子的扩散系数为$1.0×10^{-8}m^2/s$，铂板高低压两侧氢浓度分别为2.4kg/m^3和0.6kg/m^3。

2-67　厚度为15mm的钢板两侧碳的浓度分别为0.65kg C/m^3 和0.30kg C/m^3，碳原子通过钢板并达到稳态。假设指前因子与活化能分别为$6.2×10^{-7}m^2/s$和80000J/mol，计算流量达到$1.43×10^{-9}$kg/（m^2·s）时温度。

2-68　在钢棒的表面，每20个铁的晶胞中有一个碳原子，在离表面1mm处每30个铁的晶胞中有一个碳原子。温度为1000℃时扩散系数是$3×10^{-11}$m/s，且结构为面心立方（a=0.365nm）。问每分钟因扩散通过单位晶胞的碳原子数是多少？

3 材料组成与结构

3.1 材料组成与结构的基本内容

材料的组成是指构成材料的基本单元的成分及数目，材料的结构则是指材料的组成单元（即原子或分子）之间相互吸引和相互排斥作用达到平衡时在空间的几何排列，包括构成材料的原子的电子结构（决定化学键的类型）、分子的化学结构及聚集态结构（决定材料的基本类型及材料组成相的结构）以及材料的显微组织结构（组成材料的各相的形态、大小、数量和分布等）。材料结构从宏观到微观可分成不同的层次，即宏观组织结构、显微组织结构和微观结构。

3.2 金属材料的组成与结构

3.2.1 金属材料

3.2.1.1 金属材料的组成

由金属元素或以金属元素为主形成的，并具有一般金属特性的材料称为金属材料。

（1）金属原子的结构 组成金属材料的主要元素是金属元素，金属作为元素的一大类，其原子结构具有区别于其他元素的一些共性——外层电子较少，这个共性决定了金属原子间结合键的特点，而结合键的特点，又在一定程度上决定了内部原子集合体的结构特征。金属原子结构中最外层电子数很少，极易失去电子而形成电子层结构稳定的正离子状态；非金属原子则最外层电子数较多，易于取得电子而形成稳定结构的负离子状态。

最典型的金属只有一个价电子，如碱金属、铜、银和金等。但在金属材料中，过渡族金属更具有广泛地应用意义。这类元素的原子结构由于受其内层电子屏蔽效应的作用，ns 层电子能量低于 $(n-1)$d 层，从而使 d 层电子数处于 $1 \sim 10$ 之间未填满的状态。于是，过渡族原子中电子能态的改变以及所引起的原子价可变性，使得这类原子在与其他原子相互作用时，表现出某些独特性质。此外，在原子序数较大的过渡族金属中，还出现一类镧系稀土族金属元素。其原子结构在6s电子层已填满的情况下，开始先填充4f层。该类元素在改善金属材料性能的微合金化与热处理中，已经显示出良好的效果。金属在参与化学反应过程中所表现的行为，属于单原子的特性，而实际应用的金属材料是由众多的原子组成的，在体积为1cm³的纯铁中大约有 $1.4×10^{22}$ 个原子。

（2）金属键　如2.3.1.3节（金属键合）所述，金属材料内部原子间的结合主要依靠金属键，它几乎贯穿在所有金属材料之中，这就是金属材料有别于其他材料的根本原因。当金属原子凝聚而形成晶体时，其结合键称为金属键。金属键的模型如图2-14所示：金属原子中全部或部分外层的价电子脱离原来的原子，为整个体系所共有，这种公有化的电子称之为自由电子；失去价电子的原子形成正离子，正离子和部分中性原子按一定的几何规则排列起来，并在固定的点上做热振动。因此，金属键的结合是靠公有化的自由电子与离子间的静电引力而产生的。

3.2.1.2　金属的晶体结构

如2.5.3.1节（金属晶体）所述，金属在固态时一般都是晶体。在已知的80余种金属元素中，除少数十几种金属具有复杂的晶体结构以外，大多数金属都具有比较简单的晶体结构。其中，最典型、最常见的金属晶体结构有三种，即体心立方晶格、面心立方晶格和密排六方晶格。随着温度的变化，部分金属的晶体结构会发生同素异构转变。

（1）体心立方晶格　体心立方晶格的晶胞如图3-1所示。其晶格常数即六面体的各边长 $a=b=c$，六面体的各面夹角 $\alpha=\beta=\gamma=90°$，因此，它是一个立方体，用常数 a 表示其晶格常数。

在体心立方晶胞中，八个角上各有一个原子，每个原子为附近八个晶胞所共有，对每一个晶胞而言，它只占有1/8个原子；在晶胞的中心有一个原子，此原子完全属于该晶胞。这样，体心立方晶胞中的原子数有（1/8）×8+1=2个。

具有体心立方结构的金属有 α-Fe、Cr、V、Mo、Nb、W等，共约30种。它们一般具有较高强度、硬度和熔点，但塑性和韧性较差。

（2）面心立方晶格　面心立方晶格的晶胞如图3-2所示。其晶格常数 $a=b=c$，$\alpha=\beta=$

(a) 刚球模型　　　　(b) 质点模型　　　　(c) 晶胞原子数

图3-1　体心立方晶胞示意图

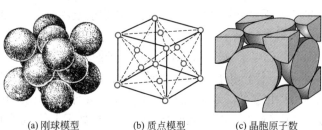

(a) 刚球模型　　　　(b) 质点模型　　　　(c) 晶胞原子数

图3-2　面心立方晶胞示意图

$\gamma=90°$，它也是一个立方体，用常数 a 表示晶格常数。

在面心立方晶胞中，八个角上各有一个原子，每个原子为附近八个晶胞所共有（1/8）；在六个面的中心处各有一个原子，每个原子分别属于两个晶胞（1/2）。因此，一个晶胞的原子数为（1/8）×8+（1/2）×6=4个。

具有面心立方结构的金属有 γ-Fe、Cu、Al、Ag、Au、Ni、β-Co、v-Mn 等。它们一般具有良好的塑性和韧性。

（3）密排六方晶格　密排六方晶格的晶胞如图3-3所示。它由两个简单六方晶胞从相反方向穿插而成，其形状为八面体，上下两个底面呈六角形，六个侧面为长方形。密排六方晶格的晶格常数有两个：一个是正六边形底面的边长 a，另一个是上下底面的距离（晶胞高度）c。对于密排六方晶格，轴比 $c/a=\sqrt{8 3}\approx1.633$。但是，实际的密排六方晶格的金属，其 c/a 值在1.57～1.64之间波动。

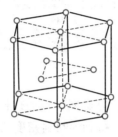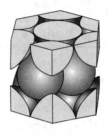

(a) 刚球模型　　　　(b) 质点模型　　　　(c) 晶胞原子数

图3-3　密排六方结构晶胞示意图

具有密排六方结构的金属有Co、Mg、Ti、Zn等。它们的强度低，塑性和韧性差。

表3-1列举了若干常见金属在室温时的晶体结构、晶格常数和最近的原子间距。

■　**表3-1　常见金属在室温时的晶体结构**

元　素	晶体结构	点　阵　常　数		最近的原子间距/Å
		$a/$Å	$c/$Å	
铝	面心立方	4.0496		2.863
铍	密排六方	2.2856	3.5832	2.225
镉	密排六方	2.9788	5.6167	2.979
铬	体心立方	2.8846		2.498
钴	密排六方	2.506	4.069	2.497
铜	面心立方	3.6147		2.556
金	面心立方	4.0788		2.884
铁	体心立方	2.8664		2.481
铅	面心立方	4.9502		3.500
锂	体心立方	3.5092		3.039
镁	密排立方	3.2094	5.2105	3.197
钼	体心立方	3.1468		2.725
镍	面心立方	3.5236		2.492
铌	体心立方	3.3007		2.858
铂	面心立方	3.9239		2.775
钾	体心立方	5.3444		4.627

元　素	晶体结构	点　阵　常　数		最近的原子间距/Å
		a/Å	c/Å	
铑	面心立方	3.8044		2.690
铷	体心立方	5.6985		4.88
银	面心立方	4.0857		2.889
钠	体心立方	4.2906		3.716
钽	体心立方	3.3026		2.860
钍	面心立方	5.0843		3.595
钛	密排六方	2.9506	4.6788	2.890
钨	体心立方	3.1650		2.741
铀	正交			2.77
钒	体心立方	3.0282		2.622
锌	密排六方	2.6649	4.9468	2.665
锆	密排六方	3.2312	5.1477	3.172

1Å＝0.1nm。

3.2.1.3　金属材料的理论密度

根据金属晶体的晶胞，可以计算金属材料的理论密度。即通过计算一金属晶胞中所有原子的总质量与晶胞体积之比，得到该材料密度的理论值。公式表示如下：

$$\rho = \frac{nA_m}{V_c N_A} \tag{3-1}$$

式中，n 为一个晶胞中金属的原子个数；A_m 为金属的原子量；V_c 为一个晶胞的体积；N_A 为阿伏伽德罗常数，$6.023 \times 10^{23} \mathrm{mol}^{-1}$。

例题 3-1

铜的原子半径是0.128nm、原子量是63.5g/mol，计算铜FCC晶体的理论密度，并与实验测得的密度8.94g/cm³进行比较。

解：由式（3-1）：

$$\rho = \frac{nA_{Cu}}{V_c N_A} = \frac{nA_{Cu}}{(16R^3\sqrt{2})N_A}$$

$$= \frac{4 \times 63.5}{16\sqrt{2} \times (1.28 \times 10^{-8})^3 \times 6.023 \times 10^{23}}$$

$$= 8.89 \mathrm{g/cm^3}$$

答：FCC铜的理论密度为8.89g/cm³，低于实验值8.94g/cm³，说明实验用铜中含有少量更高原子量的其他元素。

3.2.2　合金材料

3.2.2.1　合金

由两种或两种以上的金属元素、或金属元素与非金属元素组成的，具有金属特性的

材料科学与工程基础

物质称为合金。如碳钢和铸铁是主要由铁和碳组成的合金；黄铜、青铜是铜与其他元素组成的合金。人们通过调节合金中的组成与配比，可以显著改变金属材料的结构、组织和性能。

组成合金最基本的、独立的物质称为组元。一般来说，组元就是组成合金的元素，如铁碳合金的组元是铁和碳。由两个组元组成的合金称为二元合金，由三个组元组成的合金称为三元合金，由三个以上组元组成的合金则称为多元合金。

相是合金中具有同一聚集状态、同一结构和性质的，并与其他部分存在明显界面的均匀组成部分。合金在固态下可以形成均匀的单相合金，也可以由几种不同的相组成多相合金。例如Cu-Zn合金，Zn含量为30%（质量）的Cu-Zn合金是单相黄铜，它是Zn溶于Cu中的固溶体；而Zn含量为40%时，就是两相黄铜，即除了形成固溶体之外，Cu和Zn还结合形成另一个被称为中间相的新相。

3.2.2.2 合金的相结构

大多数合金的组元在液态下能相互溶解，成为均匀的液体，因此，只具有一个液相。在凝固以后，由于各组元的原子结构和晶体结构不同，各组元之间相互作用不同，在固态合金中可能会出现不同的相结构。而合金中各种相的结构对合金的性能起决定性作用，合金组织的变化对合金的性能则有很大影响。

根据合金中元素之间相互作用的不同，合金中的相基本上可以分为两类：固溶体和金属化合物。本节主要讨论金属化合物中的正常价化合物、电子化合物和间隙化合物。

（1）正常价化合物　金属元素和周期表中ⅣA、ⅤA、ⅥA族的一些元素形成的化合物，组元之间原子价符合化合价的基本规律，把这类化合物称为正常价化合物。部分元素电负性变化如图3-4所示。这些元素的电负性按箭头方向增大。电负性越大的元素和正电性越强的金属所组成的化合物越稳定。

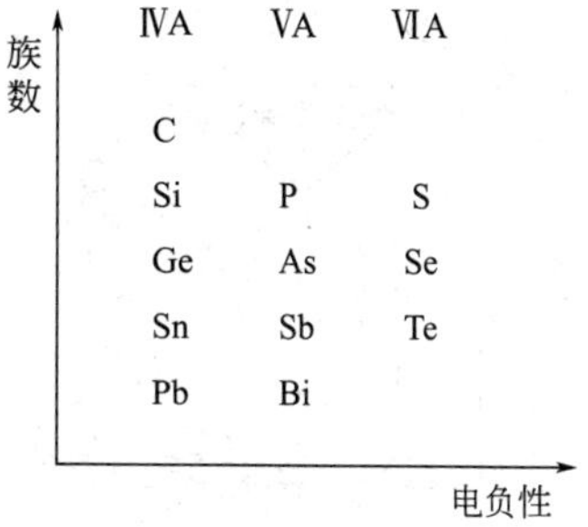

族数	ⅣA	ⅤA	ⅥA
	C		
	Si	P	S
	Ge	As	Se
	Sn	Sb	Te
	Pb	Bi	

电负性 →

图3-4　部分元素电负性变化

这类化合物的晶格类型与某些离子晶体或共价晶体的晶格类型相同，有NaCl型（图2-60），如MgSe；CaF_2型（图3-5），如Mg_2Si；立方ZnS型和六方ZnS型（图3-6、图3-7），如ZnS、MnS和AlN。正常价化合物通常硬度高，但较脆。

（2）电子化合物　休姆-罗塞里（W.Hume-Rothery）在研究贵金属金、银、铜与锌、铝、锡等B次族元素组成合金系时发现，随合金组元成分的改变，合金相的结构与电子浓度具有一定对应关系。如黄铜（Cu-Zn）、青铜（Cu-Sn）、铝青铜（Cu-Al）和硅

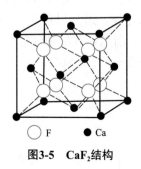

○ F　● Ca

图3-5　CaF_2结构

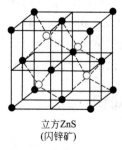

立方ZnS
（闪锌矿）

图3-6　立方ZnS结构

六方ZnS（硫锌矿）

图3-7　六方ZnS结构

青铜（Cu-Si）等合金中均会出现电子化合物。

电子化合物（又称电子相）是一类可以用一定分子式来表示，但组元间不符合化学价的规律，而是按照一定的电子浓度比值形成一定晶格类型的化合物。所谓电子浓度是指化合物中的价电子数与原子数之比，即电子浓度=价电子数/原子数。

在Cu-Zn合金中，根据合金成分的不同，可以分别形成具有体心立方点阵的CuZn电子化合物，电子浓度为3/2（或21/14），称为β黄铜；具有复杂立方点阵的Cu_5Zn_8电子化合物，电子浓度为21/13，称为γ黄铜；具有密排六方点阵的$CuZn_3$电子化合物，电子浓度为7/4（或21/12），称为ε黄铜。因此，电子化合物的点阵结构和稳定性主要取决于电子浓度因素。此外，具有相同电子浓度的不同合金所形成的电子化合物具有相同的晶体点阵类型。表3-2给出了一些常用合金的电子化合物及结构类型。

■ 表3-2　常用合金的电子化合物及结构类型

合金系	电子浓度3/2（或21/14）		电子浓度21/13	电子浓度7/4（或21/12）
	β黄铜（体心立方）	β-Mn（复杂立方）	γ黄铜（复杂立方）	ε黄铜（密排六方）
Cu-Zn	CuZn		Cu_5Zn_8	$CuZn_3$
Cu-Sn	Cu_5Sn		$Cu_{31}Sn_8$	Cu_3Sn
Cu-Al	Cu_3Al		Cu_9Al_4	Cu_5Al_3
Cu-Si		Cu_5Si	$Cu_{31}Si_8$	Cu_3Si

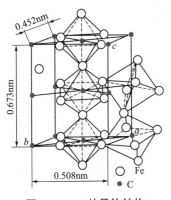

图3-8　Fe_3C的晶体结构

电子化合物一般都具有很高的熔点和硬度，并有导电性。

（3）间隙化合物　当原子半径较大的过渡族金属（如Fe、Mn、Cr、Mo、W、V、Zr、Ti等）与原子半径很小的非金属（如C、N、H等）形成稳定的化合物，其组元之间原子半径之比（非金属/金属）小于0.59时，形成具有简单晶格的间隙化合物；当比值大于0.59时，形成具有复杂晶格的间隙化合物。

铁碳合金中很重要的强化相渗碳体（Fe_3C）就属于间隙化合物。其晶体结构为复杂的正交结构，见图3-8。Fe_3C的硬度为HV950～1050。这类化合物有（Cr、Fe、W、Mo）$_{23}C_6$、Cr_7C_3、Cr_3C_2等。

间隙化合物具有高硬度和高熔点。

3.2.2.3　机械混合物

在铁碳合金中，共析反应所形成的铁素体和渗碳体，在固态下既不能相互溶解，又不能彼此反应形成化合物，而构成了机械混合物，也称为珠光体，通常用P表示。由于珠光体是由硬的渗碳体片和软的铁素体片相间组成的混合物，所以，其机械性能介于渗碳体和铁素体之间。珠光体的布氏硬度HB约为180，抗拉强度$\sigma_b \approx 750MPa$。

3.2.3　铁碳合金的基本知识

3.2.3.1　铁碳合金的基本相

钢和铸铁的基本组元是铁和碳两种元素，故称之为铁碳合金。它是现代工业中应用最为广泛的金属材料，其基本相如下。

（1）铁素体　纯铁在912℃以下为α-Fe。碳溶于α-Fe中形成的间隙固溶体称为铁素体，以符号F或α表示。α-Fe具有体心立方晶格，导致碳在α-Fe中的溶解度很小。溶解度最大值出现在727℃，为0.0218%。随着温度的降低碳在α-Fe中的溶解度减小，室温时的溶解度仅为0.0008%。铁素体的显微组织如图3-9所示。它是由网络状的多面体晶粒组成，黑线是晶界，亮区是铁素体晶粒。

纯铁在1394℃以上为具有体心立方晶格的δ-Fe。碳溶于δ-Fe中形成的间隙固溶体用符号δ表示。碳在δ-Fe中的溶解度也较小，在1495℃达到最大值0.09%。

（2）奥氏体　纯铁在912～1394℃为γ-Fe。碳溶于γ-Fe所形成的间隙固溶体称为奥氏体，以符号A或γ表示。γ-Fe是面心立方结构，所以碳在γ-Fe中的溶解度比在α-Fe中大，在1148℃时溶解度达到最大值2.11%。随着温度降低，其溶解度下降，在727℃时为0.77%。其显微组织如图3-10所示。

（3）渗碳体　当铁中的碳含量为一个固定值6.67%时，铁与碳形成稳定的金属化合物，称为渗碳体，其分子式为Fe_3C。渗碳体的晶体结构很复杂，如图3-8所示。渗碳体的熔点为1227℃ ❶。

渗碳体特点：硬度高（HB=800），塑性和冲击韧性几乎为零，脆性极大。渗碳体不发生同素异晶转变，但有磁性转变，在低于230℃有弱铁磁性，而高于230℃则失去磁性。渗碳体中的铁原子可被其他金属原子（如Cr，Mn等）所代替，形成合金渗碳体。

渗碳体是碳钢中的强化相，它的形态与分布对钢的性能有很大的影响。同时Fe_3C又是一种亚稳定相，在一定条件下会发生分解，形成石墨状态的自由碳。

$$Fe_3C \longrightarrow 3Fe + C（石墨）$$

（4）马氏体　碳在α-Fe中的过饱和固溶体称为马氏体。其晶结构如图3-11所示。

当奥氏体的冷却速度大于临界冷却速度时，会过冷到马氏体转变温度M_s以下，从而发生马氏体转变而形成马氏体。马氏体是非平衡组织，它具有很高的硬度和强度。钢在淬火时之所以会强化和硬化，其原因是形成了马氏体。

马氏体转变是在较低的温度区内，而且是在连续冷却的过程中高速进行的，铁和碳都不能进行扩散，因此，不发生浓度变化，马氏体和奥氏体具有同样的化学成分。在马氏体转变过程中，只发生铁的晶格重构，由面心立方晶格变成体心正方晶格。

图3-9　铁素体的显微组织

图3-10　奥氏体的显微组织

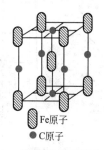

图3-11　马氏体的单位晶胞

❶　有些资料认为渗碳体的熔点为1600℃左右。

3.2.3.2 铁碳合金状态图

铁碳合金状态图是用实验方法作出的温度-成分坐标图。它不仅表明平衡条件下任一铁碳合金的成分、温度与组织之间的关系，而且能推断其性能与成分或温度的关系。所以，铁碳合金状态图是研究钢铁的化学成分、组织和性能之间关系的理论基础，也是制定各种热加工工艺的依据，是研究铁碳合金的基本工具。

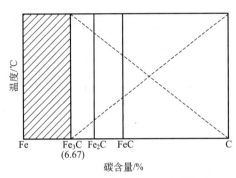

图3-12　铁碳状态图上出现的碳化物

铁与碳能形成一系列化合物，如Fe_3C、Fe_2C、FeC等。整个铁碳状态图可以看成是由$Fe\text{-}Fe_3C$、$Fe_3C\text{-}Fe_2C$、$Fe_2C\text{-}FeC$及$FeC\text{-}C$等二元状态图所组成的，如图3-12。当铁中的碳含量超过6.67%时，铁碳合金由于脆性太大已无实用价值。因此，人们只研究$Fe\text{-}Fe_3C$部分。

（1）铁-渗碳体相图　$Fe\text{-}Fe_3C$相图如图3-13所示，图中各主要点的含义、温度及碳含量见表3-3所示。

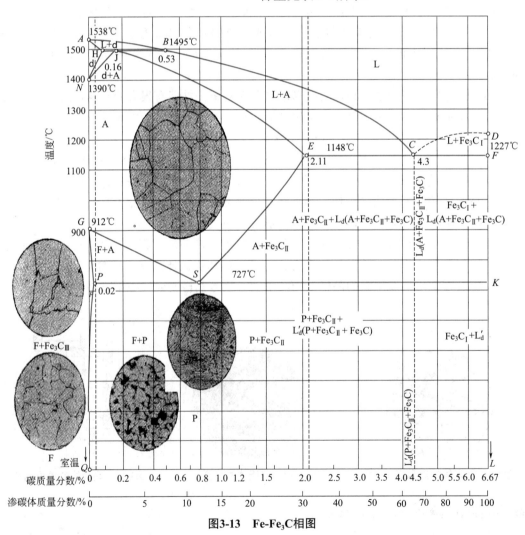

图3-13　$Fe\text{-}Fe_3C$相图

表3-3 铁碳相图的特性点

点的符号	温度/℃	碳含量/%	说　明
A	1538	0	纯铁的熔点
B	1495	0.53	包晶反应时液态合金的浓度
C	1148	4.30	共晶点 $L_c \longleftrightarrow A_E + Fe_3C$
D	1227	6.67	渗碳体熔点
E	1148	2.11	碳在γ-Fe中最大溶解度
F	1148	6.67	渗碳体
G	912	0	α-Fe $\longleftrightarrow$ γ-Fe同素异晶转变点
H	1495	0.10	碳在δ-Fe中的最大溶解度
J	1495	0.16	包晶点 $L_B + \delta_H \longleftrightarrow A_J$
K	727	6.67	渗碳体
N	1390	0	γ-Fe $\longleftrightarrow$ δ-Fe同素异晶转变点
P	727	0.02	碳在α-Fe中最大溶解度
S	727	0.77	共析点 $A_s \longleftrightarrow F_P + Fe_3C$
Q	0	0.0008	碳在α-Fe中溶解度

ABCD 线为液相线，*AHJECF* 线为固相线。

图中有5个基本相，它们是：F、A、δ、Fe_3C 和 L相。

图中有5个单相区：*ABCD* 线以上为液相区（L），*ANHA* 区为δ相区，*NGSEJN* 区为奥氏体相区（γ或A），*GQPG* 区为铁素体相区（α或F），*DFKL* 为渗碳体相区（Fe_3C）。

图中有7个两相区：L+δ、L+A、L+Fe_3C、δ+A、F+A、A+Fe_3C 和 α+Fe_3C。

相图中还有3条三相平衡的水平线（*HJB*、*ECF* 和 *PSK*）。

HJB——包晶线。在这条线上发生包晶反应：$L_B + \delta_H \xrightarrow{1485℃} A_J$
包晶反应的结果形成了奥氏体，包晶反应只在碳含量为0.1%（*H*点）～0.5%（*B*点）的铁碳合金中发生。

ECF——共晶线。在这条线上发生共晶反应：$L_C \xleftrightarrow{1148℃} A_E + Fe_3C$
共晶反应的产物奥氏体和渗碳体组成的混合物称为莱氏体，用字母L_d代表。共晶反应发生在碳含量为2.11%（*E*点）～6.67%（*F*点）的铁碳合金中。

PSK——共析线（又称 A_1 线）。在这条线上发生共析反应：$A_S \xrightarrow{727℃} F_P + Fe_3C$
共析反应的产物铁素体和渗碳体组成的混合物称为珠光体，常用字母P表示。碳含量超过0.02%的铁碳合金，都有共析反应。

此外，相图中还有3条重要的特性线（*GS*、*ES*、*PQ*）。

GS 线是不同碳量的奥氏体，在冷却过程中，由奥氏体析出铁素体的开始线，或在加热时，铁素体完全转变为奥氏体的温度线，又叫 A_3 线。

ES 线是碳在奥氏体中的固溶线。在1148℃时，奥氏体的最大溶碳量为2.11%，而在727℃时，奥氏体溶碳量仅为0.77%。因此，碳含量大于0.77%的铁碳合金，从1148℃至727℃的过程中，将会从奥氏体中析出渗碳体，这种渗碳体称之为二次渗碳体（Fe_3C_{II}）。*ES* 线又叫 A_{cm} 线。

PQ 线是碳在铁素体中的固溶线。在727℃时，铁素体最大溶碳量为0.0218%，而室温仅溶解0.0008%的碳，所以，铁碳合金自727℃冷却到室温时，自铁素体中析出渗碳

121

体，这种渗碳体称为三次渗碳体（Fe_3C_{III}）。由于数量较少，除在极低碳的钢中外，在一般钢中作用不大，常常忽略而不予考虑。

（2）典型铁碳合金结晶过程分析　根据铁碳合金碳含量和室温组织的不同，可以将铁碳合金分为三大类。

纯铁，碳含量<0.0218%，其显微组织为铁素体。

钢，碳含量在0.0218%～2.11%之间，又可以分为三种：

亚共析钢，碳含量<0.77%；

共析钢，碳含量为0.77%；

过共析钢，碳含量在0.77%～2.11%之间。

白口铁，碳含量在2.11%～6.67%之间，根据室温时组织的不同，白口铁可以分为三种：

亚共晶白口铁，碳含量在2.11%～4.3%之间；

共晶白口铁，碳含量为4.3%；

过共晶白口铁，碳含量在4.3%～6.67%之间。

① 共析钢（0.77%C）的结晶过程分析　图3-14为共析钢的结晶过程示意图。假设共析钢从液态开始冷却，当温度降到1点时，共析钢开始析出奥氏体；在温度1～2之间，按匀晶方式析出更多的奥氏体，液相逐渐减少；当温度降到2点时，液相完全结晶；在温度2～3之间形成单相奥氏体，合金组织不变；当冷却到727℃（3点）时，奥氏体将会发生共析转变，形成珠光体，珠光体中的渗碳体称为共析渗碳体。当温度由727℃继续降低时，珠光体中的铁素体要析出三次渗碳体（Fe_3C_{III}），Fe_3C_{III}与共析渗碳体混在一起，很难分辨。图3-15为共析钢的显微组织示意图。

② 亚共析钢（0.0218%～0.77%C）的结晶过程分析　图3-16为亚共析钢的结晶过程示意图。当温度降至1点后开始从液相中析出δ固溶体，在1～2之间为L+δ。在2点发生包晶转变，液相与之前析出的δ固溶体在δ固溶体的表面共同形成奥氏体。包晶转变的结果是δ固

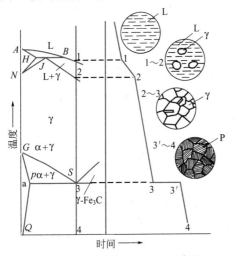

图3-14　共析钢的结晶过程示意图

图3-15　共析钢显微组织示意图（1000×）

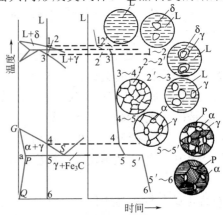

图3-16　亚共析钢的结晶过程示意图

溶体完全转变为奥氏体，由于体系液相较多，在包晶转变后还有液相存在。当温度继续下降时，在 2～3 之间，液相继续析出奥氏体，到 3 点以后，亚共析钢全部凝固，成为单相奥氏体。温度继续冷至 4 点，从奥氏体中开始析出铁素体。在 4～5 之间，亚共析钢由铁素体和奥氏体组成。冷却到 5 点时，体系中的奥氏体碳含量达到 0.77%，便发生共析转变，转变产物为珠光体。先析出的铁素体保持不变，此时的组织为铁素体和珠光体。继续冷却到室温的过程中，铁素体析出 Fe_3C_{III}，因其量极少可以忽略不计。亚共析钢在室温时的组织由铁素体和珠光体组成。图 3-17 为亚共析钢的显微组织。

③ 过共析钢（0.77%～2.11%C）的结晶过程分析　图 3-18 为过共析钢结晶过程示意图。当合金冷却到 1 点时，便开始从液相中结晶出奥氏体，到 2 点结晶完毕，形成单相奥氏体，继续冷却到 3 点，从奥氏体中开始析出二次渗碳体（Fe_3C_{II}）。二次渗碳体是沿着奥氏体晶界析出，呈网状分布。当冷却到 4 点，即共析转变温度（727℃）时，剩余奥氏体中的碳含量正好为共析成分（0.77%C），这时，奥氏体发生共析转变，形成珠光体，温度再继续下降到室温，合金组织基本不变，最终组织为珠光体和二次渗碳体，如图 3-19 所示。

④ 共晶白口铸铁（4.3%C）的结晶过程分析　图 3-20 为共晶白口铁结晶过程示意图。当合金冷却到 1 点（共晶点）时，将发生共晶转变，形成高温莱氏体（L_d）。由共晶

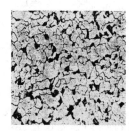

(a) 0.20%

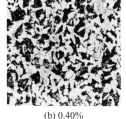

(b) 0.40%　　　　(c) 0.60%

图3-17　亚共析钢的显微组织

白色晶粒为铁素体，暗黑色组成体是珠光体，有些珠光体团的片层组织可以分辨（200×）

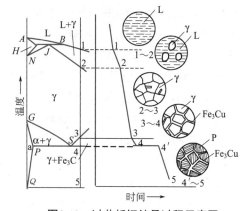

图3-18　过共析钢结晶过程示意图

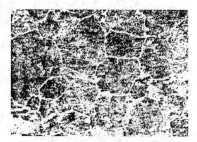

(a) 4%硝酸酒精侵蚀(200×)

(b) 碱性苦味酸钠侵蚀(300×)

图3-19　过共析钢的显微组织

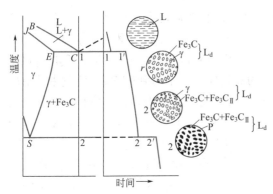

图3-20 共晶白口铁结晶过程示意图

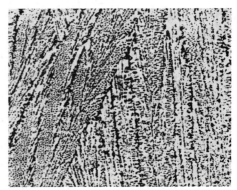

图3-21 共晶白口铸铁的显微组织

白色基体是共晶渗碳体，黑色颗粒是由
共晶奥氏体转变而来的珠光体（250×）

转变出来的渗碳体称为共晶渗碳体，而由共晶转变出来的奥氏体称为共晶奥氏体。继续冷却在共晶奥氏体中将会析出二次渗碳体，二次渗碳体与共晶渗碳体混在一起，无法分辨。当温度下降到2点（共析温度）时，奥氏体中碳含量正好是0.77%，奥氏体发生共析转变而形成珠光体。因此，室温时的共晶白口铸铁是由珠光体、二次渗碳体和共晶渗碳体组成，这种组织称为低温莱氏体（L_d'）。共晶白口铸铁的显微组织如图3-21所示。

⑤ 亚共晶白口铸铁（2.11%～4.3%C）的结晶过程分析　图3-22为亚共晶白口铸铁结晶过程示意图。当亚共晶白口铸铁冷却到1点时，液相中开始结晶出奥氏体。随着温度的下降，结晶出的奥氏体量不断增加，液相不断减少，到温度2点（1148℃）时，奥氏体碳含量为2.11%，液相碳含量为4.3%，这时液相发生共晶转变，形成莱氏体，而先结晶出的奥氏体保持不变，共晶转变结束，亚共晶白口铸铁组织为奥氏体和莱氏（L_d），在2～3点之间继续冷却时，与共晶白口铸铁结晶相同，从先结晶的奥氏体和共晶奥氏体都要析出二次渗碳体，冷却到3点（727℃）时，奥氏体的碳含量下降到0.77%，这时发生共析转变，奥氏体转变成珠光体。因此，亚共晶白口铸铁在室温下的组织是珠光体、二次渗碳体和低温莱氏体（L_d'），显微组织示意图如图3-23所示。

⑥ 过共晶白口铸铁（4.3%～6.67%C）的结晶过程分析　图3-24为过共晶白口铸铁结晶过程示意图。当过共晶白口铸铁冷却到1点时，从液相中开始结晶出一次渗碳体（Fe_3C_I），一次渗碳体的组织形态呈粗大片状，在随后继续冷却过程中不再发生变化。当温度继续冷却到2点（1148℃）时，剩余的液相碳含量正好为共晶成分4.3%C，这时

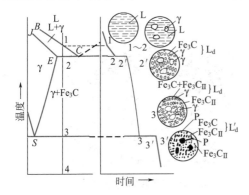

图3-22 亚共晶白口铸铁结晶过程示意图

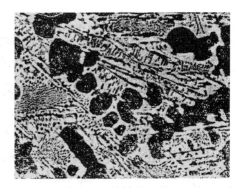

图3-23 亚共晶白口铸铁的显微组织（80×）

材料科学与工程基础

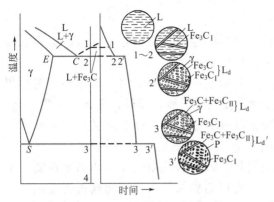

图3-24　过共晶白口铸铁结晶过程示意图

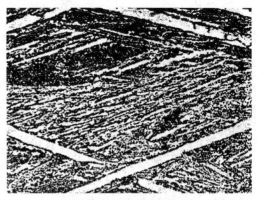

图3-25　过共晶白口铸铁的显微组织（250×）

液相发生共晶转变而形成莱氏体。此后的结晶过程与共晶和亚共晶白口铸铁相同。因此，过共晶白口铸铁的室温组织为一次渗碳体和莱氏体，其显微组织如图3-25所示。

例题 3-2

　　组分为99.65% Fe-0.35% C（质量分数）合金，刚好处于共析温度以下，求：

　　① 总的铁素体和渗碳体的质量分数；

　　② 先共析铁素体和珠光体的质量分数；

　　③ 共析铁素体的质量分数。

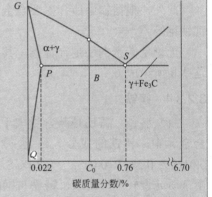

　　解：作图：取图3-16亚共析钢部分相图，C_0 点的碳含量为0.35%，S 为共析点。

　　① 按照杠杆原理，则总的铁素体质量分数（W_a）和总的渗碳体的质量分数（W_{Fe_3C}）分别为：

$$W_a = \frac{6.70-0.35}{6.70-0.022} = 0.95$$

$$W_{Fe_3C} = \frac{0.35-0.022}{6.70-0.022} = 0.05$$

　　总的铁素体和渗碳体的质量分数分别为0.95和0.05。

　　② 按照杠杆原理，先共析铁素体的质量分数（$W_{a'}$）和珠光体的质量分数（W_P）分别为：

$$W_{a'} = \frac{0.76-0.35}{0.76-0.022} = 0.56$$

$$W_P = \frac{0.35-0.022}{0.76-0.022} = 0.44$$

　　先共析铁素体和珠光体的质量分数分别为0.56和0.44。

　　③ 共析铁素体的质量分数（W_{ae}）为：

$$W_{a'}+W_{ae}=W_a$$

$$W_{ae}=W_a-W_{a'}=0.95-0.56=0.39$$

　　答：共析铁素体的质量分数为0.39。

3.2.3.3 钢

钢是经济建设中极为重要的金属材料。它是以铁、碳为主要成分的合金，其碳含量小于2.11%。

根据钢的化学成分，人们把钢分为碳素钢（简称为碳钢）和合金钢两大类。碳钢除含主要成分的铁、碳外，还含有少量的硅、锰、磷、硫等元素。碳钢具有一定的机械性能，又具有良好的工艺性能，而且价格低廉。所以，碳钢得到了广泛应用。随着科学技术与现代工业的迅速发展，碳钢的性能已经不能满足需要，于是人们在碳钢的基础上，有目的加入某些元素而获得合金钢，与碳钢相比，合金钢性能有了显著提高，应用也更加广泛。

碳素钢：按钢的碳含量可分为低碳钢（碳含量≤0.25%）；中碳钢，碳含量为0.25%～0.6%；高碳钢，碳含量＞0.6%。

合金钢：按钢的合金元素含量可分为低合金钢，合金元素总含量≤5%；中合金钢，合金元素总含量在5%～10%之间；高合金钢，合金元素总含量＞10%。

此外，根据钢中所含主要合金元素种类的不同，也可分为锰钢、铬钢、铬镍钢、铬锰钛钢等。

无论是碳素钢还是合金钢，其结构都由铁素体、奥氏体、渗碳体、珠光体或马氏体这些相所组成。

3.2.3.4 铸铁

（1）概论　铸铁是碳含量大于2.11%的铁碳合金。它还含有硅、锰、磷、硫及某些合金元素。铸铁的成分大致为：2.5%～4.0% C、1.0%～3.0% Si、0.5%～1.4% Mn、0.01%～0.5% P、0.02%～0.20% S。与钢相比，主要区别在于铸铁含碳、硅较高，含硫、磷杂质元素较多，所以，铸铁与钢的组织和性能差别较大。

铸铁是一种使用历史悠久的最常用的金属材料。我国是世界冶铸技术的发源地。早在春秋时期，我国的铸铁技术就已有了很大的发展，并用于制作生产工具和生活用具，比西欧各国约早2000年。直到目前，铸铁仍然是一种重要的工程材料。2014年，我国铸铁的年产量已达到4700万吨，它广泛应用于机械制造、冶金矿山、石油化工、交通运输、造船、纺织、基本建设和国防工业等部门。据统计，按质量百分比计算，在农业机械中铸铁件占40%～60%，汽车拖拉机中占50%～70%，机床制造中占60%～90%。铸铁之所以获得广泛的应用，是因为它的生产设备和工艺简单、价格低廉。铸铁还具有优良的铸造性能，良好的减摩性、耐磨性和切削加工性及缺口敏感性等一系列优点。工业上常用的铸铁有灰铸铁、可锻铸铁、球墨铸铁、蠕墨铸铁和特殊性能铸铁等。

（2）灰铸铁　灰铸铁是因断口呈灰色而得名，简称灰铁。灰铸铁生产方便，成品率高，成本低，是目前应用最广泛的一种铸铁。在各种铸铁的总产量中，灰铸铁件要占80%以上。

铸铁的化学成分对其组织影响重大。灰铸铁的化学成分一般为：2.5%～3.6% C、1.1%～2.5% Si、0.6%～1.2% Mn，P≤0.5%，S≤0.15%。灰铸铁的五大元素C、Si、Mn、P、S的含量都要控制在一定的范围内，其中C、Si、Mn是调节组织的元素，P是控制使用元素，S是限制元素。

灰铸铁的组织特点是铁基体加片状石墨。灰铸铁的组织按其基体的不同，可分为铁素体灰铸铁［图3-26（a）］，珠光体-铁素体灰铸铁［图3-26（b）］，珠光体灰铸铁［图3-26（c）］。灰铸铁的基体相当于钢，因此，可以把灰铸铁看成是钢加上片状石墨。

灰铸铁的性能，主要取决于基体的性能和石墨的数量、形状、大小和分布情况。

（3）可锻铸铁　可锻铸铁又称为马钢或马铁，是由铸态白口铸件经热处理而得到的一种高强度铸铁，因其塑性比灰铸铁好，故又称为韧性铸铁或延性铸铁。可锻铸铁实际上并不能锻造。按热处理条件的不同，可分为黑心可锻铸铁和白心可锻铸铁。黑心可锻铸铁由白口铸铁经高温石墨化退火制成，见图3-27，其组织为铁素体（或珠光体）基体上分布着团絮状石墨（见图3-28）。白心可锻铸铁由白口铸铁经氧化脱碳制成，其组织为铁素体和珠光体及少量渗碳体。

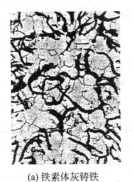

(a) 铁素体灰铸铁　　(b) 铁素体-珠光体灰铸铁　　(c) 珠光体灰铸铁

图3-26　灰铸铁的显微组织

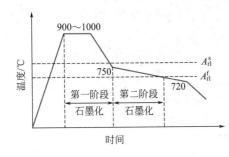

图3-27　黑心铁素体可锻铸铁退火工艺曲线
A_{r1}^s、A_{r1}^f分别代表冷却时共析转变开始与终了的温度

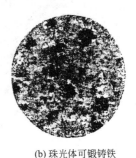

(a) 铁素体可锻铸铁　　(b) 珠光体可锻铸铁

图3-28　可锻铸铁的显微组织

（4）球墨铸铁　球墨铸铁的成分一般为3.6%～3.8% C、2.0%～2.8% Si、0.6%～0.8% Mn，P＜0.1%，S＜0.07%、0.3%～0.5% Mg、0.02%～0.04%稀土；若是铁素体球墨铸铁，硅含量可提高到3.3%，锰含量可降到0.3%～0.6%。与灰铸铁相比，它的碳当量（$C_E=C+1/3Si$）较高，一般为过共晶成分，通常在4.5%～4.7%范围，有利于石墨球化。

球墨铸铁的组织特点是基体加球状石墨，见图3-29。由于石墨呈球状，对基体的分割作用，引起应力集中的作用大为减少。球状石墨的数量越少、越细，分布越均匀，力学性能越高。而且同样具有灰铸铁的一系列优点，如铸造性能、减摩性、可切削性及低的缺口敏感性等。球墨铸铁的疲劳强度与中碳钢相似，耐磨性优于经表面淬火的钢。通过合金化和热处理，可获得索氏体、见氏体和马氏体等基体组织，能满足工业生产需要，可用于制造曲轴、连杆、凸轮轴、机床主轴、缸套、活塞等零件。

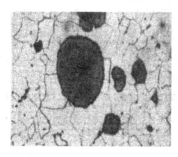

(a) 铁素体球墨铸铁　　　　　　　　　(b) 珠光体球墨铸铁

图3-29　球墨铸铁的显微组织

（5）蠕墨铸铁　蠕墨铸铁产生于20世纪60年代，其强度接近于球墨铸铁，并具有一定韧性和较高的耐磨性。同时它还具有灰铸铁良好的铸造性能和导热性。

蠕墨铸铁中的石墨是介于片状和球状之间的一种中间形状的石墨，见图3-30（b）。在光学显微镜下是互不相连接的石墨短片。在扫描电镜下可以观察到它们有许多分枝，见图3-30（a），与灰铸铁的片状石墨类似。不同之处在于，蠕墨铸铁石墨片的长厚比小，端部较钝、较圆。

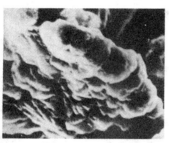
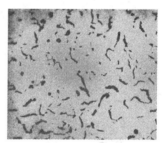

(a) 蠕墨铸铁电子金相(1000×)　　　　　(b) 蠕墨铸铁光学金相(100×)

图3-30　蠕墨铸铁的显微组织

蠕墨铸铁的生产是在一定成分的铁水中加入适量蠕化剂（稀土镁钙合金等）处理而成的，其生产方法与球墨铸铁生产工艺大致相同。

蠕墨铸铁主要用于制造汽缸盖、汽缸套、钢锭模等零件。

（6）特殊性能铸铁　随着工业的发展，对铸铁的性能要求越来越高，不但要求铸铁具有更高的力学性能，而且还要求具有某些特殊性能，如耐磨性、耐热性和耐蚀性等。向铸铁中加入一定量的合金元素，便获得特殊性能的合金铸铁。

① 耐磨铸铁　耐磨铸铁分为两类。一种是在润滑条件下工作的铸铁，如机床导轨、汽缸套、活塞环和轴承等，这些铸铁称为减摩铸铁。其组织特征是在软基体上分布着硬的组成相。如细片状珠光体基体的灰铸铁，软基体是铁素体，硬相是渗碳体，使用时铁素体和石墨首先被磨损，形成沟槽，可以储油，有利于润滑，而渗碳体起到支承作用。

在灰铸铁的基础上加入适量的Cr、Mo、W、Cu等元素，可以改善组织，提高耐磨性。

另一种耐磨铸铁是在干摩擦及在磨粒磨损条件下工作的铸铁，这类铸铁常常受到严重的磨损，而且承受很大负荷，因此要求这类铸铁有高而均匀的硬度。白口铸铁就是一种良好的耐磨铸铁，但脆性较大，不能承受冲击载荷。在普通白口铸铁中加入一定量的Cr、Mo、Cu等元素，会形成合金渗碳体，如Cr_7C_3，对铸铁耐磨性有很大提高。

② 耐热铸铁　耐热铸铁是指在高温下具有较好的抗氧化和抗生长能力的铸铁。普通灰铸铁在高温下除了会发生表面氧化外还会发生"生铁肿胀"，即铸铁在氧化性介质中加热产生严重的晶间气体腐蚀，气体沿着晶界及沿石墨片的边界和裂纹渗入铸铁内部进行氧化，因氧化物体积大引起铸件体积膨胀。为了提高铸铁的耐热性，向铸铁中加入Si、Al、Cr等元素，使铸铁在高温下表面形成一层致密的氧化膜，如SiO_2、Al_2O_3、Cr_2O_3等，保护铸铁内层不被继续氧化。加入的元素还会提高铸铁的临界点，铸铁在使用温度下不会发生相变，即具有较好耐热性。

③ 耐蚀铸铁　耐蚀铸铁广泛地用于化工部门，制作管道、阀门、泵类、反应锅及盛储器等。提高耐蚀铸铁耐腐蚀性的途径基本上与不锈钢和耐酸钢相同，靠加入大量的Si、Al、Cr、Ni、Cu等合金元素提高基体组织电位，并使铸铁表面形成一层致密的保护膜，最好是铸铁具有单相基体和尽可能少的石墨，并且石墨呈球状。常用的耐蚀铸铁有高硅、高铬、高硅钼、高铝等耐蚀铸铁。

3.2.4　非铁金属及合金

除了钢铁材料外，其他不以铁为基的金属及合金称为非铁金属及合金。非铁金属及合金的种类很多，其产量和使用量不及钢铁，但由于它们具有某些独特的性能和优点，因而成为现代工业中不可缺少的材料。本节仅对工业中广泛使用非铁金属及合金中的铝、铜合金做一些简要介绍。

3.2.4.1　铜及其合金

（1）纯铜（紫铜）　紫铜就是工业纯铜，相对密度为8.96，熔点为1083℃。在固态时具有面心立方晶格，无同素异构转变。塑性好，容易进行冷-热加工。经冷变形后可以提高纯铜的强度，但塑性显著下降。

纯铜的性能受杂质影响很大。它含的杂质主要有Pb、Bi、O、S和P等。Pb和Bi基本上不溶于Cu，微量的Pb和Bi与Cu在晶界上形成低熔点共晶组织（Cu+Bi或Cu+Pb），其熔点分别为270℃和326℃。当铜在820～860℃温度范围进行热加工时，低熔点共晶组织首先熔化，造成脆性断裂，即称为"热脆性"。此外，O、S与Cu形成Cu_2O与Cu_2S脆性化合物，在冷加工时产生破裂，即称为"冷脆性"。因此，在纯铜中必须严格控制杂质含量。

（2）黄铜　Cu-Zn合金或以Zn为主要合金元素的铜合金称为黄铜。它的色泽美观，加工性能好。按化学成分的不同，黄铜可分为普通黄铜和特殊黄铜两类。

① 普通黄铜　工业中应用的普通黄铜，根据室温下的平衡组织分为单相黄铜和双相黄铜：当黄铜中锌含量＜39%时，在室温下的组织是单相 α 固溶体，称为单相黄铜；当锌含量为39%～45%时，室温下的组织为 α＋β′，称为双相黄铜。其组织如图3-31和图3-32所示。

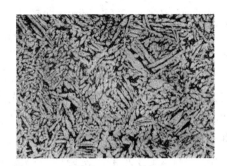

图3-31　α单相黄铜的显微组织（100×）　　　图3-32　α+β′双相黄铜的显微组织（100×）

铸造黄铜的铸造性能较好，它的熔点比纯铜低，且结晶温度间隔较小，有较好的流动性和较小的偏析，并且铸件组织致密。

常用的黄铜有H70、H62等。"H"为"黄"的汉语拼音字首，数字表示平均Cu含量。例如，H70表示平均Cu含量为70%的黄铜。

② 特殊黄铜　在普通黄铜中加入其他元素所组成的多元合金称为特殊黄铜。常加入的元素有铅、锡、硅、铝、铁等，相应地称这些特殊黄铜为铅黄铜、锡黄铜……

合金元素加入黄铜后，主要是提高黄铜的特殊性能和改善其工艺性能。如加入Sn、Al、Mn、Si可提高耐蚀性及减少黄铜应力腐蚀开裂的倾向。加Si改善铸造性能，加Pb则改善切削加工性能。

特殊黄铜的代号为："H"＋主加元素的化学符号（除Zn以外）+Cu及各合金元素的含量（%）。铸造产品再在代号前加"Z"字。如HPb59-1表示Cu含量为59%，Pb含量为1%的铅黄铜。

（3）青铜　青铜原指Cu-Sn合金，是人类应用最早的一种合金，但工业上习惯称含有Al、Si、Pb、Mn、Be等的铜基合金为青铜。所以，青铜包括有锡青铜、铝青铜、铍青铜等。本节主要介绍锡青铜。

以Sn为主要合金元素的铜基合金称为锡青铜。我国古代遗留下来的文物，如钟、鼎、镜、剑等都是用锡青铜制成的，至今已有几千年的历史，仍然完好无损。

当锡青铜的Sn含量＜5%～6%时，其室温组织是单相 α 固溶体。α 固溶体是Sn在Cu中的固溶体，具有良好的塑性。Sn含量＞5%～6%，锡青铜的室温组织为 α＋共析体（α＋δ）。δ相是以电子化合物$Cu_{31}Sn_8$为基的固溶体，是一个硬脆相。

锡青铜在铸造时，流动性差，成分偏析倾向大，易产生分散缩孔及铸件致密性不高等缺陷。但凝固时体积收缩小，能获得复合型腔形状和尺寸的铸件，故适宜外形尺寸要求较严格的铸件。

锡青铜耐大气、淡水、海水的性能比纯铜、黄铜好，但对酸类和氨水的抗蚀性差。锡青铜的耐磨性高，多用于制造轴瓦、轴套等零件。此外，锡青铜还具有无磁性、无冷脆现象。

3.2.4.2 铝及其合金

铝是地壳中储量最丰富的元素之一，约占全部金属的三分之一。由于制取铝的技术在不断提高，使铝成为价廉而应用广泛的金属。其特点如下：铝的相对密度轻，为2.7，是铜的1/3倍，属于轻金属。熔点是660℃。铝的导电性和导热性都很好，仅次于银和铜。因此，铝被广泛用于制造导电材料和热传导器件。

铝在大气中有良好的耐腐蚀性。由于铝和氧亲和力强，能生成致密、坚固的氧化铝（Al_2O_3）薄膜，可以保护薄膜下层金属不再继续氧化。

固态铝呈面心立方晶格，塑性好，但强度低，可经冷塑性变形使其强化。

纯铝中含有Fe、Si等杂质。随杂质含量增加，铝的性能下降。

纯铝的强度低，不适宜用作结构材料。为了提高其强度，通常加入一定量的合金元素（如Si、Cu、Mg、Mn等）制成铝合金。这些铝合金强度较高，用变形和热处理方法，可进一步提高强度。而且它们仍然具有相对密度小（约2.50～2.88）、耐腐蚀性和导热性好等特殊性能。

根据铝合金的成分及工艺特点，可将铝合金分为形变铝合金和铸造铝合金。以铝为基的二元合金大都为共晶相图，如图3-33所示。

形变铝合金是成分在D点以左的合金，当加热到固溶线以上时，得到的是均匀的单相固溶体，适于压力加工，所以称为形变铝合金。当成分在F点以左的合金，其α固溶体成分不随温度而变，不能用热处理使之强化；成分在F～D点之间的铝合金，其α固溶体成分随温度而变化，可用热处理强化。

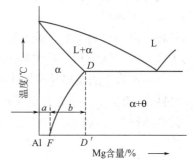

图3-33 铝合金状态图的一般类型

3.2.5 非晶态合金

1960年美国杜威（Duwez）等首先提出用喷枪法使液态金属高速（10^6℃/s）急冷而制成75%Au-25%Si非晶态合金。自此以后熔体急冷方法得到进一步改进和发展。到1970年以后，人们开始采用熔体旋辊急冷方法制备非晶薄带。非晶态合金又称金属玻璃，具有很多特点，主要是高硬度和高强度，延伸率低但不脆，有很好的软磁铁性和优越的耐腐蚀性能。

熔体在过冷条件下的等温转变，需经过成核和长大的过程而形成晶体。正如同一般相变一样，这个过程有一孕育期，在此期限内不发生结晶。如果我们在温度-时间坐标中标出在各温度下过冷熔体开始结晶的时间，就可以作出一C形曲线，这个曲线通常称为TTT曲线（time，temperature，transition），在此曲线的右侧开始结晶而在其左侧便是非晶态区。因此，当合金从熔化状态快速冷却时，其冷却速度只要能越过C曲线左边的顶部便可以得到非晶态固体。在图3-34中示出一些金属及合金的TTT曲线。从图中不难看出，为制成非晶态，从熔体急冷所需的临界速率是不一样的，AuGeSi的临界冷速远

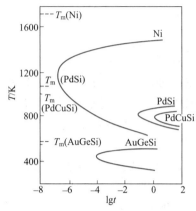

图3-34 纯Ni，$Au_{77.8}Ge_{13.8}Si_{8.4}$，
$Pd_{82}Si_{18}$，$Pd_{77.5}Cu_6Si_{16.5}$的TTT曲线

低于纯Ni的值。临界冷速越低，越易于制备非晶。制成非晶的临界冷却速率R_C可以从TTT曲线估算出来。

$$R_C \approx \frac{T_m - T_n}{\tau_n} \tag{3-2}$$

式中，T_m为熔化温度；T_n为TTT曲线顶点处的温度；τ_n为TTT曲线顶点处的时间。

研究证明，合金是否易于形成非晶态是和它的成分密切相关的。由一种过渡金属或贵金属和类金属元素（B、C、N、Si、P）组成的合金易于形成非晶，而且当它们的成分位于共晶点附近时，由于液相可以保持到较低温度，因此形成非晶态的倾向增大。若令：

$$\Delta T_g = T_m - T_g$$

则ΔT_g越小，形成非晶的倾向越大。式中T_g为玻璃化温度。

无论使用何种方法，只要能使金属从气态或液态以足够快的冷速凝成固体就可以形成非晶态。气态急冷方法一般称为气相沉积法，主要包括溅射法和蒸发法，这两种方法都在真空中进行。

将非晶态材料加热，在它逐步向晶态转化的过程中，会出现一些既不同于非晶又不同于晶态的过渡结构，从这些过渡结构中有可能发展出一些新的材料。

非晶态合金的发展是和快速淬火技术的发展密切相关的。这一技术的发展也促进了微晶材料的发展。在熔体急冷的条件下，有些合金并不能形成非晶态，但却可以形成晶粒非常小的微晶材料，这些微晶材料具有不同于一般晶态材料的若干特性，成为金属材料的又一分枝。

3.2.6　金属材料的再结晶

3.2.6.1　再结晶

所谓再结晶，指的是当变形金属加热到较高温度时，原子的活动能力增大，其显微组织会发生明显的变化，由破碎的晶粒变成完整的晶粒；由拉长的晶粒变成等轴晶粒。

再结晶是通过成核与长大的方式进行的。再结晶的核心一般在变形晶粒的晶界、滑移带、孪晶带等处形成，然后晶核继续向周围长大形成新的等轴晶粒，如图3-35所示。

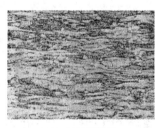
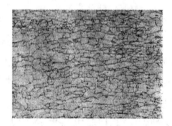

(a) 550℃再结晶　　　　(b) 600℃再结晶　　　　(c) 850℃再结晶

图3-35　再结晶过程的显微组织（150×）

消除了纤维组织，同时残余应力与加工硬化也完全消除。其结果使变形金属又重新恢复到变形前的状态。

金属变形度越大，再结晶开始的温度越低。这是由于变形度越大，晶格的扭曲、破碎程度越大，使系统自由能越高，在较低的温度下即可发生再结晶。当变形度达到一定值后，再结晶开始的温度趋于一定值；也就是最低再结晶温度，如图3-36所示。纯金属的再结晶温度（$T_{再}$）与其熔点（$T_{熔}$）有如下关系：

$$T_{再} \overset{\centerdot}{\approx} 0.4 T_{熔} \tag{3-3}$$

式中各温度均按热力学温度计算。

从图3-36中可知，金属的熔点越高，在其他条件相同时，其再结晶温度越高。

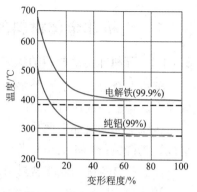

图3-36 金属再结晶开始温度

3.2.6.2 晶粒长大

变形金属经再结晶后，通常获得细而均匀的等轴晶粒。如果继续升高温度或延长保温时间，晶粒将会互相吞并而长大。晶粒长大是一个自发过程，它可使晶界减少，晶面能量降低，使组织处于更为稳定的状态，其结果使金属的机械性能显著降低。

3.2.6.3 影响再结晶后晶粒大小的因素

（1）加热温度和保温时间的影响　再结晶的加热温度越高，保温时间越长，则再结晶后的晶粒越粗大，加热温度的影响尤为明显，如图3-37所示。

（2）变形度的影响　变形度的影响指的是金属在再结晶退火前的变形程度与晶粒度之间的关系。变形度越大，变形越均匀，经再结晶退火后的晶粒就越细。图3-38表示预先变形程度与晶粒大小的关系。当变形很小时，金属的晶格畸变很小，不足以引起再结晶，故晶粒度保持原样。当变形度增加至2%～10%范围内，经再结晶退火后其晶粒便急剧长大，这种变形度称为"临界变形度"。在临界变形度范围内进行塑性变形，金属中只有部分晶粒发生变形，且变形极不均匀，成核数目很少，导致晶粒尺寸较大。在生产中应避免在此范围内加工变形。当变形度大于临界变形度以后，随变形度增加，引起金属的组织破碎，加热时又产生大量均匀分布的晶核，此时再结晶后就获得细晶粒。

小故事

金属材料在航空航天领域的应用

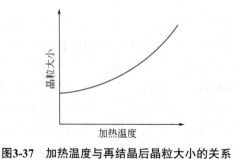

图3-37　加热温度与再结晶后晶粒大小的关系　　图3-38　再结晶退火时的晶粒大小与预先变形程度的关系

3.3 无机非金属材料的组成与结构

3.3.1 无机非金属材料的组成与结合键

3.3.1.1 无机非金属材料的组成

无机非金属材料的种类最多，覆盖面最广。从其化学组成来讲，除有机化合物及金属和金属合金外的所有物质所构成的材料均属于无机非金属材料。

传统上的无机非金属材料主要有陶瓷、玻璃、水泥和耐火材料四大类，其主要化学组成均为硅酸盐（silicate）类物质，其中以陶瓷材料的历史最为悠久，因此习惯上也将无机非金属材料称为硅酸盐材料或陶瓷材料。

20世纪40年代以来，随着材料科学与工程的发展，无机非金属材料的范畴也不断扩展，涌现出一系列应用于新技术的高性能先进无机非金属材料，包括结构陶瓷、复合材料、功能陶瓷、半导体材料、新型玻璃、非晶态材料和人工晶体等。这些无机新材料的出现极大地推动了科学技术的进步，促进了人类社会的发展。在化学组成上，无机非金属材料已不局限于硅酸盐，还包括其他含氧酸盐、氧化物、氮化物、碳与碳化物、硼化物、氟化物、硫系化合物、硅、锗、Ⅲ-Ⅴ族化合物和Ⅱ-Ⅵ族化合物等。无机非金属材料的形态和形状也趋于多样化，超微粉体、单晶和非晶材料、纤维、晶须、薄膜、复合材料等占有越来越重要的地位。同时，对无机非金属材料的组成（包括化学组成与相组成）的控制也有越来越高的要求。

3.3.1.2 无机非金属材料中的键合

在无机非金属材料中，经常出现的键合形式为离子键、共价键、氢键、范德华键及离子-共价混合键、离子-共价-范德华混合键等。在种类繁多的无机矿物中，混合键的存在及键合的多样性是其显著的特征。

自然界里存在的无机化合物中，很多氧化物、氮化物、碳化物、硫化物和卤化物均是以离子键合而存在。然而完全由离子键合的晶体极少，多数情况下为混合键合，只是上述晶体存在的离子键程度较大。离子键的特点是不具有方向性和饱和性，有利于离子在空间作紧密堆积，因此离子晶体通常具有较大的密度。例如，氯化钠晶体为典型的离子键合晶体，其中氯原子与钠原子在键合时分别发生电子得失形成带负电的氯离子和带正电的钠离子，在空间分别形成面心立方的氯离子点阵和面心立方的钠离子点阵，相互错位 $1/2(a+b+c)$，在空间相错穿插，依靠离子间静电引力键合而形成氯化钠离子晶体。

共价晶体即原子晶体。许多具有三电价或三价以上的元素，在其晶体结构中是由电子共有所产生的力结合起来的。共价键的特征是具有严格的方向性和饱和性，原子在空间的排布达不到密堆积程度，堆积效率较低。因此，共价晶体通常具有较高的硬度、较低的密度和低的导电性。例如，ⅣB族的元素在以共价键成键时应该具有四个与之键合的邻近元素，其中单晶硅的键合最具代表性。在单晶硅中，每个硅原子以自旋相反的电子对分别与四个最邻近的硅原子键合，硅原子的空间排列方式由这些具有方向性的共价键网络所决定。同属ⅣB族的C（金刚石结构）、Ge、Sn的晶体，均具有硅晶体的立方结构模式，通常以金刚石立方结构进行命名。VB族的As、Sb、Bi等生成晶体时，每个原子与三个其他原子共价键合，由于孤对电子的存在，键角小于120°，形成带皱褶的层状结构，层内是强共价键合，而层间的键合较弱。ⅥB族元素S、Se、Te等生成晶体时，每个原子与两个邻近原子相共价键合，在空间形成有规律的排列，靠范德华键结合在一起。

在无机矿物中，经常出现混合键合的情况，即晶体结构中既存在共价键，又存在离子键，甚至存在范德华键。此时，已很难将该晶体归结为共价晶体或离子晶体。例如，白云母 $KAl_2(AlSi_3O_{10})(OH)_2$ 和滑石 $Mg_3[Si_2O_5]_2(OH)_2$ 同属层状结构硅酸盐。在白云母结构中，层片内为共价键合，层间由 K^+ 键合，其键合形式为典型的离子-共价混合键；而在滑石结构中，层片内为共价键合及包含 OH^-、二价正离子和三价正离子的离子键合，层间却为范德华键，其键合形式为典型的离子-共价-范德华混合键。

由2.3.1.4节可知，混合键合与组成化合物的元素的电负性相关。表3-4是一些二元晶体的结合键中离子性结合的比例，从表中可知，通常认为是离子键结合的MgO，离子性结合键的比例仅有84%，还有16%的共价键结合；而通常认为是共价键结合的SiC（金刚砂）仍然有18%的离子性结合。

■ 表3-4　二元晶体中离子性结合键的比例

晶　体	离子性比例/%	晶　体	离子性比例/%	晶　体	离子性比例/%
Si	0.00	InAs	0.36	MgS	0.79
Gb	0.00	InSb	0.32	LiF	0.92
SiC	0.18	GaAs	0.31	NaCl	0.94
ZnO	0.62	GaSb	0.26	BbF	0.96
ZnS	0.62	CuCl	0.75		
ZnSe	0.63	CuBr	0.74		
CdO	0.79	AgCl	0.86		
CdS	0.69	MgO	0.84		

3.3.2　无机非金属材料中的简单晶体结构

无机非金属材料是由除有机化合物及金属单质与合金外的所有物质所构成的材料，而属于此范畴的物质种类繁多，形式各异。从其结构中基本粒子间的键合来讲，包含了离子键、共价键、氢键和范德华键；而从其晶体结构中基本粒子的空间排布来看，则涉及晶体结构中所有七个晶系（立方晶系、四方晶系、正交晶系、三方晶系、六方晶系、单斜晶系及三斜晶系）。

在构成无机非金属材料的众多物质中，除少数单质外，绝大多数无机化合物由两种或两种以上的元素组成。因此，在无机非金属材料的晶体结构中，除涉及晶体结构的七个基本晶系外，还包括不同质点空间点阵的相互嵌合，这将使无机非金属材料的晶体结构趋于复杂化。

假设A和B代表正离子，X代表负离子，m，n，p 分别等于1，2，3，…，则可将简单金属化合物的晶体结构归并为三种基本类型：AX型、A_mX_p型和$A_mB_nX_p$型。表3-5列出了部分简单金属化合物的晶体结构，并按负离子排列情况进行分类。表中的 $NaCl$、MgO 等晶体属于AX型；Li_2O、Ti_2O、Al_2O_3、ThO_2 等晶体属于A_mX_p型，$CaTiO_3$、

$FeAl_2O_4$、$FeMgFeO_4$、$FeTiO_3$、$MgSiO_4$等晶体属于$A_mB_nX_p$型。在这些晶体中，负离子均占据晶胞阵点位置，而正离子则位于晶胞中适当的八面体或四面体间隙位置。

■ 表3-5　按照负离子排列情况对简单离子型晶体结构的分类

阴离子的堆积	M和O的配位数	阳离子位置	结构名称	举例
立方密堆	6：6 MO	全部八面体间隙	岩盐	NaCl, KCl, LiF, KBr, MgO, CaO, SrO, BaO, CdO, VO, MnO, FeO, CoO, NiO
立方密堆	4：4 MO	1/2四面体间隙	闪锌矿	ZnS, BeO, SiC
立方密堆	4：8 M_2O	全部四面体间隙	反萤石	Li_2O, Na_2O, K_2O, Rb_2O, 硫化物
变形的立方密堆	8：3 MO_2	1/2八面体间隙	金红石	TiO_2, GeO_2, SnO_2, PbO_2, VO_2, NbO_2, TeO_2, MnO_2, RnO_2, O_sO_2, JrO_2
立方密堆	12：6：6 ABO_3	1/4八面体间隙（B）	钙钛矿	$CaTiO_3$, $SrTiO_3$, $SrSnO_3$, $SrZrO_3$, $SrHfO_3$, $BaTiO_3$
立方密堆	4：6：4 AB_2O_4	1/8四面体间隙（A） 1/2八面体间隙（B）	尖晶石	$FeAl_2O_4$, $ZnAl_2O_4$, $MgAl_2O_4$
立方密堆	4：6：4 $B(AB)O_4$	1/8四面体间隙（B） 1/2八面体间隙（A，B）	尖晶石（倒反型）	$FeMgFeO_4$, $MgTiMgO_4$
密排六方	4：4 MO	1/2四面体间隙	纤维锌矿	ZnS, ZnO, SiC
密排六方	6：4 M_2O_3	2/3八面体间隙	刚玉	Al_2O_3, Fe_2O_3, Cr_2O_3, Ti_2O_3, V_2O_3, Ga_2O_3, Rh_2O_3
密排六方	6：6：4 ABO_3	2/3八面体间隙（A，B）	钛铁矿	$FeTiO_3$, $NiTiO_3$, $CoTiO_3$
密排六方	6：4：4 A_2BO_4	1/2八面体间隙（A） 1/8四面体间隙（B）	橄榄石	Mg_2SiO_4, Ps_2SiO_4
简单立方	8：8 MO	全部立方体间隙	CsCl	CsCl, CsBr, CsI
简单立方	8：4 MO_2	1/2立方体间隙	萤石	ThO_2, CaO_2, PrO_2, UO_2, ZrO_2, HfO_2, NpO_2, PuO_2, AmO_2
互联的四面体	4：2 MO_2	1/2立方体间隙	硅石型	SiO_2, CoO_2

为了便于对无机非金属材料晶体结构的理解，下面就一些具有代表性和典型意义的晶体结构进行介绍。

3.3.2.1　单晶硅

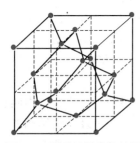

图3-39　单晶硅的晶胞结构

单晶硅属于立方晶系，为典型的共价晶体。

硅原子的外层电子分布为$3s^2 3p^2$，键合形成晶体时，硅的外层电子发生sp^3杂化，形成4个相同的sp^3杂化轨道，分别与4个最邻近的硅原子以共价键相键合，故其配位数为4，键角为109°20′，在空间形成立方结构。单晶硅的晶胞结构示于图3-39中，晶胞中的原子数为8，其中有8×1/8个原子位于立方体的8个顶角，6×1/2个原子位于立方体6个面的中心，另有4个原子位于立方体内彼此不相邻的四面体间隙。

3.3.2.2　氯化铯与氯化钠晶体

氯化铯（CsCl）晶体与氯化钠（NaCl）晶体均属于立方晶系，均为典型的AX型离子晶体，也就是说，正离子和负离子具有相同的电荷量，晶胞中正离子和负离子的数量是相等的。

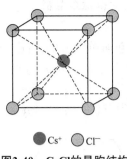

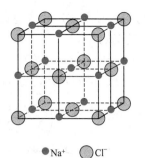

●Cs⁺ ○Cl⁻

图3-40　CsCl的晶胞结构

●Na⁺ ○Cl⁻

图3-41　NaCl的晶胞结构

如2.5.3.2节所述，虽然CsCl和NaCl同属立方晶系，但由于Cs^+半径大于Na^+半径，其正负离子半径比不同而形成不同的晶体结构，如图3-40和图3-41所示。由表2-17可知，CsCl的正负离子半径比为0.933，晶体中离子的配位数为8，呈立方体配位，因此CsCl晶体为立方晶系，由一套简单立方的Cs^+格子与一套简单立方的Cl^-格子在空间错位1/2($a+b+c$)，相错穿插而构成CsCl点阵。而NaCl的正负离子半径比为0.524，晶体中离子配位数为6，呈正八面体配位。NaCl晶体亦属立方晶系，由一套面心立方的Na^+格子与一套面心立方的Cl^-格子在空间错位1/2($a+b+c$)，相错穿插而构成NaCl点阵。

3.3.2.3　面心立方ZnS和六方ZnS结构

面心立方ZnS（闪锌矿）和六方ZnS（纤锌矿）晶体中，Zn与S的化学键是具有极性的共价键，两者均属于共价晶体，其晶体结构是共价晶体结构的两种典型代表。

面心立方ZnS由一套面心立方的S原子格子与一套面心立方的Zn原子格子相互错位1/4（$a+b+c$）穿插配置而成。在图3-42（a）中，四个S原子的坐标分别为（0，0，0），$\left(0,\frac{1}{2},\frac{1}{2}\right)$，$\left(\frac{1}{2},0,\frac{1}{2}\right)$，$\left(\frac{1}{2},\frac{1}{2},0\right)$，四个Zn原子的坐标分别为$\left(\frac{1}{4},\frac{1}{4},\frac{1}{4}\right)$，$\left(\frac{1}{4},\frac{3}{4},\frac{3}{4}\right)$，$\left(\frac{3}{4},\frac{1}{4},\frac{3}{4}\right)$，$\left(\frac{3}{4},\frac{3}{4},\frac{1}{4}\right)$。面心立方ZnS中Zn和S的配位数均为4，若以Zn为中心原子，周围配置4个S原子，则形成［ZnS_4］四面体结构。四面体中心为Zn原子，四面体顶角则表示S原子所在位置。面心立方ZnS结构中［ZnS_4］四面体堆积形式呈现ABCABC…堆积方式。面心立方ZnS的晶胞结构示于图3-42（b）中，晶胞中的S原子数和Zn原子数均为4，其中有8×1/8个S原子位于立方体的8个顶角，6×1/2个S原子位于立方体6个面的中心，而4个Zn原子位于立方体内彼此不相邻的四面体间隙。由于单晶硅、金刚

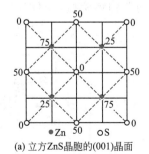

(a) 立方ZnS晶胞的(001)晶面

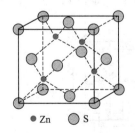

(b) 立方ZnS晶胞结构

图3-42　面心立方ZnS晶胞

石等的结构与面心立方ZnS结构具有很大的相似性，通常也称单晶硅、金刚石等的晶体结构属于立方ZnS型。

六方结构ZnS则由一套简单六方的S原子格子和一套简单六方的Zn原子格子，在a、b轴上重合，c轴上错位5/8，穿插配置而成。如图3-43所示，简单六方格子的两个S原子的坐标为$(0,0,0)$、$\left(\dfrac{2}{3},\dfrac{1}{3},\dfrac{1}{2}\right)$，而Zn原子的坐标则为$\left(0,0,\dfrac{5}{8}\right)$、$\left(\dfrac{2}{3},\dfrac{1}{3},\dfrac{1}{8}\right)$。

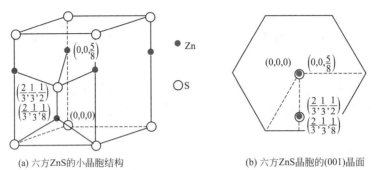

(a) 六方ZnS的小晶胞结构　　　　　(b) 六方ZnS晶胞的(001)晶面

图3-43　六方ZnS晶胞

3.3.2.4　氟化钙晶体

氟化钙（CaF_2）晶体属于立方晶系，为典型的A_mX_p型离子晶体，在这里为AX_2型，即正离子的电荷量是负离子的两倍，晶胞中负离子的数量是正离子的两倍。

CaF_2的正负离子半径比为0.8，由表2-17可知，晶体中钙离子的配位数为8，呈立方体晶系。图3-44是CaF_2的晶胞结构，该晶胞由8个小的简单立方晶胞组成，F^-位于顶角；然而由于电荷平衡的要求，只是在其中4个彼此不相邻的简单立方晶胞的体心位置有Ca^{2+}。UO_2、PuO_2、ThO_2等化合物具有与CaF_2类似的晶体结构。

3.3.2.5　钙钛矿晶体结构

天然钙钛矿化学组成为$CaTiO_3$，是无机非金属矿物中一个非常重要的种类。钙钛矿晶体属于立方晶系，为典型的$A_mB_nX_p$型离子晶体，在这里为ABX_3型，晶胞中包括A和B两种正离子。

标准钙钛矿晶体结构中，正离子Ti^{4+}的配位数为6（与O^{2-}相键合）、正离子Ca^{2+}的配位数为12（与O^{2-}相键合）、负离子O^{2-}的配位数为6（分别与4个Ca^{2+}和2个Ti^{4+}相键合）。标准钙钛矿的立方体晶胞结构示于图3-45中，单位晶胞包含一个分子单位，其中$8\times1/8$个Ca^{2+}位于立方体的8个顶角，$6\times1/2$个O^{2-}占据立方体6个面的中心，1个Ti^{4+}占据体心。也可以看成是，Ti^{4+}处于6个O^{2-}组成的八面体中心，$[TiO_6]^{8-}$八面体通过顶角

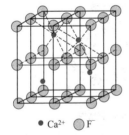

● Ca^{2+}　　◯ F^-

图3-44　CaF_2的晶胞结构

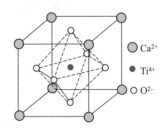

◯ Ca^{2+}

● Ti^{4+}

◯ O^{2-}

图3-45　$CaTiO_3$的晶胞结构

共用氧连接成三维网络，8个 $[TiO_6]^{8-}$ 八面体构成的间隙中填充一个 Ca^{2+}。

在无机非金属矿物中，有许多物质的结构与钙钛矿结构非常相似，统称为钙钛矿型晶体结构，其组成通式为 ABO_3。其中，A 为与 Ca^{2+} 相近的大正离子，如 Sr^{2+}、Ba^{2+}、Cd^{2+}、Pb^{2+}、Y^{3+} 及 La^{3+} 等，称为 A 位离子；B 为与 Ti^{4+} 相近的小正离子，如 Fe^{3+}、Mn^{3+}、Mn^{4+}、Co^{3+}、Al^{3+} 及 Zr^{4+} 等，称为 B 位离子。A 位离子和 B 位离子的电价总和应等于63。

值得一提的是，在 A 位或 B 位发生离子的取代后，将形成一系列的钙钛矿结构晶体，如 $BaTiO_3$、$BaZrO_3$ 等，在现代功能材料中具有非常重要的意义。特别是 $BaTiO_3$ 及以此为基础形成的钛酸钡基固溶体，在一定条件下，其结构可以在标准钙钛矿立方结构的基础上发生畸变，如沿 c 轴畸变生成四方结构、沿面对角线畸变生成斜方结构、沿体对角线畸变生成三方结构等。其中立方结构无自发极化，而四方结构、斜方结构及三方结构分别沿 c 轴、面对角线及体对角线产生自发极化，在晶体中形成电畴结构，从而奠定了压电材料及温敏开关材料的基础。

3.3.2.6 尖晶石型晶体结构

天然尖晶石的化学组成为 $MgAl_2O_4$。但习惯上人们将与天然尖晶石结构相同的一类晶体均称为尖晶石型晶体。尖晶石型晶体属于立方晶系，也为 $A_mB_nX_p$ 型离子晶体，在这里为 AB_2X_4 型，其中 A 为二价金属离子，如 Mg^{2+}、Zn^{2+}、Co^{2+}、Cu^{2+}、Ni^{2+}、Fe^{2+} 等；B 为三价正离子，如 Al^{3+}、Fe^{3+}、Cr^{3+} 等。

尖晶石晶体的单位晶胞由8个小的标准面心立方晶胞组成。每个单位晶胞包含8个分子，即 $A_8B_{16}O_{32}$，以负离子 O^{2-} 为点阵构成一个标准的面心立方密堆，同时形成64个四面体间隙和32个八面体空隙，正离子 A^{2+} 和 B^{3+} 分别填充在四面体间隙和八面体间隙中。

尖晶石单位晶胞由8个面心立方晶胞小块拼合而成，共棱小块的结构相同而共面小块结构不同，分别标记为 A 块和 B 块，单位晶胞中 A 块和 B 块各占4块，如图3-46所示。在 A 块中，A^{2+} 填充其1/4的四面体间隙，有2个，则在单位晶胞中，A^{2+} 共有 $4×2=8$ 个；同时，A 块中的 B^{3+} 填充其3/8的八面体间隙，有3/2个。在 B 块中，B^{3+} 填充其5/8的八面体间隙，有2个，则在单位晶胞中，B^{3+} 共有 $(3/2+5/2)×4=16$ 个。B 块中无 A^{2+} 填充。A^{2+} 及 B^{3+} 按此规律进行填充所形成的晶体结构称为正尖晶石结构。

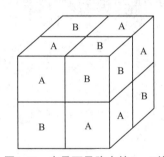

图3-46 尖晶石晶胞中的A、B块

若单位晶胞4个 A 块中 A^{2+} 占据的8个四面体间隙被8个 B^{3+} 填充，而另外8个 B^{3+} 与8个 A^{2+} 填充到16个八面体间隙中，则形成反尖晶石型晶体结构。

尖晶石晶体结构中，只有8个 A 位（四面体间隙）、16个 B 位（八面体间隙）被金属正离子所占据，其余大部分的间隙都未被填充。因此，四面体间隙的填充率为1/8，而八面体间隙的填充率为1/2。

尖晶石型晶体是无机矿物一个非常重要的种类，在陶瓷的相组成中经常出现尖晶石相，对陶瓷的力学性能、电性能和磁性能具有较大的影响。尖晶石型铁氧体晶体亦是一种重要的铁氧体磁性材料。

3.3.2.7 无机非金属材料晶体的理论密度

与金属相似，根据无机非金属晶体的晶胞，可以计算材料的理论密度，即通过计算一个无机非金属晶胞中所有正离子和所有负离子的总质量与晶胞体积之比，可以得到该材料密度的理论值。当无机非金属晶体可用简单化学式表示时，其理论密度公式如下：

$$\rho = \frac{n'(\sum A_C + \sum A_A)}{V_c N_A} \qquad (3\text{-}4)$$

式中，n' 为一个晶胞中无机非金属材料的化学式单位数；$\sum A_C$ 为化学式中所有正离子的原子量之和；$\sum A_A$ 为化学式中所有负离子的原子量之和；V_c 为一个晶胞的体积；N_A 为阿伏伽德罗常数，即 6.02×10^{23} atoms/mol。

例题 3-3

按照表 2-18 中的离子半径数据，判断 FeO 的晶体结构。

解：首先确定 FeO 为 AX 型晶体结构，然后查表得 Fe^{2+} 和 O^{2-} 的离子半径分别为 0.077nm 和 0.140nm，计算正负离子的半径比值，最后由表 2-17 中的离子半径比值确定 FeO 的晶体结构。

$$\frac{r_{Fe^{2+}}}{r_{O^{2-}}} = \frac{0.077}{0.140} = 0.550$$

FeO 的晶体结构为 NaCl 型。

例题 3-4

按照 NaCl 的晶体结构，计算其理论密度，并与实验测得的密度值 2.16g/cm³ 进行比较。

解： FCC 晶胞：$n=4$

$$\sum A_C = A_{Na} = 22.99\text{g/mol}$$

$$\sum A_A = A_{Cl} = 35.45\text{g/mol}$$

$$a = 2r_{Na^+} + 2r_{Cl^-}$$

$$V_c = a^3 = (2r_{Na^+} + 2r_{Cl^-})^3$$

$$\rho = \frac{n'(A_{Na} + A_{Cl})}{(2r_{Na^+} + 2r_{Cl^-})^3 N_A}$$

$$= \frac{4 \times (22.99 + 35.45)}{(2 \times 0.102 \times 10^{-7} + 2 \times 0.181 \times 10^{-7})^3 \times 6.02 \times 10^{23}}$$

$$= 2.14\text{g/cm}^3$$

NaCl 晶体的理论密度为 2.14g/cm³，低于实验值 2.16g/cm³。其原因可能是实验材料 NaCl 中含有重金属元素。

3.3.3 硅酸盐结构

自然界中最丰富的两种元素是氧和硅，地壳中绝大部分由各种硅酸盐矿物构成，而传统的无机非金属材料也主要是硅酸盐材料。因此，深入讨论和研究各种硅酸盐的结构与性质，对于深刻理解无机非金属材料的本质与内涵，进而推动新型无机材料的研究与开发，具有十分重要的意义。

硅的核外电子排布为$1s^22s^22sp^63s^23sp^2$，成键时最外层电子发生sp^3杂化形成四个等价的电子轨道，键角为$109°20'$，在空间呈对称分布。

硅极易与氧形成牢固的键合，与氧结合后，成为硅氧烷聚合物和硅酸盐矿物的基础。硅、氧结合时，每个硅与四个氧以共价键相键合，形成$[SiO_4]$硅氧四面体，如图3-47所示。由于氧的电负性大于硅，所以Si—O键具有极性，电子偏向氧原子，故硅原子上产生正电荷。

由于氧原子用于键合的是两个具有方向性的轨道，所以$[SiO_4]$亚单元之间通常以共顶的方式相连接（$[SiO_4]$硅氧四面体顶角上氧与相邻硅氧四面体共用），偶尔共棱（相邻两个$[SiO_4]$硅氧四面体有两个顶角上氧共用），但从不共面（相邻两个$[SiO_4]$硅氧四面体有三个顶角上氧共用）。硅氧四面体的共顶连接如图3-48所示。

硅酸盐是含氧盐矿物中品种最多的一类矿物，其结晶形态呈现出极大差别。根据$[SiO_4]$硅氧四面体与相邻硅氧四面体共顶情况，衍变成不同结构的络阴离子团，在空间排列形成岛状结构、环状结构、链状结构、层状结构和架状结构五个亚类的硅酸盐结构形式。

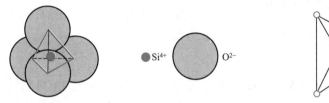 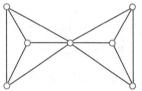

图3-47 硅氧四面体示意图　　　　图3-48 硅氧四面体的共顶连接

3.3.3.1 岛状结构硅酸盐

相邻硅氧四面体间不共用顶角氧，相互不连接而各自孤立存在，形成孤岛状结构硅酸盐，此时络阴离子团以$[SiO_4]^{4-}$形式存在。硅酸盐中的正离子在孤岛状结构中起双重作用，既要引入正电荷保证整个结构的电中性，还需通过离子键合作用把带负电的络阴离子团联系起来。橄榄石族矿物中的镁橄榄石（$Mg_2[SiO_4]$）即为典型的孤岛状结构硅酸盐。

镁橄榄石晶体的单位晶胞包含四个分子单位，即有4个Si原子、8个Mg原子和16个氧原子。结构中的Mg^{2+}与6个等距离的O^{2-}相键合，把孤立的$[SiO_4]^{4-}$络阴离子团相互连接起来。从镁橄榄石晶体结构的空间点阵来看，氧原子呈近似的六方密堆，在单位晶胞中形成16个八面体间隙和32个四面体间隙。有一半的八面体间隙被Mg^{2+}所占据，而四面体间隙中只有1/8被占据。Si^{4+}处于四面体间隙中，同时与4个O^{2-}相键合，故其配位数为4；Mg^{2+}处于八面体间隙中同时与6个O^{2-}相键合，故其配位数为6；每个O^{2-}同时与3个Mg^{2+}和1个Si^{4+}相键合，配位数为4；每个O^{2-}与每个Si^{4+}的键合强度为1，而与每个Mg^{2+}的键合强度为2/6（即1/3）。因此，氧总的键合强度为$1+3×1/3=2$，正好使得电价饱和。

在这类结构中，由于是以离子键相连接，键合力强且在各个方向相差不大，因此这类物质表现出较高的硬度，结构稳定且没有明显的解理。如镁橄榄石为一种高度稳定的硅酸盐矿物，熔点高达1890℃，是镁质耐火材料中的主要矿物组分。

两个硅氧四面体共用一顶点，即硅氧四面体中只有一个顶角上的氧与其他硅氧四面体共用，则形成联岛状结构硅酸盐结构（图3-48）。此时，络阴离子团以$[Si_2O_7]^{6-}$形式存在，其结构单元相当于孤岛状结构硅酸盐的两倍，同样依靠引入的阳离子达到电中性并通过离子键作用而联系在一起，其表现出来的性质亦与孤岛状结构硅酸盐相近。硅钙石$Ca_3[Si_2O_7]$

141

即为典型的联岛状结构硅酸盐。

3.3.3.2 环状结构硅酸盐

硅氧四面体共用两顶，即硅氧四面体中有两个顶角上的氧分别与其他硅氧四面体共用，$[SiO_4]$ 硅氧四面体的连接可在空间不断延伸，所形成的络阴离子团结构通式为 $[SiO_3]_n^{2n-}$。当由数个硅氧四面体在空间连接成为闭合环，则得到环状结构硅酸盐络阴离子团。典型的环状结构又分为三节环和六节环（图3-49），n 值分别为3和6，其络阴离子团为 $[Si_3O_9]^{6-}$ 及 $[Si_6O_{18}]^{12-}$。环状结构的络阴离子团亦依靠引入的阳离子进行连接而得到环状结构硅酸盐。在环状结构硅酸盐中，蓝锥石 $BaTi[Si_3O_9]$ 和

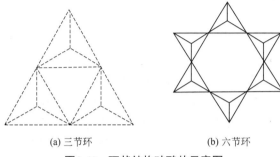

(a) 三节环　　　　　(b) 六节环

图3-49　环状结构硅酸盐示意图

绿柱石 $Be_3Al_2[Si_6O_{18}]$ 分别为典型的三节环状和六节环状结构。

3.3.3.3 链状结构硅酸盐

硅氧四面体共用两顶，当其在一维方向上连接并无限延伸，则得到单链状结构的络阴离子团 [图3-50 (a)]，单元晶胞 $n=2$，络阴离子式为 $[Si_2O_6]^{4-}$，由于该络阴离子团在一维方向无限延伸，通常将其表示为 $\frac{1}{\infty}[Si_2O_6]^{4-}$。此一维方向延伸的硅氧链依靠引入的阳离子连接在一起而形成单链状结构硅酸盐。辉石族矿物中的顽火辉石 $Mg_2[Si_2O_6]$ 即属于单链状结构硅酸盐，链间由 Mg^{2+} 相联系。在 $Mg_2[Si_2O_6]$ 晶体结构中，$[Si_2O_6]$ 链沿 c 轴无限延伸，链与链间所形成的空隙被 Mg^{2+} 填充，每个 Mg^{2+} 同时与六个氧配位。

在两个相邻连接的硅氧四面体中，其中一个四面体有两个顶角被共用，而另一个四面体有三个顶角被共用，称为平均共用两个半顶角，此时硅氧络阴离子团在一维方向无限延伸，形成双链状结构络阴离子团 [图3-50 (b)]，其络阴离子式为 $\frac{1}{\infty}[Si_4O_{11}]^{6-}$。单元晶胞中包含四个硅，六个非共用氧和五个共用氧。同样，双链间的连接也是依赖引入的阳离子来维系。石棉类矿物角闪石族中的透闪石 $Ca_2Mg_5[Si_4O_{11}]_2(OH)_2$ 结构中的双链即是依靠引入的 Ca^{2+}、Mg^{2+} 与氧间的键合将其连接在一起。

在单链状结构及双链状结构硅酸盐中，链上及链间的键合形式有很大的不同，链上是键合很强的极性共价键，而链间是离子键。相对而言，链上的键合较强，而链间键合较弱。因此，链状结构硅酸盐在不同方向的性质是不同的，受外力作用时解理易在链间发生，并且解理面间有一定的角度。单链状结构硅酸盐的链较窄，解理面间夹角为 $87°$；而双链状结构硅酸盐的链较宽，解理面间夹角为 $124°$。

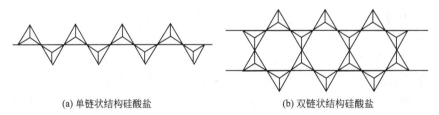

(a) 单链状结构硅酸盐　　　　　　(b) 双链状结构硅酸盐

图3-50　链状结构硅酸盐的络阴离子团示意图

3.3.3.4 层状结构硅酸盐

硅氧四面体中有三个顶角氧分别与其他四面体共用，则得到二维方向无限延伸的硅氧负离子片（如图3-51所示），用 $^2_\infty[Si_2O_5]^{2-}$ 表示。负离子片内是键合较强的极性共价键，而负离子片间可通过结构中引入的阳离子以离子键相连接，也可依靠负离子片间的范德华键相连接而形成层状结构硅酸盐。硅氧层间不同的键合形式将会对层状结构硅酸盐的性质产生非常大的影响。例如，

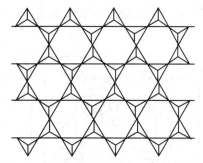

图3-51　层状硅酸盐中硅氧四面体的排列

白云母结构中，负离子片由 K^+ 结合，层内及层间均为较强的化学键合，因而解理难以进行；滑石结构中层间依靠范德华键结合，层内键合强而层间键合弱，易沿着层面发生解理。该类层状结构材料受外力作用时会沿层面滑动，故在很多场合，如进行单、双杠器械运动时，滑石等常用作固体润滑剂。

层状结构硅酸盐的种类很多，许多天然无机矿物如黏土类矿物（例如高岭土 $Al_2[Si_2O_5](OH)_4$、蒙脱土等），云母类矿物（例如白云母 $KAl_2(AlSi_3O_{10})(OH)_2$ 等）以及滑石（$Mg_3[Si_2O_5]_2(OH)_2$）等都是层状结构硅酸盐，均为陶瓷生产中的重要原料。层状结构硅酸盐中，为保证晶体结构的电中性，往往会在结构中引入 OH^- 基团及各种正二价或正三价的阳离子。图3-52是高岭土晶体的层状结构，它是由 $[Si_2O_5]^{2-}$ 层和 $Al(OH)_4^{2+}$ 层通过 O^{2-} 和 OH^- 负离子中间平面组合而成。

值得一提的是，近年来以蒙脱土为代表的层状硅酸盐在制备聚合物基纳米复合材料中获得广泛应用。如图3-53所示，蒙脱土是2∶1型层状的硅酸盐矿物，其晶体结构是由两层硅氧四面体之间夹着一层铝（镁）氧（羟基）八面体构成的晶层。如果四面体中 Si^{4+} 被 Al^{3+}、Ti^{4+}、P^{5+} 替代，八面体中 Al^{3+} 被 Mg^{2+}、Fe^{2+}、Fe^{3+}、Ni^{2+}、Zn^{2+}、Mn^{2+} 替代，晶层可带负电荷。此时，水合阳离子（Na^+、K^+、Ca^{2+}、Mg^{2+}）可占据层间域以使电荷

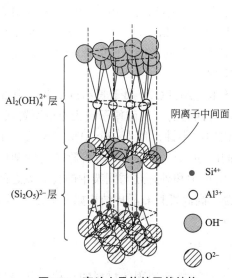

$Al_2(OH)_4^{2+}$ 层

阴离子中间面

$(Si_2O_5)^{2-}$ 层

- Si^{4+}
○ Al^{3+}
⬤ OH$^-$
⬔ O^{2-}

图3-52　高岭土晶体的层状结构

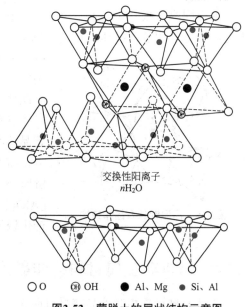

交换性阳离子
nH$_2$O

○ O　　◉ OH　　● Al、Mg　　• Si、Al

图3-53　蒙脱土的层状结构示意图

平衡，也可以通过有机阳离子（如烷基阳离子）进行交换实现层间剥离。

3.3.3.5 架状结构

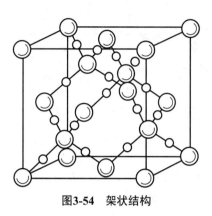

图3-54 架状结构

硅氧四面体的所有四个顶角氧均分别与其他硅氧四面体共用，则在三维空间形成规则的架状网络，通常将其表示为 $3_\infty[SiO_2]$，即为纯晶态二氧化硅的晶体结构，如图3-54所示。

二氧化硅在不同的温度条件或经历不同的热历史后具有不同的晶型，立方晶系的方石英是其中最简单的晶型变体，鳞石英和石英是其另外两种晶型变体。二氧化硅的各种晶型变体及晶型转变条件列于表3-6中。

■ 表3-6 二氧化硅晶型变体及晶型转变条件

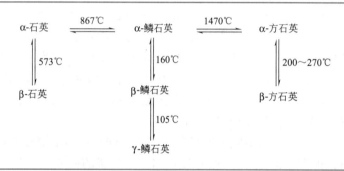

架状结构硅酸盐晶体的[SiO₄]中，常有一定数量的Si原子被Al原子置换。这种置换现象只能在两种原子半径相差不大时才能发生，置换的结果不影响晶体的结构状况，称为同晶置换。

进行同晶置换后的晶体，由于Al原子与Si原子价键的差异，使得一些氧原子产生不饱和的键合轨道，晶体结构达不到电中性。为满足晶体结构的静电价规则，必须引入

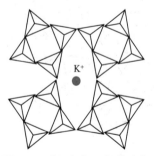

图3-55 高温钾长石晶体结构

碱金属原子或其他正电性的原子使其存在于架状结构的间隙中，其电子进入尚未饱和的氧原子轨道，使整个晶体达到电中性。

高温钾长石 K[AlSi₃O₈]属于长石族矿物，其架状晶体结构中，有四分之一的硅原子被铝原子所置换。为保持晶体结构的电中性，每当一个Al原子取代一个Si原子，必须同时引入一个K^+。其电价除了与网架中[AlO₃]的多余电价中和外，还与网架中的公共氧之间产生诱导键键合。高温钾长石晶体结构如图3-55所示。

3.3.4 无机非金属材料的非晶体结构

非晶态材料是相对于晶态材料而言，是原子不规则排列的固体材料的总称，其在外

观上不具有特定的形状，在微观上内部质点无序排列。某种材料是晶态还是非晶态与其化学组成无关，相同或相近化学组成的物质由于制备条件的不同有时可以形成晶态材料，有时也可以形成非晶态材料。远程无序性和亚稳态性是非晶态材料的主要特征。

无机非晶态材料主要包括无机玻璃、凝胶、非晶态半导体和无定形碳等。此外，无机玻璃是由熔融硅酸盐过冷而制得，玻璃的结构和性能与液态硅酸盐之间有密不可分的联系。因此，在讨论无机非晶态材料的时候，也需涉及熔体的有关问题。

3.3.4.1 硅酸盐熔体

液态是介于气态和晶态之间的一种物质状态。熔融硅酸盐作为一种特殊的液体，其组成复杂、黏度大，对其结构的研究尤为困难。近年来，随着计算方法和结构检测技术的发展，通过对大量熔融硅酸盐的研究，提出了适合于熔融硅酸盐结构与性能表征的新结构模型——聚合物理论。

（1）聚合物的形成　在熔融硅酸盐中，最基本的离子是硅（Si）、氧（O）、碱金属（Me）或碱土金属（R）等离子。其中硅离子的半径小、电荷高，与氧的键合能力强，具有形成硅氧四面体的强烈趋势。

由于硅与氧电负性的差异，所形成的Si—O键同时具有离子键和共价键的成分，其中共价键的成分稍大于离子键的成分。硅与氧键合时，可与氧形成sp^3、sp^2、sp三种杂化轨道键合，从而形成σ键，同时氧原子具有孤对电子的p轨道可与硅原子未被填充的d轨道形成d_π-p_π键。Si—O键由于σ键与π键的叠加而得以增强，因此具有高键能、方向性和低配位的特点。熔体中与两个硅离子相连接的氧称为桥氧，通常用O_b表示；而只与一个硅离子连接的氧称为非桥氧，用O_{nb}表示。

熔体中Me—O键和R—O键以离子键为主，其键强比Si—O弱得多。当在硅酸盐熔体中引入Me_2O或RO时，硅离子具有很强的争夺Me—O键或R—O键上氧的能力，其结果将使桥氧断裂，从而引起Si—O键的键强、键长和键角的改变，如图3-56所示。

在熔融纯二氧化硅中硅氧比为1∶2，所有的硅通过桥氧连接成［SiO_4］三维网架。当在熔融纯二氧化硅中加入碱金属或碱土金属氧化物时，硅氧比相应下降。随加入量的增加，硅氧比可由1∶2下降至1∶4，［SiO_4］的连接方式也相应地由网架状逐渐衍变为层状、带状、链状，最后所有的桥氧全部断裂，［SiO_4］成为岛状。这种网状［SiO_4］断裂过程称为熔融石英的分化。在此过程中，由于熔体中Me^+和R^{2+}的存在，在石英网架的断键处首先生成Si—O—Me键或Si—O—R键，将使非桥氧与硅原子的键合加强，而桥氧键相对减弱，熔融石英网架在分化的同时生成硅氧聚合物，并从网架上脱落。在网架断开处形成新的Si—O—Me键或Si—O—R键，使网架分化和聚合物的生成持续进行直至平衡。熔体中低聚物的生成量和高聚物的残存量取决于熔体组成及温度等因素。

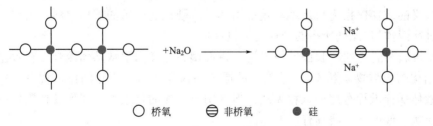

图3-56　Na_2O与Si—O网架作用示意图

分化过程产生的低聚物可以发生相互作用，形成级次较高的聚合物，同时释放出部分碱（碱土）金属氧化物，此即为低聚物的缩聚过程。缩聚所释放的碱（碱土）金属氧化物又能进一步分化石英网架，直至熔体中建立分化-缩聚平衡。此时，熔体中存在着不同聚合程度的负离子团：$[SiO_4]^{4-}$（单体）、$[Si_2O_7]^{6-}$（二聚体）、…、$[Si_nO_{3n+1}]^{2(n+1)-}$（n聚体，$n=1, 2, …, \infty$），同时还存在三维晶格碎片$[SiO_2]_n$。这些硅氧团除$[SiO_4]^{4-}$是单体外，其余统称为聚硅酸离子。一定条件下各种聚硅酸离子的浓度可采用梅逊（C.R.Masson）计算法计算。由此可以看出，熔体中多种聚合物的并存是熔体结构长程无序的根本原因所在。

（2）聚合物结构模型　P.Balta等采用梅逊计算法，对偏硅酸钠（$Na_2O \cdot SiO_2$）进行了大量研究，提出了熔体结构模型。

在偏硅酸钠熔体中，随聚合物中硅的数目n的不同，聚合物的形式有所不同。当$n \leqslant 5$时，聚合物通式为$[Si_nO_{3n+1}]^{2(n+1)-}$，为链状聚合物；当$n \geqslant 6$时，聚合物通式为$[Si_{n'}O_{3n'+1}]^{2(n'+1)-} \cdot mSiO_2$，其中$n'+m=n$，聚合物结构为链状和网架状的混合，有时为环状。随聚合物含硅数n增加，架状结构越来越多。Balta提出的硅酸盐熔体结构模型如图3-57所示。由此可知熔体结构中聚合物的多样性和复杂性，并理解熔体结构短程有序而长程无序的特点。

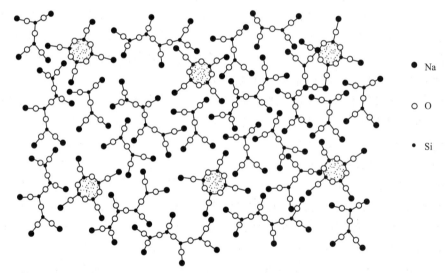

图3-57　硅酸盐熔体结构模型示意图

3.3.4.2　无机玻璃

广义的玻璃包括整个固体非晶态物质，在很多情况下，人们将非晶态与玻璃态等同。而狭义的玻璃仅指无机玻璃，是由熔体过冷硬化而获得的固体材料，习惯上常称玻璃为"过冷液体"。此处所指的玻璃为无机玻璃。

（1）玻璃态的通性　我国的技术词典将玻璃态定义为"从熔体冷却，在室温下还保持熔体结构的固体物质状态"。玻璃中的原子不像晶体那样在空间作远程有序排列，而近似于液体那样近程有序而远程无序，但区别于熔体的是玻璃态能像其他固体一样保持一定的形状。玻璃态物质具有以下通性。

① 各向同性　玻璃态物质的基本质点排列远程无序，是统计均匀的。因此，在没

有内应力的情况下，玻璃体的物理化学性质是各向同性的，如其折射率、导电性、硬度、热膨胀系数等在各个方向都是相同的。

② 热力学介稳性　当熔体冷却成玻璃体时，从热力学的观点看，并不是处于最低的能量状态，它具有向低能量状态转变的趋势，即有析晶的可能。然而，从动力学的观点看，由于常温下玻璃的黏度很大，由玻璃态向结晶态转变的速率非常缓慢，几乎趋近于零，玻璃体能长时间在常温下保持高温时的结构而不变化。因此，玻璃体是一种介稳定的固体材料。

③ 状态转化的渐变性　玻璃体向熔体的转变（或熔体向玻璃体的转变）是在一定的温度区间内进行的，它没有固定的熔点。随温度的升高，其硬度逐渐下降，黏度也逐渐减小。通常以其在规定黏度时对应的温度来定义玻璃的特征温度。一般将黏度为 $10^{11} \sim 10^{12} \mathrm{Pa \cdot s}$ 时对应的温度 T_g 定义为玻璃的形成温度（亦称为脆性温度），而将黏度为 $10^8 \mathrm{Pa \cdot s}$ 时对应的温度 T_f 定义为玻璃的软化温度。

④ 性质变化的连续性与可逆性　玻璃态物质从熔融状态到固体状态或固体状态到熔融状态的转变过程中，其对应的物理化学性质的变化是连续的和可逆的。在 $T_g \sim T_f$ 之间，玻璃体性质随温度的变化异于其他温度区域，呈非线性变化，因此通常将 $T_g \sim T_f$ 之间的温度区域称为"转化温度范围"或称"反常间距"。

（2）玻璃结构假说　玻璃结构是指离子或原子在空间的几何配置以及它们在玻璃中形成的结构形成体。在对玻璃近百年的研究历史中，先后提出了晶子学说、无规则网络学说、凝胶学说、五角形对称学说以及高分子学说等，但由于玻璃结构的复杂性，至今没有一致的结论。目前能较好地解释玻璃性质，同时也较普遍为人们接受的玻璃结构假说是晶子学说和无规则网络学说。

① 晶子学说　列别捷夫（А.А.Лебедев）于1921年提出晶子学说。晶子学说认为，玻璃由无数"晶子"组成；晶子不同于一般的微晶，而是带有晶格变形的有序区域；晶子分散在无定形介质中，并且从晶子部分到无定形部分的过渡是逐步完成的，两者之间无明显的界限。晶子学说揭开了玻璃的微不均匀性和近程有序性的结构特征，这是其成功之处。但晶子学说也尚有许多重要的原则问题未能解决，包括晶子的大小、晶子的化学组成、晶子的含量等都未能得到合理的确定。

② 无规则网络学说　1932年德国学者查哈理阿森（Zachariasen）提出了无规则网络学说。无规则网络学说认为，玻璃体的结构与晶体结构类似，也是由氧离子多面体以顶角相连的形式在三维空间形成网络；晶体结构网络由多面体规律性地周期排列而成，而玻璃体结构网络中多面体的排列是拓扑无序的。网络学说强调了玻璃体中离子与多面体相互间排列的均匀性、连续性及无序性等方面，其结构特征可以在玻璃体的各向同性、内部性质均匀性及性质变化的连续性等方面得以体现，能够解释一系列玻璃体性质的变化。因此，无规则网络学说一直占据玻璃结构学说的主流。

玻璃结构的晶子学说和无规则网络学说分别反映了玻璃结构的两个方面。晶子学说以玻璃结构的近程有序性为出发点，而无规则网络学说则强调了玻璃结构的连续性、统计均匀性与无序性。随着实验技术的发展和玻璃结构与性质的深入研究，各种玻璃结构学说也在相互借鉴和不断完善中。近程有序和远程无序作为玻璃体的结构特征，从宏观上看玻璃表现为无序、均匀和连续性，而从微观上看则表现出有序、微不均匀和不连续性。这一点是各种学说均认同的。

（3）玻璃结构中阳离子的分类　根据玻璃体无规则网络学说，依照元素与氧键合的键能及生成玻璃的可能性，可将玻璃中的氧化物分为三类，即网络生成体氧化物、网络外体氧化物和中间体氧化物。

网络生成体氧化物是构成玻璃网络的主体。作为网络生成体的氧化物应满足以下条件：①每个氧离子应与不超过两个阳离子键合；②中心阳离子周围的氧离子配位数不大于4；③氧多面体间只以共顶的方式连接，不发生共棱或共面；④每个多面体至少有三个顶角共用。能够作为网络生成体的氧化物主要有：SiO_2、B_2O_3、P_2O_5、GeO_2、As_2O_3等。

碱金属氧化物和部分碱土金属氧化物不满足网络生成体的要求，不能单独生成玻璃，不参加网络，其阳离子分布在多面体之间的空隙中维持网络的电中性。其主要作用是提供氧离子而引起网络的改变，称为网络外体或网络修饰体。作为网络外体的氧化物主要有：Li_2O、Na_2O、K_2O、CaO、SrO、BaO等。

比碱金属和碱土金属化合价高或配位数小的阳离子可以部分地参加网络结构，称为中间体，如BeO、MgO、ZnO、Al_2O_3等。

（4）几种典型的玻璃结构简介　玻璃的种类繁多，其结构形式也有很大的差异。为了对玻璃的结构有基本认识，在此对玻璃中具有典型意义的硅酸盐玻璃和硼酸盐玻璃的结构形式做一个简单的介绍。

① 硅酸盐玻璃　在硅酸盐玻璃中，石英玻璃是其他二元、三元、多元硅酸盐玻璃结构的基础。

石英玻璃是由硅氧［SiO_4］四面体以顶角共用氧的形式连接而形成连续的三维网络，其与石英晶体的区别在于这些网络是远程无序的，如图3-58所示。在石英玻璃的网络结构中，Si—O—Si键角分布在$120°\sim180°$的范围内，中心在$145°$，其键角分布比石英晶体宽得多。由于Si—O—Si键角变动范围大，使石英玻璃中的［SiO_4］四面体排列成无规则网络。同时，在该无规则网络中，密度和结构会有局部起伏。石英玻璃的有序范围为$0.7\sim0.8nm$。

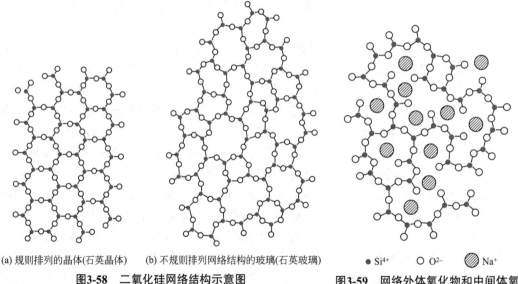

(a) 规则排列的晶体(石英晶体)　　(b) 不规则排列网络结构的玻璃(石英玻璃)

图3-58　二氧化硅网络结构示意图

● Si^{4+}　　○ O^{2-}　　◈ Na^+

图3-59　网络外体氧化物和中间体氧化物对玻璃结构的影响

如图3-59所示，石英玻璃中加入碱金属氧化物Me_2O、碱土金属氧化物RO或其他氧化物时形成相应的二元、三元甚至多元硅酸盐玻璃。二氧化硅作为主体氧化物，其在玻璃中的结构状态对硅酸盐玻璃的性质起着决定性的影响。当加入其他氧化物时，由于硅氧比下降，使桥氧断裂，原有的三维网络结构被破坏，玻璃性质也随之变化，特别是产生三维网络结构向二维层状及一维链状变化时，性质变化更为显著。通常引入X、Y、Z、R四个参数来表示硅酸盐网络结构特征和比较玻璃的物理特性，其中X为每个多面体中非桥氧离子的平均数，Y为每个多面体中桥氧离子的平均数，Z为每个多面体中氧离子的平均数，R为氧硅比。四个参数间存在如下关系：

$$\begin{cases} X + Y = Z \\ X + Y/2 = R \\ X = 2R - Z \\ Y = 2Z - 2R \end{cases}$$

Y又称为结构参数，反映了玻璃体中三维网络的聚集程度。石英玻璃中Y为4，呈现结构紧密的三维网络；随其他氧化物的加入，非桥氧离子增多，Y值下降，网络聚集变小，结构也变得较松并随之出现较大的间隙，网络变性离子的运动较容易，导致黏度减小、热膨胀系数和电导增加。因此，Y值也可作为衡量玻璃性质的参数，相同Y值的玻璃具有非常相近的热稳定性（见表3-7）。当Y小于2时，硅酸盐玻璃就已经不能构成三维网络。

② 硼酸盐玻璃　氧化硼玻璃由硼氧三角体［BO_3］组成，是硼酸盐玻璃的基础。在氧化硼玻璃中，含有硼氧三角体连接成的硼氧三元环，在低温时，氧化硼玻璃结构是由桥氧连接的硼氧三角体和硼氧三元环形成的向二维空间延伸的网络，属于层状结构的范畴。

■ 表3-7　结构参数 Y 对玻璃性质的影响

玻璃组成	Y值	熔融温度/℃	膨胀系数$\alpha \times 10^7$	玻璃组成	Y值	熔融温度/℃	膨胀系数$\alpha \times 10^7$
$Na_2O \cdot 2SiO_2$	3	1523	146	$Na_2O \cdot SiO_2$	2	1323	220
P_2O_5	3	1573	140	$Na_2O \cdot P_2O_5$	2	1373	220

随着碱金属氧化物或碱土金属氧化物的加入，氧化硼玻璃中将产生硼氧四面体。值得注意的是，在硼酸盐玻璃中，碱金属（碱土金属）氧化物提供的氧不以非桥氧的形式出现，而是使硼氧三角体转变成为完全由桥氧组成的硼氧四面体，玻璃网络由最初的二维层状结构转变为三维网架结构，使网络的结构加强，导致硼酸盐玻璃的性质的变化规律与相同条件下硅酸盐玻璃的变化规律正好相反。硼酸盐玻璃的这种结构与性质的反常变化称为"硼氧反常现象"。

3.3.4.3　凝胶及胶凝材料

（1）凝胶的特征　凝胶（gel）是指胶体质点在一定的条件下相互连接所形成的空间网状结构，其网状结构的间隙填充满分散介质（液体或气体）。

凝胶与溶胶有很大的不同，溶胶中的胶体质点是独立的运动单位，可以自由运动而具有良好的流动性。凝胶则不然，分散相质点相互连接，在整个体系内形成网状结构，不仅失去流动性，而且显示出固体的性质，具有一定的弹性、强度、屈服值等。凝胶与真正的固体也有不同，它由分散相及分散介质两相构成，其结构强度有限，改变条件往往能使结构破坏。

根据凝胶的性质（刚性或柔性）不同可以把凝胶分为刚性凝胶与弹性凝胶。大多数无机凝胶属于刚性凝胶，如SiO_2、TiO_2、V_2O_5、Fe_2O_3等凝胶。

（2）凝胶的结构　凝胶内部呈现三维网状结构，其结构可分为四种类型：（a）球形质点相互连接形成一定的线性排列；（b）板状或棒状质点搭接成网状结构；（c）线型大分子构成的网架中部分长链有序排列成微晶区；（d）线型大分子间通过化学键桥接而形成网状结构，如图3-60所示。

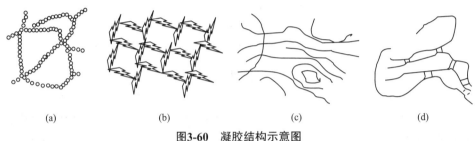

(a)　　　　　　(b)　　　　　　(c)　　　　　　(d)

图3-60　凝胶结构示意图

（3）胶凝材料　凡能在物理、化学作用下，从浆体变成坚硬固体，并能胶结其他物料，具有一定机械强度的物质，统称为胶凝材料，又称为胶结材料。

胶凝材料可分为有机和无机两大类。无机胶凝材料按照其硬化条件又能分为水硬性胶凝材料和气硬性胶凝材料。水硬性胶凝材料在拌水后能在空气中硬化，也可以在水中硬化，通常称为水泥，如硅酸盐水泥、铝酸盐水泥等；而气硬性胶凝材料不能在水中硬化，只能在气体介质中硬化，如石灰、石膏等。

3.3.4.4　无定形碳

无定形碳（即非晶碳）亦称为玻璃碳，是一种具有玻璃化无序结构的碳素材料。

（1）玻璃状碳　玻璃状碳是一种不可石墨化的单块碳，其结构和物理特性具有很高的各向同性特点。玻璃碳具有玻璃一样的外观表面，其原生表面及断面均有玻璃体外貌特征，但无硅酸盐玻璃的结构。通常所称的玻璃碳、玻璃质碳均是玻璃状碳的不同名称。

玻璃状碳具有结构致密、各向同性、对液体和气体的渗透性低的特点，同时兼具石墨和玻璃的性能，即高强度、高耐磨、化学稳定、生物学性能优良等。目前使用的玻璃状碳基本上采用多种热固性树脂经特殊的热处理制备而成。

（2）含氢非晶碳　含氢非晶碳是指挥发性的碳氢化合物（主要是烃类物质，如甲烷、乙烷、丙烷、乙烯、乙炔等）在一定条件下发生裂解而制备的一种具有非晶态结构特征的单块碳素材料。由于热解过程中会有部分C—H基团未完全裂解，因而该类碳素材料中会存在一定含量的氢，故称为含氢非晶碳。根据制备方法和制备工艺的不同，含氢非晶碳又可分为热解碳、等离子体化学气相沉积碳等。

碳氢化合物在1000～2400℃温度范围，通过热解化学气相沉积而制备的碳素材料称为热解碳。随制备条件的不同，热解碳的微观结构差异极大。从其结构来讲，有各向同性的、层状的、柱状的等。温度在2400℃以上沉积的碳称为热解石墨，具有致密结构，显现各向异性。而在1200～1500℃下沉积的致密而显现各向同性的碳称为低温热解碳（LTIPC）。LTIPC中碳原子以强共价键结合，呈现平面六角形结构，高的交联度赋予LTIPC较高的强度。

碳氢化合物在等离子体中于300～800℃下沉积的致密且显现各向同性的碳称为等离子体化学气相沉积（PCVD）碳。等离子体是一种非平衡能量体系，整体温度低，但电子温度高（为气体温度的10～100倍），电子能量1～10eV，相当于10^4～10^5K的高温。在PCVD碳的合成过程中，不仅有热化学反应，而且还存在复杂的等离子体化学反应。实际的PCVD碳中，除了无定形结构的碳之外，还包含有少量的金刚石微晶、石墨微晶等，其物理性能与金刚石非常相似，因此常常将其称为类金刚石碳（DLC）。该类碳素材料具有高硬度、高强度、高耐磨、化学稳定、高绝缘等特性。此外，由于DLC表现出良好的生物相容性，目前广泛用作植入式人工器官（如人工心脏瓣膜、人工关节等）的表面涂层材料。

（3）离子碳　采用离子束技术制备的碳素材料称为离子碳。离子碳的制备可以石墨或碳氢化合物气体为碳源。以石墨为碳源时，石墨在离子束的溅射下产生碳离子，碳离子与碳离子间结合而沉积形成离子碳；以碳氢化合物气体为碳源时，碳氢化合物气体在等离子体中或电场作用下电离产生碳离子，在负偏压的加速下形成碳离子束而在基体上沉积为离子碳。离子碳具有与金刚石很相似的物理特性，也是一种类金刚石碳。

3.3.5　陶瓷

陶瓷是无机非金属材料中的一个重要的种类。它是指一定组成配比的矿物原料粉末或化工原料粉末成型后，经特定的工艺使其致密化，赋予其一定的强度和密度及其他特殊性能的固体材料。

陶瓷是金属（类金属）和非金属元素之间形成的化合物，这些化合物中的原子（离子）主要以共价键或离子键相键合。通常陶瓷是一种多晶多相的聚集体。按原料来源分，陶瓷可分为普通陶瓷和特种陶瓷。普通陶瓷又称传统陶瓷，以天然硅酸盐矿物为主要原料，如黏土、石英、长石等。特种陶瓷是以纯度较高的人工合成化合物为主要原料的，如Al_2O_3、ZrO_2、SiC、Si_3N_4、BN等。

根据陶瓷的宏观物理性能特征可以将陶瓷分为陶器、炻器和瓷器。陶器坯体断面粗糙无光、有较大的气孔率和吸水率；瓷器坯体致密细腻、具有一定的光泽、基本不吸水；而炻器则介于陶器和瓷器之间。

陶瓷材料的各种性能主要由陶瓷的化学组成、晶体结构、显微组织所决定。从显微结构的角度来看，陶瓷主要由结晶相、玻璃相、气相及晶界（相界）构成，如图3-61所示。其中晶粒的大小及形状、气孔的大小及数量、微裂纹的存

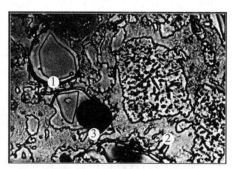

图3-61　陶瓷微观相结构
1—结晶相；2—玻璃相；3—气相

在及分布以及晶界的性质等对陶瓷的性能具有非常大的影响。

（1）结晶相　结晶相是陶瓷材料最主要的组成相，主要是某些固溶体或化合物，其结构、形态、数量及分布决定了陶瓷材料的特性和应用。晶体相又分为主晶相、次晶相和第三相。陶瓷中晶体相主要有含氧酸盐（硅酸盐、钛酸盐等）、氧化物（MgO、Al_2O_3）、非氧化物（SiC、Si_3N_4）等。

陶瓷体的相组成中，晶相的相对含量波动范围很大，通常特种陶瓷中晶相体相对含量较高。晶相对陶瓷材料性质有很大的影响。例如，Al_2O_3晶体中氧和铝以很强的离子键相键合，结构紧密，因此随氧化铝比例增加，陶瓷的强度、耐腐蚀性能等依次提高。而氧化铝陶瓷具有强度高、耐高温、绝缘性好、耐腐蚀等特性。

由于陶瓷结晶区中晶粒的取向是随机的，不同的晶粒取向各异，在晶粒与晶粒之间形成大量的晶界。相邻晶粒由于取向度的差异造成原子间距的不同，在晶界处结合时，形成晶格畸变或界面位错而在晶界处出现本征应力。同时，由于晶体的各向异性，在陶瓷烧成后的冷却过程中，晶界上会出现很大的晶界热应力，其晶界热应力的大小与晶粒的大小成正比。晶界应力的存在将使晶界处出现微裂纹，从而大大降低陶瓷的断裂强度。因此，陶瓷中一般要求应尽可能小的晶粒尺寸。

（2）玻璃相　玻璃相是陶瓷原料中部分组分及其他杂质在烧成过程中形成的非晶态物质，通常富含氧化硅和碱金属氧化物，原料中的其他杂质通常也富集在玻璃相中。

玻璃相主要包裹在晶粒的周围，其结构是由离子多面体短程有序而长程无序排列所构成的三维网络结构。

玻璃相的存在对于陶瓷烧成过程中气孔的填充和致密化具有非常重要的作用。同时，玻璃相对晶相的包裹能有效抑制晶粒的长大，使陶瓷保持细晶结构。玻璃相还能起到黏结分散的晶粒、降低烧结温度等作用。一般在陶瓷中玻璃相的含量在15%～35%之间。

（3）气相　陶瓷中的气相是指陶瓷孔隙中所存在的气体。由于陶瓷坯体成型时，粉末间不可能达到完全的致密堆积，或多或少会存在一些气孔。在烧制过程中，这些气孔能大大减小，但不可避免会有一些残留。烧制时坯体孔隙的减小与晶粒的生长、物质的扩散及液相的出现有直接关系。

陶瓷中气孔对陶瓷性能的影响十分显著。过多的气孔将使陶瓷密度降低，从而使陶瓷的强度及其他性能变差，是造成裂纹的根源。此外，气孔的分布及气孔的形状也会影响陶瓷的性能。一般要求陶瓷中孔隙率在5%～10%以下，气孔呈球形，并在陶瓷中均匀分布。

3.3.6　碳化合物

3.3.6.1　炭黑

炭黑亦称为黑灰，其主成分为碳，并含有少量的氧、氢和硫等，含碳纯度在83%～99.5%之间。炭黑通常是烃类化合物经气相不完全燃烧或热解而生成的黑色粉末。

碳原子以共价键键合在空间延伸形成碳粒子，若干碳粒子熔结成链枝状结构而构成炭黑。炭黑结构中，3～5个粒子熔结在一起称为低"结构"，而十几个乃至几十个熔结在一起形成的链枝聚集体称为高"结构"。炭黑聚集体间有较大的孔隙，因此炭黑具有较强的吸附能力。

炭黑的吸附能力通常以单位重量（100g）的炭黑所能吸附的邻苯二甲酸二丁酯（DBP）的体积（mL）来表征，称为DBP值。高结构炭黑的DBP值在105～195之间，而低结构炭黑的DBP值只有30～60。

炭黑的平均粒径在10～500nm之间，比表面积在5～150m²/g之间，通常用低温氮吸附法（BET法）或大分子吸附法（CTAB法）测定。

炭黑按用途可分为橡胶用炭黑和色素用炭黑两大类。橡胶用炭黑通常基于平均粒径分为十个等级，作为橡胶补强剂广泛用于制造轮胎、橡胶传送带等；色素用炭黑根据粒径和黑度分为高色素（HC）、中色素（MC）、低色素（LC）三类，是涂料、油墨、塑料、造纸、纤维、建材等的主要着色剂。炭黑也可用于碳素制品及导电塑料的原料，还可作为紫外线稳定剂、抗氧剂等。

3.3.6.2 石墨

石墨是碳的一种同素异形体，通常又称为黑铅。天然的石墨中通常含有SiO_2、FeO、Al_2O_3、MgO、CaO、P_2O_5、CuO等杂质，还含有水、沥青、黏土等。

石墨属六方晶系，为典型的层状结构。在石墨的晶体结构中，碳原子的最外层电子发生SP^2杂化形成三个等价的轨道，配位数为3，其键合具有共价-金属键合的性质。碳原子排列成带褶皱的六方网状层，层面上碳原子间距为0.142nm，网层中结点上的碳原子位于邻层网络的中心，重复层数为2，为ABAB…堆积。层与层之间以分子间力相连接，层面间距为0.34nm。石墨晶体结构示于图3-62中。

石墨呈黑色或黑灰色，通常为鳞片状致密块体，密度2.09～2.23g/cm³。石墨质软，摩氏硬度1～2。由于其层面上以较强的共价键连接，而层间以较弱的分子间力连接，所以石墨具有断裂性和可压缩性，受外力作用时，极易沿层面方向滑移，因此石墨常用作固体润滑剂和各种固体密封环。

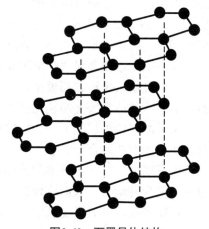

图3-62　石墨晶体结构

石墨材料耐高温，具有良好的热稳定性，其热膨胀系数为$1.2×10^{-6}K^{-1}$；其化学稳定性好，耐酸碱及有机溶剂浸蚀；石墨导电，沿层面方向具有很高的热导率。因此石墨常用于制造石墨坩埚、机械铸模、防锈涂料、电极电刷等。

3.3.6.3 碳纤维

碳纤维是由碳元素组成的一种特殊纤维。碳纤维具有一般碳素材料耐高温、耐摩擦、耐腐蚀、化学稳定以及导电等特性，但它又与一般的碳素材料有明显的不同。碳纤维的微观结构沿纤维轴向有择优取向，沿轴向有很高的抗拉强度和杨氏模量。由于碳纤维的比重小，因而具有很高的比强度和比模量。生产碳纤维的主要原料有黏胶纤维、沥青纤维、聚丙烯腈纤维。聚丙烯腈纤维经预氧化、碳化和石墨化处理形成碳纤维，是目前制备高强度和高模量碳纤维的主要方法。部分碳纤维的性能参数列于表3-8中。碳纤维的主要用途是与聚合物、陶瓷、金属及碳素等基体复合作为结构材料。在对材料的强度、刚度、重量和抗疲劳强度有严格要求的应用领域，碳纤维复合材料具有明显的优势。

■ 表3-8　部分碳纤维及其性能

产品类型	单丝直径/μm	密度/(g/cm³)	抗拉强度/GPa	拉伸模量/GPa	断裂伸长率/%
T-1000	5.3	1.82	7.06	294	2.4
T-800	5.2	1.81	5.59	294	1.9
T-650/42	5.1	1.78	5.03	290	1.7
T-400	7.0	1.80	4.41	250	1.8
M-50	6.4	1.91	2.45	490	0.5
M-46J	5.2	1.84	4.21	436	1.0
G40-700	5.0	1.73	4.96	300	1.66
P-120 2K	—	2.18	2.24	830	0.27
E-120	—	—	3.44	823	0.55

碳纤维是过渡碳的一种，存在微晶碳和非晶碳两相结构。微晶结构类似于石墨微晶，微晶层面在C轴方向无相位关系，只是两维有序，属乱层结构，其微晶尺寸用微晶宽度和微晶厚度来表征。乱层结构碳的层面间距在0.340～0.347nm之间，稍大于石墨层面间距（0.335nm）。微晶沿轴向择优取向，其取向度随温度升高和拉伸倍数增大而增大。微晶取向、微晶尺寸和空隙率为表征碳相位的三个主要参数。

人们提出了各种结构模型，从不同的角度对碳纤维的微观结构进行了描述，其共同点是：碳纤维的聚集态结构由两相组成，一相的取向度比较高，微晶较大，所含孔隙较少，位于纤维的外层；另一相的取向度较低，微晶较小且含有大量孔隙，位于纤维的芯部。两相间存在混合相。

大量研究表明，碳纤维的性能与微晶取向度、微晶大小及孔隙有密切关系。随碳纤维中微晶尺寸增大、取向度增加，其杨氏模量、抗拉强度、导电、导热等性能也随之提高；而抗拉强度同时又受孔隙及缺陷的影响。碳纤维中的微晶相对杨氏模量，导热、导电等性能起主要作用，而非晶态相将使抗张模量降低，但能使抗拉强度、断裂伸长率和抗压强度增加。

由于碳纤维具有高强度、抗腐蚀性、耐高温等优良特性，目前已广泛应用于航空航天、军事、体育用品等领域，在国民经济中具有重要的战略地位。

3.3.6.4　金刚石

金刚石又称为钻石，亦为碳的一种同素异形体。类似于单晶硅，金刚石属于立方晶系结构，其单位晶胞中包含8个碳原子。在成键时，碳原子的最外层电子发生sp^3杂化形成4个等价的sp^3杂化轨道，碳原子之间与C—C共价键相键合，在三维空间进行延伸而得到金刚石晶体。金刚石的晶体结构如图3-63所示。

有史以来，金刚石就以其艳丽的外观、夺目的光彩、无比坚硬的硬度和其稀有性而倍受人们的青睐，被誉为"宝石之王"。金刚石是自然界中硬度最高的

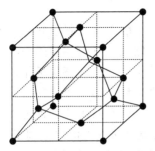

图3-63　金刚石晶体结构示意图

物质（其维氏硬度达 $10^4 N/mm^2$），也是自然界中导热性最高的物质 [在300K时，其理论热导率为20W/（cm·K），约为金属铜热导率的5倍]，同时金刚石还具有优异的抗腐蚀性和耐气候性等特点。

金刚石是一种宽禁带材料，其禁带宽度为5.45eV，因而非掺杂的本征金刚石是极好的电绝缘材料，室温下的电阻率高达 $10^{16} \Omega \cdot cm$。金刚石中电子和空穴的迁移率极高，分别达到 $2200 cm^2/(V \cdot s)$ 和 $1600 cm^2/(V \cdot s)$。金刚石透光范围宽、透过率高，除红外光区的一小带域外，从吸收紫外光区域的225nm到红外区的25μm波段范围内，金刚石的透过性能优良，还能透过X射线和微波。金刚石由于其优异的性能而在机械工业、电子工业、光学及光电子学等领域具有广阔的应用前景。金刚石的部分物理性能列于表3-9中。

■ 表3-9 天然金刚石及金刚石薄膜的主要物理性能

物理性能	天然金刚石	金刚石薄膜
硬度/（N/mm²）	10000	9000～10000
体积模量/GPa	440～590	—
杨氏模量/GPa	1200	接近天然金刚石
热导率（300K）/[W/（cm·K）]	20	10～20
纵波声速/（m/s）	18000	—
密度/（g/cm³）	3.6	2.8－3.5
折射率590nm	2.41	2.4
透光性	225nm～25μm	接近天然金刚石
电阻率/Ω·cm	10^{16}	$\geqslant 10^{12}$
禁带宽度/eV	5.45	5.5

3.3.6.5 富勒烯（C_{60}）

以碳60（C_{60}）为代表的大笼状碳族家族被称为球壳烯或富勒烯，又称巴基球。C_{60}是由60个碳原子组成的空心圆球状分子，是Rohlfing等于1984年在碳蒸气骤冷淬火产物的质谱上发现的，Kroto等人因对富勒烯的研究获得1996年诺贝尔化学奖。

C_{60}是继金刚石和石墨后所发现的碳元素的第三个同素异构晶体，具有高度对称的足球式笼架空芯结构（图3-64），由12个正五边形碳环和20个六边形碳环构成，其中正五边形的C—C单键的键长为0.1455nm。与通常芳香族稠环化合物以平面状存在的π轨道不同，由于 C_{60} 呈球壳面，受球面张力影响，C_{60} 的C=C双键略带 sp^3 杂化轨道的性质（有人计算是 $sp^{2.23}$），呈一定芳香性，具有特殊的化学活性，能进行亲核加成反应生成各种衍生物。例如，C_{60} 能够进行加氢反应、卤化加成反应、碱金属嵌入反应、羟基化反应等。

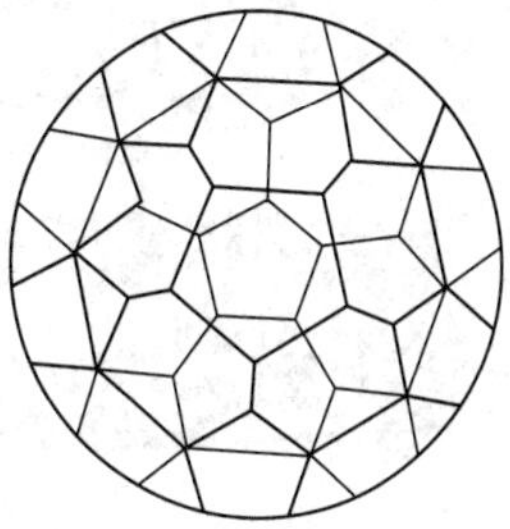

C_{60} 的物理性质相对稳定，熔点大于700℃，在249K以下呈立方晶体结构，249K以上呈面心立方晶体结构。C_{60} 的球形分子结构使其堆砌缝隙和空芯中可掺杂其他原子或分子，从而表现出超导性、强磁性等特殊性质。例

图3-64 C_{60}结构示意图

如，Rb、Ce等碱金属掺杂的C_{60}所具有的超导性已引起人们的广泛关注。

碳60的制备过程中，往往会生成C_{60}与C_{70}及C_{80}的混合物。可以采用萃取的方式进行提纯。对萃取物进行重结晶，再经色谱柱分离，可得纯度大于90％的C_{60}；再经高压液体色谱分离，可以得到纯度为99.90％的C_{60}及纯度为90％的C_{70}。

3.3.6.6 碳纳米管

碳纳米管又称巴基管，在结构上与巴基球C_{60}属于同一类，都是碳气化成单个的原子后在真空或惰性气体中凝聚而自然形成的，这些碳原子凝聚结合时会组合成各种几何图形。巴基球是五边形和六边形的混合组合，而碳纳米管则由六边形组成无缝、中空管体，两端由半球形的富勒烯罩住，形成一维的管状分子。碳纳米管是一种直径在几纳米或几十纳米、长度为几十纳米到1微米的中空管，由单层或多层石墨卷曲而成。一般情况下，就如几个到几十个管同轴套构在一起，相邻管的径向间距大约为0.34nm，即石墨的d_{002}面间距。碳纳米管的最小直径大约为0.6nm，由十个六边形围成一圈，与C_{60}分子的直径（1nm）相当。碳纳米管可能存在三种结构类型，分别为单臂纳米管、锯齿形纳米管和手性纳米管。如图3-65所示。

碳纳米管的研究工作已有二十来年的历史，由于其特殊的物理、化学性质，在新型功能材料、电子器件和超强增强纤维等方面已显示出巨大的应用前景。

3.3.6.7 石墨烯

1984年发现的富勒烯和1991年发现的碳纳米管（CNTs）均引起了巨大的反响，兴起了研究热潮。2004年，Manchester大学的安德烈·盖姆（Andre Geim）和康斯坦丁·诺沃肖洛夫（Konstantin Novoselov）首次用机械剥离法获得了单层或薄层的新型二维原子晶体——石墨烯，他们也因"在二维石墨烯材料的开创性实验"，共同获得2010年诺贝尔物理学奖。

石墨烯的发现，充实了碳材料家族，形成了从零维的富勒烯、一维的CNTs、二维的石墨烯，到三维的金刚石和石墨的完整体系。石墨烯作为一种碳质新材料，面密度为$0.77mg/m^2$，是由碳原子以sp^2杂化连接的单原子层构成的，其基本结构单元为有机材料中最稳定的六元环按照二维蜂窝状点阵结构紧密组成，其理论厚度仅为0.35 nm，是目

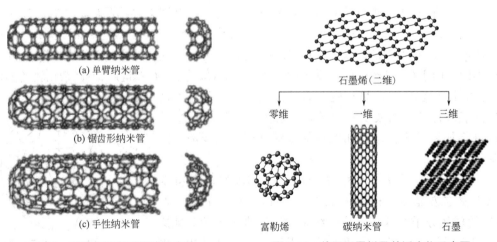

(a) 单臂纳米管

(b) 锯齿形纳米管

(c) 手性纳米管

图3-65 三种结构类型的碳纳米管

石墨烯（二维）

零维　　　一维　　　三维

富勒烯　　碳纳米管　　石墨

图3-66 单层石黑烯及其派生物示意图

前所发现的最薄的二维材料，但是表面积却高达$2600m^2/g$。石墨烯可以翘曲变成零维的富勒烯，卷曲形成一维的 CNTs 或者堆垛成三维的石墨（图3-66）。因此，石墨烯被认为是构成其他石墨材料的基本单元。石墨烯的这种特殊结构蕴含了丰富而奇特的物理现象，使石墨烯表现出许多优异的物理化学性质。

3.4 高分子材料的组成与结构

3.4.1 高分子材料组成与结构的基本特征

高分子的化学组成与结构单元一般较为简单，但由于高分子是由若干个结构单元以共价键键接的方式构成，且高分子中包含的结构单元可能不止一种，每一种结构单元又可能具有不同构型，多个结构单元连接起来时还可能有不同的键接方式与序列，再加上高分子具有结构不均一性及结晶非完整性，因此高分子结构非常复杂。较之金属和无机非金属材料，高分子材料的组成和结构具有如下特征。

3.4.1.1 平均分子量大及存在分子量分布

对于低分子化合物，其相对分子质量为一个明确的数值，且每个分子的分子量相同，例如水（H_2O）分子量为18，乙烯（$CH_2=CH_2$）分子量为28，葡萄糖（$C_6H_{12}O_6$）的分子量为180。但对于高分子化合物，情况则比较复杂。由于每一根高分子链都由许多结构单元（即链节）重复连接而成，且形成高分子链的过程比较复杂，各高分子链的结构单元数目并不完全相同，因此导致其分子量不像低分子化合物那样完全确定。单根高分子链中的结构单元数目叫聚合度，聚合度与结构单元的分子量的乘积即为该高分子链的分子量，聚合度越大，分子链越长，分子量也越大。鉴于形成高分子材料的聚合物实际上由结构相同、组成相同，但分子量大小不同的同系高分子链的混合物聚集而成，即高分子材料是具有不同分子量的高分子链的聚集体，因此，讨论一个高分子的分子量并无太大意义，而只有讨论某一种聚合物的平均分子量才具有实际意义。聚合物的平均分子量是将大小不同高分子的分子量进行统计，所得平均值即为分子量。采用不同统计平均方法，可得出不同的平均分子量。按聚合物中各级分的分子数统计平均，叫"数均分子量"，以$\overline{M}_n$表示；按聚合物中各级分的质量平均，得到"重均分子量"，以$\overline{M}_w$表示。与一般低分子化合物的分子量相比，聚合物的平均分子量可达$10^4 \sim 10^7$，甚至更高。高分子材料的这种由分子量不同的同系高分子链聚集而成的特性称为高分子材料的多分散性。这种多分散性用分子量分布的宽窄来表示。分子量分布宽表示高分子的大小很不均匀；分子量分布窄表示高分子的大小较均一。聚合物的分子量分布曲线如图3-67所示。

3.4.1.2 具有多种形态

高分子材料的形态主要取决于高分子链的形态。根据构成单元的结构，高分子链可以为线型、支链

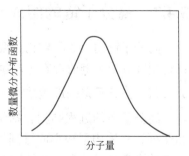

图3-67 聚合物分子量分布曲线

型，也可以是体型，由此赋予高分子材料各种各样独特的结构形态。图3-68是高分子链的几种几何形状示意图。

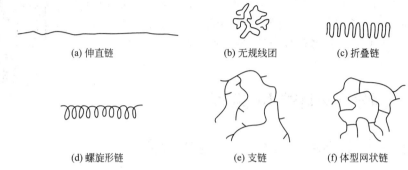

(a) 伸直链 (b) 无规线团 (c) 折叠链

(d) 螺旋形链 (e) 支链 (f) 体型网状链

图3-68　高分子链的几种几何形状示意图

3.4.1.3　组成与结构的多层次性

高分子材料的组成和结构是多层次的，包括高分子链结构、高分子链聚集态结构和高分子材料织态结构和微区结构，高分子材料所显示的性能则是各个结构层次对性能所做贡献的综合表现。图3-69给出了高分子材料的结构层次。

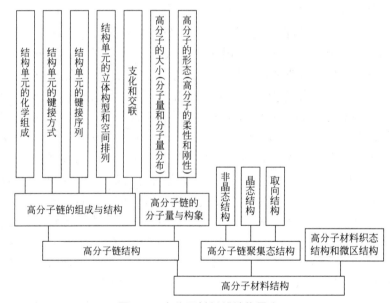

图3-69　高分子材料的结构层次

3.4.2　高分子链的组成与结构

高分子链的组成和结构主要指组成高分子链的结构单元的化学组成、键接方式、空间构型及高分子链的形态等，包括高分子链的近程结构和远程结构。

3.4.2.1　高分子链的近程结构

高分子链的近程结构包括结构单元的化学组成（原子类型和结构成分）、键接方式和序列、立体构型和空间排列以及支化和交联。高分子链的近程结构也称为一次结构，研究单个高分子链内一个结构单元或几个结构单元间的关系。合成高分子链结构单元的化学组成根据配方设计已知，但其结构单元的键接方式和空间排列等却因反应机理和化学结构的不同而发生改变。其中，缩聚过程中缩聚单元的键接方式一般都是明确的，但在加聚过程中，单体单元的键接方式却可能有所不同。

（1）高分子链中的原子类型　原子形成高分子链的能力主要取决于原子在元素周期表中的位置，表3-10列出了部分元素在周期表中的位置和成链能力。每个元素符号上面的数字为其原子序数，右边的数字为其链键数，即链上键接的原子数目，是衡量成链能力的数值。链键数越大，生成高分子链的能力越强。

■ 表3-10　部分元素在周期表中的位置和成链能力

ⅢA 2s　1p	ⅣA 2s　2p	ⅤA 2s　3p	ⅥA 2s　4p	ⅦA 2s　5p
5	6	7	8	9
B　～5	C　∞	N　∞?	O　∞?	F　2
13	14	15	16	17
Al　1	Si　45	P　>4	S　30000	Cl　2
31	32	33	34	35
Ga　1	Ge　6	As　5	Se　?	Br　2
49	50	51	52	53
In　1	Sn　5	Sb　3	Te　?	I　2
81	82	83	84	85
Tl　1	Pb　2	Bi　?	Po　?	At　2

由表3-10可知，并非任何原子都能生成高分子链，只有元素周期表中第ⅢA、ⅣA、ⅤA和ⅥA族中的部分非金属元素才可能形成高分子链，如C、Si、N、O、S等元素具有较强的成键能力，但N、O元素需在特殊条件下才能生成高分子链。

根据主链上原子的类型，高分子链可分为以下五类。

① 碳链高分子　高分子主链由相同的碳原子以共价键相连接。这类高分子多数由加聚反应生成，如聚乙烯、聚丙烯、聚苯乙烯、聚氯乙烯、聚甲基丙烯酸甲酯等。

② 杂链高分子　高分子主链上除存在碳原子外，还存在氧、氮、硫等杂原子，且这些杂原子以共价键相连接，即主链由两种或多种原子构成。这类高分子主要由缩聚反应或开环聚合反应生成，如聚甲醛、聚碳酸酯、聚苯醚、聚对苯二甲酸乙二酯和聚酰胺等。

③ 元素有机高分子　主链中不含碳原子，而是由Si、B、P、Ti、As等元素和O元素组成，但在其侧链上含有有机取代基团。这类高分子兼具无机和有机高分子特性，如有机硅高分子即是一种典型的元素有机高分子。

④ 无机高分子　主链既不含碳原子，也不含有机取代基，纯粹由非碳元素构成，如二硫化硅，聚二氯一氮化磷等。这类元素成链能力较弱，分子量不高，易水解，多数还处于研究阶段。

⑤ 梯形和双螺旋形高分子　此类高分子的主链不是一条单链，而是像"梯子"和"双股螺旋"结构的高分子。这类高分子以双链形成主链，如果一根链断裂，仍有一根分子链可继续保持分子量而不降解；若两根链同时各有一处断裂，只要不是在同一个梯格里或螺圈里，其分子量仍然不会降低，如图3-70所示。

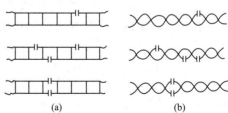

图3-70　梯形（a）和双螺旋形（b）结构高分子的几种断链示意图

（2）结构单元的键接方式　高分子链中各原子通过共价键连接在一起，其结构单元的键接方式取决于形成聚合物单体的分子结构。当单体分子结构完全对称时，如乙烯 $CH_2{=}CH_2$ 等，所得聚合物［如聚乙烯（$-CH_2-CH_2-$）$_n$］的结构单元在分子链中的键接方式只有一种，分子链中由共价键固定的各原子的几何排列也只有一种；当单体结构的对称性被破坏，即单体分子中具有不对称取代时，如

$$CH_2{=}\overset{\displaystyle |}{\underset{\displaystyle X}{CH}}$$

或 $CH_2{=}\overset{\displaystyle Y}{\underset{\displaystyle X}{\overset{\displaystyle |}{\underset{\displaystyle |}{C}}}}$ 等，则所得

聚合物的结构单元在高分子链中可能有三种不同的键接方式：头-头接，尾-尾接和头-尾接。

头-头接：

$$-CH_2-\overset{尾}{\underset{X}{CH}}-\overset{头}{\underset{X}{CH}}-CH_2-\overset{头}{CH}-\overset{尾}{\underset{X}{CH_2}}-$$

尾-尾接：

$$-CH_2-CH-CH_2-\overset{头}{\underset{X}{CH}}-\overset{尾}{\underset{X}{CH_2}}-CH_2-\overset{头}{\underset{X}{CH}}-CH_2-$$

头-尾接：

$$-CH_2-\overset{头}{\underset{X}{CH}}-\overset{尾}{CH_2}-\overset{头}{\underset{X}{CH}}-\overset{尾}{CH_2}-CH_2-\overset{头}{\underset{X}{CH}}-\overset{尾}{\underset{X}{CH}}-$$

结构单元键接方式不同，致使链中各原子的相对几何位置也不同，导致高分子链几何构型不同。对于烯类聚合物，绝大多数是头-尾接结构，但也可能夹杂有头-头接和尾-尾接的结构。对于双烯类聚合物，大分子链结构单元的键接方式更为复杂，除存在所谓的"头""尾"键接方式外，还存在因双键开启位置不同而产生的1,4-加成（生成具有内双键的高分子），1,2-加成或3,4-加成（生成具有外双键的高分子），导致其结构单元的键接方式多样。对于由几种单体合成的共聚物，高分子链中结构单元的排列方式更多。若以A，B表示两种结构单元，则A和B在共聚物分子链中可能存在以下几种排列。

无规共聚：两种结构单元按一定比例无规则地交替键接形成高分子链。

$$-A-B-B-A-B-A-A-B-A-A-B-B-$$

交替共聚：两种结构单元有规则地交替键接形成高分子链。

$$-A-B-A-B-A-B-A-B-A-B-A-B-$$

嵌段共聚：具有一定长度的两种均聚链段彼此无规则的键接成高分子链。

$$-A-A-A-B-B-A-A-A-B-B-B-$$

接枝共聚：两种结构单元分别构成主链和支链，形成支链高分子。

$$
\begin{array}{ccc}
 & B-B-B & 支链 \\
 & | & \\
-A-A-A-A-A-A-A-A-A-A-A- & & 主链 \\
 \ \ \ \ | & \ \ \ \ | & \\
 \ \ \ \ B & \ \ \ \ B & \\
 \ \ \ \ | & \ \ \ \ | & \\
 \ \ \ \ B & \ \ \ \ B & \\
 \ \ 支链 & \ \ 支链 &
\end{array}
$$

究竟以哪种方式键接成链，要看哪种排列方式使聚合物体系能量最低，以及聚合反

应时哪种键接方式位阻最小。由于共价键的形成是由原子外层价电子自旋配对形成，具有方向性和饱和性，因此由共价键结合成的分子都具有一定的几何构型。因此，由共价键键接的高分子链一旦形成，链内由共价键固定的各原子和原子团的几何排列即稳定不变。若想改变链内原子间的几何排列，只有断开共价键才能实现。

（3）空间立体构型　对于 $+CH_2—C^*HR+_n$ 这一类聚合物，由于不对称碳原子 C^* 的存在，除有结构单元键接方式的问题外，还存在空间构型的问题，即存在 d、l 构型。所谓 d、l 构型是指高分子碳链中不对称碳原子互为镜像的两种立体异构体。按不对称碳原子上取代基 R 的排列方式，可得到三种空间立构，即全同立构、间同立构和无规立构。

① 全同立构　高分子链上每一个不对称碳原子都具有相同构型，或 d 构型，或 l 构型。如果把高分子主链拉成平面锯齿形，则取代基排布于主链平面的同侧。

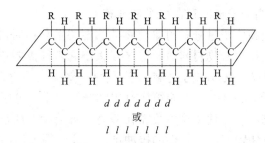

② 间同立构　高分子链上相邻的不对称碳原子交替出现 d 和 l 构型，取代基 R 交替排布于高分子主链平面的两侧。

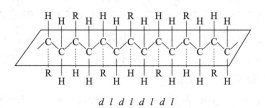

③ 无规立构　高分子链上每一个不对称碳原子的构型无规分布，取代基 R 无规排布于高分子主链平面两侧。

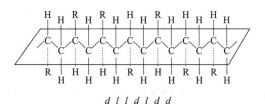

高分子链的空间立构性影响着高分子材料的性能。

（4）支化和交联结构　线型、支化和交联（网状）高分子共同构成高分子链的主要形状，并极大地影响着高分子材料的性能。

线型高分子的整个分子犹如一根线型长链，可能比较舒展，也可能卷曲成团。线型高分子的分子间没有化学键相连，在一定条件下，分子链间尚可相互移动（流动），因而线型高分子可以溶解在适当的溶剂中，加热可以熔融。

支化高分子是指在分子链上带有一些长短不一的支链高分子，支链的存在使支化高分子在性能上与线型高分子有很大的差异。支链又分短支链和长支链。短支链使高分子链的规整程度及分子间堆砌密度降低，导致含有短支链的高分子链玻璃化温度降低，难以结晶。除非含有大量短支链，一般对溶液性质影响不显著。长支链分子与短支链分子相反，对结晶性能影响不显著，但对高分子溶液和熔体的流动性能影响较大。

交联（网状）高分子是指通过支链或化学键相键接所形成的三维网状结构的大分子，即所谓交联结构。如热固性塑料、硫化橡胶、羊毛、头发等都是交联结构的高分子。由于网状高分子链之间已通过化学键键接起来，一整块高聚物就是一个分子，因而具有不溶不熔的特点。

3.4.2.2　高分子链的分子量与构象

（1）分子量和分子量分布　每种小分子化合物都有确定的分子量，且一般较小。而高分子链由于由许多结构单元重复连接而成，其分子量明显大于相应小分子的分子量，一般在 10^4 以上，且各高分子链间存在分子量分布。

高分子链的分子量和分子量分布对聚合物的状态和聚合物的物理、力学性能和加工性能均有显著影响，选择聚合物材料时，分子量大小通常是需要首先确定的参数。例如聚乙烯相对分子质量要在12000以上才能成为塑料；聚酯（的确良）和聚酰胺（尼龙）的相对分子质量要高于10000以上才能纺成有用的纤维。平均分子量一定时，较宽的分子量分布有利于聚合物流动，使成型温度范围较宽，耗能少，所需成型压力也小；较窄的分子量分布使成型条件较差，但制件的抗冲击、耐疲劳等力学性能较好。

（2）高分子链的柔性　高分子具有链状结构。一般高分子链直径仅为几埃，而长度为几千、几万、甚至几十万埃的长链分子。这样的长链分子可以比拟为直径为1毫米，长达几十米的钢丝。如果没有外力作用，这样的钢丝不可能保持直线形状，一定要卷曲成团。而高分子长链比钢丝更为柔软，因此更容易卷曲成无规线团。高分子长链能以不同程度卷曲的特性称为柔性，这是聚合物特有的属性，是决定高分子形态的主要因素，对聚合物的物理力学性能有根本的影响。

高分子链的柔性取决于高分子链的内旋转能力，在以共价键结合的低分子化合物中，如乙烷分子中C—C键是σ键，它可在保持键角和键长不变的条件下，进行高频率的内旋转。室温下乙烷内旋可达 $10^{11} \sim 10^{12}$ 次/s。这种σ键的内旋转在大分子链中也存在，只是内旋机构更复杂些。以碳链高分子为例，在图3-71中，—C_1—C_2—C_3—C_4—是大分子链中的一段，它们之间的结合键都是σ键，C—C键在键角 $\alpha=109°28'$ 和键长不变情况下，内旋转的结果使链空间排列方式不断变化。每一个键在空间可能采取的位置与相邻的其他单键位置有关，C_2—C_3 单键 l_2 可以处在 C_1—C_2 单键为轴旋转所形成的圆锥面上的任意位置上，同样 C_3—C_4 键 l_3 可以处在 C_2—C_3 键为轴，顶角为 2θ（$\theta=\pi-\alpha$）的圆锥面上的任意位置，第三个键（C_3—C_4）对第一个键（C_1—C_2）的空间位置的任意性就更大了，这种由C—C单键内旋转形成的空间排列叫大分子链的构象，若一个高分子链内含有 n 个单键，每个单键内旋转可取 m 个位置，那么该链可能具有的构象数是 m^n。高分子链的构象数越多，则表示该高分子链越柔顺。

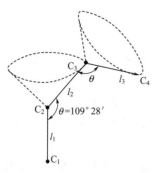

图3-71　大分子链内旋转示意图

事实上，由于分子中非键合原子之间的相互作用，单键的内旋转往往不充分。例如，丁烷的C_2和C_3两个碳原子各有一个甲基和氢原子，若旋转C_2—C_3的σ单键，由于两个甲基的相对位置，则会出现全重叠式、旁重叠式、旁交叉式和反交叉式等不同构象；若将全重叠式的旋转角定为$0°$，以正丁烷的旋转势能对旋转角作图，则得到图3-72的旋转势能曲线。由图可见，当旋转角分别为$60°$、$180°$、$300°$时，相应的旁式交叉（G）、反式交叉（T）、旁式交叉（G′），对应势能曲线的低谷是较稳定的构象，称作构象异构体。反之，当旋转角为$0°$、$120°$、$240°$时，相应为全重叠式和旁重叠式，对应曲线的峰顶，势能较高，是不稳定构象，实际并不存在。

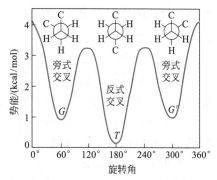

图3-72 正丁烷的旋转势能曲线

通常，分子从一种内旋转异构体转变到另一种内旋转异构体所需的能量称为内旋转位垒。位垒越高，内旋转越困难。而内旋转位垒则取决于非键合原子间的相互作用，即与分子的组成和结构相关。表3-11列出了部分化合物中单键的内旋转位垒值。因此，我们可以将对高分子链柔性的影响主要归结为高分子链近程结构的影响，即主链结构、取代基结构和交联结构的影响。

■ 表3-11 部分化合物中单键的内旋转位垒值

化合物	旋转键	旋转位垒 / (kcal/mol)
Cl_3C—CCl_3	C—C	12.00
H_3C—$C(CH_3)_3$	C—C	4.30
H_3C—$CH(CH_3)_2$	C—C	3.62
H_3C—CH_2—CH=CH_2	C—C	3.60
H_3C—CH_2CH_3	C—C	3.40
H_3C—CH_3	C—C	2.80
H_3C—CH=CH_2	C—C	1.95
H_3C—C≡C—CH_3	C—C	0
H_2C=CH—CH=CH_2	C—C	共轭键不能旋转
H_3C—CH_2Cl	C—C	3.69
H_3C—CH_2Br	C—C	3.57
H_3C—CH_2F	C—C	3.31
H_3C—OCH_3	C—O	2.72
H_3C—NH_2	C—N	1.90
H_3C—SH	C—S	1.06

① 主链结构的影响　极性小的碳链高分子，内旋转位垒较小，柔性较大，如聚乙烯、聚丙烯和乙-丙共聚物等。

双烯类聚合物主链中含有的双键（—C=C—）本身并不能发生旋转，但是它可促使最邻近双键的单键的内旋转更为容易，使高分子链仍表现出较大的柔性，如聚氯丁二烯、聚异戊二烯和聚丁二烯等。

具有共轭双键（—C=C—C=C—）的高分子链，由于π电子云没有轴对称性，且π电子云在最大程度交叠时能量最低，而内旋转会使π键的电子云变形和破裂，因此这类分子链不能旋转，为刚性链结构；主链上有环状结构链节的高分子链，其柔顺性也很低。另外，主链越长，使相距较远的链段间的相互牵制减弱，使高分子链可能存在的构象数增加，导致高分子链表现得更为柔顺。

不同元素组成的高分子链由于内旋转能力不同，造成链的柔性不同。在杂链高分子中，围绕C—O、C—N、Si—O等单键进行的内旋转其位垒均较C—C单键内旋转的位垒小（表3-11），因此，杂链高分子链一般是柔性链，如聚酯、聚酰胺、聚氨酯、聚二甲基硅氧烷等高分子链都是柔性链。

在结构间有强烈相互作用（主要是氢键或极性基团间的相互作用）的高分子链刚性较大。

② 取代基的影响　取代基对高分子链柔性的影响主要取决于取代基的极性、取代基沿分子链排布的距离、取代基在主链上的对称情况以及取代基的体积大小。

取代基极性越大，则非键合原子间相互作用越强，内旋转越困难，导致高分子链柔性减弱，刚性增强。如聚丙烯腈（PAN）、聚氯乙烯（PVC）和聚丙烯（PP），其取代基分别为—CN、—Cl和—CH$_3$，其中—CN极性最强，—CH$_3$极性最弱，三种聚合物分子链的柔性按PP＞PVC＞PAN顺序递减。

取代基沿分子链排布的距离越远，则非键合原子间相互作用力越弱，使高分子链表现出较大的柔性。例如氯化聚乙烯比聚氯乙烯分子链的柔性大，就是因为极性取代基氯原子在氯化聚乙烯主链中的数目比在聚氯乙烯主链中的数目少。

取代基在主链上的非对称分布将使高分子链的柔性降低。例如 $\pm CH_2-C\pm_{\overline{n}}$（X X两端）与 $\pm CH_2-C\pm_{\overline{n}}$（X Y两端）比较（X与Y是两类不同的取代基），前者取代基在主链上对称分布，后者则呈非对称分布，后者分子链的柔性明显低于前者。

非极性取代基对分子链柔性的影响主要体现在空间位阻效应上。取代基体积越大，则空间位阻效应越大，相应分子链的柔性也就越低。例如聚乙烯、聚丙烯、聚苯乙烯的侧基依次增大，其空间位阻效应也依次增大，使分子链的柔性依次降低。

③ 交联结构的影响　若分子链之间的次价力被主价力所取代，即会在线型长链分子之间形成交联。交联结构的形成，特别当交联度较大（如大于30%）时，将限制单键的内旋转，使大分子链柔性减弱。线型长链分子结构是高分子链显示柔性的根源，若分子链伸直成棒状、球状或高交联的体型结构，均会失去线型长链分子的特点，使分子的内旋转表现不出来，从而失去柔性。

除了分子内近程作用力的影响，高分子链单键的内旋转还受到分子内远程作用力和分子间作用力的影响，以及环境温度、外场、介质等外部条件的影响。

（3）高分子链的构象　构象是分子内非键合原子间相互作用的表现，受温度、高分子间相互作用、高分子溶液中高分子-溶剂相互作用以及外加力场的影响而改变。构象之间的转换通过单键内旋转完成，其转换速度极快，因而构象是不稳定的，这不同于构型。

随着各种作用力的增强，单键的内旋转受阻，高分子链的构象变化受到限制，构象数减少。随着环境温度的升高，分子的热运动增大，内旋转越自由，高分子链的构象数增多。

高分子链在不同聚集态和不同环境里有着不同的构象。例如，在溶液里，C—C单键比较容易内旋转，产生的构象数多，通常用无规线团来描述构象无规则地改变着的线型高分子；在固体非晶相里，从整体上讲，高分子的构象仍属无规线团构象，但就单个高分子链而言，却对应着某种构象，随着环境温度的升高和外场变化，单个高分子链的构象发生变化，构象数亦增加；在固体晶相里，高分子链呈周期性、高度规整性的排列，通常一种晶型对应一种高分子链构象，此时分子间相互作用力大，单键内旋转受到限制，导致其构象不易改变。

3.4.3 高分子链的聚集态结构

高分子链通过分子间力相互作用，由微观的单个分子链聚集成宏观的聚合物。高分子链的聚集态结构即是指高分子材料本体内部高分子链之间的几何排列状态，也称为高分子的三次结构和高次结构。其研究内容主要包括非晶态结构、晶态结构、液晶态结构、取向结构及超分子结构。由于聚合物结构的复杂性与不均一性，因此同一高分子材料还有晶区和非晶区、取向和非取向部分的排列问题。高分子链的聚集态结构取决于高分子链的一次结构（化学构成和立体构型）和二次结构（构象或形态），取决于分子间力，且依赖于其加工成型和后处理的工艺条件。当一次结构和二次结构确定以后，高分子链间的相互作用力的大小对高分子链的聚集态结构起着决定作用。

3.4.3.1 分子间作用力

相对于主价力，分子间力可称为次价力。主价力是构成化学键的力（包括离子键、共价键和金属键），键能较高，为 $4.2 \times 10^2 \sim 8.4 \times 10^2$ kJ/mol；次价力是使分子聚集在一起的分子间力，通常包括范德华力和氢键。其中，范德华力又包括取向力、诱导力和色散力三种。各种化学键的键能和键长见表3-12。

■ 表3-12 各种化学键的键能和键长

化学键	键能/（kcal/mol）	键长/Å	化学键	键能/（kcal/mol）	键长/Å
C—C	83	1.54	C—N	73	1.47
C=C	146	1.34	C—Cl	81	1.77
C—O	86	1.46	N—H	93	1.01
C=O	179	1.21	O—H	111	0.96
C—H	99	1.10			

取向力、诱导力和色散力是三种弱力，其作用能均较小，而氢键的键能相对较大，但均显著低于化学键的键能。对高分子化合物而言，这些次价力虽然小，但由于高分子化合物的链节数非常大（数百至数万），使每一个高分子链与相邻链之间的次价力的作用点数目很多，加合起来非常可观，因此高分子间的次价力有时可能超过其

主价力。

由于高分子的分子量很大，且具有多分散性，所以高分子链间的作用力不宜简单地用某一种力来表示，一般用内聚能或内聚能密度这一宏观的量来表征高分子链间的作用力。所谓内聚能是指1mol分子聚集在一起的总能量，它等于使1mol的液体蒸发或1mol的固体升华，使原来聚集在一起的分子分开到彼此不再相互作用的距离时所需要的总能量。

$$\Delta U = \Delta H_{气化} - RT$$

式中，ΔU是内聚能；$\Delta H_{气化}$是气化热；RT是转化为气体时所作的膨胀功。

内聚能密度是单位体积的内聚能，表示为$\Delta U/V$，其中V为摩尔体积。表3-13列出了某些高聚物的内聚能密度。一般来说，内聚能密度小于290J/cm³时，分子间作用力较小，分子链比较柔顺，容易变形，具有较好的弹性，通常可用作橡胶（聚乙烯易结晶，尽管内聚能密度较小也可作为塑料来使用）；内聚能密度在300～400J/cm³之间者，分子链刚性大，可以用作塑料；内聚能密度高于400J/cm³的高分子具有较高的结晶性和强度，一般可作纤维。

■ 表3-13 某些高聚物的内聚能密度

高分子化合物	内聚能密度 / (J/cm³)	高分子化合物	内聚能密度 / (J/cm³)
聚乙烯	259	聚乙酸乙烯酯	368
聚异丁烯	272	聚氯乙烯	380
聚异戊二烯	280	聚对苯二甲酸乙二酯	477
聚苯乙烯	309	聚酰胺-66	773
聚甲基丙烯酸甲酯	347	聚丙烯腈	991

3.4.3.2 高分子链的聚集态结构及其影响因素

固体物质按其内部结构可分为晶体和非晶体两大类。金属材料大多数是晶体，组成晶体的金属离子在三维空间呈周期性规则排列；而玻璃这类材料则属非晶体，组成非晶体的粒子在空间的排列是非周期的，称为无定形结构。

高分子链聚集态结构也有晶态结构和非晶态结构之分，近年来还提出了高分子液晶态结构及超分子结构。简单的高分子链，以及分子间作用力强的高分子链易于形成晶态结构；一次结构比较复杂或不规则的高分子链则往往形成非晶态（即无定形）结构。

（1）非晶态结构　聚合物的非晶态结构是指玻璃态、橡胶态、黏流态（或熔融态）及结晶聚合物中非晶区的结构。包括完全不能结晶的聚合物本体、部分结晶聚合物的非晶区和结晶聚合物熔体经骤冷而冻结的非晶态固体。

从分子结构的角度来看，非晶态聚合物包括：①高分子链结构的规整性很差，以致根本不能形成任何可观的结晶，如无规立构聚苯乙烯和无规立构聚甲基丙烯酸甲酯等无规立构聚合物；②链结构具有一定的规整性，可以结晶，但由于其结晶速率十分缓慢，以致其熔体在通常的冷却速度下，得不到可观的结晶，故而常呈现玻璃态的结构，如聚碳酸酯等；③有些聚合物其链结构虽然具有很好的规整性，但因其分子链十分柔软而不易结晶，在常温呈现橡胶态结构，在低温时才能形成可观的结晶。

非晶态聚合物的分子排列无长程有序，对X射线衍射无清晰点阵图案。从聚集态结构角度来看，有两种不同的基本模型来描述非晶态聚合物的结构：Flory的无规线团模型和Yeh的折叠链缨状胶束粒子模型。此外，还有一些介于这两种模型之间的模型。

Flory用统计热力学理论推导并实验测定了大分子链的均方末端距和回转半径及其与温度的关系。结果表明，非晶态聚合物无论在溶液中还是在本体内，其大分子链都呈无规线团状，且线团之间无规则地相互缠结，有过剩的自由体积。在此基础上提出了单相无规线团模型，如图3-73（a）所示。根据这一模型，非晶态聚合物结构犹如羊毛杂乱排列而成的毛毡，不存在任何有序的区域结构。这一模型可以很好地解释橡胶的弹性等许多其他行为，但该模型却难以解释某些聚合物（如聚乙烯）几乎能瞬时结晶的现象。这是因为很难设想原来杂乱排列、无规缠结的大分子链能在很短的时间内达到规则排列。因此，很多人对无规线团模型表示异议，提出了非晶态聚合物局部有序（即短程有序）的结构模型，其中最具代表性的是Yeh在1972年提出的折叠链缨状胶束粒子模型，亦称为两相模型，如图3-73（b）所示。该模型的主要特点是：认为非晶态聚合物不是完全无序的，而是存在局部有序区域，即包含无序和有序两个部分，因此称为两相结构模型。根据这一模型，非晶态聚合物主要包括两个结构区域：一个是由大分子链折叠而成的"球粒"或"链结"，其尺寸为3～10nm，在这种"球粒"中，折叠链的排列比较规整，但比晶态的有序性要小得多；另一个是球粒和球粒之间的完全无规区域，其尺寸为1～5nm。该模型中的OD区是分子链规则排列的有序区，其有序程度与试样的热历史、分子链的化学结构及范德华相互作用等因素有关；在OD区周围有1～2nm大小的球粒边界区，即GB区，它由折叠环圈构成；IG为球粒间区，由无规线团、低分子物、分子链末端和连接链等构成，其宽度为1～5nm。在这一模型中，一根高分子链可通过几个球粒和球粒间区。用这样的模型可很好地解释为什么非晶高聚物的密度较完全无规的同系物质更高，以及聚合物的结晶过程相当快的实验事实。

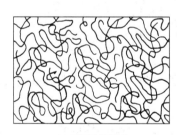 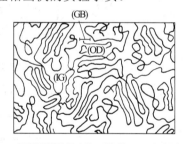

(a) 无规线团模型　　　　　　(b) 折叠链缨状胶束粒子模型(OD—有序区；
　　　　　　　　　　　　　　　GB—球粒边界区；IG—球粒间区)

图3-73　非晶态聚合物的结构模型

（2）晶态结构　聚合物晶态结构包括晶胞结构、晶体中高分子链的构象、晶体中高分子链的堆砌和聚合物的结晶形态。

① 晶胞　聚合物晶胞由一个或若干个高分子链的链段构成，在聚合物晶体晶胞结构中，沿高分子链方向和垂直于高分子链方向的原子间距离是不等的，因此聚合物不能形成立方晶系。聚合物晶胞结构和反映晶胞结构的晶胞参数取决于高分子的化学结构、构象及结晶条件。其中，聚合物晶胞中的高分子链可采取不同的构象。

② 结晶链的构象　聚合物晶体中高分子链的构象（即结晶链的构象）十分规整，在晶相中呈长程有序排列。其构象主要有平面锯齿形构象（也叫之字形构象）、螺旋形

构象、伸直链构象和滑移面对称构象等，其模型见图3-74。其中（a）为平面锯齿形构象，（b）、（c）、（g）和（h）为螺旋形结构，（d）、（e）和（f）则属于滑移面的对称型结构。每一种构象都与实际高分子链的结构相对应。

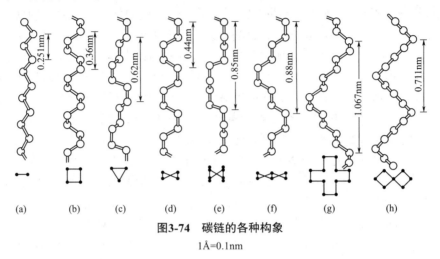

图3-74　碳链的各种构象

1Å=0.1nm

a.平面锯齿形构象　如聚乙烯主碳链在晶相中的重复周期为0.252nm，相当于一个平面锯齿的距离。

间规聚氯乙烯的结晶链也是锯齿形，其重复周期为0.51～0.52nm，相当于两个链节锯齿的距离。

反式和顺式聚异戊二烯的平面锯齿形链构象的重复周期分别为0.48nm和0.81nm。

聚酯和聚酰胺等缩聚物结晶链的构象也都呈平面锯齿形。图3-75是聚壬二酸乙二醇酯和聚癸二酸乙二醇酯的晶胞结构示意图。前者包含两个重复结构单元，后者包含一个重复结构单元。

b.螺旋形构象　如等规聚丙烯、等规聚苯乙烯结晶链。由于侧基的相互排斥，使主链构象形如螺旋。

取代基的大小可影响螺旋的周期，图3-76为全同立构 $\leftarrow CH_2—CHR \rightarrow_n$ 大分子链的螺

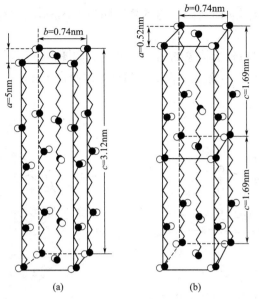

图3-75 聚壬二酸乙二醇酯（a）和聚癸二酸乙二醇酯（b）的晶胞结构示意图

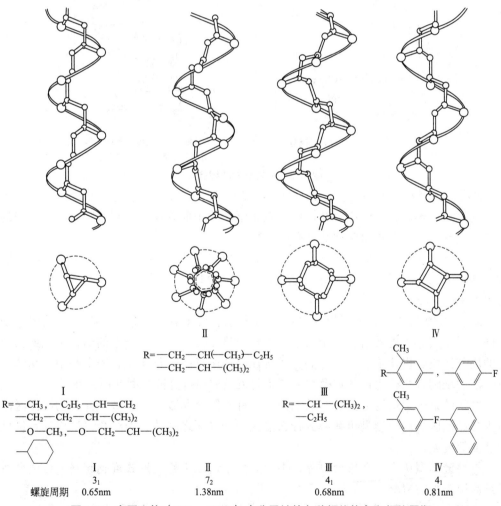

图3-76 全同立构 $\{CH_2\text{—}CHR\}_n$ 大分子链的各种螺旋构象和螺旋周期

169

旋构象和螺旋周期。全同立构聚丙烯的重复周期为0.65nm，包括三个单体链节，每个链节的轴转向为120°。

氢键的存在是影响高分子构象的另一个因素，如图3-77所示，蛋白质的大分子链由于分子内氢键的作用而呈 α-螺旋结构；核糖核酸由两根平行的大分子链间存在氢键而呈螺旋结构。

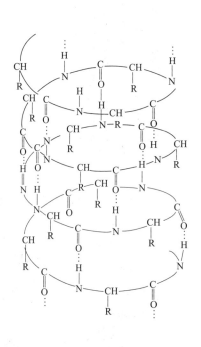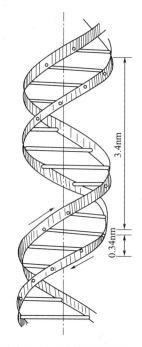

(a) 蛋白质的α-螺旋分子模型　　　　　　　(b) 核糖核酸的双螺旋模型(粗带代表
　　　　　　　　　　　　　　　　　　　　　分子链，棒代表分子链间的氢键)

图3-77　含有氢键的螺旋构象

c.滑移面对称型构象　　如图3-74所示（d）、（e）、（f），当沿着中心轴恰好滑移半个等同周期后，再以包括中心轴在内的垂直于纸面的平面为镜面，则其映象将与原来的结构完全重叠，这是滑移面对称型具有的特征。

d.部分伸直链和完全伸直链构象　　当聚合物在几千乃至几万大气压下结晶时可以得到完全伸直链的晶体。如聚乙烯在226℃、486.36MPa下结晶8h，所得晶体中伸直链长度可达$3×10^3$nm。

③ 聚合物晶体中高分子链的堆砌　　与小分子晶体中一个分子占据一个晶胞格子点不同，一个大分子通常占有多个格子点，构成格子点的是大分子链的结构单元或大分子链的局部链段。也就是说，一个高分子链在晶体中堆砌时贯穿了若干个晶胞。晶体中大分子链的堆砌方式有两种基本模型：缨状胶束模型和折叠链模型（图3-78）。

缨状胶束模型认为：聚合物结晶中存在许多胶束和胶束间区域，前者为结晶区，后者为非结晶区。这一模型可解释为什么晶区和非晶区之间的强力结合可形成具有优良力学性能等现象。

折叠链模型认为：在聚合物晶体中，大分子链以折叠的形式堆砌起来。该模型适用于结晶度较高的情况。

许多人将这两种模型融合，提出了一系列新模型（如插线板模型等），但基本上仍

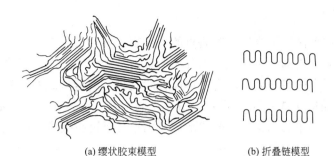

(a) 缨状胶束模型　　　　　　　　(b) 折叠链模型

图3-78　聚合物的晶态结构模型

处于上述两种模型的范畴。

由于高分子链的化学结构、结晶构象以及结晶条件不同，聚合物晶体中高分子链将采取不同的堆砌方式，而具有不同的晶体结构和晶胞参数。其中，聚乙烯结晶链的三维空间排列非常规整，属于正交晶系，其晶胞参数为$a=0.741nm$，$b=0.494nm$，$c=0.255nm$（链轴），c为分子链方向的等同周期，夹角$\alpha=\beta=\gamma=90°$，如图3-79所示。

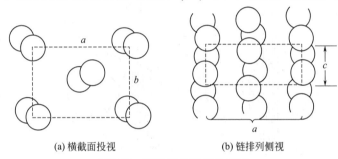

(a) 横截面投视　　　　　　　　(b) 链排列侧视

图3-79　聚乙烯结晶链的排列

一些聚合物在25℃的晶胞参数和晶体形状列于表3-14中。

④ 聚合物的结晶形态　根据结晶条件的不同，聚合物可以生成单晶体、树枝状晶体、球晶及其他形态的多晶聚集体。

■ **表3-14　一些聚合物在25℃的晶胞参数和晶体形状**

聚 合 物	晶胞中单基数目	晶胞参数/nm			螺旋	晶系
		a	b	c		
聚乙烯	2	0.741	0.494	0.255	—	斜方
间同聚氯乙烯	4	1.040	0.530	0.510	—	斜方
聚异丁烯	16	0.694	1.196	1.863	8/5	斜方
全同聚丙烯（α型）	12	0.665	2.096	0.650	3/1	单斜
全同聚丙烯（β型）	—	0.647	1.071		3/1	假六方
全同聚丙烯（γ型）	3	0.638	0.638	0.633	3/1	三斜
间同聚丙烯	8	1.450	0.581	0.73	4/1	斜方
全同聚乙烯基环己烷	16	2.19	2.19	0.65	4/1	正方
全同聚邻甲基苯乙烯	16	1.901	1.901	0.810	4/1	正方
全同聚-1-丁烯（1型）	18	1.769	1.769	0.650	3/1	三斜
全同聚-1-丁烯（2型）	44	1.485	1.485	2.060	11/1	正方
全同聚-1-丁烯（3型）	—	1.249	0.896		—	斜方
全同聚苯乙烯	18	2.208	2.208	0.663	3/1	三斜

a. 单晶　所谓单晶是指物质内部质点的短程有序性和长程有序性贯穿整个晶体，它是最完整的一种晶态结构，多从线型高分子的稀溶液中培养而得，而浓溶液和熔体一般生成球晶或其他形态的多晶体。聚合物单晶一般是由折叠链构成的片晶，链的折叠方向与晶面垂直。单晶的生成规律与低分子晶体相同，往往沿螺旋位错中心盘旋生成而变厚。图3-80是聚乙烯单晶结构、单晶片形成及由单分子链折叠增大单晶片过程示意图。

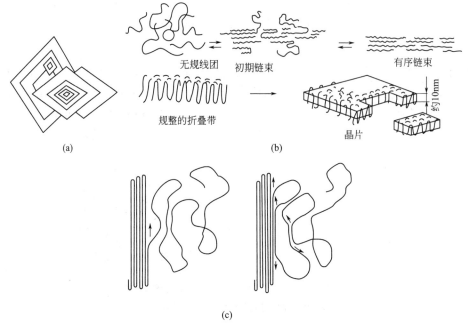

图3-80　聚乙烯单晶结构（a）、单晶片形成（b）及由单分子链折叠增大单晶片过程（c）示意图

b. 多晶　整个晶体由许多个取向不同的晶粒组成，不具有多面体的规则外形，其宏观物性呈各向同性。

c. 球晶　球晶是有球形界面、内部组织复杂的多晶体，由扭曲的晶片构成（图3-81），直径可达几十至几百微米，可用光学显微镜直接观察到。球晶的基本特征在于它是以核为起点，球形对称地生长起来，而不在于其外形是否呈球状。在偏光显微镜的正交偏振片之间，球晶呈现特有的黑十字消光或带有同心环的黑十字图形（图3-82）。

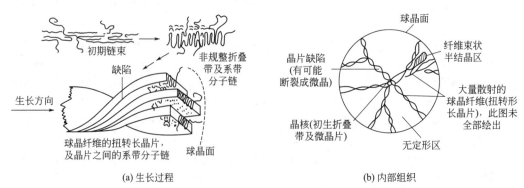

图3-81　球晶的生长过程及内部组织

d. 微晶 球晶受到突然变化的机械应力时会破损或界面发生滑动破裂，球晶纤维片缺陷会断碎成微晶。

e. 串晶 聚合物在切应力作用下结晶时，可生成一长串半球状的晶体，称为串晶。这种串晶具有直链结构的中心轴，其周围间隔地生长着由折叠链构成的片晶，如图3-83所示。由于存在伸直链结构的中心轴，串晶的机械强度较高。

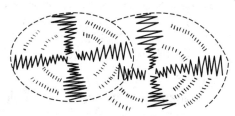

图3-82 球晶的偏光显微镜图像

与一般低分子晶体相比，聚合物晶体具有如下特点。

① 与一般低分子物质以原子、离子或分子作为单一结构单元排入晶格不同，除少数天然蛋白质以分子链球堆砌成晶体外，绝大多数高分子链以链段（或化学重复单元）排入晶胞中，且晶态高分子链轴常与一根结晶主轴平行。

② 由于高分子链内以原子共价键连接，分子链间存在范德华力或氢键相互作用，使其自由结晶时自由运动受阻，分子链难以规整堆砌排列，因此聚合物只能是部分结晶，并产生许多畸变晶格及缺陷，导致结晶不完善（图3-84）。结晶部分的含量用结晶度表示。测定方法有密度法、红外光谱法和X射线衍射法等。

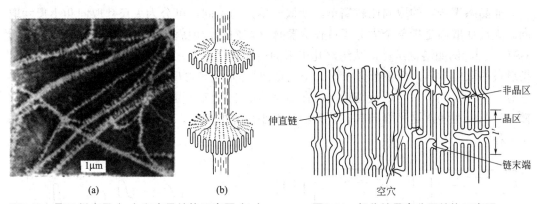

图3-83 聚乙烯串晶（a）和串晶结构示意图（b）   **图3-84 部分结晶高分子结构示意图**

③ 无确定熔点，结晶速率较慢（聚乙烯例外）。

④ 聚合物晶体形态多样。

（3）聚合物液晶态结构 聚合物液晶共有的突出特点是在力场中容易发生分子链取向，根据其介晶基团所在位置的不同可分为主链聚合物液晶和侧链聚合物液晶等（图3-85）。根据液晶的表现形式有溶致型液晶（溶液中表现为液晶）和热致型液晶（加热熔融表现为液晶）两种。聚合物液晶主要呈现为近晶型、向列型和胆甾型三种类型。聚合物液晶最突出的性质是其特殊的流变行为，即在高浓度、低黏度和低剪切应力下的高取向度。因此，让聚合物液晶流体流过喷丝口、模口或流道，即使在很低剪切速率下获得的取向，就可能制得高强度、高模量纤维、薄膜和模塑制品。

利用聚合物液晶可以制得分子复合材料、光学记录、储存和显示材料等。

（4）取向态结构 链段、整个大分子链以及晶粒在外力场作用下沿一定方向排列的

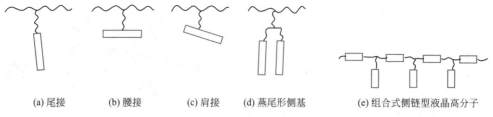

(a) 尾接　　　　(b) 腰接　　　　(c) 肩接　　　(d) 燕尾形侧基　　　　(e) 组合式侧链型液晶高分子

图3-85　液晶聚合物结构示意图

现象称为聚合物的取向，相应的链段、大分子链及晶粒称为取向单元。按取向方式可分为单轴取向和双轴取向；按取向机理可分为分子取向（链段或大分子取向）和晶粒取向。

单轴拉伸而产生的取向叫单轴取向，如图3-86（a）所示。双轴取向是沿相互垂直的两个方向上拉伸而产生的取向状态，其取向单元沿平面排列，而在此平面内，取向的方向是无规的，如图3-86（b）所示。

所谓分子取向是指高分子链或链段朝着一定的方向占优势排列的现象；而晶粒取向则是指晶粒的某晶轴或某晶面朝着某个特定的方向或与某个特定的方向成一个恒定的夹角或平行于某个特定的平面占优势排列的现象。

非晶态聚合物的取向比较简单。视取向单元的不同，可分为大尺寸取向和小尺寸取向。大尺寸取向是指整个大分子链作为整体是取向的，但就链段而言可能并未取向［图3-87（a）］。例如熔融纺丝，从纺丝孔出来的熔融体就有大尺寸取向现象。小尺寸取向是指链段的取向排列，而整个分子链的排列是杂乱的［图3-87（b）］。一般在温度较低时整个分子不能运动，只有链段能运动，在这种情况下取向就得到小尺寸取向。大尺寸取向慢，解取向也慢，这种取向状态较为稳定；小尺寸取向快，解取向也快，这种取向状态不太稳定。

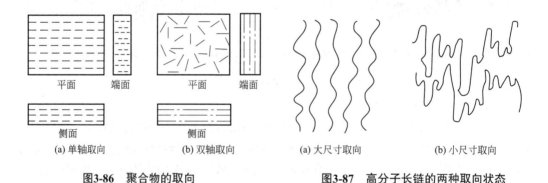

平面　　　　端面　　　　　　平面　　　　端面

侧面　　　　　　　　　侧面

(a) 单轴取向　　　　　　(b) 双轴取向　　　　　(a) 大尺寸取向　　　　(b) 小尺寸取向

图3-86　聚合物的取向　　　　　　　**图3-87　高分子长链的两种取向状态**

结晶聚合物的取向较为复杂，伴随有复杂的分子聚集态结构的变化。对于球晶聚合物，其取向实际上是球晶的形变过程。在球晶形变过程中，组成球晶的片晶之间发生倾斜、晶面滑移、转动，甚至破裂，部分折叠链被拉成伸直链，原有的结构部分或全部被破坏，形成由取向折叠链片晶和在取向上贯穿于片晶之间的伸直链所组成的新的结晶结构，这种结构称为微丝结构［图3-88（a）］。在拉伸取向过程中，也可能原有的折叠链片晶部分地转变成分子链沿拉伸方向规则排列的伸直链晶体 [图3-88 (b)]。

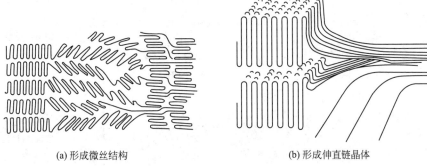

(a) 形成微丝结构　　　　　　　(b) 形成伸直链晶体

图3-88　结晶聚合物的取向

拉伸取向的结果是伸直链段增多，折叠链段减少，系结链数目增多，从而使材料的机械强度和韧性提高。拉伸取向使聚合物在多种性能（如力学性能、光学性能、电学性能和热性能等）方面呈现出明显的各向异性，使高分子材料在特定方向获得许多优良的使用性能。

综上所述，聚合物聚集态结构是影响高分子材料性能的直接因素，可归纳为以下三种结构的组合（图3-89）：①分子链是无规线团的非晶态结构；②分子链折叠排列，为横向有序的折叠链片晶；③伸直平行取向排列，为横向有序的伸直链晶体。实际情况下，任何一种高分子材料都可视为由这三种结构按不同比例组合而成的"混合物"。

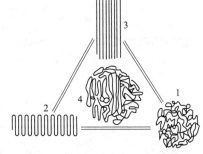

图3-89　聚合物聚集态结构示意图

1—表示非晶态；2—表示折叠链结构；
3—表示伸直链结构；4—表示在通常情况下
部分结晶聚合物的聚集态结构，由1、2、3
三种大尺寸构象单元按不同比例组合

3.4.4　高分子材料的组成和织态结构及微区结构

3.4.4.1　高分子材料的组成

聚合物是高分子材料的最基本组分。按照主链结构，可将聚合物分成碳链、杂链和元素有机高分子三类，表3-15和表3-16列出了一些常用聚合物品种。按照聚合物在加热状态下的行为又可分为热塑性聚合物和热固性聚合物。热塑性聚合物受热时可以塑化和软化，冷却时则凝固成型，温度改变时可以反复变形。聚乙烯、聚苯乙烯、聚碳酸酯等都属于这一类。热固性聚合物受热时塑化和软化，发生化学变化，并固化定型，冷却后如再次受热时，不再发生塑化变形。表3-17列出了一些热固性聚合物品种，如酚醛树脂等。按照来源，又可将聚合物分为合成聚合物和天然聚合物。表3-15～表3-17所列的是合成聚合物。动物体中的蛋白质和植物体中的纤维素是人们最熟知的两类天然聚合物。如图3-77所示，蛋白质是由氨基酸的聚合物多肽按一定空间有序结构排列而成。而纤维素则是一种含杂环结构的刚性链聚合物。

■ 表3-15 碳链聚合物

聚合物名称	符　号	重复结构单元	应用类型
聚乙烯	PE	$-CH_2-CH_2-$	塑料、纤维
聚丙烯	PP	$-CH_2-\underset{\underset{CH_3}{\vert}}{CH}-$	塑料、纤维
聚苯乙烯	PS	$-CH_2-\underset{\underset{C_6H_5}{\vert}}{CH}-$	塑料
聚氯乙烯	PVC	$-CH_2-\underset{\underset{Cl}{\vert}}{CH}-$	塑料、纤维
聚乙烯醇	PVA	$-CH_2-\underset{\underset{OH}{\vert}}{CH}-$	纤维
聚甲基丙烯酸甲酯	PMMA	$-CH_2-\underset{\underset{COOCH_3}{\vert}}{\overset{\overset{CH_3}{\vert}}{C}}-$	塑料
聚丙烯腈	PAN	$-CH_2-\underset{\underset{CN}{\vert}}{CH}-$	纤维
聚异戊二烯	PIP	$-CH_2-\underset{\underset{CH_3}{\vert}}{C}=CH-CH_2-$	橡胶
聚丁二烯	PB	$-CH_2-CH=CH-CH_2-$	橡胶
聚四氟乙烯	PTFE	$-CF_2-CF_2-$	塑料、涂料

■ 表3-16 杂链和芳杂环聚合物

聚合物名称	符　号	重复结构单元	应用类型
聚己内酰胺	PA-6	$-NH(CH_2)_6CO-$	塑料
聚己二酸己二胺	PA-66	$-NH(CH_2)_6NH-CO(CH_2)_6CO-$	塑料、纤维
聚对苯二甲酸乙二醇酯	PET	$-OCH_2CH_2O-\overset{\overset{O}{\Vert}}{C}-\langle\bigcirc\rangle-\overset{\overset{O}{\Vert}}{C}-$	塑料、纤维
聚甲醛	POM	$-O-CH_2-$	塑料
聚氨酯	PU	$-O(CH_2)_2O-\underset{\underset{O}{\Vert}}{C}NH(CH_2)_6NH\underset{\underset{O}{\Vert}}{C}-$	塑料、涂料、橡胶
聚醚醚酮	PEEK	$-O-\langle\bigcirc\rangle-O-\langle\bigcirc\rangle-\overset{\overset{O}{\Vert}}{C}-\langle\bigcirc\rangle-$	塑料

聚合物名称	符号	重复结构单元	应用类型
聚酰亚胺	PI		
聚对苯二甲酸对苯二胺			纤维
纤维素			塑料、纤维
聚碳酸酯	PC		塑料

■ 表3-17　热固性聚合物

聚合物名称	符号	重复结构单元	应用类型
酚醛树脂	PF		黏合剂、涂料、复合材料
环氧树脂	EP		黏合剂、涂料、复合材料、塑料
不饱和聚酯			塑料
脲醛树脂			塑料、复合材料
双马来酰亚胺	BMI		塑料、复合材料
有机硅塑料	SI		塑料

从应用角度讲，虽然某些高分子材料是由纯聚合物构成的，但大多数高分子除基础组分聚合物之外，尚需加入其他一些辅助组分才能获得具有实用价值和经济价值的材料。不同类型的高分子材料需要不同类型的添加成分，有些是改善制品性能的需要，有些是改善成型加工性能的需要。根据高分子材料的不同类型，除基础组分聚合物外，其他成

分举例如下。

① 塑料：增塑剂、稳定剂、填料、增强剂、颜料、润滑剂、增韧剂等。

② 橡胶：硫化剂、促进剂、防老剂、补强剂、填料、软化剂等。

③ 涂料：颜料、催干剂、增塑剂、润湿剂、悬浮剂、稳定剂等。

可见，高分子材料是组成相当复杂的一种体系，每种组分都有其特定的作用。要全面了解一种高分子材料，不但需要研究其基础组分聚合物，尚须了解其他组分的性能和作用。

3.4.4.2 高分子材料的织态结构和微区结构

高分子材料的织态结构和微区结构是指聚合物聚集体中，因聚合物分子间的物理和化学相互作用，以及聚合物分子与非聚合物分子间的相互作用形成的相互排列状态、形状和尺寸等。

从前文可知，除单晶外，无论分子链呈什么结构，大分子链的排列都是远程无序的。但在许多情况下，大分子在近程、微小区域的排列又常常是有序的，呈现出一定的形状分布。即无论是部分结晶或全部为无定形（非晶态）的聚合物，也无论是均聚体系、共聚体系还是复合体系，都存在有若干大分子链有规律地聚集在一起，形成不同紧密程度、不同形状和尺寸的若干微区。就结晶高分子而言，一般只是部分结晶，大分子链穿过多个微晶区和非晶态区域，微晶区由非晶区隔开。即使是整个为球晶的聚合物也不完全是晶态，球晶之间存在无取向的区域，仍然为远程无序。同样，对于非晶态聚合物也存在不同的区域性结构，例如，室温下，非晶态结构的顺丁橡胶内部并非完全均匀，而是由一定规整度的区域所组成。因此，聚合物结构具有非均匀性，即使同一高分子材料内也存在晶区和非晶区及取向和非取向部分的排列问题。此外，高分子材料中添加的其他物质，也会产生聚合物与这些物质间的相互作用和相互排列问题。而上述所有这些排列状态均涉及高分子材料的织态结构和微区结构。

对于聚合物共混物，这种微区结构更加明显。由于绝大多数聚合物之间是热力学不相容的，使聚合物共混物为多相结构，且呈现出不同的相区结构形态。而在添加有添加剂的高分子材料中，存在添加剂与高分子链间如何以其化学物理的状态互相堆砌成整块添加剂的高分子材料中，还存在添加剂与高分子链以何种状态堆砌成整块高分子材料的结构问题，以及各组成物间的界面问题。

微区结构是在材料的制备和加工成型过程中形成的，对于高分子材料的宏观性能（主要是力学性能）有着直接的影响。即使聚合物分子结构和组成都相同，但当其微区结构不同时，其材料性能也会显著不同。利用分析测试手段，目前已能较清楚地观察到几至几百纳米尺度范围内的各种结构形态，包括结晶、无定形（非晶）、取向、填料（纤维和颗粒）等与聚合物之间，以及聚合物与聚合物之间形成的界面层（包括表面层在内）。常用的微区结构研究分析测试方法有形态结构和分布，可用电子显微镜直接观察；结晶区和非结晶区的含量可用电子探针测试或由X射线衍射测得；微晶区的结晶形态也可用X射线衍射来分析。对共混高聚物，还可通过测定各种力学松弛性能，特别是玻璃化转变特性来确定聚合物之间的混合程度，并推断其形态结构。

综上所述：高分子材料的结构层次是一层紧扣一层。宏观高分子材料的构成，最先由不同的原子构成具有反应活性的、有固定化学结构的小分子，这些小分子在一定反应条件下，通过高分子的聚合反应（加聚或缩聚），生成由若干个相同的结构单元依照一定顺序和空间构型键接而成的高分子链；这些高分子链因单键的旋转而构成具有一定势能分布的高分子构象；具有一定构象的高分子链再通过次价力或氢键的作用，聚集成有一定规则排列的高分子聚集体；这些微观状态的高分子聚集体在一定的物理条件下，或与其他添加物质（如填料、增塑剂、颜料、染料、稳定剂等）配合，通过一定的成型加工手段，达到由若干微区结构构成的更高一级的宏观聚集态结构层次（高次结构、微区结构），并最终成为具有使用性能的高分子材料。

3.4.5　聚合物共混材料

3.4.5.1　基本概念和类型

聚合物共混物是指两种或两种以上聚合物通过物理的或化学的方法共同混合而形成的宏观上均匀、连续的高分子材料。聚合物共混改性与聚合物共聚改性一起，共同构成高分子材料改性的主要方法，是获得具有优异综合性能的高分子材料的有效途径。聚合物共混物与共聚物的差别在于：前者是各组成聚合物通过分子间作用联系在一起，通过各组成聚合物的结构互补实现其性能互补；后者是各单体单元在一定条件下，通过化学键结合在一起，即在同一高分子链上同时存在两种或多种结构单元，共聚物的性能由这些结构单元共同贡献。

聚合物共混物的初期概念仅局限于异种聚合物组分间的简单物理混合。20世纪50年代ABS树脂的出现，形成了"接枝共聚-共混物"这一新概念。随着对聚合物共混体系形态结构研究的深入，发现存在两相结构是此种体系的普遍而重要的特征。所以，广义而言，凡是具有多相结构的聚合物体系均属于聚合物共混物的范畴。据此，具有多相结构的接枝共聚物、嵌段共聚物、互穿聚合物网络（IPN）、复合的聚合物（复合聚合物薄膜、复合聚合物纤维）、甚至含有均相和非均相的均聚物、含有不同晶型结构的聚合物均可看做聚合物共混物。因此，聚合物共混物具有多种类型。图3-90给出了各类聚合物共混物结构示意图。

根据不同的分类方法，可将聚合物共混材料分为不同类型。按聚合物组分数目分类，可分为二元及多元聚合物共混物。按分散相与连续相之间的相互作用特点分为化学共混材料和物理共混材料。接枝共聚物和嵌段共聚物属化学共混范畴，存在相区，但其分散相和连续相之间通过化学键作用，物理共混物则又包含多种共混体系，包括塑料与橡胶的共混、橡胶与橡胶的共混和塑料与塑料的共混等，其特点是参与共混的两组分间

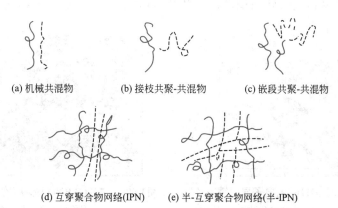

(a) 机械共混物　　　　(b) 接枝共聚-共混物　　　　(c) 嵌段共聚-共混物

(d) 互穿聚合物网络(IPN)　　　(e) 半-互穿聚合物网络(半-IPN)

图3-90　各类聚合物共混物结构示意图

不存在化学键，分散相与连续相间通过非化学键力相互作用。按共混物中基体树脂的名称可分为聚烯烃共混物、聚氯乙烯共混物、聚酰胺共混物等。按连续相与分散相的特性，可分为有橡胶增韧塑料和塑料增强橡胶等共混体系。二者间的差异在于，前者以橡胶作为分散相分布在热塑性塑料连续相中，可产生对塑料的增韧作用，后者则以高模量组分（一般为塑料）作为分散相分散在低模量的聚合物（一般为橡胶）连续相中，可获得增强的高分子材料，例如聚苯乙烯与丁苯橡胶的共混。此外，按共混物聚集态结构还可分为非晶态-非晶态聚合物共混物、晶态-非晶态聚合物共混物和晶态-晶态聚合物共混物等。

3.4.5.2 聚合物共混物的形态结构

对于聚合物共混物，其形态结构是指不同聚合物之间所有组成的相结构，亦称微相结构，其尺寸范围为$0.01 \sim 10\mu m$。由于聚合物共混物由两种或多种聚合物组成，因而可能形成两个或两个以上的相。本节主要讨论双组分体系，其基本原则同样适用于多组分体系。

在多相聚合物体系中，每一相都以一定的聚集形态存在。因为相之间的交错，使连续性较小的相或不连续的相被分成许多区域，这种区域称为相畴或微区。对不同的体系，其相畴的形状和大小也不同。

由双组分构成的两相聚合物共混物，其形态结构按相的连续性可分成单相连续、两相连续及两相交错三种类型。

（1）单相连续结构　单相结构是指组成聚合物共混物的两个相或多个相中只有一个相连续。此连续相可看作分散介质，其他的相分散于连续相之中，称为分散相。根据分散相相畴的形态，又可分为分散相形状不规则、分散相颗粒规则和分散相为胞状3种情况。

① 分散相形状不规则　分散相由大小不一、形状极不规则的颗粒组成。机械共混法制得的产物，如高抗冲聚苯乙烯（HIPS），一般具有这种形态结构（图3-91）。

② 分散相颗粒规则　分散相颗粒比较规则，一般为球形，也有柱状的情况。颗粒内不包含连续相成分。用羧酸丁腈橡胶（CTBN）增韧的双酚A二缩水甘油醚类环氧树脂即是这种形态结构的实例（图3-92）。

③ 分散相为胞状结构或香肠状结构　这类形态结构较为复杂。其特点是分散相颗粒内包含有由连续相成分所构成的更小的颗粒，其截面类似香肠，所以称为香肠结构。也可把分散相颗粒当作胞，胞壁由连续相成分构成，胞内又包含由连续相成分构成的更小的颗粒，所以又称为胞状结构。接枝共聚-共混物一般都具有这种结构，例如由乳液

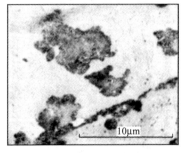

图3-91　机械共混法HIPS的电子显微镜照片
（黑色不规则颗粒为橡胶分散相）

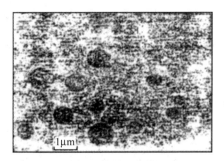

图3-92　8.7%CTBN橡胶增韧的环氧树脂结构
（黑色小球为橡胶颗粒）

材料科学与工程基础

接枝共聚-共混法制得的ABS树脂即具有这种形态结构（图3-93）。

（2）两相连续结构 互穿网络聚合物可作为两相连续共混物的典型例子。在这种共混物中，两种聚合物网络相互贯穿，使得整个样品成为一个交织网络。如果两种聚合物组分混溶性不好，就会发生一定程度的相分离，这时两种聚合物网络就不是分子尺度的相互贯穿，而是相畴程度的相互贯穿。此时两种组分仍能保持各相的连续性，只是两相的连续程度不同。一般而言，聚合物构成的相连续性较大，对IPN性能的影响也较大。两种组分的混溶性越好，交联度越大，IPN两相结构的相畴就越小，连续性也就越大。图3-94为*cis*-PB/PS IPN的电子显微镜照片。

（3）两相互锁或交错结构 这种形态结构的特点是每一组分都没有形成贯穿整个样品的连续相。当两组分含量相近时常会生成这种结构。例如SBS三嵌段共聚物，当丁二烯含量为60%左右时即生成两相交错的层状结构（图3-95）。

对于结晶性聚合物还需考虑共混时结晶形态和结晶度的改变。图3-96和图3-97分别示出了聚合物共混物中，其中一种聚合物是结晶性聚合物和两种聚合物都是结晶性聚合物的共混物形态结构的基本情况。

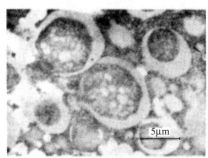

图3-93 G型ABS的电子显微镜照片
（黑色部分为聚丁二烯）

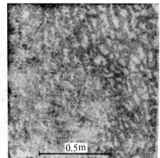

图3-94 *cis*-PB/PS IPN的电子显微镜照片
（*cis*-PB/PS=24/7，较黑的部分为PB）

图3-95 SBS（丁二烯含量60%）的形态结构
（样品为以甲苯为溶剂的浇铸薄膜。黑色部分为丁二烯相，白色部分为苯乙烯相）

3.4.5.3 聚合物共混物的界面层

两种聚合物形成的共混物中存在三种区域结构：两种聚合物各自独立的相和这两相之间的界面层。界面层也称为过渡区，在此区域发生两相的黏合和相互作用，对共混物的性能有重要影响。

根据两相之间结合力的性质，界面层有两种基本类型：两相之间存在化学键，如接枝共聚物和嵌段共聚物等；两相之间无化学键，如一般的机械共混物和互穿聚合物网络等。本文主要讨论第二种情况，但其基本原则也适用于第一种情况。

聚合物共混物界面层的形成分为两步：第一步是两相之间的接触；第二步是两种聚合物链段之间的相互扩散，以增加两相间的接触面积，这样有利于增加两相之间的结合力。因此共混过程中保证两相之间的高度分散十分重要。两种大分子链段之间的相互扩散程度主要取决于两种聚合物之间的混溶性。完全不混溶的聚合物，其分子链之间只有轻微扩散，这时两相之间具有非常明显和确定的相界面；随着两种聚合物混溶性增加，相互扩散程度提高，相界面越来越模糊，界面层厚度越来越大，两相之间的黏合作用增

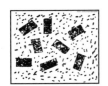
(a) 晶粒分散在非晶区

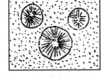
(b) 球晶分散在非晶区

(c) 非晶态分散在球晶中

(d) 非晶态聚集成较大的
相畴分布在球晶中

图3-96　晶态-非晶态聚合物共混物形态结构

(a) 两种晶粒分散在非晶区

(b) 球晶和晶粒
分散在非晶区

(c) 分别生成两种
不同的球晶

(d) 共同生成
混合型球晶

图3-97　晶态-晶态聚合物共混物形态结构

强；两种聚合物完全混溶时，最终形成均相，相界面完全消失。

一般情况下，界面层的厚度约为几十纳米。当相畴很小时，界面层的体积可占相当大的比例，例如分散相颗粒为1μm时，界面层体积即可达20%。因此，界面层可看成两种聚合物相之间的"第三相"。在界面层，两种聚合物存在明显的浓度梯度，相应聚合物的形态结构也不同于本体相中聚合物的形态结构。若在共混体系中加入其他添加剂，则这些添加剂在两种聚合物组分中和在界面层中的分布一般是不相同的。具有表面活性的添加剂和表面活性杂质有向界面层富集的倾向。在界面层，聚合物大分子的形态和聚集态结构都有不同程度的改变，聚合物密度也有变化。当两种聚合物混溶性较差时，界面层的密度常小于平均密度。上述影响因素均对共混物性能产生重要影响。

小故事

导电聚合物

3.5　复合材料的组成与结构

3.5.1　复合材料定义及分类

3.5.1.1　复合材料的定义

什么是复合材料？迄今还没有一个严格精确而又统一的定义。着眼于性能特征，《材料大辞典》给出了一个相对比较完整的定义："复合材料是由有机高分子、无机非金属或金属等几类不同材料通过复合工艺组合而成的新型多相固体材料，它既能保留原组分材料的主要特色，又通过复合效应获得原组分所不具备的性能，可以通过材料设计使各组分的性能互相补充并彼此关联，从而获得新的优越性能，与一般材料的简单混合有本质的区别。"

所谓"复合"即含有多元多相组合之义，简单地说，复合材料就是用两种或两种以上不同性能、不同形态的组分材料通过复合手段组合而成的一种多相材料。从组成与结构分析来看，此多相材料其中一相是连续的，称为基体相；另一相是分散的是被基体所包容，称为增强相。复合材料的各个相明显不同，在两相界面上可以通过物理手段将其分开。从微观层次上，发现增强相和基体相之间的界面由于复合时复杂的物理和化学原

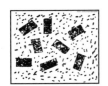

材料科学与工程基础

因，衍变为既不同于基体相、又不同于增强相组分本体的复杂结构，同时还发现这一结构和形态对复合材料的宏观性能产生重要的影响，所以，界面附近这一结构与性能发生变化的微区也可作为复合材料的一个组分，称为界面相。因此，复合材料是由基体相、增强相和界面相组成的。

这里需要指出的是，从广义上讲，任意两种或两种以上不同化学性质的组分组合而成的材料均可称之为复合材料，其包括的范围比较广泛，如天然材料：竹、木、椰壳、动物骨骼、皮肤等，以及人工材料如金属合金、高分子共聚物和共混物等，这些材料都具有一定的复合材料特征，但这些不属于本章论及的范围。

3.5.1.2 复合材料分类及命名

目前，对材料的分类普遍认为可分成：金属材料、无机非金属材料、有机高分子材料和复合材料。复合材料是以前三种材料为组分经人工复合而成的，如表3-18所示。

■ 表3-18 复合材料系统组合

<table>
<tr><td colspan="2" rowspan="2">分 散 相</td><td colspan="3">连 续 相</td></tr>
<tr><td>金属材料</td><td>无机非金属材料</td><td>有机高分子材料</td></tr>
<tr><td rowspan="3">金属
材料</td><td>金属纤维</td><td>金属纤维/金属基复合材料</td><td>钢丝/水泥基复合材料</td><td>增强橡胶</td></tr>
<tr><td>金属晶须</td><td>晶须/金属基复合材料</td><td>晶须/陶瓷基复合材料</td><td>晶须/树脂基复合材料</td></tr>
<tr><td>金属片材</td><td></td><td></td><td>金属板/塑料芯层叠材料</td></tr>
<tr><td rowspan="8">无
机
非
金
属
材
料</td><td rowspan="3">陶瓷</td><td>纤维</td><td>纤维/金属基复合材料</td><td>纤维/陶瓷基复合材料</td><td>纤维/树脂基复合材料</td></tr>
<tr><td>晶须</td><td>晶须/金属基复合材料</td><td>晶须/陶瓷基复合材料</td><td>晶须/树脂基复合材料</td></tr>
<tr><td>颗粒</td><td>弥散强化合金材料</td><td></td><td>无机粒子填充高分子</td></tr>
<tr><td rowspan="2">玻璃</td><td>纤维</td><td></td><td></td><td>玻纤/树脂基复合材料</td></tr>
<tr><td>粒子</td><td></td><td></td><td>玻璃微珠填充高分子</td></tr>
<tr><td rowspan="2">碳</td><td>纤维</td><td>碳纤/金属基复合材料</td><td>碳纤/陶瓷基复合材料</td><td>碳纤/树脂基复合材料</td></tr>
<tr><td>颗粒</td><td></td><td></td><td>炭黑/橡胶
炭黑/树脂基复合材料</td></tr>
<tr><td>有机高分子材料</td><td colspan="2">有机纤维</td><td></td><td></td><td>有机纤维/树脂基复合材料</td></tr>
</table>

复合材料通常有以下几种分类：

① 按基体类型分为：聚合物基复合材料（PMC），金属基复合材料（MMC），无机非金属基，即陶瓷基复合材料（CMC）等。

② 按增强纤维分为：玻璃纤维复合材料，碳纤维复合材料，有机纤维复合材料，陶瓷纤维复合材料等。

③ 按使用类型分为：结构复合材料，功能复合材料，智能复合材料等。

④ 按分散相形态分为：颗粒增强复合材料，连续纤维增强材料，短纤维或晶须增强复合材料，片状材料增强复合材料（二维），三维编织复合材料等。

此外，还有一些专指某些范围的名称，如：近代复合材料、先进复合材料、生体复合材料、混杂复合材料、功能梯度复合材料、机敏复合材料、智能复合材料等。比如所谓先进复合材料是指那些以碳纤维、碳化硅纤维、硼纤维、有机纤维等增强的复合材料，先进复合材料的比强度大于4×10^6 cm，比模量大于4×10^8 cm。这里不再一一叙述。

按基体材料分类详见图3-98，按增强材料类型及在复合材料中的分布状态分类，以PMC为例，如图3-99所示。

树脂基
- 热固性树脂基
  - 环氧树脂
    - 多官能团环氧复合材料
    - 环氧/酚醛复合材料
  - 酚醛树脂
    - 低压酚醛复合材料
    - 高压酚醛复合材料
    - 改性酚醛复合材料
    - 环氧酚醛复合材料
  - 不饱合聚酯基复合材料
  - 双马来酰亚胺基复合材料
  - 脲醛基复合材料
  - 聚氨酯基复合材料
  - 热固型聚酰亚胺基复合材料
  - 三聚氰胺基复合材料
  - 有机硅基复合材料
  - 苯并噁嗪树脂基复合材料
  - 芳基乙炔树脂基复合材料
  - 氰基树脂基复合材料
- 热塑性树脂基
  - 聚苯硫醚基复合材料
  - 聚醚醚酮基复合材料
  - 聚醚酮酮基复合材料
  - 聚醚酮复合材料
  - 聚砜基复合材料
  - 热塑性聚酰亚胺基复合材料
  - 聚醚酰亚胺基复合材料
  - 聚甲醛基复合材料
  - 聚丙烯基复合材料
  - 聚四氟乙烯基复合材料
  - 聚碳酸酯基复合材料
  - 聚苯并咪唑基复合材料
  - 聚喹噁啉基复合材料
  - 聚芳醚腈基复合材料

金属基复合材料
- 铝基复合材料
- 镁基复合材料
- 钛基复合材料
- 铜基复合材料
- 镍基复合材料
- 锌合金基复合材料
- 铅基复合材料
- 金属间化合物基复合材料

无机非金属基
- 陶瓷基
  - 碳化硅基复合材料
  - 氮化硅基复合材料
  - 氧化铝基复合材料
  - 氧化锆基复合材料
  - PSZ 陶瓷基复合材料
  - TZP陶瓷基复合材料
  - ZTA陶瓷基复合材料
  - Sialon陶瓷基复合材料
- 玻璃陶瓷基
  - 石英玻璃基复合材料
  - LAS(Li_2O-Al_2O_3-SiO_2)玻璃陶瓷基复合材料
  - MAS（MgO-Al_2O_3-SiO_2）
  - Basialon
- 水泥基
  - 硅酸盐水泥基复合材料
  - 氯氧镁水泥基复合材料
- 碳基复合材料
- 纳米陶瓷基复合材料

图3-98 按基体材料分类的复合材料

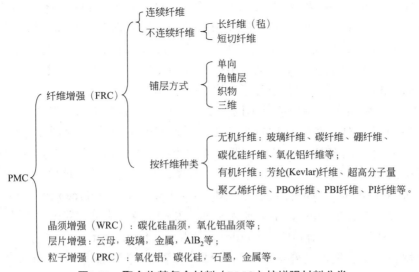

图3-99 聚合物基复合材料（PMC）按增强材料分类

根据复合材料的定义，对它的命名是以相为基础的，命名方法是将增强相或分散相材料放在前，基体相或连续材料放在后，之后再缀以复合材料。如碳纤维和环氧树脂构成的复合材料称为碳纤维环氧复合材料，通常为书写方便，在增强相材料与基体相材料之间划一个半字线（或斜体），再加复合材料。如上面的碳纤维环氧复合材料可写作"碳纤维-环氧复合材料"，更简化一点写成"碳-环氧"，硼纤维与铝构成的复合材料称为"硼纤维铝复合材料"简写成"硼-铝"，余者类推。

3.5.2 复合材料的组成

3.5.2.1 概述

复合材料由基体和增强材料两个组元（有时将界面相称为另一组元）组成。复合材料的基体是一个庞大的材料体系，如图3-98所示。聚合物基复合材料、金属基复合材料、陶瓷基复合材料、碳/碳复合材料以及无机凝胶复合材料，一起构成现代复合材料体系。由于每类基体材料所具有的物理和化学性质存在巨大差异，其赋予了每一类复合材料鲜明的性能和工艺特点。

复合材料所用的增强材料主要有三类，即纤维及其织物、短纤维与晶须以及颗粒。天然纤维如植物纤维（棉花、麻类、竹、木等）、动物纤维（丝、毛）和矿物纤维（石棉），一般强度都较低，现代复合材料主要使用合成纤维。合成纤维分有机纤维和无机纤维两大类。有机纤维有Kevlar纤维，超高分子量聚乙烯纤维、超高分子量聚乙烯醇纤维，PBO纤维、PBI纤维、PI纤维、尼龙纤维等；无机纤维包括玻璃纤维、碳纤维、硼纤维、碳化硅纤维、氧化铝纤维、玄武岩纤维、氮化硅纤维、氧化锆纤维、氧化铍纤维、氧化镁纤维、氧化钛纤维、氮化硼纤维和硼化钛纤维等。

晶须（wisker）是指具有一定长径比（一般大于10）以及截面积小于$1 \times 10^{-6} cm^2$的单晶纤维材料。晶须的直径可由0.1微米至几个微米，长度一般为数十微米至数千微米，但具有实用价值的晶须直径为$1 \sim 10 \mu m$，长径比在$5 \sim 100$。晶须是含缺陷很少的单晶短纤维，其抗拉强度接近其纯晶体的理论强度。晶须可分为金属晶须（如Ni、Fe、Cu、

Si、Ag、Ti、Cd等），氧化物晶须（如MgO、ZnO、BeO、Al_2O_3、TiO_2、Y_2O_3、Cr_2O_3等），陶瓷晶须（SiC、TiC、ZrC、WC、B_4C等），氮化物晶须（如SiN_4、TiN、ZrN、BN、AlN等），硼化物晶须（如TiB_2、ZrB_2、TaB_2、CrB、NbB_2等）和无机盐类晶须（如$K_2Ti_6O_{13}$和$Al_{18}B_4O_{33}$等）。迄今，尽管已开发的晶须品种繁多，但商品化的晶须仅有SiC、Si_3N_4、TiN、Al_2O_3、钛酸钾和莫来石等少数几种晶须。

复合材料中所用的颗粒与填料不同，尽管填料加入基体中可对其力学性能有一定的影响，但填料主要是在复合材料中起填充体积的作用。复合材料所用的颗粒主要是指具有高强度、高模量、耐热、耐磨、耐高温的陶瓷和石墨等非金属颗粒，如碳化硅、氧化铝、氮化硅、碳化钛、碳化硼、石墨、细金刚石等，这些称为颗粒增强体（particle reinforcement）或刚性颗粒增强体（rigid particle reinforcement）。颗粒增强体以很细的粉末（一般在10μm以下）加入金属基和陶瓷基中起提高强度、模量和韧性的作用。还有一种延性颗粒增强体（ductile particle reinforcement），主要为金属颗粒，一般是加到陶瓷基体和玻璃陶瓷基体中增加材料的韧性，但金属颗粒的加入会使材料的高温力学性能有所下降。由上述可知，不论基体还是增强体都品种繁多。显然，基体与增强体的选择与匹配是复合材料设计最重要的内容之一。下面简要介绍几种复合材料体系。

3.5.2.2　聚合物基复合材料（PMC-Polymer Matrix Composites）

PMC所用纤维主要有玻璃纤维、碳纤维和芳纶纤维，基体分为热固性树脂和热塑性树脂两类。由于固化前热固性树脂基体黏度很低，利于纤维的浸渍与浸润，并在较低的温度和压力下固化成型，固化后可形成交联的三维网状大分子结构，所以，其最大的优点在于具有良好的加工工艺性、尺寸稳定性和耐热性，而其缺点在于性脆、韧性较差，热固性基体增韧一直是此领域的研究重点。热塑性基体的优点在于其较高的断裂韧性（高断裂强度和高冲击强度）和较高的损伤容限，缺点在于其熔体或溶液的黏度很高，对纤维的浸渍与浸润困难，需要在高温、高压下进行成型，工艺性较差。此外，由于热塑性基体是线性分子结构，一般抗蠕变性和尺寸稳定性都较差。纤维增强聚合物基复合材料具有比强度、比模量高等性能优点，但由于聚合物基体本身的性质所决定，它们中的绝大多数不能在300℃以上长期工作，且导电性、导热性、耐磨性和耐老化性较差。常用的热固性树脂基体主要有不饱和聚酯树脂、环氧树脂、酚醛树脂、双马树脂（BMI）等；热塑性树脂基体几乎涵盖大部分通用塑料和工程塑料，如聚醚砜（PES）、聚醚醚酮（PEEK）、聚苯硫醚（PPS）、热塑性聚酰亚胺（PI）等。

3.5.2.3　金属基复合材料（metal matrix composites，MMC）

MMC是以金属及其化合物为基体相，与耐温性、强度或比强度更高的非金属增强相复合而成的。基体以轻质、高强的铝、镁、钛、镍及其合金为主，常用的增强材料主要有硼化硅、碳纤维、碳化硅纤维、氧化铝纤维以及钨、铍、钼、不锈钢等金属丝，还有碳化硅、氮化硅、碳化硼的晶须和颗粒。轻金属铝、镁、钛基MMC具有高的比强度和比模量。铝、镁基复合材料，钛基复合材料和镍基复合材料长期工作温度分别为350℃，600℃和1000℃，且具有高韧性、高抗冲性和高抗疲劳特性及良好的导电和导热性能，在航空、航天等军工领域具有广泛的应用。

3.5.2.4 陶瓷基复合材料（ceramic matrix composites，CMC）

陶瓷材料，尤其是由高强度的人工合成材料（如氧化物、氮化物、碳化物、硅化物、硼化物等）高温烧结制成的特种陶瓷，具有一般金属及高分子材料无可比拟的高强度、高硬度、耐高温、高尺寸稳定性及优异的耐化学腐蚀性能，但其致命的缺点是性脆、抗力学冲击和热冲击（抗震）性能差，且对裂纹、气孔和杂物等细微缺陷敏感，易突然破坏失效。如果这些缺陷得以克服，它们将是极为理想的高温结构材料，因而被称为"材料的梦想"。与PMC与MMC不同的是，CMC复合的目的不是增强而是增韧。陶瓷基体主要有玻璃陶瓷、氧化铝陶瓷、氮化硅陶瓷、碳化硅陶瓷、赛论陶瓷等。增强体（实为增韧）主要有高模量碳纤维、硼纤维、碳化硅纤维、α-Al_2O_3纤维、金属丝、碳化硅晶须、Si_3N_4晶须、ZrO_2颗粒等。将陶瓷基体粉体与增韧相一起高温成型制成一个CMC体制件，其中增强相的引入可改变陶瓷基体的微观破坏机制，使其在断裂或破坏之前可吸收或耗散更多的冲击能量，从而达到增韧的目的。

3.5.2.5 碳/碳复合材料（C/C composites）

碳/碳复合材料是由碳纤维及其织物增强的碳基复合材料，具有唯一的组成元素C。基体碳主要是通过化学气相沉积（CVD）和液态浸渍具有高残炭率的高分子树脂的碳化来获得，分别称为CVD碳和树脂碳（或沥青碳）。由于基体碳的获取方法不同，C/C复合材料的制备工艺又分为CVD法和液态浸渍法两种。所谓CVD法，即通过气相的分解或反应生成固体物质，并在某固定基体上成核并成长，其中，获取CVD碳所用的气体物质主要有甲烷、丙烷、乙炔等碳氢化合物。在此方法的实施中，碳的沉积过程十分复杂，通过工艺控制，可得到热解碳和热解石墨等不同形态的碳。对于液态浸渍法，先使用树脂或沥青对碳纤维预成型体进行浸渍，然后预固化，再经高温碳化后即可获得基体碳。所采用的浸渍树脂不同（如煤焦油沥青、石油沥青、酚醛树脂、呋喃树脂、双酚A树脂），得到基体碳的形态也有所不同。

C/C复合材料作为新型结构材料，其最大的特点在于高温下的高强度和高模量，在1500℃上仍能保持室温时的强度，且由于C/C复合材料内的裂纹在高温时可以自行闭合，呈现其机械强度随温度升高不降反升的显著特性。其次，碳基体上的裂纹扩张时，主要引起基体与碳纤维界面脱粘，并不会穿过纤维，从而呈现出假塑性断裂特征，这使得C/C复合材料还具有较高的断裂韧性和抗冲击强度。同时，它们仍保持了碳纤维的低密度、低蠕变、低膨胀系数、高导热、耐高温、耐烧蚀、对热冲击不敏感的特性。以上特点使C/C复合材料成为目前唯一可长期在2800℃使用的复合材料，常用于喷气式飞机、运载火箭、导弹等燃料喷管喉衬，以及航天飞机外层耐烧蚀材料。

3.5.2.6 无机胶凝复合材料

无机胶凝复合材料是指这样一类粉体材料：其与水或水溶液拌合后形成的浆体，经过一系列物理、化学作用后能逐渐硬化成具有一定强度的固体。这类材料通常又称为水泥。常见的有：硅酸盐水泥、锂酸盐水泥、硫铝酸盐水泥、磷酸盐水泥等。水泥的凝结硬化过程是很复杂的物理和化学过程，硬化后的水泥由晶体、凝胶体、未水化颗粒、游离水、气孔等组成的多相不均质结构体。这一结构使硬化后的水泥呈现出典型的脆性材料的力学特征。在水泥中加入粗、细骨料（如沙石和卵石等）制备所谓的混凝土，可大幅度提高水泥的机械强度，但随着混凝土强度的提高，它的脆性表现越明显，这就使得一般的水泥和混凝土不适合作为结构材料使用。当在混凝土中引入钢筋或其编织体制备成钢筋混凝土后，其机械强度和韧性大幅提高，从而成为目前建筑结构材料的主体。

3.5.3 复合材料的结构

复合材料的结构形式丰富，具有很好的可设计性。复合材料的结构形式主要取决于增强体（分散相）的结构与形态及其在基体（连续相）中的分布与排布情况。以纤维增强复合材料为例，最典型的有层压板结构，其铺层结构如图3-100（a）所示。其中，每一层铺层上的纤维可以是单向取向排列（如单向板），也可以是多向取向（如多向板）或多种形式的纤维二维编织布［图3-100（b）］。对于管状和容器等中空制件，纤维铺层还可采用平面缠绕螺旋绕线型［图3-100（c）］。另外，增强体还可以采用各种形式的三维纤维编织体［图3-100（d）］，两种或两种以上的纤维增强体制备的各种形式混杂纤维编织体［图3-100（e）］，以及各种面板夹芯（夹层）结构［图3-100（f）］等。

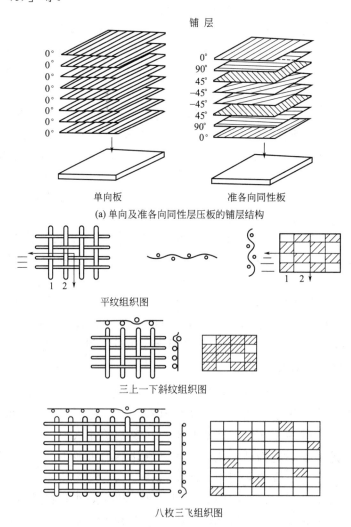

铺 层

单向板　　　　　　准各向同性板

(a) 单向及准各向同性层压板的铺层结构

平纹组织图

三上一下斜纹组织图

八枚三飞组织图

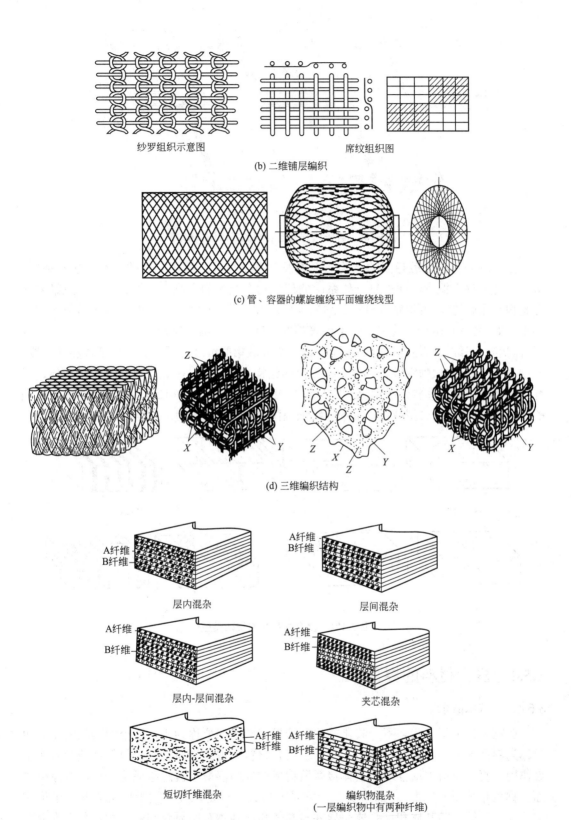

纱罗组织示意图　　　　席纹组织图

(b) 二维铺层编织

(c) 管、容器的螺旋缠绕平面缠绕线型

(d) 三维编织结构

层内混杂　　　　　　层间混杂

层内-层间混杂　　　　夹芯混杂

短切纤维混杂　　　　编织物混杂
　　　　　　　　　　(一层编织物中有两种纤维)

(e) 混杂复合材料的混杂类型

图3-100

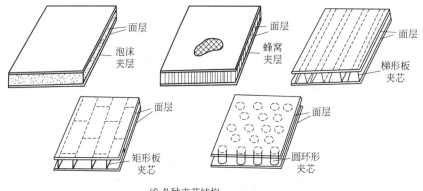

(f) 各种夹芯结构

图3-100　纤维增强复合材料的基本结构形式

　　按照增强体（分散相）的结构与形态及其在基体（连续相）中的分布或排布情况，引入"连通性"概念，即"复合体系中的任何相在空间的零维、一维、二维、三维方向上是相互连通的"，可将复合材料归纳为0-3型、1-3型、2-2型、2-3型、3-3型等五种结构类型，如图3-101所示。其中，数字代表相的维度，如零维（粒状）、一维（线状）、二维（平面状）、三维（网体状）等；前面的数字指分散相的维度，后面数字指基体相的维度，0-3型即表示分散相为零维、基体相为三维的结构类型。具体来说，具有球状颗粒体、短纤维或晶须、微小片状体的增强结构分别对应于0-3型、1-3型和2-3型结构，纤维布增强的层压板结构归为2-2型结构，三维纤维编织体增强结构则归为3-3型结构。

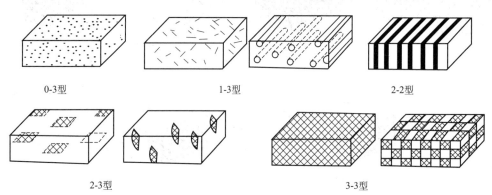

0-3型　　　　　　　1-3型　　　　　　　2-2型

2-3型　　　　　　　　　　　　3-3型

图3-101　复合材料基本结构类型

3.5.4　复合材料的界面

3.5.4.1　基本概念

　　在物体处于平衡状态下，其化学位和能量相同的部分称为相。两个相接触的交界边界称为界面或界面相。对于多相多组分的复合材料来说，界面对复合材料性能起着决定性作用。复合材料中增强体与基体接触所构成的界面，最早被想象成是一层没有厚度的面（称为单分子层的面），而事实上，它是一层具有一定厚度（纳米以上）和一定形状与体积、其结构随基体和增强体而异并与基体和增强体有明显差别的新相，称之为界面相（或界面层），如图3-102所示。界面相的形成源于增强体和基体互相接触时在一定条件下发生了复杂的物理化学作用和化学反应过程。此外，也包括在增强体表面上预先涂覆的表面处理剂层和经表面处理工艺而发生反应的表面层。界面相是一个独立相，除具有一定厚度和具有一定体积和复杂的形状外，其性能在厚度方向上有一定的梯度变化，且随环境条件变化而改变。在结构复合材料中，界面最重要的作用在于在增强相与基体间传递和分散载荷（应力）。因此，界面的结构与性能对复合材料的力学性能（包括破坏与失效）起着重要的作用。

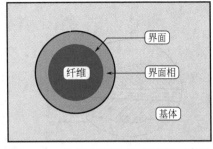

图3-102 复合材料界面和界面相示意图

3.5.4.2 复合材料界面的形成过程

复合材料在制备过程中涉及各种界面间的相互置换、转化，情况较为复杂。例如，增强体与基体的润湿过程是一个固-液界面置换固-气界面的过程，基体的固化过程一般是固-液界面向固-固界面转化的过程，复合材料的成型后处理过程则一般为固-固界面作用过程。复合材料界面的形成过程在理论上大致可分为以下三个阶段。

第一阶段：增强体界面的预处理或改性阶段。通过涂覆或沉积改性等界面改性手段，改善增强体表面的物理化学性质和状态，为后续的两相（增强相与基体相）浸润、扩散和结合做准备。增强体表面的改性层往往成为最终界面相的重要组成部分。

第二阶段：增强体与基体在一组分为液态（或黏流态）时发生接触与润湿过程，或两种组分在一定条件下均呈液态（或黏流态）的分散、接触及润湿过程；也可以是两种固态组分在交互扩散过程中以一定条件发生物理及化学变化形成结合（可看作一种特殊的润湿过程）。这种润湿（或浸润）过程是增强体与基体形成紧密接触而导致良好结合的必要条件。

第三阶段：液态（或黏流态）组成的固化过程，即凝固或化学反应固化过程。此时，增强体及基体的分子能量最低，结构应处于最稳定的状态，同时，复合材料中的界面相也被固定下来。然而，界面相固定下来并不一定代表界面相就稳定下来，固定下来的界面相往往并未达到热力学和动力学的平衡态，而是仍处于亚稳态结构，在以后的使用过程和环境条件影响下，界面相仍会缓慢地发生某种改变，最终达到最稳定的平衡态。这两个过程往往是连续发生的，有时几乎是同时进行的，难以严格区分这两个过程。例如，对于热塑性聚合物基复合材料，由于在成型过程中增强体表面会对聚合物产生诱导取向或诱导结晶效应，使界面相中聚合物的聚集态结构沿厚度方向呈梯度变化，而这种聚集态结构仍处在亚稳态，会随着复合材料的后处理过程（如退火）进一步发生变化。

从上面的分析我们可以看到，复合材料界面的形成包括液体在固体表面吸附、浸润和黏结（固化）以及两个固体（或液体）表面接触后的交互扩散与黏结两个基本类型，相关的理论描述见2.6.4节扩散和2.8.4节固体表面的特性。

对聚合物基复合材料和使用液体金属浸渗的金属基复合材料而言，在其制备工艺过程中，基体对纤维的润湿尤为重要。要发生正常的润湿，纤维的表面能必须大于基体的表面能。因此，玻璃纤维和碳纤维（表面能分别为560mJ/m²和70mJ/m²）很容易被环氧树脂和聚酯（表面能分别为43mJ/m²和35mJ/m²）等热固性树脂所浸润，但用这些树脂去润湿聚乙烯纤维就比较困难，除非这些纤维经过表面处理。基于相同的原因，碳纤维经常用气相化学沉积法在其表面涂覆Ti-B层，从而达到让Al基润湿的目的。

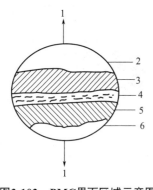

图3-103　PMC界面区域示意图

1—外力场；2—树脂基体；3—基体表面
区；4—相互渗透区；5—增强体表面区；
6—增强体

3.5.4.3　复合材料的界面结构

（1）聚合物基复合材料（PMC）的界面结构
为改善或控制PMC的界面性能，往往对增强体进行表面处理，如浸润剂处理、偶联剂处理、外加高分子涂层处理等。一般PMC的界面层由五个亚层组成，如图3-103所示，每一亚层的性能均与树脂基体和增强体的性质、偶联剂的品种和性质、复合材料的成型方法及成型冷却过程中在界面产生的机械收缩等密切相关。

对于热固性树脂基体，在固化过程中，固化剂在树脂中所处位置为固化反应中心。在这些反应中心附近反应较快，固化交联密度较大，这个中心部位称为"胶束"；随着固化反应的进行，固化反应速率逐渐减慢，使得后期交联的区域密度较小，此区域称为"胶絮"。最后，树脂形成"胶束"与"胶絮"相间的交联结构。在增强体表面，由于其表面分子的作用，使微胶束倾向于有序排列，形成所谓的"树脂抑制层"，而在远离增强体表面处，胶束排列越来越无序。此外，在受力作用下，"抑制层"内树脂的模量、形变将随胶束的密度及有序性程度的变化而变化。

对半结晶热塑性树脂基体，在一定的热动力和物理化学作用下，基体表面的诱导结晶会产生独特的界面。当纤维表面的基体成核密度很高时，球晶的横向生长受到阻碍，仅在垂直于纤维的方向上生长，形成一个柱形的结晶发展区域，其向基体延伸，形成了所谓的"横晶"形貌。对于许多基体，在多种结晶条件下，都可以观察到横晶。在纤维含量较高或在特殊条件下，可制备较完整的横晶样品。在这种情况下，界面的概念已消失，而对横晶区性质的了解将更为重要。

（2）金属基复合材料（MMC）的界面结构　金属基体的化学活性及其在高温下的制备方式和使用条件，决定了MMC的界面比PMC界面更为复杂。MMC的界面层是微米，甚至是亚微米级的薄层物质，其组成和结构相当复杂，给界面层的结构表征带来困难。MMC的界面受制备工艺、外界温度及其他环境因素的影响很大，使MMC的界面研究和控制十分困难。一般根据增强材料与基体间的物理和化学相容性，即溶解性与反应程度，将MMC界面分为三种类型，如表3-19所示。

■　表3-19　金属基复合材料的界面类型

界面类型	I	II	III
界面特征	增强材料与基体互不反应，互不溶解	增强材料与基体不反应，但能相互溶解	增强材料与基体相互反应，生成界面反应物
典型的MMC	$W_{丝}/Cu$ Al_2O_{3f}/Cu B_f/Al① SiC_f/Al B_f/M	镀Cr的$W_{丝}/Cu$ C_f/Ni $W_{丝}/Ni$ 定向凝固共晶秉合材料	C_f/Al B_f/Ti SiC_f/Ti $W_{丝}/Cu-Ti$合金 Al_2O_{3f}/Ti

① 为准 I 类界面。

第 I 类界面：基体与增强材料之间既不相互反应，也不互溶，主要依靠增强材料粗糙表面的机械"锚固"力和基体的收缩力来"抱紧"增强材料以产生摩擦力而结合，即所谓"机械结合"。研究表明，经表面刻蚀的增强材料与表面光滑的增强材料相比，前者构成的MMC强度可提高2～3倍。第Ⅱ类界面：增强材料与基体不反应，但能相互溶解，经交互扩散-渗透方式形成界面，即所谓的"浸润与溶解结合方式"。因此，往往在增强材料周围形成环状的呈犬牙交错的溶解扩散层。图3-104为碳纤维/Ni基复合材料出现的Ⅱ类界面形态，基体镍渗透到碳纤维中形成白色的镍环。第Ⅲ类界面：增强材料与基体相互反应生成界面反应物，即所谓的"化学反应结合"。例如，硼纤维/Ti基复合材料在高温下可形成TiB_2界面反应物层（图3-105），碳纤维/Al基复合材料的界面发生反应生成Al_4C_4化合物层，在硼纤维/Al基复合材料界面反应层中存在多种反应产物。化学反应界面结合是MMC界面结合的主要方式，但往往形成混合结合方式和Ⅰ、Ⅱ、Ⅲ的混合界面层。反应物层多数为脆性物质，化学反应结合层达到一定厚度后会引起开裂，严重影响MMC的性能，因此，如何在制备过程中控制界面化学反应是一个重要的课题。

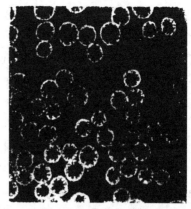

图3-104 碳纤维/Ni基复合材料的碳纤维中的Ni环

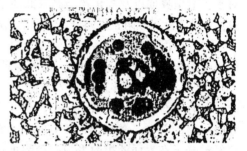

图3-105 硼纤维/Ti基复合材料中的TiB_2反应物层（850℃/100小时）

（3）陶瓷基复合材料（CMC）的界面结构 与MMC相似，CMC往往也是在高温条件下制备和使用，因此，增强体与陶瓷基体间容易发生化学反应而得到反应界面层，形成化学粘接。一方面，基体在高温时呈现为液体（或黏性体），它可浸入纤维表面的缝隙等缺陷处，冷却后形成机械"锚固"。另一方面，当从高温冷却下来时，陶瓷基体的收缩大于增强体的收缩，从而产生一个径向压应力，使基体"抱紧"增强体而实现机械粘接。实际上，高温下原子的扩散速度较室温大得多，即使界面上不发生化学反应，因增强体与基体间的原子扩散，往往在界面上易形成固溶体。陶瓷的致命缺点是性脆，过强的界面粘接往往导致脆性破坏。若界面结合较弱，当基体中的裂纹扩展至纤维时，将引起界面脱粘，其后偏转，裂纹搭桥，进而导致纤维断裂直至纤维拔出，所有这些过程都要吸收能量，从而提高了CMC的断裂韧性，避免了突然的脆性失效。因此，CMC要有一个最佳的界面状态和界面强度。

（4）C/C复合材料的界面结构 C/C复合材料的基体碳可以通过三种方式获得：树脂热解碳化得到各向同性玻璃态树脂碳；由沥青经历脱氢、缩合，获得沥青中间相，再经石墨化处理得到各向异性的沥青碳；通过碳氢化合物裂解而形成CVD沉积碳。其增强体可以是短或连续碳纤维、碳纤维织物、三维或多维碳纤维编织的预成型体等。由于C/C复合材料组成和制备工艺的多样性，通过工艺参量的控制，使得C/C复合材料的界面结构也呈多样性，除碳纤维与基体碳之间的界面之外还存在不同基体碳之间形成的界面。从光学显微镜尺度来看，如图3-106所示，C/C复合材料是由碳纤维、基体碳、碳纤维/基体碳界面层、显微裂纹和孔隙四部分构成。

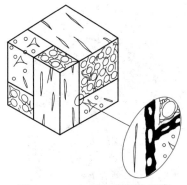

**图3-106　C/C复合材料的显微
结构示意图**

3.5.4.4　复合材料的界面理论

（1）界面上的相互作用　原子之间相互作用力构成化学键，决定了物质的化学性质，同样，界面上的相互作用力决定着界面的一系列物化现象和性质。界面上存在的作用力主要包括：①化学键合力；②范德华力，包括取向力、诱导力和色散力；③氢键结合力；④静电作用力。对于界面作用力以色散力为主，并且界面扩散很少不能形成扩散型界面的情况下，一般界面作用力很弱，黏合强度较小，这是由于范德华力很弱（一般为$10.46 \sim 20.92 kJ/mol$），不能有效阻止界面上分子的滑动。对于这种界面，利用化学键合作用可大大提高黏合强度。而对于扩散型界面以及高聚物与高表面能增强体之间的界面，由于界面的弥散和极性作用，只需色散力就可以阻止界面分子的滑动，产生很高的黏合强度。

（2）界面理论　有多种关于复合材料界面的理论解释，包括浸润理论、化学键理论、优先吸附理论、可形变层理论、束缚层理论等。本节只讨论浸润理论和化学键理论。

① 浸润理论　该理论认为，两分子间的作用力与分子间距离的6次方成反比，因此，只有在分子间距离接近于分子间的平衡距离（约为$0.5nm$）时，才能显示明显的相互吸引力。首先，润湿作用使界面分子充分接触，进而进行分子运动达到吸附平衡；然后经过分子在界面的扩散形成扩散界面区，最后在界面区由于两种分子间的相互吸引或发生化学反应而形成跨界面的黏合或键合。因此，充分润湿是增强体与基体形成紧密接触进而导致界面良好结合的必要条件。若树脂与增强体浸润不好，由于固体表面的粗糙和不均匀性以及空气截留等原因，使得润湿时在界面上形成许多微小的未润湿的孔穴和界面缺陷，界面缺陷处易产生应力集中而导致纤维或基体局部产生裂纹；裂纹发展导致材料破坏失效。要使增强体表面完全浸润，液态基体的表面张力必须低于增强体的临界表面张力。在两相间充分润湿的基础上，扩散作用充分，可形成扩散型界面，无需强的化学键，只靠范德华力即可提供较高的粘接强度。此外，树脂充分填充于增强体表面，树脂固化后，在树脂与增强体表面不平的凹陷和缝隙处实现了机械镶嵌连接，这种情况下，表面粗糙程度越高，黏合强度越高。在充分浸润的前提下，上述两种作用同时存在。

② 化学键理论　该理论认为，基体表面的活性官能团与增强体表面的官能团能起化学反应，从而在基体与增强体之间形成化学键，两相间主要通过主键键力的作用而结合在一起。偶联剂正是实现这一化学键合的架桥剂，它含有既能与增强体起化学反应的官能团，又含有能与基体起化学反应的官能团，可在界面区形成化学键，将两相连接起来，从而获得理想的界面黏合能（约$200J/mol$）。对于一些黏合性很弱的界面，经偶联剂处理后，复合材料的强度可提高80%以上。例如，在聚丁二烯和乙丙橡胶与玻璃黏合时，分别用乙烯基硅氧烷、乙基硅氧烷及其两者混合物处理玻璃，然后在$180℃$和一定速度下测定黏合的断裂能。实验发现，经乙烯基硅氧烷处理的体系的断裂能为$50J/m^2$，而经乙基硅氧烷处理体系的断裂能为$1.4J/m^2$，前者比后者大35倍，且断裂能与混合物中乙烯基硅氧烷含量呈一正比直线关系。这一结果表明，橡胶与乙烯基硅氧烷处理过的玻璃上的乙烯基团发生了化学键合作用，断裂能随着界面化学键密度的增加而增加，而橡胶与乙基不能形成化学交联。用偶联剂将两相连接起来的界面层，可使该界面层的模量介于树脂

基体与增强材料之间，有利于均匀地传递应力。

3.5.4.5 复合材料的界面处理与控制

复合材料界面粘接状态与增强材料的表面形态及其与基体的浸润性、相容性有关。为获得好的界面粘接，通常要对增强材料表面进行有针对性的处理。

（1）玻璃纤维的表面处理　使用偶联剂对纤维表面进行化学处理，可使复合材料的机械性能得到大幅度提高，其中最为成功的就是有机硅烷类偶联剂对玻璃纤维的处理。

硅烷偶联剂的化学结构式为X_3Si-R，多功能分子基团一端与玻璃纤维起反应，另一端（R基团）与聚合物起反应。关于硅烷偶联剂功能的简单模型图解如图3-107所示。X基团能水解而在水溶液中形成一个硅醇基团，然后与玻璃表面的羟基起反应。X基团可以是氨基、甲氧基、乙氧基等，此X基团必须能水解以保证硅烷与玻璃纤维表面的M—OH基团发生反应。三羟基硅醇$Si(OH)_3$能通过与玻璃表面的羟基形成氢键而结合。

另一方面，R是一个与树脂起反应的基团，此R基团可以是乙烯基、γ-氨基丙基、γ-甲基丙烯酰丙基等。图中的M可以是Si、Fe或Al。当已处理的玻璃纤维干燥时，硅醇和玻璃纤维表面上的M—OH基团之间以及表面上相邻硅醇分子之间要发生缩合反应（脱掉H_2O），因此，涂在纤维上的硅烷就在纤维表层形成富有R基团的表面，可在复合材料制备过程中与浸渍的基体树脂充分接触。在固化过程中，R基团与基体树脂（例如环氧树脂）中的活性官能团反应形成稳定的共价键。因此，选配R基团和树脂的官能团是很关键的，它们在给定的固化条件下应互相发生反应。

硅烷偶联剂的种类很多，随着R基团的不同，可与之反应的树脂基体的活性基团也不同，它们一般会参与热固性树脂的固化反应，成为固化树脂网络结构的一部分。表3-20表示了偶联剂结构及其对树脂基体的适用性。

（2）碳纤维的表面处理　碳纤维增强的复合材料一般比玻璃纤维增强复合材料具有更高的模量和强度。但未经表面处理的碳纤维，尤其是石墨碳纤维，由于纤维本身的结构特征，对树脂的浸润能力和粘接力较差，致使碳纤维复合材料具有较低的层间抗剪强度。

碳纤维的表面处理可分为氧化处理和非氧化处理两大类。氧化处理又可再分为等离子气体的干法氧化和由化学或电解进行的湿法氧化。非氧化处理包括：①表面沉积无定形碳；②化学气相沉积（CVD）方法加涂碳化硅、碳化硼、碳化铬等；③等离子体气体聚合以及共聚物涂层改性；④高效晶须化等。干法氧化处理是用空气、氧气或含有臭氧和CO_2的氧气在低温或高温下进行的。对于湿法氧化处理，一系列的液相氧化剂如硝

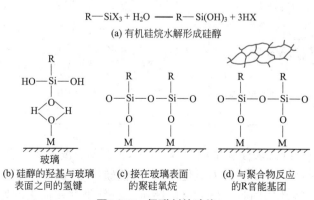

$$R-SiX_3 + H_2O \longrightarrow R-Si(OH)_3 + 3HX$$
(a) 有机硅烷水解形成硅醇

(b) 硅醇的羟基与玻璃　　(c) 接在玻璃表面　　(d) 与聚合物反应
表面之间的氢键　　　　的聚硅氧烷　　　　的R官能基团

图3-107　偶联剂的功能

酸、酸性重铬酸钾、次氯酸钠、过氧化氢、过硫酸钾已得到不同程度的应用。一般来说，液相处理比气相处理温和且不会引起过量的蚀坑和纤维强度下降。对商业上的碳纤维处理来说，电解或阳极氧化方法是最快的、最均匀的和最适合工业生产的方法。其电解质包括含碱的，含硝酸的，含硫酸和磷酸的盐、高锰酸、高铬酸和碳酸氢氨等。

■ 表3-20　偶联剂结构及其对树脂基体的适用性

商品名称	化学名称	化学结构式	适用的树脂基体
沃兰（Volan）	甲基丙烯酸氯化铬盐		聚酯、环氧、酚醛PE、PP、PMMA
A-151	乙烯基三乙氧基硅烷	$CH_2 = CHSi(OC_2H_5)_3$	聚酯，1，2聚丁二烯，热固性丁苯，PE、PP、PVC
A-172，Z-6075	乙烯基三（β-甲氧乙氧基）硅烷	$CH_2 = CHSi(OCH_2CH_2OCH_3)_3$	不饱和聚酯、PP、PE
A-174，KH-570 E-6030	γ-甲基丙烯酸丙酯基三甲氧基硅烷	$CH_2{=}C{-}C{-}O{-}(CH_2)_3Si(OCH_3)_3$ $\quad\; CH_3\; O$	不饱和聚酯、PE、PP、PS、PMMA
A-1100，KH-550	γ-氨丙基三乙氧基硅烷	$H_2N(CH_2)_3Si(OC_2H_5)_3$	环氧、酚醛、三聚氰胺，聚酰亚胺，PVC
A-1120，KH-843，Z-6020	氨乙基氨丙基三甲基硅烷	$H_2N(CH_2)_2NH(CH_2)_3Si(OCH_3)_3$	环氧、酚醛、聚酰亚胺、PVC
A-187，KH-560，Z-6040	γ-（2，3环氧丙氧）丙基三甲氧基硅烷	$CH_2{-}CH{-}CH_2{-}O{-}(CH_2)_3Si(OCH_3)_3$ $\quad\backslash O/$	环氧、尼龙
A-186	β-（3，4环氧环己基）乙基三甲氧基硅烷	O⟨⟩$-CH_2CH_2Si(OCH_3)_3$	环氧、PE、PP、PVC
KH-580	γ-巯基丙基三乙氧基硅烷	$HS(CH_2)_3Si(OC_2H_5)_3$	环氧、酚醛、PVC、聚氨酯、PC
A-189，KH-590，Z-6060	γ-巯基丙基三甲氧基硅烷	$HS(CH_2)_3Si(OCH_3)_3$	环氧、酚醛、PS聚氨酯、PVC、合成橡胶
南大-42（ND-42）	苯胺甲基三乙基硅烷	⟨⟩$-NHCH_2-Si(OC_2H_5)_3$	环氧、酚醛、尼龙、聚酰亚胺
B-201，A-5162	γ-二乙三氨基丙基三乙氧基硅烷	$H_2NC_2H_4NHC_2H_4NH(CH_2)-Si(OC_2H_5)_3$	环氧、酚醛、尼龙
B-202	γ-乙二胺丙基三乙氧基硅烷	$H_2NCH_2CH_2NH(CH_2)_3-Si(OC_2H_5)_3$	环氧、酚醛、尼龙
南大-24（ND-24）	己二氨基甲基三乙氧基硅烷	$H_2N(CH_2)_6NHCH_2-Si(OC_2H_5)_3$	环氧、酚醛
盖化-520（GH-520）AF-CA-304	氰基丙基三甲氧基硅烷	$CN(CH_2)_3Si(OCH_3)_3$	PP、PE
A-111，Y-2967	双-（β羟乙基）γ-氨丙基三乙氧基硅烷	$HO(C_2H_4)_2N(CH_2)_3-Si(OC_2H_5)_3$	环氧、聚酰胺、聚砜聚碳酸酯、PVC、PP
AF-CA-319（耐热型）	对二甲氨基苯基三甲氧基硅烷	$(CH_3)_2N$⟨⟩$-Si(OCH_3)_3$	聚酰亚胺、聚苯骈咪唑
AF-CA-31（耐热型）	对氰基苯基三甲氧基硅烷	CN⟨⟩$-Si-(OCH_3)_3$	聚酰亚胺
AF-CA-102（耐热型）	对羧基苯基二甲氧基氟硅烷	$HOOC$⟨⟩$-Si-(OCH_3)_2$ $\qquad\qquad\quad F$	聚苯骈咪唑

氧化处理能在碳纤维表面新生成羧基、羟基、羰基、酚基等活性官能团。增加表面氧、氮含量（如果用硝酸或氨作为氧化介质），使碳纤维表面以极化表面的形式提供易被树脂润湿的表面特性。同时，新的官能团可使碳纤维与树脂之间发生各种化学作用，

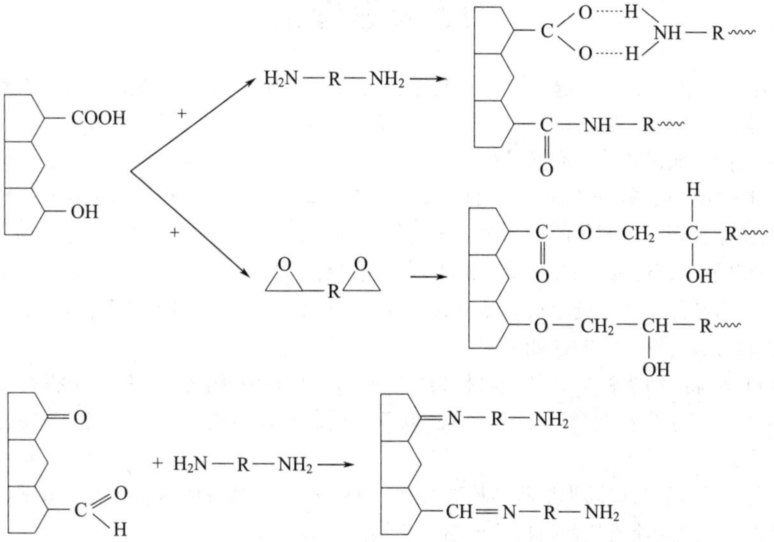

图3-108 碳纤维表面官能团与树脂之间相互作用示意图

如图3-108所示。通过控制碳纤维表面接枝高聚物的结构，可以很好地设计具有预定性能的界面层，从而提高复合材料的综合性能。

（3）芳纶纤维的表面处理　芳纶纤维即芳香族聚酰胺纤维，是第一个由高分子液晶纺丝技术得到的纤维，其中最著名的产品是杜邦公司于1966年开发的Kevlar纤维。芳纶纤维具有较高的比强度、高比模量和优异的耐热性，此外，低的蠕变速率和良好的尺寸稳定性也是其显著的特点。芳纶纤维作为有机纤维的代表，已经在航空航天、国防军事、电子电器、体育等众多领域得到了广泛的应用。

芳纶纤维的表面十分光滑且显惰性，其表面能也较低，导致与基体树脂的粘接较差，在很大程度上阻碍了它的应用发展。适用于芳纶纤维表面处理的方法并不多，主要思路是通过化学反应和等离子体处理，在纤维表面形成活性官能团，基于这些官能团与树脂基体的反应提高纤维与基体之间的界面黏合强度。例如，通过强酸、强碱可对芳纶纤维表面进行氧化还原处理从而引入活性基团，但这种方法会对纤维造成伤害，使纤维的拉伸强度明显下降；使用等离子体处理方法，即可以在纤维表面产生多种活性基团如羧基、羟基、羰基、氨基等，又不会对纤维的性能有所损害，是目前应用较多、效果较好的一种方法。

（4）其他纤维的表面处理　现在，纤维的表面处理和涂层也广泛用于金属和陶瓷基复合材料，尤其是氧化铝（Al_2O_3）、硼（B/W）和碳化硅（SiC）纤维。要求这些纤维与金属基体在高温下接触时能很好地相互润湿又不在界面上产生化学反应（因为这些反应物多为脆性氧化物而使材料性能降低），并避免纤维破坏与分解，同时保证金属基复合材料界面结合良好且性能稳定。这是一个理论和技术性都很强的课题。其处理方法主要有化学气相沉积（CVD）法和涂层处理法。

例如，氧化铝纤维/银复合体系，两相不发生反应，且界面润湿性极差，用CVD法在氧化铝纤维表面镀上一层镍或镍合金镀层，可以获得很好的复合效果。此外，对于硼纤维增强铝复合体系，用CVD法在硼纤维表面镀碳化硅可有助于润湿并有一定阻止界面反应的效果。虽然镀氮化硼有更好的防止界面反应的作用，却有界面结合不良的缺点。

习题及思考题

3-1 解释以下名词：金属键、晶格、晶胞、合金、组元、相、机械混合物、铁素体、奥氏体、渗碳体、马氏体、黄铜、青铜、形变铝合金、非晶态。

3-2 最常见的金属晶体结构有哪几种？

3-3 画出 Fe-Fe₃C 相图，说明相图中的主要点、线的意义，填出各相区的主要组织和组成物。

3-4 总结铁碳合金中渗碳体的形态对合金性能影响的特点。

3-5 钢和铸铁在成分、组织和性能上的主要区别是什么？

3-6 什么是再结晶？如何选定再结晶退火温度？钢的再结晶退火温度是多少？

3-7 试比较各类铸铁之间的性能差别。

3-8 $CaTiO_3$ 为标准钙钛矿型结构，简述其结构特征，分析其中钙离子、钛离子和氧离子的配位数。

3-9 查阅相关离子电荷及离子半径，判断以下物质的晶体结构：①CsI，②NiO，③KI，④NiS。并给出你的理由。

3-10 黏土、滑石和云母同为层状结构硅酸盐，为什么它们却表现出非常大的机械性能差异？

3-11 简要说明硅酸盐的几种结构单元的主要特点。

3-12 简述无机非金属材料中不同键合类型对材料性能的影响，并举例说明。

3-13 在冷却形成固体的过程中，以离子键为原子间主要键合形式的材料与一以共价键为主要键合形式的材料，谁更容易形成非晶体？简述理由。

3-14 与金属材料和无机非金属材料比较，高分子材料的组成和结构有什么特征？

3-15 简述何为高分子链的凝聚态结构？高分子链凝聚态结构包含哪些内容？

3-16 为什么高分子链具有一定柔性？

3-17 是否可以通过内旋转将无规立构聚丙烯转变为全同立构聚丙烯？为什么？在全同立构聚丙烯晶体中，分子链是否呈无规线团构象？

3-18 下列高聚物中哪些是结晶性的，哪些是非晶性的？①聚乙烯；②全顺式-1,3-聚异戊二烯；③尼龙6；④聚碳酸酯；⑤乙烯和丙烯的无规共聚物；⑥全同立构聚甲基丙烯酸甲酯；⑦间同立构聚氯乙烯；⑧无规立构聚丙烯；⑨固化酚醛塑料；⑩聚对苯二甲酸丁二醇酯；⑪ABS；⑫聚乙烯醇。

3-19 总结一下，与低分子物质相比，高聚物的分子结构和分子聚集态结构有哪些重要特点？

3-20 下列 σ 键的旋转位能均小于 $H_2C—CH_2$，请解释。

$H_2C—O$；$O=C—CH_2$；$H_2C—NH$；$N_2C—S$；$Si—O$；$H_2C—CH=$。

3-21 影响聚合物多组分体系相分离有哪些因素？

3-22 聚合物共聚物形态结构有哪些基本类型？其结构是怎样的？各举一个例子。

3-23 高聚物有几种主要结晶形式？其中高分子链的构象是怎样的？

3-24 从结构分析，为什么 PTFE 具有极低的表面张力，并说明其粘接性能。

3-25 为什么高分子链具有柔性？试比较下列各组内高分子链柔性的大小并简要说明理由：

①聚乙烯、聚苯乙烯、聚丙烯；②聚乙烯、聚乙炔、聚甲醛；③聚氯乙烯、聚丙烯腈、聚丙烯；④聚甲醛、聚苯醚；⑤尼龙66、聚对苯二甲酰对苯二胺。

3-26 什么是聚合物共混复合材料？其基本特征是什么？

3-27 在全同立构聚丙烯晶体中，分子链是否呈无规线团构象？

3-28 基于分子结构和受热后的力学行为，解释热塑性和热固性高分子的差异性。

3-29 根据分子结构解释为何酚醛树脂不是弹性体？

3-30 简要解释为何随分子量增加，聚合物的结晶倾向性减弱。

3-31 概念解释：构型和构象。

3-32 增混剂和偶联剂的作用是什么？有何异同点？

3-33 无机玻璃和网络聚合物有何异同之处？从结构及物理状态的变化说明。

3-34 归纳金属、陶瓷、高分子材料在组成和结构方面的主要异同点。

3-35 简要说明聚合物晶体与金属晶体、离子晶体和无机共价晶体的主要差别。

3-36 聚合物基复合材料的界面粘接性的主要影响因素有哪些？如何提高复合材料的界面粘接性？

3-37 简述聚合物基复合材料、金属基复合材料、陶瓷基复合材料、碳碳复合材料、无机凝胶复合材料的基本组成。

3-38 简述复合材料的基本结构形式，复合材料中基体、增强相、界面相的功用是什么？有何不同？

3-39 复合材料中易产生哪些缺陷？其原因何在？

3-40 复合材料中基材和分散相存在哪些主要区别？对比纤维增强复合材料中基材相和分散相的主要力学性能差异。

3-41 为何说复合材料之复合效应产生的根源来自界面相？简述现有几种界面理论，分析几种界面理论各自的局限性。

3-42 ①金的摩尔质量为197g/mol，算出一个金原子的质量？②每立方毫米的金有多少个原子？③金的密度为19.32g/cm³，某颗含有10^{21}个原子的金粒，体积是多少？④假设金原子是球形（r_{Au}=0.1441nm），且原子为密堆排列，则10^{21}个原子占多少体积？⑤这些金原子体积占总体积的多少百分比？

3-43 铁的单位晶胞为立方体，晶格常数a=0.287nm，请由铁的密度算出每个单位晶胞所含的原子个数。

3-44 计算金属铱的原子半径。已知铱具有FCC晶体结构，密度为22.4g/cm³，摩尔质量为192.2g/mol。

3-45 根据表中所列三类合金的原子量、密度及原子半径，判断其晶体结构属于FCC、BCC还是简单立方晶体结构？

合金	原子量/（g/mol）	密度/（g/cm³）	原子半径/nm
A	77.4	8.22	0.125
B	107.6	13.42	0.133
C	127.3	9.23	0.142

3-46 已知一厚度0.08mm、面积670mm²的薄铝片。①其单位晶胞为立方体，a=0.4049nm，则此薄片共含多少个单位晶胞？②铝的密度2.7g/m³，则每个单位晶胞的质量是多少？

3-47 锡具有四方晶格结构，晶格常数a和c分别为0.318nm和0.583nm。其摩尔质量、密度和原子半径分别为118.69g/mol，7.30g/cm³和0.151nm。计算其堆砌度。

3-48 在温度为912℃时，铁从BCC转变到FCC。此温度时铁的两种结构的原子半径分别是0.126nm和0.129nm，①求其结构变化时的体积变化。②从室温加热铁到1000℃，铁的体积将如何变化？

3-49 ①99.8%Fe和0.2%C（质量分数）钢在800℃是什么相？②写出这些相的成分。③这些相各是多少百分比？

3-50 一个CaO的立方体晶胞含有4个Ca^{2+}和4个O^{2-}，每边的边长是0.478nm，则CaO的密度是多少？

3-51 由X射线衍射数据显示，MgO立方体的单位晶胞尺寸是0.412nm，其密度3.83g/cm³，请问在每单位晶胞中有多少Mg^{2+}和O^{2-}？

3-52 钻石结构的晶格常数a为0.357nm，当它转变成石墨时，体积变化的百分比是多少（石墨密度2.25g/cm³）？

3-53 在离子晶体中，密堆积的负离子恰好互相接触并与中心正离子也恰好相互接触时，请计算正负离子的半径比（临界半径比）：①立方体配位；②八面体配位；③四面体配位；④三角形配位。

3-54 化合物$MgFe_2O_4$（$MgO\text{-}Fe_2O_3$）具有立方晶胞结构，晶格常数为0.836nm。假设密度为4.52g/cm³，计算其堆砌度。

3-55 $CaTiO_3$为标准钙钛矿型结构，简述其结构特征，分析其中钙离子、钛离子和氧离子的配位数。

3-56 一个AX型陶瓷材料具有立方晶格结构，其晶格常数为0.43nm，密度为2.65g/cm³。A和X的摩尔质量分别为86.6g/mol和40.3g/mol。判断其属于以下哪类材料：NaCl，CsCl，闪锌矿。说明理由。

3-57 一玻璃含80%（质量分数）的SiO_2和20%（质量分数）的Na_2O，问非桥氧的分数为多少？

4 材料的性能

材料的性能决定了材料的用途。本章在前面讨论材料结构特点的基础上，将对材料的力学性能、热性能、电学和光学性能，以及耐腐蚀性能进行了详细叙述，根据金属材料、无机非金属材料和高分子材料的用途，有针对性地对材料的不同性能进行了讨论和比较。

4.1 固体材料的力学性能

固体材料这里主要是指工程上作为构件使用的材料。工程上用的机械或结构物是由零件或杆件组成的，零件或杆件统称为构件。构件都是由固体材料制成的，这些固体材料又称为工程结构材料。

构件都具有一定的承载能力，也就是具有一定的强度。构件的强度与构件所使用材料的强度、构件的尺寸和形状，以及受力的具体情况有关。所谓材料的强度是指材料抵抗外力作用产生塑性形变和断裂的特性。除了强度之外，弹性、硬度、塑性和韧性等都属于材料的力学性能范围。研究这些力学性能的本质，以及它们在各种内在因素和外界条件下的变化规律，对于工程设计、制造和应用均具有重要意义。

一般来说，力学性能研究主要包括两个方面：一是建立适当的模型和给出定量的处理方法；二是借助微观分析，探讨材料力学性能的实质，以便能动地改进和提高材料的力学性能。所以固体材料的力学性能应涉及的内容包括如下方面。

① 固体材料在各种使用条件下的失效现象及微观机理。

② 各种力学性能指标的物理概念、实用意义以及它们之间可能的相互联系。

③ 影响工程材料力学性能的因素以及提高力学性能的方法和途径。

④ 力学性能的测试方法。

应当说明，作为材料和工程类专业本科生的教材，不可能在微观机理方面深入讨论，其内容在相关专业课程将会详细讨论。

4.1.1 材料的力学状态

固体材料的内部存在晶相和非晶相（无定形）两种相态。其中，非晶相在热力学上可视为液相。

当液体冷却固化时，有两种转变过程。一种是分子作规则排列，形成晶体，这是相变过程。另一种情况，液体冷却时，分子来不及作规则排列，体系黏度已经变得很大，冻结成无定形状态的固体，形成非结晶体，这种状态又被称为玻璃态或过冷液体，此转变过程称作玻璃化过程。在玻璃化过程中，热力学性质无突变现象，而有渐变区，取其折中温度，叫作玻璃化温度 T_g。金属、无机非金属和高分子材料都存在晶相和非晶相两种状态，并显示出不同的力学特征。

4.1.1.1　金属的力学状态

金属材料通常是晶态结构，具有较高的弹性模量和强度，受力情况下一般开始为弹性形变，接着有一段塑性形变，然后才断裂，总变形能很大，如低碳钢。晶态结构的金属材料无玻璃化转变温度，具有较高的熔点。

对于晶态结构的金属材料而言，弹性模量是一个相对较稳定的力学性能参数。例如，钢成分和显微组织不管如何变化，其室温下的模量 E 都在 $204000 \sim 214200$ MPa 范围内。在熔点以下，随着温度升高，E 逐渐降低，但较缓慢，如钢的温度从 25℃上升到 450℃，E 值下降20%。对应的形变量也较小。对结构零件，在 -50 ~ 50℃ 的温度范围内服役时，模量的变化很小，常可以视为常数。然而，对精密仪表中的弹性元件，弹性模量随环境温度的微小变化，将会影响仪表的指标或测量精度，造成较大的误差，必须选用恒弹性材料。

金属材料的弹性模量随温度升高而降低。对于单晶体而言，它是呈线性变化的，大约是温度每升高1℃，弹性模量平均降低0.03%。对于多晶体，只有在低温下具有线性规律，温度较高时由于晶界的黏滞性，弹性模量会迅速下降，如图4-1所示，同时形变迅速增大。

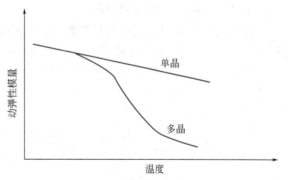

图4-1　单晶体和多晶体弹性模量随温度的变化

冷变形稍微降低金属的弹性模量。钢在冷变形后，E 值下降4% ~ 6%。铝、铜、镍等在冷变形后，弹性模量也降低。然而在强烈变形后形成了织构时，E 值又转而上升。

金属等晶体材料的模量取决于原子间的作用力，故其值主要取决于晶体中原子的本性、原子的结合力、晶格类型以及晶格常数等。温度升高，原子的间距增大，原子间的结合力减小，因此，弹性模量总是随温度升高而降低。

某些金属合金，当其从熔体以足够大的速率冷却时，因黏度突然增大而凝固，呈非晶态合金，具有很高的硬度和强度，延伸率很低而并不脆。当温度升高到玻璃化转变温度以上时，黏度明显降低，原子可动性显著增大，发生晶化而失去非晶态结构。

对于固溶体合金，合金元素降低弹性模量，而且溶解度越小的元素，降低弹性模量的能力越大，故形成合金固溶体难以提高材料的弹性模量。合金中若形成高熔点、高弹性模量的第二相质点，则可提高弹性模量，如铝合金中加硅，硅含量越高，弹性模量也越高。但第二相在合金中的含量增多，将使塑性大幅度降低，加工困难。

4.1.1.2　无机非金属的力学状态

多数无机非金属材料（主要是陶瓷材料）的内部呈晶相和非晶相共存结构。晶相是陶瓷的主要组成相，而且不止一个晶相，多相中又有主晶相、次晶相、第二晶相等。非晶相组成中，又有玻璃相和气相。玻璃相熔点低，热稳定性差，强度低于晶相。气相（气孔）的存在导致陶瓷的弹性模量和力学强度降低，因气孔是应力集中的地方。

因此，陶瓷材料也存在玻璃化转变温度 T_g。在 T_g 以上，当温度升高时，陶瓷的弹性模量略有降低，但由于晶态的存在，降低不明显；达到玻璃相的熔点时，模量降低；温度进一步升高，到达晶相的熔点，变成熔融状态。陶瓷材料升温至熔融的过程中，可能发生同质异晶的相转变，及其他复杂的相转变，但力学状态无显著变化。受力情况下，绝大多数无机材料在弹性变形后没有塑性形变（或塑性形变很小），弹性形变结束后，立即发生脆性断裂，总弹性应变能很小。

陶瓷材料的力学特征是具有高模量、高硬度、高强度和低延伸率。其弹性模量比金属大得多，常高出一倍，甚至几倍。

陶瓷材料模量较高的原因是其原子键合的特点决定的。陶瓷材料内部的化学键主要有离子键、共价键，以及离子键和共价键的混合键。离子键随原子间电负性之差的增大而提高，离子键晶体结构的键无方向性，但滑移系不仅要受到密排面与密排方向的限制，而且要受到静电作用力的限制，因此实际可动滑移系较少，模量较高。共价键晶体结构的键有方向性，它使晶体拥有较高的抗畸变和阻碍位错运动的能力，使共价键陶瓷具有比金属高得多的硬度和模量。

与金属材料不同，陶瓷材料的模量还与构成材料相的种类、分布比例及气孔率（气相）有关。气相是陶瓷材料在成型加工过程中形成的，对陶瓷材料的模量有着重大影响，气孔率较小时，弹性模量随气孔率的增加呈线性降低，可用下面的经验公式表示：

$$E=E_0(1-k\rho) \tag{4-1}$$

式中，E_0 为无气孔时的弹性模量；k 为常数；ρ 为气孔率。

4.1.1.3　聚合物的力学状态

与金属材料和无机非金属材料相比较，高分子材料的力学状态明显不同。聚合物多数为非晶态结构，即使是晶态聚合物，也常是不完整的结晶。

（1）非晶态聚合物的三种力学状态　非晶态聚合物，在玻璃化转变温度 T_g 以下处于玻璃态。玻璃态聚合物受热时，经高弹态最后转变成黏流态（图4-2），开始转变为黏流态的温度 T_f，称为流动温度或黏流温度。玻璃态、高弹态和黏流态这三种状态称为非晶态聚合物的力学三态。在图4-2所示的温度-形变曲线（热机械曲线）上有两个斜率突变区（虚线框所示），分别称为玻璃化转变区和黏弹转变区。

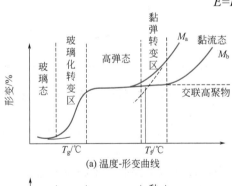

(a) 温度-形变曲线

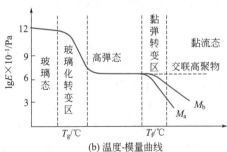

(b) 温度-模量曲线

图4-2　非晶态聚合物的热机械曲线

M_a，M_b—分子量，$M_a<M_b$

左侧竖排：材料科学与工程基础

① 玻璃态　处于玻璃态的聚合物，链段的运动处于"冻结"状态，此时只有侧基、链节、链长、链角等的局部运动，其力学行为上表现为高模量（$10^9 \sim 10^{10}$Pa）和小形变（1%以下），具有虎克弹性行为，质硬而脆。

在玻璃化转变区，链段运动已经开始"解冻"，大分子链构象开始改变、进行延缩，表现有明显的力学松弛行为，具有坚韧的力学特性。

② 高弹态　处于高弹态的聚合物表现出高弹性，链段的热运动充分发展，弹性模量小（$10^5 \sim 10^6$Pa）。在较小应力下，即可迅速发生很大的形变，除去外力后，形变可迅速恢复，因此称为高弹性或橡胶弹性。

黏弹转变区是大分子链开始进行重心位移的区域。弹性模量进一步下降至10^4Pa左右。在此区域聚合物同时表现黏性和弹性形变，这是松弛现象十分突出的区域。

应当指出，具有三维网状结构的微交联聚合物，则不发生黏性流动，只有高弹行为；而高交联度的聚合物则既无黏性流动，也无高弹行为。对线型聚合物，高弹态的温度范围随分子量的增大而增大。分子量过小的聚合物无高弹态。

③ 黏流态　处于黏流态的非晶态聚合物，由于链段的剧烈运动，整个大分子链的重心发生相对位移，产生不可逆形变，即黏性流动，聚合物成为黏性液体。分子量越大，黏流温度T_f就越高，黏度也越大。交联聚合物无黏流态存在，因为它不能产生分子之间的相对位移。

同一聚合物材料，在某一温度下，由于受力大小和时间的不同，可能呈现不同的力学状态。因此上述力学状态只具有相对意义。

（2）结晶聚合物的力学状态　聚合物的结晶一般是不完整的，因此结晶聚合物常存在一定的非晶部分，也有玻璃化转变。但由于结晶部分的存在，在T_g以上，链段运动仍受到限制，模量下降不大。在T_m以上模量迅速下降。若聚合物分子量很大，$T_m < T_f$，则在T_m与T_f之间将出现高弹态。若分子量较低，$T_m > T_f$，则熔融之后即转变成黏流态，如图4-3所示。

在室温下，塑料处于玻璃态，橡胶处于高弹态。因此，玻璃化温度是非晶态塑料使用的上限温度，熔点则是结晶聚合物使用的上限温度。对于橡胶，玻璃化温度则是使用的下限温度。

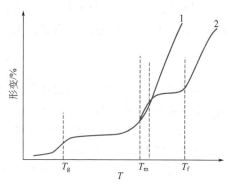

图4-3　结晶聚合物的温度-形变曲线
1—分子量较低，$T_m > T_f$；2—分子量较高，$T_m < T_f$

4.1.2　应力和应变

材料的许多力学性能是结构敏感的，材料的结构决定材料的性能，即力学性能取决于结合键的类型、原子或分子的排列、所含杂质的类型和数量等。材料的种类很多，分类方法也很多，如按化学特征常规可分为金属材料、无机非金属材料和高分子材料。根据受力后的变形特点，大致可把材料分成三类：①受力后具有弹塑性的材料，包括大多数金属结构材料；②受力后具有黏弹性的材料，包括塑料、橡胶、玻璃、混凝土等非晶质材料；③受力后一直到断裂都是弹性的材料，包括离子晶体和共价晶体等。总的来说，材料有三种基本的变形：弹性、塑性和黏性的变形。本节将对材料在应力作用下产生应变的方式，及应力-应变曲线等分别进行讨论。

4.1.2.1 材料的应变方式

当材料受到外力作用而又不产生惯性移动时，其几何形状和尺寸会发生变化，这种变化称为应变或形变。材料宏观变形时，其内部分子及原子间发生相对位移，产生分子间及原子间对抗外力的附加内力，达到平衡时，附加内力与外力大小相等，方向相反，定义单位面积上的内力为应力，其值与外加的应力相等，如面积为材料受力前的初始面积，则应力称为名义应力；若面积为受力后的真实面积，则应力称为真实应力。材料受力的方式不同，发生形变的方式亦不同。对于各向同性材料，有三种基本类型，即简单拉伸、简单剪切和均匀压缩。材料在一次静加载条件下的形变除拉伸、剪切和压缩外，还有扭转和弯曲形变。

（1）简单拉伸　材料受到的外力 F 是垂直于截面、大小相等、方向相反并作用于同一直线上的两个应力，这时材料的形变称为张应变，如图4-4所示。伸长率较小时张应变 ε（或 δ）为：

$$\varepsilon(\delta) = (l-l_0)/l_0 = \Delta l/l_0 \tag{4-2}$$

式中，l_0 为材料的起始长度；l 为拉伸后的长度；Δl 为绝对伸长。这种定义在工程上广泛采用，称为习用应变或相对伸长，又简称为伸长率。与习用应变相应的应力 σ 称为习用应力，或名义应力，$\sigma = F/S_0$，S_0 是材料的起始截面积。

当材料发生较大形变时，材料的截面积亦有较大的变化。这时应以真实截面积 S_T 代替 S_0，相应的真实应力 σ_T 称为真应力，$\sigma_T = F/S_T$，相应的真应变 δ_T 为：

$$\varepsilon_T = \int_{l_0}^{l} \mathrm{d}l_i/l_i = \ln(l/l_0) \tag{4-3}$$

如果在形变过程中样品的体积保持不变，即 $l_0 \times S_0 = l \times S_T$，则真实和工程应力应变的关系为：$\sigma_T = \sigma(1+\varepsilon)$；$\varepsilon_T = \ln(1+\varepsilon)$。

在伸长率很大时，例如橡胶拉伸，也采用张应变，定义为 $\Delta l/l$，或 $[(l/l_0)-(l/l_0)^2]/3$，后式多在橡胶弹性理论中采用。

（2）简单剪切　当材料受到的力 F 与截面平行、大小相等、方向相反且不在同一直线上时，发生简单剪切，即单剪，如图4-5所示。在此剪切力作用下，材料将发生偏斜，偏斜角 θ 的正切定义为切应变 $\gamma = \Delta l/l$。当切应变很小时，$\gamma \approx \theta$。相应的，剪切力 σ_s 定义为：$\sigma_s = F/S_0$。

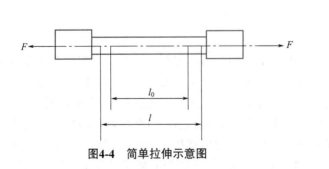

图4-4　简单拉伸示意图

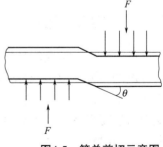

图4-5　简单剪切示意图

（3）均匀压缩　在均匀压缩（如液体静压）时，如图4-6所示，材料受到周围压力 p，发生体积形变，体积由 V_0 缩小成 V，压缩应变 γ_V 为：

$$\gamma_V = (V_0 - V)/V_0 = \Delta V_0/V_0 \qquad (4-4)$$

式中，V_0 为初始体积；V 为压缩后的体积；ΔV_0 为体积变化量。

（4）扭转　材料在扭矩 M 作用下，产生切应变 γ，如图4-7所示。此时切应力 τ 为：$\tau = M/W$，其中，W 为截面系数。切应变 γ 为：$\gamma = \tan \alpha = \varphi d_0/(2l_0) \times 100\%$，其中 α 为圆杆表面任一条平行于轴线的直线因切应力的作用而转动的角度；φ 为扭转角；l_0 为杆的长度；d_0 为外径。

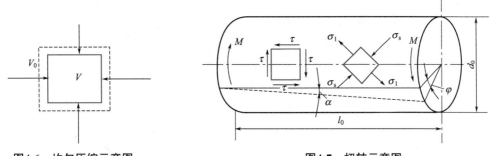

图4-6　均匀压缩示意图　　　　　　图4-7　扭转示意图

扭转试验可用于测定塑性材料和脆性材料的剪切变形和断裂的力学性能，并且有着独特的优点，是其他试验无法比拟的。

（5）弯曲　材料在受到弯矩 M 时，产生弯曲形变，如图4-8所示。弯曲形变多用最大挠度 δ_{max} 表示，其值可用百分表或挠度计直接读出。

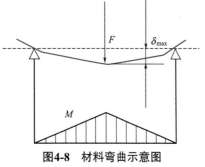

图4-8　材料弯曲示意图

4.1.2.2　应力-应变曲线类型

应力和应变的关系可用应力-应变曲线表示。

拉伸试验是评价材料力学性能的一种方便办法，常用的试验方法是以均匀的速率拉伸试样，用测力装置测量使试样伸长 Δl 所需的拉力 F，并用伸长计同时测量 Δl。采用适当的坐标转换因子，很容易将测得的荷载-伸长曲线（$F-\Delta l$）转换为工程应力-应变曲线（$\sigma-\varepsilon$），这就是 $\sigma = F/S_0$ 和 $\varepsilon = \Delta l/l_0$，这里 S_0 为初始横截面积；l_0 为拉伸计两臂之间的初始间距。由于 S_0 和 l_0 均为常数，所以 $F-\Delta l$ 曲线和 $\sigma-\varepsilon$ 曲线在形状上是相同的，如图4-9所示。由于真实横截面积往往小于初始横截面积，尤其是应变较大时，因此真实应力往往大于工程应力。

金属材料、陶瓷材料及高分子材料，拉伸条件下的应力-应变曲线（$\sigma-\varepsilon$）大致有五种类型，如图4-10所示。

（1）纯弹性型［图4-10（a）］　有这种 $\sigma-\varepsilon$ 曲线的材料主要是陶瓷、岩石、大多数玻璃和高度交联的聚合物以及一些低温下的金属材料。

（2）弹性-均匀塑性型［图4-10（b）］　有这种 $\sigma-\varepsilon$ 曲线的材料主要是许多金属及合金、部分陶瓷和非晶态高聚物。应该指出，把部分非晶态高聚物归入此类只是按应力-应变曲线的形式划分的。对于高聚物，尽管表观弹性变形和塑性变形与金属有相似的

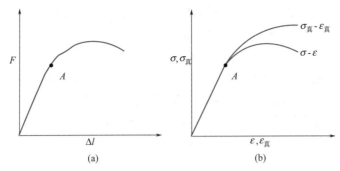

图4-9 载荷-伸长曲线（F-Δl）（a）及应力-标称应变曲线（σ-ε）（b）

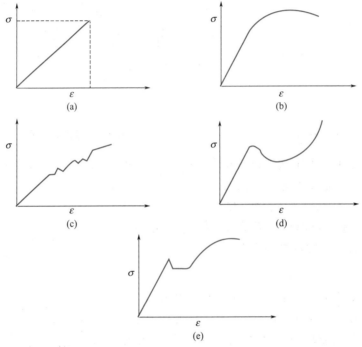

图4-10 五种类型的应力-应变曲线

σ-ε曲线，但在本质上有一定区别。

（3）弹性-不均匀塑性型〔图4-10（c）〕 有这种σ-ε曲线的材料主要是低温和高应变速率下的面心立方金属，其塑性变形机理常常是通过孪生而不是滑移。当孪生应变速率超过实验机夹头运动速度时，负荷会突然松弛而呈现记录到的锯齿形σ-ε曲线。某些含碳原子的体心立方铁合金以及铝合金表现出此类型曲线，另外低溶质固溶体也有类似的σ-ε曲线。

（4）弹性-不均匀塑性-均匀塑性型〔图4-10（d）〕 有这种σ-ε曲线的材料主要是一些结晶态高聚物和未经拉伸的线型非晶态高聚物。结晶高聚物拉伸时出现这种情况，是因为有两个因素相互制约的结果：开始变形时，结晶高聚物中原有的结晶结构被破坏，随之发生细颈屈服，从而载荷下降；继续增加应变可促使变形最剧烈的区域重新组合成新的、方向性好和强度高的结晶结构。

应当注意，高分子材料的细颈现象与金属材料的颈缩现象在形式上相似，但本质上有区别。

（5）弹性-不均匀塑性（屈服平台）-均匀塑性型［图4-10（e）］　有这种σ-ε曲线的材料主要是一些体心立方铁合金和许多有色金属合金。与图4-9（b）的不同仅在于中间增加了一段不均匀塑性屈服区（应变值在1%～3%），出现了屈服平台，屈服平台的出现也是图4-10（e）与图4-10（d）的区别。

4.1.2.3　应力-应变实例

图4-11是几种工程材料的拉伸应力-应变曲线的实例。橡胶、有机玻璃、电木、石英玻璃、氧化铝等材料在破坏之前一直是弹性的，如果在破坏之前卸去荷载，都会恢复初始尺寸。橡胶是一种具有典型的非线性应力-应变曲线的弹性体，在破坏之前的伸长

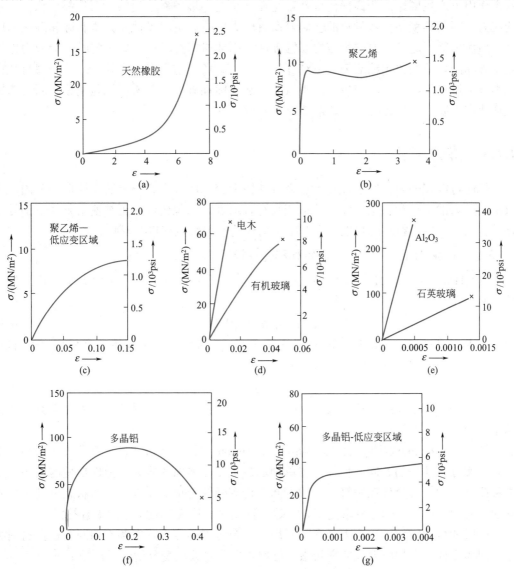

图4-11　几种工程材料的拉伸应力-应变曲线

曲线是对所选定的几种工程材料在室温进行拉伸试验测定的，断裂点用×号表示，应力和应变的单位彼此不同。

（a）天然橡胶，一种弹性体；（b），（c）聚乙烯，一种延性聚合物；（d）电木（酚甲醛），一种网络聚合物；有机玻璃，一种玻璃态聚合物；（e）氧化铝Al$_2$O$_3$，一种晶态陶瓷；石英玻璃；（f）和（g）多晶铝

率可达百分之几百，具有高弹性。对比之下，玻璃态聚合物（有机玻璃）、交联网络聚合物（电木）、石英玻璃、氧化铝，这些都是脆性材料，在微量应变之后就被破坏了，并且除有机玻璃以外，其他三种材料的应力-应变曲线都是线性的。

多晶铝和聚乙烯都是最初表现为纯弹性，之后出现永久变形。多晶铝在最初微量线性弹性伸长之后，由于塑性流动而发生永久形变，从此开始，一直延续到断裂点，应力-应变曲线是非线性的，这部分非线性曲线中的应变主要是塑性应变，兼有微量弹性应变。与此不同，聚乙烯最初是大量的非线性弹性应变；此后，伴随大量弹性应变，发生黏性流动而引起永久形变，直到断裂点。

材料在受到应力作用下，除发生应变外，还应提到应力腐蚀，即材料在应力和介质双重作用下产生腐蚀破坏。任何构件都是在一定的环境条件下使用，而且都要承受一定的应力，因此环境条件对材料的使用寿命有较大影响。机器零件受介质腐蚀和静应力联合作用而失效，这种现象称为应力腐蚀破坏。固体材料在环境介质恶劣时，受应力作用发生破坏的现象要比单纯应力或单纯环境介质的破坏严重得多。另外，一些金属材料在应力腐蚀过程中，通常会产生金属吸氢而引起的脆性破坏，即所谓氢脆现象。应力腐蚀破坏或应力腐蚀断裂还将在断裂章节中进一步讨论。

4.1.3 弹性形变

任何材料在外力作用下，开始总会有弹性形变，而且都有一定的弹性形变范围，它取决于应力的大小和状态，即弹性形变具有普遍性。工程构件在正常使用条件下都处于弹性状态，所以，材料的弹性行为对工程构件的使用性能有重要影响。

4.1.3.1 Hooke定律、广义Hooke定律和弹性模量

（1）Hooke定律 Hooke最早研究了金属材料的弹性变形规律，通过实验得到如下的比例关系：

$$l - l_0 = 常数 \times l_0 F / S_0 \qquad (4-5)$$

式中，l是试样在负荷F作用下的长度；l_0和S_0分别为试样的原始长度和原始截面积。将式（4-5）改写为$F/S_0 = 常数 \times (l-l_0)/l_0$，即：

$$\sigma = E\varepsilon \qquad (4-6)$$

式（4-6）即Hooke定律。式中，$\sigma = F/S_0$为应力；$\varepsilon = (l-l_0)/l_0$为应变；$E$为常数，是在单轴拉伸下的弹性模量。

（2）广义Hooke定律 公式（4-6）称为Hooke定律，严格地说，它所表达的弹性变形限于实际物体中的各向同性体，在单轴加载下受力方向的应力与弹性形变的关系。在这种简单条件下，物体在垂直于加载方向上仍有弹性变形，在复杂应力状态以及不同长度的各向异性体上，弹性变形更复杂，这就需要利用广义Hooke定律来解答。

一般的受力物体中，应力分布是不均匀的，每点的应力状态各不相同。根据材料力学，固体中任一点的应力或应变状态，可用六个分量或应变分量表示，即：

正应力：σ_x，σ_y，σ_z

切应力：τ_{xy}，τ_{yz}，τ_{zx}

正应变：ε_x，ε_y，ε_z

切应变：γ_{xy}，γ_{yz}，γ_{zx}

在弹性范围内，任一应力分量与应变分量之间呈线性关系，即：

$$\left.\begin{array}{l}
\sigma_x = C_{11}\varepsilon_x + C_{12}\varepsilon_y + C_{13}\varepsilon_z + C_{14}\gamma_{xy} + C_{15}\gamma_{yz} + C_{16}\gamma_{zx} \\
\sigma_y = C_{21}\varepsilon_x + C_{22}\varepsilon_y + C_{23}\varepsilon_z + C_{24}\gamma_{xy} + C_{25}\gamma_{yz} + C_{26}\gamma_{zx} \\
\sigma_z = C_{31}\varepsilon_x + C_{32}\varepsilon_y + C_{33}\varepsilon_z + C_{34}\gamma_{xy} + C_{35}\gamma_{yz} + C_{36}\gamma_{zx} \\
\tau_{xy} = C_{41}\varepsilon_x + C_{42}\varepsilon_y + C_{43}\varepsilon_z + C_{44}\gamma_{xy} + C_{45}\gamma_{yz} + C_{46}\gamma_{zx} \\
\tau_{yz} = C_{51}\varepsilon_x + C_{52}\varepsilon_y + C_{53}\varepsilon_z + C_{54}\gamma_{xy} + C_{55}\gamma_{yz} + C_{56}\gamma_{zx} \\
\tau_{zx} = C_{61}\varepsilon_x + C_{62}\varepsilon_y + C_{63}\varepsilon_z + C_{64}\gamma_{xy} + C_{65}\gamma_{yz} + C_{66}\gamma_{zx}
\end{array}\right\} \tag{4-7}$$

此即广义 Hooke 定律。

式（4-7）中，$C_{i,j}$（i，j=1，2，…，6）是应力分量与应变分量间的比例系数，称为弹性常数。也可将任一应变分量写成应力分量的关系式，比例系数为$S_{i,j}$，则称为弹性柔度。由此可见，弹性常数和弹性柔度各有36个，可以证明，即使各向异性程度最大的晶体也存在着$C_{i,j}=C_{j,i}$的对称关系，所以36个弹性常数中只有21个是独立的。随着晶体对称性的提高，21个常数中有些彼此相等或为零，独立的弹性常数数目更少。独立弹性常数的数目依次为：三斜晶系——21，单斜晶系——9，四方晶系——6，六方晶系——5，立方晶系——3，各向同性体——2。

（3）常用弹性常数　工程上广泛使用多晶体材料，它们具有各向同性的弹性性质。设多晶体材料在正应力σ的作用下产生正应变ε，则杨氏模量（正弹性模量）$E=\sigma/\varepsilon$。在应力图上，弹性变形范围内，σ-ε曲线的斜率就是杨氏模量。如果物体在切应力τ作用下产生的应变称为切应变γ（单位弧度），则切变弹性模量$G=\tau/\gamma$。若一个物体的各方向都受到均匀的应力σ（拉或压），相应地产生水静压应变（或称体积应变），则有体积弹性模量K。另外还有泊松比ν等。

① 正弹性模量E　材料受正应力σ状态下，产生正应变ε，则正弹性模量为$E=\sigma/\varepsilon$，它反映材料抵抗正应变的能力。考虑到广义 Hooke 定律中的单向受力，一般写成$E=\sigma_x/\varepsilon_x$。

② 切弹性模量G　材料在纯剪切力τ作用下，产生切应变γ，则切弹性模量为$G=\tau/\gamma$，它反映材料抵抗切应变的能力。同样考虑广义 Hooke 定律，写成$G=\tau_{xy}/\gamma_{xy}$。

③ 体积弹性模量K　材料各方向受到均匀的应力（拉或压），产生体积应变$\Delta V/V_0$，则体积弹性模量$K=\sigma_0/(\Delta V/V_0)$。它表示物体在三向压缩（流体静压力）下，压强与体积变化率$\Delta V/V_0$之间的线性比例关系。

④ 泊松比ν　受拉应力作用的物体，在平行于拉应力的方向产生伸长，而在垂直方向产生缩短，缩短应变e_y与伸长应变e_x的比值称为泊松比ν，它反映材料横向正应变与受力方向正应变的相对比值，$\nu=-e_y/e_x$。

⑤ 弹性模量E、G、K和泊松比ν相互之间的关系　对于各向同性的材料，三个弹性模量之间存在下列关系：

$$E=3G/(1+G/3K) \tag{4-8}$$

因此仅有两个弹性模量是独立的，第三个模量可由另两个模量按式（4-8）计算得到。泊松比ν与弹性模量之间有下列关系：

$$K=E/[3(1-2\nu)] \tag{4-9}$$

$$E=2G(1+v) \tag{4-10}$$
$$E=3K(1-2v) \tag{4-11}$$

常用弹性常数 E、G 和 v 通常是用静态拉伸和扭转试验测定得到的。

弹性模量是力学性能中最稳定的指标，对材料成分和组织的变化都不敏感，也很少受使用时外界条件波动的影响。根据双原子模型分析知，弹性模量主要取决于原子间的结合能力。所以，以合金为例，尽管合金化的元素有较多的变化，只要基体元素不变，则其弹性模量就没有明显的改变。当然，不同材料弹性模量的数据差别很大，这主要是由于各种材料具有不同的结合键和键能。一般而言，具有强化学键结合的材料的弹性模量高，分子间仅有弱范德华力结合的材料的弹性模量很小。

材料的弹性模量表示材料对于弹性变形的抵抗力。在其他条件相同时，材料的弹性模量愈高，由这种材料制成的构件刚度便愈高，在受到外力作用时保持其固有的尺寸和形状的能力愈强。有许多工程构件，例如飞机构架上的金属构件，不允许在运行中发生较大的变形，否则就不能正常工作。因此，弹性模量是工程设计中不可缺少的数据。表4-1列出了部分材料的弹性模量。

■ **表4-1 各种材料的弹性模量**

材　料	E/GPa	G/GPa	泊松比 v	材料	E/GPa	G/GPa	泊松比 v
铸铁	110.3	51.0	0.17	铅	17.9	6.2	0.40
软钢	206.8	81.4	0.26	花岗岩	46.2	19.3	0.20
铝	68.9	24.8	0.33	碳酸钠石灰玻璃	68.9	22.1	0.23
铜	110.3	44.1	0.36	混凝土	10.3～37.9		0.11～0.21
黄铜70/30	100.0	36.5		橡木（纵向）	12.5	0.6	
黄铜	97.0	37	0.34	橡木（横向）	0.7		
镍（冷拔）	213.7	79.4	0.30	尼龙	2.8		0.4
钛	106.9			苯酚树脂	5.2～6.9		
锆	93.8	35.8		硬橡胶	2.8		0.43

金属等晶体材料的弹性模量值，主要取决于晶体中原子的本性、晶格类型以及晶格常数等。例如在各种常用的金属中，铁的弹性模量较高，仅次于钨、钼、钽等难熔金属。过渡金属的弹性模量较高是因其d层电子引起的较大结合力。温度升高，晶格常数就增大，故一般金属的弹性模量都随温度升高而减小。如每升高100℃，铁的 E 值约下降4%。

金属等晶体的弹性模量是一种对组织不大敏感的性能。加工方法、热处理状态以及加入少量合金元素等都不能显著地改变晶格常数，因而不能使金属等晶体的弹性模量发生显著变化。

硅酸盐材料在应力作用下变形非常小，常温下的塑性变形更小，断裂前只有微小的弹性变形，因此可以看成是弹性体。由大理石和凝灰石在压缩条件下的应力-应变曲线可以知道其应变是很小的，原因在于硅酸盐材料的结合键主要是共价键和离子键（也有分子键的作用），故键合力大，同时材料内又包含较多的缺陷，这种材料的弹性模量可由应力-应变曲线上强度的1/3或1/2（或2/3）等点处的割线斜度求出。

例题 4-1

一圆柱形黄铜样品，直径为10mm，在受到拉伸作用时，直径减少 $2.5×10^{-3}$mm，假定该过程是完全弹性变形，则受到的载荷为多少？

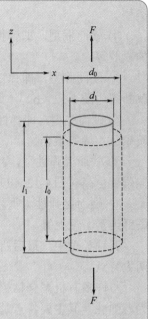

解： 该形变过程如右图所示。

横向（x轴）的应变为：

$$\varepsilon_x = \frac{\Delta d}{d_0} = \frac{-2.5×10^{-3}}{10} = -2.5×10^{-4}$$

查表知，黄铜的泊松比 $\nu=0.34$，则纵向（y轴）的应变为：

$$\varepsilon_z = -\frac{\varepsilon_x}{\nu} = \frac{2.5×10^{-4}}{0.34} = 7.35×10^{-4}$$

又可查表知黄铜的弹性模量为97GPa，则拉伸应力为：

$$\sigma = \varepsilon_z E = 7.35×10^{-4}×97×10^3 = 71.3\text{MPa}$$

拉伸应力与所受力和样品的横截面积有关，即：

$$F = \sigma A_0 = \sigma\left(\frac{d_0}{2}\right)^2 \pi$$

$$= 71.3×10^6×\left(\frac{10×10^{-3}}{2}\right)^2 \pi = 5600\text{N （1293lbf）}$$

答： 该样品受到的载荷大小为5600N。

对于各向同性材料，三个弹性模量和泊松比之间存在内在联系，可以通过公式进行计算，如例题4-2。

例题 4-2

某硫化的橡胶球受到6.89MPa的静水压力，直径减少了1.2%，而相同材质的试棒在受到516.8kPa的拉应力时伸长2.1%，则此橡胶棒的泊松比为多少？

解： 该橡胶球受到静水压力，直径减少，可看做是一个均匀压缩过程。由公式 $\sigma = K(\Delta V/V)$ 得 $K = \sigma/(\Delta V/V)$，代入数据则体积弹性模量K：

$$K = \sigma/(\Delta V/V) = 6.89/[(1-0.988^3)/1] = 193.7\text{MPa}$$

受到拉应力时，由公式 $\sigma = E\varepsilon$，得 $E = \sigma/\varepsilon$，代入数据则正弹性模量E：

$$E = \sigma/\varepsilon = 516.8/2.1\% = 24.6\text{MPa}$$

由体积弹性模量K和正弹性模量E之间的关系，$E = 3K(1-2\nu)$，知 $\nu = 0.5(1-E/3K)$，代入数据则该橡胶棒的泊松比ν为：

$$\nu = 0.5(1-E/3K) = 0.5[1-24.6/(3×193.7)] = 0.48$$

4.1.3.2 有机聚合物的弹性、黏弹性

有机聚合物的变形和弹性因材料组成、结构不同，有很大差别，并且受测试条件，

尤其是温度的影响很大。从拉伸时的应力-应变曲线来归纳，大致有图4-12所示的五种类型。

① 软而弱型，即弹性模量和拉伸强度均小，拉伸应变度中等 [图4-12 (a)]，如软的凝胶等。

② 硬而脆型，即弹性模量和拉伸强度都较低，且在应变很小（通常在2%以下）时就断裂 [图4-12 (b)]，如苯酚甲醛树脂等材料在室温以下表现出这种特性。

③ 硬而强型，即弹性模量和拉伸强度均大，且约有5%的伸长 [图4-12 (c)]，如硬质聚氯乙烯等聚合物。

④ 软而黏弹性型，其屈服范围（曲线的平坦部分）大，伸长可为20% ～ 100%，拉伸强度也高 [图4-12 (d)]，如橡胶、塑化聚氯乙烯等。

⑤ 硬而黏弹性大型，即弹性模量、屈服值、强度、伸长都大 [图4-12 (e)]，如乙酰纤维素、尼龙等。

五种类型中，最后两种情况很突出，也就是许多有机聚合物具有的高弹性和黏弹性两大特点。

与许多有机聚合物相比较，金属晶体、离子晶体、共价晶体等的弹性变形通常表现为普弹性。其主要特点是：应变在应力作用下随时产生，并在应力去除后瞬时消失，应变与应力之间服从虎克定律。虽然许多实际材料由于内部存在缺陷等缘故，在较大变形时应力与应变之间关系会偏离虎克定律，或者有的应变在应力作用下出现滞后变化现象，但是普弹性仍是这些材料的主要特征。

（1）高弹性的特点　高弹性，即橡胶弹性，同一般的固体物质所表现的普弹性相比具有如下的主要特点，这些特点也就是橡胶材料的特点。

① 弹性模量小、形变大。一般材料，如铜、钢等，形变量最大为1%左右，而橡胶的高弹性形变很大，可拉伸至5 ～ 10倍。橡胶的弹性模量则只有一般固体物质的万分之一左右，即（10 ～ 100）×10^4Pa。

② 弹性模量随温度升高而上升，而一般固体的模量则随温度的提高而下降。

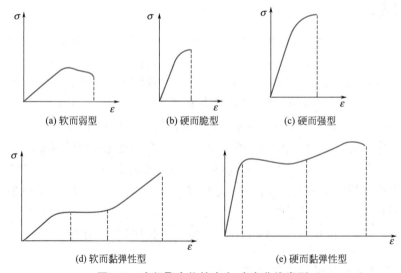

图4-12　有机聚合物的应力-应变曲线类型

③ 形变时有热效应，伸长时放热，回缩时吸热。

④ 在一定条件下，高弹性形变有明显的松弛现象。

上述特点是由高弹形变的本质所决定的。

（2）高弹形变的本质　固体的弹性形变，如可逆平衡的拉伸形变，根据热力学第一定律和第二定律，可导出式（4-12）、式（4-13）的弹性回复力关系式：

$$f=(\partial u/\partial l)_{T,\ V}-T(\partial s/\partial l)_{T,\ V} \tag{4-12}$$

或
$$f=(\partial u/\partial l)_{T,\ V}+T(\partial J/\partial l)_{T,\ V} \tag{4-13}$$

式中，右边第一项为能弹性回复力，第二项为熵弹性回复力，因此弹性区可分为能弹性和熵弹性两个基本类型。

晶体、金属、玻璃以及处于T_g以下的塑料等，其弹性产生的原因是键长、键角的微小改变所引起的内能变化，熵变化的因素可以忽略，所以称为能弹性。表现能弹性的物体，弹性模量大，形变小，一般为0.1%～1%。绝热伸长时变冷，即形变时吸热，恢复时放热（释出形变时储存的内能）。能弹性亦称为普弹性，弹力$f=(\partial u/\partial l)_{T,\ V}$，即式（4-12）及式（4-13）中的第二项可以忽略。普弹形变遵从虎克定律。

理想气体、理想橡胶的弹性起源于熵的变化，即式（4-12）及式（4-13）中的第一项可以忽略，故称为熵弹性。例如压缩理想气体时，其弹性来源于体系的熵值随体积的减小而减小，即$f=T(\partial s/\partial l)_{T,\ V}$。实验表明，典型的橡胶材料进行拉伸形变时，其弹力可表示为$f=T(\partial s/\partial l)_{T,\ V}$，属于熵弹性。因此高弹性又称为熵弹性。

大分子链在自然状态下处于无规线团状态，这时构象数最大，因此熵值最大。当处于拉伸应力作用时，拉伸形变是大分子链伸展的结果。大分子链伸展时，构象数减少，熵值下降，即$(\partial s/\partial l)_{T,\ V}<0$。热运动可使大分子链恢复到熵值最大、构象数最多的状态，因而产生弹性回复力，这就是高弹形变的本质。由此本质出发即可解释高弹形变的一系列特点。例如根据$f=T(\partial s/\partial l)_{T,\ V}$即可解释温度上升时何以弹性模量提高，故高弹形变的本质是熵变。

（3）黏弹性　聚合物的黏弹性是指聚合物既有黏性又有弹性的性质，实质是聚合物的力学松弛行为。高聚物受力后产生的变形是通过调整内部分子构象实现的。由于链构象的改变需要时间，因而受力后除普弹性变形外，高聚物的变形强烈地与时间相关，表现为应变落后于应力，除瞬间的普弹性变形外，高聚物还有慢性的黏性流变，即表现为黏弹性。在玻璃化转变温度以上，非晶态线型聚合物的黏弹性表现最为明显。

高聚物的黏弹性又可以分为静态黏弹性和动态黏弹性。

① 静态黏弹性　静态黏弹性是指在固定的应力（或应变）下形变（或应力）随时间延长而发展的性质，表现为蠕变和应力松弛。

蠕变是指在一定温度、一定应力作用下，材料的形变随时间的延长而增加的现象。线型聚合物及高温下的金属均具有蠕变特征。

在蠕变过程中形变ε是时间的函数，即柔量D是时间的函数。

$$D(t)=\varepsilon(t)/\sigma \tag{4-14}$$

应力松弛是指在温度、应变恒定的条件下，材料的内应力随时间延长而减小的现象。

在应力松弛过程中，模量随时间而减小，所以这时的模量称为松弛模量，以$E(t)$表示之，即：

$$E(t)=\sigma(t)/\varepsilon_0 \tag{4-15}$$

各种高聚物都有一个临界应力 σ_c，$\sigma > \sigma_c$ 时，蠕变变形急剧增加，因此对恒载下工作的高聚物应在低于 σ_c 的应力下服役。经足够长时间后，线型聚合物应力松弛可使应力降低到零。聚合物交联后，应力松弛速度减慢，且松弛后应力不会到零，形变会达到一平衡值。高聚物的蠕变和应力松弛，本质上与金属材料的类似，但因条件不同表现形式有所不同。

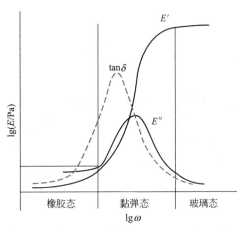

图4-13 典型黏弹固体的 tanδ、E' 及 E'' 与角频率的关系

② 动态黏弹性 动态黏弹性是指在应力周期性变化作用下聚合物的力学行为，也称为动态力学性质。一个角频率为 ω 的简谐应力作用到试样上时，应变总是落后于应力一个相角 δ。此相角的正切值 tanδ，是内耗值 $\Delta E/E$ 的量度，其中，ΔE 是试样在一个应力周期中所损失的能量（即一个周期内外力所作的形变功转变成热能的部分），E 为应变达到极大值时储存在样品中的能量，所以 δ 亦称为内耗角。当外场作用的时间尺度与试样的松弛时间相近时，内耗达极大值，如图4-13所示。

在周期性应力作用下，模量 E 可采用复数表示式。

$$E^* = E' + iE'' \tag{4-16}$$

式中，$i = (-1)^{1/2}$；E' 为实数模量；E'' 为虚数模量。E'、E'' 及 δ 的关系可用下式表示。

$$\tan\delta = E''/E' \tag{4-17}$$

动态模量 E 是复数模量 E^* 的绝对值，即：

$$E = \left| E^* \right| = (E'^2 + E''^2)^{1/2} \tag{4-18}$$

所以，E'' 的大小也是内耗大小的一种量度。

③ 黏弹性的机械模型 如前所述，聚合物、玻璃、混凝土等非晶材料，甚至一些多晶体，都可在一定的条件下具有黏弹性，主要表现在这些材料具有显著的应力松弛或蠕变现象。对于这些力学性能，人们提出了机械模型和分子理论模型，现在介绍几种常用的机械模型。

a.理想弹簧与理想黏壶的并联模型 该模型由开尔文（Kelvin）等提出，将理想弹簧（理想弹性体）和理想黏壶（理想液体）并联起来，模拟一些材料的高弹形变和不含永久变形的蠕变过程。如图4-14所示，在施加应力 σ 的瞬间，由于黏壶的黏性使并联的弹簧不能迅速拉开，使形变不能跟上应力，这相当于应变-时间曲线上的 a 点，随时间增长，黏壶逐步变形，弹簧也同时发生应变，从 $a \to b \to c$ 进行，到 c 点后去除应力。因弹簧处于伸张状态，故有内应力要使其回缩，但是受并联黏壶的阻滞，应变不能马上消除。以后黏壶应变逐步消失，即从 $c \to d$，恢复到原来未加应力时的状态。因此，这是一个蠕变过程。

b.理想弹簧和理想黏壶的串联模型 该模型由麦克斯韦（Maxwell）等提出，将理想弹簧和理想黏壶串联起来，用以模拟应力松弛过程，如图4-15所示，在未加应力时

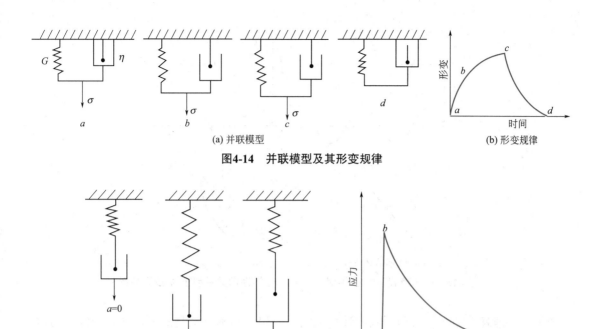

(a) 并联模型 (b) 形变规律

图4-14　并联模型及其形变规律

(a) 串联模型 (b) 形变规律

图4-15　串联模型及其形变规律

[图4-15（a）]系统处于未变形的平衡状态。当施加应力σ时[图4-15（b）]，弹簧迅速发生应变，但黏壶受黏液阻滞，来不及跟上而保持原状。若此时把模型的两端固定，即模拟应变恒定时的情况，则接着就发生应力松弛现象：黏壶的小球与弹簧相连而受到弹簧回缩力的作用，其克服滞阻力，逐渐运动，于是将伸张着的弹簧逐步放松，直至弹簧完全恢复原状。此时σ=0，达到新的平衡状态c，应变仍不变。从b→c就是应力松弛过程。

实际上，除了有机聚合物之外，玻璃、混凝土和其他一些非晶质材料，有时甚至多晶体都可表现出黏弹性。应力松弛、蠕变等现象在其他材料中也存在，只是有机聚合物在一般应力范围、常温和短时间内就明显地表现出来。这是聚合物的尺寸稳定性问题，在应用和选材上很重要。作结构材料用的有机聚合物要求应力松弛和蠕变小。

4.1.3.3　滞弹性

对于理想的弹性固体，施加应力会立即引起弹性应变；一旦应力消除，应变也随之立刻消除。根据原子论，这意味着原子（或分子）偏离平衡位置的位移是瞬时发生的，应力消除时，原子又瞬时回到能量最低的位置或构型。对于实际固体，位移的往返需要一定时间，无机固体和金属的这种与时间有关的弹性，称之为滞弹性。聚合物的黏弹性可以认为是严重发展的滞弹性。

理想弹性固体受循环应力，如交变拉伸和压缩时的反应，如图4-16（a）。滞弹性固体，其应变与应力之间有周相差，如图4-16（b）。每一周期的应力–应变关系形成一条滞后曲线，曲线所包围的面积表示输入的能量，即单位体积的材料在每一周期所消耗的

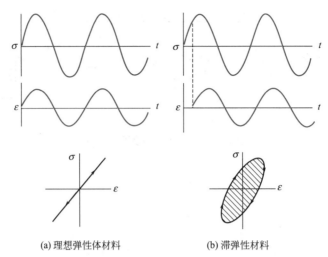

(a) 理想弹性体材料   (b) 滞弹性材料

图4-16　循环荷载下的应力-时间关系、应变-时间关系和应力-应变关系

能量——消耗于加热材料和周围的环境。大多数聚合物本质上是滞弹性（黏弹性）的材料；金属和陶瓷可以基本上视为理想弹性体，也可以是严重滞弹性的，这取决于温度和荷载的频率。

许多材料在不同条件下都可以表现出滞弹性效应。材料的滞弹性是有害的，弹性体受到循环应力时，温度的上升会使材料逐渐老化；对于金属，循环应力会引起振动和疲劳破坏。高速行驶的汽车轮胎上各处都承受交变应力，由于滞后产生的内耗，常常使轮胎温度高达80～100℃，这将大大促进橡胶轮胎的老化。对于这类不利的影响，在工程应用中要设法避免或尽量减轻其危害。

但滞后与内耗也有重要实用价值，内耗越大的材料，吸收振动的能力越强，故可选用内耗大的高聚物材料制造减振件，如分子链上有两个侧基的丁基橡胶，滞后圈很大，是制造减振件的理想材料。

另外，高聚物的黏弹性行为可以认为是严重发展的滞弹性，这是由高聚物的大分子链的结构特点和链的热运动特点决定的。受力后，大分子链通过热运动，调整构象产生变形需要时间，不像低分子材料，原子或分子的热运动可以在很短的时间内完成。

4.1.3.4　弹性极限与弹性比功

（1）比例极限　　比例极限是金属弹性变形时应变与应力严格成正比关系的上限应力，即在拉伸应力-应变曲线上开始偏离直线时的应力σ_p：

$$\sigma_p = F_p / S_0 \tag{4-19}$$

式中，F_p为拉伸图上开始偏离直线时的载荷。

在实验中很难精确确定刚刚偏离直线那一点的载荷F_p，只有在精确自动记录拉伸图上，才能找出刚刚偏离直线段的载荷F_p。由于确定F_p时主观误差与客观误差都很大，因而同一材料比例极限的测定结果差别很大。

国标GB 228—63规定了测定条件比例极限的方法：在拉伸曲线上的某点作切线，当切线与纵坐标夹角的正切值$\tan\theta'$对直线段与纵坐标夹角的正切值$\tan\theta$之比为150%时，该点所对应的应力即为条件比例极限σ_p或σ_{p50}，见图4-17。若有特殊要求，也可测

定条件比例极限 σ_{p25} 和 σ_{p10}。显然 $\sigma_{p50} > \sigma_{p25} > \sigma_{p10}$。

机械中尤其是仪表中有许多元件，如依靠弹簧应变表示力值的测力计和压力计，飞机高度表中的弹簧敏感元件等，都是在应力-应变保持严格线性关系的条件下工作，因此设计时应以材料的比例极限作为选用材料的依据。

条件比例极限代表了应力-应变曲线上偏离直线段一定距离的应力，即产生一定塑性变形量时的应力值，因此它仅仅是近似地保证弹性应变与应力呈正比关系的最大抗力，实际上代表了材料对产生极微量塑性变形的抗力。

（2）弹性极限　弹性极限是材料主要是金属材料发生最大弹性变形时的应力值。当应力超过弹性极限，金属便开始发生塑性变形。实验测定弹性极限是比较困难的，而且测定值的高低取决于所用的微应变传感器的灵敏度。传感器的灵敏度越高，测定的弹性极限值越低。

工程上通常规定，以产生0.005%、0.01%、0.05%的残留变形时的应力作为条件弹性极限，分别以 $\sigma_{0.005}$、$\sigma_{0.01}$ 和 $\sigma_{0.05}$ 表示。国标GB 228—76规定了这种条件弹性极限（即规定残余伸长时的应力）的测定方法，如图4-18所示。得到了载荷 $F_{0.01}$，再除以试件原始截面积 S_0，即得条件弹性极限 $\sigma_{0.01} = F_{0.01}/S_0$。当残留形变较大时，如0.2%的残留形变，则测定得到的就是条件屈服极限 $\sigma_{0.2}$。

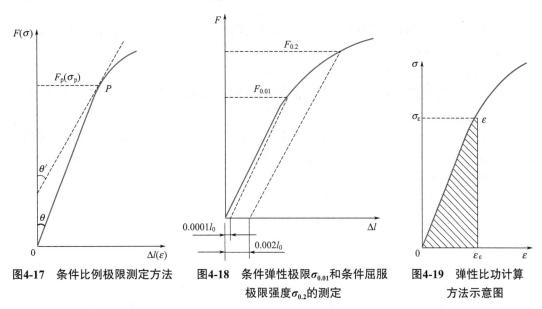

图4-17　条件比例极限测定方法　　图4-18　条件弹性极限 $\sigma_{0.01}$ 和条件屈服　　图4-19　弹性比功计算
　　　　　　　　　　　　　　　　　　极限强度 $\sigma_{0.2}$ 的测定　　　　　　　方法示意图

弹性极限和弹性比例极限实际上都是表征材料对极微量塑性变形的抗力。它们同条件屈服极限 $\sigma_{0.2}$ 只是量上的不同，没有质的区别。

（3）弹性比功　弹性比功又称为弹性应变能密度。它是材料吸收变形功而又不发生永久变形的能力，它标志着在开始塑性变形前材料单位体积所吸收的最大弹性变形功，是一个韧度指标，用 W_ε 表示。

弹性比功 W_ε 可用拉伸应力-应变曲线上，发生弹性变形部分所包围的面积来量度，见图4-19。因此：

$$W_\varepsilon = \sigma_\varepsilon \varepsilon_\varepsilon / 2 = \sigma_\varepsilon^2 / 2E \qquad (4\text{-}20)$$

由式（4-20）知，提高σ_e或降低E，均可提高材料的弹性比功。由于弹性比功与σ_e的平方成正比，因此提高σ_e的作用更明显。

机械和工程结构中使用的弹簧是典型的弹性零件，主要起减震和储能作用，既要吸收大量的变形功（应变能）又不允许发生塑性变形。因此，作为弹簧材料，要求有尽可能大的弹性比功。

4.1.4　永久形变

许多离子晶体和共价晶体材料受力后直到断裂，其变形都属于弹性变形；而金属和热塑性聚合物等材料在断裂前可有大量的永久变形。例如，低碳钢试样在拉伸时要经过大量塑性变形才发生断裂。

材料的永久变形是一种流动过程。它有两种基本类型：晶质材料的塑性流动和非晶质材料的黏性流动。晶质材料的塑性流动通常表现为晶体的一部分相对于另一部分的滑动；而黏性流动一般发生于流体，是非晶质材料中的原子小集团（或分子小集团）自由调换其相邻基团的过程。研究材料的永久变形对生产实践有重要的指导意义。

4.1.4.1　塑性流动

当外加的应力超过晶质材料（主要是金属）的弹性极限，晶质材料就会发生塑性变形。研究晶质材料塑性变形的机制和特点，可以更好地理解强度和塑性的物理本质，采取有效的措施提高晶质材料的强度和塑性。

（1）材料的塑性变形机理　常见的塑性变形机理或方式主要有两种，即滑移和孪生。

① 滑移　滑移是材料在切应力作用下，沿着一定的晶面和一定的晶向进行的切变过程。这种晶面和晶向分别称为金属的滑移面和滑移方向，它们常常是金属晶体中原子排列最密的晶面和晶向。

对一个表面抛光的金属单晶体进行拉伸时，它在比较低的应力水平就开始塑性伸长。这时位错的运动使晶体小块相互滑动，同时在表面出现滑移线［图4-20（a）］。这些反映了滑移的切变和晶体学本质［图4-20（b）］。对滑移线的位向进行研究，结合变形后金属单晶体的X射线分析，揭示出滑移最容易发生于高原子密度的（也就是大晶面间距的）原子面。这种滑移面通常是给定晶体结构的密排面。

大多数金属滑移系的数目很大（≥12），如面心立方的Cu、Al、Ni、Ag和Au的滑移面为$\{1\,1\,1\}$，滑移方向为$\langle 1\bar{1}0\rangle$，有12个滑移体系，这一特点使金属有可能产生大量塑性流动并具有延性。

与金属相反，工程上的离子固体和共价固体在室温一般是脆性的，这并不是由于它们固有比较高的键强，也不是由于缺少位错，而是由于这些材料的活动滑移系比较小，不能适应大量的塑性流动。在拉应力的作用下，像MgO这种材料只有在高温下才能产生塑性形变；在压缩时则有所不同，这时MgO单晶体在室温可以产生5%以上的塑性形变。

使金属单晶体产生滑移所需的分切应力，称为临界分切应力。在不同的滑移系统

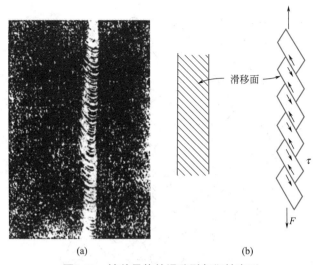

图4-20 锌单晶体的滑移引起塑性变形

（a）滑移痕迹（即滑移线），表明流动的产生是由于平行晶面之间的切变；
（b）晶体小块沿滑移面滑动，从而产生图（a）中所看到的形变
注意：持续的拉伸形变使滑移面转动，但体积保持不变。

上的临界分切应力是不同的。例如镁，要产生非底面滑移需要大得多的临界分切应力。温度升高，临界分切应力下降。故镁在高温下塑性增大。

② 孪生　孪生是发生在金属晶体内局部区域的一个均匀切变过程。切变区的宽度较小，切变后已变形区的晶体取向与未变形区的晶体取向互成镜面对称关系。孪生变形也是沿着特定晶面和特定晶向进行的。

密排六方金属由于滑移系少，塑性变形常以孪生方式进行。体心立方和面心立方金属当形变温度很低，形变速度极快的情况下，也发生孪生变形。

孪生所能达到的变形量极为有限。如镉，孪生变形只提供了7.4%的变形量，而滑移变形量可达300%。但是孪生可以改变晶体的取向，使晶体的滑移系由原先难滑动的取向转到易于滑动的取向。因此，孪生提供的直接变形虽然很小，但间接的贡献却很大。

形变孪生对某些材料相当重要。跟滑移一样，形变孪生也是原子面彼此相对切变。但是，形变孪生是一种协同过程。它使晶体产生一片孪生区域。图4-21表示了体心立方金属在机械孪生时的原子运动情况。在金属中，只有当滑移受到限制时才产生孪生，因为孪生所需的应力往往高于滑移。由于剪切应力的作用而形成孪晶。这时，相邻的（112）原子面相互切变。切变量为t，即孪生矢量。图4-21为（110）面的视图。图中只表示了半数（112）原子面。原子的协同运动引起永久形变而没有任何体积变化。孪生面痕迹两侧的晶体呈镜像反映。

（2）材料塑性变形的特点　工程应用的金属材料大多数是多晶体，或由大量的同相晶粒（单相合金）组成，或由非同相晶粒（多相材料）组成。各晶粒的空间取向不同，各相的晶粒性质不同，此外，还存在着晶界，因此，实用材料的塑性变形表现出一些特点，主要包括：①各晶粒塑性变形的非同时性和不均一性；②各晶粒塑性变形的相互制

4

材料的性能

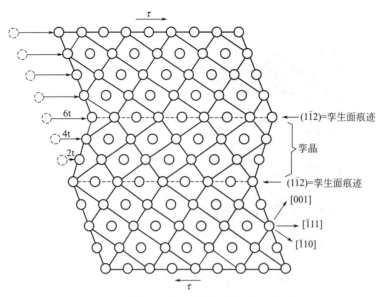

图4-21 体心立方金属的机械孪生晶体学

约性和协调性。

（3）形变织构和各向异性 随着塑性变形程度的增加，各个晶粒的滑移方向逐渐向主形变方向转动，使多晶体中原来取向互不相同的各个晶粒逐渐趋向一致，这一现象称为择优取向；形变金属中的这种组织状态则称为形变织构。例如，拉丝时形成的织构，其特点是各个晶粒的某一晶向大致与拉丝方向平行，而轧板时则是各个晶粒的某一晶面与轧制面平行，而某一晶向与轧制主形变方向平行。当金属的形变量达到10%～20%时，择优取向现象就达到可觉察的程度。随着形变织构的形成，多晶体的各向异性也逐渐显现。当形变量达到80%～90%时，多晶体就呈现明显的各向异性。

4.1.4.2 黏性流动

在高于玻璃化温度并受到相当大的应力时，无机玻璃和热塑性聚合物会发生显著的黏性流动。

（1）黏性流动机理 无机玻璃和热塑性聚合物等非晶态固体，在高于玻璃化温度时，原子基团发生持续的热运动，例如，热激励使石英玻璃中的SiO_4单元和长链聚合物中的分子链节活动，由于粒子之间的键合较为牢固，使原子或分子的活动性变差，便产生高黏度。

受到应力作用时，材料内部局部构型发生偏离，于是粒子有选择地调换其近邻位置，以适应应力作用产生的形变。但由于高黏度的存在，局部构型的变化反应迟钝，产生黏性流动。

（2）黏性流动的特点 非晶质材料发生的黏性流动与理想流体不同，这些材料可以承受压力。

黏性流动与温度有密切关系。黏度η的变化遵循阿累尼乌斯方程：

$$\eta = \eta_0 \, e^{-Q/RT} \tag{4-21}$$

材料科学与工程基础

式中，指数项前面的系数 η_0 和激活能 Q 都取决于材料的键合结构。

黏性流动的材料对于各种形变方式具有应变速率敏感性。例如，一团沥青或油灰在快速应力作用下表现为弹性，如果试图以非常高的速率进行形变，就会发生脆性断裂；缓慢施加应力则表现为黏性。

（3）黏性流动的应用　在一些非晶态固体的加工中，黏性流动具有头等重要性。无机玻璃在高温吹制时之所以容易成形，就在于黏性流动时没有产生缩颈的趋势。这点很容易演示：用酒精喷灯将软玻棒均匀加热后，可以拉成非常长的细丝。伴随着伸长的是横截面积的均匀缩减。长链聚合物可以像无机玻璃那样加工，但在一定程度的形变以后由于分子的分离而有撕裂的趋势。

半晶态聚合物在 $T_g \sim T_m$ 之间的拉伸特性被用来生产高强度的聚合物丝。这类材料（例如聚乙烯）拉伸时，在屈服强度稍低的工程应力水平进行永久形变。经过一定程度的均匀永久形变以后（程度取决于材料），产生缩颈；进一步流动，在近于恒定的应力下，缩颈沿试件传播，但缩颈本身的横截面积保持不变。缩颈中的分子进行着平行于作用应力的再取向，从而使缩颈区强化，所以缩颈的形成不会导致断裂。这种拉伸工艺已在纤维的生产中使用，经过拉伸，原来混乱的球晶结构遭到破坏，而代之以更加有序的各向异性晶态结构，从而使平行于丝轴方向具有更高的强度。此外，这种丝的刚度要比同类的各向异性产品高得多。

4.1.4.3　材料的强化

材料在使用过程中常常要求既要有一定的强度，同时还需要一定的延展性和韧性。一般情况下，当提高强度时，都要牺牲一定的韧性。因此了解材料强化的机制，对设计和改进材料的性能非常重要。

材料的强化，实质上是提高材料抵抗永久变形的能力。对金属材料而言，由于多数塑性变形与位错的移动有关，即塑性变形的能力依赖于位错移动的能力。因此，金属材料强化的机制都是围绕限制和减少位错的移动，包括晶粒尺寸减小强化、固溶体强化和应变强化。对高分子材料而言，强化主要是通过取向和交联等实现。

（1）晶粒尺寸减小强化　在多晶金属材料中，晶粒的大小，或平均直径影响材料的机械性能。对多数材料而言，其屈服强度 σ_y 与晶粒的大小（直径）可用 Hall-Petch 方程表示，即：

$$\sigma_y = \sigma_0 + k_y d^{-1/2} \qquad (4-22)$$

式中，σ_0 和 k_y 均为常数；d 为晶粒的平均直径。如图 4-22 所示。

晶粒尺寸减小，形成更多的晶界，位错移动时需要改变方向，移动困难；同时晶界处原子的无序，使滑移面不连续，位错移动困难，从而使材料强化。如图 4-22 所示，随晶粒平均直径的减小，屈服强度线性增大。

（2）固溶体强化　利用合金化技术，在金属

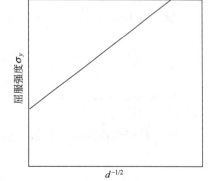

图4-22　屈服强度与晶粒大小的关系

材料中加入不纯原子，形成固溶体，使材料强化。通常高纯金属材料与其合金比较软且弱。不纯原子的加入，使位错移动阻力增大，即限制了位错的移动，从而使材料强化。

固溶体不仅可使屈服强度增大，也可使抗拉强度增大。

（3）应变强化　应变强化是使延性材料先产生应变或进行塑性变形，从而使其强度增大的现象，又称冷加工，或加工强化。通常情况下，用冷加工百分数比用应变表示更简单。冷加工百分数（CW，%）定义为：

$$CW = \left(\frac{A_0 - A_d}{A_0} \right) \times 100\% \qquad (4\text{-}23)$$

式中，A_0是起始横截面积；A_d是形变后的横截面积。材料的屈服强度和抗拉强度随冷加工百分数的增加而增大，如图4-23所示。

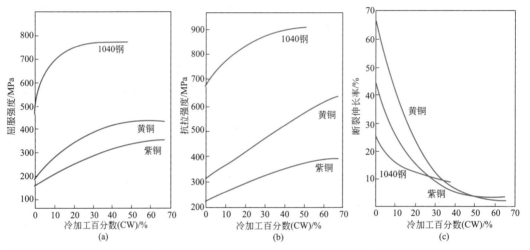

图4-23　冷加工百分数（CW，%）对1040钢、黄铜和紫铜的屈服强度、抗拉强度和断裂伸长率的影响

例题 4-3

某圆柱形紫铜样品进行冷加工后，其直径由15.2mm减小到12.2mm，其抗拉强度和断裂伸长率分别是多少？

解：首先应先求冷加工百分数（CW，%），由公式（4-23）计算。

$$CW = \left(\frac{A_0 - A_d}{A_0} \right) \times 100\% = \left(\frac{\pi[(15.2/2)^2 - (12.2/2)^2]}{\pi(15.2/2)^2} \right) \times 100\% = 35.6\%$$

抗拉强度可由图4-23（b）中直接查得，为340MPa；断裂伸长率由图4-23（c）中直接查得，为7%。

答：该紫铜样品进行冷加工后抗拉强度和断裂伸长率分别为340MPa和7%。

（4）退火和再结晶　退火是将材料缓慢加热到一定温度，保持足够时间，然后以适宜速度冷却（通常是缓慢冷却，有时是控制冷却）的一种热处理工艺。退火工艺随目的之不同而有多种，如重结晶退火、等温退火、均匀化退火、球化退火、去除应力退火、再结晶退火，以及稳定化退火、磁场退火等。

变形金属的重新结晶称为再结晶。再结晶不发生晶格类型的变化，只是晶粒形态和大小的变化。通过再结晶，因显微组织发生了彻底的改变，位错密度也大大降低，故其强度和硬度显著降低，而塑性和韧性重新提高，加工硬化得以消除。

图4-24是退火温度对黄铜抗拉强度、断裂伸长率的影响，以及再结晶和晶粒大小的影响。

（5）高分子取向和交联　对于半晶聚合物，可以在一定范围内通过取向（尤其是纤维和薄膜）、提高结晶度和分子量大小来提高其强度。对于橡胶等弹性体材料，则主要通过交联的方法提高其强度。

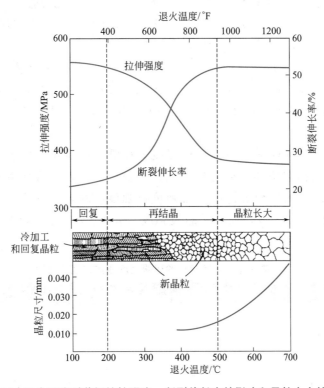

图4-24　退火温度对黄铜抗拉强度、断裂伸长率的影响和晶粒大小的影响

4.1.5　强度、断裂及断裂韧性

材料抵抗形变和断裂的能力称为材料的强度。材料的强度和作用于材料上的力的关系具有两重性：对于成品和半成品而言，成型是其重要步骤，为此希望材料具有可变形性（而无断裂危险）和低的变形阻力。相反，成品件则希望其具有尽可能高的承受载荷的能力，也就是说要求它形状稳定性好，即具有高的形变阻力。因此，研究强度、断裂及断裂韧性对材料的加工、使用性能都具有重要意义。本节即涉及材料的强度、断裂及

断裂韧性。

4.1.5.1 强度

强度是材料抵抗变形和破坏的能力。根据加载形式的不同，材料内部的应力可归纳为三类：拉伸正应力、压缩正应力和剪切应力。在这些应力作用下，材料破坏的强度分为：抗拉强度、抗压强度和抗剪强度。

另外，根据外加载荷特征分为抗弯强度、抗扭强度、冲击强度和疲劳强度。对于各向同性材料，它的强度特性不随受力方向而改变。某些材料，如金属和部分高分子材料，在外载荷不断增加下，一般到塑性流动的屈服状态时，亦失去承载能力，但距断裂还有一定差距。在压缩荷载情况下，构件往往未达到破坏强度之前先失稳，产生屈曲而失去承载能力。故材料（或构件）的强度又分为断裂强度、屈服强度、屈曲强度。对于各向异性材料，它的强度特征是随方向而改变的，如纤维增强复合材料，有沿纤维方向的纵向强度和垂直纤维方向的横向强度。

在抗剪强度方面有：断纹抗剪强度、层间抗剪强度、平面抗剪强度。

本节将讨论几种常遇到的并具有重要实际意义的强度，包括抗拉强度、抗剪强度、抗弯强度、冲击强度和抗扭强度。至于理论和实际断裂强度将在断裂一节中加以讨论。

（1）抗拉强度 抗拉强度亦称拉伸强度。在规定的温度、湿度和加载速度条件下，标准试样上沿轴向施加拉伸力直到试样被拉断为止，计算断裂前试样所承受的最大载荷 F_{max} 与试样截面积之比，即得到抗拉强度。对金属而言，人们通常关心的是抵抗塑性变形的屈服强度，而不是断裂强度。表4-2列出了一些材料的屈服强度或抗拉强度。

■ **表4-2 一些材料的屈服强度或抗拉强度数据**

材　　料	抗拉强度/MPa	材　　料	抗拉强度/MPa
混凝土	3	铍丝	1400
无氧99.95%退火铜	70	钨晶须	3700
无氧99.95%冷拉铜	280	石墨晶须	20000
99.45%退火铝	28	蓝宝石晶须	6000～5000
99.45%冷拉铝	170	玻璃丝	3500
经热处理铝合金	350	硼丝	3500
可锻铸铁	310	石墨丝	2100
低碳钢	240～280	灰口铸铁	140
高碳淬火钢	700～1300	尼龙-66	70
退火合金钢（4340）	450～480	尼龙-66纤维	700
淬火合金钢（4340）	900～1600	PVC	34～61
马氏体时效钢（300）	2000	HDPE	21～38
钢琴丝	2400～3400	PP	33～41

同样，若向试样施加单向压缩载荷则可测得抗压强度。

高分子材料的拉伸强度一般低于金属材料（表4-3和表4-4），但树脂基复合材料由于树脂与纤维的共同作用，其拉伸强度高于钢等金属材料。尤其突出的是树脂基复合材料的比强度和比模量很高。碳纤维增强环氧树脂的比强度约是钢的八倍，比模量约是钢的五倍。表4-3比较了几种常见金属材料和复合材料的性能。

■ 表4-3　几种常见金属材料与复合材料性能比较

材料名称	相对密度/($\times 10^3$kg/m^3)	抗拉强度/GPa	弹性模量/GPa	比强度/$\times 10^4$m	比模量/$\times 10^7$m
钢	7.8	1.01	205.8	0.13	0.27
铝	2.8	0.46	73.5	0.17	0.26
钛	4.5	0.94	111.7	0.21	0.25
玻璃钢	2.0	1.04	39.2	0.53	0.21
碳纤维Ⅱ/环氧	1.45	1.47	137.2	1.03	0.21
碳纤维Ⅰ/环氧	1.6	1.05	235.2	0.67	1.5
有机玻璃PRD/环氧	1.4	1.37	78.4	1.0	0.57
硼纤维/环氧	2.1	1.35	205.8	0.66	1.0

■ 表4-4　常见聚合物的机械强度

材料名称	拉伸强度/MPa	断裂伸长率/%	拉伸模量/MPa	弯曲强度/MPa	弯曲模量/MPa
低压聚乙烯	21.5～38	60～150	820～930	24.5～39.2	1080～1370
聚苯乙烯	34.5～61	1.2～2.5	2740～3460	60.0～87.4	
ABS	16～61	10～140	650～2840	24.8～93.0	2950
PMMA	48.8～76.5	2～10	3140	89.8～117.5	
聚丙烯	33～41.4	200～700	1130～1380	41.4～55.2	1180～1570
PVC	34.6～61	20～40	2450～4120	69.2～110.4	
尼龙-66	81.4	60	3140～3240	98.0～108.0	2870～2940
尼龙-6	72.7～76.4	150	2550	98.0	2360～2540
尼龙-1010	51.0～53.9	100～250	1570	87.2	1270
聚甲醛	61.2～66.4	60～75	2710	89.2～90.2	2550
聚碳酸酯	65.7	60～100	2160～2360	96.2～104.2	1960～2940
聚砜	70.4～83.7	20～100	2450～2750	106.0～125.0	2750
聚酰亚胺	92.5	6～8		＞98.0	3140
聚苯醚	84.6～87.6	30～80	2450～2750	96.2～134.8	1960～2060
氯化聚醚	41.5	60～160	4080	68.6～75.6	880
线型聚酯	78.4	200	2850	114.8	
聚四氟乙烯	13.9～24.7	250～350	390	10.8～13.7	

例题 4-4

某黄铜样品的应力-应变曲线如图所示，如何确定以下参数？

① 弹性模量。

② 屈服强度（应变为0.002）。

③ 如该样品为圆柱形，起始直径为12.8mm，计算所能承受的最大载荷。

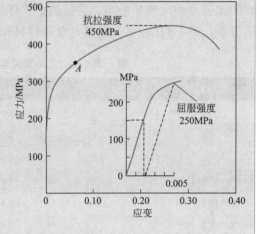

④ 如该样品的起始长度为250mm，受到345MPa的拉伸应力，其长度变化。

解：① 弹性模量为应力-应变曲线中初始线性部分的斜率，即

$$E=\frac{\Delta\sigma}{\Delta\varepsilon}=\frac{\sigma_2-\sigma_1}{\varepsilon_2-\varepsilon_1}$$

直线通过原点，σ_1 和 ε_1 均为0，取 σ_2 为150MPa，则 ε_2 为0.0016，故有

$$E=\frac{150-0}{0.0016-0}=93.8\text{GPa}$$

即弹性模量为93.8GPa。

② 应变为0.002时，由图可知，屈服强度为250MPa。

③ 所能承受的最大载荷对抗拉强度，可通过样品的横截面积计算。由图可知，抗拉强度为450MPa，由此可计算承受的最大载荷：

$$F=\sigma A_0=\sigma\left(\frac{d_0}{2}\right)^2\pi=450\times10^6\times\left(\frac{12.8\times10^{-3}}{2}\right)^2\pi=57900\text{N}$$

即能承受的最大载荷为57900N。

④ 该样品受到345 MPa的拉伸应力时，由图中A点知其应变为0.06，故其起始长度变化为：

$$\Delta l=\varepsilon l_0=0.06\times250=15\text{mm}$$

即受到345 MPa的拉伸应力，其长度变化为15mm。

（2）抗弯强度　抗弯强度亦称挠曲强度，是在规定的条件下对标准试样施加静弯曲力矩，取直到试样折断为止的最大载荷 F_{max}，按式（4-24）计算抗弯强度：

$$\sigma_t=1.5F_{max}l_0/(bd^2) \tag{4-24}$$

式中，l_0、b 及 d 分别为试样的长、宽、厚。

弯曲试验的加载方式有两种：三点弯曲和四点弯曲。后者有足够的均匀加载段，可较好地反映材料全面的品质。

材料的抗弯强度与抗拉强度有一定的内在联系。一般而言，抗拉强度大，则抗弯强度也大。表4-4列出了一些常见聚合物的抗拉强度、抗弯强度等力学性能参数。

（3）冲击强度　材料的冲击强度是一个工艺上很重要的指标，是材料在高速冲击状态下的韧性或对断裂抵抗能力的量度。与材料的其他极限性能不同，它是指某一标准试

样在断裂时单位面积上所需要的能量，而不是通常所指的断裂应力。其值与高速拉伸应力-应变曲线下的面积成正比。冲击强度不是材料的基本参数，而是一定几何形状的试样在特定试验条件下韧性的一个指标。

测定冲击强度的实验装置有多种类型。其中，最重要的冲击实验仪是摆锤式试验仪，按照矩形试条固定的方法分成简支梁（Charpy）和悬臂梁（Izod）（图4-25）。在两种情况中，试条一般均是有缺口的。

摇锤摆动到最低点冲击试条，试条在断裂时，从向下摆动的摆锤中获得能量，使摆锤减少了向上摆动的振幅，如图4-25所示，记下这个

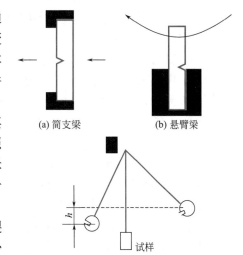

(a) 简支梁　　(b) 悬臂梁

图4-25　简支梁和悬臂梁摆锤冲击试验

振幅。摆锤损失的能量就是材料冲击强度（IS）的度量。通常把冲击强度引述为断裂能量/断裂面积，单位为kJ/m^2。

冲击破坏是塑料构件一种常见的破坏形式。高分子材料的冲击强度实验方法，既可采用悬臂梁，也可采用简支梁方式。表4-5中列举出部分高分子材料的悬臂梁冲击强度。它们的冲击韧性相差很大，但仍存在一定规律。

① 通常拉伸时呈脆性高聚物，如聚苯乙烯、有机玻璃等，它们的冲击值小于$0.02kJ/m^2$。

② 既强又韧的高聚物，如聚碳酸酯等，冲击值一般都大于$0.60kJ/m^2$。

③ 可通过以下途径改善脆性高聚物的冲击强度：增大材料的断裂伸长从而增大σ-ε曲线下的面积；经过共混可将橡胶机械分散在脆性高聚物中，组成软、硬相间两相体系；通过提高材料的抗拉强度、增加σ-ε曲线下的面积，如将高强度纤维和高聚物组成两相体系的复合材料。

■ 表4-5　一些常见聚合物缺口悬臂梁冲击强度（24℃）

材料名称	冲击强度 /（$\times 10^{-3}kJ/m^2$）	材料名称	冲击强度 /（$\times 10^{-2}kJ/m^2$）
聚苯乙烯	1.3～2.1	聚丙烯	2.65～10.6
ABS	5.8～63	聚碳酸酯	63～68.9
硬聚氯乙烯	2.1～15.9	酚醛塑料（普通）	1.3～1.9
聚氯乙烯共聚物	15.9～106	酚醛塑料（布填料）	5.3～15.9
PMMA	2.1～2.6	酚醛塑料（玻璃纤维填料）	5.3～15.9
醋酸纤维素	5.3～29.7	聚四氟乙烯	10.6～21.2
乙基纤维素	18.5～31.8	聚苯醚	26.5
尼龙-66	5.3～15.9	聚苯醚（25%玻璃纤维）	7.4～7.6
尼龙-6	5.3～15.9	聚砜	6.8～26.5
聚甲醛	10.6～15.9	环氧树脂	1.0～26.2
低密度聚乙烯	＞84.8	环氧树脂（玻璃纤维填料）	53～159
高密度聚乙烯	2.65～10.6	聚酰亚胺	4.7

值得一提的是，在提高冲击强度方面，聚合物共混具有特别重要的实际意义。

以橡胶为分散相的增韧塑料是聚合物共混物的主要品种，其特点是具有很高的冲击强度，常比基体树脂的冲击强度高5～10倍，甚至更高。Nielsen指出，制备高抗冲聚合物共混物需满足以下三个条件：①所用橡胶的T_g必须远低于室温或远低于材料的使用温度；②橡胶不溶解于基体树脂中以保证形成两相结构；③橡胶与树脂之间要有适度的混溶性以保证两相之间有良好的黏合力，例如采用接枝共聚、加入增混剂等。

然而，增韧塑料未必非用橡胶不可。凡是能引发大量银纹而又能及时地将银纹终止从而提高破裂能的因素，大都可起到增韧的效果。分散相颗粒能引发大量银纹，不像均相聚合物那样只能产生少量银纹。共混物在应力作用下所产生的大量银纹的应力场之间的相互作用还会大大增加材料的断裂伸长。

对金属材料而言，也采用摆锤式冲击试验装置，测定试样冲断的冲击吸收功。目前，标准试验采用两种试样，简支梁（Charpy）V形缺口和沙尔皮U形缺口。当然，材料用两种不同试样得到的冲击吸收功不同，不同材料用两种试样测定得到的冲击吸收功也是不可比的。

金属材料标准冲击试验的性能指标除冲击吸收功外，还有冲击韧性值，它无特殊意义，只是冲击吸收功除以缺口底部横截面积得到的商值。另外，金属材料还有切口强度表示冲击性能指标，切口强度实验测定时，切口用规定的几何尺寸，切口强度的单位为MPa，它与冲击强度的单位是不一样的。合金钢的切口强度一般在1500～2200MPa范围内。

评价金属材料的冲击韧性更常采用的是韧脆转变。韧脆转变是指金属材料的冲击韧性，随温度的下降而显著降低的现象。中、低强度的体心立方金属及其合金，密排立方的锌及其合金都存在冷脆现象。不同温度下试验，得到系列冲击韧性，冲击韧性与温度的关系曲线叫冷脆转变曲线，曲线上冲击韧性急剧下降的温度称为韧脆转变温度。金属材料的韧脆转变还将在后面进行讨论。

（4）抗扭强度　抗扭强度表征材料抵抗扭曲的能力。抗扭强度可在扭转试验机上测定，在一定的扭矩M作用下，产生扭转角φ，可以得到扭矩M和扭转角φ之间的关系曲线，如图4-26所示。

材料的抗扭强度τ_b可用下式计算：

$$\tau_b = M_b / W \tag{4-25}$$

式中，M_b为试样断裂前的最大扭矩；W为截面系数，对实心圆杆，$W=\pi d_0^3 /16$；对空心圆杆，$W=\pi d_0^3 (1-d_1^4 / d_0^4)/16$，$d_0$为外径，$d_1$为内径。

4.1.5.2 断裂

（1）断裂和韧性　断裂是材料的主要破坏形式。韧性是材料抵抗断裂的能力。断裂前有明显塑性变形的称为延性断裂（韧性）；反之，则为脆性断裂（脆断）。

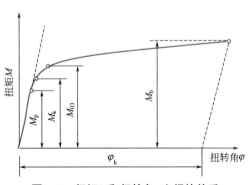

图4-26　扭矩M和扭转角φ之间的关系

由于脆断之前常无先兆可寻，无端倪可察，往往带来严重后果，因此，防止脆断一直是人们研究的重点。

在一定的外界条件（温度、介质、应力状态和加载速度等）下，材料如何断裂取决于其韧性。韧性与强度和塑性有关，因此，韧性一般用材料在塑性变形和断裂全过程中吸收能量的多少来表示。

众所周知，各种材料的断裂都是其内部裂纹扩展的结果。因而，每种材料抵抗裂纹扩展能力的高低，表示了它们韧性的好坏。韧性好的材料，裂纹扩展困难，不易断裂。脆性材料中裂纹扩展所需能量很小，容易断裂。韧性又分断裂韧性和冲击韧性两大类。断裂韧性是表征材料抵抗其内部裂纹扩展能力的性能指标；冲击韧性则是对材料在高速冲击负荷下韧性的度量。二者间存在着某种内在联系。

从上面关于强度和断裂的叙述可以看出，实际应用中，材料的屈服和断裂是最值得引起注意的两个问题，通常用拉应力下获得的应力-应变实验曲线来了解材料受力后变形、屈服直至断裂的全貌，从而评价材料的弹性、塑性、韧性和强度。

断裂是机械和工程构件失效的主要形式之一，它比其他失效形式，如塑性失稳、磨损和腐蚀等，更具有危险性。航空航天飞行器、运输车辆、轮船和其他机械或工程构件的主要承力部件若发生断裂，就可能发生灾难性的事故，造成人员生命和财产的巨大损失。研究材料的断裂和断裂力学，防止断裂是材料科学的重要内容。

断裂是材料的一种复杂行为，在不同的力学、物理和化学环境下，会有不同的断裂形式。工程应用上，常根据断裂前是否发生明显的宏观塑性变形或断裂前是否明显地吸收能量，把断裂分成脆性断裂和韧性断裂（或延性断裂）两大类。然而，在不同的场合下，根据不同的特征将断裂分成若干类型，并用不同的术语进行描述。按照断裂机制分类，有解理断裂、沿晶断裂和微孔聚合型的延性断裂。按裂纹的走向分，则有穿晶断裂和沿晶断裂。按裂纹的取向分，则有正断和切断。正断时断裂面与最大主应力方向垂直；切断时断裂面与最大切应力方向一致，而与最大主应力方向成45°角。读者应注意有关术语的含义及它们之间的相互关系和区别。

本节先讨论在室温环境下，单向加载时材料的断裂，包括断裂类型——脆性断裂与延性断裂，断裂的基本理论以及脆性韧性转变，最后对应力腐蚀断裂进行阐述。

（2）脆性断裂　脆性断裂的宏观特征是断裂前无明显的塑性变形（永久变形），吸收的能量很少，而裂纹的扩展速度往往很快，几近音速。故脆性断裂无明显的征兆可寻，断裂是突然发生的，因而会引起严重的后果，此类构件的使用是很危险的。因此人们研究断裂问题，着重于脆性断裂，防止断裂一直是材料科学的一个重要研究课题。

常见的脆性断裂有解理断裂和晶间断裂，脆性断裂的宏观断口往往呈结晶状或颗粒状。在大多数情况下，解理断裂、晶间断裂是脆性断裂；个别情况下，它们也可能是韧性断裂，即断裂前有一定量的塑性变形。脆性断裂与解理断裂、晶间断裂并不是同义词，前者是指宏观状态，后者是指断裂的微观机制。

① 解理断裂　解理断裂是材料在拉应力的作用下，由于原子间结合键遭到破坏，严格地沿一定的结晶学平面（即所谓"解理面"）劈开而造成的。解理面一般是表面能最小的晶面，且往往是低指数的晶面。

解理断口的宏观形貌是较为平坦的、发亮的结晶状断面。理想晶体解理断口的微观形貌应是一个平坦完整的晶面，但实际是不存在的，晶体总是或多或少有缺陷存在，如位错、第二相粒子等。因此，解理断面实际上不是沿单一的晶面，而是沿一族相互平行的的晶面（均为解理面）解理而引起的。在不同高度上的平行解理面之间形成了所谓的解理台阶，解理台阶的侧面汇合形成河流状花样，如图4-27所示（电镜照片）。

解理断口的另一个特征是舌状花样，如图4-28所示，它类似于伸出来的小舌头。它是解理裂纹沿孪晶界扩展而留下的舌状凸台或凹坑。

具有面心立方晶格的金属一般不出现解理断裂，这与它们的滑移系较多和塑性好有关，因为在解理之前，就已产生显著的塑性变形而表现为韧性断裂。

② 准解理断裂 准解理断裂多在马氏体回火中细小的碳化物质点影响裂纹的产生和扩展。准解理断裂时，解理小平面有明显的撕裂棱，河流花样已不十分明显。

③ 晶间断裂 晶间断裂是裂纹沿晶界扩展的一种脆性断裂，其断口形貌如图4-29所示。

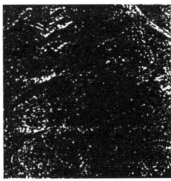
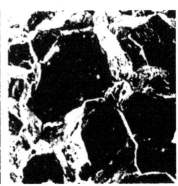

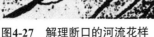

图4-27 解理断口的河流花样　　图4-28 解理断口的舌状花样　　图4-29 晶间断裂断口的形貌

晶间断裂时，裂纹扩展总是沿着消耗能量最小，即原子结合力最弱的区域进行。一般情况下，晶界不会开裂。发生晶间断裂，势必由于某种原因降低了晶界结合强度。这些原因大致有：晶界存在连续分布的脆性第二相；微量有害杂质元素在晶界上的偏离；或由于环境介质的作用损害了晶界，如氢脆、应力腐蚀、应力和高温的复合作用在晶界造成损伤。

（3）延性断裂 低碳钢在拉伸时，先发生一定程度的塑性变形，之后才断裂；而用铸铁试样进行拉伸，则不经过明显的塑性变形就发生断裂。在断裂前产生明显的永久变形，并且经常有缩颈现象发生，称为延性断裂；反之，脆性断裂前没有或只有微量的永久变形，也没有缩颈现象，断裂是突然发生的，裂纹扩展速度可达1500～2000m/s。大多数金属和合金通常是延性材料，大多数陶瓷、玻璃、云母和灰口铁，在室温下一般表现为脆性断裂，但这不是绝对的。例如，在很低的温度下，本来是延伸性材料的低碳钢（通常发生延性断裂）会发生脆性断裂。脆性材料和延性材料的应力-应变曲线的差异如图4-30所示，延性材料应变大，曲线下面积大。

① 延性断裂的特征及过程 延性断裂的微观特征是韧窝断口形貌，如图4-31所示。在电子显微镜下，可以看到断口由许多凹进或凸出的微坑组成，在微坑中可以发现有第二相粒子。一般情况下，断口具有韧窝形貌的构件其宏观断裂是韧性，断口的宏观形貌大多呈纤维状。

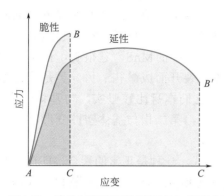

图4-30　脆性材料和延性材料应力-应变曲线

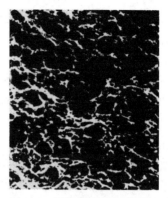

图4-31　延性断裂的韧窝断口形貌

韧窝的形状因应力状态而异，如在正应力作用下，韧窝是等轴形的；在扭载荷作用下，韧窝被拉长成为椭圆形。

延性断裂的过程可以概括为"微孔成核、微孔长大和微孔聚合"三部曲。实际金属延性材料在拉伸过程中，先有明显的塑性变形，然后经历如图4-32所示的各阶段，再发生断裂。

图4-32（a）形成缩颈，在其心部受三向拉应力而不易变形，使滑移受阻。但因缩颈，此处截面减小，应力增大，使那些已停止滑移的位错能克服阻力而重新滑移并增殖和堆积。当滑移受阻处的位错密度增至一定程度，就会形成孔洞或显微裂纹。

图4-32（b）试样中心出现孔洞，此时微孔成核。

图4-32（c）孔洞在试样中心成长、聚集、形成圆片状裂纹。微孔逐渐长大。

图4-32（d）圆片状裂纹沿垂直于拉力作用的方向往外扩展。

图4-32（e）裂纹沿着与拉轴接近于45°的方向迅速扩展，连到一起，即微孔聚合，直到最后断裂。最后阶段形成一个剪唇，其与拉伸轴呈45°角，相应于剪切应力最大的方向。最后得到杯锥状断口，它由心部的纤维区域和外围的剪唇区域构成。

上述是一种典型的情况。实际上由于材料及受力情况等不同，可以得到不同的拉伸断口，例如有的没有剪唇区域或表现为其他形状的断口。剪唇愈深，材料的塑性愈好，反之则材料的塑性愈低。

② 微孔成核、长大和聚合的机理　微孔成核长大机理：一种是位错引起的微孔成核，并不断长大；另一种是材料变形的不协调引起微孔的形成。

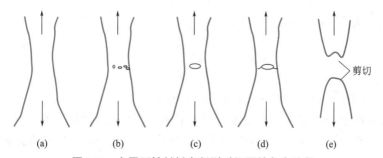

图4-32　金属延性材料在断裂时经历的各个阶段

如果材料没有缺陷，并且纯度很高，则材料应是超塑性的，即使拉成很细的细丝也不会发生断裂，这是理想情况。实际金属总是有第二相粒子存在，它是微孔成核的源。第二相粒子分为两大类：一类是夹杂物，如钢中的MnS，它很脆，在不大的应力作用下，这些夹杂物粒子便与基体脱开，或本身裂开而成微孔；另一类是强化相，如钢中的弥散碳化物、铝合金中的弥散强化相，它们本身比较坚实，与基体结合也牢，是位错塞积引起的应力集中，或在高应变作用下，第二相与基体塑性变形不协调而产生微孔。

微孔成核并逐渐长大，有两种不同的聚合模式。一种是正常的聚合，即微孔长大后出现了"内颈缩"，使实际承载的面积减少而应力增加，起了"几何软化"作用，促进变形的进一步发展，加速微孔的长大，直至聚合。在几何软化的同时，基体也因塑性变形而起形变强化作用，抵消了一部分几何软化作用。在较大的应力作用下，微孔要继续长大，直至其边缘连在一起，聚合成裂纹。这种聚合模式，变形是均匀的，速度较慢，消耗的能量较多，韧性较好。基体的形变强化指数越高，则形变的强化作用越大，微孔长大直至聚合的过程越慢，韧性越好。

另一种聚合模式是裂纹尖端与微孔、或微孔与微孔之间产生了局部滑移，由于这种局部的应变量大，产生了快速剪切裂开。这种模式的微孔聚合速度快，消耗的能量也较少，所以韧性差。这是因为应变强化阻碍已滑移区的进一步滑移，使滑移均匀，不易产生局部的剪切变形。此外，多向应力促使材料处于脆性状态，也容易产生剪切断开。

③ 影响延性断裂扩展的因素　影响延性断裂扩展的因素主要有两个：第二相粒子和基体的形变强化。

a.第二相粒子　第二相粒子的存在是微核形成的源，在钢中第二相粒子的体积分数增加，其韧性下降；第二相粒子不同，对延性断裂扩展的影响不同；第二相粒子的形状不同，其影响也不同。

b.基体的形变强化　即前面讨论的冷加工或应变强化。基体的形变强化指数越大，则塑性变形后的强化越强烈，变形后即强化，其结果是各处均匀的变形，微孔长大后的聚合，将按正常模式进行，韧性好。

④ 材料延性断裂的表征　前面已经提及，材料延性断裂主要以断裂伸长率（EL，%）和横截面积减小率（RA，%）表示。计算公式如下：

$$EL = \left(\frac{l_f - l_0}{l_0} \right) \times 100\% \qquad (4\text{-}26)$$

式中，l_f 为断裂时的长度；l_0 为原始长度。

$$RA = \left(\frac{A_f - A_0}{A_0} \right) \times 100\% \qquad (4\text{-}27)$$

式中，A_f 为断裂时的横截面积；A_0 为原始横截面积。

延性断裂对应的真实应力和应变，在前面4.2节中已经阐述。真实应力和应变与工程应力和应变之间的关系为：$\sigma_T = \sigma(1+\varepsilon)$；$\varepsilon_T = \ln(1+\varepsilon)$；$\sigma_T = K\varepsilon_T^n$，其中 K 为常数。

　　某圆柱形钢样品的起始直径为12.8mm，受拉伸应力作用，断裂时的工程应力为460MPa，断裂时的直径为10.7mm，试计算：

　　① 延性大小，以横截面积减少百分数表示。

　　② 断裂时的真实应力。

　　解：① 利用公式（4-27），代入数据计算：

$$RA=\frac{\left(\frac{12.8}{2}\right)^2\pi-\left(\frac{10.7}{2}\right)^2\pi}{\left(\frac{12.8}{2}\right)^2\pi}\times100\%=\frac{128.7-89.9}{128.7}\times100\%=30\%$$

　　② 由断裂强度可计算承受的载荷大小：

$$F=\sigma_\mathrm{f}A_0=460\times10^6\times128.7\times\left(\frac{1}{10^6}\right)=59200\mathrm{N}$$

　　断裂时的真实应力可由断裂时承受载荷的大小和真实横截面积计算：

$$\sigma_\mathrm{T}=\frac{F}{A_\mathrm{f}}=\frac{59200}{89.9\times\frac{1}{10^6}}=6.6\times10^8=660\mathrm{MPa}$$

　　答：以横截面积减少的百分数表示的延性大小为30%；断裂时的真实应力为660MPa。

　　（4）脆性-韧性转变　材料的断裂属延性还是脆性，不仅取决于材料的内在因素，如材料的成分或内部的结构；还与材料或构件的工作环境和受载方式等外部因素有关，如应力状态、温度、加载速率等。因此说某一材料是脆性或韧性并不确切，而应当是该材料处于脆性状态或韧性状态。

　　① 应力状态及其柔度系数　根据材料力学，任何复杂的应力状态都可以用切应力和正应力表示。这两种应力对变形和断裂起的作用不同。粗略地讲，切应力促进塑性变形，对韧性有利；拉应力促进断裂，不利于韧性。

　　在各种加载条件下，最大切应力τ_{max}与最大拉应力S_{max}之比，称该应力状态的柔度系数（也叫软性系数）α，即：

$$\alpha=\tau_{max}/S_{max}\tag{4-28}$$

　　式中，α值越大，应力状态越柔，越易变形而不易开裂，即越易处于韧性状态。α值越小，相反，越易倾向脆性断裂。单向拉伸，$\alpha=0.5$；三向不等拉伸，$\alpha<0.5$；扭转，$\alpha=0.8$；单向压缩，$\alpha=2$；侧压，$\alpha>2$。例如，灰口铸铁在单向拉伸（$\alpha=0.5$）时表现为脆性，而在测布氏硬度（侧压，$\alpha>2$）时，可以压出一个很大的坑而不开裂。

　　② 温度和加载速率的影响　温度对韧脆性转变影响显著，这是由于温度对正断强度影响不大，而对屈服强度影响很大。温度对断裂强度影响不大，是因为表面能γ和弹性模量E为决定断裂强度的主要因素，而温度对二者的影响都不大。温度对屈服强度影响很大，主要是因为温度有助于激活F-R位错源，有利于滑移，有利于塑性变形。如普通碳钢在室温或高于室温，断裂前有较大塑性变形，先屈服后断裂，是韧性；但到了某

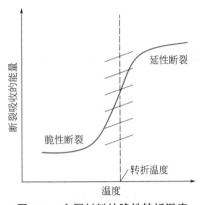

图4-33 金属材料的脆性转折温度

一低温，位错源的激活受阻，难于产生较大的塑性变形，断裂便是脆性的。

关于温度的影响，从图4-33中可见，金属材料在温度降低到某一数值时，试样急剧脆化，这个温度就是脆性转折温度。

脆性转折温度通常是一个范围，它的宽度和高低，与材料的成分、纯度、晶粒大小、组织状态和晶体结构等因素有关。一般说来，体心立方结构的脆断倾向较大，脆性转折温度较高，密排六方结构次之，面心立方结构则基本上没有这种温度效应。细晶粒不仅使材料有较高的断裂强度，还使脆性温度降低。

提高加载速率起着与温度相似的作用。加载速率提高，则相对形变速率增加，相对形变速率超过某一限度会限制塑性变形发展，使塑性变形极不均匀，并在局部高应力区形成裂纹。此外，加载速率提高，容易激发解理断裂，即使是微孔聚合的延性断裂机理，微孔聚合的模式也只能是快速剪切裂开，因而增加了脆性倾向。

③ 影响脆性-韧性转变的微观结构因素　影响韧性-脆性转变的组织因素很多，也比较复杂，主要有以下几方面。

a.晶格类型的影响　面心立方晶格金属的塑性、韧性好，如铜、铝、奥氏体钢，一般不出现解理断裂，也没有韧-脆性转变温度，其韧性可以维持到低温。体心立方和密排六方金属的塑性、韧性较差，如体心立方晶格的铁、铬、钨和普通钢材，韧脆转变受温度及加载速率的影响较大，因为在低温和高加载速率下，它们易发生孪晶，也容易激发解理断裂。微量的氧、氮及间隙原子溶于体心立方晶格中会阻碍滑移，促进其脆性。

b.成分的影响　钢中碳含量增加，塑性抗力增加，不仅冲击韧性数值降低，而且韧脆性转变温度明显提高，转变的温度范围也加宽。钢中的氧、氮、磷、硫、砷、锑和锡等杂质对钢的韧性也是不利的。镍、锰以固溶状态存在，降低韧脆转变温度。钢中形成化合物的合金元素，如铬、钼、钛等，是通过细化晶粒和形成第二相质点来影响韧脆性转变温度的。

c.晶粒大小的影响　晶粒细，屈服应力低于断裂抗力，是先屈服后断裂，断裂前有较大的塑性应变，是韧性断裂。当晶粒尺寸大于某一数值时，断裂前不再有屈服，是脆性断裂。

d.第二相粒子的影响　细小的第二相粒子有利于降低韧-脆性转变温度。

（5）应力腐蚀断裂　材料在静应力和腐蚀介质共同作用下发生的脆性断裂称为应力腐蚀断裂。应力腐蚀并不是应力和腐蚀介质两个因素分别对材料性能损伤的简单叠加。应力腐蚀断裂常发生在相当缓和的介质和不大的应力状态下，而且往往事先没有明显的预兆，因此常造成灾难性的事故。

应力腐蚀断裂有如下三个基本特征：第一，必须有应力存在，特别是拉应力的作用；第二，对于一定成分的合金，只有在特定介质中才能发生应力腐蚀断裂；第三，对于确定的金属与环境介质组合来说，应力腐蚀断裂的速度取决于应力或应力场强度因子的水平，通常在（$10^{-3} \sim 10^{-1}$）cm/h数量级范围。

用经典力学方法评定金属的应力腐蚀断裂倾向性，通常以光滑或缺口试样在介质中的拉伸应力与断裂时间的关系曲线为依据。运用断裂力学的方法研究应力腐蚀断裂，通常采用预制裂纹试样法。应力腐蚀断裂力学测试方法，按照在测试过程中试件应力强度因子变化的特征，有恒载荷法和恒位移法两种类型。

关于应力腐蚀断裂的机制曾提出许多假说，但都不能圆满地解释各种应力腐蚀断裂现象。但从材料和环境介质相互作用的观点，可以将应力腐蚀断裂的机制分为阳极溶解型和氢脆两大类。

4.1.5.3　理论断裂强度和脆断强度理论

（1）理论断裂强度　解理断裂是在正应力作用下使原子键破坏而实现的，故又称拉断。根据原子键合的能量关系，可以估算出材料的理论解理强度。晶体的理论强度是由原子间的结合力决定的，因此可估算如下：一完整的晶体在拉应力作用下会产生位移，原子间的作用力与位移的关系如图4-34所示，原子间的作用力与原子间距具有近似的正弦关系，曲线上的峰值 σ_m，即理论断裂强度。

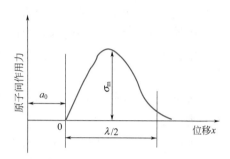

图4-34　原子间作用力与位移的关系

根据图4-34所示的曲线，可以写出下列关系式：

$$\sigma = \sigma_m \sin(2\pi x/\lambda) \tag{4-29}$$

式中，x 为原子平面拉开的距离（从原子平面间距 a_0 处开始计算，即原子间的位移）；λ 为正弦曲线的波长。如位移 x 很小，则有 $\sin(2\pi x/\lambda) \approx 2\pi x/\lambda$，于是：

$$\sigma = \sigma_m(2\pi x/\lambda) \tag{4-30}$$

根据虎克定律，在弹性状态有：

$$\sigma = E\varepsilon = Ex/a_0 \tag{4-31}$$

式中，E 为弹性模量；ε 为弹性应变；a_0 为原子间的平衡距离。合并式（4-30）、式（4-31），整理得：

$$\sigma_m = \lambda E/(2\pi a_0) \tag{4-32}$$

另一方面，晶体脆性断裂时，形成两个新的表面，需要表面形成功，其值等于放出的弹性应变功，可用曲线下所包围的面积来计算，即：

$$W = \int_0^{\lambda/2} \sigma dx = \int_0^{\lambda/2} \sigma_m \sin(2\pi x/\lambda) dx = \sigma_m \lambda/\pi \tag{4-33}$$

此能量转变为断裂后所产生的两个新表面的表面能 γ_s 的两倍，即：

$$\sigma_m \lambda/\pi = 2\gamma_s \ 或 \ \sigma_m = 2\pi\gamma_s/\lambda \ 或 \ \lambda = 2\pi\gamma_s/\sigma_m \tag{4-34}$$

将 $\lambda = 2\pi\gamma_s/\sigma_m$ 代入式（4-32）：

即 $\sigma_m = [2\pi\gamma_s/\sigma_m][E/(2\pi a_0)] = \gamma_s E/(a_0\sigma_m)$，整理的 σ_m 的计算式：

$$\sigma_m = (E\gamma_s/a_0)^{1/2} \tag{4-35}$$

这就是理想晶体解理断裂的理论断裂强度。可见，在 E、a_0 一定的情况下，σ_m 与表面能 γ_s 有关，解理面往往是表面能最小的面，可由此式得到理解。

将典型的数据代入式（4-35），即 $E = 10^2 GPa$，$\gamma_s = 1 J/m^2$，$a_0 = 3 \times 10^{-10} m$，可得到理论解理

强度 σ_m=18.3GPa，其值大约为$E/7$。常见的金属铁，其E=200GPa，γ_s=2J/m^2，a_0=2.5×10^{-10}m，计算得到的理论解理强度 σ_m=40GMPa，约为$E/5$。不用正弦曲线近似计算，而用其他较复杂的近似计算，铁的理论解理强度值在$E/4 \sim E/15$之间。

脆性材料不宜进行拉伸实验，而常用弯曲试验来代替，以表面上的最大应力来评价实际解理强度。实验表明，实际解理强度大约为$E/1000$，可见它要比理论解理强度（$E/7$）小得多。这个巨大的差异是因为实际材料中存在着缺陷。但是，脆性材料的缺陷主要是表面裂纹或微裂口。

高聚物目前已经达到的强度（断裂强度），其绝对值要比金属材料小得多，而且实际强度比理论强度一般要小两个数量级以上。其理论强度是假定材料具有完全规整的结构，根据原子间和分子间的内聚力以及单位面积的分子链数目求得的。

聚乙烯的理论强度，C—C键的键能为（5～6）×10^{-19}J/键。粗略地讲，这个能量E为：

$$E=fd \tag{4-36}$$

式中，E为键能，为（5～6）×10^{-19}J/键；d为键长，约为0.15nm；f为作用于价键上的力。

由此得，$f \approx 4×10^{-3}$N/键。根据聚乙烯晶体的晶格常数知道，一条聚乙烯大分子的横截面积约为0.2nm^2，即20×10^{-20}m^2，所以每平方米有5×10^{18}条大分子链通过。由此可知，一束排列完全规整的聚乙烯大分子所构成的样品，理论拉伸强度为20～30GPa。高度取向的聚乙烯长丝的实际拉伸强度最大值为1.2GPa，约为理论强度的1/20。未取向聚乙烯的实际强度比理论值的1/100还小。

（2）Griffith（格列菲斯理论） 为了解释玻璃、陶瓷等脆性材料的实际断裂强度和理论断裂强度之间的巨大差异，1921年，A.A.Griffith就提出了裂纹（缺口）理论。他认为，脆性材料发生断裂所需的能量在材料中的分布是不均匀的，当名义应力还很低时，局部应力集中已经达到很高的数值，从而使裂纹快速扩展，并导致脆性断裂。

现假定薄板的裂纹为一个扁平椭圆形，长度为L或$2a$，宽度为$2b$（图4-35），则作用在微裂纹端处的最大应力 σ_{max} 为：

$$\sigma_{max}=\sigma_0(1+2a/b) \tag{4-37}$$

式中，σ_0为垂直作用于此裂纹的平均应力，相当于无应力集中区作用的名义应力。随a/b这个比值的增大，σ_{max}亦增大，并且可达到一个比材料强度要大的数值。将式（4-37）改成下列形式：

$$\sigma_{max}/\sigma_0=1+2a/b \tag{4-38}$$

式中，σ_{max}/σ_0称为应力集中系数。若$a \gg b$，则σ_{max}/σ_0的数值是很大的。σ_{max}是作用在裂纹尖端处的应力。又设这个尖端处曲率半径为$\rho=b^2/a$，则式（4-38）可改写成如下形式：

$$\sigma_{max}=\sigma_0 \left[1+2(a/\rho)^{1/2}\right] \tag{4-39}$$

因为a比ρ大得多，故上式又可近似写为：

$$\sigma_{max}=2\sigma_0(a/\rho)^{1/2} \tag{4-40}$$

应力集中系数为：

$$\sigma_{max}/\sigma_0=2(a/\rho)^{1/2} \tag{4-41}$$

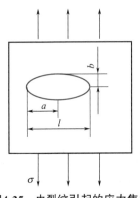

图4-35 由裂纹引起的应力集中

取裂纹尖端的集中应力 [由式（4-38）] 等于理论解理强度 [由式（4-35）给出]：

$$\sigma_{\max}=2\sigma_{\mathrm{f}}(a/\rho)^{1/2}=(E\gamma_{\mathrm{s}}/a_0)^{1/2} \tag{4-42}$$

式中，σ_{f} 为断裂应力，因而

$$\sigma_{\mathrm{f}}=[\rho E\gamma_{\mathrm{s}}/(4aa_0)]^{1/2} \tag{4-43}$$

另一种方法是从能量平衡来推导 σ_{f}，由于后面是以临界断裂应力表示，故采用符号 σ_{c}。实际上断裂应力均为名义断裂应力或实际断裂强度，也就是临界断裂应力。图4-35 中的裂纹在应力 σ 的作用下，超过一定值以后，便发生扩展。一方面增大表面能，另一方面又使弹性能减少（松弛，释放出弹性能）。

形成新表面增加的表面能为：

$$W_{\mathrm{s}}=2\times 2\sigma\gamma^2/E=4a\gamma_{\mathrm{s}} \tag{4-44}$$

另根据弹性理论计算，释放出的弹性能为：

$$W_{\mathrm{e}}=-\pi a^2\sigma^2/E \tag{4-45}$$

整个系统总能量变化为：

$$W_{\mathrm{s}}+W_{\mathrm{e}}=4a\gamma_{\mathrm{s}}-\pi a^2\sigma^2/E \tag{4-46}$$

系统能量的变化随裂纹半长 a 的变化而变化，当裂纹增长到2倍的临界半裂纹长度 a_{c} 后，若再增长，则总能量下降。从能量观点看，裂纹长度的继续增长是自发过程。显然，只有在 $W_{\mathrm{e}}>W_{\mathrm{s}}$ 的情况下，裂纹才会扩展。因此，裂纹得以扩展的临界条件是：

$$\partial(W_{\mathrm{s}}+W_{\mathrm{e}})/\partial a=\partial(4a\gamma_{\mathrm{s}}-\pi a^2\sigma^2/E)\partial a=0 \tag{4-47}$$

即：

$$4\gamma_{\mathrm{s}}-2\pi a\sigma^2/E=0 \tag{4-48}$$

由此得裂纹失稳状态的临界应力 σ_{c} 为：

$$\sigma_{\mathrm{c}}=[2E\gamma_{\mathrm{s}}/(\pi a)]^{1/2} \tag{4-49a}$$

临界半裂纹长度 a_{c} 为：

$$a_{\mathrm{c}}=2E\gamma_{\mathrm{s}}/(\pi\sigma_{\mathrm{c}}^2) \tag{4-49b}$$

式（4-49）就是著名的格列菲斯公式。它是在薄板条件下，应力仅存在于板面上，而板厚方向的应力可以忽略的情况下导出的。当外力超过 σ_{c} 之后，裂纹就自动扩展（因为裂纹长度愈长，所要求的应力条件 σ_{c} 就愈低）。另外，承受拉伸应力时，板材中的半裂纹长度也有一个临界值 a_{c}，当半裂纹长度超过这个临界值时，就会自动扩展；而当 $a<a_{\mathrm{c}}$ 时，要使裂纹扩展必须由外界提供能量。

格列菲斯认为，裂纹尖端局部区域的材料强度可以达到其理论强度值。倘若由于应力集中的作用而使裂纹尖端的应力超过材料的理论强度值，则裂纹扩展，引起材料的断裂。

将式（4-43）与式（4-49a）比较：

$$\sigma_{\mathrm{f}}=[\rho E\gamma_{\mathrm{s}}/(4aa_0)]^{1/2}=\sigma_{\mathrm{c}}=[2E\gamma_{\mathrm{s}}/(\pi a)]^{1/2} \tag{4-50}$$

则有：

$$\rho=8a_0/\pi\approx 3a_0 \tag{4-51}$$

则临界断裂应力的公式 [式（4-43）与式（4-49）] 可以改写成：

$$\sigma_{\mathrm{c}}=[2\rho E\gamma_{\mathrm{s}}/(8aa_0)]^{1/2}\approx[2\rho E\gamma_{\mathrm{s}}/(3\pi aa_0)]^{1/2} \tag{4-52}$$

因此当裂纹尖端半径$\rho=3a_0$时，式（4-43）和式（4-49a）完全相同。它表明$\rho=3a_0$，即相当于3倍原子间距的尺寸，是弹性裂纹有效曲率半径的下限。

$\rho=3a_0$，这种关系代表了像玻璃、陶瓷这类材料中尖裂纹的实际情况，即裂纹尖端头半径与原子间距为同一数量级。式（4-49a）与式（4-43）分别代表断裂的应力准则和能量准则。同时满足这两个准则，材料才会断裂。如果裂纹不很尖锐，即$\rho \gg 3a_0$，那么就不易满足式（4-43）的条件，裂纹扩展就要求有更高的应力水平。

由式（4-43）计算表明，大多数无机玻璃和陶瓷等完全脆性的材料中，如果存在几个微米的裂纹就可以引起脆断。实际材料的表面上经常存在微裂纹，产生应力集中，故实际解理强度远低于理论解理强度。这种对裂纹的敏感性突出表现在拉伸过程中，它可使抗拉强度急剧地降低。如果是压缩过程则对裂纹的敏感性就大大降低，故玻璃等材料的抗压强度可达到较高的水平。

需要强调的是，Griffith理论的前提是材料中存在着裂纹，但不涉及裂纹的来源。

（3）脆性断裂的位错理论　Griffith理论基于实际晶体材料存在裂纹，解释了理论断裂强度和实际断裂强度存在巨大差别的原因；但如果晶体原来并无裂纹，在应力作用下，材料是如何发生解理断裂的，这就需要另外的理论——位错理论来解释。

位错理论需要研究解决的问题是：晶体原来并无裂纹，在应力作用下，能否形成裂纹，裂纹形成和扩展的机制，正应力和切应力在裂纹形成和扩展过程中的作用，以及断裂前是否会产生局部的塑性变形等。已经出现过的不少理论，大多基于这样一个事实：在解理断裂发生之前，总有少量的塑性变形，通过提高应变速率、时效和辐射等手段提高金属屈服强度的同时，断裂强度也同步得到提高。此外，试验求得低碳钢的脆断应力、屈服应力与粒径的关系知：晶粒细，先屈服后断裂；晶粒粗，实际上断裂并不出现在断裂应力的线上，而是高于此线与屈服应力等同。这也间接地表明，少量的塑性变形是断裂的先决条件。于是人们用位错运动、塞积和相互作用来解释裂纹的成核和扩展。几种理论都在一定条件下得到了实验的支持，但都还不能统一地解释全部有关的断裂现象。

其中著名的理论有：Zener-Stroh位错塞积理论、Cottrell位错反应理论和Smith碳化物开裂理论等。这些理论都解释了脆性裂纹的成核和长大问题。图4-36是位错塞积形成裂纹的示意图。在切应力作用下，滑移面上的刃型位错运动遇到障碍（晶界或第二相粒子）时，即产生塞积。如果塞积处的应力集中不能被塑性变形松弛，则塞积端点处的最大拉应力可以达到理论强度而形成裂纹。

（4）永久变形的影响　格列菲斯理论有很大的实际意义，但是直接用格列菲斯公式计算某些呈脆性破坏的晶体材料和许多非晶态聚合物的断裂应力，计算值将显著低于实验值。其原因是裂纹的附近发生了一定程度的永久变形（塑性流动或黏性流动），此时

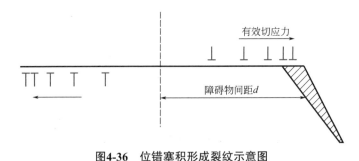

图4-36　位错塞积形成裂纹示意图

裂纹扩展所需的外力功，不但要消耗在形成新的表面功上，而且要消耗在裂纹前沿扩展所需的永久变形功上。这种永久变形会造成应力松弛和裂纹尖端变钝，阻滞裂纹的扩展。因此必须对格列菲斯公式进行修正，具体是将永久变形的影响合并到总的断裂表面能中。即式（4-49a）改写为：

$$\sigma_c = \left[\, 2E(\gamma_s + \gamma_p)/(\pi a)\,\right]^{1/2} \tag{4-53}$$

式中，γ_p 为塑性变形功，γ_p 的数值往往比表面能 γ_s 大几个数量级，是裂纹扩展需要克服的主要阻力。式（4-53）就是 Griffith-Orowan-Irwin 公式。

式（4-53）是一些脆性材料前沿伴有微量永久变形时裂纹扩展所需的热力学条件，式中 γ_p 也称为永久变形功（黏性流动或塑功），γ_p 越大，裂纹扩展所需的临界应力 σ_c 也越大，γ_p 的大小对裂纹扩展具有重要的影响。

例如钢在一定条件下可发生脆性解理断裂，有人用 X 射线衍射研究断裂表面，发现有厚 0.3～0.4mm 的塑性层，表明裂纹扩展时伴有一定的塑性流动。钢的 γ_p 约比 γ_s 大1000倍，故必须用式（4-53）计算 σ_c，并且可简化为：

$$\sigma_c = \left[\, 2E\gamma_p/(\pi a)\,\right]^{1/2} \tag{4-54}$$

又如一些非晶态聚合物，它们的黏性流动功也比 γ_s 大2～3个数量级，故可用式（4-54）计算 σ_c。γ_p 这部分能量消耗在裂纹扩展时的黏性流动，它导致裂纹端部的前沿局部区域发生分子的重新排列。

有许多非金属的晶体材料，由于它们的位错源密度不高，位错通常较不活跃，尽管裂纹尖端处的应力集中超过了屈服强度，但只发生很有限的塑性流动，故 γ_p 稍大于 γ_s。这类材料在室温和低温下往往发生解理断裂，表现出完全的脆性。

在实际工作中，为了计算 σ_c，可在材料中预先制备较长的容易测量的裂纹，通过实验测定裂纹扩展所需的应力，再由此得到（$\gamma_p + \gamma_s$）的值，然后借助此值以及 E 和 a 值，按式（4-54）计算出材料中固有裂纹的扩展应力。

例题 4-6

某一相对大的玻璃平板，受到 40MPa 的拉伸应力，如果其表面能和弹性模量分别为 $0.3J/m^2$ 和 69GPa，则不断裂的可允许最大表面裂纹是多少？

解：利用公式（4-49b），代入数据即可计算：

$$a = \frac{2E\gamma_s}{\pi\sigma^2} = \frac{2\times 69\times 10^9 \times 0.3}{\pi(40\times 10^6)^2} = 8.2\times 10^{-6}\text{m} = 0.0082\text{mm} = 8.2\mu\text{m}$$

答：可允许最大表面裂纹是 8.2μm。

4.1.5.4 断裂韧性

（1）断裂韧性的提出　断裂是材料的主要破坏形式，韧性是材料抵抗断裂的能力。通过前面的讨论，我们可以把材料的断裂过程进一步描述如下：断裂是裂纹的产生和发展的过程，即先有裂纹，然后在力的作用下扩展，当裂纹达到某临界尺寸时就失稳快速扩展，导致完全断裂。

裂纹的来源。裂纹可能在材料制备后就存在，也可在冷加工、铸造、锻造、焊接、热处理等各种工艺过程以及疲劳、蠕变、应力腐蚀等使用条件下发生。

裂纹的扩展。对于完全脆性材料（或材料处于完全脆性的状态），只要所加的力能破坏裂纹前沿的原子间结合力就可使裂纹扩展；准脆性的材料（或材料处于准脆性状态），由于发生塑性流动，只有当裂纹尖端区的屈服极限超过理论强度值时，才引起裂纹；延性材料（或材料处于延性状态），因裂纹前沿有大范围的塑性流动，故裂纹是以孔洞的形成、合并的形式扩展。

一般材料的常规机械性能指标有五个：抗拉强度σ_b、屈服强度σ_s、延伸率δ、断面收缩率φ、冲击韧性a_K（或以冲击强度为性能指标）。对一般延性材料，用这些指标进行选材和构件强度设计是较为安全可靠的。但对于一些重型构件，尽管亦用延性材料制造，但仍可能发生断裂。随着科学技术的发展，愈来愈多地使用高强度和超高强度材料，这些材料对裂纹更加敏感，脆断倾向更大，发生低应力的脆断概率也就更高。这迫使人们逐步形成新的设计思想，就是把实际存在的裂纹包括在内，建立起既能表示强度又能表示脆性断裂的指标——断裂韧性。

（2）裂纹体的三种变形模式　对含有裂纹的构件在外力作用下，裂纹扩展方式一般有三种（图4-37）。实际上复杂的断裂形式，可看成是三种基本裂纹体断裂类型的组合。

Ⅰ型为张开型断裂。材料中含有穿透裂纹，外加的拉应力与裂纹面垂直，使裂纹张开。该种断裂是构件脆断最常见的情况，材料对这种裂纹扩展的抗力最低，故为安全计，即使是其他形式的裂纹扩展，也常按Ⅰ型处理。长圆筒压力容器或管道上的纵向裂纹在内压作用下的破裂就属于Ⅰ型断裂［图4-37（a）］。

Ⅱ型断裂为滑开型断裂。外加切应力平行于裂纹面并垂直于裂纹前沿线，齿轮和花键根部沿切线方向的裂纹所引起的断裂，即属于Ⅱ型断裂［图4-37（b）］。

Ⅲ型断裂为撕开型断裂。外加切应力既平行于裂纹面又平行于裂纹前沿线，圆形的环行切槽或表面环型裂纹，在圆轴受扭时发生的断裂，即属于撕开型断裂［图4-37（c）］。

Ⅰ型断裂最常见，而且许多实际情况也有可能简化成Ⅰ型断裂来处理，所以Ⅰ型断裂的研究也较深入和广泛，本节也以讨论Ⅰ型断裂为主。

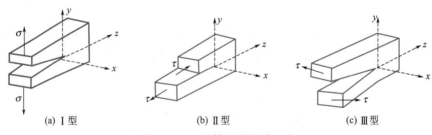

(a) Ⅰ型　　　　　　　　(b) Ⅱ型　　　　　　　　(c) Ⅲ型

图4-37　三种基本的断裂形式

（3）应力强度因子K_I和断裂韧性K_{IC}　对于一般材料，可由式（4-54）近似地改写为下列形式：

$$\sigma_f=\left[2E\gamma_p/(\pi a)\right]^{1/2} \quad 或 \quad \sigma_f(\pi a)^{1/2}=(2E\gamma_p)^{1/2} \tag{4-55}$$

式中，σ_f为裂纹扩展所需的应力；a为裂纹长度的一半。对于一定的材料，单位体积内的塑性功（或黏性力）γ_p和杨氏模量E是常数，故$(2E\gamma_p)^{1/2}$也是常数，令：

$$K_C=\sigma_f(\pi a)^{1/2}=(2E\gamma_p)^{1/2} \tag{4-56}$$

式中，K_C为临界应力强度因子（如果式中σ_f改为一般的外加应力，则相应的常数K称为应力强度因子）。可见，K_C不仅与σ_f有关，而且与裂纹长度有关。裂纹长度a一定时，K_C愈大，σ_f亦愈大。因此，临界应力强度因子K_C表示材料阻止裂纹扩展的能力，是材料抵抗脆性断裂的韧性指标。K_C的单位是$N/m^{3/2}$。

I型裂纹尖端的应力强度因子K_I，将随裂纹扩展而渐增，当K_I达到临界值时构件中的裂纹将发生突然失稳扩展。K_I的临界值称为材料的断裂韧性K_{IC}。若裂纹尖端处于平面应变状态，则断裂韧性值最低，称为平面应变断裂韧性K_{IC}，相应的K_C可称为平面断裂韧性。

对于无限宽的薄板，

$$K_{IC}=\sigma_C(\pi a)^{1/2} \tag{4-57a}$$

式中，K_{IC}的单位为$MPa \cdot m^{1/2}$。

一般情况可写为：

$$K_I=Y\sigma(\pi a)^{1/2}$$
$$K_{IC}=Y\sigma_C(\pi a)^{1/2} \tag{4-57b}$$

式中，Y为裂纹形状因子，是一无量纲的系数，与裂纹形式、加载方式、试样几何因素有关；K_{IC}既是韧性指标又是强度指标，比常规机械性能指标大大地前进了一步。

K_{IC}是K_C的最低值$(K_C)_{min}$，则按应力强度因子建立的断裂判据为：

$$K_I > K_{IC} \tag{4-58}$$

这个公式的意义是，当K_I达到了材料固有的K_{IC}值时，裂纹体就可能发生失稳扩展而破坏。所以为保证带裂纹的构件能安全服役，其K_I值必须低于K_{IC}。但应该指出，由于K_{IC}是K_C的最低值，故式（4-58）的判据只是裂纹失稳扩展的必要条件，而不是充分条件，即当$K_I<K_{IC}$时，可以保证不失稳（即所谓损伤安全）。至于K_I值达到K_{IC}时，裂纹体是否失稳扩展应视具体情况。

除了上述K_I和K_{IC}是线弹性条件下断裂韧性的参量外，还有两个参量，是从功能转换关系来研究裂纹扩展过程的，即裂纹扩展能量释放能量率G_I和断裂韧性G_{IC}。

另外，还需说明目前在弹塑性条件下应用最多的断裂韧性参量，即裂纹张开位移（COD）和J积分（J）以及相应的断裂韧性δ_C和J_{IC}。

裂纹尖端区域大范围屈服后，用应变研究和判断裂纹扩展要比用应力更适当些。裂纹尖端张开位移正是裂纹尖端塑性应变的一种量度，所以当裂纹尖端的COD（简记为δ）达到材料的某一临界值δ_C时，裂纹即开始扩展。因此按COD建立的弹塑性断裂判据为：

$$\delta=\delta_C \tag{4-59}$$

同样可以给出δ的表达式。

例题 4-7

某4340钢合金样品，其应变断裂韧性为45MPa $\cdot$ m$^{1/2}$，表面最大裂纹为0.75mm，裂纹形状因子为1，如果受到1000MPa应力，该样品是否会断裂，为什么？

解：利用公式（4-56），代入数据即可计算应力强度因子：

$K_I=Y\sigma_c(\pi a)^{1/2}=1.0 \times 1000 \times (3.14 \times 0.75 \times 10^{-3})^{1/2}=48.5MPa \cdot m^{1/2} > 45MPa \cdot m^{1/2}$

因此，裂纹体失稳发生断裂。

另外，可将式（4-56）变形，以临界应变断裂韧性计算所能承受的最大应力，即：

$\sigma_c=K_{IC}/[Y(\pi a)^{1/2}]=45MPa \cdot m^{1/2} \div 1 \div (3.14 \times 0.75 \times 10^{-3}m)^{1/2}=927.3MPa < 1000MPa$

因此，裂纹体失稳发生断裂。

（4）断裂韧性指标的测定

① K_{IC} 的测试 K_{IC} 是裂纹体在线弹性条件下，裂纹尖端处于三轴拉伸的平面应变状态发生失稳扩展的材料的最小阻力。用于测定 K_{IC} 的标准试样主要采用三点和紧凑拉伸试样。

测试时，通过载荷传感器和位移传感器以及动态电阻应变仪和函数记录仪，连续记录负荷 P 和裂纹嘴张开位移 v，从而得到 P-v 曲线。由此曲线确定出临界载荷 P_C 以及由断口上测定的裂纹长度 a，就可以计算出材料的断裂韧性 K_{IC}。临界载荷 P_C 的确定是确定断裂韧性 K_{IC} 的关键。

测定出 K_{IC} 后，可根据实验得到无量纲系数 Y，由探伤可得到 a_0 的数值，进而能计算出构件能承受的极限应力，由此可对有裂纹的构件进行强度设计。

表4-6是一些工程材料在常温下的线弹性断裂韧性 K_{IC} 的值。

■ 表4-6　一些工程材料常温下 K_{IC} 值

材　料	热处理状态	$\sigma_{0.2}$ /（N/mm²）	σ_b /（N/mm²）	K_{IC} /MPa·m$^{1/2}$	主要用途
40钢	860℃正火	294	549	71～72	轴类
45钢	正火		804	101	轴类
40CrNiMoA	860℃淬油，200℃回火	1579	1942	42	
	860℃淬油，380℃回火	1383	1491	63	
	860℃淬油，430℃回火	1334	1393	90	
14MmoNbB	920℃淬火，620℃空冷	834	883	152～166	压力容器
14SiMnCrNiMoV	920℃淬火，610℃回火	834	873	83～88	高压气瓶
18MnMoNiCr	880℃、3h空冷				
	660℃、8h空冷	490		276	厚壁压力容器
30CrMnSiNi2A	890℃加热，300℃等温	1390		80	起落架用钢
马氏体时效钢18Ni		1780	1864	74.4	
Ti6Al4V	920℃热轧空冷	785	912	96.7	
LC4棒材	470℃淬火，140℃时效	592	636	33.7	
LC12	480℃淬火，自然时效	283	429	55.2	机翼蒙皮
Si₃N₄		8100①		4～5	
Al₂O₃		5100①		3～5	
聚甲基丙烯酸甲酯				1.1	
聚苯乙烯		35～70		1.1	
环氧树脂				0.5	
橡胶增韧环氧				2.2	

① 按硬度推算的屈服应力值。

② δ_C 和 J_{IC} 的测定 测试COD临界值 δ_C 的试验步骤和所用的实验设备仪器与测定 K_{IC} 的大致相同。实验中也绘制出 P-v 曲线，使用三点弯曲试样。

J_{IC} 的测定和测定 δ_C 类似，其实验装置和试样也和 K_{IC} 测定相仿，只是表达式中的位移项必须是加载点位移，所以实验中记录 P-Δ 曲线，而不是 P-v 曲线。

（5）影响断裂韧性指标的因素 很明显，断裂韧性的影响因素与韧-脆转变的影响因素相似，包括材料的组织结构、温度和加载速度。组织结构主要包括晶粒尺寸、夹杂的第二相，材料的组织构成是马氏体、贝氏体或奥氏体。

一般来说，细化晶粒是使强度和韧性同时提高的有效手段。夹杂的第二相降低材料的K_{IC}。实验温度下降，材料塑性变形能力降低，相应地K_{IC}值也有所下降，在某一较低温度范围内也会出现K_{IC}急剧下降的冷脆现象。变形速率增大，材料的韧性降低。

4.1.6　硬度

材料的表面硬度同材料的抗拉强度、抗压强度和弹性模量等性质有关，但硬度又同它们是完全不同的一种性质。材料的硬度在材料的机械加工，材料的摩擦、磨损方面是很重要的。测定材料硬度的方法很多，这些方法依材料的性质、用途等不同而不同。常用的方法有三种：①压痕（压力）硬度法；②回跳硬度法；③刻痕（刻划）硬度法。

压痕硬度主要表征材料对变形的抗力；回跳硬度表征材料弹性变形功的大小；刻痕硬度表征材料对破裂的抗力。其中压痕法测定硬度应用最广泛，它又可分为布氏硬度、洛氏硬度和维氏硬度等三种不同的测定法，但压痕硬度法由于测定载荷较大，只能测定材料的组织硬度，因此又有测定小载荷的显微硬度。回跳硬度主要有肖氏硬度法。

4.1.6.1　布氏硬度

布氏硬度是应用最广泛的压痕型硬度试验法之一。

（1）测定原理和方法　测定布氏硬度，是用一定的压力将淬火钢球或硬质合金球压入试样表面，保持规定的时间后卸除压力，于是在试件表面留下压痕，如图4-38。单位压痕表面积S上所承受的平均压力，即定义为布氏硬度值。

已知施加的压力P，压头直径D，只要测出试件表面上的压痕深度h或直径d，即可利用下式计算出布氏硬度HB：

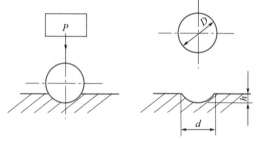

图4-38　布氏硬度测定原理图

$$HB=P/S=P/(\pi hD)=2P/\{\pi D[D-(D^2-d^2)^{1/2}]\} \tag{4-60}$$

公式（4-60）表明，当压力和压头一定，即P/D^2一定时，压痕直径越大，则布氏硬度越低，即材料的变形抗力越小；反之，布氏硬度值越高，材料的变形抗力越大。

一些材料的布氏硬度值见表4-7。

（2）优缺点和适用范围　布氏硬度的主要优点是只要在规定范围内应用，其数值由大到小是统一的，分散性小而重复性好。而且由于采用较大直径的压头和压力，因而压痕面积大，能较好地反映出较大范围内材料各组成相的综合平均性能，而不受个别相和微区不均匀性的影响。所以，布氏硬度对有较大晶粒或组成相的材料仍能适用。并且已经通过实验证明，在一定条件下，布氏硬度与抗拉强度存在着正比的经验关系式。

当零件表面不允许有较大压痕，试样过薄以及要求大量快速检测时，布氏硬度就不大适用。对某些材料由于卸载后的弹性变形恢复通常有一个过程，会使测试的压痕直径产生很大误差，所以布氏硬度试验测试弹性变形较大的材料时受到限制。

4.1.6.2 洛氏硬度

洛氏硬度也是一种压痕法测定硬度的方法，对布氏硬度有一定的改进。

（1）测定原理和方法　洛氏硬度试验是用压痕深度 t 来表征材料的硬度。测试原理如图4-39所示。

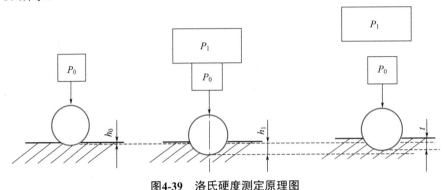

图4-39　洛氏硬度测定原理图

压头有两种：圆锥角是120°的金刚石圆锥体，直径 $D=1.588mm$ 的淬火钢球。洛氏硬度以M标尺和R标尺表示。

试验时，首先加一载荷 P_0，在材料表面得一初始深度 h_0，随后加上主载荷 P_1，压痕深度的增量 h_1，它包括弹性变形和塑性变形两部分。当 P_1 卸除后，其中的弹性变形部分恢复，使压头回升一段距离，于是得到试样在初载荷 P_0 下压痕深度的残余增量 t，以 t 的大小计算洛氏硬度值。计算如下：

$$HR=K-t/0.002 \qquad (4\text{-}61)$$

式中，K 为常数，采用金刚石圆锥头时 $K=100$，采用钢球压头时 $K=130$。

利用上述原理，得到洛氏硬度HR与 t 的线性关系，制成洛氏硬度读数表，测定时直接由表的读数读出洛氏硬度。

（2）优缺点和适用性　洛氏硬度试验使用了金刚石压头，所以它能检测的硬度范围的上限高于布氏硬度；其次是压痕小，基本上不损伤零件的表面，特别是它的操作迅速，直接读数，效率很高，非常适用于大量生产中的工序控制和成品检测。

在粗大组织的材料中，压痕小可使所测数据缺乏代表性，所以在这种情况下，压痕小会是一个缺点。此外，要特别注意，不同标尺的洛氏硬度值是不可比的（表4-7列出了一些材料的洛氏硬度），因为它们之间不存在相似性。

高分子材料一般采用压痕硬度法进行测试，但是即使在室温下，它的变形中与时间相关的部分通常比金属材料大得多，所以，在进行洛氏硬度测试时，应有足够保持载荷的时间。

橡胶硬度表示橡胶抵抗外力压入的能力。常用邵式硬度计测量。橡胶制品的硬度范围一般为A40～90。

塑料的硬度可以用布氏硬度或洛氏硬度法测定。

表4-7中所列为用数种方法测定的材料的硬度。由表可见，同种材料的硬度顺序及异种材料间的硬度顺序，因试验方法的不同而相差很大。

虽然材料硬度的数据是相对的，依测定的方法而异，但硬度仍是材料的固有本性所

材料科学与工程基础

材 料	布氏硬度		洛氏硬度	
	硬度值	P/D^2	P=100kgf M1/16	P=60kgf M1/8
钢及铸铁	<140 ≥140	10 30		
钢及其合金	<35 35～130 >130	5 10 15		
轻金属及其合金	<35 35～80 >80	1.25，2.5 5，10，15 10，15		
铅、锡		1，1.25		
高压聚乙烯	40～70		−25	10
低压聚乙烯			—	20
聚氯乙烯	14～17		60	130
聚丙烯			—	80～95
聚苯乙烯			66	124
酚醛塑料（填充）	30		116	—
尼龙66				108
ABS	8～10		70	101～118
聚甲醛	10～11		94	120
聚碳酸酯	9～10		75	118
聚砜	10～13		69	120
聚四氟乙烯	10～13		78	118
聚甲基丙烯酸甲酯	10～13		72	125
聚酯树脂			72	124
聚偏二氯乙烯			—	92
醋酸纤维			25	115

注：表中高分子材料的数据仅供参考。1kgf=9.80665N。

决定的。材料的硬度与材料的组成和结构有着密切的关系。

从化学键的角度讲，化学键强，材料的硬度一般就高，对于一价的键，材料硬度按如下顺序依次下降：

共价键≥离子键＞金属键＞氢键＞范氏键

显然，完全由共价键组成的材料，其硬度最高。从聚集态结构的角度讲，结构愈紧密，分子间作用力愈强的材料其硬度愈高，如具有高度交联网状结构的热固性塑料的硬度比未交联的要高得多。

另外，温度对高分子材料的硬度也有较大影响。向低温偏离玻璃化转变温度越远，材料的硬度越高。

4.1.6.3 维氏硬度

布氏硬度测定要求满足 P/D^2 为定值才能使其硬度值统一，而洛氏硬度的各种标尺干

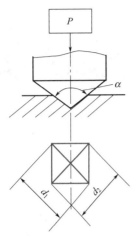

图4-40　维氏硬度测定原理图

脆就不能统一，维氏硬度则正是针对这两个方面的缺点而设计的。

（1）测定原理和方法　维氏硬度和布氏硬度类似，也是用单位压痕面积上承受的名义应力值来计算硬度，但采用的压头不同。测定维氏硬度时，采用金刚石的四方角锥体为压头，四方角锥体两相对面间的夹角为136°。其测试原理如图4-40所示。

已知载荷P，测定出压痕两对角线长度后取平均值d，代入下式即可求得维氏硬度HV，单位为kgf/mm²，但一般不标注单位：

$$HV=2P\sin(136°/2)/d^2=1.8544P/d^2 \qquad (4-62)$$

测定维氏硬度时，所加的载荷有5kgf、10kgf、20kgf、30kgf、50kgf和100kgf等6种。载荷一定时，测定出d，即可计算出维氏硬度。

（2）优缺点及其适用范围　维氏硬度测定采用金刚石的四方角锥体为压头，当负荷改变时，压入角不再变化，压痕几何形状相似，所以负荷可以任意选择。维氏法测定的硬度值，不受布氏法那种载荷和压头规定条件的约束，也不存在洛氏硬度法那种不同标尺的硬度无法统一的问题。因此，维氏硬度法测量范围较宽，软硬材料都可测试，并且比洛氏硬度法能更好地测定薄件或薄层的硬度。维氏硬度法常用来测定表面硬化层以及仪表零件的硬度。

此外，由于维氏硬度的压痕为一轮廓清晰的正方形，其对角线长度易于准确测量，故精度较布氏法高。维氏硬度试验的另一特点是，当材料的硬度小于450HV时，维氏硬度值与布氏硬度值大致相同。维氏硬度试验的缺点是效率较洛氏法低，但随着自动维氏硬度机的发展，这一缺点将不复存在。

4.1.6.4　显微硬度

前面的布氏、洛氏及维氏硬度三种硬度试验法由于测定载荷较大，只能测得材料组织的平均硬度值。但是如果要测定极小范围内物质的硬度，或者研究扩散层组织、偏析相、硬化层深度以及极薄件等，这三种硬度法就不能胜任。此外，它们也不能测定像陶瓷这样的脆性材料的硬度，因为陶瓷材料在这么大的测定载荷作用下容易破碎。显微硬度试验为这些领域的硬度测试创造了条件。

（1）维氏显微硬度　维氏显微硬度试验实质上就是小载荷的维氏硬度，其测试原理和维氏硬度试验相同，故其硬度值同样用式（4-62）计算，并仍用符号HV表示。但由于测试载荷小，载荷与压痕间的关系就不一定像维氏硬度试验那样符合几何相似原理，因此测试结果必须注明载荷大小，以便能进行有效的比较。维氏显微硬度的表示如340HV0.1，它表示用0.1kgf的载荷测得的维氏显微硬度为340。

（2）努氏硬度　努氏硬度是维氏硬度试验方法的发展。它采用金刚石长棱形压头，两长棱夹角为172.5°，两短棱夹角为130°，在试样上产生长对角线L比短对角线W大7倍的压痕。努氏硬度值的定义与维氏硬度的不同，它是用单位压痕投影面积上所承受的力来定义的。

已知载荷P，测定出压痕长对角线长度L后，即可代入下式求得努氏硬度HK，测试载荷通常为0.1～5kgf。

$$HV=14.22P/L^2 \tag{4-63}$$

努氏硬度试验由于压痕细而长，在许多方面较维氏法优越，努氏法更适合于测定极薄层或极薄层零件、丝、带等细长件以及硬而脆的材料（如玻璃、玛瑙、陶瓷）的硬度。此外，其测量精度和对表面状况的灵敏程度也更高。

（3）显微硬度的试验特点及应用　显微硬度的最大特点是载荷小，因而产生的压痕极小，几乎不损坏试件，也便于测定微小区域内的硬度值。另一特点是灵敏度高，故显微硬度试验特别适合于评定细线材的加工硬化程度，研究磨削时烧伤情况和由于摩擦、磨损或者由于辐照、磁场和环境介质而引起的材料表面层性质的变化，检查材料化学结构和组织结构上的不均匀性。

显微硬度还可用于测定疲劳裂纹尖端塑性区的变化。

4.1.6.5　肖氏硬度

肖氏硬度又叫回跳硬度，其测定原理是将一定重量的、具有金刚石圆头或钢球的标准冲头从一定高度 h_0 自由落体到试件表面，然后由于试件的弹性变形使冲头回跳到某一高度 h，用这两个高度的比值来计算肖氏硬度值，如图4-41所示。

计算公式如下：

$$HS=Kh/h_0 \tag{4-64}$$

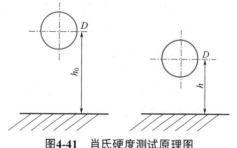

图4-41　肖氏硬度测试原理图

式中，HS 为肖氏硬度；K 为肖氏硬度系数，对于 C 型肖氏硬度计，$K=10^4/65$，对于 D 型硬度计，$K=140$。

冲头回跳高度越高，则试样的硬度越高。也就是说，冲头从一定高度落下，以一定的能量冲击试样表面，使其产生弹性和塑性变形，冲头的冲击能一部分消耗于试样的塑性变形上，另一部分则转变为弹性变形功储存在试件中。当弹性变形恢复时，能量就释放出来使冲头回跳到一定的高度。消耗于试件的塑性变形功愈小，则储存于试件的弹性能就愈大，冲头回跳高度便愈高。这也表明，硬度值的大小取决于材料的弹性性质。因此，弹性模量不同的材料，其结果不能相互比较，如钢和橡胶的肖氏硬度值就不能比较。

肖氏硬度具有操作简便，测量迅速，压痕小，携带方便，可到现场进行测试等特点。主要用于检测轧辊的质量和一些大型工件如机床床面、导轨、曲轴、大齿轮等的硬度。其缺点是测定结果的精度较低，重复性差。

4.1.7　摩擦和磨损

在任何机器运转过程中，都会因零件之间的相互接触和相对运动而产生摩擦，其结果就必然造成材料的磨损。由于磨损，将造成表层材料的磨耗，零件尺寸产生变化，直接影响零件的使用寿命。如汽缸套的磨损超过允许值，将引起功率不足，耗油量增加，产生噪声和震动等，致使零件必须更换。可见，摩擦和磨损是机器工作效率和准确度降低，甚至导致机器报废的一个重要原因。同时摩擦和磨损也增加了材料的消耗。因此，研究摩擦和磨损对材料的使用具有重要意义。本节即从摩擦和磨损的概念出发，分别介绍材料的摩擦和磨损。

4.1.7.1　摩擦与磨损的概念

两个相互接触的物体或物体与介质之间在外力作用下，发生相对运动，或者具有相对运动的趋势时，在接触表面上所产生的阻碍作用称为摩擦。

摩擦力是在摩擦现象中阻碍物体之间或物体与介质之间相对运动的阻力。摩擦力的方向总是沿着接触面的切线方向，跟物体相对运动方向相反，阻碍物体间的相对运动。摩擦力与施加在摩擦面上的法向压力之比称为摩擦系数，以 u 表示。

按照两接触面运动方式的不同，可以将摩擦分为滑动摩擦和滚动摩擦。滑动摩擦指的是一个物体在另一个物体上滑动时产生的摩擦，如内燃机活塞在汽缸中的摩擦、车刀与被加工零件之间的摩擦等；滚动摩擦指的是物体在力矩作用下，沿接触表面滚动时的摩擦，如滚动轴承的摩擦、齿轮之间的摩擦等。实际上，发生滚动摩擦的零件或多或少地带有滑动摩擦，呈现出滚动滑动的复合式摩擦。

摩擦和磨损是物体相互接触并做相对运动时伴生的两种现象。摩擦是磨损的原因，而磨损是摩擦的必然结果。

磨损是两材料表面摩擦时，由于力学（有时还有温度、介质等物理、化学因素）作用，材料从自身表面以各种形式剥落的有害现象。磨损是多种因素相互影响的复杂过程，而磨损的结果将给摩擦面带来多种形式的损伤和破坏，因而磨损的类型也就相应有所不同。

磨损可以从不同角度分类。按环境和介质可分为：流体磨损、湿磨损和干磨损。按表面接触性质可分为：金属-流体磨损、金属-金属磨损和金属-磨料磨损（如金属-高分子磨损）。目前比较常用的则是基于磨损的破坏机制进行的分类：咬合磨损、磨料磨损、腐蚀磨损、微动磨损和表面疲劳磨损（接触疲劳）。所谓磨损机制是指在磨损过程中材料是如何从表面破坏和脱落的，这里包括了磨损过程中接触表面发生的物理、化学和力学方面的变化，力的分布、大小和方向及其在表层和次表层发生的作用，同时还包括磨屑是怎样形成和如何从接触面脱落的。按磨损机制分类有利于根据不同破坏类型采取相应的对策，因此，它有着重要的实际意义。

按磨损机制分类的几种磨损的内容、特点概括整理于表4-8中。

■ 表4-8　摩擦分类及特点

类　型	内　容	特　点	举　例
咬合磨损	摩擦副相对运动时，由于接触表面直接黏着，摩擦过程中黏着点被拉拽下来	在无润滑和缺少氧化膜及滑动速度不大的情况，黏着点被剪切破坏	内燃机活塞壁与缸体摩擦
磨料磨损	因硬颗粒或凸出物嵌入，并切割摩擦表面材料使其脱落下来	各种压力和滑动速度情况都会发生，磨料作用于表面而破坏	农业机械、矿山机械
腐蚀磨损	摩擦过程中，材料同时与周围介质发生化学或电化学反应而使材料损失	化学或电化学反应的表面腐蚀破坏	曲轴轴颈的氧化磨损
微动磨损	两接触面因承受周期性的、幅度极小的相对运动，发生黏着、腐蚀和表面的剥落	常发生于有微量振动的接触表面上，伴有腐蚀过程而产生氧化碎屑	飞机操纵杆花键、销子
表面疲劳磨损（接触疲劳）	两接触表面滚动或重复接触时，由于载荷作用使表面产生变形，并导致裂纹产生，造成剥落	无论有无润滑，表层或次表层在接触应力反复作用下而产生麻点剥落	齿轮、滚动轴承

磨损类型并非固定不变，在不同的外部条件下，或与不同材料摩擦时，损伤类型会发生转化，由一种类型变成另一种类型。所谓外部条件主要指摩擦类型（滚动或滑动）、摩擦表面的相对运动速度和接触压力的大小。

在摩擦过程中，零件表面还将发生一系列物理、化学和力学状态的变化。如因材料塑性变形而引起表层硬化和应力状态的变化；因摩擦热和其他外部热源作用而发生的相变、淬火、回火以及回复再结晶等；因与外部介质相互作用而产生的吸附作用。这些过程将逐渐地改变材料的磨损性能和类型。因此，在讨论磨损类型时，必须考虑这些变化的影响，从材料的动态特性观点去分析问题。

4.1.7.2 摩擦

材料表面相对运动产生摩擦，阻碍相对运动的力即摩擦力，表征摩擦性能的参数是摩擦系数。摩擦系数是指在法线负荷作用下，两表面在一起，使界面产生相对运动所需的切向力。

用于克服摩擦力所做的功一般都是无用功，它将转化为热能，使零件表面层周围介质的温度升高，导致机器机械效率降低。所以生产中总是力图减小摩擦系数，降低摩擦力，这样既可以保证机械效率，又可以减少零件的磨损。然而，在某些情况下却要求尽可能地增大摩擦力，如车辆的制动器、摩擦离合器、轮胎、鞋底使用的材料，却需要有较大的摩擦系数。

表4-9中列出了多种材料的摩擦系数，其值相差很大。聚四氟乙烯的摩擦系数最小，橡胶则具有大的摩擦系数。

■ 表4-9 材料的摩擦系数

高分子材料	高分子对金属	高分子对高分子	高分子材料	高分子对金属	高分子对高分子
聚氯乙烯	0.4～0.9		高密度聚乙烯	0.23	
聚苯乙烯	0.4～0.5		聚偏氯乙烯	0.68～1.8	
改性聚苯乙烯	0.38		聚氟化乙烯		
聚甲基丙烯酸甲酯	0.25 0.4～0.5	0.4 0.4～0.6	聚三氟氯乙烯	0.58	
尼龙66	0.3（0.36）		聚四氟乙烯	0.04～0.10 0.10～0.15	0.04
尼龙6	0.39		酚醛树脂	0.61	
低密度聚乙烯	0.33～0.6 0.6～0.8	0.33～0.6 0.1	橡胶	0.3～2.5	

摩擦现象是很复杂的。试验方法也很多，所得的数据不尽相同。一般来讲，摩擦系数主要由材料的结构和组成所决定，一般认为界面分子的黏附是产生摩擦的重要原因，如高聚物和金属材料表面间的摩擦系数，非极性高聚物比极性高聚物要小。此外，两材料表面的相对硬度、两表面的凹凸不平程度、环境温度以及滑动速度等均对摩擦系数大小有直接的影响。

在滑动摩擦的情况下，按照阿蒙顿（Amotons）定律，摩擦系数的计算公式为：

$$u=F/P \qquad (4-65)$$

式中，u 为摩擦系数；F 为摩擦力；P 为总负荷。

但是，该定律没有考虑材料在摩擦时的实际接触面积，从原子和分子的角度来看，材料的表面不是完全平整的，而是微观上不规则的。因此，两个表面之间的实际接触面积远小于接触的表面积，整个法向力由表面上凹凸不平的顶端承受，在这些接触面上的局部应力是很大的，致使发生严重的形变。每个凹凸不平的顶端被压扁形成一个平面或几乎平坦的区域。在这个小范围上，两个表面之间存在紧密的原子接触，并产生黏合现象（金属的黏合通常为金属键的作用，高分子材料的黏合主要是由于范德华引力或氢键的作用）。为了滑动，必须在黏合面上发生剪切，由此构成了黏合摩擦。

黏合摩擦时，摩擦力为剪断粘接点所需的功。

$$F=A_r S \tag{4-66}$$

式中，A_r 为实际接触面积；S 为材料的抗剪强度。

如果接触点的形变是属于塑性的（如塑料），则：

$$A_r=P/P_m \tag{4-67}$$

式中，P_m 为材料塑性流动的抗压强度。结合式（4-65）～式（4-67），得塑性材料黏合摩擦系数为：

$$u=S/P_m \tag{4-68}$$

显然，此时摩擦力取决于材料的抗剪强度和抗压强度。材料的抗剪强度愈低，抗压强度越高，摩擦系数越小。常用轴承合金的抗剪强度比高分子材料高得多，但抗压强度两者比较接近，因而硬质高分子材料（塑料）的摩擦系数比合金低。实验表明：常用塑料，除PTEE以外，在无油润滑时与钢摩擦的摩擦系数均在0.3～0.5之间。

如果接触点的形变属于弹性的（如橡胶），则

$$A_r=K(P/E)^X \tag{4-69}$$

式中，E 为杨氏模量；K 为与实际接触面积的分布、形状和大小相关的常数；$X \leqslant 1$。所以有：

$$u=KSP^{X-1}E^{-X} \tag{4-70}$$

显然，橡胶等弹性材料的剪切强度和弹性模量是摩擦阻力的主要控制因素。材料的抗剪强度越小，弹性模量越高，则摩擦系数越小。

实际上，仅用黏合模型来描述材料的摩擦是不完全的。如果两种硬度不相同的表面形成凹槽，当嵌入的尖端继续前移时，凹槽可能复原，甚至材料有可能完全被凹槽刮下来。如果表面较为粗糙，那么两个摩擦表面的凸峰将相互嵌入，在滑动时产生位移变形或梨沟（刨削）。这样使材料在滑动过程中的摩擦变得更加复杂。

对具有黏弹性的高分子材料而言，其形变并非完全塑性的，在剪切过程中所消耗的能量（摩擦力）在很大程度上与温度和滑动速率相关。图4-42是四种聚合物的摩擦系数，说明部分聚合物在玻璃化转变温度以上的摩擦系数强烈地取决于滑动速度并经过一个最大值。

一般情况下，硬质高分子材料（塑料）的摩擦系数随着温度的上升而增大；橡胶的摩擦系数随着温度的升高而降低。

高分子材料的低摩擦系数与分子结构相关，如聚四氟乙烯（PTFE）的长碳链被周围的氟原子所包围着，且没有支链，氟原子的体积与聚乙烯分子中的氢原子

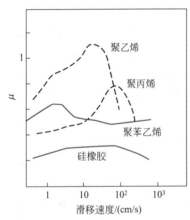

图4-42　四种聚合物的摩擦系数

相比要大得多。其大小正好无间隙地遮掩了碳原子的正电荷。而相邻氟原子上的负电荷由于有相斥作用致使PTFE分子间的内聚能很低，因而容易产生相邻分子间的滑移，显示出极低的剪切强度。当PTFE与金属相接触摩擦时，表面凸峰温度升高，促使PTFE分子迅速地黏着在对磨表面，即产生了PTFE分子向金属表面转移并填平了金属表面凹坑，形成PTFE/PTFE的摩擦，表现出极低的摩擦阻力。

4.1.7.3 磨损机制及影响因素

以下分别介绍咬合磨损、磨料磨损、腐蚀磨损和微动磨损的磨损机制及影响因素，至于表面疲劳磨损将在疲劳一节中讨论。

（1）咬合磨损　咬合磨损又称擦伤，或黏合磨损。它是通过零件表面某些接触点在高的局部压力下发生黏合，相互滑动时，黏着点又分开，接触面上的材料磨屑被拉拽出来，这种过程反复进行很多次，便导致材料表面的损伤，如图4-43所示。

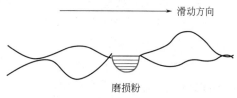

图4-43　咬合磨损模型示意图

实际材料表面不可能是完全平整的，总存在着一定的粗糙度。当两个相互作用的表面接触时，其真正的接触仅在少数几个孤立的微凸体顶尖上，这样在这些接触面积上便产生了很高的应力，以致超过了接触点处的屈服度而发生塑性变形，使得这部分表面上的润滑油膜、氧化膜等被挤破、摩擦表面温度升高，结果造成裸露出来的材料表面直接接触而产生黏着，由于摩擦面不断产生相对运动，刚形成的黏着点被破坏，同时在另一些地方又形成新的黏着点。继之出现了黏着—剪断—再黏着—再剪断的循环过程。因此，黏合磨损过程就是黏着点不断形成又不断被破坏的过程。

黏合磨损量W的计算公式如下：

$$W=KpL/\mathrm{HB} \tag{4-71}$$

式中，p为接触压力；L为滑移距离；HB为材料的布氏硬度；K是黏着磨损系数，它实质上反映了配对材料黏着力的大小。

为减少咬合摩擦，合理选择摩擦副材料非常重要。当摩擦副是由容易产生黏着的两种材料组成时，则摩擦量大。试验证明，两种互溶性大的材料所组成的摩擦副，黏着倾向大，容易磨损；脆性材料比塑性材料的抗黏着能力强；熔点高、再结晶温度高的金属抗黏着性好。从结构上看，多相合金比单相合金黏着性小；生成脆性的金属化合物时，黏着的界面易剪断分离，使磨损减轻；当金属与非金属材料（如某些聚合物材料）配对时具有较好的抗黏着力，咬合磨损小。

热磨损是一种非常严重的咬合磨损。当滑移速度和比压都很大时，产生的摩擦热可使润滑油变质，甚至使表层软化，在接触点处发生局部黏着，出现较大金属质点的撕裂、脱离，甚至熔化的现象，这种严重的磨损称为热磨损。引起热磨损的根本原因是摩擦热，所以，使摩擦区的温度下降到金属和润滑油的热稳定性临界温度以下就可以减少热磨损的倾向。

（2）磨料磨损　磨料磨损又叫磨粒磨损，是指硬的磨粒或凸出物与零件表面摩擦过程中，使材料表面发生磨耗的现象。磨粒或凸出物一般指石英、沙土、矿石等非金属磨料，也包括零件本身磨损随润滑油进入摩擦面的产物。

磨料磨损过程与磨料的性质和形状有关。当磨料硬度较高且棱角尖锐时，磨料犹如

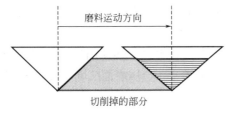

图4-44 磨料磨损模型示意图

刀具一样，在切应力作用下，对金属表面进行切削。实际上，磨料形状一般比较圆钝，而且材料表面塑性较高，磨料在材料表面滑过后只能犁出一条沟槽来，而使两侧金属发生塑性变形而堆积起来，在随后的摩擦过程中，这些被堆积部分又被压平，如此反复地塑性变形，导致裂纹形成而引起剥落。因此，这种磨损实际上是疲劳破坏过程。图4-44是磨料磨损模型示意图。

磨料磨损量与接触压力、滑动距离成正比，与材料的硬度成反比。同时与磨料或硬材料凸出部分尖端形状有关。实际上磨料磨损的影响因素很多，十分复杂，还包括了外部载荷、磨料硬度和颗粒大小、相对运动情况、环境介质以及材料组织和性能等。

根据磨料与材料表面承受应力是否超过磨料的破坏强度，磨料磨损又可分为低应力擦伤式和高应力碾碎式磨损两类。低应力擦伤式磨损指磨料作用于表面的应力不超过磨料的破碎强度，材料表面产生擦伤，如犁铧耕地所产生的磨损；高应力碾碎式磨损时，磨料和材料表面接触处的最大压应力大于磨料的破碎强度，结果造成一般金属材料被拉伤，韧性材料产生塑性变形或疲劳，脆性材料则发生碎裂或剥落。

关于材料因素对磨料磨损的影响，应考虑材料的硬度和材料的显微组织。材料的显微组织包括基体组织、第二相和加工硬化的影响等三个方面的因素。

（3）腐蚀磨损 腐蚀磨损是摩擦面和周围介质发生化学或电化学反应形成的腐蚀产物，在摩擦过程中被剥离出来而造成的磨损。实际上，可以认为腐蚀磨损同时发生了腐蚀和机械磨损两个过程。

在各类金属零件中经常见到的腐蚀磨损是氧化磨损。氧化磨损在各类摩擦过程、各种摩擦速度和接触压力下都会发生，只是磨损程度有所不同。和其他磨损类型比较，氧化磨损具有最小的磨损速度，也是生产中允许存在的一种磨损形态。

氧化磨损的速度主要取决于金属表层的塑性变形能力、氧在金属表层的扩散速度、所形成氧化膜的性质以及与基体金属结合的强度。凡能提高表层塑性变形抗力、降低氧的扩散速度、形成非脆性氧化膜，并能与基体金属牢固结合的材料以及相应的各种工艺方法都能提高氧化磨损的抗力。

（4）微动磨损 两接触表面间小幅度的相对切向运动称为微动，压紧的表面之间由于微动而发生的磨损称为微动磨损。在一些机器零件的紧配处，虽然没有明显的相对位移，但在外加循环载荷和振动的作用下，配合面的某些局部区域将会发生微小的滑动，导致局部的磨损。

微动磨损是黏着、磨料、腐蚀和表面疲劳的复合磨损过程。一般认为，微动磨损的过程分三个阶段：两接触面微凸体因微动出现塑性变形、黏着，随后发生切向位移而使黏着点脱落；脱落的颗粒具有较大的活性，很快与大气中的氧起作用生成氧化物；接触区产生疲劳。

为防止微动磨损，提高疲劳强度，目前主要从工艺和设计上采取措施，如工艺上可采取表面化学热处理和覆盖层处理，以减少摩擦系数和提高表层抗微动疲劳能力。

实际上，上述磨损机制很少单独出现，它们可能同时起作用或交替发生作用。根据磨损条件的变化，可能会出现不同的组合形式。但磨损机制的主次是不同的，在某一条件下一种磨损机制占主导地位，条件变化后可能占次要地位。

　　磨损是多种因素相互影响的复杂过程，而磨损的结果将给摩擦面带来多种形式的损伤和破坏。人们对高聚物磨损的研究，大多集中于对橡胶类耐磨制品的磨损特性的研究。弹性体与硬物表面相接触时，局部产生高速大变形，这可导致弹性体局部韧性恶化而被撕裂。橡胶制件小片剥落就是这个道理。另外，当硬质材料与比它软的材料摩擦时，前者表面上的凸峰嵌入后者的表面造成犁沟或划痕，也成为磨损的一个重要原因。材料的硬度、抗拉强度、撕裂强度、疲劳强度和温度特性等都影响它的磨损性能。

　　在塑料中加入减磨填料可以进一步改善其摩擦和磨损特性。常用的减磨填料有软金属，如铜、铅、铝、锌等；无机填料如石墨、二硫化钼、滑石、云母等；以及一些软的非极性的热塑料如聚四氟乙烯、聚乙烯等。

4.1.7.4　耐磨性评价及磨损试验方法

　　材料的磨损特性，通常是用磨损量或其倒数——耐磨性来表示，评价耐磨性的一个重要的性能指标是磨损量。磨损量有失重法和尺寸法两种表示方法。失重法表示磨损量，其单位是$mg/(cm^2 \cdot 1000m)$，它表示在1000m磨损行程上$1cm^2$面积上的失重（mg）数。尺寸法表示的是磨损量，可用摩擦表面法向尺寸减小来表示，称为线磨损量；也可用体积磨损量表示。

　　显然，磨损量愈小，耐磨性愈高。磨损量与摩擦行程的关系一般分为三个阶段：跑合阶段、稳定磨损阶段和剧烈磨损阶段，如图4-45所示。

　　磨损的试验方法可分为零件磨损试验和试样磨损试验两类。前者是以实际零件在机器实际工作条件下进行试验，这种试验具有真实性和可靠性，但试验结果是结构、材料、工艺等多种因素的综合表现，不易进行单因素的考察。后者是将欲试验的材料加工成试样，在规定的试验条件下进行试验，多用于研究性试验，试验时可以通过调整试验条件，对磨损某因素进行研究，以探讨磨损机制及其影响因素。

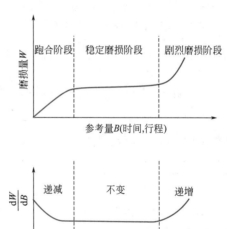

图4-45　磨损曲线

　　耐磨试验在磨损试验机上进行。磨损试验机种类很多，其中具有代表性的有：圆盘-销式磨损试验机，滚子式磨损试验机，往复运动式磨损试验机，砂纸磨损试验机和切入式磨损试验机等。

　　磨损试验的结果以磨损量表示。磨损量的测量有称重法和尺寸法两类。称重法是根据试样在试验前后的质量变化，用精密分析天平称量来确定磨损量，它适用于形状规则和尺寸较小的试样，以及在摩擦过程中不发生较大塑性变形的材料。尺寸法是根据表面法向尺寸在试验前后的变化来确定磨损量，测定时，借助长度测量仪器及工具显微镜，如利用刻微尺等来度量摩擦表面的尺寸。

　　表4-10中列出了部分硬质塑料按质量损失测定的磨耗。

塑　　料	动摩擦系数	磨耗损失/g	塑　　料	动摩擦系数	磨耗损失/g
常用的酚醛树脂	0.61	0.057	聚三氟氯乙烯	0.56	0.159
尼龙-6	0.39	0.015	改性聚苯乙烯	0.38	0.0016
尼龙-66	0.36	0.025	高密度聚乙烯	0.23	0.0016

表4-11是几种常用的工程塑料与轴承合金在摩擦条件下的尺寸磨损量。

■ 表4-11 一些工程塑料与轴承合金的摩擦、磨损特性对比

材　料　名　称	负荷/kg	时间/min	摩擦系数 u	磨痕宽度/mm	磨损量/mm²
POM	30	180	0.31	5.5	4.9
POM+25份Pb+5份PTFE	30	180	0.22	2.9	0.71
MO尼龙	30	120	0.45	4.5	2.67
PI	30	120	0.34	4.0	1.87
PI+20份PTFE+5份石墨	30	180	0.17	2.5	0.46
PTFE	23	60	0.13	18.4	195
PTFE+20%铜粉+20%玻璃纤维+5%石墨	23	180	0.13	4.5	2.67
锡基巴氏合金（含Sn91%）	30	60	0.80～0.95（不稳定）	18.9	212
铅青铜	30	30	0.31～0.48（不稳定）	19.3	227
高铅磷青铜	30	120	0.25～0.32（不稳定）	16.6	144
锡铝锑合金（含Sn5%）	23	180	0.33～0.49（不稳定）	24.0	457
锡铝镁合金	23	180	0.32～0.48（不稳定）	14.5	92
高锡铝合金（含Sn20%）	23	180	0.25	12.0	52

显然，除了PTFE以外，各种工程塑料的摩擦性能都是稳定的，且磨损量亦比轴承合金低得多。轴承合金中，除高锡合金外，摩擦系数的波动很大，即黏滑现象严重且磨损大，甚至不能持续180min试验，同时可看到，如果加入减磨填料后，各种工程塑料的摩擦系数和磨损量均有所下降。

还需要指出，对磨损产物——磨屑成分和形态的分析是研究磨损机制和工程磨损预测的重要研究内容。磨屑成分可以采用化学分析和光谱分析方法，抽取带有磨屑的润滑油，从而分析磨屑的种类及含量等。

4.1.8　疲劳

疲劳问题涉及的范围十分广泛，几乎所有工业部门都必须加以考虑。金属材料在使用中的破坏，除锈蚀外，大部分都是疲劳造成的。高分子材料疲劳的研究，最早是关于轮胎和轮胎线的疲劳问题，现已扩展到高分子材料的各种领域，尤其是在交变负荷场合下的结构材料疲劳的研究。

材料科学与工程基础

4.1.8.1 疲劳的概念

工程构件在服役过程中，由于承受变动载荷或反复承受应力和应变，即使所受的应力低于屈服强度，也会导致裂纹萌生和扩展，以致构件材料断裂而失效，或使其力学性质变坏，这一全过程或这一现象称为疲劳。

在特定的振动条件下，使材料破坏所必需的周期数称为疲劳寿命。疲劳失效的标准宏观格式是疲劳寿命曲线，又叫Wöhler曲线，习惯上又称 S-N 曲线，它表明给定应力 S 与该应力引起材料失效的周期次数 N 的关系。疲劳寿命曲线如图4-46所示。

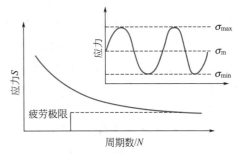

图4-46　疲劳寿命曲线图

图4-46表明，应力 S 高，到失效的周期次数 N 小；应力 S 低，则失效的周期次数 N 大。当失效的周期次数 N 无限大时，应力 S 较低，S 的上限值称为疲劳极限。实际上不可能在长时间内无限制地试验下去，一般达到规定的失效周期数而不发生疲劳失效时，应力的上限值就被定为疲劳极限。

疲劳破坏的基本特征是：①它是一种"潜藏"的失效方式，在静载下无论显示脆性与否，在疲劳断裂时都不会产生明显的塑性变形，其断裂却常常是突发性的，没有预兆，所以，对承受疲劳负荷的构件，通常有必要事先进行安全评价；②由于构件上不可避免地存在缺陷（特别是表面缺陷，如缺口、沟槽等），因而可能在名义应力不高的情况下，由局部应力集中而形成裂纹，随着加载循环的增长，裂纹不断扩展，直至剩余截面不再能承担负荷而突然断裂，所以实际构件的疲劳破坏过程总可以明显地分出裂纹萌生、裂纹扩展和最终断裂三个部分。

材料的疲劳破坏，往往是由局部的应力集中引起的裂纹萌生而造成的，该裂纹萌生处称为疲劳源，或疲劳核。

应力的循环特征可用下列参数表示：

应力幅 σ_a 或应力范围 $\Delta\sigma$，$\sigma_a = \Delta\sigma/2 = (\sigma_{max} - \sigma_{min})/2$，其中 σ_{max} 和 σ_{min} 分别为循环最大应力和循环最小应力。

平均应力 σ_m 或应力比 R，$\sigma_m = (\sigma_{max} + \sigma_{min})/2$，$R = \sigma_{min}/\sigma_{max}$。

4.1.8.2 疲劳寿命曲线

如前面所述，疲劳寿命曲线是应力与失效周期次数的关系曲线，即 S-N 曲线。在不同的应力下试验一组试件，得到一组点，即可描绘出 S-N 曲线。

疲劳寿命曲线可以分为三个区，如图4-47所示。

① 低循环疲劳区　在很高的应力下和很少的循环次数后，试件即发生断裂，并有较明显的塑性变形。一般认为低循环疲劳发生在循环应力超出弹性极限，疲劳寿命

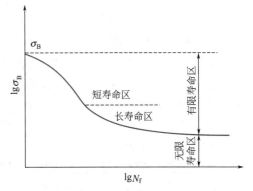

图4-47　典型的疲劳寿命曲线分区图

$N_f=1/4 \sim 10^4$ 或 10^5 之间。因此低循环疲劳又称为短寿命疲劳。

② 高循环疲劳区   在高循环疲劳区，循环应力低于弹性极限，疲劳寿命长，$N_f >$ 10^5 次循环，且随循环应力降低而大大延长。试件在最终断裂前，整体上无可测的塑性变形，因而在宏观上表现为脆性断裂。在此区内，试件的疲劳寿命长，故可将高循环疲劳称为长寿命疲劳。

不论在低循环疲劳区或高循环疲劳区，试件的疲劳寿命总是有限的，故可将上述两个合称为有限寿命区。

③ 无限寿命区或安全区   试件在低于某一临界应力幅 σ_{ac} 下，可以经受无数次应力循环而不发生断裂，疲劳寿命趋于无限，即 $\sigma_a \le \sigma_{ac}$，$N_f = \infty$。故可将 σ_{ac} 称为材料的理论疲劳极限或耐久限。在大多数情况下，$S-N$ 曲线存在一条水平渐进线，其高度即为 σ_{ac}，又称为疲劳极限。

疲劳寿命曲线的数学表达式，对于构件的疲劳设计是十分有用的，它反映了材料疲劳的宏观规律。在高循环疲劳区，当 $R=-1$ 时，疲劳寿命与应力幅间的关系可表示为：

$$N_f=A'(\sigma_a-\sigma_{ac})^{-2} \tag{4-72}$$

式中，A' 是与材料拉伸性能有关的常数。

将式（4-72）两边取对数，通过计算机程序回归法计算，可以得到式（4-72）中的系数。2024-T3 铝合金疲劳寿命的表达式为：

$$N_f=1.25 \times 10^9 (\sigma_a-121.5)^{-2} \tag{4-73}$$

可见，材料的疲劳寿命与其拉伸性能的相关，并且受应力和应力幅大小的影响。在非对称循环应力作用下，在给定应力幅下，平均应力升高，疲劳寿命缩短；对于给定的疲劳寿命，平均应力升高，材料所能承受的应力幅降低。

4.1.8.3   疲劳极限和疲劳强度

材料的疲劳强度通常用疲劳极限表示，因此在某种程度上疲劳极限即疲劳强度。

工程实践中，将疲劳极限定义为：在指定的疲劳寿命下，试件所能承受的上限应力幅值，对于结构钢，指定的疲劳寿命通常取 $N_f=10^7$ 次循环。

测定疲劳极限最简单的方法是单点试验法。假定在应力 $\sigma_{a,i}$ 下，试件的疲劳寿命 N_f $< 10^7$ 次循环；降低应力幅值至 $\sigma_{a,i+1}$，若试件的疲劳寿命 $N_f > 10^7$ 次循环，这种情况叫越出。若 $\Delta\sigma=(\sigma_{a,i}-\sigma_{a,i+1}) < 5\%\sigma_{a,i}$，则试件的疲劳极限：

$$\sigma_{-1}=(\sigma_{a,i}+\sigma_{a,i+1})/2 \tag{4-74}$$

用上述方法测定的疲劳极限，精度不高，因而常采用升降法测定疲劳极限。升降法实质上是单点法的多次重复。

非对称循环应力，随着平均应力的升高，用应力幅表示的疲劳极限值下降。

材料的疲劳强度值远低于材料的静态强度，金属的疲劳极限一般为其静态抗拉强度的 $40\% \sim 50\%$；高分子材料（塑料）的疲劳极限仅为其抗拉强度的 $20\% \sim 30\%$。但是纤维增强的复合材料却有较高的疲劳强度，碳纤维增强聚酯树脂的疲劳极限相当于其抗拉强度的 $70\% \sim 80\%$。

疲劳裂纹影响材料的疲劳强度，多数疲劳裂纹都是在材料的表面产生，任何表面组织结构的变化都会影响到疲劳裂纹的抗力，从而影响疲劳强度。因此，改善疲劳强度的方法主要从表面进行，表面处理方法大致有三类：①机械处理，如喷丸、冷滚压、研磨和抛光；②热处理，如火焰和感应加热淬火；③渗、镀处理，如氮化和电镀等。应当注意，表面强化主要用于改善有应力梯度（如缺口或受弯矩的）的零件的疲劳抗力。

另外，改善疲劳强度还可以通过改善疲劳裂纹扩展的抗力来实现。改善疲劳裂纹扩展的抗力，要按中等速率区和近门槛速率区分别对待。中等速率区（$10^{-5} \sim 10^{-3}$mm/周次），只要材料基体相同，组织对裂纹扩展速率的影响不大；但在近门槛区，减少夹杂物的体积和数量，对阻止裂纹扩展有一定效果。减小晶粒尺寸，对降低平直滑移型材料的扩展速率是有效的。

4.1.8.4 疲劳断裂

所有材料以基本相同的方式发生疲劳断裂。疲劳断裂过程包括三个阶段：①反复塑性变形导致局部应变；②局部化应变的结果产生初始裂纹；③裂纹扩展，最终发生失效、断裂。因此，疲劳破坏过程总有明显的三个组成部分：裂纹萌生、裂纹扩展和最终断裂。

材料或构件在周期应力（或应变）作用下，首先形成疲劳核，成核的条件是材料的分子结构含有某种缺陷、局部应力集中或其他杂质等。成核就是裂纹的初始、萌生，然而严格区分裂纹的萌生和裂纹扩展很难做到，目前认为疲劳裂纹核的临界尺寸大致是微米数量级较为合适。疲劳裂纹的形成与胶体滑移的难易程度有关，容易滑移的单相合金，容易形成疲劳裂纹。

高分子材料一般是先形成多个银纹，而不只是一个，再由银纹中一个或几个发展最快，最具有成核条件的银纹形成初始疲劳裂纹（图4-48）。

纤维增强复合材料中纤维和基体间的界面能够有效地阻止疲劳裂纹的扩展，外加载荷由增强纤维承担，疲劳破坏往往是从纤维的薄弱环节开始，逐步扩展至结合面上。故复合材料疲劳破坏前有预兆，疲劳极限比较高。

高分子材料宏观疲劳断裂过程是：不论何种原因出现银纹后，有一个银纹增长过程，经过一定的周期后，银纹的数量和密度达到一个极限值；其中有一个或相邻的几个最具有发展条件的银纹开始形成疲劳裂纹；然后，裂纹扩展的尖端又形成新的银纹，这

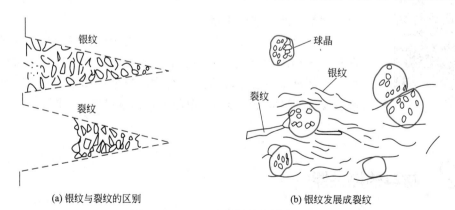

(a) 银纹与裂纹的区别　　　　　　　　　　(b) 银纹发展成裂纹

图4-48　PMMA中的银纹和裂纹示意图

样裂纹尖端经过失稳，疲劳裂纹快速发展，疲劳断裂立即发生。

以分子理论从微观角度解释高分子材料疲劳断裂过程则是：高分子在周期应力（或应变）作用下，由于高分子之间的摩擦效应，某些分子被磨断开。在均聚或其他形式的高分子材料中，分子是纵横交织的，在应力作用下一些分子要形变（拉长），而有一些分子则阻止其形变（流动），结果互相摩擦，在物理现象上是试样温度升高，在力学现象上是一些分子断开或半断开，形成银纹（半断开）和裂纹（断开）。

4.1.8.5　接触疲劳

接触疲劳也称表面疲劳磨损。接触疲劳是指滚动轴承、齿轮等类零件，在表面接触压应力长期反复作用下所引起的一种表面疲劳现象。其损坏形式是在接触表面上出现许多深浅不同的针状或痘状凹坑，或较大面积的表面压碎。这种损伤形式已成为降低滚动轴承、齿轮等零件使用寿命的主要原因。因疲劳而造成的剥落，将使这类零件工作条件恶化，最后导致零件失效。

（1）接触疲劳类型　和其他疲劳一样，接触疲劳也是一个裂纹形成和扩展的过程。接触疲劳裂纹的产生也是材料局部反复塑性变形的结果。裂纹的萌生和不断扩展，材料表面上就产生剥落。根据剥落坑外形特征，可以将接触疲劳分为麻点剥落、浅层剥落和深层剥落。

① 麻点剥落　通常是在深度为 $0.1 \sim 0.2mm$ 以下，有小块的剥落，裂纹源一般起源于表面。剥落坑呈针状或痘状，似麻点（坑），故称为麻点剥落，因是小块剥落，又叫点蚀。实际零件接触时，往往伴有滑动摩擦力的作用，与切应力叠加可使最大切应力的位置向表面移动，并使疲劳裂纹在表面直接产生。麻点剥落是在表面产生，因油楔作用而引起的剥落破坏。

② 浅层剥落　剥落深度一般为 $0.2 \sim 0.4mm$ [$(0.5 \sim 0.7)\ b$]。当零件接触部分基本上只有接触应力时，最大切应力所引起的塑性变形就发生在次表层中。浅层剥落后形成一个比较平直的麻坑，故浅层剥落实质上是一种麻点剥落，只是疲劳裂纹萌生于次表面层。

③ 深层剥落　这类剥落坑较深（＞0.4mm）、块大。一般发生在表面强化的材料中，如渗碳钢中，裂纹源往往位于硬化层与心部的交界处（过渡区），因此又叫硬化层剥落。这类剥落产生的原因是过渡区强度不足。

（2）影响接触疲劳抗力的因素　接触疲劳寿命与两接触材料本身的结构因素有关，另外还取决于加载条件，特别是载荷的大小。内部因素主要是非金属夹杂物，热处理和组织状态。外部因素主要包括表面光洁度和接触精度，以及硬度的匹配。

4.2　材料的热性能

本节将分别从热物理性能和热化学性能的角度出发，讨论材料的热导率、比热容、热膨胀性、耐热性以及高分子材料的热稳定性和燃烧特性。

4.2.1 热导率和比热容

4.2.1.1 热传递

热的传递方式有三种，即热传导、热辐射和热对流。前两种与材料内部结构相关；对流则受外界因素如空气和水等流体移动的影响。

其中，热传导是基本的传递方式。热传导是否优良，与物质的结构及物质的固体、液体、气体三态相关。它的机制主要可分为下列三种：自由电子的传导（金属）、晶格振动的传导（具有离子键和共价键的晶体）和分子的传导（有机物）等。

不管材料的性质如何，传热的分析方法是大致相同的，依赖于对两个材料基本热物理性能的了解，即热导率 λ 和比热容 C_p。

在固体中任一点上的热流量 q 正比于温度梯度：

$$q = -\lambda \frac{\mathrm{d}T}{\mathrm{d}X} \tag{4-75}$$

因此，如果一固体平板的两个表面保持 T_1 和 T_2 的温度，且 T_1 高于 T_2，那么在平板内两个表面间的稳态热流量是：

$$Q = \lambda A t (T_1 - T_2)/d \tag{4-76}$$

式中，λ 是热导率；A 是平板面积，m^2；t 是热传导的时间，s；d 是厚度，m。

对一组相似的不同材料的平面板，传热速率正比于热导率。

如果我们考虑瞬态的而不是稳态的热流量，那么在固体中温度变化的速率，即热扩散系数可以由式（4-77）表示，而不是单一的由 λ 来决定：

$$\alpha = \frac{\lambda}{C_p \rho} \tag{4-77}$$

式中，α 是热扩散系数（m^2/s），表征材料在温度变化时，材料内部温度趋于均匀的能力，α 愈大，在相同的温度梯度下可以传导愈多的热量；C_p 为比定压热容；ρ 为材料的密度。当热流量以某速率流入到一个材料中时，该材料温度上升的速率正比于热导率 λ，而反比于 ρC_p。

下面我们将首先讨论 λ，然后再讨论 C_p。

4.2.1.2 热导率

由上面的讨论我们知道，热导率（λ），又称导热系数，是表征材料传输热量的速率的量度，是材料本身的固有性能参数，当存在温度梯度 $\Delta T/\Delta X$ 时，热导率与每秒钟通过给定截面 A 的热量 Q 相关：

$$\frac{Q}{A} = \lambda \frac{\Delta T}{\Delta X} \tag{4-78}$$

式中，λ 的单位为 $W/(m \cdot K)$ 或 $J/(s \cdot m \cdot K)$。

从原子水平上来说，在一块冷平板的一个面上，外加热能的影响是增加该面上的原子热振动振幅。然后，输入的热能以某一速率向平板的另一个面的方向扩散。金属是优良的导热体，这是因为自由电子在金属中主要承担了热量的传递。其基本过程是：高温区的自由电子得到动能以后，向低温区迁移，在低温区与结构缺陷和声子发生碰撞，结果将动能传递给原子，从而产生更多的声子，相应于低温区的温度升高。同时，低温区

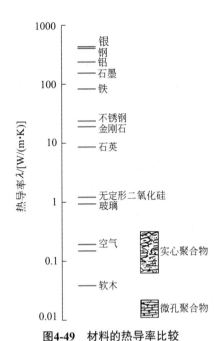

图4-49 材料的热导率比较

的电子也向高温区迁移，并在高温区与原子发生碰撞而获得动能，这些过程一直动态地持续进行着。金属的晶粒粗大，热导率高；晶粒愈细，热导率愈低。金属内的杂质和缺陷会妨碍自由电子的运动，减少传导作用，所以合金的热导率明显减小。图4-49示出了各种工程材料的热导率。

对非金属来说，热扩散速率强烈地取决于邻近原子的振动和基团的结合能力。在共价键合的材料中，在有序的晶体晶格中传热是比较有效的。例如，在晶态二氧化硅（石英）和金刚石之类的材料中，所有原子由强力的共价键构成晶体结构，它们是良好的热导体。尤其在很低温度下，这种材料的热导率可以与金属匹敌。但是，随着温度升高，晶格的热运动导致材料的抗热流性增加和热导率降低，抗热流性也由晶体结构中的缺陷造成的，极度无序结构的无定形固体表现出很低的热导率。

在分子固体中，次价力把晶体结构结合在一起，因为分子之间弱的结合，导热性差。高分子材料呈远程无序结构，热量的转移主要是以由热能激发的分子产生的振动波激励邻近分子的形式传递的。这种由分子向分子转移热量的方式，传递速度很慢，所以高分子材料的热导率很低，一般为金属的1/150～1/100。一般在0.22W/（m·K）左右。结晶聚合物的热导率稍高一些，非晶聚合物的热导率随分子增大而增大，这是因为热传递沿分子链进行比在分子间进行要容易。同样，加入低分子的增塑剂会使热导率下降。聚合物热导率随温度的变化有所波动，但波动范围一般不超过10%。取向引起热导率的各向异性，沿取向方向热导率增大，横向方向减小。例如，聚乙烯伸长300%时，轴向的热导率比横向的要大一倍多。微孔聚合物的热导率非常低，一般为0.03W/（m·K）左右，随密度的下降而减小，其热导率大致是固体聚合物和发泡气体热导率的加权平均值。表4-12列出了某些材料的热导率数据。

■ 表4-12 某些材料的热导率和比热容

材 料	热导率/[W/（m·K）]	比热容/[J/（kg·K）]	材 料	热导率/[W/（m·K）]	比热容/[J/（kg·K）]
铝	247	900	氧化铝	30.1	775
铜	398	389	氧化镁	37.7	940
金	315	130	尖晶石	15.0	790
铁	80.4	448	钠钙玻璃	1.7	840
镍	90	443	聚乙烯	0.38	2100
银	428	235	聚丙烯	0.12	1880
钨	178	142	聚苯乙烯	0.13	1360
1025钢	51.9	486	聚四氟乙烯	0.25	1050
316不锈钢	16.3	502	酚醛树脂（电木）	0.15	1650
黄铜	120	375	尼龙-66	0.24	1670
硅	150				

例题 4-8

有一块面积为$0.25m^2$、厚度为$10mm$的钢板热导率为$51.9W/(m \cdot K)$，两表面的温度分别为$300℃$和$100℃$，试计算该钢板每小时损失的热量？

解：$A=0.25m^2$，$d=10mm=0.01m$，$\lambda=51.9W/(m \cdot K)$，$T_1=300℃$，$T_2=100℃$，$t=1h=3600s$，按照式（4-76）：

$$Q=\lambda At（T_1-T_2）/d$$
$$=51.9 \times 0.25 \times 3600 \times（300-100）/0.01$$
$$=934.2MJ$$

答：该钢板每小时损失热量为$934.2MJ$。

4.2.1.3 比热容

材料通过获得或失去声子而获得或失去热量。有重要意义的是材料温度每变化一度所需的能量或声子数。我们将这一能量称作热容或比热。

热容是在没有相变或化学反应的条件下，将一摩尔材料的温度升高一度所需的能量，单位为$J/(mol \cdot K)$。热容可以表述为定压热容C_p或定容热容C_V。

如果材料的体积约束为恒定的，那么所吸收的热量就正好等于内能的增量，即：

$$（\Delta E）_V=Q \tag{4-79}$$

内能与温度关系曲线上的斜率，就是等容热容：

$$C_V=\left(\frac{dE}{dT}\right)_V \tag{4-80}$$

另外，如果材料处于恒压，所吸收的热量就正好等于焓的增量：

$$（\Delta H）_p=Q \tag{4-81}$$

焓与温度关系曲线上的斜率，就是等压热容：

$$C_p=\left(\frac{dH}{dT}\right)_p \tag{4-82}$$

C_V和C_p都是材料的性能参数。C_V与C_p在热力学上是有联系的。可以证明，C_p总是大于C_V，除非在热力学零度时$C_p=C_V=0$。C_V比较容易与固体的基本性能建立联系，所以在今后的讨论中要涉及它。但必须指出，对于凝聚相，C_V比C_p更难以由实验测定。不过，在室温或更低的温度时，凝聚相的C_p与C_V非常接近。

比热容是指将一定质量的材料的温度升高一度所需要的能量，单位为$J/(kg \cdot K)$。比热和热容之间的关系是：

$$比热容=C=\frac{热容}{原子量} \tag{4-83}$$

在多数工程计算中，使用比热更为方便。几种典型材料的比热容列于表4-12。

高分子材料的比热容主要是由化学结构决定的，一般在$1 \sim 3kJ/(kg \cdot K)$之间，比金属及无机材料的大。

对于固体材料，热容与材料的组织结构关系不大。一级相变时，由于热量的不连

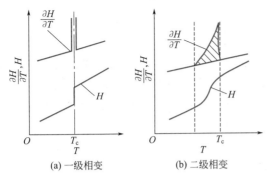

图4-50 一级相变和二级相变的焓和热容随温度的变化

续变化，热容出现突变，如图4-50(a)所示。二级相变在一定温度范围内逐渐完成，焓无突变，仅在靠近转变点的狭窄温度区间内有明显增大，导致热容急剧增大［图4-50（b）］。

从理论上讲，固体热容与固体的晶格振动相关。按照经典理论，晶格振动是谐振子模型；而量子理论的研究表明，晶格振动是在弹性范围内原子不断交替聚拢和分离，这种运动是随机的、具有波的性质，称为晶格波（又称点阵波），如图4-51所示。与电磁波的光子类似，晶格波的能量量子称为声子，晶格热振动就是热激发声子。

一般来讲，材料的热容随温度的升高而增加。按照德拜模型，在体积不变的情况下，比热容与温度有如下关系式。

$$C_V = 3Rf_D(\theta_D/T) \tag{4-84}$$

式中，R 为气体常数；$f_D(\theta_D/T)$ 为德拜比热容函数；θ_D 为德拜温度，是简单晶体的一个材料参数。在等容情况下，比热容与温度的关系曲线见图4-52。由该图结合式（4-84）有如下关系：

当 $T \gg \theta_D$, $$C_V \approx 3R \tag{4-85}$$

$T \ll \theta_D$, $$C_V = \frac{12}{5} R\pi^4 \left(\frac{T}{\theta_D}\right)^3 \tag{4-86}$$

也就是说，当温度大大高于德拜温度时，等容比热容近似为常数 $3R$；当温度大大低于德拜温度时，等容比热容与温度变化呈指数函数关系。

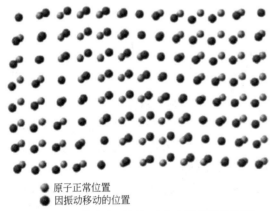

🔴 原子正常位置
⚫ 因振动移动的位置

图4-51 晶体中由原子振动产生晶格波的图示

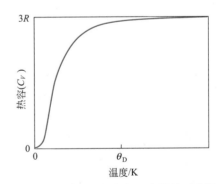

图4-52 等容比热容与温度的关系曲线

4.2.2 热膨胀性

大多数物质的体积都随温度的提高而增大，这种现象称为热膨胀。就固体而言，受热体积增加是与原子（或分子）在热能增加时平均振幅的增大有直接联系的。图4-53（a）

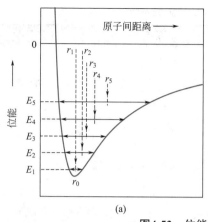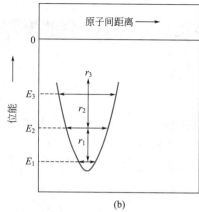

图4-53　位能与原子间距离的关系

（a）位能与原子间距离的关系曲线（随着温度升高，原子间距离增加从$r_0 \to r_1 \to r_2 \to \cdots$）；
（b）对称的位能与原子间距离的关系曲线（原子间距离不随着温度升高而变化）

表明，位能随原子间距（或体积）变化的曲线并不是对称的，所以振幅随温度增高以后，必然导致原子平均间距的增加，这在宏观上的反映是材料体积和线尺寸的增加。晶体材料热膨胀本质归结为点阵结构中质点间平均距离随温度升高而增大。热膨胀程度的度量之一，体膨胀系数，指温度每升高一度所引起的体积的相对变化。

$$\alpha_V = \frac{1}{V} \times \frac{\mathrm{d}V}{\mathrm{d}T} \tag{4-87}$$

热膨胀的另一种度量，是线膨胀系数：

$$\alpha_l = \frac{1}{l} \times \frac{\mathrm{d}l}{\mathrm{d}T} \tag{4-88}$$

这是温度升高一度所引起的线尺寸相对变化。对于各向异性固体，如果要表示其膨胀特征，需要2～3个线膨胀系数；而对于立方固体和各向同性固体，只要一个线膨胀系数。后一情况时，符合以下关系：

$$\alpha_V = 3\alpha_l \tag{4-89}$$

从原子尺度看，热膨胀与原子振动相关。因此，组成固体的那些原子（或分子）相互之间的化学键合作用和物理键合作用，必然对热膨胀有重要作用。结合能越大，则原子从其平均位置发生位移以后的位能（或复位的吸引力、排斥力）增加得越急剧，相应地膨胀系数越小。

表4-13列出了部分材料的线膨胀系数。共价键材料与金属相比，一般具有较低的膨胀系数；离子键材料与金属相比，具有较高的膨胀系数。聚合物类材料与大多数金属和陶瓷相比有较大的膨胀性。塑料的线膨胀系数一般为金属的3～10倍。热塑性塑料的线膨胀系数比热固性塑料大，这是因为交联网络聚合物为三维共价键结合，所以膨胀系数低。对线型长链聚合物，由于其分子间为弱的范德华力结合，膨胀系数较高；但它的聚集状态以及其晶态结构与玻璃态结构（或过冷液体）的相对数量，都对热膨胀特征有影响。由于线型长链聚合物的聚集状态取决于加工历史以及熔体的冷却速度等，其膨胀系数具有较大幅度的可变性。

■ 表4-13　各种材料的线膨胀系数

材料名称	线膨胀系数/×10⁵K⁻¹	材料名称	线膨胀系数/×10⁵K⁻¹
玻璃	0.1～1.0	聚苯乙烯	7
陶瓷	0.45	聚甲基丙烯酸甲酯	8～9
石英玻璃	0.1	尼龙	10
硬质玻璃	0.3	聚乙烯	17
光学玻璃	0.8	聚氯乙烯	19
钢	1.2	纤维素的酯及醚类	6～17
黄铜	1.9	石墨	0.79
铝	2.4	金刚石	0.12
环氧树脂	6～7	氯化橡胶	12～13
酚醛树脂（填充木粉）	3	氯丁橡胶	20.0
脲醛树脂	2.5～3	丁腈橡胶	19.6
聚酯树脂	8～10	丁基橡胶	19.4
木材（顺纤维方向）	0.2～0.6	丁苯橡胶	21.6
木材（横纤维方向）	3.25～6.2	聚乙烯醇	7～12
碳化天然橡胶	8	聚乙烯醇缩醛	8～22

通常在计算材料的尺寸变化时，要注意以下几点。

① 某些材料，特别是单晶体或有择优取向的材料，可能具有各向异性的膨胀特性。

② 有同素异构转变的材料在发生相变时，其尺寸可能发生突然的变化（图4-54）。这种突然的变化促成耐火材料在升温和冷却时的开裂和钢中的淬火裂纹。

③ 线膨胀系数并非在所有温度下都是常数。图4-55是热固性环氧树脂浇注体的线膨胀曲线。通常，手册中列出的α或者是复杂的、依赖于温度的函数，或者以一定温度区间下的常数形式给出。

④ 高弹材料有一种情况特别值得注意：在有应力作用时，其膨胀系数为负值。其原因在于，伸长以后的弹性体分子是部分解缠的，这会使熵减少，而升高温度有利于恢

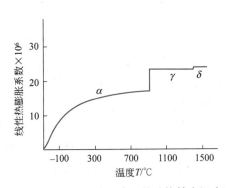

图4-54　铁的线膨胀系数在同素异构结构转变温度下发生突变

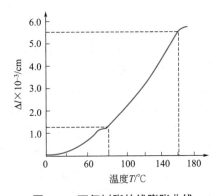

图4-55　环氧树脂的线膨胀曲线

材料科学与工程基础

复更加缠绕的，熵较高的状态，于是发生轴向收缩。

⑤ 纤维增强复合材料是各向异性材料，其热膨胀系数亦与方向有关，沿着纤维方向的热膨胀系数较小，垂直纤维方向主要表现基体的性能，热膨胀系数较大。

4.2.3 耐热性

耐热性是指在受负荷下，材料失去其物理机械强度而发生形变的温度。表4-14列出了部分材料的上限使用温度。很明显，与金属材料及陶瓷之类的无机材料相比，高分子材料的使用温度范围是很有限的。目前，已研制出的耐热性聚合物的长期连续使用温度也未超过500℃。高分子材料主要适宜在常温及中温的条件下使用。

■ 表4-14 某些材料的上限使用温度

金属和陶瓷	上限使用温度/℃	聚合物	上限使用温度	
			间断使用上限温度/℃	连续使用上限温度/℃
纯碳钢	550	聚醚砜	250	190
奥氏体不锈钢	800	聚氨酯弹性体	120	80
镍铬合金	900	尼龙66	180	110
钴合金	950	聚甲基丙烯酸甲酯	—	80
钼	1000	共聚甲醛	105	80
铌	1150	聚四氟乙烯	260	—
二氧化硅	1000	乙烯-丙烯-二烯共聚物弹性体	180	150
硼硅玻璃	450	天然橡胶	100	80
石棉	600	氟碳弹性体	260	200
波特兰水泥混凝土	300	有机硅弹性体	300	—
铝硅酸盐耐火砖	1500			
氮化硼	2000			
石墨	3000			

注：聚合物的数据是依据制造商对某特定材料的推荐，确切的极限取决于使用条件和性能要求。

聚合物耐热性表征的方法和指标很多。从物理状态的角度出发，可用玻璃化转变温度（T_g）、软化温度（T_s）或熔融温度（T_m）进行表征。聚合物的耐热性与聚合物的结构有强烈的依赖性，凡是能使聚合物的 T_g 和 T_m 升高的结构因素，都使得聚合物的耐热性得以提高。一般来讲，主要包括交联、结晶和刚性链结构三个方面。

由于交联，热固性塑料不熔不溶，无明显的玻璃化转变温度，其耐热性一般都高于热塑性塑料。例如，常见的热塑性塑料如聚乙烯、聚氯乙烯、尼龙等的长期使用温度在100℃以下；而热固性的酚醛塑料可在150℃长期使用。

刚性链结构是耐热性聚合物开发的一个主要方向。大分子主链由芳环和杂环以及梯形结构连接起来的聚合物具有最高的耐热性。表4-15列出的是部分耐热性十分优异的聚合物。值得注意的是，这类刚性链结构聚合物的溶解性极差，熔点非常高，甚至不溶不熔，给成型加工带来困难，从而限制其在工业中的应用。

■ 表4-15 具有优异高温性能的聚合物结构

聚合物结构	聚合物名称	上限使用温度 /℃
	聚酰亚胺	300～350
	芳香聚酰胺	200～250
	聚苯并咪唑	250～300
	聚苯并噻唑	400～480
	聚酰胺-酰亚胺	220～240
	聚喹噁啉	400～450

工业上有几种耐热性试验方法，如马丁耐热温度、热变形温度和维卡耐热温度。其基本原理是测定塑料在一定负荷条件下产生规定变形的温度。

4.2.4　热稳定性

耐热性所表征的是材料的热物理变化。热稳定性则是指材料化学结合开始发生变化的温度。材料承受温度的急剧变化，而结构不致破坏的性能，称为抗热震性，也可称为热稳定性。对于有机聚合物，热稳定性具有特别重要的意义。通常用聚合物在惰性气体（或空气）中开始分解的温度（T_d）表征热稳定性（或热氧稳定性），或用热失重（T_G）来表示。在受热过程中，高聚物材料的物理变化加深将导致其化学变化，而化学变化则以物理性能变化（如聚合物化学键断裂使得分子量降低，导致软化点降低）的形式表现出来。

将分解视为一种化学反应，按阿累尼乌斯公式：

$$k = A e^{-\Delta E/(RT)} \tag{4-90}$$

式中，k 为分解速率常数；ΔE 为分解活化能。

ΔE 是与原子间结合能（键能）相对应的，ΔE 越大，热分解速率常数 k 值越小，聚合物越不容易分解，热稳定性越高。因此，聚合物的热稳定性是由它们的化学键和分子间键的强度（键能），以及分子结构单元的化学惰性所决定的。图4-56反映了高分子材

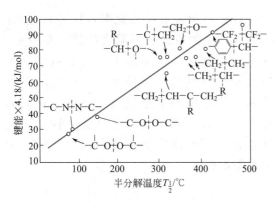

图4-56 半分解温度与化学键键能的关系

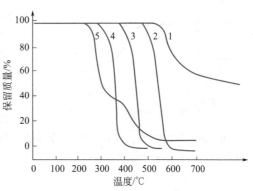

图4-57 几种高聚物的相对稳定性

（升温速率100℃/h）

料的半分解温度（高聚物在真空中加热30min后质量损失一半所需要的温度）与化学键键能的关系。键能越大，高聚物的半分解温度越高。

在高分子链中，各种键和基团的热稳定性顺序依次为：

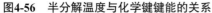

采用Si、B等高键能元素合成的元素高分子一般都具有很好的热稳定性。

在高分子主链中引入较大比例的环状结构（包括芳环和杂环）或采用—O—、—NH—、—CO—、—SO₂—等桥接基团，这样沿着大分子链产生π电子和P电子的非定域作用（例如共轭作用）使键能增加，聚合物的热稳定性提高。由图4-57的热失重曲线可以清楚地看到这点，聚酰亚胺的热稳定性很高。

梯形聚合物，不但由于刚性链结构赋予了耐热性，而且具有高的热稳定性。这是因为梯形结构（或螺形结构）的主链不是一条单链，而是像"梯子"（或双股螺线）。这样，高分子链就不容易被打断，因为在这类高分子中，一个链断了并不会降低分子量。即使几个链同时断裂，只要不是断在同一个梯格或螺圈里，也不会降低分子量。只有当一个梯格或螺圈里的两个键同时断开时，分子量才会降低，而这样的概率当然是很小的。此外，已经断开的化学键还可能自己愈合。至于片状结构，即相当于石墨结构，当然有很好的耐热性。

一般来讲，从单链高分子→"分段梯形"→"梯形"→"片状"高聚物，热稳定性逐步增加。

高聚物的热分解机理和过程是十分复杂的。尽管如此，在只有热的作用下，聚合物链的降解主要是通过主链断裂和形成自由基进行的。在某些情况下，如甲基丙烯酸甲酯，化学键的断裂发生在末端链节和其他已断裂链之间，降解为开拉链式反应放出大量的单体，材料失重。

就其他聚合物而言，如聚烯烃，断裂发生在链的随机位置上，单体产量是非常小的。降解减小了链长（分子量），二次反应可以在不同程度上形成挥发的降解产物的复杂混合物。

在温度超过400℃时，常用聚合物的降解速率是迅速的，热解在几分钟内完成。在这样的高温下，热解产物可以完全挥发掉（如当单体产量高时）。在其他情况中（尤其

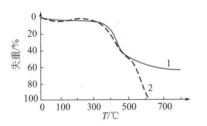

图4-58 聚合物在氮气（1）和空气（2）中的热失重示意图曲线

是交联聚合物和芳杂环含氮聚合物等），热解产物并非完全挥发，随着温度的进一步升高，生成大量的碳化物。实际上，大多数高分子材料都是在空气条件下使用的。在高温下由于热和氧化作用的双重进攻，高分子材料的热稳定性大大下降，热氧化分解产物一般完全挥发掉。图4-58是聚合物在惰性气氛和空气中热失重曲线。

4.2.5　高分子材料的燃烧特性

固体材料中，大多数聚合物都是可以燃烧的，尤其是目前大量生产和使用的高分子材料如聚乙烯、聚苯乙烯、聚丙烯、有机玻璃、环氧树脂、丁苯橡胶、丁腈橡胶、乙丙橡胶等都是很容易燃烧的材料。

4.2.5.1　燃烧过程及机理

燃烧通常是指在较高温度下物质与空气中的氧剧烈反应，并发出热和光的现象。物质产生燃烧必须具备以下三个基本条件：可燃物（如木材、纸张、汽油等），助燃物（一般指氧和氧化剂，主要指空气中的氧）和火源（能引起可燃物质燃烧的能量来源，火源按能量形式可分为热能、光能、电能、机械能、化学能和生物能等，如明火、摩擦、电火花等）。使材料着火的最低温度称为燃点或着火点。材料着火后，产生的热量有可能使其周围的可燃物质或自身未燃部分受热而燃烧。这种燃烧的传播和扩散现象称为火焰的传播或延燃。若材料着火后其滋生的燃烧热不足以使未燃部分继续燃烧，则称为阻燃、自熄或不延燃。

聚合物的燃烧过程包括加热、热解、氧化和着火等步骤，如图4-59所示。

在加热阶段，聚合物受热而变软，熔融并进而发生分解，产生可燃烧气体和不燃性气体。当产生的可燃性气体与空气混合达到可燃烧浓度范围时即发生着火。着火燃烧后产生的燃烧热使气、液及固相的温度上升，燃烧得以维持。在这一阶段，主要的影响因素是可燃烧气体与空气中氧的扩散速度和聚合物的燃烧热。延燃与聚合物材料的燃烧热有关，也受聚合物表面状况、暴露程度等因素的影响。

不同的聚合物，燃烧的传播速率也不同。燃烧速率是聚合物燃烧性的一个重要指标。一般是指在外部辐射热源存在下水平方向火焰的传播速率。表4-16是某些聚合物的燃烧速率，表4-17为燃烧发热值。一般而言，烃类聚合物燃烧热最大，含氧聚合物的燃烧热则较小。

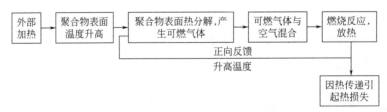

图4-59 聚合物燃烧过程

材料科学与工程基础

聚合物	燃烧速率/（mm/min）	聚合物	燃烧速率/（mm/min）
聚乙烯	7.5～30.5	硝酸纤维素	迅速燃烧
聚丙烯	17.3～40.6	醋酸纤维素	12.7～30.3
聚丁烯	27.9	氯化聚乙烯	自熄
聚苯乙烯	12.7～63.5	PVC	自熄
苯乙烯-丙烯腈共聚物	10.2～40.6	聚偏二氯乙烯	自熄
ABS	25.4～50.2	尼龙	自熄
PMMA	15.0～40.6	脲醛树脂	自熄
PC	自熄	聚四氟乙烯	不燃
聚砜	自熄		

■ 表4-17 高分子材料的燃烧发热值

名称	燃烧发热值/（kJ/g）	名称	燃烧发热值/（kJ/g）
软质PVC	46.6	PVC	13～23
硬质PVC	45.8	赛璐珞	17.3
聚丙烯	43.9	酚醛树脂	13.4
聚苯乙烯	40.1	聚四氟乙烯	4.2
ABS	35.2	玻璃纤维增强塑料	18.8
聚酰胺	30.8	氯丁橡胶	23.4～32.6
聚碳酸酯	30.5	煤	23.0
PMMA	26.2	木材	14.6

烃类聚合物的燃烧机理与烃类小分子燃烧相似。燃烧过程是一种复杂的自由基连锁反应过程。聚合物首先热解产生碳氢物片段 RH_2，RH_2 与氧反应产生自由基，$RH_2 + O_2 \longrightarrow RH^· + HO_2^·$，形成自由基后即开始链式反应。

$$RH^· + O_2 \longrightarrow RHO_2^·$$
$$RHO_2^· \longrightarrow RO + ^·OH$$
$$^·OH + RH_2 \longrightarrow H_2O + RH^·$$

这里需要指出，聚合物的燃烧速率与高反应活性的 $^·OH$ 自由基密切相关。若抑制 $^·OH$ 的产生就能达到阻燃的效果。目前使用的许多阻燃剂就是基于这一原则。

在火灾中燃烧往往是不完全的，不同程度地产生挥发性化合物和烟雾。许多聚合物在燃烧时产生有毒的挥发物质。有的含氮聚合物如聚氨酯、聚丙烯腈，会产生少量氰化物。氯代聚合物如PVC等，会产生氯化氢。

4.2.5.2 氧指数

所谓氧指数就是在规定的条件下，试样在氧气和氮气的混合气流中维持稳定燃烧所需的最低氧气浓度，用LOI（limited oxygen index）表示。氧指数用混合气体中氧所占的体积百分数表示。氧指数是衡量聚合物燃烧难易的重要指标。氧指数越小越易燃。

由于空气中含21%左右的氧，所以氧指数在22以下的属于易燃材料。在22～27的为难燃材料，具有自熄性。27以上的为高难燃材料。然而这种划分只有相对意义，因为高分子材料的阻燃性能尚与其他物理化学性能如比热容、热导率、分解温度以及燃烧等有关。表4-18列举了几种聚合物的氧指数。

4

材料的性能

■ 表4-18 几种聚合物的氧指数 $\left(\dfrac{n_{O_2}}{n_{O_2}+m_{N_2}}\times100\right)$

聚 合 物	氧 指 数	聚 合 物	氧 指 数
聚乙烯	17.4～17.5	聚乙烯醇	22.5
聚丙烯	17.4	聚苯乙烯	18.1
氯化聚乙烯	21.1	PMMA	17.3
PVC	15～49	聚碳酸酯	26～22
聚四氟乙烯	79.5	环氧树脂	19.3
聚酰胺	26.7	氯丁橡胶	26.3
软质PVC	23～40	硅橡胶	26～39

4.2.5.3 聚合物的阻燃

聚合物的阻燃性就是它对早期火灾的阻抗特性。含有卤素、磷原子、氮原子等的聚合物一般具有较好的阻燃性。但大多数聚合物是易燃的，常需加入阻燃剂、无机填料等来提高聚合物的阻燃性。

阻燃剂，就是指能保护材料不着火或使火焰难以蔓延的助剂。阻燃剂的阻燃作用，是因其在聚合物燃烧过程中能阻止或抑制其物理化学的变化或氧化反应速度。具有以下一种或多种效应的物质都可作阻燃剂。

① 吸收效应　其作用是使聚合物的温度上升困难，例如具有10个分子结晶水的硼砂，当受热释放出结晶水时需吸收142kJ/mol的热量，因而抑制聚合物温度的上升，产生阻燃效果。氢氧化铝具有类似的作用。

② 覆盖效应　在较高温度下生成稳定的覆盖层或分解生成泡沫状物质覆盖于聚合物表面，阻止聚合物热分解出的可燃气体溢出并起到隔绝空气的作用，从而产生阻燃效果。如磷酸酯类化合物和防火发泡涂料。

③ 稀释效应　如磷酸铵、氯化铵、碳酸铵等。此类物质在受热分解时能产生大量的不燃性气体CO_2、NH_3、HCl、H_2O等，起到稀释可燃性气体和空气中的氧气的作用，从而阻止高聚物材料的燃烧。

④ 转移效应　如氯化铵、磷酸铵、磷酸酯等可改变高分子材料热分解的模式，抑制可燃性气体的产生或催化材料稠环炭化，从而起到阻燃效果。

⑤ 抑制效应（捕捉自由基）如溴、氯的有机化合物，能与燃烧产生的自由基·OH、H·、·O·、HOO·等作用，抑制自由基连锁反应，使燃烧速度降低至火焰熄灭。

⑥ 协同效应　有些物质单独使用并不阻燃或阻燃效果不大，但与其他物质配合使用就可起到显著的阻燃效果。三氧化二锑与卤素化合物的并用就是典型的例子。

目前使用的添加型阻燃剂可分为无机阻燃（包括填充剂）和有机阻燃剂。其中无机阻燃剂的使用量占60%以上。常用的无机阻燃剂有氢氧化铝、三氧化二锑、硼化物、氢氧化镁等。有机阻燃剂主要有磷系阻燃剂，如红磷、聚磷酸铵、磷酸三辛酯、三（氯乙烯）磷酸酯等。有机卤系阻燃剂如氯化石蜡、氯化聚乙烯、全氯环戊癸烷以及四溴双酚A和十溴二苯醚等。近年来，由于环保的要求，卤系阻燃剂的使用受到很大限制，而含氮的无卤阻燃剂得到迅速发展，如三聚氰胺盐等。

小故事

热辐射理论的奠基人——维恩

材料科学与工程基础

270

4.3 材料的电学性能

材料的电学性能是指材料在外加电压或电场作用下的行为及其所表现出来的各种物理现象，包括在交变电场中的介电性质，在弱电场中的导电性质及在强电场中的击穿现象。

各种材料都具有电性能，按其电学性能特点可将材料划分为：导电材料、电阻材料、电热材料、半导体材料、超导材料以及绝缘材料等。在各种材料的制造及使用过程中都必须了解其电学性能。因此研究材料的电学性质，具有非常重要的理论和实际意义。

4.3.1 电导率和电阻率

4.3.1.1 电导率和电阻率

（1）电阻率　电导是指真实电荷在电场作用下在介质中的迁移。电导率和电阻率是反映材料导电能力的两个重要物理量。实验（图4-60）表明，在直流电场中，对于一定长度l的材料，电阻R与试样面积A成反比，与单位电位下流过每立方米材料的电流I成正比：

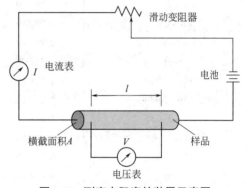

$$\rho = \frac{RA}{l} \qquad (4-91)$$

式中的比例常数ρ称为电阻率。

电流由两部分组成：

$$I = I_V + I_S \qquad (4-92)$$

式中，I_V为体积电流；I_S为表面电流。相应的电阻R也由两部分组成，分别为体

图4-60　测定电阻率的装置示意图

积电阻R_V和表面电阻R_S。因而电阻率ρ也分为体积电阻率ρ_V和表面电阻率ρ_S。体积电阻率ρ_V的单位为$\Omega \cdot m$或$\Omega \cdot cm$，表面电阻率ρ_S的单位为Ω。

其中，表面电阻R_S与样品表面环境有关，而体积电阻R_V则与材料性质有关，反映材料的导电能力。通常主要研究材料的体积电阻率。

（2）电导率　电导率（σ）是直接衡量材料电导能力的表观物理量，它定义为在单位电场强度下流过每立方米材料的电流I（A）：

$$\sigma = \frac{IL}{VS} \qquad (4-93)$$

式中，L是样品厚度，m；S是样品面积，m^2；V是电场强度，V。

电导率又可表达为电阻率ρ的倒数：

$$\sigma = \frac{1}{\rho} \qquad (4-94)$$

由此，电导率σ的单位为$(\Omega \cdot m)^{-1}$或S/m，S亦称西门子。

通常根据电阻率或电导率数值大小，可将材料分成超导体、良导体、半导体和绝缘体等。它们的电导率、电阻率范围如表4-19。

■ 表4-19 材料的分类及其电阻率、电导率

材料	电阻率/Ω·m	电导率/（S/m）	材料	电阻率/Ω·m	电导率/（S/m）
超导体	$<10^{-8}$	$>10^8$	半导体	$10^{-5}\sim10^7$	$10^{-7}\sim10^5$
导体	$10^{-8}\sim10^{-5}$	$10^5\sim10^8$	绝缘体	$10^7\sim10^{18}$	$10^{-18}\sim10^{-7}$

表4-20为各种材料在室温的电导率，如表4-20，金属含有大量自由电子，因而纯金属为导体，电导率高，导电性好；其电导率差不多比绝缘体（例如聚乙烯）高23个数量级；硅、锗及类似材料的电导率介于金属占绝缘体之间，故称为半导体；室温下，离子固体即无机非金属，一般为绝缘体，但其电导率随着温度的升高而增大；对高分子材料而言，绝大多数为绝缘体，但当含有杂质时具有一定的导电性。

■ 表4-20 各种材料在室温的电导率

金属和合金	$\sigma/$（S/m）	非金属	$\sigma/$（S/m）
银	6.3×10^7	石墨	10^5（平均）
铜，工业纯	5.85×10^7	SiC	10
金	4.25×10^7	锗，纯	2.2
铝，工业纯	3.45×10^7	硅，纯	4.3×10^{-4}
Al-1.2%Mn合金	2.96×10^7	苯酚甲醛（电木）	$10^{-7}\sim10^{-11}$
钠	2.1×10^7	窗玻璃	$<10^{-10}$
钨，工业纯	1.77×10^7	氧化铝（Al_2O_3）	$10^{-10}\sim10^{-12}$
黄铜（70%Cu-30%Zn）	1.66×10^7	云母	$10^{-11}\sim10^{-15}$
镍，工业纯	1.46×10^7	甲基丙烯酸甲酯（有机玻璃）	$<10^{-12}$
纯铁，工业纯	1.03×10^7	氧化铍（BeO）	$10^{-12}\sim10^{-15}$
钛，工业纯	0.24×10^7	聚乙烯	$<10^{-14}$
TiC	0.17×10^7	聚苯乙烯	$<10^{-14}$
不锈钢，301型	0.14×10^7	金刚石	$<10^{-14}$
镍铬合金（80%Ni-20%Cr）	0.093×10^7	石英玻璃	$<10^{-16}$
		聚四氟乙烯	$<10^{-16}$

4.3.1.2 决定电导率的基本参数

电导率与三个基本参数相关，即载流子类型（载流子电荷大小）、载流子数（载流子密度）n（cm^{-3}）和载流子迁移率μ［$cm^2/(V\cdot s)$］。研究材料的电导性就是弄清载流子种类、来源和浓度，以及它们在材料本体中迁移方式及迁移率的大小。

（1）载流子 电流是电荷在空间的定向运动。任何一种物质，只要存在电荷的自由粒子——载流子，就可以在电场作用下产生导电电流。载流子可以是电子、空穴，也可以是正、负离子。金属导体中的载流子是自由电子，高分子材料和无机非金属材料中的载流子可以是电子、空穴、离子（正、负离子，空位）。载流子为离子的电导称为离子导电，载流子为电子的电导称为电子导电。电子导电和空穴导电同时存在，称为本征电导。

（2）迁移率 材料的导电现象，其微观本质是载流子在电场作用下的定向迁移。如图4-61，假设单位截面积为A（$1m^2$）的材料，其在单位体积（$1m^3$）内载流子数为n，且

每一载流子的荷电量为q，则单位体积内参加导电的电荷量为nq。如果介质处在外电场中，则作用于每一个载流子的力等于qE。在这个力的作用下，每一载流子在E方向发生漂移，其平均速度为v（m/s），则单位时间（1s）内通过单位截面（1m²）的电荷量为：

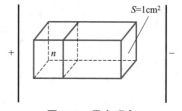

$$J=nqv \qquad (4\text{-}95)$$

图4-61　导电现象

J即为电流密度，单位为库仑/（m²·s）。由于$J=I/A$，即在单位时间内通过单位截面的电荷量就等于J，根据欧姆定律及$R=\rho L/A$，可得：

$$J=E/\rho=E\sigma \qquad (4\text{-}96)$$

式（4-96）为欧姆定律最一般的形式。因为ρ、σ只取决于材料的性质，所以电流密度J与几何因子无关，这就给讨论电导的物理本质带来了方便。

由式（4-95）和式（4-96）可以得到电导率为：

$$\sigma=J/E=nqv/E \qquad (4\text{-}97)$$

令$\mu=v/E$，并定义其为载流子的迁移率，其物理意义为载流子在单位电场中的迁移速度，于是：

$$\sigma=nq\mu \qquad (4\text{-}98)$$

更一般的表达式为：

$$\sigma = \sum_i q_i n_i \mu_i \qquad (4\text{-}99)$$

式中，q_i是第i种载流子的荷电量，电子、空穴、正负离子都可以是诱导电流的载流子。公式（4-99）反映了电导率的微观本质，即宏观电导率σ与微观载流子的浓度n，每一种载流子的电荷量q以及每种载流子的迁移率μ的关系。

4.3.1.3　影响电导率的因素

影响材料电导率的因素较多，而且在不同的电导类型中，不同因素对电导率的影响也不尽相同。

（1）影响离子电导率的因素

① 温度　离子电导随着温度的升高呈指数规律增加。图4-62表示含有杂质的电解质的电导率随温度的变化曲线。从图中可知，在低温下（曲线1）杂质电导占主要地位，这是由于杂质活化能比基本点阵离子的活化能小许多。在高温下（曲线2），本征电导起主要作用，这是因为热运动能量的增高，使本征电导的载流子数显著增多。这两种不同的导电机制，使曲线出现了转折点A。

但是温度曲线中的转折点并不一定都是由离子导电机制引起的，如刚玉瓷在低温下发生杂质离子电导，高温下则发生电子电导。

② 晶体结构　活化能反映离子的固定程度，它与晶体结构有关。离子电导率随活化能按指数规律变化。那些熔点高的晶体，晶体结合力大，相应活化能也高，电导率就低。离子电荷的高低对活化能也有影响。一价正离子尺寸小，电荷少，活化能小；高价正离子价

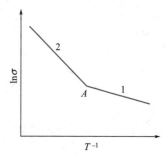

图4-62　杂质离子电导率与温度的关系

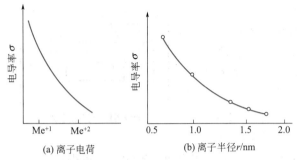

(a) 离子电荷　　　　(b) 离子半径r/nm

图4-63　离子晶体中阳离子电荷和半径对电导率的影响

键强，活化能大，故迁移率较低。图4-63（a）、（b）分别表示离子电荷、半径与电导率（扩散）的关系。

除了离子的状态以外，晶体的结构对离子活化能也有影响。对于结构紧密的离子晶体，由于可供移动的间隙小，则间隙离子迁移困难，即其活化能高，电导率较低。

③ 晶格缺陷　具有离子电导的固体物质称为固体电解质。实际上，只有离子晶体才能成为固体电解质，共价键晶体和分子晶体都不能成为固体电解质。但是并非所有的离子晶体都能成为固体电解质。离子晶体要具有离子电导的特性，必须具备以下两个条件：a.电子载流子的浓度小；b.离子晶格缺陷浓度大并参与导电。离子性晶格缺陷的生成及其浓度大小是决定离子电导的关键。

（2）影响电子电导的因素

① 温度　在温度变化不大时，电子电导率与温度关系符合指数关系。仿照载流子迁移率μ_e的求法，晶格场中的电子迁移率为：

$$\mu = e\tau/m^* \tag{4-100}$$

式中，e为电子电荷；m^*为电子的有效质量；τ是载流子和声子碰撞的特征弛豫时间，它除了与杂质有关外，主要取决于温度。总的迁移率μ受散射的控制，假设其包括以下两大部分。

声子对迁移率的影响，可写成：

$$\mu_L = aT^{-3/2} \tag{4-101}$$

杂质离子对迁移率的影响，可写成：

$$\mu_I = bT^{3/2} \tag{4-102}$$

上两式中，a、b为常数，取决于材料性质。由于$\rho = 1/\sigma = 1/ne\mu$，而总的电阻由声子、杂质两类散射机制叠加而成，因而可求出总迁移率：

$$\frac{1}{\mu} = \frac{1}{\mu_I} + \frac{1}{\mu_L} \tag{4-103}$$

图4-64表示了μ与T的关系。可以看出，低温下杂质离子散射项起主要作用；高温下，声子散射项起主要作用。比起载流子浓度n受T的影响，μ受T的影响要小得多，因此电导率对温度的依赖关系主要取决于浓度项。

② 杂质及缺陷的影响　杂质对半导体性能的影响主要是由于杂质离子（原子）产生新的局部能级。实际应用中研究得比较多的价控半导体就是通过杂质的引入，导致主要成分中离子电价发生变化，从而出现新的局部能级。

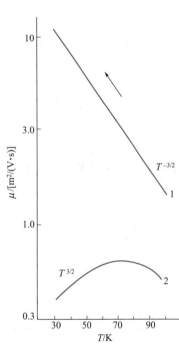

图4-64　迁移率与温度的关系

反映导体与半导体、绝缘体之间本质的是电导率随温度的变化关系。单质金属中主要的散射机制是电声子相互作用，电导率与温度关系为 $\sigma \propto T^{-1}$。半导体和绝缘体的电导率随温度变化呈现指数变化：

$$\sigma = \sigma_0 \exp(-E_c/kT) \tag{4-104}$$

或

$$\sigma = \sigma_0 \exp(-E_g/2kT) \tag{4-105}$$

式中，σ_0 是常数；k 是 Boltzmann 常数；T 是热力学温度；E_c 是电导活化能；E_g 是价带与第一空带（导带）之间的能隙能。绝缘体与半导体之间的区别仅在于此能隙的宽窄。以上结论将由下文固体能带理论得出。

例题 4-9

室温（25℃，298K）时，本征锗的电导率为 2.2S/m，请估算 150℃（423K）时本征锗的电导率。

解：该题可用公式（4-105）计算。查表知 E_g 为 0.67eV。

公式（4-105）取对数，得：

$C = \ln\sigma + E_g/(2kT) = \ln2.2 + 0.67\text{eV}/(2 \times 8.62 \times 10^{-5}\text{eV/K} \times 298\text{K}) = 13.83$

150℃时，$\ln\sigma = C - E_g/(2kT) = 13.83 - 0.67\text{eV}/(2 \times 8.62 \times 10^{-5}\text{eV/K} \times 423\text{K}) = 4.64$

则 $\sigma = 103.8$S/m

答：150℃（423K）时的电导率为 103.8S/m。

4.3.2 材料的结构与导电性

4.3.2.1 材料的电子结构与导电性

材料的电子结构与导电性的关系，可以利用第 2 章所述的能带（electron energy band）理论很好地进行解释。固体的外层有 N 个原子，有 N 个能级。每个能带由许多能级组成，能带间存在能隙（禁带）。由图 4-65 可知，能隙的大小随平衡原子距离的变化而变化。随平衡原子距离增加，能隙加宽，最后趋于稳定；随平衡原子距离减小到一定程度，能带会发生重叠。

导体、绝缘体和半导体的区别，正是能带理论发展初期的重大成果。图 4-66 为 0K 温度下，三种固体的能带示意图。其中，导体又可以划分为两种类型的能带结构。

固体理论指出：①在无外场作用时，绝缘体、半导体或导体都无电流；②在外场作用下，不满带导电而满带不导电。由此可以得出一个区别导体和绝缘体的原则，即固体中虽然有很多电子，但是如果一个固体中的电子恰好充填某一能带及其下面的一系列能带，并且此能带与空导带之间相隔一个较宽能隙（>2eV），那么它就是绝缘体［图 4-66（c）］；如果价带和导带之间的能隙较小（<2eV）［图 4-66（d）］，就会形成半导体；如果电子未能填满最高的能带［图 4-66（a）］，或者满带和空带之间有部分重叠［图 4-66（b）］，就会形成导体。下面分别进行说明。

（1）导体

① 碱金属　包括锂、钾、钠。以钠（$1s^2 2s^2 2p^6 3s^1$）为例，每个钠原子都有一个 s 价

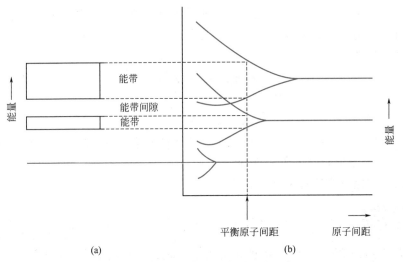

图4-65   原子距离对能带结构的影响

（a）固体在平衡原子分离状态下的电子能带结构；（b）原子聚集体中的电子能量和原子间距关系

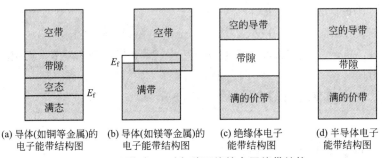

图4-66   固体在0K时各种可能的电子能带结构

电子，可以提供一个自由电子，N个钠原子可以提供N个自由电子，故钠属于不满带的情况。众多原子聚合成固体后，s能级将分裂成很宽的s能带，而且是半充满的，因此钠是导体。

② 碱土金属   由碱土元素形成的晶体，包括铍、镁。以镁（$1s^2 2s^2 2p^6 3s^2$）为例，其3s能带是满的，但它不是绝缘体而是导体，因为它的3s能带与3p能带重叠，故能导电。但是重叠程度有差异，例如钙的上、下两个能带重叠的部分很小，因而是不良导体。

③ 贵金属   习惯上常把银、金、铜称为贵金属。以铜（$1s^2 2s^2 2p^6 3s^2 3p^6 3d^{10} 4s^1$）为例，它有一个s态价电子。但贵金属有以下几点与碱金属不同：a.d壳层是填满的，而碱金属的d壳层完全空着；b.具有面心立方结构；c.因d壳层填满，原子恰如钢球，不易压缩。由于贵金属的价电子数是奇数，本身的能带也没有填满，故为良导体。

④ 过渡金属   过渡金属具有未满的d壳层，这是与贵金属原子的主要区别。其d壳层的半径比外面s价电子层小得多，当金属原子结合形成晶体时，d壳层的电子云相互重叠较少，而外面价电子壳层的电子云重叠得甚多，故其d带又低又窄，可以容纳的电子数多，即可容纳10N个（N为原子数）。s带的特点是很宽，上限很高，可以容纳的电子数为2N。因此，过渡金属的d层能夺取较高的s带中的电子而使能量降低，导致它们的结合能较大，而强度较高，导电性下降。如Ni、Co、Fe（$1s^2 2s^2 2p^6 3s^2 3p^6 3d^7 4s^2$）的3d

材料科学与工程基础

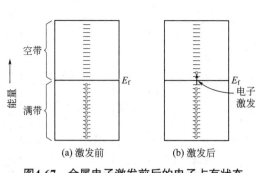

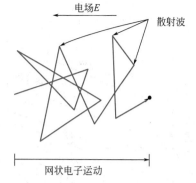

图4-67　金属电子激发前后的电子占有状态　　图4-68　散射波作用下电子偏转路径示意图

与4s带有交叠现象，有导电性。

但金属电子不是在任何状态下都是导电的。如图4-67所示，处于0K的自由电子不导电，受到升高温度等激发后，自由电子跃迁到第2章所述的费米能级以上，才具有导电性。

金属的导电性除了取决于电子结构外，还受到温度、杂质和塑性形变的影响。这是由于电子在电场作用下流动时，其流动方向会受到散射源的影响而发生改变，进而影响到电阻率，如图4-68所示。假设上述三种影响因素对电阻率的影响分别为ρ_t、ρ_i和ρ_d，则金属的电阻率ρ_{total}为：

$$\rho_{total}=\rho_t+\rho_i+\rho_d \tag{4-106}$$

式（4-106）也被称为Matthiessen定律。

为更好解释上述三种因素对金属电导率的影响，以纯铜及三种铜镍合金电阻率随温度的变化情况为例进行说明，见图4-69。从图4-69可以看出，纯铜及三种铜镍合金的电阻率均随温度的升高而增大，这是由于电子受热激发，振动加剧，散射增大；此外，纯铜的电阻率最小，铜镍合金的电阻率随镍含量增加而增大；对于镍含量一定的铜镍合金，发生形变试样的电阻率比未形变的试样大。

（2）绝缘体

① 绝缘体　惰性气体的原子中各能级都是满的，结合成晶体时能带也为电子所填满，故为绝缘体。由正、负离子组成的离子晶体，也因正、负离子的各外层轨道都被电子充满，使晶体中相应的能带填满，并且这两个能带本来系由两个能量相差较大的能级分裂而来，能隙宽度较大，因而是典型的绝缘体。

绝缘体的电子局域有离子键和共价键两种类型。绝缘体的能带结构具有下列特征：价带与导带之间的能隙很宽，如图4-70所示。其中，能隙宽度依物质不同而异，能隙愈宽，绝缘性愈好。若要使绝缘体导电，必须使电子从价带进入导带，为此必须提供足够的能量。当电子从价带进入导带后，导带中存在自由电子，价带中存在空穴。因此对于绝缘体，载流子有两种类型：电子和空穴，且成对出现，这与金属不同。

表4-21列举了13种典型非金属材料的室温电导率。无机绝缘体对温度的稳定性较好。由于有机绝缘体会随温度升高发生热解，且在多数情况下会生成游离碳，从而使绝缘体变性，如某些有机绝缘体每升高10℃，寿命减少1/2。但总的说来，非金属材料的室温电导率较小。

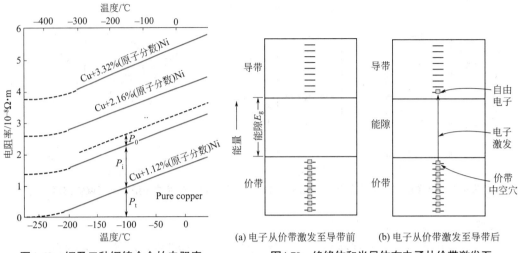

图4-69　铜及三种铜镍合金的电阻率
与温度的关系
测定温度-100℃

(a) 电子从价带激发至导带前　　(b) 电子从价带激发至导带后

图4-70　绝缘体和半导体在电子从价带激发至
导带前后的电子占有状态

■ 表4-21　13种典型非金属材料的室温电导率

材　料	电导率/（S/m）	材　料	电导率/（S/m）
石墨	$3\times10^{4}\sim2\times10^{5}$	苯酚-甲醛树脂	$10^{-9}\sim10^{-10}$
混凝土（干）	10^{-9}	聚甲基丙烯酸甲酯	$<10^{-12}$
钠钙玻璃	$10^{-10}\sim10^{-11}$	尼龙66	$10^{-12}\sim10^{-13}$
陶瓷	$10^{-10}\sim10^{-12}$	聚苯乙烯	$<10^{-14}$
硼硅酸盐玻璃	约10^{-13}	聚乙烯	$10^{-15}\sim10^{-17}$
氧化铝	$<10^{-13}$	聚四氟乙烯	$<10^{-17}$
熔融石英	$<10^{-18}$		

　　绝缘体在一定的条件下也能导电。在离子固体中，负离子和正离子都有电荷，因而在电场作用下，这些离子能够进行迁移和扩散，离子的网络运动形成电流。其中，负离子和正离子的迁移方向相反。因此在离子固体中，既存在电子的导电，又存在离子的导电，总的电导率可以用式（4-107）表示：

$$\sigma_{total}=\sigma_{electronic}+\sigma_{ionic}\tag{4-107}$$

　　式中，$\sigma_{electronic}$、σ_{ionic}分别是电子和离子各自对电导率的贡献。

　　离子固体的电导性取决于材料种类、纯度、温度，受离子性晶格缺陷的浓度、温度和晶体结构的影响。离子固体的电导率随离子电荷增多和离子半径增大而降低，随晶格缺陷的浓度增大而升高。离子固体的电导率与温度呈指数关系，但与金属不同，其电导率随温度升高而增大。

　　② 导电聚合物　有机高分子一般都是优良的绝缘体，能隙很宽。人们非常希望易加工、耐腐蚀、密度小的有机高分子材料成为导体。现在这一愿望已经成为现实。导电

材料科学与工程基础

聚合物可分为添加型和结构型，前者是在一般通用聚合物中加入各种导电材料；后者则是聚合物本身具有导电性。

1974年，白川英树等人用Ziegler-Natta催化剂制备聚乙炔薄膜时，发现了两种类型的聚乙炔膜，一种是银色的，经分析为反式聚乙炔；另一种是铜色的，经分析为顺式聚乙炔，它们的电导率有较大的差别：银色聚乙炔薄膜的电导率为$10^{-3} \sim 10^{-2}$S/cm，铜色聚乙炔薄膜的电导率为$10^{-8} \sim 10^{-7}$S/cm。1977年，Heeger、MacDiarmid和白川英树发现当聚乙炔薄膜用Cl_2、Br_2或I_2蒸气氧化后，其电导率可提高几个数量级。通过改变催化剂的制备方法和取向，电导率可达10^5S/cm。2000年10月，他们因此获得了诺贝尔化学奖。

目前，已发现的结构型导电聚合物还有聚苯胺、聚吡咯和聚噻吩等，它们均具有如图4-71所示的共轭结构。

研究表明，能隙随聚合物长度的增加而减小。图4-72表明，这类聚合物的导电性差

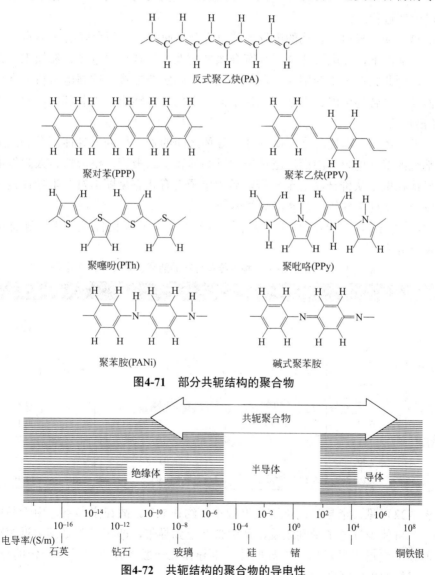

反式聚乙炔(PA)

聚对苯(PPP)　　　　　　　　聚苯乙炔(PPV)

聚噻吩(PTh)　　　　　　　　聚吡咯(PPy)

聚苯胺(PANi)　　　　　　　　碱式聚苯胺

图4-71　部分共轭结构的聚合物

图4-72　共轭结构的聚合物的导电性

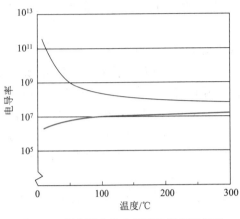

图4-73　导电聚合物电导率与温度的关系

别很大，可以在绝缘体与导体的范围内变化。

导电聚合物载流子在共轭聚合物中的跃迁包括两种机理：a.沿单一共轭体系运动，该运动的阻力小或无；b.在共轭体系之间跃迁，该运动的阻力较大。但经过掺杂，共轭聚合物的电导率大幅度提高。如前文中，聚乙炔在没有掺杂前，电导率还是比较低的，但经过掺杂后电导率提高了2个数量级。当聚乙炔掺杂到6.67%时，其能隙消失。掺杂的实质是在聚合物上去掉或增加电子。掺杂的类型有氧化掺杂（也称p型掺杂）和还原掺杂（也称n型掺杂），前者用卤素掺杂，后者通过碱金属进行。

图4-73表明，导电聚合物的电导率随温度升高而增大，与金属明显不同。

在理想情况下，导电聚合物既具有金属导电性，又具有质量轻、易加工、材料来源广等特点，因此具有重要的用途。可用作电极、电磁波屏蔽、抗静电材料；半导体器件和发光器件；聚合物电池、电致变色显示器、电化学传感器、场效应管、聚合物发光二极管（LED）等。

（3）半导体　导电性能介于绝缘体与导体之间的物质称为半导体。升高温度或掺入杂质，都可改变其电阻，因而广泛地应用于晶体管、二极管、整流器、太阳能电池等方面。半导体在电子从价带激发至导带前后的电子占有状态见图4-71。半导体按其有无杂质，可以分为本征半导体和杂质半导体两类。

① 本征半导体　表4-22列举了室温下几种半导体材料的能隙、电子迁移率、空穴迁移率及电导率。

■ 表4-22　室温下几种半导体材料的能隙、电导率、迁移率

材料	能隙/eV	电导率/（S/m）	电子迁移率/[m²/（V·s）]	空穴迁移率/[m²/（V·s）]
单质				
Si	1.1	4×10^{-4}	0.11	0.05
Ge	0.67	2.2	0.38	0.18
Ⅲ-Ⅴ化合物				
GaP	2.25	—	0.05	0.002
GaAs	1.42	10^{-6}	0.85	0.45
InSb	0.17	2×10^4	7.70	0.07
Ⅱ-Ⅴ化合物				
CdS	2.40		0.03	—
ZnTe	2.26		0.03	0.01

由表4-22可见，半导体的能隙宽度较小，约在1eV。故在室温下，由于晶体中原子的振动，就可使少量电子受到激发，从价带跃迁到导带，即在导带底部附近存在少量电子，从而在外电场下显示出一定导电性。半导体在一般条件下就具有一定的导电能力，这是与绝缘体的主要区别。

材料科学与工程基础

实际上，半导体在外电场下显示出的传导性能，不仅与激发到导带中的电子有关，还与价带的空穴有关（图4-71）。半导体的一个电子从价带激发到导带上，会产生两个载流子，即形成空穴-电子对，这是与金属导电的最大区别。本征半导体的电导率由式（4-108）决定：

$$\sigma = n|e|\mu_e + p|e|\mu_h \tag{4-108}$$

式中，n 为自由电子的数量；p 为空穴的数量；μ_e 为自由电子的迁移率；μ_h 为空穴的迁移率。对于半导体，μ_h 总是小于 μ_e。对于本征半导体，$n=p$。

例题 4-10

本征硅室温下电导率为 4×10^{-4}（S/m），电子和空穴的迁移率分别为 $0.14\text{m}^2/(\text{V}\cdot\text{s})$ 和 $0.048\text{m}^2/(\text{V}\cdot\text{s})$，计算室温下电子和空穴浓度。

解：材料是本征型，电子和空穴浓度相同，因此根据式（4-108）：

$$
\begin{aligned}
n = p &= \frac{\sigma}{|e|(\mu_e + \mu_h)} \\
&= \frac{4\times10^{-4}}{(1.6\times10^{-19}\text{C})(0.14 + 0.048)} \\
&= 1.33\times10^{16}\text{m}^{-3}
\end{aligned}
$$

答：室温下本征硅的电子和空穴浓度均为 $1.33\times10^{-6}\text{m}^{-3}$。

② 杂质半导体　半导体的电阻对晶体中杂质很敏感，大多数半导体的性质与杂质的种类和含量有关。含有杂质的半导体称为杂质半导体，有以下两种。

a. n型半导体　在 Si、Ge 等四价元素中掺入少量五价元素 P、Sb、Bi、As 等施主杂质，其能级位于能隙中、导带底部 [图4-74（a）]。这种杂质能级与导带之间的能隙很窄（例如p，约为0.01eV），故多余的电子在室温下就可跃迁到导带上去，在导带中产生自由电子 [图4-74（b）]。这类电子型导电的半导体，称为n型半导体。其电导率由式（4-109）决定：

$$\sigma \cong n|e|\mu_e \tag{4-109}$$

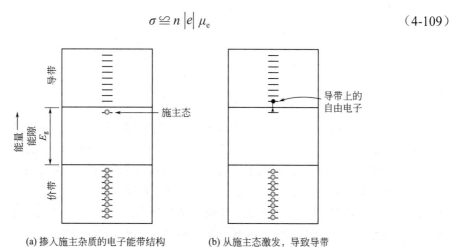

(a) 掺入施主杂质的电子能带结构　　(b) 从施主态激发，导致导带中产生一个自由电子

图4-74　n型半导体电子从施主态激发前后的电子占有状态

b. p型半导体　它在四价带附近形成掺入受主杂质的能级（例如Al约为0.01eV），其能级位于能隙中、价带顶部 [图4-75（a）]。因缺少一个电子，以少许常温下的能量就可使电子从价带跃迁到掺杂能级上，相应地在价带中则形成一定数量的空穴 [图4-75（b）]，这些空穴可看成是参与导电的带有正电荷的载流子。这种空穴型导电的半导体，称为p型半导体。其电导率由式（4-110）决定：

$$\sigma \cong p\,|e|\,\mu_h \tag{4-110}$$

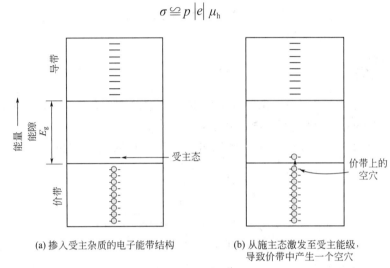

(a) 掺入受主杂质的电子能带结构　　(b) 从施主态激发至受主能级，
　　　　　　　　　　　　　　　　　　导致价带中产生一个空穴

图4-75　p型半导体电子从施主态激发至受主能级前后的电子占有状态

③ 影响半导体电导率的因素　掺杂量和温度对半导体的导电性有很大的影响。图4-76为本征硅和两种不同掺杂量的硼掺杂硅的温度和电导率关系图，硼在硅中作为受主。值得注意的是，随着温度升高，硅的本征电导率显著增大。这是因为温度升高使电子有更多的热能从价带态激发至导带，产生更多的电子和空穴。

本征电导率与绝对温度的关系为：

$$\ln\sigma \cong C - \frac{E_g}{2kT} \tag{4-111}$$

式中，C为与温度无关的常数；E_g为能隙能；k为Bolzmann常数。

根据式（4-111），将本征半导体电导率的自然对数与热力学温度的倒数作图（图4-78），直线部分的斜率等于$-E_g/2k$，E_g可由式（4-112）确定：

$$E_g = -2k\left(\frac{\Delta\ln p}{\Delta(1/T)}\right) \tag{4-112}$$

在图4-77中存在一个饱和区。在该区，所有的掺杂原子均从价带接受了电子，施主杂质空穴的数量近似等于掺杂原子的数量。对于图4-76中两条非本征曲线的饱和区内，电导率随温度的增加而下降的现象，可以用空穴迁移率随温度升高而变小来解释。在饱和区内，式（4-110）中e和p与温度无关，只有空穴迁移率与温度有关。

由于式（4-108）中n和p随温度升高的增长幅度远大于μ_e和μ_h随温度升高的减小幅度，因此载流子（电子和空穴）浓度与温度的关系与电导率与温度的关系相同：

$$\ln n = \ln p \cong C' - \frac{E_g}{2kT} \tag{4-113}$$

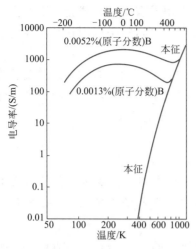

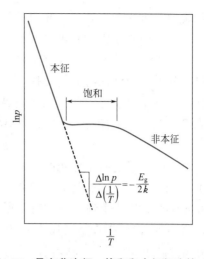

图4-76 本征硅和两种不同掺杂量的硼掺杂硅的温度和电导率关系图

图4-77 具有非本征、饱和和本征行为的p型半导体的空穴浓度与温度的关系

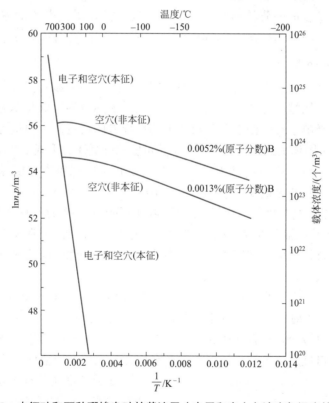

图4-78 本征硅和两种硼掺杂硅的载流子（电子和空穴）浓度与温度的关系

式中，C'为与温度无关的常数，与式4-111中的C不同。图4-78显示了硅和两种硼掺杂硅的载流子浓度与温度的关系。

4.3.2.2 材料的电子结构与光导性

不仅热运动可使材料产生电子-空穴对，光照射材料时也可能产生电子-空穴对。当用光照射材料时，若满带中的电子获得足够能量，则可激发到导带，从而产生电子-空穴对［图4-70(b)］，进而导致材料电阻率发生变化，这种由光照而使满带中电子激发到导带的现象称为光电导效应。光电导的实质是对电子电导有贡献的载流子浓度受光激发而增大，几乎所有绝缘体和半导体都有光电导性。在许多材料中已观察到，经光辐照时通过样品的电流显著增加，甚至可以高出几个量级。

（1）分子受激过程与能量交换　吸收光量子后，分子受激到激发态。激发态分子在电场作用下松弛产生电子和空穴，贡献电导电流。与暗电流类同，光电流取决于分子两种状态 E_i 和 E_j 之间的能量差。激活能 ΔE 就是光导吸收带的能量：

$$\Delta E = E_j - E_i = h\nu \tag{4-114}$$

有机固体分子受激态可能的形式包括以下几种。

① π，π^* 状态　一个电子在键合 π 分子轨道上；一个电子在反键 π^* 分子轨道上。当电子由 π 状态受激转变到 π^* 状态时，通常引起强吸收，摩尔消光系数 ε_{max} 大于 10^3，此类受激态寿为 $\tau_0 \approx 1/10^4 \varepsilon_{max}$（$10^{-9} \sim 10^{-7}$s）。

② n，π^* 状态　n状态是指含有 N、O 或 S 等基团（如 $\overset{|}{C}{=}O$，—NO_2，$=N-$等）的电子轨道。电子由 n 轨道转变到反键合 π^* 轨道产生的 $\varepsilon_{max} < 10^3$，$\tau_0 > 10^{-6}$s。

③ CT态　CT态指电荷转移受激态，这种状态出现在当电子给体基团（如—NH_2，—OH）及受体基（如 $\overset{|}{C}{=}O$，—NO_2 等）之间发生电荷转移时，CT态特征是较强的长波吸收（$\varepsilon_{max} > 10^4$）。

根据基态与受激态上电子自旋方向的异同，以上三种受激态又各取两种构型，即单重态构型和三重态构型。当电子在受激态分子轨道上的自旋方向与基态上自旋方向反平行时为单重；当电子在受激态分子轨道上的自旋方向与基态上自旋方向平行时为三重态。因此，当有机固体受到光辐照时，分子共可取六种受激态形式：$^1(\pi, \pi^*)$；$^3(\pi, \pi^*)$；$^1(n, \pi^*)$；$^3(n, \pi^*)$；$^1(CT)$；$^3(CT)$。在这些受激状态中三重态的能量总是比对应的单重态低，三重态的寿命也最长，τ_0 在 $0.1 \sim 1.0$s 之间。

分子吸收光量子变为激态分子后可通过图4-79中列出的各种途径松弛而损失能量。分子受激到单重态后，可经辐射衰减、无辐射衰减回到基态，或是通过体际交叉转变到三重态。

若受激分子直接辐射衰减回到基态，会伴以荧光，松弛时间约为 10^{-8}s。若无辐射衰减，则该过程的松弛时间在 10^{-3}s 左右。

体际交叉是指简并度不同的状态之间的转变，根据 Franck-Conpdon 选择准则，当电子从基态转变到受激态时，总量子数变化不能大于1，不允许自旋量子数改变，即直接活化到三重态是自旋禁转变。只有处在受激态的电子的自旋量子数可以改变，从单重态转变到三重态，电子自旋发生倒转，达到长寿命准稳态，三重态也会提供载流子。

处于三重受激态的分子，同样可能经历辐射或无辐射衰减松弛到基态。由三重态辐射衰减回到基态的过程（即磷光），松弛时间约为 10^{-4}s。由三重态直接退活化回到单重基态也是受禁的。光导实质上就是分子受激及其退化过程平衡的结果。

（2）光生载流子机理　材料吸收光量子，获得足够能量激发电子到导带，光生载流子可用图4-80概括。

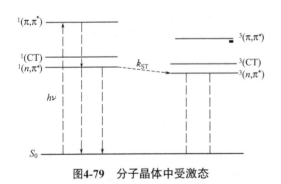

图4-79　分子晶体中受激态

材料科学与工程基础

当光量子足以克服材料的能带禁隙时，电子便从价带直接激发到导带，这是直接带-带转变（机理A），或叫本征光生载流子过程。因为完成直接带-带转变需要较高的光量子，因此本征光生载流子过程通常发生在真空紫外区。

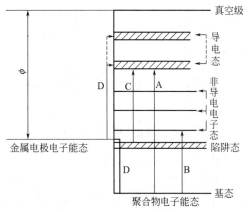

图4-80 光生载流子机理

在机理B中，基态电子受激到达最低受激态（单重态），属于初级光吸收。这类受激态本身并不引起电导。单重态激子只有在离解成独立的电子、空穴而达到导电状态后才对光电流有贡献。为此所需能量可从激子-表面相互作用中获得，同时也存在单重激子-单重激子、单重激子-三重激子、单重激子-光子、三重激子-光子以及双光子等相互作用提供能量的过程。电子受激进入单重态的过程会形成电子吸收谱。因此，那些光导谱与吸收谱十分接近的光导体中的光生载流子归属于这种机理，如聚乙烯咔唑、聚乙炔以及吡酮聚合物等，而这些实验现象又验证了聚合物中激子态的存在。

经光辐照，从陷阱态（包括杂质或物理陷阱等）激发被俘获载流子到达导带是俘获电荷的光学退陷阱过程（机理C）。材料都含有杂质或物理陷阱，载流子常常被这些陷阱所俘获。当光量子等于陷阱级到导带间能差时，如果光辐射渗入材料本体内部较深，就可能有较多的俘获载流子受激。由于陷阱级被占有情况与样品制备密切相关。因此，由同一种聚合物制备的样品因光诱导退陷阱所贡献的光电流往往不可重复，且有时间依赖性。

通过光诱导，电子可能从金属电极的费米级注射进入聚合物导带（光注射电子），或者从聚合物基态注射到电极费米级（光注射空穴），这就是图4-80中的机理D。

光诱导效应通常用初级量子产率η作判据，即每吸收一个光量子形成的自由电子-空穴对数目。分子晶体中载流子发生过程与受激态退活化过程（无辐射衰减、辐射衰减、单重-三重态转变）同时存在并相互竞争，其结果使量子产率η总是偏离极限值1。如果分子间相互作用强烈，个别分子的退活化过程效应减弱，η值就接近于1；如果材料经光诱导先产生激子，激子又通过无辐射过程松弛退活化，则量子产率将小于1。这是因为激子作为电子-空穴对在晶格中迁移时，只有当它离解后或吸收补充光量子后才会对电导做出贡献。

4.3.3 材料的超导电性

材料在一定的低温条件下突然失去电阻（$< 10^{-25}\Omega \cdot cm$）的现象称为超导电性。超导现象是荷兰莱顿大学的昂尼斯（H.K.Onnes）在1911年发现的。在正常情况下，电子由于电性相同而相互排斥。而当超导体被冷却到某温度之下时，其中的电子会形成库克对，从而表现出零电阻，并且抵御磁场穿过。但当温度高于一定温度时，则又回到常态。发生这种现象的温度称为临界温度，并以T_c表示。

超导体有两种特性。一个特性是它的完全导电性。例如，在室温下把超导体做成圆环放在磁场中，并冷却到低温使其转入超导态。这时把原来的磁场去掉，则通过磁感作用，沿着圆环将感生出电流。由于圆环的电阻为零，故此电流将永不衰减，称为永久电流。环内感应电流使环内的磁通保持不变，称作冻结磁通。

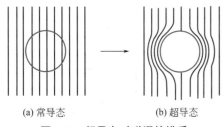

(a) 常导态 (b) 超导态

图4-81　超导态对磁通的排斥

超导体的另一特性是它的完全抗磁性，即处于超导状态的材料，不管其经历如何，磁感应强度B始终为零，这就是迈斯纳（Melssner）效应。这说明超导体是一个完全抗磁体。超导体具有屏蔽磁场和排除磁通的性能。当用超导体制成圆球并处在常导态，磁通通过金属球，如图4-81（a）所示。当它处于超导态时，进入金属内部的磁通将被排出球外，使内部磁场为零，如图4-81（b）所示。

超导体有三个性能指标。其一是超导转变温度T_c：超导体低于T_c时，便出现完全导电和迈斯纳效应等基本特性。超导材料转变温度愈高愈好，愈有利于应用。已知有很多金属在极低温度下表现出超导电性，例如$Nb_3Al_{0.75}Ge_{0.25}$的T_c是21K，其他超导合金材料的T_c大都在此温度。出现超导现象的T_c与金属的平均原子量M有以下关系：

$$T_c \propto 1/\sqrt{M} \tag{4-115}$$

超导电的本质是被声子所诱发的电子间引力相互作用，即以声子为媒介而产生的引力克服库仑排斥力而形成电子对。但高于某温度时，热运动使电子对被打乱而不能成对，所以又变成普通导电状态，此温度即为T_c。在温度足够低时形成的电子对在能量上比单个电子运动要稳定；出现超导电状态，意味着在长距离内显示有序性，熵降低，所以超导电状态的转变是二次相转变。从理论上看，超导电是声子与电子相互作用，最高T_c不会高过40K。为得到高温超导电体，而提出以激发子代替声子的作用，用电子质量替代原子质量的新机制，这样T_c可以提高300倍。由激发子为媒介去提高导电性的途径，提出了little模型、Ginzbunz模型、Perstein模型、导电络合物、主物化学合成等，以上这些理论对发现高温超导电的可能性奠定了基础。

存在临界磁场H_c是超导体的第二个指标，当$T < T_c$时，将超导体放入磁场中，当磁场高于H_c时，磁力线穿入超导体，超导体被破坏，而成为正常态。H_c和温度的关系是随温度降低，H_c将增加，二者关系可用式（4-116）表示：

$$H_c = H_{c,0} \left[1 - (T/T_c)^2 \right] \tag{4-116}$$

式中，$H_{c,0}$是0K时超导体的临界磁场。临界磁场H_c，就是能破坏超导态的最小磁场。H_c与超导材料的性质有关，例如$Mo_{0.7}Zr_{0.3}$超导体的$H_c=0.27Wb/m^2$，而$Nb_3Al_{0.75}Ge_{0.25}$超导体的$H_c=42Wb/m^2$，可见不同材料的H_c不同。

影响导体超导态的第三个因素是输入电流。如把温度从T_c往下降，则临界磁场H_c将随之增加。若输入电流所产生的磁场与外磁场之和超过临界磁场H_c时，超导态将被破坏，此时输入电流为临界电流，或称临界电流密度J_c，它是超导体的第三个指标。随着外磁场的不断增加，J_c必须相应地减小，以使它们的总和不超过H_c值，从而保持超导态。故临界电流就是保持超导状态的最大输入电流。

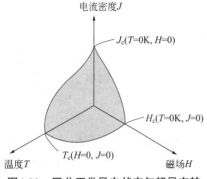

电流密度J

$J_c(T=0K, H=0)$

$H_c(T=0K, J=0)$

温度T

$T_c(H=0, J=0)$

磁场H

图4-82　区分正常导电状态与超导态转变温度、临界电流密度和临界磁场的边界图

影响导体超导态的三个因素相互依存、相互关联，从图4-82可以得出区分超导和正常导电状态的三个指标的边界，表4-23是部分已发现的具有超导电性的材料，包括金属元素、合金材料和化合物等。

■ 表4-23 部分超导材料的临界温度和临界磁感应强度

材　料	临界温度 T_c/K	临界磁感应强度 B_c/T	材　料	临界温度 T_c/K	临界磁感应强度 B_c/T
元素			化合物和合金		
钨	0.02	0.0001	V_3Ga	16.5	22
钛	0.40	0.0056	Nb_3Sn	18.3	22
铝	1.18	1.0105	NbAl	18.9	32
锡	3.72	0.0305	Nb_3Ge	23.0	40
汞（α）	4.15	0.0411	陶瓷化合物		
铅	7.19	0.0803	$YBa_2Cu_3O_7$	92	
化合物和合金			$Bi_2Sr_2Ca_2Cu_3O_{10}$	110	
Nb-Ti	10.2	12	$Ti_2Ba_2Ca_2Cu_3O_{10}$	125	
Nb-Nr	10.8	11	$HgBa_2Ca_2Cu_2O_8$	153	
$PbMO_6S_8$	14.0	45			

　　超导材料和超导技术有着广阔的应用前景。人们可以利用超导的原理输电和制造大型磁体，最大限度地降低损耗；制造超导列车和超导船，大大提高它们的速度和安全性，并有效减少机械磨损；制造无磨损轴承，可将轴承转速提高到每分钟10万转以上。但现有超导体的临界温度太低限制了其应用，因此探索高临界温度超导体成为研究的热点。1986年瑞士学者发现钡镧铜氧化物超导材料在30K时即呈现超导电性，使人们多年梦想的液氮温度超导体成为现实。1987年，美中科学家又相继制成 T_c 在100K左右的陶瓷性金属氧化物 Ba-Y-Cu-O 系超导材料。此后，金属氧化物超导临界温度的纪录不断被刷新。在超导材料发展方面，近些年出现了一种由空穴掺杂的高温铜氧化物超导体。而加拿大和德国科学家通过实验证明硅烷在特定条件下具有超导性质，由此发现一类新的超导体——分子氢化物，这一研究成果将为设计更具应用价值的超导材料开辟道路。此外，在氧化物超导电材料线材化的加工方法方面也取得了较大的进展。例如，用有机纤维纺丝技术来制造氧化物系列超导电纤维，不但成本低，而且线材化程度高，容易制得高 T_c、高 J_c 的超导电纤维。

　　在超导聚合物方面，也有人提出了一些新的结构模型，并已发现线状共轭型高分子，代表性是无机高分子噻吡基 $(SN)_x$、$(SN)_x$ 及 Br_2 掺杂物 $(SNBr_{0.4})$，它们在室温中表现出相当于金属的导电性，在0.3K以下成为超导体。高导电性聚乙炔、聚丁炔等也给人们带来很大希望。此外，有机超导体也存在可能。在生物体内酶不仅能促进物质的合成和转换，许多酶还参与物质的输送和电子的传递。例如，作为典型输氧体的血红蛋白，除用于人造血液之外，还可以用于酶富集膜，而电子输送体的细胞色素C3的典型化合物可用作超导电材料。尽管目前有机超导体 T_c 还低于金属超导体，但有机超导体的变化十分广泛，创出 T_c 较高的有机超导体或超导系物也是可能的。

4.3.4　材料的介电性

4.3.4.1　电容及介电常数

　　在电气工程中常用到介电材料，这类材料称为电介质。在交变电场的作用下，电阻

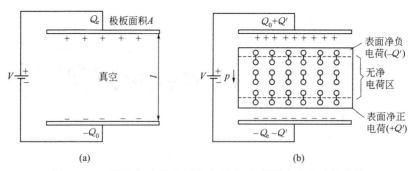

图4-83 电容器（a）和介质电容器（b）表面电荷密度的变化

不能单独表征电学性能，必须引入电容的概念。如图4-83（a），如果在一真空平行板电容器上加载直流电压 V，在两个极板上将产生一定量的电荷 Q_0，则这个真空电容器的电容为：

$$C_0=Q_0/V \tag{4-117}$$

电容 C_0 与所加电压的大小无关，仅取决于电容器的几何尺寸，如果每个极板的面积为 $A(\text{m}^2)$，而两极板间的距离为 l（m），则有：

$$C_0=\varepsilon_0 A/l \tag{4-118}$$

式中，ε_0 为真空电容率（或真空介电常数），$\varepsilon_0=8.85\times10^{-12}\text{F/m}$。

如图4-83（b）所示，若在上述电容器的两极板间充满电介质，则这时极板上的电荷将增加到 Q（$Q=Q_0+Q'$），此时电容器的电容 C 比真空电容增加了 ε_r 倍

$$C=Q/V=\varepsilon_r C_0=\varepsilon A/l \tag{4-119}$$

$$\varepsilon_r=C/C_0=\varepsilon/\varepsilon_0 \tag{4-120}$$

ε_r 是一个无因次的纯数，称为电介质的相对电容率，亦称为相对介电常数，表征电介质储存电能能力的大小，是介电材料的一个十分重要的性能指标。ε 为介质的电容率（或介电常数），表示单位面积和单位厚度电介质的电容值，单位与 ε_0 相同。

把电介质引入真空电容器，引起极板上电荷量（Q'）增加，电容增大，这是由于在电场作用下，电介质中的电荷发生了再分布，靠近极板的介质表面上将产生表面束缚电荷，结果使介质出现宏观的偶极，这一现象称为电介质的极化。电介质因极化而引起的电容器表面电荷密度的增加用极化强度 p 表示：

$$p=Q'/A=\varepsilon_0(\varepsilon_r-1)E \tag{4-121}$$

因此，电介质的相对介电常数可看作介质中电介质极化强度的宏观量度。从微观上讲，与原子、离子或分子相联系的总极化强度或偶极距有三方面来源（图4-84）：电子极化、离子极化、取向极化。

电子极化是由于在外电场作用下，电子云的中心发生位移。离子极化发生于离子材料中，在外电场作用下，阳离子沿电场方向移动，阴离子沿电场的反方向移动，结果使每化学式单元具有净余偶极矩［图4-84（b）］。由具有永久电偶极矩的分子所构成的物质，可以发生取向极化［图4-84（c）］，这些分子倾向于沿外电场排列，而熵的效应是反对这样排列的。取向极化在物理上和热力学上类似于磁场与永久磁矩的相互作用。

此外，还有一类极化来源于电荷在双相或多相材料相界面上的累积。这种空间电荷极化或界面极化发生在各相电阻率相差较大的情况，也可发生在陶瓷材料和聚合物多组分或多相体系。

在均匀材质的内部，总极化率α_T可表示为：

$$\alpha_T = \alpha_e + \alpha_a + \alpha_o \qquad (4\text{-}122)$$

式中，α_e为电子极化率；α_a为离子极化率；α_o为取向极化率。

对于极性分子体系，材料内部任一点的电场强度是外电场和材料自身极化后引起的内部电场的矢量和，而该处的极化强度又依赖于该处的电场强度。但一般说来，分子的极性越大，其介电常数也越大。

电子极化和离子极化统称为位移极化或形变极化，它不依赖于温度。对于高分子材料，非极性高分子化合物在温度升高时，介电常数因密度减小而略有下降。而取向极化有明显的温度依赖性，极性聚合物在温度升高时，分子热运动加剧，虽有利于极化，却对偶极取向产生干扰，所以介电常数先随温度升高而增大，然后趋向平缓（图4-85）。

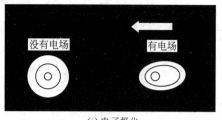

(a) 电子极化

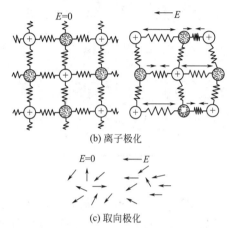

(b) 离子极化

(c) 取向极化

图4-84 极化的类型

材料的介电常数也会随电场频率的变化而发生变化。在低频交变电场下，所有极化均有足够时间发生，这时介电常数最大。在高频交变电场下，介质极化跟不上外电场变化，介电常数变小。频率处于上述两种情况之间时，极化虽能跟上电场的交变，但不同相落后δ，发生滞后现象，伴有介质损耗，介电常数处于中间值（图4-86）。

表4-24列出某些电介质材料的介电常数。介电常数值主要由电介质材料化学键的性质和排列所决定。对于具有对称结构的聚合物，例如聚乙烯、聚丙烯和聚四氟乙烯等聚合物，链节中没有偶极，而且键合的电子被紧密地固定，几乎不因外电场作用而位移，因此这些材料的介质极化非常小，ε是很低的。对于极性聚合物，如聚甲基丙烯酸甲酯、聚酰胺、聚氯乙烯和热固性塑料，则具有较高的ε值。

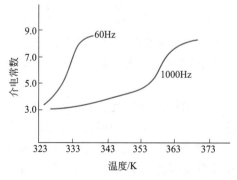

图4-85 乙酸乙烯酯的介电常数-温度曲线

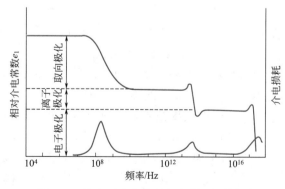

图4-86 频率对介电常数和介电损耗的影响

塑料和有机物	ε	玻璃	ε	无机晶态材料	ε
聚四氟乙烯（Tefton）	2.1	石英玻璃	3.8	氧化钡	3.4
聚异丁烯	2.23	耐热玻璃	3.8～3.9	云母	3.6
聚乙烯	2.35	派勒克斯玻璃	4.0～6.0	氯化钾	4.75
聚苯乙烯	2.55	碱-石灰-硅石玻璃	6.9	溴化钾	4.9
丁基橡胶	2.56	高铅玻璃	19.0	青石陶瓷（$2MgO \cdot 2Al_2O_3 \cdot 3SiO_4$ 为基）	4.5～5.4
有机玻璃（Lucite）	2.63			金刚石	5.5
聚氯乙烯	3.3			碘化钾	5.6
聚酰胺	3.33			镁橄榄石（Mg_2SiO_4 为基）	6.22
环氧树脂	3.5～3.6			多铝红柱石（$2Al_2O_3 \cdot 2SiO_2$ 为基）	6.6
聚酯	3.1～4.0			氟化镍	9.0
酚甲醛	4.75			氧化镁	9.65
氯丁橡胶	6.26				
纸	7.0				

4.3.4.2 介电损耗

材料作为电介质使用时，在交变电场作用下，除了由于纯电容作用引起的位相与电压正好差90°的电流 I_C 外，总有一部分与交变电压同位相的漏电电流 I_R，前者不消耗任何电功率，而后者则产生电功率损耗。定义损耗因子（或介电损耗角正切，简称介电损耗）为：

$$\tan\delta = I_R/I_C \qquad (4\text{-}123)$$

式中，δ 称为损耗角，它是流过介质的总电流 $I = I_C + I_R$ 与 I_C 之间的位相角。

类似交变电压和电流以及电场的复数表示，可以定义复数介电常数：

$$\varepsilon^* = \varepsilon' - i\varepsilon'' \qquad (4\text{-}124)$$

式中，$i = \sqrt{-1}$；ε' 为复数介电常数的实部，即通常由电容增加法所测得的介电常数；ε'' 为其虚部，它表征极化响应的滞后。由此有：

$$\tan\delta = \varepsilon''/\varepsilon' \qquad (4\text{-}125)$$

电介质在交变电场作用下，由于发热而消耗的能量称为介电损耗。产生介电损耗的原因有两个，一是电介质中微量杂质引起的漏导电流，另一个原因是电介质在电场中发生极化取向时，由于极化取向与外加电场有相位差而产生的极化电流损耗，这也是产生介电损耗的主要原因。

材料的介电损耗即介电松弛，与力学松弛原则上是一样的，它是在交变电场刺激下的极化响应，取决于松弛时间与电场作用时间的相对值。当电场频率 ω 与分子极化运动单元松弛时间 τ 的倒数接近或相等时，相位差较大，产生共振吸收峰即介电损耗峰。从介电损耗峰位置和形状，可推断所对应的偶极运动单元的归属（图4-86）。材料在不同温度下的介电损耗曲线称为介电谱。

在一般的频率范围内，只有取向极化及界面极化才可能对电场变化有明显的响应。在通常情况下，只有极性材料才有明显的介电损耗。对非极性材料，极性杂质常常是介电损耗的主要原因。例如非极性聚合物的 $\tan\delta$ 一般小于 10^{-4}，极性聚合物的 $\tan\delta$ 在 $10^{-1} \sim 10^{-3}$ 之间。在可见光频率范围内，非极性或弱极性聚合物的介电常数 ε' 与折射率 n 之间存在简单的关系：

$$\varepsilon' = n^2$$

材料科学与工程基础

介电损耗有明显的频率依赖性，在电场和介质相互作用强烈的频率范围内会出现子介电损耗峰（又称特征"色散"峰或吸收峰），在紫外光和可见光范围的吸收峰，一般是由电子共振引起；在红外区域的吸收峰，一般由基团共振引起；在交变电场各种频率范围内，介电损耗可以出现多重峰或成为吸收谱带。

4.3.4.3　击穿强度

在强电场中，当电场强度超过某一临界值时，电介质就丧失其绝缘性能，这种现象称为介电击穿。发生介电击穿的电压称为击穿电压。击穿电压 V 与击穿介质厚度 d 之比，即平均电位梯度称为击穿强度（MV/m），即

$$E_{穿}=V_{穿}/d \tag{4-126}$$

影响介电击穿的因素很多，其实际测定也较困难。介电击穿破坏现象往往经历结构破坏的发生、发展和终结几个阶段，而整个破坏过程是一极为快速的过程，即使在相同条件下进行破坏试验，也几乎不能完全重复或控制介电击穿过程出现和发生的历程。试样介电击穿破坏的形态非常复杂而且各异，材料中存在的微量杂质或微小的缺陷会对介电击穿试验的影响很大，因此击穿场强测定的偏差或统计分散性相当大。

电介质的介电击穿大约可分为以下几类：特征击穿、热击穿、电机械击穿和放电击穿。

特征击穿是表征材料介电击穿的一种本性。它是材料在纯净无缺陷情况下所能承受不至于发生介电击穿的最高电场强度。测定方法为，先对样品进行纯化处理，纯化后样品再在低温下承受短时间的直流电压作用，可近似测得材料特征击穿电场强度。特征击穿时的临界电场强度有明显的温度依赖性，样品的厚度对其也有很大的影响。

在电场作用下，电介质由于电功率消耗而发热。材料的物理性能和电性能因升温而明显变化，这种在电场和热共同作用下导致的击穿现象称为热击穿。显然，热击穿既与特征击穿的温度依赖性有关，又与电介质的热稳定性有关。影响热击穿的因素包括样品的几何尺寸、导热性、比热容、介电性能、环境的温度和湿度、电压（或场强）增大的速率等。

电介质在交变电场作用下，样品表面上下电极间的电吸引力会表现为介质材料的压缩力（麦克斯韦应力），尤其是在材料软化温度区时，介质的弹性模量很小，压缩变形就可能很大，使介质厚度明显变薄，从而介质内部的实际电场强度增加；同时，挤压作用也会变得更强，介质最后同时失去机械强度和耐压强度而击穿，这一现象就是电机械击穿。

放电击穿指介质表面、内部微孔或缝隙处，或者杂质附近由局部放电而引起的介电击穿破坏。不难证明，在这类局部区域中，电场强度将高于平均电场强度，同时，这类局部区域（如杂质及微隙中的气体）的本身介电击穿强度低于介质本征击穿强度，因而，总是首先在这些区域发生局部放电，而介质材料的结构和性质又会因局部放电而变化，从而由局部放电不断发展（树枝化）而贯通整体介质，直至破坏。

由上可见，介电击穿过程通常伴随着物理效应和化学效应，局部放电的脉冲电流可以使材料变脆、机械强度变差、表面变粗糙、出现凹坑并形成电树枝，大分子可能发生断键，在含氧气氛下放电会产生臭氧，臭氧又会进一步攻击链分子。而离子和电子在强电场下被加速并轰击介质分子，引起介质的发热和电老化。在材料受机械应力时，电击穿的发生和发展将更为容易。

表4-25给出了一些聚合物的击穿强度。极性聚合物的击穿强度比非极性聚合物的数值低，高内聚能密度的聚合物具有高耐电强度。相对分子量、结晶度和交联密度的增加

有利于提高耐电强度（尤其是电机械击穿）；使材料具有平滑的绝缘表面，减少内部微细空隙的浓度以及使用各种抗树枝化的阻抑剂也是提高材料耐电强度的方法。

■ 表4-25　高聚物的介电性能

高 聚 物	ρ_r体积电阻率/$\Omega \cdot m$	击穿强度 / （MV/m）	介电常数（60Hz）	介电损耗角正切值（60Hz）
聚乙烯（高密度）	10^{14}	26～28	2.2～2.4（10^{16}Hz）	0.5
聚丙烯	$>10^{14}$	30	2.0～2.6（10^{16}Hz）	0.01
聚苯乙烯	10^{14}	24	2.5（10^{16}Hz）	0.05
聚氯乙烯	10^{12}～10^{15}	15～25	3.2～3.6（10^{16}Hz）	0.04～0.08（10^{16}Hz）
尼龙6	10^{12}～10^{15}	22	4.1	0.1
尼龙66	10^{12}	15～19	4.0	0.14
涤纶	10^{12}～10^{16}		3.4	0.21
聚甲醛	10^{12}	18～6	3.7	0.05
聚碳酸酯	10^{14}	17～22	3.0	0.06
聚四氟乙烯	10^{16}	25～40	2.0～2.2	0.002
聚砜	10^{14}	16～20	2.9～3.1	0.06
丁苯橡胶	10^{13}	20	2.2	0.004

室温下，纯聚合物的击穿强度在14MV/m。通常击穿强度的最大值在低温区，由于电阻率随温度的升高而下降，因此击穿强度也随之下降。鉴于高弹态时的电阻率与击穿强度要比玻璃态时低，因此提高聚合物的玻璃化温度及耐热性，是提高击穿强度的有效途径。事实上，聚合物绝缘材料是按其长期使用的最高温度来划分等级的（表4-26）。

■ 表4-26　耐热绝缘材料的级别

使用温度/℃	105	120	130	155	180	＞180
绝缘等级	A	E	B	F	H	C
高聚物	耐热聚氯乙烯电缆料 聚碳酸酯	聚碳酸酯 酚醛塑料	二甲苯甲醛树脂 三聚氰胺树脂 普通环氧树脂	有机硅 有机硅酸性醇酸树脂	聚酯-酰亚胺 耐热环氧树脂 聚邻苯二甲酸二烯丙酯	氟塑料 元素有机高分子 杂环高分子

表4-27给出了常用陶瓷材料的介电性能。与聚合物绝缘材料一样，陶瓷的介电常数对频率也敏感。但是在正常温度范围内，陶瓷绝缘材料的介电常数变化很小。

■ 表4-27　陶瓷电介质的性能

材 料	体积电阻率 /$\Omega \cdot m$	击穿强度 /（MV/m）	介电常数 ε		介电损耗角正切值 $\tan\delta$	
			60Hz	10^5Hz	60Hz	10^5Hz
绝缘瓷	10^{11}～10^{13}	20～80	66	—	0.1	—
块滑石绝缘材料	$<10^{12}$	80～150	66	6	0.005	0.003
锆英石绝缘材料	约10^{13}	100～150	9	8	0.035	0.001
氧化铝绝缘材料	$<10^{12}$	10	—	9	—	＜0.0005
钠钙玻璃	10^{12}	10	7	7	1	0.01
电气玻璃	$<10^{15}$	—	—	4	—	0.0006
熔融石英	约10^{12}	10	4	3.8	0.001	0.0001

4.4 材料的磁学性能

随着现代科学技术和工业的发展，磁性材料的应用越来越广泛。特别是电子技术的发展，对磁性材料提出了新的要求。因此，研究材料的磁学性能，发现新型磁性材料，是材料科学的一个重要方向。

4.4.1 物质的磁性

物质的磁性，来源于电子的运动以及原子、电子内部的永久磁矩，因而了解电子磁矩和原子磁矩的产生及其特性，是研究物质磁性的基础。

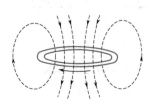
4.4.1.1 磁学基本量

（1）磁矩 磁矩是表征磁性物体磁性大小的物理量。磁矩愈大，磁性愈强，即物体在磁场中所受的力也大。磁矩只与物体本身有关，与外磁场无关。

磁矩的大小为封闭合回路中的电流强度 I 与该回路包围的面积 S 的乘积（图4-87），用 m 表示，即：

$$m=IS \tag{4-127}$$

磁矩的单位为 $A \cdot m^2$，方向用右手螺旋定则确定。

磁矩的概念可用于说明原子、分子等微观世界产生磁性的原因。电子绕原子核运动，产生电子轨道磁矩；电子本身自旋，产生电子自旋磁矩。以上两种微观磁矩是物质具有磁性的根源。

（2）磁化强度 对于一般磁介质，无外加磁场时，其内部各磁矩的取向不一，宏观无磁性。但在外磁场作用下，磁介质中各磁矩有规则地取向，使磁偶极的矢量和不为零，磁介质宏观显示磁性，这就是物质被磁化。物质在外磁场中被磁化的程度，称为磁化强度，它的物理意义是单位体积的磁矩，用 M 表示，即：

$$M=\sum m/\Delta V \tag{4-128}$$

式中，m 为物质的原子磁矩，$A \cdot m^2$；ΔV 为物体的体积，m^3；$\sum m$ 是对 ΔV 体积内的所有原子磁矩求和。

根据式（4-128），磁化强度 M 的单位为 A/m，方向为体积元 ΔV 内磁矩的矢量和。

（3）磁感应强度 将磁矩 m 放入磁感应强度为 B 的均匀磁场中，在均匀磁场中，它将受到磁场作用而产生力矩 J

$$J=mB \tag{4-129}$$

式中，J 为矢量积；B 为磁感应强度，其单位为 T。

$$[B]=\left[\frac{J}{m}\right]=\frac{N \cdot m}{A \cdot m^2}=\frac{V \cdot s}{m^2}=\frac{Wb}{m^2}$$

式中，Wb（韦伯）是磁通量的单位。

设物质在真空中的磁感应强度为 B_0，则有如下关系：

图4-87　磁矩

$$B_0 = \mu_0 H \tag{4-130}$$

式中，H 为磁场强度，A/m；μ_0 为真空磁导率，$\mu_0 = 4\pi \times 10^{-7}$ H/m。

在一外磁场中放入一磁介质，磁介质受外磁场作用，处于磁化状态，则磁介质内部的磁感应强度 B 将发生变化：

$$B = \mu H \tag{4-131}$$

式中，μ 为介质的磁导率。

磁导率是磁性材料最重要的物理量之一，表示磁性材料传导和通过磁力线的能力。μ 只与介质有关。

定义：

$$B \equiv \mu_0(H + M) = \mu H \tag{4-132}$$

（4）磁化率　磁介质在外磁场中的磁化状态，主要由磁化强度 M 决定。M 可正、可负，由磁体内磁矩矢量和的方向决定，因而磁化了的磁介质内部的磁感应强度 B 可能大于，也可能小于磁介质不存在时真空中的磁感应强度 B_0。

由式（4-132）可得：

$$\left(\frac{\mu}{\mu_0} - 1 \right) H = M$$

定义 $\mu_r = \mu/\mu_0$，为介质的相对磁导率，则：

$$M = (\mu_r - 1)H$$

如果定义 $\chi \equiv \mu_r - 1$ 为介质的磁化率，则可得磁化强度与磁场强度的关系：

$$M = \chi H \tag{4-133}$$

式中，比例系数 χ 为物质的磁化强度 M 与磁场强度 H 的比值，在国际单位中是一个无量纲的常数，其数值的大小表示物质磁化的难易程度。χ 可正、可负，取决于材料的磁性类别，不同磁性物质的 χ 差别很大，影响因素也不同。

表4-28列出了一些磁学基本量的单位及国际单位制与cgs-emu单位制的换算。

■　表4-28　一些磁学基本量的单位及国际单位制与cgs-emu单位制的换算

参　数	符　号	国际单位（SI）		cgs-emu单位	换　算
		导出单位	原始单位		
磁感应强度	B	T（Wb/m²）①	kg/（s·C）	Gs	$1T = 10^4 Gs$
磁场强度	H	A/m	C/（m·s）	Oe	$1A/m = 4\pi \times 10^{-3} Oe$
磁化强度	M（SI）I（cgs-emu）	A/m	C/（m·s）	M_x/cm^2	$1A/m = 10^{-3} M_x/cm^2$
真空磁导率	μ_0	（H/m）②	kg·m/C²		$4\pi \times 10^{-3} H/m = 1emu$
相对磁导率	μ_r（SI）μ'（cgs-emu）	无量纲	无量纲	无量纲	$\mu_r = \mu'$
磁化率	χ（SI）χ'（cgs-emu）	无量纲	无量纲	无量纲	$\chi = 4\pi\chi'$

① Wb的单位是V·s。

② H（henry）的单位是Wb/A。

4.4.1.2　磁性的本质

磁现象和电现象存在着本质的联系。物质的磁性和原子、电子结构有着密切的关系。

（1）电子的磁矩　电子磁矩由电子的轨道磁矩和自旋磁矩组成。实验证明，电子的自旋磁矩比轨道磁矩要大得多。在晶体中，电子的轨道磁矩受晶格场的作用，其方向是变化的，不能形成一个联合磁矩，对外没有磁性作用；因此，物质的磁性不是由电子的轨道磁矩引起，而是主要由自旋磁矩引起。每个电子自旋磁矩的近似值等于一个玻尔磁子μ_B。μ_B是原子磁矩的单位，是一个极小的量，$\mu_B=9.27\times10^{-24}A\cdot m^2$。

因为原子核比电子重1000多倍，运动速度仅为电子速度的几千分之一，所以原子核的自旋磁矩仅为电子自旋磁矩的几千分之一，因而可以忽略不计。

孤立原子可以具有磁矩，也可以没有，这取决于原子的结构。原子中如果有未被填满的电子壳层，其电子的自旋磁矩未被抵消（方向相反的电子自旋磁矩可以互相抵消），原子就具有永久磁矩。例如，铁原子的原子序数为26，共有26个电子，电子层分布为：$1s^2 2s^2 2p^6 3s^2 3p^6 3d^6 4s^2$。可以看出，除3d子层外各层均被电子填满，自旋磁矩被抵消。根据洪特规则，电子在3d子层中应尽可能填充到不同的轨道，并且它们的自旋尽量在同一个方向上（平行自旋）。因此5个轨道中除了有1个轨道必须填入2个电子（自旋反平行）外，其余4个轨道均只有1个电子，且这些电子的自旋方向平行，由此总的电子自旋磁矩为$4\mu_B$，具有永久磁矩。某些元素，例如锌，具有各层都充满电子的原子结构，其电子磁矩相互抵消，因而不显磁性。

（2）"交换"作用 像铁这类元素，具有很强的磁性，这种磁性称为铁磁性。铁磁性除与电子结构有关外，还取决于晶体结构。实践证明，处于不同原子间的、未被填满壳层上的电子会发生特殊的相互作用，这种相互作用称为"交换"作用。这是因为在晶体内，参与这种相互作用的电子已不再局限于原来的原子，而是"公有化"了。原子间好像在交换电子，故称为"交换"作用。而由这种"交换"作用所产生的"交换能"J与晶格的原子间距有密切关系。当距离很大时，J接近于零。随着距离的减小，相互作用有所增加，J为正值，就呈现出铁磁性，如图4-88所示。当原子间距a与未被填满的电子壳层直径D之比大于3时，交换能为正值，当$a/D<3$时交换能为负值，为反铁磁性。

4.4.1.3 磁性的分类

所有材料不论处于什么状态都显示或强或弱的磁性。根据材料磁化强度和磁化率的大小和正负，可以把磁性大致分成铁磁性、亚铁磁性、顺磁性、反铁磁性和抗磁性五类。根据各类磁体其磁化强度与磁场强度H的关系，可作出其磁化曲线。图4-89为它们的磁化曲线示意图。

（1）抗磁性 当磁化强度M为负时，固体物质表现为抗磁性。Bi、Cu、Ag、Au等

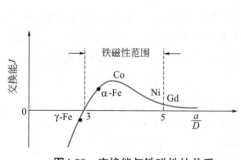

图4-88 交换能与铁磁性的关系

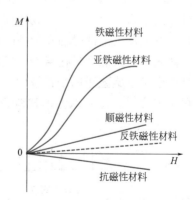

图4-89 五类磁体的磁化曲线

金属具有这种性质。抗磁性物质的原子（离子）的磁矩应为零，即不存在永久磁矩。当抗磁性物质放入外磁场中，外磁场使电子轨道改变，感生一个磁矩，其方向与外磁场方向相反。所以抗磁性来源于原子中电子轨道状态的变化。

抗磁性物质的抗磁性一般很微弱，磁化率 χ 为负值，其绝对值一般很小，约为 10^{-6}；相对磁导率 $\mu_r < 1$。

周期表中前18个元素的单质主要表现为抗磁性。这些元素构成了陶瓷材料中几乎所有的阴离子，如 O^{2-}、F^-、Cl^-、S^{2-}、SO_4^{2-}、CO_3^{2-}、N^{3-}、OH^- 等。在这些阴离子中，电子填满壳层，自旋磁矩平衡。

（2）顺磁性　顺磁性物质的主要特征是，不论外加磁场是否存在，原子内部存在永久磁矩。但在无外加磁场时，由于顺磁物质的原子做无规则的热振动，宏观看来，没有磁性；在外加磁场作用下，每个原子磁矩比较规则地取向，物质显示极弱的磁性。磁化强度与外磁场方向一致，M 为正，而且严格地与外磁场 H 成正比。

顺磁性物质的磁性还依赖于温度。其磁化率 χ 与热力学温度 T 成反比，温度越高，顺磁磁化率越小。

$$\chi = C/T \tag{4-134}$$

式中，C 称为居里常数，取决于顺磁物质的磁化强度和磁矩大小。

顺磁性物质的磁化率 χ 大于零，但数值一般很小，约为 $10^{-3} \sim 10^{-6}$，室温下 χ 约为 10^{-5} 数量级；相对磁导率 $\mu_r > 1$。

一般含有奇数个电子的原子或分子，电子未填满壳层的原子或离子，如过渡元素、稀土元素、镧系元素单质，还有铝、铂等金属，都属于顺磁物质。

（3）铁磁性　某些物质中相邻原子磁矩呈同向排列［图4-90（a）］自发磁化的现象称为铁磁性。铁磁性物质和顺磁性物质的主要差异在于：即使在很小的外磁场内，前者也可得到极高的磁化强度，而且当外磁场移去后，仍可保留极强的磁性。

铁磁体的磁化率 χ 为正值，而且很大，一般为10以上，室温下可达 10^3 数量级；相对磁导率 $\mu_r > 1$；磁化强度 $M \gg H$；磁感应强度 $B \cong \mu_0 M$。

铁磁性物质很强的磁性来源于其很强的内部交换场。由图4-88可知，铁磁物质的交换能为正值，而且较大，使得相邻原子的磁矩平行取向（相应于稳定状态），在物质内部形成许多小区域——磁畴。每个磁畴有 $10^9 \sim 10^{15}$ 个原子，体积约为 $10^{-9} cm^3$。这些原子的磁矩沿同一方向排列，根据韦斯假设，晶体内部存在很强的称为"分子场"的内场，"分子场"足以使每个磁畴自动磁化达饱和状态。这种自发的磁化强度叫自发磁化强度。由于它的存在，铁磁物质能在弱磁场下强烈地磁化。因此，自发磁化是铁磁物质的基本特征，也是铁磁物质和顺磁物质的区别所在。

铁磁体的铁磁性只在某一温度以下才表现出来，超过这一温度，由于物质内部热骚动破坏电子自旋磁矩的平行取向，因而自发磁化强度变为零，铁磁性消失。这一温度称为居里温度 T_c。在 T_c 以上，材料表现为强顺磁性，其磁化率与温度的关系服从居里-韦

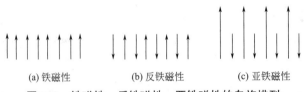

(a) 铁磁性　　　　(b) 反铁磁性　　　　(c) 亚铁磁性

图4-90　铁磁性、反铁磁性、亚铁磁性的自旋排列

斯（Curie-Weise）定律：

$$\chi = \frac{C}{T - T_c} \qquad (4\text{-}135)$$

式中，C为居里常数。在室温下，纯金属如Fe、Co、Ni及Gd呈现铁磁性。

（4）反铁磁性　某些晶体中大小相等的相邻原子磁矩呈反向排列［图4-90（b）］，原子磁矩相互抵消不能形成自发磁化区域的现象称为反铁磁性。

反铁磁性物质的"交换"作用J为负值（$a/D < 3$）。在较低温度下，由于相邻原子的自旋完全反向，其总磁矩为零，整个晶体的磁化强度$M=0$，磁化率χ几乎接近于0。当温度上升时，使自旋反向的作用减弱，χ值增加；在某一临界温度时，χ达到极大值χ_n；随着温度的进一步升高，χ值逐渐减小，最后趋于一个定值。该临界温度称为奈尔（Neel）温度T_n。在T_n以上转变为顺磁性的，服从居里-韦斯定律。

Pt、Pd、Mn、Pb和某些合金及金属化合物都具有反铁磁性，MnO是典型反铁磁性物质。

（5）亚铁磁性　图4-90（c）所示，某些物质中相邻原子磁矩呈反向排列，但由于这些原子磁矩大小不等，因此晶体内由于磁矩的反向排列而导致的抵消作用通常并不一定会使磁性完全消失而变成反铁磁体，整个晶体往往保留了一定的剩余磁矩而表现出一定的铁磁性。这种某些物质中大小不等相邻原子磁矩呈反向排列自发磁化的现象，称为亚铁磁性。亚铁磁体在外磁场内的磁性现象与铁磁体类似，在T_c以下有自发磁化和磁畴；在T_c以上转变为顺磁性，服从居里-韦斯定律；但χ值没有铁磁体大。

通常所说的磁铁矿（Fe_3O_4）就是一种亚铁磁体。表4-29列出了一些抗磁体和顺磁体的室温磁化率。

■ 表4-29　一些抗磁体和顺磁体的室温磁化率

材　料	抗磁体磁化率χ	材　料	顺磁体磁化率χ
氧化铝	-1.81×10^{-5}	铝	2.07×10^{-5}
铜	-0.96×10^{-5}	铬	3.13×10^{-4}
金	-3.44×10^{-5}	氯化铬	1.51×10^{-3}
汞	-2.85×10^{-5}	硫酸锰	3.70×10^{-3}
硅	-0.41×10^{-5}	钼	1.19×10^{-4}
银	-2.38×10^{-5}	钠	8.48×10^{-6}
氯化钠	-1.41×10^{-5}	钛	1.81×10^{-4}
锌	-1.56×10^{-5}	锆	1.09×10^{-4}

4.4.2　磁畴与磁滞回线

4.4.2.1　磁畴

前面已经分析，铁磁体在很弱的外加磁场作用下能显示出强磁性，这是由于物质内部存在着自发磁化的小区域——磁畴。但是对未经外磁场磁化的（或处于退磁状态的）铁磁体，它们在宏观上并不显示磁性，这说明物质内部各部分的自发磁化强度的取向是

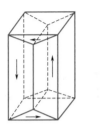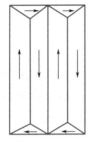

图4-91 闭合磁畴示意图

杂乱的。因而物质的磁畴绝不会是单畴，而是由许多小磁畴组成的。大量实验证明，磁畴结构的形成是由于这种磁体为了保持自发磁化的稳定性，必须使强磁体的能量达最低值，因而就分裂成无数微小的磁畴。每个磁畴大约为$10^{-9}cm^3$。

磁畴结构总是要保证体系的能量最小。由图4-91可以看出，各个取向不同的磁畴彼此首尾相接，形成闭合的磁路，使磁体在空气中的自由静磁能下降为零，对外不显现磁性。磁畴之间被畴壁隔开。畴壁实质是相邻磁畴间的过渡层。为了降低交换能，在这个过渡层中，磁矩不是突然改变方向，而是逐渐地改变，因此过渡层有一定厚度。这个过渡层称为磁畴壁。畴壁的厚度取决于交换能和磁结晶各向异性能平衡的结果，一般为$10^{-5}cm$。

铁磁体在外磁场中的磁化过程主要为畴壁的移动和磁畴内磁矩的转向。这一磁化过程使得铁磁体只需在很弱的外磁场中就能得到较大的磁化强度。但是当温度高于居里点时，由于原子热振动加剧而使磁畴消失，铁磁性也就消失了。

4.4.2.2 磁滞回线

由磁化曲线（图4-92）可见，将未经磁化的顺磁体或铁磁体放入外磁场中，其磁体内部的磁感应强度B随外磁场的磁场强度H的变化是非线性的。其原因是磁畴壁的移动和磁畴的磁化矢量的转向导致不同磁化阶段的磁畴结构存在较大的差异。当无外施磁场，即样品在退磁状态时，具有不同磁化方向的磁畴的磁矩大体可以互相抵消，样品对外不显磁性［图4-92（a）］。在外施磁场强度不太大的情况下，畴壁发生移动，使与外磁场方向一致的磁畴范围扩大，其他方向的相应缩小［图4-92（b）］。当外施磁场强度继续增至比较大时，畴壁逐渐消失，与外磁场方向不一致的磁畴的磁化矢量沿外场方向转动。这样在每一个磁畴中，磁矩都向外磁场方向排列，处于饱和状态，如图4-92中曲线c点，此时饱和磁感应强度用B_s表示，饱和磁化强度用M_s表示，对应的外磁场为H_s。此后，磁场强度H再增加，磁感应强度B增加极其缓慢，与顺磁物质磁化过程相似。其后，磁化强度的微小提高主要是由外磁场克服了部分热骚动能量，使磁畴内部各电子自旋方向逐渐都和外磁场方向一致造成的。

(a)　　　　(b)　　　　(c)

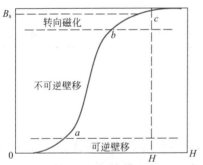

图4-92　磁化过程及磁化曲线

（a）退磁状态下的磁畴分布；（b）磁畴扩大；
（c）磁化矢量转向

如果外磁场为交变磁场，当磁场变化一个周期时，磁感应强度随磁场强度大小和方向的变化而变化，形成一个闭合曲线，称为磁滞回线（图4-93）。图中$0abc$曲线上各点斜率即为磁导率；B_r称为剩余磁感应强度，亦称剩磁，其特征是退磁过程中B的变化落后于H的变化；为了消除剩

材料科学与工程基础

磁，需加反向磁场 $-H_c$，H_c 称为矫顽磁场强度，亦称矫顽力，其物理意义是材料在磁化以后保持状态的能力，反映磁性材料抗退磁的能力。加 $-H_c$ 后，磁体内 $B=0$。

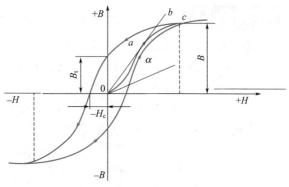

图4-93　磁滞回线

磁滞现象是磁性材料在磁化过程中所显示的固有特性。磁滞回线是铁磁材料的一个基本特征，它的形状和大小均有一定的实用意义。比如材料的磁滞损耗就与回线面积成正比。在交变场中，具有大磁滞回线和剩磁的铁磁性材料称为硬磁材料，具有小磁滞回线和小能量损耗的铁磁性材料称为软磁材料。表4-30和表4-31分别列出了一些软磁材料和硬磁材料的典型性能。

■　表4-30　一些软磁材料的典型性能

材　料	组分 （质量分数）/%	初始磁导率 μ_i	饱和磁感 应强度 B_s/T	磁能积 /（J/m³）	电阻率 /Ω·cm
商品铁铸块	99.95Fe	150	2.14	270	1.0×10^{-7}
硅-铁（取向）	97Fe，3Si	1400	2.01	40	4.7×10^{-7}
45坡莫合金	55Fe，45Ni	2500	1.60	120	4.5×10^{-7}
超坡莫合金	79Ni，15Fe， 5Mo，0.5Mn	75000	0.80	—	6.0×10^{-7}
立方晶系铁氧铁A	$48MnFe_2O_4$， $52ZnFe_2O_4$	1400	0.33	约40	2000
立方晶系铁氧铁B	$36NiFe_2O_4$， $64ZnFe_2O_4$	650	0.36	约35	10^7

■　表4-31　一些硬磁材料的典型性能

材　料	组分 （质量分数）/%	剩磁 B_r/T	矫顽力（A/m）	最大磁能积 $(BH)_{max}$/（kJ/m³）	居里温度 T_c/℃	电阻率/Ω·m
钨钢	92.8Fe，6W， 0.5Cr，0.7C	0.95	5900	2.6	760	3.0×10^{-7}
铜镍铁永磁合金	20Fe，20Ni，60Cu	0.54	44000	12	410	1.8×10^{-7}
烧结阿尔尼科 铝镍钴合金8	34Fe，7Al，15Ni， 35Co，4Cu，5Ti	0.76	125000	36	860	—
烧结铁氧体3	$BaO \cdot 6Fe_2O_3$	0.32	240000	20	450	约 10^{-4}
钴稀土1	$SmCO_5$	0.92	720000	170	725	5.0×10^{-7}
烧结钕-铁-硼	$Nd_2Fe_{14}B$	1.16	848000	255	310	1.6×10^{-6}

镍的密度为8.90g/cm³，计算：①饱和磁化强度；②饱和磁感应强度。

解：① 饱和磁化强度为每个镍原子的玻尔磁子数（0.60），玻尔磁子的大小μ_B和每立方米原子数量N的乘积，即：

$$M_s=0.60\mu_B N$$

而每立方米原子的数量N与密度ρ、相对原子质量A_{Ni}及阿伏伽德罗常数N_A有关：

$$N=\frac{\rho N_A}{A_{Ni}}$$

$$=\frac{8.90\times10^6\times6.023\times10^{23}}{58.71}$$

$$=9.13\times10^{28}\text{m}^{-3}$$

所以：

$$M_s=0.60\times9.27\times10^{-24}\times9.13\times10^{28}=5.1\times10^5\text{A/m}$$

② 饱和磁感应强度：

$$B_s=\mu_0 M_s$$

$$=4\pi\times10^{-7}\times5.1\times10^5$$

$$=0.64\text{T}$$

答：镍的饱和磁化强度为5.1×10^5A/m，饱和磁感应强度为0.64T。

4.4.3　金属材料的磁学性能

4.4.3.1　金属的抗磁性和顺磁性

金属和合金的磁性来源于原子磁性。原子磁性包括电子轨道磁矩、电子自旋磁矩和原子核磁矩。实验和理论都证明原子核磁矩很小，只有电子磁矩的几千分之一，通常在考虑它对原子磁矩贡献时可以略去不计。

电子绕原子核运动，犹如一环形电流，此环流也应在其运动中心处产生磁矩，称为电子轨道磁矩。设r为电子运动轨道的半径，L为电子运动的轨道角动量，ω为电子绕核运动的角速度，电子的电量为e，质量为m，根据磁矩等于电流与电流回路所包围的面积的乘积的原理，电子轨道磁矩P_1的大小为：

$$P_1=iS=e\left(\frac{\omega}{2\pi}\right)\pi r^2=\frac{e}{2m}m\omega r^2=\frac{e}{2m}L \tag{4-136}$$

该磁矩的方向垂直于电子运动轨迹平面，并符合右手螺旋定则。

电子除了做轨道运动还有自旋，因此具有自旋磁矩。实验测定电子自旋磁矩在外磁场方向上的分量恰为一个玻尔磁子。

$$P_{sz}=\pm\mu_B \tag{4-137}$$

其符号取决于电子自旋方向，一般取与外磁场方向一致的为正，反之为负。

为了确定金属是抗磁性还是顺磁性，要把它放入外磁场中观察其磁性表现，根据理论研究，金属磁性要从四个方面进行讨论，即点阵结点上正离子的抗磁性、正离子的顺磁性、自由电子的抗磁性和自由电子的顺磁性。这四种磁性可能单独存在，也可能共同存在。综合考虑哪个因素影响最大，从而确定其磁性性质及其变化规律。

（1）正离子的抗磁性和顺磁性　所谓正离子，是指去掉自由电子后的金属原子，即原子核及其绕核运动的剩余电子。在外磁场的作用下，绕核运动的电子会在电子轨道回路产生一个附加的感应电流，从而产生和外磁场方向相反的轨道磁矩，表现出抗磁性，根据经典电动力学的原理可得出抗磁磁化率为：

$$\chi_{抗}=-\frac{\mu_0 Ne^2 Z}{6m}\bar{\gamma}^2 \tag{4-138}$$

式中，$\bar{\gamma}^2$为电子轨道半径的平方平均值；N为单位体积中的正离子数；Z为离子实电子数；m为电子质量；μ_0为真空磁导率。式（4-138）表明，抗磁磁化率与正离子的电子数Z成正比，且取决于原子中电子距原子核距离的平方平均值，并与温度、磁场无关。$\chi_{抗}$很小，约为10^{-6}。抗磁性来源于电子轨道运动，故可以说任何物质在外磁场作用下均应有抗磁性效应。但只有次电子层填满了电子的物质，抗磁性才能表现出来，否则抗磁性就被其他磁性掩盖了。

凡是电子壳层被填满了的物质都属于抗磁性物质。例如惰性气体；离子型固体，如氯化钠，钠离子和氯离子等；共价键的碳、硅、锗、硫、磷等通过公用电子填满了电子层，也属于抗磁性物质；大部分有机物质也属于抗磁性物质。金属的行为比较复杂，要具体分析，其中属于抗磁性物质的有铋、铅、铜、银等。

正离子的顺磁性来源于原子的固有磁矩。原子固有磁矩就是电子轨道磁矩和电子自旋磁矩的矢量和，又称本征磁矩。如果原子中所有电子壳层都是填满的，由于形成一个球形对称的集体，则电子轨道磁矩和自旋磁矩各自相互抵消，此时原子固有磁矩为零。

因此，产生顺磁性的条件就是原子的固有磁矩不为零。在如下几种情况下，金属原子或正离子具有固有磁矩。①具有奇数个电子的原子或点阵缺陷。②内壳层未被填满的原子或离子。例如，金属中的过渡族金属（d壳层没有填满电子）和稀土族金属（f壳层没有填满电子）。

朗之万（P.Langevin），提出单位体积内金属顺磁磁化率为：

$$\chi=M/H=n\mu_0 P_m^2/3kT=C/T \tag{4-139}$$

这就是居里定律。式中，$C=n\mu_0 P_m^2/3k$为常数，是与原子磁矩P_m有关的物理量。通过测量磁化率与温度的依赖关系，可求出物质的原子磁矩。

顺磁性物质的磁化率是抗磁性物质磁化率的$1\sim 10^3$倍，所以在顺磁性物质中抗磁性被掩盖了。

大多数金属都属于顺磁性物质，如室温下的稀土金属，居里点以上的铁、钴、镍，还有锂、钠、钾、钛、铝、钒等均属于顺磁性物质。此外，过渡族金属的盐也表现为顺磁性。通过计算可求出，在室温条件下，需要相当于$8\times10^8 A/m$的磁场强度才能使顺磁性物质的原子磁矩沿外磁场方向规则取向。然而，目前人们所获得的恒磁场约$4.8\times10^6 A/m$，在通常情况下仅能获得约$1.5\times10^6 A/m$的磁场，要使顺磁性物质达到磁饱和是很困难的。

（2）自由电子的顺磁性和抗磁性　自由电子的顺磁性来源于电子的自旋磁矩，在外磁场作用下，自由电子的自旋磁矩转到外磁场方向，因而显示顺磁性。利用量子理论可得出自由电子的顺磁磁化率为：

$$x = \frac{3\mu_0 N \mu_B^2}{2E_F^0} \tag{4-140}$$

式中，N 为单位体积金属中的自由电子数；μ_B 为自旋磁矩；E_F^0 为电子具有的最高能量费米能量。

从式4-140可以看出，自由电子的顺磁磁化率与温度关系不大，基本上是一常数。这是因为 E_F^0 与温度关系不大的缘故。

自由电子在磁场方向的分运动保持不变，而在垂直于磁场方向的平面内自由电子的运动因受洛伦兹力而做圆周运动。圆周运动产生的磁矩同外磁场方向相反，具有抗磁性。理论计算得到自由电子的抗磁磁化率为：

$$\chi_{抗} = -1/3\chi_{泡利} \tag{4-141}$$

综上所述，研究金属磁性一般要从前述四点来分析，哪一个因素影响最大，就决定了材料的磁性行为。表4-32列举了某些典型元素族的磁性分析供参考（表中"√"表示"有"，"×"表示"无"）。

■ 表4-32　某些元素族的磁性分析

磁性　　　　元素	碱金属与碱土金属	过渡稀土金属	Cu、Ag、Au、Zn	惰性气体
离子 $\chi_{抗}$	√	√	√ 主要	√ 主要
$\chi_{顺}$	×	√ 主要		×
自由电子 $\chi_{抗}$			√	×
$\chi_{顺}$	√ 主要	√		
结论	顺磁性	顺→铁磁性	抗磁性	

各种元素的磁化率如图4-94所示，可见多数元素属于顺磁性。

4.4.3.2　金属材料的铁磁性

铁磁性金属材料包括铁、钴、镍及其合金，以及稀土族元素钆、镝等，它们很容易磁化，在不很强的磁场作用下，就可得到很大的磁化强度。如纯铁在 $B_0 = 10^{-6}$ T时，其磁化强度 $M = 10^4$ A/m，而顺磁性的硫酸亚铁在 10^{-6} T下，其磁化强度仅有 10^{-3} A/m。铁磁性金属材料的磁学特性与顺磁性、抗磁性材料明显不同，主要特点表现在磁化曲线和磁滞回线上。

图4-95表示几种铁磁性材料的铁磁性与温度的关系曲线。由图可见，高于某一温度后，饱和磁化强度 M_s 降低到零，表示铁磁性消失，材料变成顺磁性材料。这个转变温度即为居里温度，它是决定材料磁性对温度稳定性的一个十分重要的物理量。

4.4.4　非金属材料的磁学性能

磁性无机材料一般是含铁及其他元素的复合氧化物，通常称为铁氧体。它的电阻率为 $10 \sim 10^6 \Omega \cdot m$，属于半导体范畴。

铁氧体磁性与铁磁性的相同之处在于有自发磁化强度和磁畴，不同之处是其磁性为亚铁磁性。铁氧体一般都是多种金属的氧化物复合而成，因此其磁性来自两种不同的磁

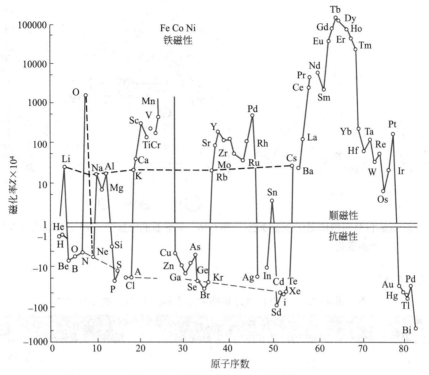

图4-94 周期表中元素的磁化率

矩。一种磁矩在一个方向相互排列整齐；另一种磁矩在相反的方向排列。这两种磁矩方向相反，大小不等，两个磁矩之差，就产生了自发磁化现象。

按材料结构分，目前铁氧体已有尖晶石型、石榴石型、磁铅石型、钙钛矿型、钛铁矿型和钨青铜型等6种。重要的是前三种。

4.4.4.1 尖晶石型铁氧体

铁氧体的亚铁磁性的来源是金属离子间通过氧离子而发生的超交换作用。铁氧体的亚铁磁性氧化物的通式为 $M^{2+}O \cdot Fe_2^{3+}O_3$，其中 M^{2+} 是二价金属离子，如 Fe^{2+}、Ni^{2+}，Mg^{2+} 等。复合铁氧体中二价阳离子可以是几种离子的混合物（如 $Mg_{1-x}Mn_xFe_2O_4$），因此组成和磁性能范围宽广。它们的结构属于尖晶石型，其中氧离子近乎密堆立方排列（图4-96）。通常把氧四面体空隙位置称为A位，八面体空隙位置称为B位。如果二价离子都处于四面体A位，如 $Zn^{2+}(Fe^{3+})_2O_4$，称为正尖晶石；如果二价离子占有B位，三价离子占有A位及其余的B位，则称为反尖晶石，如 $Fe^{3+}(Fe^{3+}M^{2+})O_4$。

所有的亚铁磁性尖晶石几乎都是反型的，这可能由于较大的二价离子趋于占据较大的八面体位置。A位离子与反平行态的B位离子之间，借助于电子自旋耦合而形成二价离子的净磁矩，即

$$Fe_a^{+3} \uparrow \ Fe_b^{+3} \downarrow \ Fe_b^{+2} \downarrow$$

阳离子出现于反型的程度，取决于热处理条件，一般来说，提高正尖晶石的温度会使离子激发至反型位置。所以在制备类似于 $CuFe_2O_4$ 的铁氧体时，必须将反型结构高温淬火才能得到存在于低温的反型结构。

Fe_3O_4 是组成最为简单的典型的亚铁磁性体。一个 Fe_3O_4 晶格单位中 Fe^{2+} 和 Fe^{3+} 的磁

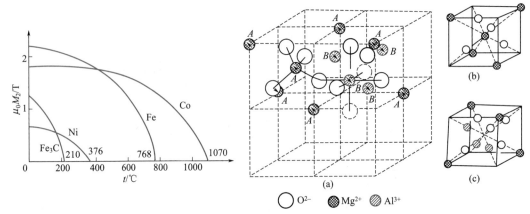

图4-95　几种铁磁性材料饱和磁化强度随温度的变化

图4-96　尖晶石的元晶胞（a）及子晶胞（b）、（c）

○ O^{2-}　　⊗ Mg^{2+}　　▨ Al^{3+}

矩分布见表4-33。

■ 表4-33　一个 $Fe_3O_4^{①}$ 晶格单位中 Fe^{2+} 和 Fe^{3+} 的磁矩分布

阳　离　子	八面体晶格位点	四面体晶格位点	空间净磁矩
Fe^{3+}	↑↑↑↑ ↑↑↑↑	↓↓↓↓ ↑↑↑↑	完全抵消
Fe^{2+}	↑↑↑↑ ↑↑↑↑	—	↑↑↑↑ ↑↑↑↑

① 每个箭头代表一个阳离子的磁矩取向。

4.4.4.2　石榴石型铁氧体

　　稀土石榴石的通式为 $M_3^c Fe_2^a Fe_3^d O_{12}$，式中M为稀土离子或钇离子，都是三价。上标 c、a、d表示该离子所占晶格位置的类型。晶体是立方结构，每个晶胞包括8个化学式单元，共有160个原子。a离子位于体心立方晶格上，c离子和d离子位于立方体的各个面（图4-97）。每个晶胞有8个子单元。每个a离子占据一个八面体位置，每个c离子占据十二面体位置，每个d离子处于一个四面体位置。

　　与尖晶石类似，石榴石的净磁矩起因于反平行自旋的不规则贡献：a离子和d离子的磁矩是反平行排列的，c离子和d离子的磁矩也是反平行排列的。

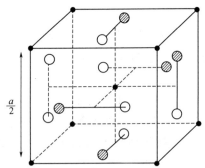

图4-97　石榴石结构的简化模型（只表示了元晶胞的1/8，O^{2-} 未标出）

●a离子位置；○c离子位置；▨d离子位置

4.4.4.3 磁铅石型铁氧体

磁铅石型铁氧体的结构与天然的磁铅石$Pb(Fe_{7.5}Mn_{3.5}Al_{0.5}Ti_{0.5})O_{19}$相同，属六方晶系，结构比较复杂。其中氧离子呈密堆积，系由六方密堆积与等轴面心堆积交替重叠。

例题 4-12

计算Fe_3O_4的饱和磁化强度，其立方晶格单位包含8个Fe^{2+}和16个Fe^{3+}，且其边长为0.839nm。

解：饱和磁化强度为每立方米Fe_3O_4的玻尔磁子数N'和玻尔磁子的大小μ_B的乘积：

$$M_s = N'\mu_B$$

而N'是每个晶胞的玻尔磁子数n_B和晶胞体积V_c的商：

$$N' = \frac{n_B}{V_c}$$

净磁化强度只与Fe^{2+}有关。因为每个晶胞含8个Fe^{2+}，每个Fe^{2+}含4个玻尔磁子，n_B为32。此外，晶胞为立方体，体积为边长的三次方$V_c = a^3$，则：

$$M_s = n_B\mu_B/a^3 = \frac{32 \times 9.27 \times 10^{-24}}{(0.839 \times 10^{-9})^3} = 5.0 \times 10^5 A/m$$

答：Fe_3O_4的饱和磁化强度为$5.0 \times 10^5 A/m$。

4.4.4.4 铁氧体吸波材料

吸波材料是指能将投射在它表面的电磁波能量吸收，并通过材料介质损耗转变为热能等其他形式能量的一类材料，一般由基体材料（或黏结剂）与吸收介质（吸收剂）复合而成。

铁氧体吸波材料是目前研究较多的，也是较为成熟的一种吸波材料。铁氧体吸收剂吸收电磁波的能力强，吸收的频带较宽，其抗腐蚀性强，而且成本低，但是它也存在密度大、耐高温性能差等缺点。将铁氧体与其他吸波材料复合可以满足吸波剂的质量轻、厚度薄以及吸收频带宽等要求。

面对当前抗电磁干扰和军用隐身技术对电磁波吸收剂的薄层、轻质、宽带、强吸收的要求，高性能微纳复合吸波材料的研究和开发成为重要的研究方向，铁氧体吸波材料也正在进一步朝着纳米化、复合化方向发展，铁氧体复合吸收剂目前研究的种类很多，包括铁氧体微纳粉、带状、片状、涂层状及包覆状等形式，其中纳米铁氧体吸波材料、铁氧体和磁性/非磁性材料复合制成的复合吸波材料是很有应用前景的吸波材料。

4.4.5 高分子材料的磁学性能

高分子材料本身是非铁磁性的，大多数体系为抗磁性材料。因为无论分子是否具有永久磁矩，在磁场中都要产生一个与磁场方向相反的诱导磁矩，从而表现为抗磁性，其对磁化率的贡献为绝对值很小的负值。顺磁性仅存在于两类有机物中：一类是含有过渡族金属元素的；另一类是含有属于定域态或较少离域的未成对电子（不饱和键、自由基等）。这类材料的顺磁性主要来自于电子自旋磁矩，由于电子本身（自旋）是一个磁偶极，从而使磁化率χ为正；当未成对电子由于相互作用而形成小磁畴时，则使$\chi \gg 0$，从而形成铁磁性。

表4-34给出了某些抗磁性聚合物的χ实验值和计算值。

■ 表4-34　聚合物（抗磁性）磁化率实验值和计算值

聚 合 物	$\lvert\chi\rvert$实验值（10^{-6}cgs量纲）	$\lvert\chi\rvert$计算值[1]	聚合物	$\lvert\chi\rvert$实验值（10^{-6}cgs量纲）	$\lvert\chi\rvert$计算值[1]
聚乙烯	0.82	0.81	聚甲醛	0.52	0.545
聚丙烯	0.8	0.83	聚环氧乙烷	0.63	0.63
聚苯乙烯	0.705	0.705	聚对苯二甲酸乙二酯	0.505	0.525
聚四氟乙烯	0.38	0.40	尼龙66	0.76	0.63
聚甲基丙烯酸甲酯	0.59	0.61	聚二甲基硅氧烷	0.62	0.61

① 计算值是按磁化率基团可加性方法计算得到的，即$\chi=M/X$，M为重复单元的分子量；$X = \sum_i (X_A)_i + \sum_i \lambda_i$，其中$(X_A)_i$即重复单元中各原子（或基团）的贡献，$\lambda_i$为结构校正因子（依据基团结构的类别略有修正）。

4.5　材料的光学性能

对材料光学性能的要求与其用途有关，对有些材料光学性能的要求是透光性；对有些材料的光学性能则要求颜色、光泽、半透明度等各式各样的表面效果。另外，光学玻璃等透光材料，折射率和色散这两个光学参数，是其应用的基本性能。因此材料的光学性能涉及光在透明介质中的折射、散射、反射和吸收，以及诸如光泽、发光等光学性能。

4.5.1　电磁辐射及其与原子的相互作用

光波是指波长在特定范围内的电磁辐射。电磁波谱所包括的电磁波，其波长范围是从低频端的超过10^3m直到高频端的小于10^{-12}m，波谱的可见部分仅占整个波长范围的小部分。这部分的界限，在短波方面为紫外区域，在长波方面为红外区域。各种电磁辐射的光谱示于图4-98。

电磁辐射和物质的相互作用取决于该物质电磁性质的基本参数，即介电常数和磁导率。电磁辐射在真空中的速度与介电常数和磁导率的关系为：

$$c = \frac{1}{\sqrt{\varepsilon_0 \mu_0}} \tag{4-142}$$

式中，c为电磁辐射在真空中的速度，3×10^8m/s；ε_0为真空介电常数；μ_0为真空磁导率。

同样，电磁辐射在介质材料中的速度与介电常数和磁导率的

小故事
隐形飞机和吸波材料

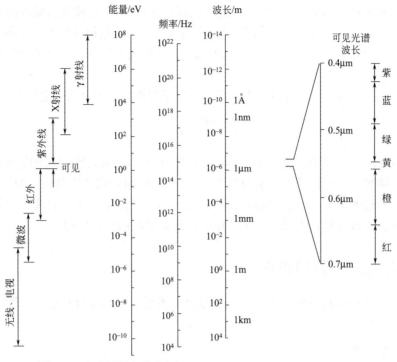

图4-98 电磁辐射光谱（包括可见光谱中各种颜色的波长范围）

关系为：

$$v=\frac{1}{\sqrt{\varepsilon\mu}}\tag{4-143}$$

式中，v为电磁辐射在介质中的速度；ε为介质的介电常数；μ为介质的磁导率。

材料的光学性质如光的吸收、折射、反射、透射、散射、双折射都与这些物理量有关。

电磁辐射与物质的相互作用是由电子跃迁和极化效应实现的。如果射到单原子气体的原子上的电磁辐射具有完全合适的频率，就能够将电子从填充能级激发到原先未填充的高能级中去［图4-99（a）］，并且每个被激发的电子吸收一个光子。这种激发完全是一种分立的过程，因为原子所允许的各个电子能级之间有确定的能量差。因此，只有能

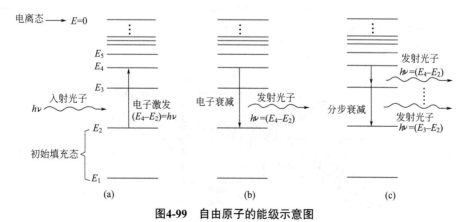

图4-99 自由原子的能级示意图

量 $h\nu=\Delta E$ 的光子可以被吸收。电子在激发以后会返回基态（也就是高能级的电子跳到低能级），并发出辐射。这时，或者是发射一个与入射光子能量相等的光子［图4-99（b）］，或者是发射几个能量较低的光子［图4-99（c）］，这取决于所激发的电子所经历的确切衰减途径。

给定波长的电磁辐射，可以认为是由一些光子构成的，每个光子能量 E 为：

$$E = \frac{hc}{\lambda} = h\nu \tag{4-144}$$

式中，h 为普朗克常数，6.62×10^{-34}J/s；ν 为光的频率；c 为光速，3×10^{8}m/s；λ 为波长。根据这种观点，可以认为辐射的强度 I 就是单位时间射到单位面积上的光子数目。

与上述相似的效应，也在固体中发生。固体材料的光学性质，取决于电磁辐射与材料表面、近表面以及材料内部的电子、原子、缺陷之间的相互作用。

4.5.2 反射、吸收和透射

光照射到某种材料上时，将产生光的反射与折射、光的吸收与透射（图4-100），现分述于下。

4.5.2.1 光的折射

折射来源于光线通过透明材料时，由于介质的电子极化使得光速降低，因此光线在界面发生弯曲。

折射率 n 的大小与介质的性质（原子或离子的尺寸、介电常数、磁导率等）和波长相关。材料的折射指数定义为光在真空中的传播速度与在介质材料中的速度之比：

$$n= \frac{c}{v} = \frac{\sqrt{\varepsilon\mu}}{\sqrt{\varepsilon_0\mu_0}} = \sqrt{\varepsilon_r\mu_r} \tag{4-145}$$

式中，ε_r 为相对介电常数；μ_r 为相对磁导率。对于大多数材料，$\mu_r=1$，可得到：

$$n \cong \sqrt{\varepsilon_r} \tag{4-146}$$

光从介质1通过界面进入介质2时，与界面法线所形成的入射角为 θ_i，折射角为 θ_r，则由普通物理知，介质2相对于介质1的相对折射率 n_{21} 为：

$$n_{21}=\sin\theta_i/\sin\theta_r \tag{4-147}$$

某些材料的折射率列于表4-35。

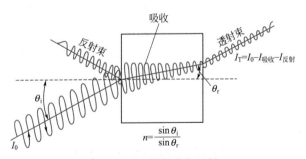

图4-100 光的吸收与透射

■ 表4-35　各种材料在室温对可见光的折射率

物　　质	n	物　　质	n
空气	1.000277	玻璃（重燧石）	1.65
Al_2O_3	$1.63 \sim 1.68$	玻璃（锌牌）	1.52
CaF_2	1.43	KCl	1.49
Cl_2（气体）	1.000768	KF	1.36
Cl_2（液体）	1.385	NaCl	1.54
金刚石	2.417	石英	1.54
H_2O（水）	1.33	熔融石英	1.47
H_2O（冰）	1.30	SrO	1.87
聚四氟乙烯	1.35	聚丙烯腈	1.51
醋酸纤维素	$1.48 \sim 1.50$	天然橡胶	1.52
聚甲基丙烯酸甲酯	1.49	聚酰胺	$1.53 \sim 1.55$
聚丙烯	1.49	高密度聚乙烯	1.54
酚醛树脂	$1.50 \sim 1.70$	聚氯乙烯	$1.54 \sim 1.56$
环氧树脂	$1.5 \sim 1.6$	氯丁橡胶	1.55
低密度聚乙烯	1.51	聚苯乙烯	1.59
聚碳酸酯	1.59		

4.5.2.2　光的反射

当光线由介质1入射到介质2时，光在介质表面上分成了反射光和折射光，如图4-101所示。这种反射和折射可以连续发生。例如，当光线从空气进入介质时，一部分光在介质表面反射出来了，另一部分光折射进入介质，当遇到另一表面时，又有一部分光发生反射，另一部分光折射进入空气。

在材料表面光洁度非常高的情况下，反射光线具有明确的方向性，一般称之为镜反射。当光照射到陶瓷等粗糙不平的材料表面上时，发生漫反射。对一不透明材料，测量单一入射光束在不同方向上的反射能量，得到图4-102的结果。漫反射的产生是由于材料表面粗糙，在局部地方的入射角参差不一，反射光的方向也各式各样，致使总的反射能量分散在各个方向上，形成漫反射。材料表面越粗糙，镜反射所占的能量分数越小，漫反射越强烈。

由于反射，使得透过介质的那部分光的强度减弱。因此，对于透明介质，我们需要知道光强度的反射损失，使光尽可能多地透过。

通常用反射率 R 表示被反射光强的百分数。

$$R = I_R/I_0 \qquad (4-148)$$

式中，I_0 为入射光的强度；I_R 为反射光的强度。

在光线穿过介质1垂直入射介质2的情况下，光在界面上的反射率取决于两种介质的折射指数 n_1 和 n_2：

$$R = (n_2 - n_1)^2/(n_2 + n_1)^2 \qquad (4-149)$$

如果介质1为空气，可以认为 $n_1 = 1$，相对折射指数 $n_{21} = n$，则：

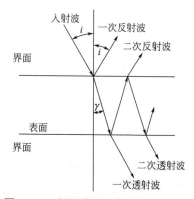

图4-101　光通过透明介质界面时的反射与透射

图4-102　粗糙度增加的镜反射、漫反射能量图

$$R=(n-1)^2/(n+1)^2 \tag{4-150}$$

显然，n_1 和 n_2 相差越大，R 越趋于 1，此时界面反射率越高，光在反射上的损失越严重；如果 $n_1=n_2$ 则 $R=0$，在垂直入射的情况下，几乎没有反射损失。

4.5.2.3　光的吸收

光作为一种能量流，在穿过介质时，引起介质中的价电子跃迁，或使原子振动而消耗能量。此外，介质中的价电子因吸收光子能量而激发，当尚未发出光子退激而在运动中与其他原子或分子碰撞，使电子的能量转变成热能，从而构成光能的衰减，即光的吸收。即使在对光不发生散射的透明介质中，如玻璃、水溶液等，光也会有能量的损失。

（1）光吸收的一般规律　设有一块厚度为 x 的平板材料（图4-103），入射光的强度为 I_0，通过此材料后光强度为 I'。选取其中一薄层，并认为光通过此薄层的吸收损失 dI 正比于在此处的光强度 I 和薄层的厚度 dx，即 $dI=-\alpha Idx$。对上式进行积分，得到入射光通过此材料后的光强度 I 为：

$$I=I_0 e^{-\alpha x} \tag{4-151}$$

式中，I_0 为入射光的强度；x 为材料厚度；α 为材料对光的吸收系数，cm^{-1}。α 取决于材料的性质和光的波长。α 越大或材料越厚，光就被吸收得越多，因而透过后的光强度 I 就越小。式（4-151）表明，光强度随厚度的变化符合指数衰减规律。此式称为朗伯特定律。

不同材料的 α 差别很大，空气的 $\alpha \approx 10^{-5}cm^{-1}$，玻璃的 $\alpha=10^{-2}cm^{-1}$，金属的 α 则达几万到几十万，所以金属实际上是不透明的。

（2）光吸收与光波长　金属对光能的吸收很强烈。这是因为金属的价电子处于未满带，吸收光子后呈激发态，用不着跃迁到导带即能发生碰撞而发热。从图4-104中可见，在电磁波谱的可见光区，金属和半导体的吸收系数都是很大的；但是电介质材料，包括玻璃、陶瓷等大部分无机材料在这个波谱区内的吸收系数很小，也就是说具有良好的透过性。这是因为电介质材料的价电子所处的能带是填满了的，它不能吸收光子而自由运动，而光子的能量又不足以使价电子跃迁到导带，所以在一定的波长范围内，这类材料对光的吸收系数很小。

但是在紫外区，电介质材料却出现了紫外吸收端。这是因为波长越短，光子能量越大。当光子能量达到禁带宽度时（紫外光区），电子就会吸收光子能量从满带跃迁到导带，此时吸收系数将骤然增

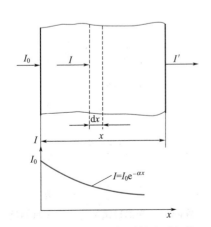

图4-103　光通过材料时的衰减规律

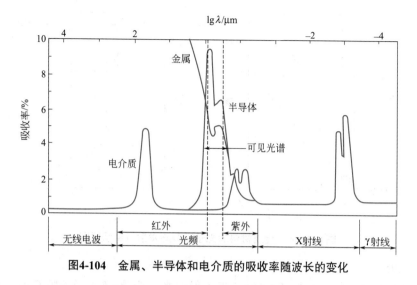

图4-104　金属、半导体和电介质的吸收率随波长的变化

大。此紫外吸收端相应的波长可根据材料的能隙宽度 E_g 求得：

$$\lambda = \frac{hc}{E_g} \qquad (4\text{-}152)$$

从式（4-152）中可见，能隙大的材料，紫外吸收端的波长较小。如果希望材料在电磁波谱的可见光区的透过范围大，就要求其紫外吸收端的波长较小，即 E_g 较大。如果 E_g 太小，光波可能会在可见光区就被吸收而使材料呈现出不透明。

电介质材料在红外区的吸收峰是离子或有机分子的各类弹性振动、转动、摆动等与光子辐射发生谐振消耗能量所致。红外吸收光谱正是根据这一原理设计的。要使谐振点的波长尽可能远离可见光区，即吸收峰处的波长尽可能大，则所选的材料需有较低的热振频率。

吸收还可分为选择性吸收和均匀吸收。同一材料对某一种波长的吸收系数可能非常大，而对另一种波长的吸收系数可能非常小，这种现象称为选择性吸收。透明材料的选择吸收使其呈现不同的颜色。如果介质在可见光范围对各种波长的吸收率相同，则称为均匀吸收。在此情况下，随着吸收率的增加，材料的颜色从灰变为黑。

由图4-105可知道，对于金属，当基态电子吸收光子被激发到费米能级以上的空能级后［图4-105（a）］，它们又立刻回落到较低的稳定态，并且发射出与入射光子相同或不同波长的光子束［图4-105（b）］，因而金属具有光的反射性能。大多数金属的反射率

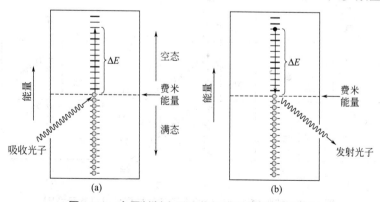

图4-105　金属材料光子吸收与再发射机制示意图

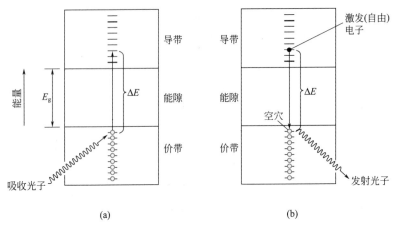

图4-106 非金属材料的光子吸收与发射机制示意图

在$0.90 \sim 0.95$。

对于某些非金属材料，如图4-106，当入射的光子能量ΔE大于能隙E_g时，价带中的电子吸收光子后越过能隙而激发到导带，使导带中产生自由电子，价带中产生空穴。紧接着，处于导带的激发态电子以不同的方式耗散能量后回到价带，其中的一种机理如图4-106（b），激发态电子直接越过能隙而回到价带，发射出能量ΔE的光子。

掺杂型半导体材料在吸收光子激发后可能发射两种特殊波长光子。如图4-107（a）所示，掺杂材料的能隙中存在一个杂质能级，基态电子通过吸收ΔE能量光子从价带激发到导带；然后，激发态电子首先从导带衰变至杂质能级，最终回到价带基态，先后发射出两个光子［图4-107（b）］或产生一个声子和一个光子［图4-107（c）］。

4.5.2.4 光的透射

当光线垂直射向固体（或液体）表面时，入射光强度中有一定分数（R）被反射掉（图4-101）。金属和合金是以高R值为特征，在某些情况下R接近于1。而无机玻璃的典型R值仅为0.05量级。设I_0为入射线强度，则进入材料的光强度为$(1-R)I_0$。进入材料的光线在穿过材料时与电子发生相互作用，从而被全部或部分吸收（这取决于材料），光强度不断减弱。根据朗伯特定律，对于厚度为l的材料，入射到达材料底面的光强度为：

$$I=I_0(1-R)e^{-\alpha l} \tag{4-153}$$

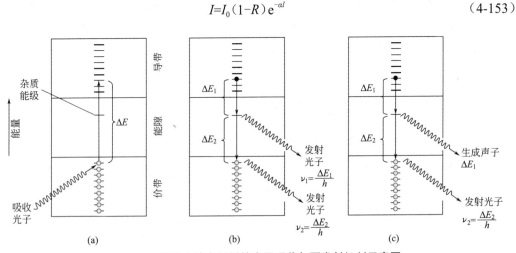

图4-107 能隙中掺杂材料的光子吸收与再发射机制示意图

312

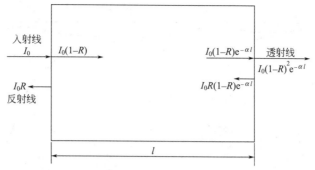

图4-108　固体（或液体）的反射、吸收和透射

其中，一部分光在底面反射而返回材料内部，剩余的光则穿过底面射出材料（图 4-108）。综合考虑这些情况，得到透射率（T），即透射光强度与入射光强度之比：

$$T=(1-R)^2 e^{-\alpha l} \tag{4-154}$$

上式适用的条件是，材料的正面和背面要处于同一介质中。

透射、反射、吸收这三部分光线的强度之和等于入射光强度：

$$I_0=I_T+I_R+I_A \tag{4-155}$$

也就是说，透射率T、反射率R、吸收率A三者之和等于1：

$$T+R+A=1 \tag{4-156}$$

上式各项之间的关系主要由α和R决定。α和R是材料的基本参数，与入射光的频率有关。如图4-109所示，入射光经过一绿色玻璃时，透射率T、吸收率A和反射率R的分数取决于入射光的波长。例如，对于波长为0.4μm的入射光，T、A和R分别为0.90、0.05和0.05；当入射光波长为0.55μm时，T、A和R分别为0.50、0.48和0.02。

例题 4-13

20mm厚的透明材料对法向入射光的透射率T是0.85，如果这个材料的折射指数为1.6，计算要多厚的材料能产生0.75的透射率，需考虑所有的反射损失。

解：反射率：$R=(n-1)^2/(n+1)^2$

$$=(1.6-1)^2/(1.6+1)^2=0.0533$$

透射率：$T=(1-R)^2 e^{-\alpha l}$

因此$\ln[T/(1-R)^2]=-\alpha l$

设$l_1=20mm$，$T_1=0.85$，$T_2=0.75$，

$$l_2=\{\ln[T_2/(1-R)^2]/\ln[T_1/(1-R)^2]\}\times l_1$$
$$=\{\ln[0.75/(1-0.0533)^2]/\ln[0.85/(1-0.0533)^2]\}\times 20$$
$$=67.3mm$$

答：厚度为67.3mm的材料能产生0.75的透射率。

4.5.3　材料的光学性质

4.5.3.1　金属的光学性质

金属的不透明性和高反射率表明α值和R值很大。这是由于金属导带中已填充的能

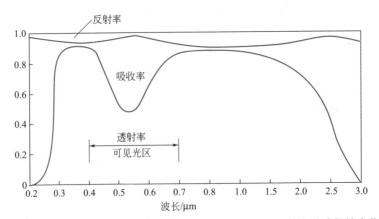

图4-109　入射光经过绿色玻璃时，透射率、吸收率和反射率随波长的变化

级的上方紧接着就有许多空的电子能态，换句话说，频率分布范围很宽的各种入射辐射都可以激发电子到能量较高的未填充态从而被吸收。结果是光线射进金属表面层后即被完全吸收，只有非常薄的金属膜（＜0.1μm）才显得有些透明。电子一旦被激发后，又会衰减到较低的能级，发射出光子，从而在金属表面发生光线的再反射。这种金属的反射就是由吸收和再发射综合形成的。

　　反射率与入射光线的频率有关。金属在白色光照射下所表现的颜色，就是来源于反射率的频率依赖性。例如图4-110，银在整个可见光范围的反射率都很高，结果其颜色以白色为特征，并具有明亮的光泽。金对可见光范围短波区域的光强烈吸收，对红光和黄光完全反射，所以显示黄颜色。

4.5.3.2　非金属的光学性质

　　大多数非金属都对红外光线有一定程度的吸收。吸收的峰值使透射曲线出现极小值

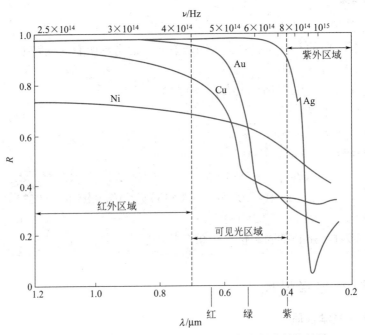

图4-110　铜、银、金、镍的反射率对波长和频率的依赖性

材料科学与工程基础

（图4-111）。红外光谱技术正是利用有机聚合物对不同波长红外光线吸收的差异来分析鉴定聚合物的化学结构的。

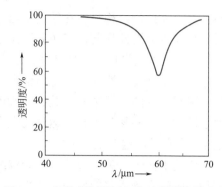

图4-111　红外辐射透过氯化钠薄膜的透明度

在可见光照射下，非金属材料是否具有颜色或透明取决于材料的能带结构（选择吸收与选择反射）以及光线在材料内部传播过程中的散射状况。

许多半导体吸收可见光辐射，并且是不透明的，因为可见光的频率已足以使电子越过能隙从价带激发到导带。当半导体的能隙宽度相应于可见光红外区域的光子频率时（例如Si和Ge），则全部可见光都被吸收，因而这些半导体为深灰色，并有暗淡的金属光泽。当能隙宽度相应于可见光区域的某一光子频率时，往往呈现特殊的颜色。例如CdS（E_g=2.42eV）是吸收白色光线的蓝色和紫色部分，从而呈现橙黄色。当光辐射的频率低于由能隙和杂质电子态决定的某一临界值时，这一辐射就可以透射。

电介质材料一般对可见辐射是透明的，没有颜色，因为它们具有相当宽的能隙，以致可见光不足以引起电子激发。例如，金刚石、氯化钠、冰、无机玻璃、聚甲基丙烯酸甲酯这样一些不同的材料都容易透过光线。如果入射光有相当高的频率（典型的是在紫外光区），足以激发电子越过能隙，则发生强烈的吸收。另外，有机的芳杂环聚合物，由于共轭结构的作用导致能隙宽度减小，可吸收可见光区域高频率端的部分光子，而产生不同的颜色。例如，聚酰亚胺薄膜在可见光的照射下呈现金黄色透明状。

然而，许多原来透明的材料，往往由于光线漫散地透射而变为半透明（如呈乳白色），乃至不透明。漫透射是由多次内反射造成的。折射率为各向异性的非立方晶系的多晶材料中，光线会在晶界反射或散射，这是因为折射率在晶界会发生不连续的变化。从本质上看，这种效应与导致自由表面反射的效应完全一样。

许多纯的共价物质和离子物质，本质上是透明的，但往往由于加工过程留下孔洞而变得不透明。对于烧结制成的各种纯陶瓷材料，只要大约1%的孔洞就足以造成不透明。例如，常规烧结的氧化铝是不透明的，而没有孔洞的多晶氧化铝是半透明的，不太厚时甚至是透明的。

聚合物多数是无色的，包括从高透明的、半透明的到不透明的，透明度的损失起因于材料内部折射指数不均匀性产生的光散射。在聚合物材料中折射指数的不均匀性或是由于聚合物内部无定形区和结晶区密度的差异，或是由于嵌段共聚物、接枝共聚物、聚合物共混体系的相分离，或是由于作为颜料或填料加入的固体粒子，或是由于空穴所造成的。散射程度强烈地取决于折射率的变化和不均匀程度。当散射中心在尺寸上与可见光波长相似时出现最有效的散射。结晶聚合物通常是半透明或不透明的，除非出现结晶区和无定形区的折射指数相差不大的情况（如在聚甲基戊烯中），或是球晶特别小的情况（如在三醋酸纤维素中）。通过加速成核或采取由熔体急剧冷却这样两种减小球晶大小的方法，均可提高聚合物材料的透明度。拉伸也是增加透明度的一种有效方法，因为球晶转变成取向微丝，光线的散射程度降低了。

4.5.3.3　纳米材料的光学性质

固体材料的光学性质与其内部的微结构，特别是电子态、缺陷态和能级结构有密切的关系。而纳米结构材料在结构上与常规的晶态和非晶态体系有很大差别，表现为：小尺寸、能级离散性显著、表（界）面原子比例高、界面原子排列和键组态的无规则性较大等。这些特征导致了纳米材料的光学性质出现一些不同于常规晶态和非晶态的新现象。

（1）光谱迁移性　主要是指纳米材料的光吸收峰发生蓝移或红移现象。光谱迁移性与纳米材料中的激子紧密相关。一般地，当电子从价带激发到导带，同时存在价带中自由运动的空穴和导带中自由运动的电子，空穴和电子通过库仑力相互作用形成了束缚的电子-空穴对，这就是激子。

由纳米粒子的量子尺寸效应导致纳米粒子的光谱峰值向短波方向移动的现象，称为蓝移。吸收光谱蓝移的原因主要来自两个方面，一是量子尺寸效应，颗粒尺寸减小导致能隙变宽，使光吸收带移向短波方向。Ball等认为：已被电子占据的分子轨道能级与未被电子占据的分子轨道能级之间的能隙随颗粒直径的减小而增大，从而导致蓝移现象发生。这种解释适用于半导体和绝缘体。二是表面效应，纳米颗粒的表面张力较大，致使晶格发生畸变，晶格常数变小。例如，SiC固体的特征红外吸收峰为794cm^{-1}，而SiC纳米颗粒的红外吸收峰变为814cm^{-1}。CdS溶胶颗粒的吸收光谱随着尺寸的减小逐渐蓝移。

由纳米粒子表面或者界面效应引起的光谱峰值向长波方向移动的现象，称为红移。红移的发生主要归因于：粒径减小，内应力增加，导致电子波函数重叠；电子限域在小体积中运动；存在附加能级，如缺陷能级，使电子跃迁能级间距减小；外加压力使能隙减小；空位、杂质的存在使平均原子间距增大，导致能级间距变化。

实际上，红移和蓝移是共同发挥作用的。随着粒径的减小，量子尺寸效应导致蓝移；而颗粒内部内应力的增加会导致能隙减小，引起红移。最终结果取决于红移和蓝移的相对强弱。

（2）光吸收性　当光通过物质时，某些波长的光被介质吸收产生的光谱，称为吸收光谱。纳米材料对光的吸收主要与纳米材料本身的结构特征有关，纳米结构与通常的晶态结构和非晶态结构差异较大，使得纳米材料对光的吸收显著增强，体现为纳米材料对光具有不透射性和不反射性。对金属而言，随着纳米粒度的减小，纳米微粒的颜色由灰色变为黑色。例如，将金黄色的金和银白色的铂制成纳米微粒后，它们的颜色都将变为黑色。

此外，随着纳米晶粒尺寸的减小，纳米材料的红外吸收峰趋于宽化。这主要是因为随着粒径减小，纳米晶粒的比表面积增大，表面原子增多，使得界面原子与内层原子在数量上产生了差异，从容导致了红外吸收峰变宽。

（3）纳米材料的发光性　纳米材料的发光包括光致发光和电致发光。

光致发光是指在一定波长光照射下，被激发到高能级的激发态电子重新跃入低能级被空穴捕获而发光的微观过程。这种光致发光最早发现于多孔硅材料，例如，纳米多孔硅薄膜受360nm激发光的激发可产生荧光，随处理方式的不同，荧光峰位置会发生红移或者蓝移。随后，人们发现氧化钛、硫化镉等多种纳米材料在一定的条件下均能发生光致发光现象。

电致发光是在弱电作用下具有发出可见光的现象。纳米硅薄膜就是一种可以产生电致发光的纳米材料，究其原因，主要是由于量子限域效应使纳米硅岛的禁带宽度有较大程度的增加，从而导致可见的电致发光。此外，纳米晶和导电聚合物的复合层结构也具有电致发光的能力。

（4）纳米材料的光催化性　某些纳米材料在自然光下可作为催化剂催化有机化合物的降解，使其最终生成二氧化碳、水和一些简单的无机化合物。这种强的光催化特性源于纳米材料的大比表面积和众多的表面活性点。例如，具有纳米尺寸的二氧化钛粉体比普通二氧化钛粉体具有更高的光催化水中有机物降解的能力。

4.5.3.4　有机电致发光

（1）有机电致发光概念与发展　电致发光（electroluminescence，EL）是指电流通过物质时或物质处于强电场作用下发光的现象，也称为冷光。可以发生电致发光的物质有掺杂了铜和银的硫化锌、含硼的蓝色钻石、砷化镓等。目前将有机材料应用于电致发光是一个主要的研究方向。有机电致发光是有机功能材料在电场激发下产生的非热发光，是一种将电能直接转化为光能的物理现象。基于有机化合物作为发光物质可制备有机电致发光器件或有机电致发光二极管（organic light emitting diode，OLED）。

人类首次观察到电致发光现象是在20世纪50年代，Bernanose发现有机晶体薄膜在交流高压电场中会产生发光现象。1963年，美国纽约大学的Pope等基于蒽薄膜在400V的电压下首次实现了有机物的电致发光，但不具有实用性。1987年，美国柯达公司的邓青云和VanSlyke等将有机薄膜的厚度降至0.1μm以下，以成膜性较好的8-羟基喹啉铝作为发光层和电子传输层，空穴传输性能较好的芳香二胺作为空穴传输层，铟锡氧化物作为阳极，镁和银合金作为阴极，制成了夹层式的有机电致发光器件，开创了有机电致发光的新时代。1990年，英国剑桥大学的Burroughes等基于聚对苯乙烯制备了高分子发光二极管，开辟了有机聚合物的电致发光领域。此后，有机电致发光器件的研究和实用化进程取得了极大进展，随着新材料、新工艺的出现，有机发光器件的发光效率和寿命不断增加，已经广泛用于手机、电视、平板电脑、数码相机、可穿戴设备等。

（2）有机电致发光技术的优点　①所需驱动电压低，发光效率高，耗电量小，可作为环保光源；②可用于电致发光的有机材料种类较多，且可以实现从蓝光到红光的任何颜色显示；③显示效果好，具有高亮度特性；④制备的器件结构简单，重量轻；⑤工作环境要求低，可在高、低温环境中使用；⑥发射光谱中没有放射性以及高能量射线，对人体无伤害；⑦材料柔韧性好，制得的器件可弯曲、易折叠。

（3）有机电致发光器件机理　有机电致发光的过程通常包括以下四个阶段。

① 载流子（电子和空穴）注入　在外加电场作用下，电子和空穴作为载流子分别从阴极和阳极向夹在电极之间的有机物薄膜注入。其中，电子向有机物的最低未填充分子轨道注入的过程就是阴极向有机化合物传输电子的过程；而空穴由阳极向有机物的最高占据轨道注入的过程就是阳极向有机化合物传输空穴的过程。

② 载流子的迁移　注入的电子和空穴在电场作用下分别向正极和负极迁移，这种迁移以跳跃的方式进行，这个动态过程称为载流子运输。载流子运输性取决于有机材料的载流子迁移率。有机材料的载流子迁移率一般较低，但由于使用的有机材料为薄膜结构，使其在低电压下也能完成传输作用。

③ 激子的形成　电子和空穴在运动过程中相互接近并接触，通过库仑作用形成"电子-空穴"对，即激子。激子具有一定的寿命，通常会存活$10^{-12} \sim 10^{-9}$s。根据电子在激发过程中自旋状态的改变，激子可分为单重态激子和三重态激子。基于激子的离域化程度，可分为Frenkel激子、Wannier-Mott激子和介于两者之间的电荷转移激子。

④ 激子的迁移与电致发光　激子在有机薄膜中不停运动，将能量传递给发光有机

分子，并激发电子从基态跃迁到激发态，同时，激子以辐射跃迁的方式由激发态回到基态，并产生光子，并由电极发射出去而发光。发射光的颜色由基态到激发态之间的能极差所决定。

4.5.4　旋光性及非线性光学性

4.5.4.1　旋光性

普通光　　　　　　偏振光

图4-112　普通光与偏振光

双箭头表示一个与纸面垂直的平面

光波振动的方向与其前进的方向垂直。在普通的光或单色光的光线里，光波在一切可能的平面上振动。若使单色光通过一种由冰晶石制成的尼科耳（Nicol）棱镜，则通过棱镜的光线只在一个平面上振动，这种光叫做偏振光（图4-112）。与偏振光振动的平面相垂直的平面叫做偏振面。凡能使偏振光的偏振面旋转的性质称作旋光性。具有旋光性的物质称作旋光性物质。

含有一个不对称碳原子的分子是具有手性的分子。如图4-113所示，乳酸存在两种异构体：右旋乳酸和左旋乳酸。这两种异构体显示旋光性，除了旋光方向相反外，其他性质相同。

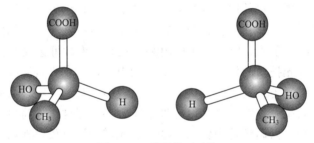

图4-113　乳酸的对映体

4.5.4.2　非线性光学性质

非线性光学性质起源于激光（强光场）对介质的极化作用。当分子受强光场作用时会产生极化，其诱导极化强度 μ 可用式（4-157）表示：

$$\mu=\mu_0+\alpha\varepsilon+\beta\varepsilon^2+\gamma\varepsilon^3+\cdots \tag{4-157}$$

式中，μ_0 为分子永久偶极矩；ε 为局域电场强度；α 为分子线性极化率；β 和 γ 分别称为一阶和二阶分子超极化率。

对于宏观的物质而言，极化强度 P 可表示如（4-158）式：

$$P=\chi^{(1)}E+\chi^{(2)}E^2+\chi^{(3)}E^3+\cdots \tag{4-158}$$

式中，E 为入射光电场强度；$\chi^{(1)}$ 为物质的线性极化率；$\chi^{(2)}$ 和 $\chi^{(3)}$ 分别为物质的二阶和三阶非线性极化率。

由于 α，β，$\gamma\cdots$和 $\chi^{(1)}$，$\chi^{(2)}$，$\chi^{(3)}\cdots$为 $n+1$ 阶张量，当有对称中心存在时，式（4-157）和式（4-158）的偶次项系数只能为零，即不表现偶阶非线性光学效应。当忽略分子间作用力时，$\chi^{(2)}$ 和 $\chi^{(3)}$ 可分别用 β 和 γ 的矢量和近似。影响光与物质相互作用的因素很多，如光的强度、相位、频率和物质的结构。不同因素的组合，在表观上将产生不同的非线性光学效应。能产生大的二阶或三阶非线性光学效应的介质，分别称为二阶或三阶非线性光学材料。

非线性光学材料具有变频、增幅、开关、记忆等许多元件功能，因此，作为光计算的基本元件而引人注目。二阶非线性光学材料已经被用于调制器、重现器、Q-开关、参量振荡、放大器、光学信号处理、立体光等系统。三阶非线性光学材料在光开关、光计算器件等方面具有潜在的应用前景。

二阶有机非线性光学材料一般其分子具有A-π-D结构（其中A表示拉电子基，D表示供电子基，π为连接A和D的共轭电子通道）。显示大的二阶非线性光学性能的材料，需要具备如下特点：①材料易极化；②有非对称的电荷分布；③存在π-共轭电子通道；④非中心对称晶体堆砌。三阶材料与二阶材料不同，其对分子的对称性无专门的要求。为了使分子产生大的三阶非线性，关键是要分子中具有容易移动的非定域电子体系。

4.5.5　光泽

"光泽（lustre）"是材料表面光学性能的一个术语，但要对光泽进行精确的定义是困难的。通常，光泽与镜反射和漫反射的相对含量密切相关。一种理想的似镜一般的表面（镜面反射器）表示一种极端状态。另一种极端状态是高散射表面（一种理想的漫反射器），其在每一个入射角上、在每个方向上等同地反射光线。

已经发现表面光泽与反射影像的清晰度和完整性，即与镜反射光带的宽度和它的强度有密切的关系。这些因素主要由折射率和表面光洁度决定。例如，为了获得高的表面光泽，需要采用铅基的釉或搪瓷组分，烧到足够高的温度，使釉铺展而形成完整的光滑表面；为了减小表面光泽，可以采用低折射率玻璃相或增加表面粗糙度。

4.5.6　发光

吸收-发射现象经常在各种材料中发生，并形成了一些有用的光学特性。例如，硫化锌中如果含有少量过剩的锌，或者含有银、金或锰之类的杂质，在受到能量较高的紫外辐射激发后，会在可见光区域产生发射（图4-114）。材料吸收外界能量后，其中部分能量转化为在可见光范围内以一定的频率向外发射光子，这种现象称为发光。固体在平衡态（稳态）下不会发光，只有外界以各种形式的能量使固体中的电子（或空穴）处于激发态后才可能有发光现象。

有关光激发的原理已在4.3.2.2节中予以说明。按照能带理论，对于金属，因为价带与导带的重叠没有

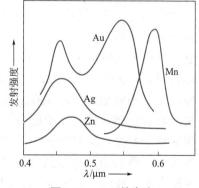

图4-114　ZnS的发光

能隙，光吸收后发射光子的能量很小，其对应的波长超出可见光谱范围，因此没有发光现象。而对一些陶瓷、半导体材料和共轭聚合物，就可能发光。如图4-115所示，当价带与导带间能隙为E_g时，外界激发源使价带中的电子跃迁到导带，但电子在高能级的导带中是不稳定的，它们在那里停留的时间很短，只有10^{-8}s左右，又自发地返回到低能

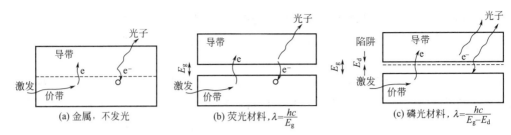

图4-115 材料的发光性能

级的价带中，并释放出光子，其波长为 $\lambda = hc/E_g$；当外界激发源去除，发光现象随即消失，这称为荧光。也有另一类材料，因含有杂质和缺陷，如ZnS中含有少量的铜、银、金，或ZnO含极微过量的锌，这些微量杂质在能隙中引入了施主能级，如图4-115（c），被激发到导带中的电子在返回价带之前，先落入施主能级被俘获并停留一段较长的时间（ $10^{-2} \sim 10\mathrm{s}$ ），电子在逃脱这个陷阱之后才返回到价带中的低能级，这时也相应地释放出光子，其波长为 $\lambda = hc/(E_g - E_d)$ ，这种发光能持续一段较长的时间，称为磷光。

激光是材料发光性能的重要应用。激光虽是由受激辐射而产生，但在外界光子引发受激辐射的同时，也发生吸收过程，且在通常情况下，外界光子被吸收的可能性更大，引发受激辐射的可能性却很小，因为处于低能态的原子数总是很多的，要维持连续不断的受激辐射，只有让高能级的原子数大于低能级的原子数，才可使受激辐射的概率大于吸收概率，这是产生激光的必要条件，这个条件也叫粒子数反转。

要实现粒子数反转并不容易，因为通过外来光的照射，固然可将低能态的原子激发到高能态上去，但它们在高能态上的时间只能维持 $10^{-8}\mathrm{s}$ 左右，然后就自发跃迁又立即回到低能态来。人们发现有些元素如氢、氖、氩以及稀有元素钕、铬、锰等，它们有特殊的亚稳态能级，也就是原子可在这种高能级上驻留较长的时间而不发生自发跃迁，这才为实现粒子反转提供了可能。例如20世纪60年代初应用的红宝石激光器，在 Al_2O_3 中掺杂有少量的铬。在光照前，所有 Cr^{3+} 处于基态G（图4-116）；然而，当用波长为 $0.56\mu m$ 的黄绿光照射原子时，电子从 Cr^{3+} 激发进入较高的能态E，这些电子能够通过两种不同途径衰变回到基态。有些电子直接落回基态，它们不是激光的一部分。另外一些电子进入亚稳态能级M（如图4-116中途径EM），它们可能在自发发射（途径EG）前在此驻留3ms，这意味着许多亚稳态能级被占领。这样，便可不断地把低能级G上的粒子"搬运"到亚稳态能级M上来，最后达到亚稳态能级的粒子数超过基态（最初平衡态时各能级的粒子数是 $G > M > E$ ）。不过，这样虽产生了激光，但还是短寿命的、微弱的，要达到实用目的，还要经过光谐振器，使光子不断增殖，最后产生很强的位相相同的单色光。

4.5.7 光敏性

在光的作用下，材料的某些性能，例如形状、颜色、温度、电学性能、力学性能等发生可逆变化的性质称为光敏性。具有光

小故事

瑞利和瑞利散射实验——解释了蓝天红日现象

最具潜力的新材料——超材料

敏性的材料属于智能材料的范畴。

当接受强弱不同的光线能可逆地发生颜色变化的化合物叫光致变色化合物或光致变色体。光致变色体适于制造成光致色变器，因此在图像显示、光信息存储元件、可变化密度的滤光、摄影模板、光控开关等方面有重要应用价值；特别地，由于三维可擦拭重写材料的研究，使得光致变色体成为材料研究的一个前沿领域。

若将螺苯并吡喃衍生物的螺环基团引入高分子链中，除了光致变色现象外，还可以观察到有趣的光力学现象，例如将丙烯酸乙酯与双（甲基丙烯）DIPS酯在苯溶液中以过氧化二碳酸二异丙酯引发聚合，所得聚合物在恒定压力与温度下，随着光照，样品长度有明显的收缩（2%～5%），停止光照则长度恢复，经过数次光与暗的循环，长度的收缩与伸长是完全可逆的，图4-117示出其收缩率与时间的关系。

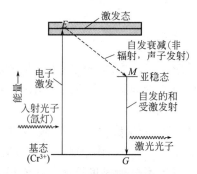

图4-116 红宝石激光器的能量示意图

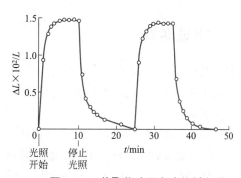

图4-117 共聚物（干）光机械行为
薄片厚0.48mm、宽5.5mm，负荷26.8g（27℃）

此外，光敏分子如无色氰化物、无色氢氧化物的分子进入聚异丙基丙烯酰胺（PNIPA）的凝胶网络结构所形成的光敏凝胶共聚物，在UV光照或停止光射的体积会发生变化（溶胀或收缩）。在PNIPA中加入发色剂叶绿酸铜三钠盐而形成光敏凝胶，光照射时收缩，停止时溶胀。

4.6 材料的耐腐蚀性

任何材料都是在一定的环境条件下使用的，材料在遭受化学介质、湿气、光、氧、热等环境因素作用时会发生恶化变质，这种现象即为腐蚀。

腐蚀是材料使用过程中常见的现象，给国民经济和国防部门等都造成巨大损失。据几个工业发达的国家统计，每年由于腐蚀造成的直接损失约占其国民生产总值的1%～4%，腐蚀造成的间接损失更是难以计算；腐蚀消耗了大量的资源和能源，世界钢铁年产量约有十分之一因腐蚀而报废，美国每年因腐蚀要多消耗3.4%的能量；腐蚀妨碍新技术、新工艺的发展；腐蚀还危及人身安全和造成环境污染。因此，研究材料的耐腐蚀性能对国民经济的发展非常重要。

腐蚀科学即是研究材料在环境作用下的破坏机理以及如何进行保护的一门科学。它涉及的领域很广，与它交叉的学科很多，是一门新兴的边缘科学。本节即探讨材料的腐蚀破坏机理，以及如何防止材料的腐蚀破坏。

材料的腐蚀按其作用性质分为物理腐蚀、化学腐蚀和电化学腐蚀；按发生腐蚀过程的环境和条件可分为高温腐蚀、大气腐蚀、溶剂腐蚀等；按腐蚀形态可分为全面腐蚀和局部腐蚀。金属材料的腐蚀行为多数可用电化学过程来说明，因为金属是导体，同时以金属离子的形式溶解；无机非金属材料的腐蚀常是以化学腐蚀为主。高分子材料的腐蚀破坏与金属不同，因高分子材料一般不导电，也不以离子形式溶解，其腐蚀过程难以用电化学规律阐明。此外，金属的腐蚀过程大多在金属表面发生，是化学腐蚀或/和电化学腐蚀，但高分子材料的腐蚀不同，其周围的试剂（气体、蒸汽、液体等）向材料内渗透扩散倒是腐蚀的主要原因。高分子材料的腐蚀除化学腐蚀外，还有物理腐蚀。

本节内容按腐蚀作用性质阐述材料在环境条件下的物理腐蚀、化学腐蚀和电化学腐蚀的过程，以及材料的保护等。

4.6.1 物理腐蚀

物理腐蚀是材料在环境介质作用下，没有化学反应，而以物理变化发生破坏的腐蚀类型。发生物理腐蚀的主要是高分子材料。高分子材料的物理腐蚀有溶胀和溶解、应力开裂、渗透破坏三种。

（1）溶胀和溶解　溶剂分子渗入材料内部破坏大分子间的次价键，与大分子发生溶剂化作用。体型高聚物会溶胀、软化，使强度显著降低；线型高聚物可由溶胀而进一步溶解。

（2）渗透破坏　对于衬里设备来说，即使渗入介质也不会使衬里层产生化学反应而腐蚀，但一旦介质透过衬里层接触到基体，就会引起基体材料的腐蚀，破坏设备。除了介质向高分子材料内部渗透扩散外，高分子材料中的某些成分，如增塑剂、稳定剂等添加剂或低分子量组分，也会从固体内部向外扩散、迁移、溶入环境介质中，从而使高分子材料变质而遭到破坏。

（3）应力开裂　在应力（外加的或内部的残余应力）与某些介质（如表面活性物质）共同作用下，不少高分子材料会出现银纹，并进一步生长成裂缝，直至发生脆性断裂。在环境应力开裂和起银纹中，破坏是因材料受环境和应力同时作用造成的，不涉及对聚合物主价键的直接化学侵蚀，因此应力开裂也是物理腐蚀。

介质的浓度、温度、温度变化、液体流动情况以及应力大小和作用周期等都会影响高分子材料的腐蚀过程，使外观、物理和机械性能的变化有所不同。

对于复合材料，还可能在其界面引起腐蚀，所以要注意复合层的结构与界面情况对其耐腐蚀性能的影响。

对于金属材料和无机非金属材料，还可能发生叫固态介质腐蚀（高温腐蚀的一种）的物理腐蚀。高温固态介质中金属的破坏既包括"软"粒子黏附于金属表面造成的腐蚀破坏，又包括高能量的"硬"粒子对金属造成的冲刷腐蚀破坏。

4.6.1.1 高分子材料的耐溶剂性

（1）溶解性　聚合物的溶解过程一般很缓慢，线型聚合物先经溶胀再进一步溶解，交联聚合物只能溶胀。聚合物的黏度一般是很高的，可用以拉膜、纺丝。聚合物的溶剂焊接、溶液纺丝和溶液铸膜等工艺过程都是依赖于溶剂的作用。

根据一般的热力学原则，聚合物溶解过程吉布斯自由能的变化 ΔG_m 与混合热焓 ΔH_m、混合熵 ΔS_m 的关系为：$\Delta G_m = \Delta H_m - T\Delta S_m$。只有当 $\Delta G_m < 0$ 时溶解过程才能进行；

当 $\Delta G_m=0$ 时，过程达到平衡，此时的溶解度称为饱和溶解度。

溶解过程首先打开溶剂分子之间和溶质分子之间的次价结合力，然后再形成溶质分子与溶剂分子之间的次价结合。此过程的焓差即混合热 ΔH_m。

分子之间次价结合力的大小可用内聚能密度的大小表示。单位体积物质的内聚能称为该物质的内聚能密度，以 CED 表示。一般测定蒸发热，可得到内聚能密度；聚合物不能汽化，因此只能通过间接法测定。内聚能密度的平方根称为溶解度参数 δ，即 $\delta=(CED)^{1/2}$。

一般的非极性及弱极性物质，混合热即溶解热一般为正值，即 $\Delta H_m>0$，因此 ΔH_m 的值越小，越利于溶解；当 ΔH_m 的数值足够大，即 ΔH_m 大于 $T\Delta S_m$ 的绝对值时，溶解就不会发生。溶剂与溶质的溶解度参数，即内聚能密度越相近，则 ΔH_m 数值越小，溶解越容易，"相似相溶原理"的实质就在于此。表4-36列举了部分聚合物和溶剂的溶解度参数。

■ 表4-36 部分聚合物和溶剂的溶解度参数

聚合物	$\delta/(J/cm^3)$	聚合物	$\delta/(J/cm^3)$	溶剂	$\delta/(J/cm^3)$	溶剂	$\delta/(J/cm^3)$
聚四氟乙烯	12.7	聚醋酸乙烯	19.2	正戊烷	12.9	乙醇	26.0
聚二甲基硅氧烷	14.9	聚甲基丙烯酸甲酯	18.8	正己烷	14.9	甲醇	29.6
聚乙烯	16.4	聚氯乙烯	19.0	正辛烷	15.5	甘油	33.7
聚丙烯	16.2	涤纶	21.9	环己烷	16.8	水	47.8
丁苯橡胶	16.6~17.6	醋酸纤维	23.3	四氯化碳	17.6	二硫化碳	20.4
天然橡胶	16.6	环氧树脂	22.5	甲苯	18.2	硝基苯	21.3
顺丁橡胶	17.4	尼龙66	27.8	乙酸乙酯	18.6	环氧乙烷	22.7
聚硫橡胶	18.4~19.2	聚丙烯腈	31.5	丙酮	20.4	苯酚	29.6
聚苯乙烯	17.4~19.8	聚偏二氯乙烯	20.0	吡啶	22.3	二甲基甲酰胺	24.7
氯丁橡胶	18.8			二氯甲烷	19.8		

应当注意，"相似相溶原理"对极性较强的聚合物并不适用，如聚乙烯和二氯乙烷，此时用"溶剂化原则"理解，即聚合物和溶剂两者中分别含有亲电和亲核基团，二者具有强的相互作用，易溶解。

（2）渗透性　液体分子或气体分子可从聚合物膜高浓度侧扩散到较低浓度一侧，这种现象称为渗透或渗析。高分子材料被气体或液体（小分子）透过的性能称为渗透性。另外，若在低浓度侧施加足够高的压力，超过渗透压，则可使液体或气体分子向高浓度一侧扩散。这种现象称为反向渗透。

液体或气体分子在高分子中的渗透可能使高聚物腐蚀破坏。另一方面根据聚合物渗透性，高分子材料在薄膜包装、提纯、医学、海水淡化等方面也获得了广泛应用。

液体或气体分子透过聚合物时，先是溶解在聚合物内，然后再向低浓度处扩散，最后从薄膜的另一侧逸出。聚合物的渗透性和液体及气体在其中的溶解性有关，一般渗透性可用第一定律表示。

$$q=-D(dc/dx)At \qquad (4-159)$$

式中，A、t、D 分别为面积（m^2）、时间（s）及扩散系数（m^2/s）；dc/dx 为浓度梯度（kg/m）。稳态时，设膜厚度为 L，膜两侧浓度差为（c_1-c_2），则渗透率 $J[kg/(m^2 \cdot s)]$ 为：

$$J=q/(At)=D/L(c_1-c_2) \quad (c_1>c_2) \qquad (4-160)$$

根据亨利定律，溶质的浓度c与其蒸气压p的关系为$c=Sp$，式中S为溶解度系数。对于气体，定义P为渗透系数，则：

$$P=DS \tag{4-161}$$

可见，在其他条件相同时，溶解性越好，即S越大，渗透系数就越大。由式（4-160）则有：

$$J=DS(p_1-p_2)/L=P(p_1-p_2)/L \tag{4-162}$$

溶解性越好，渗透系数越大；溶解度系数相同，气体分子越小，扩散越容易，渗透系数也越大。

聚合物的结构和物理状态对渗透性影响甚大。一般而言，链的柔性增大，渗透性提高；而结晶度增大渗透性降低。当分子链上引入极性基团时，渗透性下降。

对气体、水均具有低渗透性的重要聚合物有：聚偏氟乙烯及其共聚物、丙烯腈-苯乙烯共聚物、环氧树脂、聚偏氯乙烯、聚对苯二甲酸乙二醇酯及聚氯乙烯。具有较高渗透性的高聚物有聚氨酯、聚苯乙烯及常用的弹性体。聚乙烯醇和再生纤维素具有很高的透水性，但当干态时具有良好的抗透气性。相反，聚乙烯、聚丙烯和聚四氟乙烯有良好的防水性，但对某些气体具有很高的渗透性。

（3）影响高分子材料耐溶剂性的因素

① 渗透性　凡使溶解熵ΔS增大以及溶解过程放热（体系放热，ΔH为负）量增大的因素，均导致自由能的变化ΔG变小，材料耐溶剂能力下降；凡使大分子热运动能力和向溶剂中扩散的能力降低的因素，均使材料耐溶剂性能提高。

② 溶剂化　溶剂化程度好，溶质和溶剂间形成次价键时放出的能量就多，材料耐溶剂能力就差。体系的化学结构决定了其极性大小，以及电负性和相互的溶剂化能力，所以是影响材料耐溶剂能力的根本内因。

③ 温度　温度升高，溶剂化能力就增强；同时大分子链段热运动能亦增大，分子间距增加（自由体积增多），或使晶格破坏，于是溶剂分子进入材料内部。当温度接近玻璃化温度或熔点以上时，上述影响尤其显著，并使耐溶剂性迅速下降。温度升高还能使$T\Delta S$的绝对值增大，有利于ΔG的降低。也能帮助大分子向溶剂扩散。

④ 大分子链的柔性　柔性增大可使混合熵变大，利于溶解。但柔性太小时往往会使堆砌密度变小，大分子间隙增多。这样，溶剂分子就易于进入材料内部；此外，大分子的部分链段因相距较远，而没有形成次价键，溶剂化时，就不必消耗能量打开次价键，放出的混合热就多。因此，大分子链的柔性也可能导致耐溶剂能力的下降。

⑤ 结晶能力增强，结晶度增大，均利于提高材料耐溶剂腐蚀能力。

⑥ 高聚物分子量大，耐溶剂性能好。分子量分布宽，常能使耐溶剂能力下降，因小分子量部分对混合熵的影响大，也易于向溶剂扩散，使材料孔隙增多。

⑦ 交联有利于改善材料的耐溶剂性。交联高聚物只能溶胀而不溶解。交联密度增加，溶胀度亦相应减小。所以热固性树脂（如玻璃钢）固化时必须控制一定的固化度，固化度太低耐腐蚀性不好。热塑性塑料在改善其耐溶剂性及力学性能时，也有采用交联法的。但若不加填料，交联密度也不能太高，否则在溶剂中易造成环境应力开裂。

4.6.1.2　环境应力开裂

环境应力开裂（ESC）是材料受环境介质和应力双重作用而发生的，目前环境应力开裂已经普遍用来描述材料受应力时，由于有机物或其他化学介质（如表面活性剂）的作用促进缓慢的脆性破坏过程。当材料处于某种环境介质中时，往往会在比空气中的断裂应力或屈服应力低得多的应力下发生开裂，这种现象称为材料的环境应力开裂。

聚乙烯输气管道因某些烃类杂质而造成开裂。在无定形聚合物如聚苯乙烯中，有机液体和气体能促进形成细密的空穴环网络（银纹）。起银纹的材料保留有相当大的强度，但不雅观，银纹可能在开裂之前出现。在环境应力开裂和起银纹中，破坏是材料受环境和应力（外部施加的，或内部因加工而引起的）同时作用造成的，不涉及对聚合物主价键的直接化学侵蚀。聚乙烯和聚苯乙烯的开裂中，似乎促进破坏的物质在缺陷处被吸收或局部溶解，致使很可能因改变表面能，或通过受强应力的材料在开裂顶端的增塑作用而加速破坏。

聚合物对环境应力开裂破坏的敏感性取决于结构因素，如聚乙烯的耐应力开裂性随分子量和熔体指数、结晶度和密度而显著地变化。

介质对环境应力开裂的影响，主要取决于它与材料间的相对的表面性质或溶解度参数的差值。如果介质与材料的溶解度参数太接近，即浸润性很好，则易溶胀，不是典型的环境应力开裂剂。若相差太远就不能浸润，介质的影响也很小，只有溶解度参数差值在某一范围内时，才易引起局部溶胀，导致环境应力开裂。

4.6.2 化学腐蚀

在实际应用中，材料（包括金属材料、无机非金属材料和高分子材料）可能接触酸、碱、盐、大气、有机溶剂等多种环境介质，会程度不同地受到环境介质的化学侵蚀作用，引起材料不可逆的化学变化，导致材料破坏，即发生化学腐蚀破坏。

4.6.2.1 环境介质的化学腐蚀作用

（1）酸、碱、盐腐蚀作用　酸、碱、盐是重要的化工原料，但是它们对材料的腐蚀性很强。为了延长设备的使用寿命，保证正常运行，应该对材料在这些介质中的腐蚀规律有所了解，以便正确选用材料，避免误操作所致的损失。

① 酸、碱、盐对金属材料腐蚀作用的特点

a.酸对金属的腐蚀　酸是一类在水溶液中进行电离而生成 H_3O^+（单独的 H^+ 在水溶液中是不存在的，它与一个水分子结合生成 H_3O^+，为简便起见，一般可用 H^+ 代表 H_3O^+），并且不生成其他阳离子的化合物的总称，如盐酸、硫酸、硝酸、磷酸、醋酸等。

酸对于金属的腐蚀性首先取决于氢离子的浓度。一般来说，随着氢离子浓度的增加，即pH值的降低，对应的氢平衡电位往正的方向移动，腐蚀反应的热力学趋势增大，腐蚀加剧。另一方面pH值的下降，会导致金属表面膜的溶解度增加，使金属腐蚀速度变大。因而含有大量氢离子的酸溶液成为腐蚀强的介质。虽然，在相同的酸浓度下，强酸的腐蚀性大（表4-37）；但是把同样pH值酸的腐蚀作用比较时，由于弱酸的总酸量多，金属在弱酸中的腐蚀率较大。

■ 表4-37　在10%酸中纯铁的腐蚀率　　　　　　　　　单位：$g/(m^2 \cdot h)$

酸	HNO_3	H_2SO_4	CH_3COOH	H_3PO_4
腐蚀率	> 135.5	4.59	0.584	1.126

决定酸对金属腐蚀性的另一个重要因素是酸的阴离子的氧化还原性。例如硝酸具有强烈的氧化作用，和金属反应时，硝酸根可按不同还原程度而被还原为亚硝酸根等，可见硝酸是一种典型的氧化性酸；而盐酸是一种非氧化性的酸。在非氧化性酸中，金属腐蚀的阴极过程一般是氢去极化过程，即氢离子还原为氢。而在氧化性酸中，金属腐蚀的阴极过程则主要是氧化剂的还原过程。当然这种划分也并不是绝对的。

铁在非氧化性酸中的腐蚀特点如下：腐蚀速度与氢离子的浓度成正比；氧和其他氧化剂的存在，会使腐蚀速度显著增加，氢离子的浓度越低，该作用也就越明显；如能生成难溶性化合物，而且具有保护作用时，其腐蚀速度下降，如磷酸铁的防腐蚀作用；活性离子（如 Cl^-）的影响较小，因为金属原已处于活性溶解状态。

铁在氧化性酸中的腐蚀特点如下：腐蚀速度与酸浓度的关系复杂，在稀酸中，随着氢离子还原的阴极去极化过程，铁发生溶解，又根据浓度、温度条件的变化所析出的氢被进一步氧化，铁的溶解速度急速上升（表4-38）；酸液中的氧对腐蚀过程影响不大，氧化性酸本身就是强去极化剂；金属在酸中因被钝化而减缓腐蚀；Cl^- 等活性离子的存在对腐蚀影响强烈。

■ 表4-38　铁在酸中的腐蚀率　　　　　　　　　　　　单位：$g/(m^2 \cdot h)$

材　料	HCl　1mol/L	H_2SO_4　0.5mol/L	HNO_3　1mol/L
低碳钢	80	507	22800
铸铁	5800	5933	14800

b. 碱对金属的腐蚀　在水溶液中离解而生成氢氧离子（OH^-）的电解质称为碱。按照其在水溶液中离解度的大小而分为强碱和弱碱。强碱有 NaOH、KOH 等，而大部分为弱碱。

碱溶液对金属的腐蚀性一般比酸小。其原因是：在碱溶液中金属表面易于钝化或生成难溶的氢氧化物或氧化物；在碱溶液中氧电极电位与氢电极电位要比在酸溶液中的电位更负。

碱溶液中共存离子的种类对碱腐蚀有很大影响。碱溶液中溶有氯化物等盐类时，会阻碍金属钝化。而加有硝酸钠则能促使金属钝化，抑制腐蚀。碱腐蚀还和碱金属的种类有关，一般认为碱金属的原子量越大，腐蚀性越轻，即按 LiOH、NaOH、KOH、RbOH、CsOH 的顺序逐渐减轻。

在热碱溶液中应注意一种应力腐蚀破裂——碱脆的发生，碳钢、低合金钢和不锈钢都可能发生碱脆。碱脆是指在热碱中，受拉伸应力的碳钢等材料发生的应力腐蚀断裂，与温度和浓度有关，浓度高的碱能在较低温度下发生碱脆。

碳钢对于温度87℃，浓度50%以下的 NaOH 是十分耐蚀的。在须严格控制碱液中杂质金属离子的场合下，则应衬上橡胶等保护层或涂层，或采用镍制设备。镍及其合金对于高温、高浓度的碱的耐腐蚀性很好。表4-39示出镍和镍合金在70%的 NaOH 溶液中的腐蚀速率。

■ 表4-39　镍和镍合金在70%的 NaOH 溶液中的腐蚀速率（试验48h）　单位：$g/(m^2 \cdot h)$

材　料	沸点（180℃）	350℃
镍	7.5×10^{-3}	7.9×10^{-3}
Monel合金	7.1×10^{-3}	13×10^{-3}
Inconel合金	5.8×10^{-3}	14×10^{-3}

碱溶液对铝、锌、锡、铅等两性金属有显著的腐蚀性。铝和铝合金即使在稀溶液中也迅速腐蚀。钛、铌和钽等金属在碱中的耐腐蚀性也并不好。含镍铸铁可在较宽的浓度和温度范围内耐NaOH腐蚀。

c.盐对金属的腐蚀　水溶液中的盐类对金属的腐蚀过程的影响极为错综复杂，大致有以下几个方面：某些盐类水解后使溶液的pH值发生变化；某些盐类具有某种程度的氧化还原性；某些盐类的阴、阳离子对腐蚀过程有特殊的影响；有些盐类吸附或附着在金属表面；一般的盐类溶于水中后，使溶液导电性增加；盐浓度增高，通常氧的溶解度便减小；对腐蚀产物的溶解度有影响。在实际情况下，多数盐类的影响并非是单一的，往往是几种影响因素交互作用。

使溶液的pH值发生变化的盐包括：溶于水显示酸性的强酸-弱碱盐，如氯化铝、氯化铁、硝酸铵等；弱酸-弱碱盐，如磷酸钠、硅酸钠和碳酸钠等；强酸-强碱，弱酸-弱碱的中性盐，如果不具有氧化性及特殊的阴、阳离子效果，则仅有导电度和氧溶解度方面的影响。

氧化性盐包括：不含卤素的阴离子氧化剂，如高锰酸钾等；不含卤素的阳离子氧化剂，如硫酸铁和硫酸铜等；含有卤素的阴离子氧化剂，如氯化铁和氯化铜等；含有卤素的阳离子氧化剂，如NaClO等。

另外，还有卤素盐、具有结合能力的盐和可吸附或附着于金属表面的盐等。

② 酸、碱等介质对高分子材料的腐蚀作用　大多数高分子材料都具有良好的耐腐蚀性，高聚物一般都是绝缘体，故可避免电化学腐蚀，而且化学稳定性也好。

聚氯乙烯是应用较广的重要塑料，它耐酸、碱，而且具有一定的强度和刚度，可制成各种管道、阀门、泵、容器、储槽、反应器及各种防腐蚀衬里。酚醛树脂等热固性塑料，由于具有化学键交联形成的网状结构，耐腐蚀性能也很好。聚四氟乙烯具有极优良的化学稳定性，在高温下与浓酸、浓碱、有机溶剂及强氧化剂均不起反应。在沸腾的"王水"中也毫无损伤、可在-195～250℃的温度范围内长期使用，所以获得"塑料王"的美称。

但在某些情况下，由于酸、碱、盐等水溶液（包括氧化介质）和其他化学药品的影响作用，塑料等高分子材料也会发生或快或慢的由表及里的破坏，这种现象称为高分子材料的化学介质老化，这里发生的化学反应主要由聚合物的化学结构所决定，例如聚酰亚胺耐碱腐蚀能力较差就是由于酰亚胺键发生碱性水解。硫酸与苯基反应，从而聚苯乙烯可能被磺化。

聚四氟乙烯耐腐蚀性优良，则是由于极为牢固的碳氟键不易破坏，氟原子还在碳-碳链的表面形成了防护墙，保护了碳链不受破坏。

这种化学介质老化的破坏机理与金属的化学腐蚀机理不同，它是由大分子主价键断裂（即发生化学作用）或大分子的次价键（大分子间的作用）被瓦解，通常表现为塑料的溶胀、溶解、龟裂、脱层、变色、烧焦、质量变化和机械强度下降等许多实用性能的变化。然而导致这种变化的破坏过程无非是介质在材料表面聚集，然后溶解或逐步扩散到材料内部的由表及里的渗透作用，它与材料本身的性质（结构）、介质的性质、反应过程、渗透过程和影响这种过程的温度、浓度等多种因素有关，因而某些规律性不明显，比较复杂。

③ 无机非金属材料的耐腐蚀性

a.材料的化学成分和矿物组成的影响　硅酸盐材料成分中以酸性氧化物二氧化硅为主，它们耐酸而不耐碱。当二氧化硅（尤其是无定形的二氧化硅）与碱液接触时将发生如下反应而受到腐蚀：

$$SiO_2 + 2NaOH \longrightarrow Na_2SiO_3 + H_2O$$

所生成的硅酸钠易溶于水及碱液中。

二氧化硅含量较高的材料属耐酸材料，在所有的无机酸中，除氢氟酸及高温磷酸外它们都耐蚀。当磷酸的温度高于300℃时能溶解二氧化硅，任何浓度的氢氟酸都会对二氧化硅发生作用。

$$SiO_2 + HF \longrightarrow SiF_4 + 2H_2O$$
$$SiF_4 + 2HF \longrightarrow H_2(SiF_6) \quad （氟硅酸）$$
$$H_3PO_4 \longrightarrow HPO_3 + H_2O \quad （高温）$$
$$2HPO_3 \longrightarrow P_2O_5 + H_2O$$
$$SiO_2 + P_2O_5 \longrightarrow SiO_2 \cdot P_2O_5 \quad （焦磷酸硅）$$

一般来说，材料中二氧化硅的含量越高，耐酸性越强，二氧化硅的含量低于55%的天然及人造硅酸盐材料是不耐酸的。但也有例外，例如铸石中只含有56%左右的二氧化硅，但其耐腐蚀性却很好；红砖中二氧化硅的含量很高，达到60%～80%，却没有耐酸性，这是因为硅酸盐材料的耐酸性不仅与其化学组成有关，且与矿物组成相关。

含有大量碱性氧化物（CaO、MgO等）的材料属于耐碱材料，它们与耐酸材料相反，完全不能抵抗酸类的作用。例如由硅酸盐组成的硅酸盐水泥，可被所有的无机酸腐蚀，而在一般的碱液（浓的烧碱除外）中却是耐蚀的。由硅酸盐组成的普通陶瓷材料不耐氢氟酸和碱腐蚀，而一些新型陶瓷，如高氧化铝陶瓷、氮化物陶瓷（如Si_3N_4）、碳化物陶瓷（如SiC）等的耐腐蚀性能却明显提高。

b.材料孔隙和结构的影响　硅酸盐材料除熔融制品如玻璃外，或多或少总具有一定的孔隙率（气相）。孔隙率会降低材料的耐腐蚀性，因为孔隙的存在会使材料受腐蚀介质作用的面积增大，侵蚀作用也就显得强烈，使得腐蚀不仅发生在表面上，而且也发生在材料的内部。

当孔隙是互不相通而封闭时，受腐蚀性介质的影响要比开口的孔隙为小。因为当孔隙为开口时，腐蚀性液体容易透入材料内部。

硅酸盐材料的耐蚀性还与其结构有关，晶体结构的化学稳定性较无定形结构为高。例如结晶的二氧化硅（石英）虽属耐酸材料，但也有一定的耐碱性，而无定形的二氧化硅就易溶解于碱溶液中。

（2）大气腐蚀　材料暴露在大气自然环境条件下，由于大气中水和氧等物质的作用而引起的腐蚀，称为大气腐蚀。铁在空气中生锈，就是一种最常见的大气腐蚀现象。各种机器设备、钢铁桥梁、厂房钢架、车辆等金属制品，大部分都在大气环境下使用，均遭受大气腐蚀。据估计因大气腐蚀而损失的金属，约占总的腐蚀损失量的一半以上。另外，高分子材料在大气环境条件下，与空气接触，因氧气、臭氧、光照射等也会引起迅速的老化变质。因此这里的大气腐蚀除大气组成的腐蚀外，还包括暴露在大气中的材料受光照射引起的腐蚀。

■ 表4-40 大气的基本组成（不包括杂质，10℃）

成　　分	质量组成/%	成　　分	质量组成/$\times 10^{-6}$
空气	100	氖（Ne）	12
氮（N_2）	75	氪（Kr）	3
氧（O_2）	23	氦（He）	0.7
氩（Ar）	1.26	氙（Xe）	0.4
水蒸气（H_2O）	0.70	氢（H_2）	0.04
二氧化碳（CO_2）	0.04		

■ 表4-41 大气杂质组分

固　体		灰尘、沙粒、碳酸钙、氧化锌、金属粉或氧化物粉、氯化钠
气体	硫化物	SO_2、SO_3、H_2O
	氮化物	NO、NO_2、NH_4、HNO_3
	碳化物	CO、CO_2
	其他	Cl_2、HCl、有机化合物

① 大气腐蚀的特征　地球表面上自然状态的空气称为大气。大气是组分复杂的混合物。大气的基本组成见表4-40。大气中除了表中的基本组成外，还含有许多杂质，如表4-41。材料在大气中，某些大气成分与材料表面直接作用，发生单纯的化学腐蚀，非金属材料，如高分子材料在大气中发生的化学腐蚀。对金属材料来说，发生单纯化学腐蚀的速度非常缓慢，如金属表面的氧化；更多的由于大气中水汽在金属表面形成液层，该液膜中含有的各种成分构成电解质液膜层，形成了电化学腐蚀的条件，使金属表面遭受到明显的大气腐蚀。

② 金属材料在大气中的耐蚀性及防护　碳钢的大气腐蚀速度是较大的，特别是在工业大气中腐蚀显著。因此碳钢上经常涂上油漆一类的保护性涂层，以延长使用寿命。含有铜、磷、铬、镍等合金组分的耐大气腐蚀低合金钢，其耐腐蚀性较碳钢有很大提高，甚至不用涂油漆，在工业大气中的耐腐蚀性更为突出，在海洋大气之中的耐腐蚀性要差一些。但浸没于溶液中则与碳钢无差别。

在耐蚀性要求更高的情况下，有时使用不锈钢。在室内大气中，含Cr低的马氏体不锈钢即可满足要求。在室外大气，只有含有Cr-Ni奥氏体类型不锈钢才能满足耐蚀性要求，他们常用做装饰性或其他有特殊要求的材料。

铝的耐大气腐蚀性很好，已被广泛应用于建筑方面。但金属铝对二氧化硫一类的强酸性物质以及氯离子敏感，易产生蚀孔等局部腐蚀。

铜在大气中也具有很好的耐蚀性，常用来制造电线、水槽等。铜耐蚀的原因，主要是其热力学稳定性以及它在大气中形成"铜绿"的腐蚀产物保护膜。

铅在工业大气中很耐蚀。镍对海洋大气是极为耐蚀的，但对于大气中的二氧化硫污染却非常敏感，表面很快变为雾暗色，称为"起雾"现象。

大气腐蚀的防止有多种方法。研制和选用耐蚀材料，如耐大气腐蚀低合金钢；使用涂层和金属镀层保护，如对长期暴露在空气中的钢铁材料，使用油漆和金属镀层来保护；使用气相缓蚀剂和暂时性保护层，主要用于保护储藏和运输过程中的金属制品；降低大气湿度，因湿度是影响大气腐蚀的主要因素。这些方法对防止大气腐蚀，包括化学腐蚀和电化学腐蚀都是非常有效的。

③ 高分子材料在大气中的耐腐蚀性

a. 氧化作用。聚合物与所有其他有机化合物一样是易氧化的。聚合物与空气接触发生缓慢的老化，特别是当户外条件很有侵蚀性时，氧化反应往往因日光中存在的紫外辐射而被强化。温度越高，主链降解发生越迅速。在有氧和无氧存在的情况下，光和热均是高聚物劣化的因素。

聚合物材料的氧化作用为自由基链式反应。即使像聚乙烯这样的被认为是惰性的物质，在中等温度时，在没有光的条件下，除非加入稳定剂，否则也会十分迅速地与氧发生反应。这种温和条件下，氧化作用可能是在合成和加工过程中引入的氢过氧化物杂质引发反应的。

氢过氧化物分解形成自由基，形成的自由基攻击主链的C—H键，重新形成自由基，反应不断进行。

氧化作用与高分子的支化度有关，双键的存在活化相邻的氢原子，饱和状态会改进耐氧化性。另外，结晶聚合物比无定形要稳定，因氧渗透速率不同。C—F键比C—H键更耐自由基解离，因此聚四氟乙烯表现出异常良好的耐热氧化作用。通过加入少量的干扰成链历程的添加剂可明显提高聚合物的耐氧化作用。

臭氧的影响。大气中臭氧质量分数约为0.01×10^{-6}，严重污染时可达1×10^{-6}。但这些微量的O_3却可使某些结构高聚物（如天然橡胶和合成弹性体等）受到大气臭氧的侵蚀而发生降解。如果材料处于受应力状态下，降解导致一种特有的劣化形式，称为臭氧开裂，龟裂纹垂直于应力方向出现。橡胶要获得满意的使用寿命，需要对臭氧侵蚀予以稳定化。臭氧老化可用抗氧剂及抗臭氧剂来进行防护。

b. 耐候性。耐候性就是高分子材料对室外天气条件的抵抗能力。引起材料气候老化的主要因素包括以下几点。

ⅰ. 紫外线 太阳光中紫外线占6%～7%，其对高分子材料的作用主要是使大分子中的化学键激发，当有氧或水存在时处于激发状态的化学键将会进一步发生化学（尤其是氧化）裂解。

ⅱ. 温度 在阳光照射下，高分子材料尤其是深色或无光泽的材料将吸收其中的红外光而变成热，使温度迅速升高。温度能引起热老化，也能促进其他老化。

ⅲ. 湿气 大气中的湿气与雨水等会使耐水性差的高聚物产生溶胀、变形、水解等，而且气温低时，水汽在高分子材料的表面或微隙中还会凝结成冰，气温升高，又汽化，如此反复作用，也会使材料龟裂。

ⅳ. 臭氧、活性气体或其他化学物质 光、热作用下很多气体和化学物质也能与高分子材料发生反应。

ⅴ. 其他 风、雪和微生物等的作用。

ⅵ. 光老化 光在高聚物中要发生反应，首先就要被吸收，如果全部透射，就不易为光能引发而导致老化，即耐光（候）性好。聚合物中不同的基团能吸收与它的固有频率相应的光波。

羰基C＝O	吸收紫外光波长	280～300nm
双键C＝C	吸收紫外光波长	230～250nm
羟基—OH	吸收紫外光波长	230nm
单键C—C	吸收紫外光波长	136nm

因此，当聚合物中存在羰基或双键时，就能吸收相应的紫外光，使自身处于激发状态或价键断裂而产生自由基，在有氧或水分子存在下，生成氢过氧化物，引起大分子的氧化裂解反应。

聚乙烯、聚丙烯的大分子中无羰基或双键，但也能进行光化裂解，原因是聚合物不纯，有过氧化物等杂质存在，或因受热而发生氧化裂解产生了羰基、双键。

c.提高材料耐候（光）性的方法。

ⅰ.添加紫外光吸收剂　加入能优先吸收紫外光的化合物，然后将能量转移成非破坏性波长再发射出来，提高聚合物的抗老化能力。这类化合物有2-羟基二苯甲酮、2-羟基苯甲酸苯酯等。另加入炭黑可屏蔽紫外光，显著改善耐候性。

ⅱ.添加抗氧剂　添加抗氧剂可以阻缓由光引发的次级氧化反应的进行，如芳香胺类。

ⅲ.选用耐光老化好的高分子材料　室外使用时，应尽量选用耐光老化性好的材料，如环氧树脂制作的玻璃钢设备。

d.耐辐射性。当高分子材料被高能射线辐射时，如射线剂量很大，可以彻底破坏其结构，甚至使其完全变成粉末，在一般剂量的辐射下，高分子材料的性质也有不同程度的变化。辐射化学效应主要是大分子链的交联与裂解。

高能射线的波长很短，波长越短，能量越高。在高能量打击下，各种化学键均会被激发或裂解成离子、自由基。这些活性基团使大分子链交联或裂解。在发生交联和裂解的同时，还有双键的生成、氢气的发生、侧基的脱落等。

辐射交联将使分子量增大，硬度与耐热性提高，耐溶剂性大为改善。但同时也影响了高分子材料的其他使用性能。聚乙烯等的辐射交联多按自由基型反应进行。

图4-118为多种高分子材料受γ射线、中子射线照射后性能的变化情况。可以看到，耐热性优越，化学稳定性最好的氟塑料耐辐射性能却很差。

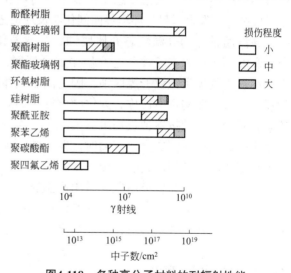

图4-118　多种高分子材料的耐辐射性能

（3）非水溶剂对金属的腐蚀　非水溶剂包括无机系和有机系两类。无机系有纯硫酸、发烟硝酸等不含水的酸类，熔融氢氧化钠及碳酸钠等熔盐，在低温下成为液态的液氨物质。有机系种类繁多，包括酒精、丙酮、醚、醛、苯、酚等。但是关于非水溶剂腐蚀，以往的研究工作较少，至今尚有不甚明了之处。它涉及有机药品工业、食品工业、发酵工业、油化学、印刷、染料制造及印染等多种工业装置的腐蚀问题。

水和非水溶剂性质上的最大差别是极性的差异。水是典型的极性分子，在水溶液中金属和水具有很大的亲和力，溶解的金属离子与水结合，也就是发生水合作用。这正是金属在水溶液中腐蚀比较激烈的原因。

一般说来，以氧、氮、硫、磷为代表的非金属原子具有较大的电负性，含有这些原子的分子与具有正电荷的金属离子之间，具有静电吸引力。因此，即使在非水溶剂中，有些物质如酒精、醛、羧酸、酚类、硝基化合物等也属于极性化合物，他们对金属的腐蚀作用虽弱于水，但也具有一定的腐蚀性。

一般而言，对金属的腐蚀，极性溶剂中的腐蚀遵从电化学机理，而非极性溶剂中腐蚀则是按照纯化学机理进行。非极性溶剂本身对金属的腐蚀性很小，但由于所处环境介质，以及生成的氧化物，使其具有一定的腐蚀性。非水溶剂对金属的腐蚀，实际上是由水分的存在引起的。水分的来源很多，如油类中本身含有水分，又由大气或其他环境中进入的水分等，其中还可能溶入氧和二氧化碳。

非水溶剂对高分子材料的腐蚀前面已经提到的主要是物理腐蚀。

防止非水溶剂的腐蚀常采用各种缓释剂。例如，对于钢、锡、黄铜等合金在四氯化碳中的腐蚀，可加入 $0.001\% \sim 0.1\%$ 苯胺来抑制。燃料油中加入铬酸盐、亚硝酸钠以及在润滑油中加入磷酸三甲苯酯、胺类、镁皂或钡皂一类高级脂肪酸等，可以防止钢铁的腐蚀。

4.6.2.2 高温化学腐蚀

高温化学腐蚀是研究高温条件下，当固态金属（合金）与其相接触的各类环境介质界面间发生化学反应，并形成反应产物膜于金属表面时所形成的对金属正常组织及其性能破坏的一门科学。应当注意无机非金属材料和有机高分子材料，在高温下也同样存在化学腐蚀。高温为材料与环境界面间化学反应的进行及材料腐蚀破坏的加速创造了条件。

高温腐蚀分为高温气态介质腐蚀、高温液体液态介质腐蚀和高温固体介质腐蚀三类。高温腐蚀中以在干燥气态介质中的金属腐蚀行为研究历史悠久，认识全面而深入，人们称它为气体腐蚀或干燥腐蚀。因为高温气体腐蚀主要研究金属与气态介质的界面化学反应，故许多文章中常称它为化学腐蚀。高温氧化乃是气体腐蚀中的典型特例。高温液态介质中的腐蚀按腐蚀机理可分为纯化学腐蚀和电化学腐蚀破坏，也可能是液态介质作用于固态物熔剂固态金属表面时，既可能出现金属的腐蚀破坏，也可能是液态熔剂固相或是液相冲刷固相造成的机械破坏。

金属（合金）在各类腐蚀介质中高温腐蚀的产生取决于反应物相界面上形成腐蚀产物所需化学反应的热力学条件，而高温腐蚀的持续则取决于相界面上形成的腐蚀物的成分、组织结构特征及它的对界面持续化学反应施加的影响。

4.6.3 电化学腐蚀

金属的腐蚀，按其作用性质分为化学腐蚀和电化学腐蚀。由于金属是导体，同时以金属离子的形式溶解，故金属材料的腐蚀过程通常可以用电化学机理来描述。

4.6.3.1 金属腐蚀的电化学机理

金属电化学腐蚀的机理可以归纳为电池作用和电解作用。而电池作用中，根据组成腐蚀电池的电极大小，可把腐蚀电池分为两大类：微观电池与宏观电池。绝大多数的金属腐蚀属于微电池作用，少数情况属于宏观电池作用。

（1）电池作用　如果把工业纯锌放入稀硫酸中，用显微镜可以看到在金属锌晶粒溶解的同时，有气泡在锌中杂质上形成并逸出，这种气泡是氢气泡，在杂质与锌晶粒之间有电流流动（图4-119）。这种由于金属表面的电化学不均匀性，在金属表面上微小区域或局部区域存在电位差，所形成的腐蚀电池即为微观电池。其特点是肉眼难于辨出电极的极性。这个现象在原理上同Zn-Cu原电池的作用一样（图4-120）。

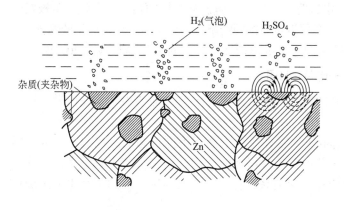

图4-119　锌在稀硫酸中腐蚀示意图（剖面）
图中右侧箭头表示电流方向

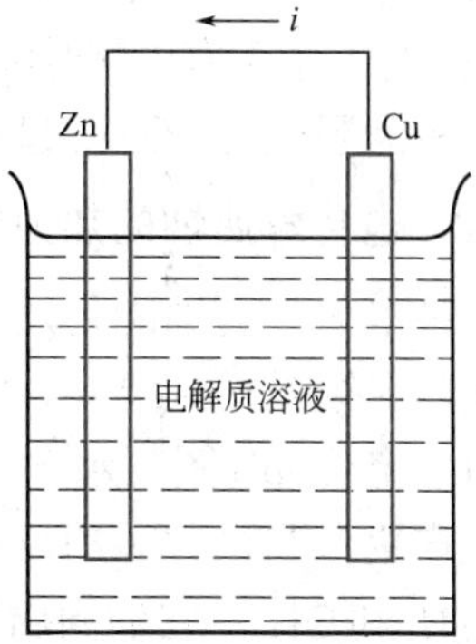

图4-120　Zn-Cu原电池示意图
图中箭头表示电流方向

在电池作用中，发生溶解的电极（锌电极，锌晶粒）称为阳极，另一极（铜电极，杂质）称为阴极。电极反应如下：

阳极　　　　　　　　　　　$Zn \longrightarrow Zn^{2+} + 2e$

电子e从阳极流到阴极。

阴极　　　　　　　　　　　$H^+ + e \longrightarrow H$

$$H + H \longrightarrow H_2$$

产生这种电池作用的推动力是两极之间存在着电位差。电极电位较负者（电位代数值较小者）为阳极，发生溶解；电极电位较正者（电位代数值较大者）为阴极。在阴极上进行着溶液中某种物质的还原作用。因此可以把微电池的腐蚀作用看作是金属中电极电位不同的两个微观部分直接作电接触，而其表面又同时与电解质溶液接触的原电池作用（图4-121）。

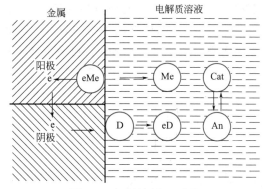

图4-121　腐蚀过程示意图

其腐蚀反应可以概括如下。

阳极：$Me \longrightarrow Me^{n+} + ne$

电子从阳极流到阴极。

阴极：从阳极流来的电子被阴极表面附近溶液中某种物质（D）所吸收，成为其还原态。

$$D + e \longrightarrow [eD]$$

酸性溶液　　　$H^+ + e \longrightarrow H$　　$H + H \longrightarrow H_2$

中性溶液，通常是氧还原为氢氧离子　　$O_2 + 2H_2O + 4e \longrightarrow 4OH^-$

对于含有高价金属离子的溶液，则优先发生该离子的还原，如

$$Cu^{2+} + 2e \longrightarrow Cu$$

宏观电池的腐蚀中阴极和阳极的尺寸较大，肉眼可辨别，叫做宏观电池腐蚀。当不

同金属相接触而又同时处于电解质溶液中时，就会构成宏观电池。宏观电池腐蚀中，常见的有盐浓差电池和氧浓差电池。

（2）电解作用 大家都知道，电解时阳极发生溶解，从腐蚀的角度看，就是阳极发生了腐蚀。生产中常有电解时漏电造成金属设备腐蚀的情况，即属于电解作用产生的腐蚀。

这种因漏电直流而引起的腐蚀又叫做杂散电流腐蚀。这种腐蚀能造成严重的损失。

4.6.3.2 电化学腐蚀的热力学——电位-pH图

一种电化学腐蚀能否发生，怎样判断，这就是电化学腐蚀的热力学条件问题。这对于金属防腐蚀是很重要的。

（1）电位-pH图 水溶液中的电化学腐蚀反应中会有不同价态的金属离子生成，常有腐蚀产物参与进一步的反应，而且也有水参与反应，因此，水溶液中总是存在着或多或少的 H^+ 和 OH^-，它们同腐蚀反应有密切关系。首先，一般腐蚀过程的两个主要阴极反应都同 H^+ 和 OH^- 有关：

$$H^+ + e \longrightarrow H \ (H + H \longrightarrow H_2)$$

$$O_2 + 2H_2O + 4e \longrightarrow 4OH^-$$

其次，溶液的pH值会影响到阳极反应的类型和产物；溶入溶液中的金属离子通过水解作用也会改变溶液的pH。

因此，当考虑一个腐蚀过程是否可能发生，要全面考虑各个可能的反应，考察这些与腐蚀有关的可能反应的平衡条件，即各反应平衡时电位、pH值、离子活度和参与反应气体的分压各参数之间的关系。

根据各反应的平衡条件，以平衡电极电位为纵坐标，以溶液pH值为横坐标作图，则得到电位-pH图，如图4-122所示。

（2）电位-pH图在腐蚀中的应用 这里仍以 $Fe-H_2O$ 体系为例。如果溶液中与固相平衡的离子活度规定为1mol/L，则有如图4-123的电位-pH图。

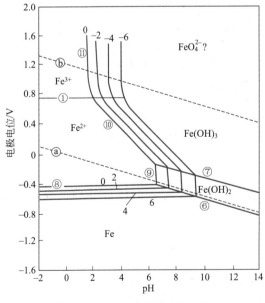

图4-122 $Fe-H_2O$体系电位-pH图

平衡固相Fe，Fe（OH）$_2$，Fe（OH）$_3$

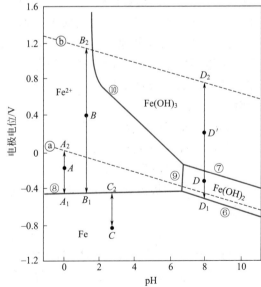

图4-123 $Fe-H_2O$体系电位-pH平衡图用于腐蚀的说明图

平衡固相Fe，Fe（OH）$_2$，Fe（OH）$_3$

设铁的电位、介质pH值处于图4-123中a-⑧线所夹三角区域内时（如图中A点），则由图可知铁将产生腐蚀（生成Fe^{2+}），同时，阴极反应析出氢气形成氢腐蚀；如果铁的电位、介质pH值处于图中ⓐ-⑨-⑩-ⓑ线所围区域内时，如图中B点，铁将伴随氧在阴极还原为OH^-而产生腐蚀——吸氧腐蚀；当铁的电位在⑧-⑥线以下时，在各pH值下，例如C点，铁均不能被腐蚀。

如果$Fe-H_2O$体系的电位-pH条件处于图123中⑥-⑦线之间，如D点，首先铁将溶解，当达到$Fe(OH)_2$的溶度积时即产生$Fe(OH)_2$；如果体系处于D'点，则经由$Fe(OH)_2$生成$Fe(OH)_3$。这些$Fe(OH)_2$和$Fe(OH)_3$实际是胶体状的含水氧化物$FeO \cdot nH_2O$、$Fe_2O_3 \cdot nH_2O$。而且在由$Fe(OH)_2$氧化为$Fe(OH)_3$的过程中，当氧量稀少而氧化速度缓慢时，先生成的$Fe(OH)_3$可能同尚未变化的$Fe(OH)_2$相作用生成Fe_3O_4。如这些氧化物（Fe_3O_4和Fe_2O_3）成为致密的膜同铁表面牢固结合时，就会阻滞以后的腐蚀过程。同样，可用其他金属的电位-pH来判断在某一条件下该金属是否能被腐蚀。

电位-pH图中汇集了金属腐蚀体系的热力学数据，并且指出了金属在不同pH或不同电位下可能出现的情况，提示人们可借助于控制电位或改变pH值达到防止腐蚀的目的。

4.6.3.3 极化作用与极化曲线

对于防腐蚀工作者来说，不仅关心腐蚀会不会发生的问题，而且关心腐蚀速率问题。

既然电化学腐蚀可以看作电池作用或电解作用，那么腐蚀作用就可以用电流来代表。然而，根据阴极、阳极反应平衡电位之差计算出的电流数值却比实际测定的腐蚀电流大几倍、几十倍，甚至几百、几千倍。这种变化是由于电流流过电极而引起的，叫做极化作用。阳极电位向正电位方向变化（电位升高）叫做阳极极化；阴极电位向负电位方向变化（电位降低）叫做阴极极化。

阳极极化的原因有三种：浓差极化、电化学极化（也称为活性极化）和钝化（也称为电阻极化）。阴极极化的原因有两项：浓差极化和电化学极化（也称为阴极活化极化）。

电极电位的变化与电流密度密切相关。把电极电位与电流密度的关系用曲线表示，就叫做极化曲线，如图4-124所示。

如果把极化曲线的电流密度坐标直接以实际测定的电流强度值表示，然后把阴极和阳极极化曲线画在一个图内，这种图就叫做极化图。

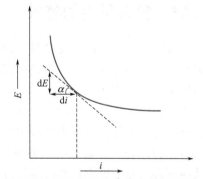

图4-124 阳极极化曲线与极化率示意图

极化曲线和极化图是现代腐蚀研究中非常重要的工具，用来说明某些腐蚀理论或规律。

4.6.3.4 腐蚀过程的控制因素和腐蚀控制的途径

（1）控制因素 电化学腐蚀过程的速率既取决于腐蚀电池的电动势（即阴、阳极反应平衡电位之差），也取决于腐蚀各步骤（即阳极反应，电子流动，阴极反应）的阻力大小。这些阻力是由阳极极化、电阻和阴极极化造成的。腐蚀电池的电动势就消耗在克服这些阻力上面。

腐蚀电流取决于腐蚀电池电动势（热力学因素）、阳极极化率、阴极极化率和电阻等四个因素。但这四个因素的作用大小不一定是相等或相近的。对于具体的腐蚀过程，可能是其中一个或两个因素有较大影响，即对腐蚀电流（腐蚀速率）起决定作用。这一个或两个对腐蚀速率起决定作用的因素就叫做腐蚀的控制因素。它通常分为阳极控制，阴极控制，阴、阳极混合控制和电阻控制等几种主要情况。

从概念上讲，电化学腐蚀过程是由腐蚀反应的各个步骤串联组成的。其中某一最慢的步骤，将对腐蚀速率起决定作用。由于这一步骤最难进行，因此，控制了整个腐蚀过程，故称之为控制因素。

（2）控制程度　各种控制因素对决定腐蚀速率所起的作用大小，通常称为控制程度。一般以各项阻力对整个腐蚀过程的总阻力的百分比表示。

（3）腐蚀控制的途径　防腐蚀，又称为腐蚀控制，其途径最好是根据腐蚀过程的控制因素来选择。在了解腐蚀控制因素的基础上，选择那些能使该控制因素进一步强化，即使该腐蚀反应更难进行的办法，才能最有效地防止或控制腐蚀。

针对腐蚀的四种控制因素：腐蚀电池电动势（热力学因素）、阳极极化率、阴极极化率和电阻等四个因素，防腐蚀方法也可以相应分为四类。提高体系热力学稳定性的方法，包括提高金属本身的热力学稳定性，如加入电位较正的合金元素，另外所有完全抑制腐蚀反应的措施均属于提高体系热力学稳定性的防腐蚀方法。另外，还有增强阳极控制的防蚀方法、增强阴极控制的防蚀方法和增加电阻控制的防蚀方法。

4.7 复合材料的性能

4.7.1 复合材料的特性

与传统材料相比，复合材料最显著的特点是"可设计性"，复合材料的力学、物理、化学等性能都可通过组分材料的选择与匹配、复合成型工艺、界面控制等手段进行设计与控制，以最大限度满足使用和环境要求。其次，复合材料构件与材料是同时形成的，一般不再用复合材料"加工"成复合材料构件，构件的整体性好，可靠性高。但是，复合材料在成型加工过程中伴有组分材料复杂的物理与化学变化，不可避免地带来材料内部的各种缺陷（如微裂纹、界面缺陷、残余内应力等），使复合材料性能离散性大，成品率不高。对于聚合物基纤维增强复合材料，除上述复合材料基本特点外，还有以下性能特征。

① 比强度、比模量大。材料的强度和模量与密度之比称之为比强度和比模量。用比强度和比模量概念能很好体现复合材料"轻质高强"方面的优势。如碳纤维增强环氧复合材料的比强度和比模量分别为钢的5倍和4倍。

② 破损安全性高。复合材料的破坏要经过基体损伤、开裂、界面脱粘、纤维拔出、纤维断裂等一系列过程，是一个渐变的过程。很少像传统材料那样发生突然的灾难性破坏与失效，主要体现为优良的耐疲劳性能，较长的使用寿命。

③ 阻尼减震性好。受力构件的自振频率除与形状有关外，还同结构材料比模量的平方根成正比，由于复合材料的比模量较高，因此具有较高的自振频率，避免了其在使

用状态下产生共振而引起破坏；同时基体和界面层有较大吸收振动能量的能力，致使材料具有较好的振动阻尼性。

④ 可具有较好的耐烧蚀性能。聚合物基纤维增强复合材料的耐热性主要取决于基体树脂，一般耐热性较好，这是因为其比热容、熔融和气化热大，高温下能大量吸收热能。有些树脂如酚醛树脂，其高温下的成碳率（树脂在一定温度下裂解后的质量保留率）较高，在800℃氮气中残碳率可达60%以上，由其制备的纤维增强复合材料具有良好的耐烧蚀性，可作为热防护材料在航天、国防领域应用。

4.7.2 复合材料性质的复合效应

4.7.2.1 复合材料各组元（相）相互作用

若所设计的复合材料是用作结构件，复合的目的就是要使复合后的材料具有最佳的强度、刚度和韧性。因此，复合材料中必须有一个组元主要起承受载荷的作用，它必须具有高强度和高模量，即所谓的增强材料（也称分散相或增强相）。增强材料作为分散相，主要有纤维及其织物、晶须、片状填料、颗粒等，它们通常都具有高强度、高模量、高比强度、高比模量、高耐温性能等特性，被粘接于基体内以提高复合材料的机械力学性能，即所谓的增强作用。同时，复合材料中又必须有一个组元起传递载荷及协同作用，并能够把增强材料粘接成一个整体，这类组元就是基体材料（也称连续相或基体相）。复合材料基体主要有树脂基、金属基和无机非金属基三大类。在复合材料制备过程中，基体经过复杂的物理、化学变化过程与增强材料复合成一定形状的整体（构件），其主要作用和特点包括：①将增强材料黏合成整体并使增强材料的位置固定；②在增强材料间传递载荷，并使载荷均衡；③保护增强材料免受各种损伤；④很大程度上决定了复合材料成型工艺方法及工艺参数选择；⑤决定复合材料的部分性能，如高温使用性能、耐化学介质性能、电气性能等。

在复合材料中，增强材料和基体材料都保持它们各自的物理特性，而基体与增强材料的界面实质上是纳米级以上厚度的界面层或称界面相，界面相是一种组成、结构性质与增强材料和基体明显不同（而又随它们的变化而变化）的相。界面相的作用首先是把施加在整体上的力，由基体通过界面层传递或分配到增强材料组元，这就需要足够的界面粘接强度，而另一方面要求增强材料在一定的应力条件下，能够脱粘，使增强材料从基体中拔出并产生摩擦，从而通过新增表面能、拔出功、摩擦功等形式吸收外加载荷的能量，提高其抗破坏能力。因此，要求相与相之间具有最佳的结合状态，而不是最大的粘接强度，这就是复合材料界面设计与控制的基本概念。界面相使复合材料产生出组合的力学性能，这是二组元单独存在时所不具备的。

4.7.2.2 复合效应

复合效应实质上是各组分材料及其所形成的界面在相互作用基础上的线性和非线性综合的结果。复合材料在结构上和复合机理上非常复杂，复合效应的表现形式又多种多样，使得对复合效应的理论分析相当困难。复合效应大致可归为混合效应和协同效应两类。

混合效应也称平均效应，是组分材料性能取长补短共同作用的结果，是组分材料性能比较稳定的总体反应，对局部的挠动反应不敏感。薄弱环节、界面、工艺因素等通常对混合效应没有明显的影响，主要表现为各种形式的混合律，且已形成比较成熟的理论体系。

协同效应则是复合材料的本质特征，基于协同效应，复合材料性能与组分材料相比可发生飞跃式提高，甚至具有组分材料所没有的性能。这些潜在的性能是研制开发新材料的源泉。协同效应普遍存在且形式多样，如增强相与基体间的界面效应，混杂复合材料的混杂效应，层合材料的层合效应，增强材料的尺寸效应、功能复合材料的乘积效应、系统效应、诱导效应等。协同效应对微观非均匀性，薄弱环节、界面、制备工艺，甚至某些随机因素等都十分敏感（或反应剧烈）。它们对复合材料力学中的强度、疲劳、损伤、破坏等问题具有显著作用。从某种意义上，复合材料作为一门学科研究的正是这种协同效应。复合材料可看作是一种多层次结构，复合效应贯穿于从微观、细观到宏观的各个层次和各个层次之间。就目前的研究水平，对复合效应作全面论述是不可能的。

4.7.2.3　混合定律

混合定律是复合理论中重要的基本定律，其通用表达式可写为：

$$X_c = X_m V_m + X_{f_1} V_1 + X_{f_2} V_2 + \cdots \tag{4-163}$$

式中，c 表示复合材料；f_1，f_2，…表示多于一种增强材料；m 为基体；X_c、X_m 和 X_f 分别表示复合材料、基体和增强材料的性能指标。它表示复合材料的性能随组元材料（增强材料和基体）含量的变化呈线性变化。使用混合定律估算复合材料性能时，应满足下列前提：①复合材料宏观上是均质的，不存在内应力；②各组分材料是均质的各向同性（或正交异性）及线弹性的；③各组分材料之间粘接牢固、无孔隙。通常复合材料的许多物理性能，如密度、模量、比热容、热导率、电导率、磁导率、介电常数等都较好地服从混合定律。混合定律简单明了地表达了复合材料性能与基体和增强材料的性能及分量之间的关系。由一种纤维和基体组成的单向复合材料的各个方向性能不同，为各向异性，沿纤维方向（纵向）的纵向弹性模量、热导率、热膨胀系数等可由混合定律求得：

$$X_c = X_f V_f + X_m V_m = X_f V_f + X_m (1 - V_f) \tag{4-164}$$

而垂直于纤维方向（横向）的性能，则由倒数混合定律进行描述：

$$1/X_c = V_f/X_f + V_m/X_m = V_f/X_f + (1 - V_f)/X_m \tag{4-165}$$

4.7.2.4　几何尺寸效应

复合材料的力学性能除与增强材料性能和相对含量相关外，还与增强材料的几何形状、尺寸大小、排布方式与分布状态密切相关。其中，纤维增强作用最为明显。

（1）纤维　纤维一般定义为长度大于 $100\mu m$ 且长径比大于 10 的丝状材料，它们可以是非晶态、多晶或单晶。假定长度为 l、直径为 d 的一根短纤维嵌入在弹性模量较低的基体内，纤维与基体的界面粘接很好且界面很薄，当沿纤维方向施加一载荷时，施加到基体上的应力将通过界面传递到纤维上，由于应变的差异，造成纤维上的拉应力和界面上的剪应力分布如图 4-125 所示，即在纤维末端的拉应力为零，界面剪应力最大，在纤维的中点拉应力最大，界面剪应力几乎趋于零（若纤维足够长），正是界面剪应力的变化（称为剪切效应）才引起了纤维上拉应力的变化，图 4-125 的应力分布已被证实。

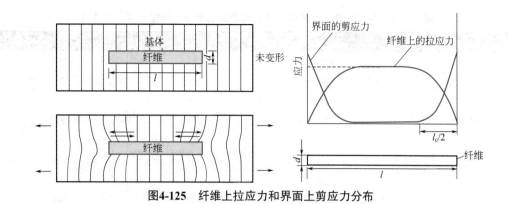

图4-125　纤维上拉应力和界面上剪应力分布

在弹性变形范围内，纤维上的拉应力 $\sigma_f=\varepsilon_m E_f$，随着外加载荷的增加，基体应变 ε_m 增大，纤维两端界面受到的最大剪应力和纤维中心处受到的最大拉应力 σ_f 也随之增大。从表4-42可知，只有当纤维长度至少等于 l_c 时，纤维上最大拉应力 σ_{fmax} 才能达到纤维的拉伸断裂强度 σ_{fu}，l_c 称为临界纤维长度，是使 σ_{fmax} 达到 σ_{fu} 时所需最短的纤维长度。此时，作用在纤维上的拉应力为 $\sigma_{fu}(\pi d^2/4)$，作用在界面上的剪切力为 $\tau\pi dl_c/2$。由纤维处在力学平衡状态可得 $\sigma_{fu}(\pi d^2/4)=\tau\pi dl_c/2$，可求出临界纤维长度 $l_c=\sigma_{fu}d/2\tau$，临界长径比 $l_c/d=\sigma_{fu}/2\tau$，式中 τ 为基体或界面层屈服强度较低者的剪切应力。

■ **表4-42　纤维上拉应力分布随纤维长度变化而变化**

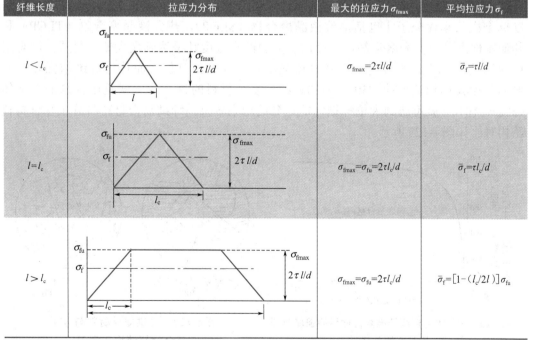

纤维长度	拉应力分布	最大的拉应力 σ_{fmax}	平均拉应力 σ_f
$l<l_c$		$\sigma_{fmax}=2\tau l/d$	$\bar{\sigma}_f=\tau l/d$
$l=l_c$		$\sigma_{fmax}=\sigma_{fu}=2\tau l_c/d$	$\bar{\sigma}_f=\tau l_c/d$
$l>l_c$		$\sigma_{fmax}=\sigma_{fu}=2\tau l_c/d$	$\bar{\sigma}_f=[1-(l_c/2l)]\sigma_{fu}$

不同复合材料体系 l_c 和 l_c/d 也不同，见表4-43。实验证明，当纤维的长度 $l>10l_c$ 时，短纤复合材料的强度趋近于具有相同体积分数的连续纤维复合材料的强度。若 $l<5l_c$ 时，则短纤的增强效果远不如连续长纤维，如图4-126所示。要使纤维起到增强作用，须使纤维的长度超过临界长度 l_c。

基　　体	纤维	l_c/mm	l_c/d
Ag	氧化铝	0.4	190
Cu	钨	38	20
Al	硼	1.8	20
环氧树脂	硼	3.5	35
环氧树脂	碳	0.2	35
聚碳酸酯	碳	0.7	105
聚酯	玻璃	0.5	40
聚丙烯	玻璃	1.8	140
氧化铝	碳化硅	0.005	10

（2）晶须与纳米材料　通常，当纤维体积分数相同时，随纤维直径的减小，其表面积呈几何级数增大，界面效应或界面作用更大，可大幅度提高复合材料的机械强度。

晶须作为另一类增强材料，是直径小于1μm、长径比＞10的细长单晶，小尺寸和结构完整的单晶性质赋予晶须高强度、高模量、低界面缺陷特性，使其在金属和陶瓷基复合材料中有很好的应用。

纳米复合材料是指分散相（增强体）尺度至少有一维小于100nm量级的复合材料，由于其纳米尺度效应、大的比表面积以及强的界面相互作用，使纳米复合材料性能远优于常规复合材料，是制备高性能复合材料的重要途径。如分子复合材料是以单个棒状刚性分子［包括溶致液晶聚合物（SLCP），热致液晶聚合物（TLCP）和其他刚性高分子］为增强剂，长径比和界面结合强度几乎达到最大值，材料内微观结构缺陷几乎消除，所得到的复合材料强度接近理论估算值，而传统纤维增强复合材料的强度仅为理论值的1/50～1/20。纳米复合材料的特点之一就是用少量的增强体（5%～10%）就可达到大量纤维才能达到的增强效果。纤维复合材料与分子复合材料结构对比如图4-127所示。

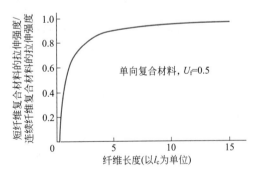

图4-126　短纤维与连续纤维复合材料的强度与纤维长度的关系

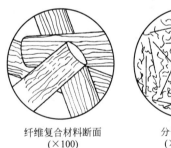

纤维复合材料断面
（×100）

分子复合材料
（×2000000）

图4-127　纤维复合材料与分子复合材料结构示意图

4.7.2.5　界面效应

（1）二次复合规律　当A、B相以体积分数V_A和V_B进入复合，将形成除A和B两相之外的第三相（图4-128）——界面相。设界面相所占体积为V_I，则V_A及V_B变成了V'_A及V'_B，这时混合定律［式（4-163）］则转变为：

$$X_c = V'_A X_A + V'_B X_B + V_I X_I \qquad (4\text{-}166)$$

设界面相由A、B等量混合，则有：

$$X_c = V_A X_A + V_B X_B + V_I \Delta X_c \qquad (4\text{-}167)$$

式中

$$\Delta X_c = X_c - \frac{X_A + X_B}{2} \qquad (4\text{-}168)$$

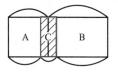

图4-128　界面相C的生成

式（4-167）又可变换为：

$$X_c = V_A X_A + V_B X_B + K V_A V_B \qquad (4\text{-}169)$$

式（4-169）称为二次复合规律，式中K与界面相有关，即与ΔX_c有关，称为A、B两相的相互作用参数。复合物性能相对于V_B的变化示于图4-129，由图可见，$K>0$时，曲线有极大值，$K<0$时，曲线有极小值，这就是说，要使X有极大值，必须形成一个界面区，此界面区的性质要超过原组分的算术平均值。

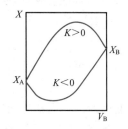

图4-129　二次复合规律

（2）力的传递与破坏　界面的一个宏观效应是力的传递，即将外力由基体经有一定结合强度的界面传递并分配给增强材料。正是由于界面的存在和力的传递与分配，使得复合材料产生出二组元单独存在时所不具备的组合力学性能。此外，适当的界面有阻止裂纹扩展、中断材料破坏、减缓应力集中的作用。

通常，复合材料的破坏除了承载纤维和基体的断裂，还涉及沿着界面的裂纹逐步扩展的过程。复合材料界面在传递应力的同时，还具有粘接与脱粘的双重功能。高的界面粘接强度并不一定带来高的强度和高的韧性。在脆性纤维-脆性基体复合材料中，一个强界面结合对有效的载荷传递和高的复合材料刚性和强度是必要的，然而，强的界面结合将迫使裂纹通过纤维和基体而不是界面进行扩展。其能量的耗散仅限于产生新的断裂表面，导致更大的脆性和灾难性的破坏。相反，弱的界面结合将增强与界面脱粘相联系的各种破坏机制的断裂吸收能量（如纤维拔出、脱粘后的摩擦、应力再分配等）。因此，为了取得理想的微观破坏机制，使材料的整体结合性能达到最优状态，就必须对复合材料界面进行设计与控制，即进行所谓的界面优化设计。

4.7.2.6　乘积效应

乘积效应已被广泛应用于设计功能复合材料，如把一种具有两种性能相互转换的功能材料X/Y（如压力/磁场换能材料）与Y/Z（如磁场/电阻换能新材料）复合起来。其效果是（X/Y）（Y/Z）=X/Z，即复合成压力/电阻换能新材料。这种组合方式可以非常广泛，见表4-44。

■ 表4-44　复合材料的乘积效应

A相性质 X/Y	B相性质 Y/Z	复合后的乘积性质（X/Y）（Y/Z）=X/Z
压磁效应	磁阻效应	压敏电阻效应
压磁效应	磁电效应	压电效应
压电效应	场致发光效应	压力发光效应
磁致伸缩效应	压阻效应	磁阻效应
光导效应	电致效应	光致伸缩
闪烁效应	光导效应	辐射诱导导电
热致变形效应	压敏电阻效应	热敏电阻效应

功能复合材料是指除力学性能以外还能提供声、光、电、磁、热等特殊物理性能的复合材料，由一种或多种功能体和基体复合而成。多元功能体可实现多功能化，也可通过乘积效应产生功能体所没有的新的功能，是复合材料另一重要的发展方向。

4.7.2.7 其他复合效应

实际上，已经发现许多机理尚不清楚的复合现象。例如，交替叠层镀膜的硬度远大于原来各单一镀膜的硬度和按线性混合律估算的数值，形成多层复合系统才出现的这种协同作用可称为"系统效应"。对于半结晶热塑性PMC，纤维的表面可诱导聚合物结晶产生独特"横晶"相貌界面层（图4-109），而对复合材料性能有着显著的影响，这一现象被称为"界面诱导效应"。又如，混杂纤维复合材料某些性能（尤其在强度、模量、疲劳、断裂应变、断裂功等）明显优于各单种纤维复合材料，人们将这种现象称为复合材料的"混杂效应"。正是由于混杂效应的普遍存在，混杂复合材料逐渐发展为复合材料的一个重要分支。尽管复合材料"复合效应"表现形式十分丰富，但可以肯定的是都源于界面相的存在和作用，即可概括为所谓的"界面效应"。可以想象，若基体相与增强相之间没有将两相紧密连接的界面相存在，犹如没有"万有引力"的存在，我们的太阳系也就不存在一样。

4.7.3 复合材料的力学性能

力学性能是材料最重要、最基本的性能，对于承载结构的复合材料尤为重要。即使是功能复合材料，也必须有一定机械强度为基础。复合材料的力学性能主要包括静态性能（刚度、拉、压、弯、剪、扭等强度）和动态性能（冲击、疲劳、振动、摩擦、蠕变、断裂韧性等）。

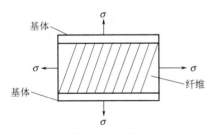

图4-130 单向板纵、横向受力模型

4.7.3.1 单向板复合材料的力学性能

连续纤维单向增强复合板（简称单向板）机械强度是复合材料机械强度计算的基础。其理论模型如图4-130所示。

（1）单向板的应力-应变曲线 在单向板的组成中，通常基体为模量和强度较低的韧性材料，纤维为模量和强度较高的脆性材料。基体、纤维和复合材料的拉伸应力-应变曲线如图4-131所示。

图中F_c、F_m、F_f和σ_c、σ_m、σ_f分别为复合材料、基体、纤维上所受的荷载和应力；A_c、A_m、A_f为三者在应力-应变曲线下的面积；E_c、E_m、E_f和ε_c、ε_m、ε_f为三者弹性模量和应变。在基体发生屈服应变前，属于弹性应变区，即Ⅰ阶段；从基体发生屈服应变至纤维断裂，属基体屈服应变区，即Ⅱ阶段。

（2）单向板复合材料的模量

① 纵向拉伸模量 当单向板纵向受拉力时应满足：

$$F_c = F_m + F_f, \quad \varepsilon_c = \varepsilon_m = \varepsilon_f$$

$$\sigma_c A_c = \sigma_m A_m + \sigma_f A_f$$

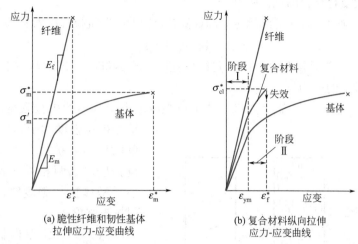

(a) 脆性纤维和韧性基体
拉伸应力-应变曲线

(b) 复合材料纵向拉伸
应力-应变曲线

图4-131　单向板基体、纤维和复合材料（纵向）拉伸应力-应变曲线

$$\sigma_c=\sigma_m\frac{A_m}{A_c}+\sigma_f\frac{A_f}{A_c}$$

$$\frac{\sigma_c}{\varepsilon_c}=\frac{\sigma_m}{\varepsilon_m}V_m+\frac{\sigma_f}{\varepsilon_f}V_f$$

因此，复合材料纵向拉伸模量：

$$E_{c1}=E_mV_m+E_fV_f \tag{4-170}$$

$$E_{c1}=E_m(1-V_f)+E_fV_f(V_m+V_f=1)$$

进一步推知：

$$\frac{F_f}{F_m}=\frac{E_fV_f}{E_mV_m} \tag{4-171}$$

通常 $E_f\gg E_m$，$V_f>V_m$。根据方程式（4-171），增强纤维承载的载荷 F_f 将远远高于基体承载的荷载 F_m，从而可充分发挥纤维的增强作用。

② 横向拉伸模量　当单向板横向受力时，则满足：

$$\sigma_c=\sigma_m=\sigma_f=\sigma$$

$$\varepsilon_c=\varepsilon_mV_m+\varepsilon_fV_f$$

根据 $\varepsilon=\dfrac{\sigma}{E}$，则有：

$$\frac{\sigma}{E_{ct}}=\frac{\sigma}{E_m}V_m+\frac{\sigma}{E_f}V_f$$

$$\frac{1}{E_{ct}}=\frac{V_m}{E_m}+\frac{V_f}{E_f}$$

可推导出，单向板横向拉伸模量：

$$E_{ct}=\frac{E_mE_f}{V_mE_f+V_fE_m}=\frac{E_mE_f}{(1-V_f)E_f+V_fE_m} \tag{4-172}$$

（3）单向板复合材料的抗拉强度

①纵向抗拉强度 连续纤维增强单向板复合材料的纵向抗拉强度为：

$$\sigma_{cl}^* = \sigma_m'(1-V_f) + \sigma_f^* V_f \qquad (4-173)$$

式中，σ_{cl}^* 为单向板复合材料的纵向抗拉强度；σ_m' 为纤维断裂时基体上承载的应力；σ_f^* 为作用在纤维上的应力。

②横向抗拉强度 通常增强材料的抗拉强度远大于基体的抗拉强度，当两相界面粘接抗拉强度大于基体抗拉强度时，单向板横向抗拉强度取决于基体抗拉强度，当两相界面粘接抗拉强度小于基体抗拉强度时，取决于界面层抗拉强度。

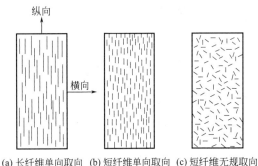

（a）长纤维单向取向 （b）短纤维单向取向 （c）短纤维无规取向

图4-132 不连续短纤维增强复合材料纤维取向、排布及分散状态

（4）短纤维单向板的纵向抗拉强度 按照4.7.2.4节所述，不连续短纤维增强复合材料的强度与纤维长度及其临界纤维长度密切相关。如图4-132所示，将不连续短纤维进行取向制备单向板复合材料，然后进行纵向拉伸试验，可得到：

当 $l > l_c$ 时，

$$\sigma_{cd}^* = \sigma_f^* V_f \left(1 - \frac{l_c}{2l}\right) + \sigma_m'(1-V_f) \qquad (4-174)$$

当 $l < l_c$ 时，

$$\sigma_{cd}^* = \frac{l\tau_c}{d} V_f + \sigma_m'(1-V_f) \qquad (4-175)$$

τ_c 是基体和纤维-基体界面剪切屈服强度中较小者。

上两式中，l 为纤维长度，d 为纤维直径。

（5）临界纤维体积含量 纤维增强复合材料是通过界面层将绝大部分载荷传递并分配到高强、高模、高承载能力的增强纤维上而实现增强的。大量研究证实，当复合材料中纤维增强体体积含量低于某个临界值时，纤维增强作用很不明显，甚至因纤维本身的各种缺陷，复合材料的强度会低于基体的强度。只有在纤维体积含量高于这个临界值时，复合材料才能表现出应有的增强作用。这个临界值称为临界纤维体积含量 V_{fc}。当 $V_f < V_{fc}$ 时，复合材料的强度主要由基体控制；当 $V_f > V_{fc}$ 时，复合材料的强度主要由纤维控制。如图4-133所示。

通常，临界纤维体积含量 V_{fc} 可由下式估算：

$$V_{fc} = \frac{\sigma_m^* - \sigma_f^* \dfrac{E_m}{E_f}}{\sigma_f^* - \sigma_f^* \dfrac{E_m}{E_f}} \qquad (4-176)$$

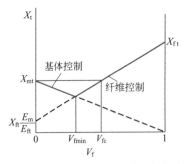

图4-133 纵向抗拉强度随纤维体积含量的变化

式中，σ_m^*、E_m、σ_f^*、E_f 分别为基体、纤维

的抗拉强度和杨氏模量。

由式（4-176）可知，不同复合材料体系其 V_{fc} 是不同的。通常复合材料的机械强度是随纤维体积分数增大而增大的。上述单向板复合材料强度讨论与计算均是以 $V_f > V_{fc}$ 为前提条件的。

例题 4-14

有一种环氧树脂/碳纤维单向复合材料，采用平均直径为 1.2×10^{-2}mm，平均长度为1mm，抗拉强度为5000MPa。已知纤维与基体的界面抗剪强度为25MPa，且碳纤维拉伸断裂时环氧基体承受的应力为10MPa，要使该单向纤维复合材料纵向抗拉强度达到750MPa。问①纤维体积分数至少应达到多少？②若纤维长度为1.5mm，纤维体积分数至少应达到多少？

解：本题所制备的是一种不连续纤维增强单向复合材料。

首先，依据临界纤维长度计算式，计算出临界纤维长度：

$$l_c = \frac{\sigma_f^* d}{2\tau_c} = \frac{5000 \times 1.2 \times 10^{-2}}{2 \times 25} = 1.2mm$$

式中，σ_f^* 为纤维抗拉强度，d 为纤维直径；τ_c 为界面抗剪强度。

① $l=1$mm $<l_c=1.2$mm，根据公式（4-175）：

$$\sigma_{cd}^* = \frac{l}{d} \tau_c V_f + \sigma_m'(1-V_f)$$

$$750 = \frac{1}{0.012} \times 25 V_f + 10(1-V_f)$$

解得：$V_f=35.7\%$

答：纤维平均长度为1mm，纤维体积分数至少为35.7%。

② 当 $l=1.5$mm $>l_c=1.2$mm，根据公式（4-174）：

$$\sigma_{cd}^* = \sigma_f^* V_f \left(1 - \frac{l_c}{2l}\right) + \sigma_m'(1-V_f)$$

$$750 = 5000 V_f \left(1 - \frac{1.2}{2 \times 1.5}\right) + 10(1-V_f)$$

$$V_f=24.75\%$$

答：纤维平均长度为1.5mm，纤维体积分数至少为24.75%。

4.7.3.2 单向板复合材料的破坏失效模式

研究表明，纤维增强复合材料中存在一个临界纤维体积含量 V_{fc}，只有当实际纤维体积含量 $V_f > V_{fc}$ 时，纤维才能起到增强作用，此时复合材料的失效主要由纤维控制。基体断裂、界面脱粘、纤维断裂是单向板纵向拉伸破坏的三个主要模式。一般由于基体断裂应变比纤维大，故在基体或界面破坏前，带缺陷的纤维首先断裂，随着荷载增加，纤维断裂产生的裂纹沿着基体或界面邻近纤维等各种途径扩展。如果是强界面结合，裂纹穿过基体和纤维，形成相当光滑的断口；如果是弱界面，裂纹将引起界面脱粘并伴有大量纤维拔出，如图4-134所示。

　　单向板横向拉伸破坏模式主要有三种，如图4-135所示。基体破坏（a）是主要模式，横向抗拉强度主要取决于基体的抗拉强度。单向板纵向压缩破坏的机理与拉伸机理不同，基体给予纤维侧向支持，使纤维承载但不屈曲，没有基体支撑，纤维就不能承载压缩载荷。其主要破坏机制有界面脱粘、"拉压"屈曲、剪切屈曲、剪切破坏四种，如图4-136所示。

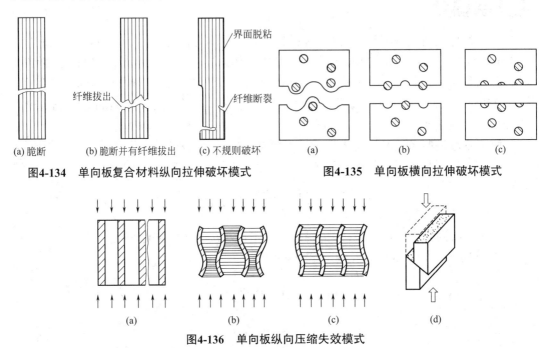

图4-134　单向板复合材料纵向拉伸破坏模式　　　　　图4-135　单向板横向拉伸破坏模式

图4-136　单向板纵向压缩失效模式

　　一般来讲，从增强效率来看，连续纤维的增强效率最高，短纤和晶须次之，颗粒增强效率最低，且复合材料的模量和强度随增强体体积分数增加而增加。此外，单向纤维复合材料的抗拉强度还直接取决于拉伸方向与纤维排列方向的夹角θ，如图4-137所示，单向纤维复合材料的抗拉强度随夹角θ的增加逐渐减小，当θ为90°时，抗拉强度降到最低。复合材料的高温力学性能主要受基体控制，基体的热变形温度愈高，复合材料模量和强度高温保持率愈高。除C/C复合材料，其他复合材料机械强度均随温度升高而降低，如图4-138所示。

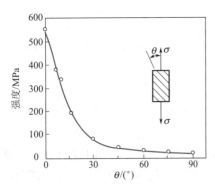

图4-137　单向碳纤维复合材料抗拉强度
与纤维方向关系

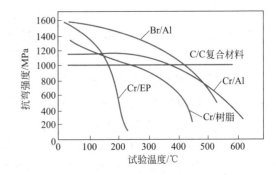

图4-138　复合材料机械强度与温度的关系

4.7.3.3　复合材料的冲击韧性

复合材料冲击韧性是复合材料应用过程中重要强度指标之一，其评价方法主要有冲击强度、断裂韧性、冲击后的抗压强度（CAI）三种。研究手段主要是各种冲击破坏实验，并由仪器直接记录冲击载荷与时间的关系曲线，如图4-139所示。冲击破坏所吸收的能量Q等于裂纹引发能Q_i和裂纹扩展能Q_p之和，韧性指数DI（ductility index）定义为裂纹扩展能与裂纹引发能之比：

$$DI = \frac{Q_p}{Q_i} \quad (DI \geqslant 0) \tag{4-177}$$

对完全脆性材料，DI=0；DI值越大，材料韧性越好。

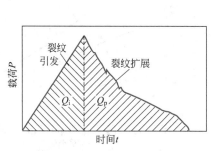

图4-139　冲击实验中的典型加载历程

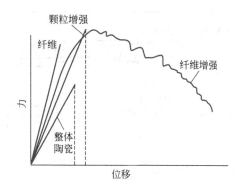

图4-140　纤维增韧陶瓷基复合材料的力-位移曲线

冲击过程中的能量吸收包括：①基体形变与开裂；②纤维破坏；③纤维脱粘；④纤维拔出；⑤裂纹偏转与分层裂纹等多个方面。受冲击过程中各种机制耗散能量的总和决定了材料的冲击韧性或冲击强度。就陶瓷基复合材料而言，纤维和基体都显示出很强的脆性特征，但在陶瓷基中加入连续长纤维、短纤维和晶须时，能得到韧性大幅度提高的复合材料，如图4-140所示，这是复合效应的生动体现。纤维脱粘与拔出理论认为，一方面在适宜的界面结合条件下复合材料内裂纹扩展时，可引起界面脱粘、纤维拔出，甚至纤维断裂；这样可以大量消散外力做功，同时使裂纹尖端的应力松弛，减缓裂纹的扩展。另一方面，当裂纹扩展方向与纤维垂直或相交时，高密度分布的纤维表面可有效阻止裂纹的扩展，从而起到有效增强的作用，如图4-141所示。

4.7.3.4　复合材料的疲劳性能

复合材料的疲劳强度是另一个重要的力学性能指标，所有材料在远低于静态强度极限的交变动态载荷作用下，经过一定循环次数（或时间）都要破坏失效，这一现象称为材料的疲劳破坏。通常用疲劳寿命N或疲劳强度S_N来表示材料的疲劳性能，并以所加交变应力幅值或最大应力与应力循环次数的关系曲线（称S-N曲线）形式给出。在交变载荷作用下，复合材料呈现非常复杂的破坏机理，可以发生遍及整个试样的四种疲劳损伤：基体开裂、界面脱粘、分层和纤维断裂。当内部损伤累积到一定程度时即发生灾难性破坏。实验表明，一般静态强度高的复合材料其疲劳强度亦高。若以疲劳极限比（疲劳强度/静态强度）表示，纤维增强复合材料的疲劳极限比一般在0.4～0.8之间，而单独基体材料或纤维本身的疲劳极限比一般小于0.4，一般复合材料的疲劳强度远高于单独基体或增强材料。铝合金复合材料的疲劳特性如图4-142，几种金属基纤维增强复合材料

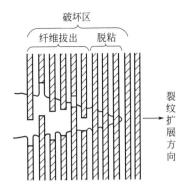

图4-141 纤维增强复合材料中裂纹扩展模式

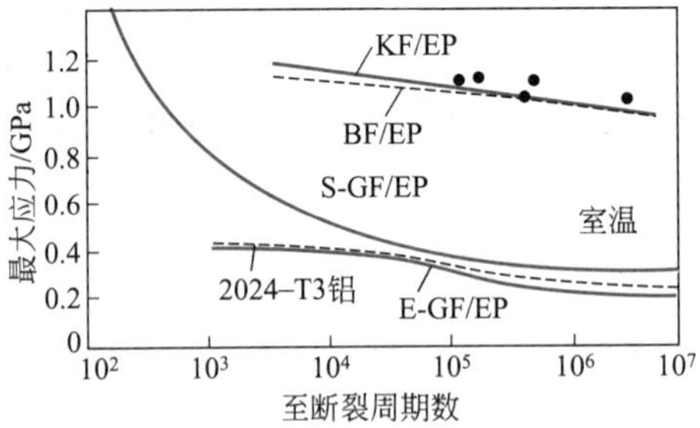

图4-142 铝合金复合材料的疲劳特性

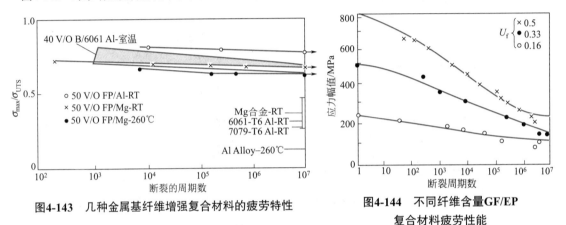

图4-143 几种金属基纤维增强复合材料的疲劳特性

图4-144 不同纤维含量GF/EP
复合材料疲劳性能

的疲劳特性如图4-143所示。

　　一般情况，复合材料的疲劳强度是沿纤维方向达到最大值，且随增强纤维体积分数的升高而升高。如图4-144所示。造成纤维增强复合材料抗疲劳强度大幅度提高的原因在于：高密度排布的纤维和大面积的界面可有效抑制疲劳裂纹的扩展。

4.8　纳米材料及效应

　　在宏观领域和微观领域之间，存在着一块引起人们极大兴趣和有待开拓的"处女地"，这个不同于宏观和微观的所谓介观领域包括了从微米、亚微米、纳米到团簇尺寸（从几个到几百个原子以上尺寸）的范围。在这个介观领域中出现了许多奇异的崭新的物理、化学现象和规律，并于20世纪80年代末期诞生一门正在迅速崛起的新科技——纳米科技（Nano-ST）。纳米科技是研究由尺寸在0.1～100nm之间的物质组成的体系的运动规律和相互作用，以及可能的实验应用中的技术问题，它的基本含义是在纳米尺寸（10^{-9}～10^{-7}m）范围内认识和改造自然，通过直接操作和安排原子、分子并制造出新的物质。纳米科技是21世纪科技产业革命的重要内容之一，是一门处在物理、化学、生物、材料、电子等多学科交汇点上的高度交叉的综合性学科，它不仅包含以观测、分析和研究为主线的基础学科，同时还有以纳米工程与加工学为主线的技术学科。因此，纳米科学与技术是一个融科学前沿和技术于一体的完整体系。纳米科技主要包括：①纳米物理学；②纳米化学；③纳米材料学；④纳米生物学；⑤纳米电子学；⑥纳米加工学；⑦纳米力学共7个相对独立的分支。其中，纳米材料和技术是纳米科技领域最富有活力、研究内涵最丰富的学科分支。纳米材料中涉及的许多未知过程和新奇现象，很难用传统物理化学理论进行解释，这也给21世纪物理和化学研究提出了许多新的课题并带来新的机遇。

4.8.1 纳米材料的结构

4.8.1.1 概述

"纳米"是一个尺度的度量，以"纳米"来命名材料始于20世纪80年代，它作为材料的定义把纳米颗粒限制在1～100nm范围。广义来说，纳米材料是指在三维空间中至少有一维处于纳米尺度范围或由它们作为基本单元构成的材料。目前，纳米材料的研究范围十分广泛，主要集中在纳米微粒、纳米金属材料、纳米磁性材料、纳米陶瓷材料、有机-无机纳米复合材料、纳米传感材料、纳米医用材料、纳米光电材料、固体和介孔复合体、纳米催化材料等方面，由于纳米材料是一个庞大的体系，且其内涵与外延不断扩大，迄今，对纳米材料还没有一个统一、准确的分类。但纳米材料至少包含三个层次，分别是纳米微粒（或纳米结构单元）、纳米固体和纳米组装体系。如果按维数，纳米材料的基本单元可以分为三类：①零维，指在空间三维尺度均在纳米尺度，如纳米尺度颗粒、原子团簇、人造原子等；②一维，指在空间有一维处于纳米尺度，如纳米管、纳米棒、纳米丝等；③二维，指在三维空间中有两维在纳米尺度，如超薄膜、多层膜、超晶格等。因为这些单元往往具有量子性质，所以对零维、一维和二维的基本单元分别又有量子点、量子线和量子阱之称。纳米固体是由纳米微粒聚集而成的凝聚体。如果从纳米固体的组成材料-纳米微粒的吉布斯相数多少来看，纳米固体可以分为纳米相材料和纳米复合材料，由单相纳米微粒构成的纳米固体通常称为纳米相材料，由不同材料的纳米微粒或两种及两种以上吉布斯固相的纳米微粒在至少一个方面上以纳米尺寸复合而成的纳米固体称为纳米复合材料，纳米复合材料兼有纳米材料与复合材料的优点而备受人们的关注。关于纳米结构组装体系大致可分为两类：一是人工纳米结构组装体系，二是纳米结构自组装体系。前者按人类的意志，利用物理和化学的方法人工地将纳米尺度的物质单元组装，排列构成一维、二维和三维的纳米主结构体系，包括纳米有序阵列体系和介孔复合体系，后者是指通过弱的和较小方向性的非共价键，如氢键、范德华力和弱的离子键协同作用把原子、离子或分子连接在一起构筑成一个纳米结构或纳米结构的花样。纳米材料大部分都是人工制备的。1000多年前，中国古代利用燃烧蜡烛来收集的炭黑作为墨的原料以及用于着色的染料，就是最早的纳米材料；中国古代铜镜表面的防锈层也证实为纳米氧化锡颗粒构成的一层薄膜。实际上自然界中早就存在纳米微粒和纳米固体。例如天体的陨石碎片，人体和兽类的牙齿都是由纳米微粒构成的。需要指出的是，并不是具有纳米尺寸的微粒都称为纳米材料，纳米材料不仅需粒子尺寸进入纳米量级（1～100nm），同时还具有所谓的纳米结构，且本身还具有量子尺寸效应、小尺寸效应、表面效应和宏观量子隧道效应，因而展现出许多特有的性质。

4.8.1.2 纳米结构单元

所谓纳米结构是以纳米尺度的物质单元（纳米结构单元）为基础，按一定规律构筑或营造一种新的体系，它包括一维的、二维的、三维的体系。这些物质单元包括纳米微粒、稳定的团簇或人造超原子（artificial superatoms）、纳米管、纳米棒、纳米丝及纳米尺寸的孔洞。由纳米结构单元组装而成的纳米结构体系还会引起新的效应。如量子耦合效应和协同效应等，其次这种纳米体系很容易通过外场（电、磁、光）实现对其性能的控制，这就是纳米超微型器件的设计基础。目前主要有以下几种纳米结构单元。

（1）团簇　原子团簇是20世纪80年代才出现的一类化学物种，是指几个至几百个原子的聚集体（粒径小于或等于1nm），如nFe、Cu_nS_m、C_nH_m和C_{60}、C_{70}、富勒烯等。原子团簇不同于有特定大小和形状的分子，是分子间以弱的结合力结合的松散分子团簇和周期性极强的晶体。原子团簇的形状可以是多种多样的。它们尚未形成规整的晶体，除了惰性气体外，它们都是以化学键紧密结合的聚集体。绝大多数原子团簇的结构不清楚，但已知有线状、层状、管状、洋葱状、骨架状、球状等。

原子团簇有许多奇异的特性，如极大的比表面积使它具有异常高的化学活性和催化活性、光的量子尺寸效应和非线性效应，电导的几何尺寸效应、C_{60}掺杂及掺入原子的导电性和超导性等。其中C_{60}紧密堆垛组成了第三代碳晶体，C_{60}的发现大大丰富了人们对碳的认识。

（2）纳米微粒　纳米微粒是指颗粒尺寸为纳米量级的超细微粒，它的尺度大于原子簇，小于通常的微粉。纳米微粒是肉眼和一般显微镜看不见的微小粒，尺寸在1～100nm之间，血液中的细胞的大小为200～300nm，一般细菌长度为200～600nm，引起人体发病的病毒尺寸一般为几十纳米，因此纳米微粒跟病毒一样，只能用电子显微镜（TEM）进行观察。有人认为原子簇和纳米微粒是由微观世界向宏观世界的过渡区域，许多生物活性由此产生和发展。

（3）人造原子　人造原子有时称为量子点，是20世纪90年代提出来的新概念，所谓人造原子是由一定数量的实际原子组成的聚集体，它们的尺寸小于100nm。在人造原子中，电子波函数的相干长度与人造原子的尺度相当时，电子不再可能被看成是外场中运动的经典粒子，电子的波动性在输运中得到充分发挥，可观察到电子输运的量子化台阶现象，导致普适电导涨落、非局域电导等，表现出显著的量子效应。人造原子和真正的原子有许多相似之处，首先，人造原子有离散的（或量子化的）能级，电荷也是不连续的，电子在人造原子中也是以轨道的方式运动；其次电子填充的规律也服从洪特法则，第一激发态也存在三重态。人造原子与真正原子的主要差别在于：一是人造原子含有一定数量的真正原子；二是人造原子的形状和对称性多种多样，除了对称性的量子点外，尺寸小于100mm的低对称性复杂形状的微小体系都可称为人造原子；三是人造原子电子间强交互作用比实际原子复杂得多，随着人造原子中原子数目的增加，电子轨道间距减少，强的库仑排斥和系统的限域效应和泡利不相容等原理使电子自旋朝相同方向进行有序排列，因此，人造原子是研究多电子系统的最好对象；四是实际原子中电子受原子核吸引作轨道运动，而人造原子中电子是处于抛物线形的势阱中，具有向势阱底部下落的趋势，由于库仑排斥作用，部分电子处于势阱上部，弱的束缚使它们具有自由电子的特征。人造原子还有一个重要特点是放入一个电子或拿出一个电子很容易引起电荷涨落，放入一个电子相当于对人造原子充电，这些现象是设计单电子晶体管的物理基础。当大规模集成线路细化到100nm左右时，传统大规模集成线路的工作原理将受到严峻的挑战，量子力学原理将起重要的作用。

（4）纳米管、纳米棒、纳米丝和同轴纳米电缆　采用高分辨电镜技术对碳纳米管的结构研究证明，多层碳纳米管一般由几个到几十个单壁碳纳米管同轴构成。单壁碳纳米管可能存在三种类型的结构，分别称为单臂纳米管、锯齿形纳米管和手性纳米管，如图4-145所示。碳纳米管具有独特的电学性质，

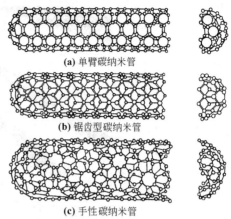

(a) 单臂碳纳米管

(b) 锯齿型碳纳米管

(c) 手性碳纳米管

图4-145　三种类型的碳纳米管

这是电子的量子局域所致，电子只能在单层石墨片中沿纳米管的轴向运动、径向运动受限制。碳纳米管具有金刚石相同的热导率和独特的力学性质，其拉伸强度比钢高100倍，杨氏模量高达1TPa左右，单壁碳纳米管可承受扭转形变并可弯成小圆环，应力卸除后可完全恢复原状，压力不会导致管的断裂，其优良的力学性能使其有潜在的应用前景。除碳纳米管外，人们已制备了其他材料的纳米管，如WS_2、$NiCl_2$、水铝英石、氮化碳等纳米管。

纳米棒、纳米丝和纳米线为准一维实心的纳米材料，其两维方向上为纳米尺度，长度方向尺度大得多，甚至为宏观尺度。根据它们的长径比不同，由小到大划分为纳米棒、纳米丝和纳米线。近年来，科学家已成功地采用碳纳米管为模板，合成了多种碳化物和氮化物的纳米棒、纳米丝、纳米线，如SiC、CaN、Si_2N_2O纳米丝，CaAs、InAs纳米线等。

同轴纳米电缆是指芯部为半导体或导体的纳米丝，外包覆异质纳米壳体（导体或非导体），外部的壳体和芯部的丝是共轴的。由于这类材料所具有的独特性能、丰富的科学内涵、广泛的应用前景，以及在未来纳米结构器件中占有的战略地位，而备受人们关注。图4-146为以β-SiC纳米为芯、外包非晶SiO_2的同轴纳米电缆。

（5）纳米片层-石墨烯　自2004年被首次制备出以后，石墨烯迅速成为研究热点。石墨烯是碳的单原子层通过紧密堆积而形成的类似蜂窝的二维层状纳米材料，其中，碳原子基于sp^2杂化轨道以六元环形式周期排列于石墨烯平面内，原子间距为0.142nm，π电子位于石墨烯层的两侧。石墨烯具有十分优异的性质，例如，石墨烯材料具有独特的电子特性，石墨烯的带隙接近于零，电子和空穴作为载流子能够在亚微米距离内传输而不发生散射，其电子迁移率大于$15000cm^2/(V \cdot S)$，通过改变石墨烯的层数和形貌，如扶手椅型石墨烯纳米带，可将其制成半导体；石墨烯结构中的σ键赋予其极高的力学性能，其抗拉强度和弹性模量可分别达到125GPa和1.1TPa以上；石墨烯由于自身较高的弹性常数和平均自由程，其热导率可达到5000W/（m·K）以上；由于石墨烯具有极小的带隙，还表现出独特的光学特性。基于电子显微镜对石墨烯的形貌研究发现，单层石墨烯并不是平整的，在其表面和边缘上存在纳米级别的褶皱，这种空间上的微小起伏会导致静电的产生，从而使石墨烯容易发生团聚。

由纳米结构单元进行人工组装、自组装和与其他种类的材料复合，就可构筑或制备

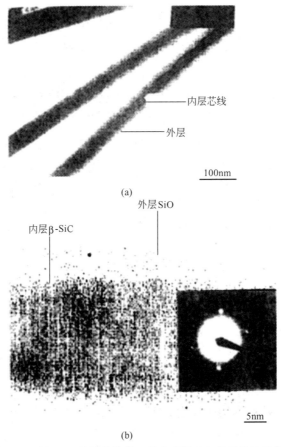

（a）

（b）

图4-146　以β-SiC纳米丝为芯、外包非晶SiO₂的同轴纳米电缆
（a）合成物在透射电镜下的高倍形貌像；
（b）单根纳米电缆的高分辨晶格条纹像，插图为芯部晶相对应的选区电子衍射花样

各种性能更优异、功能更奇特的纳米材料和纳米器件。因此，纳米材料被誉为"21世纪的新材料"。

4.8.1.3　纳米复合材料

纳米复合材料是指分散相尺度至少有一维小于10^2nm量级的复合材料。金属、无机物、聚合物等都成为纳米复合材料体系的构成成分。由于其纳米尺度效应、大的比表面积以及强的界面相互作用，纳米复合材料的性能远优于相同组分常规复合材料的力学性能。因此，制备纳米复合材料是获得高性能复合材料重要途径之一。例如，分子复合材料是纤维增强聚合物基复合材料概念的延伸和发展，其增强剂是刚性棒状高分子（包括溶致液晶聚合物SLCP、热致液晶聚合物TLCP和其他刚直高分子）以分子水平（直径在10nm数量级）分散在柔性挠曲高分子基体中（图4-147）。基于传统复合材料中纤维长径比（L/D）对材料力学性能的影响，

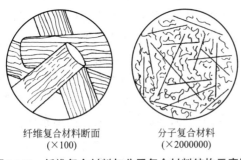

纤维复合材料断面　　　分子复合材料
（×100）　　　　　（×2000000）

图4-147　纤维复合材料与分子复合材料结构示意图

材料科学与工程基础

分子复合材料是以单个棒状刚性分子作为增强剂，长径比达到最大值，故可以实现最大的增强效果。这些单个分子至多是两三个分子的聚集体，几乎消除了纤维增强中的界面粘接和缺陷，所得到的增强值接近理论估算值，而传统纤维增强复合材料的强度仅为理论值的1/50～1/20。纳米复合材料特点之一就是用少量的增强剂（5%～10%）就可达到大量纤维才能得到的增强效果。同时，由于分子复合材料通常是通过共聚或与极少量的硬段分子共混，其加工性能与基体的加工性能相当，它们可以通过各种传统方法成型，而不需要特别的加工设备。

4.8.2 纳米材料的基本物理效应

4.8.2.1 纳米效应

（1）小尺寸效应　当超细微粒的尺寸与光波波长、德布罗意波长以及超导态的相干长度或透射深度等物理特征尺寸相当或更小时，晶体周期性的边界条件将被破坏，非晶态纳米的颗粒表面层附近的原子密度减小，导致声、光、电、磁、热力学等物性呈现新的小尺寸效应，例如，纳米微粒的熔点可远低于块状金属，2nm的金颗粒的熔点为600K，随粒径增加熔点迅速上升，块状金为1337K。高倍率电子显微镜对超细金颗粒（2nm）观察发现，颗粒形状可以在单晶与多晶、孪晶之间进行连续地转变，这与通常的熔化相变不同，并提出了准熔化相的概念。又如，随着粒子尺寸的减小至纳米级，光吸收显著增加，并产生吸收峰的等离子共振频移，磁有序态向磁无序态转变，超导相向正常相转变，声子谱发生改变。纳米尺度的强磁性颗粒（Fe-Co合金、氧化铁等），当颗粒尺寸为单磁畴临界尺寸时，具有甚高的矫顽力，可制成磁性信用卡、磁性钥匙、磁性车票等，利用等离子共振频移随颗粒尺寸变化的性质，可以改变颗粒尺寸、控制吸收边的位移、制造具有一定频宽的微波吸收纳米材料，可用于电磁波屏蔽、隐形飞机等。

（2）表面效应　随着粒子粒径的减小，微粒的比表面积、表面原子相对全部原子的比例和表面能会成倍或成数量级的增加。由于表面原子的增多，原子配位严重失配及高的表面能，使这些表面原子具有高的活性，极不稳定，很容易与其他原子结合，例如金属的纳米粒子在空气中会燃烧、无机的纳米粒子暴露在空气中会吸附气体。这种表面原子的活性不但引起纳米粒子表面原子输运和构型的变化，同时也会引起表面电子自旋构象和电子能谱的变化。固体颗粒的比表面积与粒径的关系如下式：

$$S_w = k/(\rho D) \tag{4-178}$$

式中，S_w 为比表面积，m^2/g；ρ 为粒子的理论密度；D 为粒子平均直径；k 为形状因子。

由此可知，随颗粒尺寸的减小，粒子的比表面积迅速增加，例如，粒径0.05μm的SiC（$\rho=3.3g/cm^3$），比表面积高达36m^2/g。纳米粒子是在非平衡态和苛刻条件下制得的，其表面处于高度活化状态，使其表面能很高，如0.1μm的铜粒子，其表面能高达6.7×10^2J。

从物理化学角度分析，粒子间的相互作用能是排斥位能和引力位能的综合作用。即

$$V = V_a + V_r$$

$$V_r = \varepsilon D^2 \phi_0^2 R$$

$$V_a = -AD/12H_0$$

式中，V_r 为排斥力位能；ε 为分散介质的介电常数；R 为两粒子中心间的距离；ϕ_0 为粒子的表面位能；D 为粒子半径；V_a 为引力位能；H_0 为粒子间最短距离；A 为常数。

由上式可以看出，V_a 与 D 成正比，V_r 与 D^2 成正比。因此，随着粒径 D 的减小，排斥力位能减小的幅度远大于引力位能的减少幅度，使得粒径小于某一值后，粒子间的相互作用总表现为引力相互作用，粒子间很容易凝聚成团，因此纳米粒子间的吸附作用很强，容易集聚，难以均匀稳定地分散。

（3）量子尺寸效应　当粒子尺寸下降到某一值时，金属费米能级附近的电子能级由准连续变为离散能级的现象，纳米半导体微粒存在不连续的最高被占据分子轨道和最低被占据的分子轨道能级、能隙变宽的现象称为量子尺寸效应。能带理论表明金属费米能级附近电子能级是连续的，这一点只有在高温和宏观尺寸情况下才成立，对于只有有限个导电电子的超微粒子来说，低温下能级是离散的。久保与其合作者提出相邻电子能级间距和颗粒直径关系可由下式表示：

$$\delta = \frac{4}{3} \frac{E_F}{N} \propto V^{-1} \tag{4-179}$$

式中，N 为一个超微粒子的总导电电子数；V 为超微粒子体积；E_F 为费米能级。

E_F 可以用下式表示：

$$E_F = \frac{h^2}{2m} (3\pi^2 n_1)^{2/3} \tag{4-180}$$

这里 n_1 为电子密度，m 为电子质量，由式（4-132）、式（4-133）可以看出，当粒子为球形时，$\delta \propto \dfrac{1}{d_3}$，即随粒径的减小，能级间隔增大。

对于宏观物体包含无限个原子（即导电电子数 $N \to \infty$），可得到能级间距 $\delta \to 0$，而对纳米微粒，所含 N 很小，这就导致 δ 有一定的值，即能级间距发生分裂，当能级间距 δ 大于热能、磁能、静磁能、静电能、光子能量或超导态的凝聚能时，这会导致纳米微粒、磁、光、声、电以及超导性与宏观特性有显著的不同，即这时必须考虑量子尺寸效应。

（4）宏观量子隧道效应　微观粒子具有贯穿势垒的能力称为隧道效应。近年来，人们发现一些宏观量，例如微颗粒的磁化强度，量子相干器件中的磁通量等亦具有隧道效应，称为宏观的量子隧道效应。它限定了磁带、磁盘进行信息储存的时间极限。量子尺寸效应、隧道效应将会是未来微电子器件的基础，或者它确定了现在微电子器件进一步微型化的极限，当微电子器件进一步细微化时，必须考虑上述的量子效应。

4.8.2.2 纳米材料奇特的物理、化学性能

上述小尺寸效应、表面界面效应、量子尺寸效应及量子隧道效应都是纳米微粒与纳米固体的基本特性，它使纳米微粒、纳米固体和纳米器件呈现出许多奇异的物理、化学性质，出现一些"反常现象"。纳米微粒物性的一个最大特点是与颗粒尺寸有很强的依赖关系。如：金属纳米材料的电阻随尺寸下降可增大，变成绝缘体。电阻温度系数下降甚至变成负值；相反，原是绝缘体的氧化物当达到纳米级时，电阻反而下降。$10 \sim 25nm$ 的铁磁金属微粒的矫顽力比相同的宏观材料大1000倍，而当颗粒尺寸小于10nm矫顽力变为零，表现为超顺磁性。一般具有各向异性的磁性金属材料，如FeNi合

金，在磁场下电阻会下降，即所谓磁阻效应，但人们在纳米体系（如Fe/Cr多层膜中），观察到磁电阻变化率$\Delta R/R$，比一般的磁电阻大一个数量级，且为负值，各向同性，人们把这种大的磁电阻效应称为巨磁电阻效应。纳米氧化物和氮化物在低频下，介电常数增大几倍，甚至增大一个数量级。

大块金属具有不同颜色的光泽，当尺寸小到纳米量级时，各种金属纳米微粒几乎都呈黑色，表现出对可见光极低的反射率和强吸收特性。作为微电子学的明星材料，半导体的硅表现出半导体特性，在动量空间，由于导带底和价带顶的垂直跃迁是禁阻的，通常没有发光现象，但当硅的尺寸达到纳米级（6nm）时，在靠近可见光范围内，就有较强的光致发光现象。多孔硅的发光现象也与纳米尺度有关。在纳米氧化铝、氧化铁、氧化硅、氧化锆中，也观察到常规材料根本看不到的发光现象。光催化是纳米半导体独特的性能之一，这种纳米材料在光的照射下，通过把光能转变成化学能，促进有机物的合成或使有机物降解的过程称为光催化。光催化的基本原理是：当半导体氧化物（如TiO_2）纳米粒子受到大于禁带宽度能量的光子照射后，电子从价带跃迁到导带，产生电子-空穴对，电子具有还原性，空穴具有氧化性，空穴与氧化物半导体纳米粒子表面的OH—反应生成氧化性很高·OH自由基，活泼的·OH自由基可以把许多难降解的有机物氧化为CO_2和水等无机物。近年来，人们在实验室里利用纳米半导体微粒的光催化性能成功地从海水中分解提取了H_2，对TiO_2纳米粒子进行N_2和CO_2的固化也获得了成功。

测定Cu纳米晶的扩散率，发现它是普通晶格扩散率的$10^{14} \sim 10^{20}$倍，是晶界扩散率的$10^2 \sim 10^4$倍。例如室温时Cu的晶界扩散为$4.8 \times 10^{-24} m^2/s$，晶格扩散率为$4 \times 10^{-40} m^2/s$，而晶粒尺寸为8nm的纳米晶Cu的扩散率为$2.6 \times 10^{-20} m^2/s$。由于纳米结构中有大量的界面和高的表面能，这为原子提供了短程扩散的途径。与单晶材料相比，表现为超常的扩散率，这种超常的扩散能力，使无论液相还是固相都不混溶的金属，在处于纳米晶状态时，会发生固溶产生合金，也使纳米结构材料的烧结温度大大降低。所谓烧结温度，是指把粉末先加压成型，然后在低于熔点的温度下使这些粉末互相结合，密度接近于材料理想密度的温度。在纳米晶粒的烧结中，高的界面能和扩散能力成为原子运动的驱动力，有利于界面中的孔洞收缩，因此，在较低温度下烧结就能达到致密化的目的。例如TiO_2不需要添加任何助剂，粒径为12nm的TiO_2粉可以在低于常规烧结温度400 ~ 600℃下进行烧结。一般认为陶瓷具有超塑性应该具有两个条件：①较小的粒径；②快速的扩散途径。纳米陶瓷正是具备这两点，人们已发现在Al_2O_3、Si_3N_4等陶瓷材料高温时（1100 ~ 1600℃）具有超塑性，但室温超塑性仍然没有报道，陶瓷的室温超塑性有望通过晶粒尺寸降到纳米级来实现。从而彻底实现陶瓷增韧这一"材料学的梦想"。

庞大的比表面积、高百分比的表面原子，键态严重失配，活性中心变多，表面台阶和粗糙度增加，表现出非化学平衡，非整数配位的化学价，导致纳米体系的化学性质与化学平衡体系出现很大差别，使得纳米材料在催化反应中具有很高的催化活性和催化选择性。化学惰性的金属铂制成纳米微粒（铂黑）后却成为活性极好的催化剂。通常的金属催化剂铁、钴、镍、钯、铂制成纳米微粒可大大改善催化效果，粒径为30nm的催化剂可把有机化学加氢和脱氢反应速度提高15倍。在环二烯的加氢反应中，纳米微粒做催化剂比一般催化剂的反应速度提高10 ~ 15倍。在甲醇的氢化反应中，当氧化硅催化剂粒径达到纳米级，其选择性提高5倍。纳米微粒对提高催化反应效率、优化反应路径，提高反应速度和立体定向等方面的研究，很可能给催化工业的应用带来革命性的变革。

除上述外，纳米材料还表现出其独特的力学行为、吸附行为、流变行为、光电转换特性、压电特性、环境敏感性以及"生物活性""导航识别功能"等。

4.8.3　纳米材料的表征与分析

同其他材料相似，纳米材料的表征与分析主要涉及材料的结构与组成，不同之处在于，纳米材料更加注重对其微观尺寸和形貌的研究。对纳米材料进行表征的难度在于要分析的目标物是在纳米尺度，因此需要更加精密的表征工具。电子显微镜是纳米结构表征中应用最广泛的一种技术，包括扫描电子显微镜（SEM）、透射电子显微镜（TEM）、高分辨透射电镜（HRTEM）、原子力显微镜（AFM）、扫描轨道显微镜（STM），使用它们可以对纳米材料的微结构和表面形貌进行分析。X射线衍射（XRD）和小角X射线散射（SAXS）可用于探测纳米晶体的结构与尺寸。如果需要对单个纳米结构进行表征，就需要测试仪器具有原子尺度的分辨率，此时可借助三维原子探针（3D AP）和场离子显微镜（FIM）技术。此外，纳米压痕测试可以基于微观尺寸的应力-应变行为给出纳米材料表面的弹性模量和硬度。随着纳米材料的快速发展，一些更加有效的表征与测试设备不断被开发出来，同时，新的研究手段又有利于人们更加清楚地认识和了解纳米材料，进一步促进了纳米科技的发展。

4.8.4　纳米材料的应用

材料的物性是材料应用的基础，纳米材料表现出的奇特的物理、化学特性为人们设计新产品及传统产品的改造提供了新机遇，充满生机的21世纪，信息、生物技术、能源、环境、先进制造技术、高科技军事领域的高速发展必然对材料提出新的需求。材料的小型化、智能化，元件的高集成化、高密度存储和超快传输为纳米材料的应用提供了广阔的空间，这种人们肉眼看不见的极微小的物质很可能给各个领域，甚至现代科学技术带来一场革命。因此，纳米科技已成为未来世界各国竞相争占的高科技、高技术的"制高点"，世界各国已相继制定出相应的研发战略。下面简单介绍一下纳米材料的一些具体应用。

4.8.4.1　计算机及电子信息领域

人们一度把10^{11}bit/in^{2}称之为计算机中具有存储功能磁盘的存储密度不可逾越的极限，量子磁盘的问世，使磁盘的尺寸比原来磁盘缩小了10000倍，磁存储密度高达4×10^{11}bit/in^2。它的结构实际上是由磁性纳米棒组成了一个量子棒阵列，它与传统磁盘磁性材料呈准连续分布不同，纳米磁性单元是分离的，因而称为量子磁盘。

记忆存储元件发展趋势是降低元件尺寸，提高存储密度，铁电材料，特别是铁电薄膜是设计制造记忆存储元件的首选材料。1998德国科学家利用自组织生长技术在铁电膜上成功合成了Bi_2O_3的有序平面阵列，使记忆元件尺寸比NEC的小50倍，达到14nm×14nm，芯片的存储密度达1Gbit/in^2。

依据单电子晶体管"库仑岛"上存在或缺乏一个电子的状态变化，单电子晶体管可用作高密度信息存储的记忆单元。

外加一个磁场（约2T），使单电子晶体管从超导态转变为正常态时，只要"栅"电极上有e/2电荷量的改变，约$10^9 e \cdot s^{-1}$的电流就可以通过器件，它比通常使用的场效应晶体管对电荷的灵敏度要高6倍。利用这个性质，可制成高精度的电流计。

超导单电子晶体管在黑体辐射下，光子辅助隧穿会影响整个系统的电荷迁移。这种单电子晶体管对微波的敏感度比目前最好的辐射热器件要敏感100倍，故可以制成高灵敏度的微波探测器。理论上，采用化学自组装原理或由团簇相连构成基本单元之间的静电作用形成的电路（称作量子点单元自装置QCA），可以解决大量单电子晶体管的大规模集成和单电子晶体管阵列与外界的连接问题，由这些单元连接成不同组态可制成复杂的逻辑线路，这些量子单元自装置的优点是信号在基本单元间以光速传递，且信息传递不需连接线，在高密度存储上有极好的应用前景。

未来的20年，电路元件的尺寸将达到亚微米和纳米水平，量子效应的原理性器件，分子电子器件，纳米尺寸的开关材料，单电子晶体管材料，巨磁阻材料，电子过滤器材料，新型光电子材料，纳米级半导体/铁电体，纳米级半导体/铁磁体，纳米金属/纳米半导体集成的超结构材料，纳米级的涂层材料等都是下一世纪电子工业的关键材料，这些材料都具有纳米结构，它们是开发下一代光子计算机和生物计算机的基础。

4.8.4.2　能源领域

可再生的锂电池的关键是电极材料和电解质材料，特别是工作电极的设计。再生电池的工作电极一般采用高比表面多孔氧化钴。20世纪90年代，复合纳米结构作为锂电池的工作电极在实验室研制成功，它们是用自组织生长制成的多层超薄膜纳米结构，在电极充放电时，有很强的存储和释放Li离子能力，加上超薄薄膜很好的导电能力，成为一种很理想的锂电池工作电极。

太阳能的利用是下一世纪能源开发的重点，这不仅因为太阳能取之不尽，用之不绝，更重要的是因为它是理想的清洁能源。人们发现纳米半导体PbS、PbSe、CdS、CdSe和纳米TiO_2、$ZnFe_2O_4$等都有较高的光电转化效率。纳米材料和纳米结构作为太阳能转化材料已引起世界各国的高度重视。另外，1998年美国科学家报道了Ge/Si超点阵纳米结构，热电功率系数比常规的SiGe薄膜和体材料SiGe合金高好多倍，是一种很有前途的热电转化材料。

新型的纳米光电转换、热电转换材料，二次电池材料可使人类有效获取清洁的太阳能，纳米提氢和储氢材料可使人类从海洋中获取高效的氢能源。

4.8.4.3　军事高技术领域

纳米陶瓷材料、纳米复合材料、纳米金属材料，以及纳米隐身和电子对抗材料，在航空、航天、航海、激光武器、核武器、先进雷达、常规武器等高科技军事领域都有越来越多的应用。

4.8.4.4　生命科学领域

纳米科技将在医学诊断与治疗，细胞生物学、生物医用材料、基因科学及药物学等方面带来革命性的变革。即利用生物技术赋予"无生命"的材料以"生命"功能，实现人体组织和器官的再生与重建，利用生物学原理实现设计和制造真正的仿生物材料和生命活性材料。例如：通过在药物表面包敷磁性纳米粒子，利用纳米微粒的磁性导航

性能，达到定向、定位治疗的目的。又如人们利用磁性超微粒子包覆物和磁分离装置已可将癌细胞从骨髓中分离出来，分离度达99.9%以上。

4.8.4.5 其他领域

传感器是超微粒最有前途的应用领域之一，纳米粒子巨大的表面积，它的表面活性，使其对周围环境（温、气氛、光、湿）具有很高的敏感性，从而制备出高敏感度的气体传感器，红外线传感器和湿敏传感器等。

除上述以外，纳米结构还可以制备纳米结构离子分离器，超高灵敏度电探测器，纳米结构高频电容器阵列等。

纳米材料可以制成光催化有机降解材料，保洁抗菌涂层材料，生态建材，并用于减少各种环境污染的环保技术中。

总之，人们可以充分利用纳米结构和纳米材料奇特的物理和化学性能，尤其是光、电、磁、声等特性，实现常规材料难以达到的目的。目前，纳米材料的应用领域见表4-45所示。

人们普遍认为，纳米技术将是21世纪新产品诞生的源泉，纳米技术必将引起新一轮的产业革命，极大推动科学技术和生产力的发展，改善人类生活环境。

■ 表4-45 纳米材料的应用领域

性　能	用　途
磁性	磁记录、磁性液体，永磁材料，吸波材料，磁光元件，磁存储，磁探测器，磁制冷材料
光学性能	吸波隐身材料，光反射材料，光通信，光存储，光开关，光过波材料，光导电体发光材料，光学非线性元件，红外线传感器，光折变材料
电学特性	导电浆料，电极、超导体、量子器件、压敏和非线性电阻
敏感特性	湿敏、温敏、气敏、热释电
热学性能	低温烧结材料，热交换材料，耐热材料
显示、记忆特性	显示装置（电学装置，电泳装置）
力学性能	超硬，高强，高韧，超塑性材料，高性能陶瓷和高韧高硬涂层
催化性能	催化剂
燃烧特性	固体火箭和液体燃料的助燃剂，阻燃剂
流动性	固体润滑剂，油墨
悬浮特性	各种高精度抛光液
其他	医用（药物载体、细胞染色、细胞分离，医疗诊断，消毒杀菌）过滤器，能源材料（电池材料，贮氢材料）环保用材（污水处理，废物料处理）

习题及思考题

4-1　如何从拉伸试验获得常用的力学性能数据？

4-2　请分别说明三种弹性模量。

4-3　简要阐述陶瓷材料的力学性能有何特点。

4-4　热处理（退火）的实质是什么？它对材料的抗拉强度、硬度、尺寸稳定性、冲击强度和断裂伸长率有什么影响？

4-5 有哪些方法可以改善材料的韧性？试举例说明。

4-6 有哪些途径可以分别提高金属材料和高分子材料的强度？

4-7 请解释高聚物的实际强度为何大大低于理论强度。

4-8 孪生与滑移有何区别？在哪些情况下可以看到金属中的变形孪晶？

4-9 画出BCC金属的（112）平面，并指出在这平面上的〈111〉滑动方向。

4-10 请解释杂质原子会阻止差排的移动。

4-11 简要说明金属断裂的类型及其特征。

4-12 在聚苯乙烯中加入15%～20%的丁苯橡胶后冲击强度大大提高，请解释原因，并绘出共混前后PS的σ-ε曲线示意图。

4-13 简述为何BCC金属合金在降温过程中容易发生脆韧转变，而FCC合金不易？

4-14 冷变形金属在加热过程中要发生哪些变化？简要说明再结晶过程的一般规律。

4-15 按照黏附摩擦的机理，说明为什么极性高聚物与金属材料表面间的摩擦系数较大，而非极性高聚物则较小。

4-16 S-N曲线是怎样得到的？它有何特点和用途？

4-17 写出下列物理量的量纲：①摩尔热容；②比热容；③线膨胀系数和体膨胀系数；④热导率。

4-18 为什么非晶态高聚物在玻璃化转变前后热膨胀系数不同？

4-19 简要解释C_V在接近0K的温度区间，随温度的增加而变大，而在远高于0K温度区间对温度没有依赖性？

4-20 试从金属、陶瓷和高聚物材料的结构差别解释它们在热容、热膨胀系数和热导率等性能方面的差别。

4-21 何为半分解温度？它与高分子化学键之间有什么关系？

4-22 为什么耐热塑料的分子主链上多有苯环或杂环？为什么天然橡胶、顺丁橡胶不耐老化而乙丙橡胶却具有良好的耐老化性能？

4-23 讨论影响材料热膨胀性的主要因素。

4-24 为什么高分子材料是热的不良导体？

4-25 高分子材料的阻燃性主要由哪几个指标表示？

4-26 增加高分子材料的阻燃性一般有哪些方法？

4-27 写出下列物理量的量纲：①电阻率；②电导率；③迁移率；④禁带宽度；⑤极化率；⑥相对介电常数；⑦介电损耗；⑧介电强度。

4-28 试述导体、半导体和绝缘体的电子能带结构区别。

4-29 叙述下列概念：①体积电阻率和表面电阻率；②本征半导体和非本征半导体；③n型半导体与p型半导体；④介电常数、介电损耗与击穿强度；⑤电子极化、离子极化与取向极化；⑥超导体、铁电性；⑦接触起电和摩擦起电。

4-30 试述影响离子电导率及电子电导率的主要因素。

4-31 比较金属和本征半导体的温度依赖性，并简要解释导致这种差异性的原理。

4-32 同一聚合物处在高弹态时的电阻率远低于玻璃态时的电阻率，从材料结构因素解释这一现象。

4-33 试述超导体的两种特性和3个性能指标。

4-34 产生介电损耗的原因是什么？主要的影响因素有哪些？

4-35 为什么金属材料的电导率随温度的升高而降低，半导体和绝缘材料的电阻率却随着温度的升高而下降？为什么非本征半导体的电阻率对温度的依赖性比本征半导体的电阻率对温度的依赖性小？当温度足够高时，为什么非本征半导体的电导率与本征基材的电导率趋于一致？

4-36 试述介电材料在电场中的极化机理。

4-37 分别画出非极性分子和极性分子组成的介电材料与电场频率的关系曲线，指出不同频率范围内的极化机理。

4-38 在下列高聚物材料中，哪些有可能利用高频塑化法加工成型？①酚醛树脂；②聚乙烯；③聚苯乙烯；④聚氯乙烯。

4-39 写出下列物理量的量纲：①磁感应强度；②磁化强度；③磁导率和相对磁导率；④磁化率。

4-40 写出下列物理量的量纲：①自旋磁矩和轨道磁矩；②抗磁性与顺磁性；③铁磁性、亚铁磁性和反铁磁性；④磁畴和磁畴壁；⑤剩磁和矫顽力；⑥居里温度；⑦饱和磁化强度；⑧软磁性和硬磁性。

4-41 试述影响金属磁性的因素。

4-42 简要解释电子的两类磁矩。是否所有的电子均具有净磁矩？是否所有的原子均具有净磁矩？

4-43 列举铁磁性和亚铁磁性材料的主要差异和相同点？

4-44 叙述磁性材料在磁化退磁过程中磁感应强度的变化和磁畴结构的变化情况。

4-45 铁磁性材料和稀土磁性材料的磁性来源有何异同。

4-46 软磁材料和硬磁材料在结构和性能上主要区别是什么？列举几种常见的软磁材料和硬磁材料。

4-47 叙述下列概念：①反射、透射和吸收；②旋光性；③非线性光学性质；④光泽；⑤发光；⑥光敏性。

4-48 为什么金属对可见光是不透明的？元素半导体硅和锗对可见光是否透明？

4-49 简要阐述决定金属和非金属颜色的因素。

4-50 简要解释金属对可见光能级范围内的电磁辐射显示不透明的原理，以及在更高频率范围内的X射线及γ射线又显示透明的原理。

4-51 为什么有些透明材料是带色的，有些是无色的？

4-52 为什么聚苯乙烯、聚甲基丙烯酸甲酯等非晶态塑料是透明的，而聚乙烯、聚四氟乙烯等结晶性塑料往往是半透明或不透明的？

4-53 为什么常见的很多陶瓷材料是不透明的？

4-54 简要解释发光现象，以及荧光与磷光的区别。

4-55 有哪些方法可以改善材料的透明性？

4-56 化学腐蚀、电化学腐蚀和物理腐蚀有哪些区别？试举例说明。

4-57 将两个锌电极分别浸在氧含量较低和较高的水溶液中并用铜导线将两个锌电极连接起来时，哪个电极受腐蚀？写出两个电极上的半电池反应。

4-58 何谓标准电极电位？如何用标准氢电极测定一种金属的标准电极电位？

4-59 什么样的金属氧化膜对金属具有良好的防氧化保护作用？

4-60 简述纳米材料的基本物理效应。

4-61 已知温度为25℃时环氧树脂、聚四氟乙烯、聚乙烯、酚醛树脂、聚碳酸酯五种高聚物的性能。①根据以下力学性能判断对应的高聚物，并说明原因。

编号	拉伸强度/MPa	伸长率/%	冲击强度(悬臂梁)/(J/m)	弹性模量/GPa
1	62.1	110	19.04	2.415
2	51.8	0	0.41	6.90
3	27.6	72	4.08	0.828
4	69.0	0	1.09	6.90
5	17.3	200	5.44	0.414

②指出上述树脂哪些是不透明的。

4-62 为什么纤维增强复合材料的抗疲劳性能明显优于基体本身的抗疲劳性能？

4-63　为何复合材料的实测机械强度与理论计算强度存在明显差异且分散性较大？

4-64　界面层对增强相和基体相的结合强度是否越强越好？为什么？

4-65　一个100mm长，直径为10mm的圆柱形棒样品在27500N拉伸载荷下，假设其直径减小不超过$7.5×10^{-3}$mm，也不发生塑性形变。下表所示哪类材料能满足以上条件，阐述理由。

材料	弹性模量/GPa	屈服强度/MPa	泊松比
铝合金	70	200	0.03
黄铜	101	300	0.35
铁合金	207	400	0.27
钛合金	107	650	0.36

4-66　三点弯曲测试中，圆形氧化铝样条承受的抗弯强度为390MPa。样条半径为25mm，支点间距为30mm，预测在620N荷载下，样条会不会发生断裂，并阐述理由。

4-67　铝的弹性模量为70GPa，泊松比为0.34，在83MPa的静水压时，此单位晶胞体积是多少？

4-68　长方形截面尺寸为10mm×12.7mm的铝质样品，在35500N应力作用下，发生弹性形变，计算其应变大小。

4-69　下列何者的压缩性比较大？泊松比为0.29的β铁或泊松比为0.37的黄铜。

4-70　直径为12.83mm的试棒，标距长度为50mm，轴向受200kN的作用力后拉长0.456mm，且直径变成12.79mm，①此试棒的体积模量是多少？②剪切模量是多少？

4-71　一硫化的橡胶球受到6.89MPa的静水压力，直径减少了1.2%，而相同材质的试棒在受到516.8kPa的拉应力时伸长2.1%，则此橡胶棒的泊松比为多少？

4-72　在聚苯乙烯中加入15%～20%的丁苯橡胶后冲击强度大大提高，请解释原因，并绘出共混前后PS的σ-ε曲线示意图。

4-73　青铜合金发生塑性变形的应力为275MPa，弹性模量为115GPa。请计算：

① 如不发生塑性形变，截面积为325mm^{2}的样条所能承受的最大荷载。

② 如不发生塑性变形，初始长度为115mm的样条受载后能达到的最大长度。

4-74　长度和屈服强度分别为380mm和240MPa的圆柱形铜棒（E=110GPa）在6660N的外力荷载下拉长0.50mm，计算该铜棒的半径。

4-75　直径为8mm的圆柱形合金样品受力后产生弹性形变，15700N的外力使直径减小$5×10^{-3}$mm。材料的弹性模量为140GPa，计算其泊松比。

4-76　一根长212cm直径为0.76mm的铜线。当外加载荷8.7kg时开始产生塑性变形，已知铜的弹性模量为110.3GPa，问：①此作用力是多少牛顿？②外加载荷15.2kg时，铜线的应变是0.011，则除去载荷后，铜线的长度是多少？③此铜线的屈服强度是多少？

4-77　冲击试验机的摆锤重10kg，自质量中心到摆动支点的距离是75cm，摆锤举高到120°后释放。打断试片后，摆锤升高到90°，此试片吸收了多少能量？

4-78　某钢板的屈服强度为690MPa，K_{IC}值为70MPa·m$^{1/2}$，如果可容许最大裂缝是2.5mm，且不许发生塑性变形，则此钢的设计极性强度是多少？

4-79　计算聚苯乙烯在1.25MPa应力拉伸下不发生断裂所能达到的最大表面裂纹深度。聚苯乙烯的表面能为0.50J/m^2，弹性模量为3.0GPa。

4-80　玻璃的理论强度超过7000MPa。一块平板玻璃在60MPa弯曲张力下破坏。假定裂纹尖端为氧离子尺寸（即裂纹尖端曲率半径为氧离子半径，其值为0.14nm），对应这种低应力断裂，相应的表面裂纹深度为多大？

4-81　某钢材的屈服强度为1100MPa，抗拉强度为1200MPa，断裂韧性（K_{IC}）为90MPa·m$^{1/2}$。①在一钢板上有2mm的边裂，在产生屈服之前是否会先断裂？②在屈服发生之前，不产生断裂的可容许断裂缝的最大深度是多少（假设几何因子 Y 等于 1.1，试样的拉应力与边裂纹垂直）？

4-82　合金钢材的断裂韧性（K_{IC}）为 45MPa·m$^{1/2}$，最大裂纹深度为 0.75mm，在 1000MPa 外力作用下，是否会发生断裂（假设形状因子 Y 为 1）？

4-83　铝合金航空部件的断裂韧性（K_{IC}）为 35MPa·m$^{1/2}$，其内部裂纹最大深度为 2mm 时的断裂强度为 250MPa。当内部裂纹深度为 1mm，在外力 325MPa 作用下该合金部件是否会发生断裂？阐述原理。

4-84　以下成对出现的材料，判断哪一种具有更大的热导率，并说明理由。

① 纯银与合金银（92.5 Ag-7.5%Cu，质量分数）；

② 熔融石英与结晶石英；

③ 线型聚乙烯（M_n=450000g/mol）与轻度交联聚乙烯（M_n=650000g/mol）；

④ 间同聚丙烯（M_w=10^{6}g/mol）与全同聚丙烯（M_w=5×10^{5}g/mol）。

4-85　一个 0.1m 长的圆柱形金属棒在温度从 20℃ 升至 100℃ 时，增长 0.2mm。计算该材料的线性热膨胀系数。

4-86　① 稳态条件下，通过一厚度为 10mm，两面温度分别为 300℃ 和 100℃ 钢板的热通量是多少。② 钢板面积为 0.25m^2 条件下，每小时的热量损失是多少？③ 如果将钢板换成钙钠玻璃，每小时的热量损失又应该是多少？④ 如果钢板厚度增加至 20mm，每小时的热量损失又该是多少？

4-87　假设每个金原子中含 1.5 个电子，金的电导率和密度分别为 4.3×10^7（S/m）和 19.32g/cm^3。计算：① 每立方米中的金原子个数；② 电子迁移率。

4-88　已知硅和锗在 300℃ 的电阻率分别为 2.3×10^{3}μΩ·m 和 0.46μΩ·m，试分别计算硅和锗在 250℃ 的电导率。

4-89　某直径为 5.1mm，长度为 51mm 的圆柱形硅棒，通过 0.1A 的电流时，间隔 38mm 距离测得的电压值为 12.5V。① 计算电导率；② 计算该材料的电阻。

4-90　在 20℃ 时 1m^3 内含有 10^{21} 个电荷载体的半导体的电阻率为 0.1Ω·m，如果在电场为 0.15V/mm 时可传导 1A 的电流，试计算电导的平均漂移速度。

4-91　某 n 型半导体的电子浓度为 3×10^{18}m^{-3}，在 500V/m 的电场强度下的电子迁移速度为 100m/s，计算该材料的电导率。

4-92　某半导体的本征电导率在 20 和 100℃ 下分别为 1.0S/m 和 500S/m。计算该材料的禁带能级大小。

4-93　在 775℃ 和 1100℃ 之间，FeO 中的 Fe^{2+} 的活化能及指前因子分别为 102kJ/mol 和 7.3×10^{-8}m^2/s。计算在 1000℃ 下，Fe^{2+} 的迁移率。

4-94　将 2400A/m 的磁场作用到相对磁导率为 5000 的材料上，试计算磁感应强度和磁化强度。

4-95　画出软磁材料和硬磁材料典型的 B-H 曲线，在图上标明：① 起始磁导率；② 最大磁导率；③ 饱和磁感应强度；④ 剩磁；⑤ 矫顽力。说明软磁材料和硬磁材料在性能上的主要区别。

4-96　某种金属合金的磁化强度为 3.2×10^{5}A/m，在强度为 50A/m 的磁场中，计算该材料的 ① 磁化率；② 磁导率；③ 磁感应强度；④ 判断该类材料属于何种磁性材料？并说明理由。

4-97　钴的净磁矩为 1.72 玻尔磁子，密度为 8.90g/m^3。计算其 ① 饱和磁感应强度；② 剩余磁感应强度。

4-98　已知 CaF$_2$ 的相对介电常数为 2.056，磁化率为 -1.43×10^{-5}，计算光通过该材料时的速度？

4-99　一束光在表面无反射，穿过一厚度为 10mm 的透明材料的透射率为 0.9，将该材料厚度增加至 20mm，计算其透射率。

4-100　石英的折射率为各向异性，假设一束可见光从一个晶面垂直入射到另一具有不同晶面指数的晶面，计算在晶界上的反射率。两个晶面的折射率分别为 1.544 和 1.553。

4-101　当可见光垂直入射并透过 20mm 厚的某种透明材料时，透射率为 0.85，当该种透明材料的厚度增加到40mm时，透射率为多少？已知该透明材料的折射率为1.6。

4-102 已知碲化锌的E_g=2.26eV，它对哪一部分可见光透明？

4-103 在一块玻璃纤维增强不饱和聚酯单面板中，若纤维直径是20μm，纤维体积分数是0.45，E_f=4GPa，E_m=80MPa，求：①单位体积界面的面积；②当该复合材料沿纤维方向受到200MPa拉应力时，玻璃纤维和基体各承受的拉应力是多少？③该复合材料沿纤维方向和垂直于纤维方向的弹性模量各是多少？

4-104 如要制备纵向拉伸应力达到750MPa取向环氧-碳纤维复合材料，请按以下条件计算所需纤维的体积含量：

① 纤维的平均直径和长度分别为1.2×10^{-2}mm和1mm；

② 纤维断裂强度为5000MPa；

③ 纤维和基材的键接强度为25MPa；

④ 纤维失效时基材的应力为10MPa。

4-105 一根直径是1cm的钢丝，若以铜包覆至2cm，假定E_{st}=205GPa，E_{Cu}=110GPa；α_{st}=11×10^{-6}/℃，α_{Cu}=17×10^{-6}/℃。问：①复合后的成品的热膨胀系数α_c是多少？②假定钢和铜的抗拉强度分别为280MPa和140MPa，当沿轴向拉伸时，哪一种金属会先达到屈服点？③复合材料可以承受多大的拉应力仍不会有塑性变形？④复合材料轴向杨氏模量是多少？

4-106 硅石粉末（细小的石英粉末，ρ=2.65g/cm³）用来作为聚氯乙烯（ρ=1.35g/cm³）的填充物。①若生成物的密度为1.7g/cm³，问硅石粉末的体积分数是多少？②质量分数是多少？

4-107 一边长为25mm的立方体用薄铝板和硫化橡胶（厚度分别为0.5mm和0.75mm）交替层压制成。问该复合板的热导率为多少？①平行板的方向；②垂直板的方向[λ_{Al}=0.22，λ_R=0.00012，单位J/（s·m·K）]。

4-108 一连续纤维定向增强的复合材料由30%芳纶纤维和70%聚碳酸酯组成，芳纶纤维和聚碳酸酯的弹性模量分别为131GPa和2.4GPa，抗拉强度分别为3600MPa和65MPa。芳纶纤维失效时，聚碳酸酯所受到的应力为45MPa。请计算该复合材料的①纵向抗拉强度；②纵向弹性模量。

材料的制备与成型加工

5.1 材料制备原理及方法

5.1.1 金属材料的制备

5.1.1.1 铁的制备

（1）概述　纯铁呈银白色，原子量为55.85，密度为7.87g/cm³，熔点为1535℃。铁具有良好的导热性、导电性和磁性，但易氧化。除陨铁外，在自然界中没有天然的纯铁，铁主要以其氧化物形式存在于铁矿石中。在地壳表层能够探测到的约16km厚的地层内，平均铁含量为4.9%。

（2）铁的制备原理　炼铁是将铁从铁矿石中提炼出来，包含铁氧化物的还原和造渣两个部分，是一个复杂的物理化学反应过程。

① 铁氧化物的还原　铁氧化物的还原是从高价氧化物到低价氧化物，最后到金属铁的逐级还原过程。当温度低于570℃时，按$Fe_2O_3 \rightarrow Fe_3O_4 \rightarrow Fe$还原；当温度高于570℃时，按$Fe_2O_3 \rightarrow Fe_3O_4 \rightarrow FeO \rightarrow Fe$顺序还原。铁氧化物还原方式有间接还原和直接还原两种。

间接还原：用CO做还原剂还原矿石中的铁氧化物，生成CO_2气体产物并放出少量的热。CO是由焦炭燃烧产生的，间接还原是指间接消耗碳的反应。其反应如下。

低于570℃时：

$$Fe_3O_4 + 4CO = 3Fe + 4CO_2 \qquad +17163kJ$$

高于570℃时：

$$Fe_2O_3 + CO = 2Fe_3O_4 + CO_2 \qquad +37130kJ$$
$$Fe_3O_4 + CO = 3FeO + CO_2 \qquad -20890kJ$$
$$FeO + CO = Fe + CO_2 \qquad +13610kJ$$

直接还原：直接消耗固体炭对铁氧化物进行还原反应，反应生成CO气体并吸收大量的热。直接还原反应要吸收大量的热，只能在高炉下部高温区进行。其反应如下。

$$FeO + C = Fe + CO \qquad -152160kJ$$

还有其他元素的还原，如Mn的化学性质与Fe相似，它可以组成一系列氧化物，其还原顺序为：

$$MnO_2 \rightarrow Mn_2O_3 \rightarrow Mn_3O_4 \rightarrow MnO \rightarrow Mn$$

② 造渣　炼铁过程中，矿石中的脉石和焦炭的灰分多为SiO_2、Al_2O_3等高熔点氧化物，在高炉中不能熔化。造渣就是加入一定量的熔剂与这些不熔物作用生成一种多氧化物的熔体，利用其密度比铁水低的特性将其与铁水分离。这些溶剂有石灰石（$CaCO_3$）、白云石（$CaCO_3 \cdot MgCO_3$）等。造渣过程是一个复杂的化学反应过程，应根据矿石成分和冶炼要求，控制熔剂数量和熔炼过程，促使需要的元素进入铁水，让有害杂质进入熔渣而除去。造渣过程是高炉冶炼中的重要技术，是控制产品质量的关键过程。炉渣的主要成分为CaO、$Al_2O_3SiO_2$和MgO，可以用作水泥原料和建筑材料。

（3）铁的制备方法　铁的制备就是将含铁氧合物（铁矿石）在高温下还原成金属铁。炼铁的主要方法有高炉法、直接还原法、熔融还原法等，其中使用最多的是高炉炼铁。高炉冶炼过程是将铁矿石、燃料（焦炭等）及辅助原料（石灰石等）按一定的比例从高炉炉顶装入高炉，在高炉下部由热风炉向炉内鼓入热风助燃。高炉内发生铁的氧化物及一些复杂化合物的还原，同时有水合物及盐类的分解，液体、固体和气体燃料的燃烧等化学反应。在炼铁的同时产生炉渣和高炉煤气两种副产品。总之，在铁的整个冶炼过程中，主要进行铁的还原反应和造渣反应，同时还伴随一系列复杂的物理化学反应，如水分的挥发和蒸发、碳酸盐的分解、铁的熔化及其他元素的还原等。

① 高炉炼铁原料　高炉炼铁原料主要由铁矿石、焦炭、石灰石、锰矿石和一些铁矿石代用品组成。在这些原料中，铁矿石是高炉炼铁中最主要的原料，其铁含量愈高愈好。工业铁含量在30%以下的矿石无开采价值；铁含量在40%以上的，经破碎后可直接加入高炉中冶炼。目前作为炼铁原料使用的铁矿石主要有四种：磁铁矿（Fe_3O_4），理论铁含量72.4%；赤铁矿（Fe_2O_3），理论铁含量70.0%；褐铁矿（$FeCO_3$），理论铁含量48.2%；菱铁矿（$Fe_2O_3 \cdot mH_2O$），理论铁含量55.2% ～ 66.1%。

对炼铁使用的焦炭有以下要求：焦炭含固定炭高，灰分少，也就是发热值愈高愈好；焦炭含P、S愈低愈好，否则P、S会带入铁中，影响铁的质量；焦炭有适当的气孔率以保证料柱的透气性；还要求焦炭要有足够的机械强度，使炉料在高炉内下降过程中不产生粉末，不会影响煤气流的合理分布。石灰石（$CaCO_3$）是高炉炼铁中的主要熔剂。它的主要作用是造渣，使高炉炼铁中还原出来的铁与铁矿石中的脉石（SiO_2、Al_2O_3、CaO、MgO）和焦炭中的灰分很好地分离，实际上是酸性氧化物与碱性氧化物的中和反应。锰矿石主要含有Mn，Mn作为脱氧剂和脱硫剂，还可用于生产锰铁等。铁矿石代用品指的是含铁的废弃物，如高炉炉尘、转炉炉尘、轧钢皮、硫酸渣和废铁等。这些可作为二次资源使用，变废为宝，减少对环境的污染和降低成本。

② 高炉炼铁的设备　高炉炼铁的设备主要有高炉本体以及供料、送风、喷吹、煤气处理和渣铁处理等辅助设备。高炉是炼铁的主要设备。经生产实践证明，高炉内型由炉缸、炉腹、炉腰、炉身和炉喉五段构成的炉型是目前工业生产中较为合理的炉型，如图5-1所示。这种炉型既能保证炉料下降时受热膨胀、松动，最后炉料熔化后收缩的要求，又能使煤气在上升时不烧坏炉腹砖衬和上升过程中冷却收缩的需要。下面分别叙述炉缸、炉腹、炉腰、炉身和炉喉的作用。

炉缸：在高炉下部呈圆柱形的部分，其作用是储存铁水和炉渣。

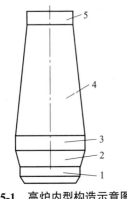

图5-1　高炉内型构造示意图

1—炉缸；2—炉腹；3—炉腰；
4—炉身；5—炉喉

炉腹：在炉缸上面呈向上扩张的截头圆锥形部分。主要用于炉料熔化时体积收缩和煤气温度升高时体积增大。

炉腰：炉子中呈圆柱形部分。炉腰是炉腹和炉身的缓冲带，在这里主要形成造渣区。

炉身：在高炉上部，呈上小下大的截头圆锥形。它的作用是使炉料下降时受热膨胀和煤气流上升时收缩并使炉料和煤气流充分接触。

炉喉：在高炉最上部，呈圆柱形结构。其作用是调剂炉料的分布和封闭煤气流。

③ 高炉炼铁生产　高炉炼铁生产主要由炉前操作、高炉开炉和炉内操作等生产过程组成。这里不详细阐述。

5.1.1.2　钢的制备

（1）概述　钢是以铁为基并含有少量C、Si、Mn、S、P等元素的铁碳合金。根据碳含量的不同区分钢和生铁，钢的碳含量小于2.11%，生铁的碳含量大于2.11%。生铁碳含量较高，硬而脆，不能锻造。生铁若制成铸铁，因含有石墨使其具有减震性和耐磨性，可用于机床床身和其他零件。钢比生铁具有更好的综合机械性能，如强度较高，塑性、韧性好，易于加工，能进行铸造、锻造、轧制和焊接，若进行热处理，性能可大幅度提高。钢还具有导电、导热等性能。如果在钢中添加一些合金元素，则可制得特殊性能的钢种，如不锈钢、耐热钢、耐酸钢和耐磨钢等，应用更加广泛。所以钢是最基本而且应用十分广泛的金属材料。

我国是世界上钢铁冶金起源最早的国家之一，在西汉后期就发明了炒钢法炼钢，这种方法18世纪在英国才获得应用。在过去的两百多年，炼钢技术得到迅速发展。1856年英国人贝氏麦发明了空气底吹酸性转炉炼钢法。该法不用燃料，在液态生铁中鼓入空气，氧化生铁中的杂质而得到液态钢并铸成钢锭，解决了炼钢成本高的问题。但该法不足之处在于炉衬耐火材料是酸性，只能造酸性渣，不能很好地去除磷和硫。1864年法国人马丁利用英国人西门子的蓄热原理发明了平炉炼钢法，该法优点在于对原材料适应性强，冶炼品种多、冶炼过程容易控制和钢质量好。到1955年平炉炼钢产量占世界钢产量的80%。氧气顶吹转炉炼钢法是在20世纪50年代出现而后在60年代得到迅速发展，不仅提高了钢的质量，而且显著降低了能耗，并提高了生产率。

（2）钢制备的基本原理　钢的制备就是钢的冶炼或炼钢。生铁碳含量较高（＞2.11%），而且还含有许多杂质（如Si、Mn、S、P等），炼钢就是通过冶炼降低生铁中的碳和去除有害的杂质，再根据对钢的成分和性能要求添加适量的合金元素，炼出具有较高强度和塑性、韧性或具有特殊性能的钢。

炼钢属于氧化精炼过程，无论平炉、转炉或电炉炼钢，都以生铁或废钢作原料，生铁中的各种杂质，在高温下与氧都有较大亲和力。因此，利用氧化的方法向熔池供氧，用氧将其中的杂质氧化形成液体、固体或气体氧化物，这些氧化物又与炉衬和加入的熔剂作用而形成炉渣，并在扒渣时被排除炉外，同时气体在钢水沸腾时被CO带出炉外。因此炼钢的主要化学反应是氧化反应。在各种炼钢炉内，氧化反应如下：

$$2Fe + O_2 \longrightarrow 2FeO$$

$$Si+2FeO \longrightarrow SiO_2 + 2Fe \qquad +320494kJ$$
$$Mn+FeO \longrightarrow MnO+Fe \qquad +98742kJ$$
$$C+FeO \longrightarrow CO+Fe \qquad -158699kJ$$
$$2P+5FeO \longrightarrow P_2O_5 + 5Fe \qquad +271541kJ$$

氧在钢液中以两种形式存在：一种是溶解于钢液中的氧，以单原子或FeO形式存在，通常用［O］表示；另一种是以夹杂物形态存在的氧。当钢液中含有脱氧元素时，溶解于钢液中的氧会与脱氧元素结合而形成氧化物夹杂。

杂质的氧化主要依靠FeO的存在而实现。由于炼钢方法不同，氧的来源、产生FeO的条件以及氧化反应也都有所不同。在转炉内杂质的氧化主要由吹入炉内氧气直接氧化，同时也产生FeO，而炉内一部分杂质是由FeO氧化的。在电炉内主要是依靠加入炉中的矿石、废钢等将FeO带入炉内氧化。

经历上述一系列氧化反应以后，杂质虽然被氧化，也达到了去除杂质的目的，但由于氧化使钢液中含有较多的FeO，也就是钢液中存在大量的氧元素，使钢带有大量气泡，同时也使钢产生热脆和冷脆，严重影响钢的质量。因此，在炼钢过程的后期，必须设法去除钢液中大量存在的氧。常用的方法是在钢液中加入脱氧剂，如硅铁、锰铁和铝等，使它们从FeO中夺取氧而达到脱氧目的，其反应有：

$$2FeO+Si \longrightarrow SiO_2 + 2Fe$$
$$FeO+Mn \longrightarrow MnO + Fe$$
$$3FeO+2Al \longrightarrow Al_2O_2 + 3Fe$$

铝脱氧能力强，容易烧损，通常是在炉外钢水包中用铝进行脱氧。

综上所述，整个炼钢过程就是氧化和还原过程，关键是清除钢水中杂质，其中最主要的因素是造渣和除渣。

（3）**钢的制备方法**　钢的制备方法有纯氧顶吹转炉炼钢、平炉炼钢和电炉炼钢。本节主要介绍纯氧顶吹转炉炼钢（又称LD法）。奥地利的林茨（Linz）城和多纳维茨（Donawitz）城的有关工厂在1952—1953年期间最先使用该方法炼钢，以后在许多国家得到推广。

① 氧气转炉炼钢的原料　氧气转炉炼钢原料有金属料（铁水、生铁块、废钢、铁合金），造渣材料（石灰、萤石和白云石），氧化剂（氧气、铁矿石和氧化铁皮），冷却剂（废钢、铁矿石、氧化铁皮）和脱氧剂（硅、锰、铝及铁合金）。

铁水是氧气顶吹转炉炼钢的基本原料，一般占转炉金属料的70%～100%，要求Si、Mn合适，S、P应低，化学成分稳定，铁水温度要高。废钢的加入量低于30%。但废钢不允许混有杂铁、Pb、Sn、Cu等杂质。铁矿石和铁皮是调节炉温的冷却剂，还可作为化渣剂和氧化剂，提高炉渣的流动性。石灰主要用于脱磷和硫，要求石灰中CaO含量≥85%，SiO_2尽量低，S＜0.2%。萤石作助熔剂，也用于提高炉渣流动性，要求萤石中CaF_2含量≥85%，SiO_2≤5%，S＜0.2%，H_2O＜0.5。白云石的成分为CaCO_3和MgCO_3，主要作为造渣材料。氧气作为炼钢方法的重要原料，要求纯度大于99.5%，且压力稳定，安全可靠。

② 氧气顶吹转炉炼钢　氧气顶吹转炉的构造及主要设备有炉壳、托圈、耳轴及倾动机构等，如图5-2所示。炉壳由锥形炉帽、圆筒形炉身及球形炉底组成。各部分用一定强度钢板成型后再焊接。托圈的作用是支撑炉体，传递倾动力矩。大、中型转炉托圈，一般用钢板焊成箱式结构，可通水冷却。托圈与耳轴连在整体，转炉坐落在托圈

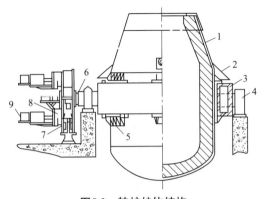

图5-2 转炉炉体结构

1—炉壳；2—挡渣板；3—托圈；4—轴承及轴承座；
5—支撑系统；6—耳轴；7—动装置；
8—减速机；9—电机及制动器

上。耳轴有两根，可旋转，一侧耳轴与倾动机相连并带动炉子旋转。倾动机构的作用是倾动炉体，满足兑铁水、加废钢、取样、出钢和倒渣等操作，倾动机构应使转炉炉体正反旋转360°，使启动、旋转和制动时保持平稳和准确，安全停在要求的位置上。

纯氧顶吹转炉炼钢生产工艺：倾倒兑铁水，加废钢→直立加渣料→准备吹炼→吹炼→停吹→倾倒炉渣→直立加二批渣料→继续吹炼→倾倒取样→脱氧出钢→浇注。

在纯氧顶吹转炉中，把铁水炼成钢的过程，主要是降碳、升温、脱磷、脱硫、脱氧及合金化等高温的物理化学反应，关键是控制供氧、造渣、温度和加入的合金料等，以获得所要求的钢水，再浇注成钢锭。

5.1.1.3 非铁合金的制备

在工业上，除钢铁材料以外不以铁为基的材料或合金，如铝、镁、铜、锌等称为非铁合金。与钢铁材料相比，非铁合金的产量和使用量都很低。但由于它们具有某些特殊的性能，是现代工业中不可缺少的材料。非铁合金的种类很多，本节只简单介绍铜和铝的制备。

（1）铜的制备

① 概述　铜及其合金是人类应用最早和最广的金属材料，我国是应用铜及其合金最早的国家之一。我国在夏（公元前2140—1711年）以前开始冶炼青铜（Cu-Sn合金），到殷、西周时期发展到较高的水平，普遍用于制造各种工具、食器和兵器。河南安阳晚商遗址出土的司母戊鼎重达875 kg，外形尺寸为133cm×78cm×110cm，是迄今世界上最古老的大型青铜器。直到现在，铜及其合金仍然是应用最广的金属材料。

② 铜的制备原理　从铜矿石和精矿中制备铜的方法有两种，一种是火法炼铜法，另一种是湿法冶铜法。火法炼铜是在高温下使铜矿石或含铜原料（精矿、焙烧或烧结块）先熔炼成冰铜，再将其吹成粗铜。湿法炼铜是用溶剂浸泡铜矿石，使铜从矿石中浸出，再从浸出溶液中将金属铜析出。溶液由金属溶质和只能溶解金属而不溶解脉石的溶剂组成。常用的溶剂有稀硫酸、硫酸铁溶液及碳酸铵溶液等。对于含酸性脉石的矿石，使用硫酸或硫酸铁溶液，而含有碱性脉石的矿石，宜用碳酸铵溶液。

③ 铜的制备方法　目前炼铜采用火法炼铜较多，它适于处理硫化矿、氧化矿及其混合矿，而且能顺便提取矿石中的贵金属。湿法炼铜仅对氧化矿和自然矿的处理有利，特别是贫氧化矿，这种矿石进行选矿较困难，铜的回收率不高，用火法处理不经济。

a. 冰铜的冶炼　主要原料有：硫化铜和氧化铜矿、焦炭、SiO_2作熔剂。原料粒度要求为15～80mm，经筛分后加入鼓风炉中，炼铜的鼓风炉和炼铁鼓风炉的构造相似，如图5-3所示。

冶炼过程：在鼓风炉上部低于700～900℃的温度区域内，矿石进行分解，包括脱水和硫酸盐及碳酸盐的分解。在炉子中部700～1000℃的区域内，当炉内鼓入空气时，对于硫化铜矿而言，氧与铁的亲和力比氧与铜的亲和力大，因此，氧先与铁形成氧化亚铁（FeO），FeO又和熔剂作用生成熔渣被除去，其反应式有：

$$FeS+3/2O_2 \longrightarrow FeO+SO_2$$

$$FeO+SiO_2 \longrightarrow FeO \cdot SiO_2$$

在炉子下部风口上方1000～1400℃的区域内，没有起反应的FeS和Cu₂S结合成冰铜，反应式如下：

$$x(Cu_2S)+y(FeS) \longrightarrow (Cu_2S)_x \cdot (FeS)_y$$

最后获得的冰铜，其主要成分是由Cu₂S和FeS组成的合金，冰铜还能很好溶解贵金属，金和银几乎全部都溶于冰铜中。

b. 粗铜的吹炼　大工厂通常使用水平式吹炉将冰铜吹炼成粗铜，小工厂采用吹炉或反射炉。图5-4为水平圆筒形吹炉，炉体外壳由钢板制成，中部设有炉口，供加料与出气等用。炉子安装在一个钢筋混凝土地基和四对滚轮上。风口设在炉子侧面。炉衬用镁砖砌成，炉壳与镁砖之间用镁粉填充，防止在高温下因炉砖膨胀影响炉壳安全。

吹炼过程分为两个阶段。在吹炼第一阶段，FeS氧化强烈，生成FeO和SO₂，FeO和熔剂生成熔渣，SO₂由炉口吹出。这时的产物为纯的Cu₂S，即白冰铜，其反应有：

$$FeS+3/2O_2 \longrightarrow FeO+SO_2 \quad FeO+SiO_2 \longrightarrow FeO \cdot SiO_2$$

$$3FeO+3/2O_2 \longrightarrow Fe_3O_4 \quad Cu_2S+3/2O_2 \longrightarrow Cu_2O + SO_2 \quad Cu_2O + FeS \longrightarrow Cu_2S + FeO$$

在吹炼的第二阶段，Cu₂S氧化生成Cu₂O，它再与未经氧化的Cu₂S反应生成粗铜，反应式有：

$$Cu_2S + 3/2O_2 \longrightarrow Cu_2O + SO_2$$

$$2Cu_2O + Cu_2S \longrightarrow 6Cu+SO_2$$

粗铜的铜含量为98.5%～99.5%。

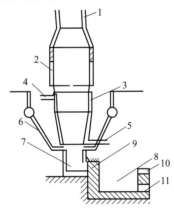

图5-3　炼铜鼓风示意图

1—炉罩；2—料门；3—水冷炉壁；4—出水管；5—进水管；6—风管；7—炉缸；8—前床；9—冰铜及熔渣出口；10—出渣口；11—出铜口

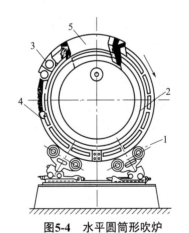

图5-4　水平圆筒形吹炉

1—吹炉的滚轮；2—耐火砖衬；3—进风口；4—风口；5—炉口

c. 铜的精炼　粗铜除含铜外，还含有金、银、铋、锡、铅、硒、碲及溶解的气体，精炼的目的主要是去除粗铜中杂质和提取贵金属。精炼的方法有火法精炼和电解精炼，本节主要简介粗铜火法精炼。

精炼炉的构造如图5-5所示。该炉为固定式带燃烧室的反射炉，炉膛用硅砖或镁砖砌筑，酸性炉的炉底是用细粒石英和铜屑烧成，碱性炉的炉底用石灰、石英和铁屑的镁砂。炉墙用镁砖或含氧化铝的黏土砖砌筑，外面用生铁板包起，并用工字钢加固。拱形炉顶用硅砖砌成。

精炼使用的燃料为重油、煤粉或天然气。

粗铜在冶炼过程中铜氧化生成 Cu_2O。杂质与空气氧化生成不溶解于铜的氧化物，浮在溶液表面上，其中具有挥发性的则挥发掉了，不具有挥发性的或相互作用、或与炉衬耐火材料生成熔渣浮于溶液表面被去除，其反应有：

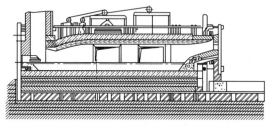

图5-5　粗铜精炼反射炉

$$4Cu+O_2 \longrightarrow 2Cu_2O$$

而杂质按下列反应式氧化，Me表示金属杂质。

$$CuO+Me \longrightarrow MeO+2Cu$$

$$MeO+SiO_2 \longrightarrow MeO \cdot SiO_2$$

氧化结束时发生下列反应获得铜。

$$2Cu_2O + Cu_2S \longrightarrow 6Cu+SO_2$$

（2）铝的制备

① 铝的制备原理　铝是很活泼的元素，铝和氧的亲和力很强，它在自然界中是以化合物存在，其分布很广，总储量约占地壳的7.45%。金属铝的制取最早采用化学方法。1825年丹麦奥斯特（H.C. Oersted）用钾汞齐还原无水氯化铝，第一次获得几毫克金属铝。1827年德国武勒（F.Whler）用钾还原无水氯化铝制取少量金属铝粉，他于1845年用氯化铝气体通过熔融金属钾的表面，获得一些细小铝珠，并初步测定其密度和延展性，发现铝的熔点不高。1854年法国德维尔（S.C.Deville）用钠代替钾还原 $NaAlCl_4$ 络合盐，制得金属铝。同年德国本生（Bunsen）和法国德维尔分别电解氯化铝-氯化钠络盐，得到金属铝。美国布来德利（Bradley）于1883年申请电解冰晶石专利。1886年美国霍尔（Hall）和法国埃鲁（Heroult）分别申请冰晶石-氧化铝融盐电解法专利，霍尔-埃鲁法是这一百多年来在铝工业中唯一的炼铝方法。铝锭的生产是由铝矿石作原料生产氧化铝，再用电解方法制铝，然后浇注成铝锭。

② 氧化铝的制备　氧化铝的制备方法分湿碱法和干碱法。

a. 湿碱法　该法是将铝矿石磨细，和NaOH溶液一起在160～170℃和3～4个大气压下反应生成 $NaAlO_2$，杂质沉积于容器底部，反应式如下：

$$Al_2O_3 + 2NaOH \longrightarrow 2NaAlO_2 + H_2O$$

在反应中有部分 SiO_2 与NaOH反应生成 Na_2SiO_3，Na_2SiO_3 再与 $NaAlO_2$ 作用生成沉淀，反应式有：

$$SiO_2 + 2NaOH \longrightarrow Na_2SiO_3 + H_2O$$

$$2Na_2SO_3 + 2NaAlO_2 \longrightarrow Na_2O \cdot Al_2O_3 \cdot 2H_2O + 4NaOH$$

由以上反应可知，SiO_2 不但消耗了 $NaAlO_2$，而且还消耗了 Al_2O_3 和NaOH，因此，一般要求铝矿石中的 SiO_2 含量应小于5%。

将以上得到的 $NaAlO_2$ 溶液放出过滤，加水稀释，降压和降温，压力降到一个大气压，再加入少量 $Al(OH)_3$ 作结晶核心并进行搅拌，发生以下反应：

$$NaAlO_2 + 2H_2O \longrightarrow Al(OH)_3 + NaOH$$

其次将 $Al(OH)_3$ 在950～1000℃温度下煅烧，制得 Al_2O_3，反应如下：

$$2Al(OH)_3 \xrightarrow{(950\sim1000℃煅烧)} Al_2O_3 + 3H_2O$$

制取的 Al_2O_3 不能含水，否则在电解时会使冰晶不分解。同时也应注意 Al_2O_3 在保管过程中防潮，潮湿的氧化铝与电解液接触会发生爆炸。

b. 干碱法　该法是将磨碎的矿石、碳酸钙和碳酸钠混合并加热到1100℃发生反应，烧结成块出炉，反应式如下：

$$Al_2O_3 + Na_2CO_3 \longrightarrow Al_2O_3 \cdot Na_2O + CO_2$$
$$Fe_2O_3 + Na_2CO_3 \longrightarrow Fe_2O_3 \cdot Na_2O + CO_2$$
$$SiO_2 + CaCO_3 \longrightarrow CaO \cdot SiO_2 + CO_2$$

再将块状磨细，加入稀氢氧化钠溶液，$Fe_2O_3 \cdot Na_2O$ 与溶液中水反应生成 $Fe(OH)_3$ 沉淀，反应式如下：

$$Fe_2O_3 \cdot Na_2O + 4H_2O \longrightarrow 2Fe(OH)_3 + 2NaOH$$

同时，$CaO \cdot SiO_2$ 没有发生反应而沉积下来，$Al_2O_3 \cdot Na_2O$ 进入溶液，此时通入 CO_2，便发生以下反应：

$$2NaAlO_2 + CO_2 + 3H_2O \longrightarrow 2Al(OH)_3 + Na_2CO_3$$

最后进入煅烧就制得 Al_2O_3。

③ 电解铝的制备　电解制备铝的原料为湿碱法和干碱法制取的氧化铝。电解液主要由冰晶石（Na_3AlF_6）和少量氟化钠、氟化铝等组成。阳极为自熔式阳极，该阳极的下部与电解液接触的部分在电解时会烧结成坚硬的锥体，而上部为糊状物质。这种阳极由40%的冶金焦、30%油焦和30%沥青焦组成，经煅烧去除挥发物后破碎、筛分、加入30%沥青，再熬煮后经水冷制成。它的主要特点是电导率高，灰分少，不影响铝液质量。阴极又叫阴极糊或底糊，由阳极煅烧后成分再加入25%沥青组成，用作电解槽铺底材料。阴极糊内部有铜棒导出，接外电源阴极。电解槽结构如图5-6所示。它由耐火砖砌成，内衬用阴极糊捣固制成，槽底因受力较大制作应坚固。电解槽可做成方形和圆形，但多数使用方形。为了防止因膨胀而破坏电解槽外形，四边应制成向里凹的弧形。在电解槽的四角砌有四根砖立柱是为了固定阳极，再配合升降机构。电解槽的外壳可用钢板或框架制作。

铝的电解由焙烧、启动和正常生产三个过程组成。焙烧是将电解槽的碳糊包括阳极和阴极糊焦化，清除炭粉。加入冰晶石并开始启动。当电解质（冰晶石）熔化后的液体达到一定高度，便开始不断加入氧化铝，逐渐进入正常生产阶段。氧化铝在900℃左右被离解成 Al^{3+} 和 AlO_3^{3-}，它们在电流作用下，正离子到阴极，负离子到阳极。其化学式有：

$$Al^{3+} + 3e \longrightarrow Al$$

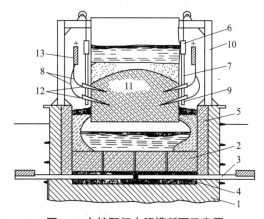

图5-6　自焙阳极电解槽断面示意图

1—黏土砖；2—压型炭阴极块；3—钢制阴极棒；4—底垫；
5—衬边炭块；6—硬框；7—钢翅；8—软铜带；9—吊环；
10—固定框架；11—连续自焙阳极；12—钢制阳极棒；
13—铝母线

$$2AlO_3^{3-} + 6e \longrightarrow Al_2O_3 + 3/2O_2$$
$$O_2 + C \longrightarrow CO_2$$

电解得到的铝沉积在槽底，达到一定高度可出铝，其含铝量达99.7%。

5.1.2 无机非金属材料的制备

5.1.2.1 陶瓷的制备原理及方法

（1）概述　陶瓷是无机非金属材料中的一个重要的种类。它是指一定组成配比的矿物原料粉末或化工原料粉末成型后，经特定的工艺使其致密化，赋予其一定的强度和密度及其他特殊性能的固体材料。

陶瓷是由金属（类金属）和非金属元素之间形成的化合物，这些化合物中的原子（离子）主要以共价键或离子键相键合。通常陶瓷是一种多晶多相的聚集体。

传统的陶瓷（即普通陶瓷制品）主要是指日用陶瓷、建筑陶瓷等。其以黏土及其他无机矿物为主要原料，经粉碎、成型、高温烧结而成。

随着材料科学与工程的发展，对陶瓷性能的要求越来越高，特种陶瓷应运而生。从陶瓷的原料、成型方法和陶瓷的合成工艺都得到迅速的发展。陶瓷的原料扩展到高纯度的化工原料及合成矿物，陶瓷的构成包含单相陶瓷及陶瓷基复合材料，陶瓷的制备方法也趋于多样化而演绎出高温烧结陶瓷、不烧陶瓷、生物合成陶瓷等。

根据陶瓷的宏观物理性能特征可以将陶瓷分为陶器、炻器和瓷器。陶器坯体断面粗糙无光、有较高的气孔率和吸水率；瓷器坯体致密细腻、具有一定的光泽、基本不吸水；而炻器则介于陶器和瓷器之间。陶瓷的分类如图5-7所示。

众所周知，陶瓷材料的各种性能主要由陶瓷的化学组成、陶瓷的相组成、陶瓷的晶体结构、陶瓷的显微组织等所决定。

根据陶瓷种类的不同和性能要求的不同，各种陶瓷的生产方法有很大的差异。但从整个陶瓷的生产过程来讲，其制备过程大体可以分为备料、成型、烧结三大部分。陶瓷制备的一般工艺过程如图5-8所示。

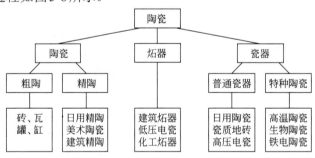

图5-7　陶瓷的分类

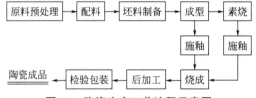

图5-8　陶瓷生产工艺流程示意图

（2）陶瓷原料及配料　要使所制备的陶瓷具有预想的力学性能和物理化学性能，必须要保证陶瓷具有特定的化学组成、相组成和特定的微观结构。其中化学组成是特定相组成和特定微观结构的前提与保证。为了使不同的陶瓷具有其特定的化学组成，需要不同的原料按一定的配比进行搭配。根据原料的来源不同，可以将陶瓷原料分为天然原料和化工原料两类。

天然原料是指自然界中天然存在的无机矿物原料。陶瓷生产中使用的天然原料主要有黏土类矿物原料、长石类矿物原料和石英类矿物原料。

黏土是一种含水铝硅酸盐矿物，其主体化学成分是 SiO_2、Al_2O_3 和水，有的含有少量的 K_2O，其结构属于层状结构硅酸盐。黏土构成复杂、成分多变、晶体结构多样，依照其特征可以分为高岭土类黏土、蒙脱石类黏土、伊利石类黏土等。黏土类矿物原料是陶瓷生产中使用得最多的一类原料。几种主要黏土类矿物原料化学成分列于表5-1中。

■ 表5-1　几种黏土类矿物原料的化学成分

矿物名称	化学成分/%								
	SiO_2	Al_2O_3	K_2O	Na_2O	CaO	MgO	Fe_2O_3	TiO_2	灼减
界牌黏土	68.60	21.41			0.34	0.05	0.32	0.065	8.94
苏州土	43.39	40.48	0.03	0.22	0.19	0.05	0.47	0.07	15.0
临川高岭土	46.57	36.25		1.57	1.03	0.27	0.17		14.64
宽城土	57.45	32.01			0.27		0.34	0.07	10.52
叙永土	37.35	34.34	0.01		0.36		0.12	0.01	19.45

长石是一类矿物的总称，其化学成分为不含水的碱金属与碱土金属铝硅酸盐，呈架状硅酸盐结构。根据其组成与结构特点，长石主要分为钠长石（$Na_2O \cdot Al_2O_3 \cdot 6SiO_2$）、钾长石（$K_2O \cdot Al_2O_3 \cdot 6SiO_2$）、钙长石（$CaO \cdot Al_2O_3 \cdot 2SiO_2$）和钡长石（$BaO \cdot Al_2O_3 \cdot 2SiO_2$），各种长石的理论组成列于表5-2中。自然界中实际存在的长石矿物往往是各种长石的混合体或固溶体，同时还含有少量的杂质，不同产地的几种长石矿物的实际化学成分列于表5-3中。钾长石与钠长石形成的矿物称为正长石，属单斜晶系；钠长石与钙长石的固溶体称为斜长石。长石矿物在烧成过程中，在1300℃以下就能熔融形成黏稠性玻璃体，可溶解部分高岭土而促进成瓷反应、降低烧成温度、防止高温变形、改善陶瓷的外观质量和使用性能。因此，长石类矿物原料是陶瓷生产中的熔剂性原料，主要用作坯料、釉料和色料熔剂的基本成分。

■ 表5-2　长石的理论组成

名　称	化学成分/%					
	SiO_2	Al_2O_3	K_2O	Na_2O	CaO	BaO
钾长石	64.7	18.4	16.9	—	—	—
钠长石	68.6	19.6	—	11.8	—	—
钙长石	43.0	36.9	—	—	20.1	—
钡长石	32.0	27.1	—	—	—	40.9

表5-3　几种长石矿物的实际化学组成

矿物名称	化学成分/%								
	SiO$_2$	Al$_2$O$_3$	K$_2$O	Na$_2$O	CaO	MgO	Fe$_2$O$_3$	TiO$_2$	灼减
营口长石	64.34	19.47	11.7	—	1.37	3.30	0.87	—	—
揭阳长石	63.19	21.77	12.76	0.42	0.48	0.30	0.44	—	1.47
平江长石	65.76	18.91	13.50	—	0.25	0.14	0.14	—	0.50
莱芜长石	64.71	23.26	10.87		0.60	—	0.45	—	0.60
旺苍长石	67.77	17.21	13.92		0.54	0.17	0.25	微量	0.54

石英化学成分为SiO$_2$，部分以硅酸盐化合物状态存在，构成各种矿物岩石；另一部分则以独立状态存在，成为单独的矿物实体。虽然其化学成分相同，但由于结构状态及所含杂质的差异而形成不同的石英矿物。陶瓷生产中使用的石英类矿物原料主要为脉石英和石英岩，矿物中SiO$_2$的含量一般在96%～99%之间。其中脉石英的SiO$_2$含量高、杂质少，是生产日用细瓷的良好原料；而石英岩杂质含量较高，一般用作普通陶瓷原料。

化工原料主要用作釉料的配制和高性能陶瓷的制备。釉料原料中，根据其作用的不同可分为乳浊剂、助熔剂和着色剂，主要有ZnO、SnO$_2$、TiO$_2$、CeO$_2$、Pb$_3$O$_4$、H$_3$BO$_3$（硼酸）、Na$_2$B$_4$O$_7$·10H$_2$O（硼砂）、Na$_2$CO$_3$、CaCO$_3$、KNO$_3$等。

在高性能陶瓷制备中，为了得到陶瓷的特殊功能性，必须对其组成与结构进行严格控制。全部使用天然矿物原料一般很难满足高性能陶瓷对原料的要求，因此需要部分或全部采用化工原料作为陶瓷原料。高性能陶瓷生产中使用的化工原料主要有BaCO$_3$、SiO$_2$、PbO、SrO、TiO$_2$、ZnO、BeO、H$_3$BO$_3$、Al$_2$O$_3$、ZrO$_2$等氧化物以及Si$_3$N$_4$、AlN、BN等非氧化物原料。

（3）原料的预处理及破碎　陶瓷原料的预处理主要是进行淘洗，其目的是尽量除去原料中含有的杂质，以保证陶瓷的产品质量。例如，电子陶瓷的电性能对原料中的碱金属含量非常敏感，而碱金属盐基本上都是水溶性盐，可以通过淘洗将其溶解去除。

由于陶瓷的晶粒大小对其热起伏下的热应力至关重要，直接影响陶瓷的强度及抗热冲击能力。晶粒越细，热应力越小，陶瓷强度越高，抗热冲击能力越强。为保证陶瓷的细晶结构，要求陶瓷原料颗粒应尽可能地小，因此陶瓷原料在配料前要进行破碎，使原料的细度达到一定的要求。对于普通陶瓷一般原料粒度在0.05～0.07mm以下；而对于高性能陶瓷来讲，要求原料粒度在微米级或亚微米级。

陶瓷原料的破碎通常分为粗碎、中碎和细碎。而要求亚微米级甚至更细的陶瓷原料，一般在化工原料制备过程中进行控制，单纯的破碎很难达到。

粗碎一般采用颚式破碎机来进行。将大块原料破碎至40～50mm的碎块。中碎通常采用轮碾机、对辊破碎机等将小块原料破碎至0.3～0.5mm的粗粉。而细碎一般采用雷蒙磨（干粉）或球磨（料浆）使坯料的细度达到0.05～0.07mm以下。

有的原料还需进行煅烧处理。煅烧的作用主要有三个方面：其一是使原料的晶型发生转变，以避免物料在烧结过程产生晶型转变而使瓷体产生裂纹；其二是利用晶型转变产生的内应力和煅烧过程中产生的热应力使原料进一步细化；其三是在煅烧过程中除去物料中的有害杂质。例如，刚玉瓷（氧化铝瓷）的主晶相为α-Al$_2$O$_3$，其主要原料氧化铝一般是化工生产的 γ-Al_2O_3，并且原料中不可避免地存在一些生产过程所带入的 Na_2O，烧结过程中会与 Al_2O_3 反应生成 β-Al_2O_3（$Na_2O \cdot 11Al_2O_3$），引起氧化铝陶瓷电性能的恶化（增加电导损耗和松弛极化损耗），因此需要对氧化铝原料进行煅烧预处理。煅烧时，在原料中加入一定量的硼酸，在 γ-Al_2O_3 转化为 α-Al_2O_3 的同时，Na_2O 与硼酸反应生成挥发性的硼酸钠而除去。

（4）坯料制备　坯料是指原料经粉碎和适当的加工后，能满足成型工艺要求的均匀混合物。根据成型方法的不同，坯料分为注浆坯料、可塑坯料和压制坯料三种。

坯料的制备包括配料、混合、细碎、陈化、练泥等过程。

配料：选择不同的原料配比，保证坯料组成符合配方要求。

混合：采用各种工艺方式使坯料混合均匀。

细碎：一般采用雷蒙磨（干粉）或球磨（料浆）使坯料的细度达到0.05～0.07mm以下。

陈化：将含水坯料在一定湿度和温度下放置一定时间（数天），使得其中的腐殖质充分腐化。

练泥：将坯料在真空装置中反复揉制，使物料进一步均匀，同时将坯料中的气体排除。

（5）成型　成型是采用一定的方法将坯料制作成为具有一定形状和尺寸的坯体的过程。陶瓷制品的成型方法可分为压制成型、可塑成型和注浆成型三类。

压制成型是将含水3%～7%（干压法）或8%～15%（半干压法）的坯料在较高的压力下加压形成坯体的方法。对于可塑性较差的瘠性料通常还需加入一定的有机塑化剂（如石蜡等）。施压的方法分为普通压制、等静压压制和热等静压压制（成型与烧成/初烧同时完成）等。

可塑成型是利用坯料的可塑性将坯料制成一定的形状，包括滚压、旋坯、挤压（管、膜、棍等）、雕塑等。

注浆成型是将具有流动性的坯料（料浆）注入石膏模中，利用石膏的吸水性使含水量降低而固化成型。

（6）干燥与排蜡　由于成型后的坯料中含有较多的水分，直接烧结将由于水的迅速汽化使坯体内气压急剧上升而开裂，故烧成前需在一定温度下进行干燥，使坯体中的水基本除去。

基于类似的原因，干压中加入有机塑化剂的坯体亦需在较低温度下使塑化剂挥发除去，称为排蜡或排胶。

（7）施釉　釉料是覆盖在陶瓷表面上的玻璃态薄层，对陶瓷起表面保护、改善性能，并使陶瓷具有光泽和色泽的作用。

釉料具有玻璃体的通性（各向同性、介稳性和性质连续性），但也与玻璃有显著的不同，主要表现在釉料中通常含有一定的气泡和晶粒，是一个非均一的系统。釉料中晶粒的来源一方面是配料中没有完全熔化或没有完全起反应而残留在釉料中的晶粒，称为一次晶粒；另一方面是玻璃中析出的晶体，称为二次晶粒。釉料中适当的晶粒不仅不是缺陷，而且可以用来调节釉料的性能。

根据釉料的烧成温度的不同，可以将釉料分为高温釉和低温釉。高温釉中主要含有大量的 SiO_2 和 Al_2O_3 以及少量的碱金属和碱土金属氧化物，是一种硅酸盐玻璃。制备这种釉料的主要原料是长石、石英、黏土和滑石等，因此常将其称为长石釉。高温釉的烧成温度通常在1250～1420℃之间。一般高温釉的施釉在坯体干燥后直接进行，让釉料的烧成和瓷体的烧成在同一过程中完成。

低温釉中SiO_2和Al_2O_3的含量较少，而B_2O_3和PbO的含量较高，是一种硼硅酸盐。低温釉的主要原料为硼酸、铅丹、石英、方解石以及黏土等。低温釉的烧成温度较低，一般低于1250℃。因此，在使用低温釉时，要在瓷体烧成后进行施釉，然后再进行釉料的烧成。此时，瓷体的烧成称为烧瓷，釉料的烧成称为烧釉。

按照釉料的制备方法可以将釉料分为生釉和熔块釉。生釉由未经煅烧的原料配制而成。生釉一般都是高温釉。高温釉的特点是便于调制，应用范围广。

熔块釉是将各种制釉原料经过熔制的釉料，通常是硼酸盐低温釉。熔块釉的特点是能将可熔性的原料转变为不熔性的物料。

釉料通常制成料浆，采用浸没、刷涂、喷涂等方式在坯体表面形成釉料层。

（8）烧成　烧成是指坯体在高温下发生一系列的物理化学变化，坯体逐渐致密化，形成预期的矿物组成和显微结构，并赋予制品预期性能的过程。

烧成过程所需的高温装置称为窑炉。根据加热的热源可分为煤窑、气窑和电窑。根据窑炉结构形式的不同可以分为圆窑、方窑、抽屉窑、倒焰窑、隧道窑、钟罩窑等。目前使用最广、生产能力最强的是隧道窑和钟罩窑。

烧成是陶瓷生产过程中最重要的工序之一，许多因素都会对烧成过程和烧结的效果产生重大的影响。烧成过程中需要严格控制的因素包括：升温速度、烧成温度、保温时间、冷却速度、气氛种类与气氛压力等。

① 升温速度　为了提高烧成的生产效率，希望有较高的升温速度，但是过快的升温速度将会使坯体受热不均而产生裂纹；同时，在加热时，坯体中的水会汽化，过快的升温速度将会使水蒸气来不及排除坯体外，在坯体内形成很高的气压而使坯体开裂；此外，有的原料在升温过程中会发生分解放出气体（如碳酸钡在升温过程中分解而放出二氧化碳），过快的升温速度同样会使坯体内二氧化碳压力过大而产生裂纹。因此，选择适当的升温速度对于陶瓷的烧成过程具有非常重要的意义。

② 烧成温度　陶瓷中矿物组成的形成和瓷体的致密化需要物质的迁移和液相的出现为保证。其中液相量的多少对于烧结体的质量至关重要。根据陶瓷体系的不同，一般需要坯体中的液相量为15%～35%，这就需要对应的烧成温度来控制。温度过低，液相量不足，瓷体不能完全实现致密化，也不能达到预期的强度，这种情况在生产中称为生烧。反之，过高的烧成温度将使坯体因液相过量而软化变形，这种情况在生产中称为过烧。

③ 保温时间　生产过程中粒子的迁移与液相在毛细管力作用下对孔隙的填充都是一个动力学过程，需要在对应的条件下以一定的时间为保证。因此，在达到烧成温度后，需要一定的保温时间来使物质进行迁移，以保证瓷体的致密化。

④ 冷却速度　瓷体烧成后，晶粒与晶粒之间以及晶粒与玻璃相之间形成了紧密的结合。在降温过程中，由于热膨胀系数的差异和温度梯度的出现，将会在界面产生热应力，热应力足够大时将使陶瓷产生晶界脱落而出现微裂纹，从而降低陶瓷的强度。热应力的大小与热膨胀系数差和温度梯度的大小成正比，而温度梯度与降温速度密切相关。降温速度越快，则温度梯度越大，热应力也就越大，引起瓷体破坏的可能性相应增加。因此，瓷体烧成后，一般要求采用较慢的降温速度，尤其是对于体积较大和形状比较复杂的瓷体更是如此。

⑤ 气氛种类与气氛压力　有些陶瓷在烧成过程中要伴随着气固反应的进行，此时气氛的种类和气氛的压力对于反应进行的程度和陶瓷中最终的相组成有非常大的影响，特别是烧成中涉及氧化还原反应时影响尤为显著。而气固反应进行的程度和最终的相组成对于陶瓷的性能有着决定性的影响。因此，严格控制烧成过程中窑炉中的气氛种类和气氛压力在陶瓷烧成中具有非常重要的意义。根据窑炉中气氛种类的不同，一般可以将陶瓷烧成分为氧化性烧成、还原性烧成和保护性（惰性）烧成。例如，金红石瓷是一种重要的高频电容器瓷，其主晶相为金红石（TiO_2）。众所周知，TiO_2为一种负离子缺位型的非化学计量化合物（TiO_x，$x \leq 2.0$），其中Ti^{4+}在还原性气氛下极易被还原成Ti^{3+}，同时在晶格中形成氧离子空位（引起TiO_2晶格中氧离子空位的原因除了还原性气氛外，还可能是高温分解、高价阳离子取代、电化学反应等）。当氧离子空位生成而使x值由化学计量的2.0下降到1.995时，金红石瓷的电阻率将由$10^9\Omega \cdot cm$下降到约$10\Omega \cdot cm$，其介电性能大大恶化。因此，在金红石瓷烧成过程中，保温及降温阶段必须保证在氧化性气氛中进行。而对于软磁锰锌铁氧体陶瓷而言，主晶相为尖晶石型的锰锌铁复合氧化物，其磁性能除受体系中锰、锌、铁等元素组成的影响外，Fe^{3+}与Fe^{2+}的比例对铁氧体磁性能的影响也非常显著，而Fe^{3+}与Fe^{2+}的比例直接受烧成过程中氧气分压的影响。因此，在其烧成过程中，不仅要掌握烧成气氛的氧化性或还原性，还必须依照产品的性能要求准确控制气氛中氧气的分压。

（9）陶瓷后加工　一些烧成后的瓷体，还需要进行后续的加工处理才能成为最终的产品。其后续加工主要包括表面打磨抛光、表面金属化、胶装附件等。例如，作为设备零部件的化工陶瓷对其需配合和密封的表面需进行机械磨削加工，使其达到预期的尺寸精度和光洁度。有的建筑陶瓷在烧成后，需进行一定的研磨抛光处理（如建筑装饰中使用的抛光砖）。欲进行陶瓷与陶瓷或者陶瓷与金属焊接的瓷体，需要进行表面金属化。而电容器陶瓷在烧成后，需进行表面研磨达到尺寸精度，然后进行表面金属化，并钎焊连接金属电极。当然，对大多数陶瓷制品来讲，并不需要进行后续加工。

5.1.2.2　玻璃的制备原理及方法

（1）概述　无机玻璃作为一种典型的非晶态结构材料，具有玻璃体的通性（各向同性、介稳性、性质渐变性及物理性质加和性）。玻璃作为一种特殊的无机材料，还具有一系列优异的性能：①玻璃具有极高的透光性，是一类理想的透明材料，并且随添加物的不同，可以得到各种不同的颜色；②玻璃质地坚硬、致密，具有较高的机械强度和气密性；③玻璃具有极高的化学稳定性，其耐腐蚀性能较金属材料要高得多；④玻璃具有很好的成型性能和加工性能，可以很容易地制作成各种特殊形状的玻璃器件；⑤一般情况下，玻璃具有电绝缘性，同时也具有较好的热稳定性和隔热性能；⑥通过改变玻璃成分和玻璃制作工艺，可以得到具有不同特殊性能的玻璃；⑦玻璃的制备原料来源广泛，价格低廉。

由于玻璃的性能优良、种类繁多、形式多样，并可按不同的成分和制作工艺得到性能各异的玻璃材料，因此玻璃材料在国民经济的各个领域中起着非常重要的作用，目前已广泛地应用于建筑（玻璃幕墙、透明窗玻及其他建筑装饰材料）、轻工（玻璃器皿、照明器材、工艺美术品等）、化工（耐温、耐腐蚀的玻璃管道、阀门及容器等）、电子工业（电子管、光导纤维、电视机等）、光学工业（显微镜、照相机、光谱仪及其他光学仪器等）、航空航天、原子能及科学研究等各个领域。

随着科学技术水平的提高，玻璃材料的生产技术得到迅猛的发展，玻璃材料的性能不断改善、玻璃材料的种类不断增多，其新产品层出不穷，在国民经济中的地位和作用业越来越重要。

由于玻璃材料的种类繁多，在此我们仅介绍玻璃材料制备的一般原理和方法，侧重于平板玻璃的制备方法和工艺。

（2）玻璃生成的热力学及动力学条件　玻璃是一种亚稳态物质，与相应的结晶态物质相比具有较高的内能，玻璃态物质具有降低内能向结晶态物质转化的趋势，因此，在一定的条件下玻璃态可以转化为结晶态物质。

玻璃的生产一般是将原料熔融，然后从熔融态冷却而成。从热力学的角度来讲，一个物质体系的自由焓变化可以表示为：$\Delta G = \Delta H - T\Delta S$。在低温下，主要是热焓变化 ΔH 起决定作用，而在高温下，主要是熵变 ΔS 起决定作用。因此，在足够高的熔制温度下，晶态物质原有的规律性晶格会遭到破坏，向熵值相对较大的稳定性态转变。而在冷却过程中，当温度低于液相点时，体系有向热焓相对较小的晶态结构转变的趋势，通常通过分相或析晶的途径来释放能量。

在玻璃的冷却过程中，体系要从无定形态转变为结晶态，需要经历成核和晶体长大等阶段。从动力学来讲，析晶必须克服一定的势垒（包括成核所需建立新界面的界面能以及晶核长大所需的质点扩散激活能等），而克服势垒所需的能量来源于体系的热起伏。从体系自身内在因素来看，结晶所需跨越势垒高的体系在冷却时易于生成玻璃体，而结晶所需跨越势垒低的体系则不易生成玻璃体。而从环境外在因素来讲，如果体系冷却速度很快，则熔体黏度增加非常迅速，质点来不及进行有规律排列，晶核形成和长大均难以实现，从而有利于玻璃的生成。由此可见，生成玻璃的关键是熔体的冷却速度。

（3）玻璃制备的一般过程　玻璃的制备过程主要包括备料、熔制、成型及深加工等几个基本过程。

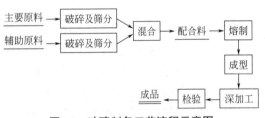

图5-9　玻璃制备工艺流程示意图

在玻璃制备过程中，备料包括主要原料及辅助原料的选择与配合料的配制；熔制包括硅酸盐形成、玻璃液形成、玻璃液澄清、玻璃液均化和玻璃液冷却等；深加工包括玻璃的切裁、热处理、玻璃的钢化、玻璃的夹层化、玻璃的中空化、玻璃镀膜等。玻璃制备的一般工艺过程如图5-9所示。

（4）玻璃成分及玻璃原料　不同用途玻璃的成分（化学组成）一般有较大的差异，其成分常用各氧化物的质量百分含量来表示。几种常用玻璃的化学组成见表5-4。

在玻璃的成分中，SiO_2 是最主要的成分，玻璃所具有的耐热、耐压、脆性、化学稳定性和透明等性能主要由 SiO_2 提供，但随其含量的增加，玻璃熔制的温度相应上升。Na_2O 和 K_2O 同属碱金属氧化物，可统一用 R_2O 来表示，它们的引入能降低玻璃的黏度，有利于熔化和成型，但过多的含量会引起化学稳定性和机械强度的降低。CaO 和 MgO 同属碱土金属氧化物，其引入可以避免玻璃的析晶，提高化学稳定性和机械强度。Al_2O_3 亦能降低玻璃的析晶趋势，同时提高玻璃的化学稳定性，但其高含量会引起玻璃黏度的增加，不利于玻璃的熔制。

	SiO$_2$	Al$_2$O$_3$	CaO	MgO	B$_2$O$_3$	PbO	Na$_2$O+K$_2$O
平板玻璃	71～73	0.5～2.5	6.0～10.0	1.5～4.5	—	—	14～16
瓶罐玻璃	70～75	1.0～5.0	5.5～9.0	0.2～2.5			13.5～17.0
灯壳玻璃	73.1	0.3	4.0	2.7	0.8	2.1	14.5～15.5
无碱玻璃纤维	54.0	15.5	16.0	4.0	8.5	—	＜0.5
高硅氧玻璃	96.8	0.4	—	—	2.9		＜0.2

玻璃的配合料由多种原料混合配制而成，各种原料由于提供的物质不同而起到不同的作用。提供玻璃主要成分的原料称为主要原料，为了改善玻璃使用性能或玻璃生产工艺性能而引入的原料称为辅助原料。

玻璃生产的主要原料包括引入SiO$_2$的原料（硅源原料）、引入Al$_2$O$_3$的原料（铝源原料）、引入CaO和MgO的原料（钙源和镁源原料）和引入Na$_2$O的原料（钠源原料）等。

常用的硅源原料主要是硅砂和砂岩。硅砂俗称石英砂，主要由石英颗粒所组成，纯净的石英砂为白色，而天然矿物石英砂由于含有铁的氧化物而呈淡黄色或红褐色。评价硅砂原料质量的指标主要是硅砂的化学组成（主成分为SiO$_2$，另含有Al$_2$O$_3$、Na$_2$O、K$_2$O、CaO等无害成分以及氧化铁、Cr$_2$O$_3$、TiO$_2$等有害成分，其中氧化铁、Cr$_2$O$_3$、TiO$_2$均能使玻璃着色而影响其透明度）、硅砂的矿物组成（与硅砂伴生的有长石、高岭石、白云石、方解石等无害矿物和赤铁矿、磁铁矿、钛铁矿等有害矿物）和硅砂的颗粒组成（硅砂颗粒的大小及颗粒组成对原料制备、玻璃熔制及蓄热室堵塞等有直接的影响，一般要求硅砂的粒度在0.15～0.8mm）等。砂岩是由石英颗粒和黏性物质在地质高压下胶结形成的坚实致密的岩石，根据黏性物质的不同可以分为黏土质砂岩、长石质砂岩和钙质砂岩等，砂岩中有害的物质主要是氧化钛。

铝源原料通常采用长石（包括钾长石KAS$_6$、钠长石NAS$_6$和钙长石CAS$_6$）和高岭土（俗称黏土，AS$_2$H$_2$）。对长石的质量要求是：Al$_2$O$_3$＞16%、Fe$_2$O$_3$＜0.3%、R$_2$O＞12%；对高岭土的质量要求是：Al$_2$O$_3$＞25%、Fe$_2$O$_3$＜0.4%。

常用的钠源原料主要是纯碱（Na$_2$CO$_3$）和芒硝（Na$_2$SO$_4$），钙源原料为石灰石和方解石（主要成分均为CaCO$_3$），镁源原料为白云石（MgCO$_3$·CaCO$_3$），硼源原料为硼酸（H$_3$BO$_3$）与硼砂（Na$_2$B$_4$O$_7$·10H$_2$O），钡源原料为硫酸钡与碳酸钡，锌源原料为氧化锌和菱锌矿（主要成分为ZnCO$_3$），铅源原料为铅丹（Pb$_3$O$_4$）与密陀僧（亦称为黄丹，PbO）。

玻璃生产的辅助原料包括澄清剂、着色剂、脱色剂、还原剂、乳浊剂、助熔剂等。

澄清剂是指在玻璃熔制过程中能分解产生气体，或能降低玻璃黏度促使玻璃中气泡排除的原料。常用的澄清剂主要有三类：①氧化砷和氧化锑澄清剂，该类澄清剂在单独使用时将升华挥发，仅起鼓泡作用；与硝酸盐组合作用时，在低温下吸收氧气，在高温下放出氧气而起澄清作用；②硫酸盐澄清剂，该类澄清剂主要是硫酸钠，在高温时分解放出气体而起澄清作用，幕墙玻璃厂大多采用该类澄清剂；③氟化物澄清剂，主要有萤石（CaF$_2$）及氟硅酸钠（Na$_2$SiO$_6$），在熔制过程中，该类澄清剂通过降低玻璃黏度而起澄清作用。

着色剂是指能使玻璃本体着色的原料。根据着色机理可以将着色剂分为离子着色剂、胶体着色剂和化合物着色剂三类。常用着色剂的分类及使玻璃本体着色情况列于表5-5中。

■ 表5-5　常用着色剂及玻璃本体色彩

离子着色剂		胶体着色剂		化合物着色剂	
着色剂	玻璃色彩	着色剂	玻璃色彩	着色剂	玻璃色彩
Mn_2O_3	紫色	$AuCl_3$	红色	Se	肉红色
CoO	天蓝色	$AgNO_3$	银黄色	CdSe	红色
Cr_2O_3	绿色	Cu_2O	铜红色	CdS	黄色
CuO	湖蓝色			Se+CdS	黄/红系列

脱色剂主要是指能减弱铁化合物对玻璃着色影响的原料。根据同时脱色机理可以将脱色剂分为化学脱色剂和物理脱色剂两类。常用的化学脱色剂主要有As_2O_3、Sb_2O_3、Na_2S及硝酸盐等，常用的物理脱色剂有Se、MnO_2、Co_2O_3、NiO等。

在玻璃熔制过程中，由于芒硝的分解温度很高，为了保证其充分分解，需加入一定的还原剂使其分解温度下降。常使用的还原剂为碳（煤粉、焦炭、木屑等）、酒石酸钾、氧化锡等。

乳浊剂是指能使玻璃产生乳白而不透明的原料。常用的乳浊剂有磷酸盐（磷酸钙、磷灰石、骨灰等）和氟化物（氟硅酸钠、萤石等）。

助熔剂是指加速玻璃熔制过程的原料，玻璃生产中最常用的助熔剂为萤石。

此外，在玻璃生产中一般要使用一定量的熟料（碎玻璃）。将玻璃生产中的废料回炉可以节省原料，同时碎玻璃可以起到一定的助熔作用。但碎玻璃过多会使玻璃的微小气泡增加，因此其加入量一般控制在15%～30%。

（5）配合料的制备　配合料的制备过程主要包括原料选择与计算、原料加工及配合料的混合等。

根据玻璃的性能要求及其他技术经济指标，选择最佳的原料组合是玻璃生产中的一个非常重要的环节。所选择的原料既要满足玻璃成分的要求，同时带入的有害杂质要尽可能地少，此外还应具有较好的工艺性能、来源广泛、价格低廉、运输方便。

根据玻璃组成、结构与性能的关系以及玻璃在熔制、成型及加工等方面的实际要求，计算出各种原料的实际使用量。所选定的原料分别进行粗碎、细碎、筛分等工序，得到符合玻璃生产要求的粉体原料。配合料在物理化学性能上必须均匀一致，以避免熔制时间的延长、未熔物的残留乃至玻璃缺陷的产生。因此，粉碎筛分后的各种原料需进行高强度的混合，使各种原料充分混合均匀。

（6）玻璃的熔制　玻璃的熔制是一个非常复杂的过程，它包含一系列的物理过程（配合料加热、配合料脱水、熔化、晶相转变、挥发等）、化学过程（固相反应、化合物分解、硅酸盐的形成等）和物理化学过程（共熔体的生成、固溶、液体间溶解、玻璃液与炉气和气泡间的作用、玻璃液与耐火材料间的作用等）。根据原料在过程中的不同变化可以将玻璃的熔制过程分为硅酸盐形成、玻璃形成、玻璃液澄清、玻璃液均化和玻璃液冷却五个阶段。

硅酸盐的生成一般在熔制过程的初期加热阶段（800～900℃）进行。配合料入窑后，在高温下迅速发生一系列的变化过程，包括脱水、盐类分解、气体逸出、多晶转变、复盐生成、硅酸盐生成等，最终得到有硅酸盐和剩余二氧化硅组成的不透明烧结物。

由硅酸盐和剩余二氧化硅组成的烧结物继续加热到1200℃左右，所生成的硅酸盐（通常为硅酸钠、硅酸钙、硅酸铝、硅酸镁等）及剩余的二氧化硅开始熔化，经吸附溶解和扩散，形成不含固体颗粒的液态透明体，通常在1200～1250℃范围内完成玻璃液的形成过程。此时的玻璃液在化学组成和性质上是不均匀的。

玻璃液形成阶段结束后，熔融体中包含许多气泡。玻璃液的澄清即是指从玻璃液中去除可见的气体夹杂物，清除玻璃中的气孔组织的过程。但温度升高时，玻璃液的黏度会大大下降，使气泡大量逸出，因此玻璃液的澄清阶段一般需在1400～1500℃的高温下进行。玻璃液的澄清过程从形式上看似是一个简单的流体力学过程，可实际上还包含了许多复杂的物理化学过程，但限于篇幅，此处不专门讨论。

在玻璃形成阶段结束后，玻璃液中仍然带有与主体玻璃化学成分不同的不均匀体，消除这种不均匀体的过程称为玻璃液的均化。玻璃液的均化包括对其化学均匀和热均匀两个方面。玻璃液的均化实际上在玻璃消除时就已开始，然而其主要还是在澄清后期进行，它与澄清混在一起，没有明显的界限，但均化的结束通常在澄清之后。玻璃液的均化主要通过不均匀体的溶解与扩散、玻璃液的对流以及因气泡上升而引起的搅拌等方式进行。为了强化均化过程，通常采用窑池底部鼓泡及强制搅拌等措施来提高玻璃液的均匀性。

欲使均化后的玻璃液达到成型所需的黏度，必须对玻璃液进行降温，此即为玻璃液的冷却阶段。对一般的钠钙硅玻璃需冷却至1000～1100℃。必须指出的是，在玻璃的冷却过程中，不同位置的冷却强度并不相同，因而相应的玻璃液温度也会不同，但这种热不均匀性超过一定限度时，会对生产带来不利的影响，如产生玻筋、玻璃厚薄不均、玻璃炸裂等。

（7）玻璃的成型　玻璃的成型可以分为热塑成型和冷成型。通常把冷成型划分到玻璃的冷加工中，一般所讲的成型是指热塑成型。

玻璃的热塑成型是指从熔融的玻璃转变为具有固定几何形状的玻璃制品的过程。根据玻璃制品的引起及工艺过程不同，玻璃的成型方法主要有吹制法（空心玻璃制品）、压制法（玻璃容器）、压延法（压花玻璃）、浇铸法（光学玻璃）、焊接法（玻璃仪器）、浮法（平板玻璃）、拉制法（平板玻璃）等。在此，简要介绍平板玻璃的浮法生产。

浮法是指熔窑熔融的玻璃液流入锡槽后在熔融金属锡的表面上成型平板玻璃的方法。

在平板玻璃浮法生产过程中，配合料经熔化、澄清、均化，冷却成为1100～1150℃的玻璃液，通过连接熔窑与锡槽的流槽流入熔融的锡液表面上，由于熔融金属锡的密度远大于玻璃液的密度，在自身重力、表面张力及拉引力的作用下，玻璃液摊开为玻璃带，在锡槽中完成抛光与拉薄。在锡槽末端的玻璃带已经冷却到600℃左右，把即将硬化的玻璃带引出锡槽，通过辊台进入退火窑。平板玻璃的浮法生产过程示于图5-10中。

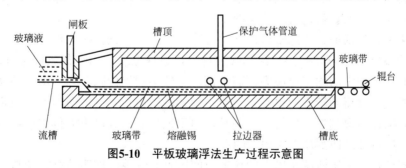

图5-10　平板玻璃浮法生产过程示意图

浮法玻璃的成型是在锡槽中完成的，玻璃液由熔窑流入锡槽后，其成型包含了自由展薄、抛光、拉引等基本过程。

玻璃液进入锡槽后，由于其密度远小于熔融锡的密度，将浮在熔融锡的表面，在重力作用下会自由铺展。在没有外力作用下，玻璃液在熔融锡液面上的厚度称为自由厚度 H，其大小取决于玻璃液的表面张力 σ_g、锡液的表面张力 σ_t、玻璃液与锡液的界面张力 σ_{gt} 以及玻璃液与锡液的密度 d_g 与 d_t，它们之间的关系可以表示为：

$$H^2 = \frac{2d_t(\sigma_g + \sigma_{gt} - \sigma_t)}{gd_g(d_t - d_g)}$$

上式的计算结果与实测值非常接近，其自由厚度一般在6～7mm之间。

玻璃液由流槽流入锡槽时，由于流槽与锡液面的落差及流入速度的不均，将使玻璃液面存在波纹。在玻璃池的铺展过程中，波纹将会减弱。处于高温下的玻璃液在表面张力的作用下，会逐渐变为平整的玻璃带，此即为玻璃的抛光过程。

为了得到厚度异于自由厚度的平板玻璃，需要对玻璃进行拉薄。实际生产中采用的玻璃拉薄方法主要有低温急冷法和低温徐冷法。其拉薄过程是在一定的黏度范围内，采用拉边器进行。

（8）玻璃的退火　　玻璃在生产过程中会经受剧烈的不均匀温度变化，相应地在玻璃内聚集较大的热应力，将是玻璃制品的强度和热稳定性大为降低。为了消除或减小玻璃制品中的热应力，需进行退火处理。

在退火时，必须将玻璃加热到低于玻璃转变温度 T_g 附近的某一温度进行保温均热，使应力松弛，该温度称为退火温度。经3min能消除95%应力的温度称为最高退火温度（退火上限温度），经3min只能消除5%应力的温度称为最低退火温度（退火下限温度），最高退火温度与最低退火温度之间为退火温度范围。

根据退火原理，退火工艺可以分为四个阶段：加热阶段、均热阶段、慢冷阶段和快冷阶段。而根据制品的种类、形状、大小、允许的应力范围的不同，退火时的加热速度、均热时间、冷却速度等均有所不同。

（9）平板玻璃的深加工　　随着对玻璃性能要求的日益提高，平板玻璃的一次产品已不能满足要求，需对其进行一定的深加工以使其具有特定的性能。在此简要介绍平板玻璃中最具代表性的钢化玻璃、夹层玻璃、中空玻璃及镀膜玻璃。

玻璃的钢化是将玻璃进行一定的热处理，克服玻璃的脆性并使其具有极高的机械强度（可高达400MPa）的过程。钢化玻璃均匀，有极高的弹性，不易被击碎，而一旦破碎则成为细小的碎块，属于一种使用安全的玻璃。

玻璃的钢化可分为物理钢化和化学钢化两类，而物理钢化又可分为风钢化和液体钢化两种，目前工业上普遍采用的是风钢化。

风钢化主要包括加热和冷却风栅均匀急冷两道工序。钢化时将玻璃置于电炉中均匀加热到钢化温度（650℃左右），保温数分钟后，迅速取出，用冷却风栅进行均匀急冷，在玻璃表面产生较大的均匀压应力，而内部产生较小的均匀张应力，由于玻璃抗压不抗张，所以机械强度得到较大的提高。一般冷却强度越大、玻璃表面与内部热膨胀系数差异越大，则钢化效果越好。值得一提的是，由于钢化后的玻璃不能再进行切裁加工，故在钢化前，应将玻璃切割加工成预期的形状。

夹层玻璃是在两块或两块以上的玻璃板间用具有弹性、透明的有机塑料牢固胶结而成的复合玻璃。夹层玻璃也属于安全玻璃，在受到强烈外力冲击时，只会产生裂纹而不会产生碎片脱落。

夹层玻璃可以由普通平板玻璃、磨光玻璃、浮法玻璃、钢化玻璃等为原片，中间的胶结层主要有赛璐珞、有机玻璃、聚乙烯醇缩丁醛胶片等。经过合片、加热、加压等处理过程，使中间层与玻璃牢固地胶结在一起。

中空玻璃由两片或多片平板玻璃构成，中间充入干燥空气或其他气体相互隔离并密封。中空玻璃具有隔热、防结露、质量轻等特性。

镀膜玻璃是在玻璃基体表面镀上一层乃至数层金属单体、金属化合物或非金属化合物涂层，使其光学、电学、力学等性能发生极大的变化，从而满足特殊的性能要求。镀膜玻璃一般采用高质量的浮法平板玻璃，根据要求镀以不同的表面涂层。表面玻璃还可进行深加工制成钢化、中空、夹层等玻璃制品。表面玻璃按照其功能可以分为遮阳镀膜玻璃、保温镀膜玻璃、表面导电层镀膜玻璃、减反射镀膜玻璃、装饰镀膜玻璃等。镀膜玻璃的生产方法可以分为物理镀膜法和化学镀膜法。物理镀膜法主要有真空蒸镀法和真空溅射法；化学镀膜法主要包括热态喷涂法、冷态喷涂法、化学镀膜法、离子交换法、浸镀烤膜法、溶胶凝胶镀膜法等。目前生产中采用得较多的是真空磁控阴极溅射法。

5.1.2.3 水泥的制备原理及方法

水泥是水硬性无机胶凝材料的统称，属于无机粉体材料。将其加水拌和后成为塑性浆体。该浆体经一系列的物理化学变化过程，不但能在干燥的空气中逐渐凝结硬化（即具有气硬性质），尤其还能在潮湿环境和水中凝结硬化为坚硬的石状体（即所谓水硬性），可以将砂、石及其他块体材料（如砖、石块等）胶结为一体，形成复合建筑结构物或制作成型建材制品。由于水泥的原料来源广，生产成本低、硬化体具有较高的强度和耐久性，广泛地应用于工业与民用建筑、水利、道路、桥梁、国防等各类工程，是当今用量最大、应用范围最广的基础建筑材料。

（1）水泥的分类 水泥的种类很多，按用途和性能可分为通用水泥、专用水泥和特种水泥三大类。通用水泥为一般土木建筑工程大量使用的常规用途水泥，主要有硅酸盐水泥和掺有部分活性或非活性混合材料的普通硅酸盐水泥、矿渣硅酸盐水泥、火山灰硅酸盐水泥和粉煤灰硅酸盐水泥。专用水泥是有专门用途的水泥，如油井水泥、大坝水泥、砌筑水泥等。特种水泥则是某种性能比较突出的一类水泥，如快硬硅酸盐水泥、低热矿渣硅酸盐水泥、抗硫酸盐硅酸盐水泥、膨胀硫铝酸盐水泥、自应力铝酸盐水泥等。

水泥的水硬性来自其中所含可与水发生化学反应（水化或水解）的活性矿物成分，如硅酸盐、铝酸盐、硫铝酸盐、氟铝酸盐等，这些矿物成分通常是由含适当成分的原料（称为生料），经煅烧后在高温条件下形成的，故称为熟料矿物。按熟料矿物的不同，水泥可以划分为硅酸盐水泥、铝酸盐水泥、硫铝酸盐水泥和氟铝酸盐水泥等几大类。目前应用的水泥绝大部分均为硅酸盐水泥，因此下面主要介绍硅酸盐水泥的有关问题。

（2）硅酸盐水泥及其生产工艺 硅酸盐水泥最早产生于19世纪初的英国，由于其硬化体的外观与当时建筑上常用的英国Portland生产的石灰石非常相似，因此将其称为波特兰水泥（Portland Cement），这一名称至今还一直被沿用。

硅酸盐水泥的水化活性成分主要为硅酸三钙 $3CaO \cdot SiO_2$（简记为 C_3S，占熟料的 44%～62%）和硅酸二钙 $2CaO \cdot SiO_2$（简记为 C_2S，占熟料的18%～30%），此外还有铝酸三钙 $3CaO \cdot Al_2O_3$（简记为 C_3A，占熟料的5%～12%）和铁铝酸四钙 $4CaO \cdot Al_2O_3 \cdot Fe_2O_3$（简记为 C_4AF，占熟料的10%～18%）及少量玻璃相成分。这些矿物是由碱性氧化物 CaO 与酸性氧化物 SiO_2、Al_2O_3、Fe_2O_3 在高温下反应而生成。在硅酸盐水泥的原料中，通常由黏

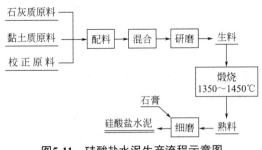

图5-11　硅酸盐水泥生产流程示意图

土质原料如黄土、黏土、页岩、粉煤灰、煤矸石等提供SiO_2、Al_2O_3和Fe_2O_3，而由石灰质原料如石灰石、泥灰石、白垩及含$CaCO_3$的工业废料提供CaO。

硅酸盐水泥的生产工艺过程大体上可以概括为"两磨一烧"，主要包括配料、混合、研磨、煅烧、磨细等基本工序。图5-11为硅酸盐水泥一般生产流程示意图。

原料配比决定了熟料中各矿物组成的相对含量而直接影响水泥的性能，同时原料配比也对生料的煅烧过程产生较大的影响，因而生料成分的控制是水泥生产的首要环节。

硅酸盐水泥生产中的校正原料是指使用石灰石原料与黏土质原料不能满足配方成分要求时加入的第三种原料。校正原料包括铁校正原料（如低品位铁矿石、硫铁矿渣等）、硅校正原料（如砂岩、河沙等）和铝校正原料（如高铝土、铁矾土等）。

在原料配比确定后，生料的煅烧就成为水泥生产的关键。煅烧设备主要有传统的间歇式立窑和目前大中型水泥厂普遍采用的可连续化生产的回转窑。生料在煅烧窑内经高温煅烧而成为熟料。在煅烧过程中，原料从低温到高温要经历干燥脱水、碳酸盐分解、氧化物间的高温固相与液相反应、快速冷却等几个物理化学过程。

干燥是原料中自由水的蒸发，而脱水则是黏土矿物分解释放出化合水。黏土的主要成分为高岭石$Al_2O_3 \cdot 2SiO_2 \cdot 2H_2O$，其脱水变化过程为：

$$Al_2O_3 \cdot 2SiO_2 \cdot 2H_2O \xrightarrow{\geq 540℃} Al_2O_3 \cdot 2SiO_2 \xrightarrow{980℃} 3Al_2O_3 \cdot 2SiO_2$$

其中无定型偏高岭石$Al_2O_3 \cdot 2SiO_2$是介稳相，有较高的反应活性，一旦结晶重组为莫来石$Al_2O_3 \cdot 2SiO_2$，则反应活性大大降低。

碳酸盐分解主要是石灰石质原料中的碳酸钙分解为氧化硅，同时释放出二氧化碳气体的过程：

$$CaCO_3(s) \xrightarrow{\geq 890℃} CaO(s) + CO_2(g)$$

固相反应是由石灰石质原料分解产物与黏土脱水产物通过固相反应生成C_2S、C_3A、C_4AF等熟料矿物的过程，反应温度范围为800～1200℃。若采用急烧，使介稳态的偏高岭石来不及转化为莫来石即与分解出的新生态氧化硅反应，将有利于熟料矿物的形成和降低能耗。因此，生成中通常采用回转窑外接悬浮预热器和窑外分解窑等手段，使脱水和碳酸盐分解得以高效进行。

C_3S由C_2S和CaO反应而成。这一过程若通过固相反应来实现，需要1600℃以上的高温，这不但在经济上不合理，对窑炉的要求也非常高。水泥生成过程中，一般是采用液相反应来实现这一过程：在1350～1450℃范围内，C_3A、C_4AF熔融形成高温液相，C_2S、CaO熔于熔体中，通过液相反应生成C_3S。这里，高温液相量和液相的黏度将对这一反应过程以及窑炉的运行产生重要影响，而这些又取决于熔剂矿物（C_3A、C_4AF）的总量及C_3A与C_4AF的相对比例。因此，需对窑炉中C_3A与C_4AF进行合理的调控。

熟料矿物形成后，一般需采用急冷的方式将高温型矿物保留下来，并使熟料获得较高的水化活性和易磨性。若采用缓慢冷却的方式，则低温下介稳的C_3S将分解成为C_2S和CaO，从而严重影响水泥的性能。

煅烧后熟料的细磨过程中加入石膏（加入量约为3%）主要是为了使水泥在使用过程中能延迟凝固时间，以使水泥浆料有足够长的施工操作时间。

　　（3）硅酸盐水泥的凝结硬化　水泥的凝结硬化是其中熟料水化的结果。C_2S 和 C_3S 这两种矿物的水化产物均为水化硅酸钙凝胶和结晶氢氧化钙，但后者的水化反应速率和水化热均远远低于前者。硅酸盐水泥熟料的水化反应可表示为：

$$\begin{matrix} C_2S \\ C_3S \end{matrix} + H_2O \longrightarrow (x CaO \cdot SiO_2 \cdot y H_2O) + Ca(OH)_2 \quad 或 \quad \begin{matrix} C_2S \\ C_3S \end{matrix} + H \longrightarrow CSH + CH$$

　　根据 C_3S 的变化历程，其水化过程大致可以分为五个阶段：即水解期、诱导期、加速期、衰退期和稳定期。初始水解期对应于颗粒表面 C_3S 的快速水化，伴随着水化的进行，Ca^{2+} 脱离颗粒表面进入周围的液相，颗粒表面形成带负电的富硅凝胶层。由于静电作用，Ca^{2+} 吸附在富硅层表面形成双电层而阻碍 C_3S 的进一步的水化。这样，在经历了初始的快速水解后，由于双电层的形成及逐渐增强，水化进入缓慢的诱导期。在此阶段水化以很缓慢的速率进行着，当液相中 Ca^{2+} 浓度达到过饱和时，会产生 $Ca(OH)_2$ 结晶，而 $Ca(OH)_2$ 结晶一旦形成，双电层即会遭到破坏，颗粒的水化又以较快的速率向颗粒内部推进，形成水解的加速期。当水解进行到一定深度后，随着传质阻力的逐渐增大，水解速率在经历一高点后进入衰退期以及水解非常缓慢的稳定期。

　　C_3A 的水化活性很高，其水化反应为：$C_3A + H \longrightarrow C_4AH_{13} \longrightarrow C_3AH_6$。这一反应进行得非常快，以至于在几分钟之内 C_3A 就会完全水解生成 C_3AH_6（该矿物称为水石榴石）而快速凝固，这在施工上会带来很大的不便。为此，需加入石膏缓凝。加入石膏后的作用机理为：

$$C_4AH_{13} + CSH_2 + H \longrightarrow C_3A \cdot 3CS \cdot H_{32} + CH \quad （石膏足量时）$$

$$C_4AH_{13} + C_3A \cdot 3CS \cdot H_{32} \longrightarrow C_3A \cdot CS \cdot H_{12} + CH \quad （石膏不足时）$$

其中 CSH_2 即为石膏（$CaSO_4 \cdot 2H_2O$）；而 $C_3A \cdot 3CS \cdot H_{32}$ 和 $C_3A \cdot CS \cdot H_{12}$ 分别称为三硫型钙矾石和单硫型钙矾石。水解产生的钙矾石会阻碍 C_3A 的进一步水化，从而有效抑制了 C_3A 的快速水化。

　　C_4AF 的水化与 C_3A 的水化非常类似，其水化产物分别为 $C_4(A,F)H_{13}$、$C_3(A,F) \cdot 3CS \cdot H_{32}$ 和 $C_3(A,F) \cdot CS \cdot H_{12}$，即氧化铁部分取代了 C_3A 水化产物中的 Al_2O_3，其水化活性随 A/F 的增加而提高，亦受制于石膏的水化延缓作用。

　　水泥的凝结硬化是上述水化过程综合作用的结果。在加入石膏后，由于 C_3A、C_4A 的快速水化受到抑制，其水化进程主要由 C_3S 的水化所决定，实际测定的水泥的水化放热曲线与 C_3S 的水化放热曲线没有多少差异，也可分为五个阶段。水泥的初凝（即失去塑性）对应于诱导期的结束，而终凝（即产生强度）则对应于加速期的中后段，此后随着水化的推进，凝胶和结晶密度增大，硬化体强度逐渐发展，直至达到一个稳定的水平。所形成的硬化体（水泥石）可以看作是以 C-S-H 刚性凝胶为基质，$Ca(OH)_2$、钙矾石等晶体密布其中的结晶强化刚性凝胶。其早期的强度主要由 C_3S、C_3A、C_4AF 的水化产生，而 C_2S 则对后期强度有较大贡献。

　　水泥石的强度还与水泥颗粒的水化率有密切关系。水化率越高，水化产物密度越大，水泥石的强度越高。水化率则随着水泥粒度的减小而增大。值得一提的是，水泥的粒度并非越细越好，因为标准稠度水泥浆的用水量（即水灰比）越大，水化后水泥石的孔隙率随之增大。一旦由此产生的强度降低超过因水化率提高所致强度的增加，水泥石的强度反而下降。在现有水泥施工工艺条件下，通常以粉体表面积为3000cm²/g左右的颗粒较好，对应的水化率约为44%，即水泥颗粒内部大部分没有水化，而是呈物理填充状态。由此可见，如何改进水泥施工工艺，减少施工时对用水量的依赖，以提高水泥的利用率和水泥石的强度，仍然是目前所研究的一个重要课题。

（4）水泥的应用　在建筑工程上，水泥主要用于配制各种类型的混凝土和砂浆。混凝土通常由水泥、粗集料（如卵石、碎石等）、细集料（如河沙等）和水调制而成。其中粗集料的空隙由细集料填充，细集料的空隙由水泥浆填充，集料表面被水泥浆成分包裹，因而混凝土具有良好的浇注施工的操作性能（称为和易性，是流动性、可塑性、易密性和稳定性的综合表现）。硬化后形成集料和水泥石的复合材料，不但强度高、可节约大量水泥、降低生产成本，而且通过改变集料品质类型，还可以改变混凝土的工程性质。例如，采用多孔轻集料可配制成容重低、绝热性能好的轻质混凝土；采用重晶石作集料可配制具有防辐射功能的重质混凝土。

此外，混凝土中配置钢筋，可提高混凝土的抗弯和抗折强度，大大改善混凝土的综合性能。钢筋混凝土已成为混凝土的主要形式，用于各类建筑结构工程或生产钢筋混凝土预制件。

砂浆是只有细集料的混凝土，主要用于抹面工程和墙体砌筑。

迄今为止，混凝土为一种最主要的建筑材料，并且在今后相当长的时间内，仍然占据不可替代的地位。

5.1.2.4　耐火材料的制备原理及方法

耐火材料是指耐火温度不低于1580℃的无机非金属材料。通常将使用温度在1000℃以上的工业窑炉用材料看作是耐火材料。耐火材料作为高温窑炉等热工设备及工业用高温容器和部件的结构材料，能承受相应的物理化学变化及机械作用，具有一定的高温机械强度、高温体积稳定性、耐热震性和抗渣性等，广泛应用于冶金、建材、机械、化工、石油、动力等各个领域，在国民经济中起着非常重要的作用。

（1）耐火材料的分类　耐火材料形式多样、种类繁多。按照化学矿物组成可以将耐火材料分为硅质耐火材料、硅酸铝质耐火材料、镁质耐火材料、白云石质耐火材料、铬质耐火材料、碳化硅质耐火材料、含碳耐火材料和含锆耐火材料等。按照制品的成型方法可以将耐火材料分为泥浆浇铸制品、可塑成型制品、半干法成型制品、热压制品、熔融浇铸制品、天然岩石制品等。按照材料的外观可以分为耐火砖和不定形耐火材料。按照形状和尺寸可以分为标形砖、异型砖、特异型砖和大异型砖等。而按照材料的耐火度可以将其分为普通耐火材料（1580～1770℃）、高级耐火材料（1770～2000℃）和特级耐火材料（2000℃以上）。

（2）耐火材料的成分　耐火材料由矿物组成，而矿物又由化学成分构成。耐火材料的化学性质和物理性能都取决于其化学组成和矿物组成。根据耐火材料中各成分的含量及作用可以将其分为主成分、杂质成分和添加成分。

主成分是耐火材料中占绝大多数的组分，其性质决定了耐火制品的性能。耐火材料按其主成分化学性质一般可以分为三类：以SiO_2为主成分的酸性耐火材料、以Al_2O_3及Cr_2O_3等三价氧化物为主成分的酸性耐火材料、以MgO及CaO为主成分的碱性耐火材料。在高温下，酸性耐火材料对酸性物质的浸蚀抵抗能力强而对碱性物质的浸蚀抵抗能力弱，碱性耐火材料正相反，而中性耐火材料对酸性与碱性物质的浸蚀抵抗能力大体相当。

杂质成分在耐火材料中属有害成分，在高温下起熔剂作用，使制品的耐火度降低。但杂质成分的存在能促进烧结作用，使耐火材料的烧成温度降低。

在耐火材料烧成中，为了降低烧结温度，改善成型性能，有时需加入少量的添加物。按其在耐火材料烧成中的作用可以将添加物分为结合剂、稳定剂、减水剂、矿化剂等。

（3）耐火材料原料　耐火材料的原料大部分为天然矿物，如耐火黏土、高铝矾土、硅石、铬矿、菱镁矿、白云石、镁橄榄石、锆英石、蓝晶石、硅线石、红柱石、石墨等。随着对耐火材料综合性能要求的不断提高，耐火材料生产中也越来越多地使用工业原料和人工合成原料，如工业氧化铝、碳化硅、合成莫来石、人造耐火纤维、人造耐火空心球等。

（4）耐火材料生产工艺　耐火材料的生产工艺根据制品的种类和形式的不同有一定差异。不定型耐火材料的生产过程主要包括原料破碎、配料、混合等工序；熔铸制品的生产过程包括破碎、配料、熔铸、浇铸、热处理、机加工等工序；耐火纤维的生产过程包括破碎、配料、熔融、喷吹、收棉、除渣等工序；耐火不烧砖的生产过程包括破碎、配料、混练、成型、烘烤等工序；而耐火烧成砖的烧成工序包括破碎、配料、混练、成型、干燥、烧成等工序。

耐火材料的基本生产过程示于图5-12中。

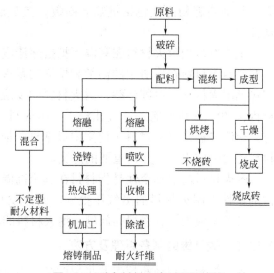

图5-12　耐火材料生产过程示意图

（5）耐火材料的高温使用性能　耐火材料要长期承受强烈的热冲击、在高温下承受载荷并承受环境的浸蚀，必须具有良好的高温使用性能。耐火材料的高温使用性能通常包括耐火度、高温荷重变形温度、高温体积稳定性、热震稳定性、抗渣性和耐真空性等。

耐火度是指耐火材料在无载荷时抵抗高温作用而不熔化的性质。对于耐火材料而言，耐火度与熔点所表示的意义不同。熔点是纯物质的结晶相与其液相处于平衡状态下的温度；而一般耐火材料是由各种矿物组成的多相固体混合物，无固定的熔点，其熔融是在一定的温度范围内进行，在此范围内液相与固相同时存在，决定材料耐火度的最基本因素是材料的化学矿物组成及其分布情况。耐火度是个技术指标，其测定方法是，由试验物料做成的截头三角锥（上底边长2mm，下底边长8mm，高30mm）在一定升温速度下加热，由于其自重的作用而逐渐变形弯倒，当其弯倒至顶点与底盘相接触的温度即定义为其耐火度。

耐火材料的高温荷重变形温度表征材料对高温和载荷同时作用的抵抗能力，也表征耐火材料呈现明显塑性变形的软化温度范围，主要取决于制品中的化学矿物组成。耐火材料的高温荷重变形温度的测定是将被测物料做成的标准试样（直径36mm、高50mm、上下底面平行的直圆柱体）在200kPa的静压下按轨道升温速度均匀加热，测定试样压缩0.6%、4%和40%时的温度，将压缩0.6%时的温度定义为被测材料的荷重软化开始温度（即荷重软化温度）。

高温体积稳定性表征耐火材料在高温作用下，外形体积不发生变化（收缩或膨胀）的性能。耐火材料在烧成过程中由于各种物理化学反应不可能达到平衡而使得烧成反应未能充分进行，使用时在高温作用下，一些烧成反应会继续进行，使得制品的体积发生收缩或膨胀，这种不可逆的体积变化称为残余收缩或残余膨胀，也称为重烧收缩或重烧膨胀。耐火材料的重烧体积变化表明了制品的高温体积稳定性，也可衡量制品在烧成过程中的烧结程度。耐火材料的重烧体积变化通常用体积变化百分率或线变化百分率来表示。

耐火材料在使用过程中会频频受到环境温度急剧变化的作用，耐火材料抵抗温度急剧变化而不破坏的性能称为热震稳定性（亦称为温度急变抵抗性或抗热震性）。耐火材料的热震稳定性包括抗热震断裂、抗热震损伤、裂纹的动态扩展与热震裂纹的稳定性等。

抗渣性是指耐火材料在高温下抵抗熔渣浸蚀作用而不被破坏的能力。熔渣浸蚀过程主要是耐火材料在熔渣中的溶解和熔渣向耐火材料内部的浸透。耐火材料在熔渣中的溶解包括耐火材料的单纯溶解、耐火材料的反应溶解及浸入变质溶解等；而熔渣相耐火材料内部的浸透则可能通过气孔浸入、耐火材料中的液相浸入和固相中的扩散等方式进行。熔渣浸蚀是耐火材料在使用中最常见的损毁形式，因此耐火材料的抗渣性对于耐火材料的实际应用具有非常重要的意义。

耐火材料的耐真空性是指材料在真空高温条件下抵抗挥发减量而损耗的能力。在通常的条件下耐火材料的蒸气压很低，其挥发几乎可以忽略不计。但在高温减压下工作时，其挥发成为不容忽视的问题，耐火材料的耐真空性是其必须具备的重要特征之一。

5.1.2.5 碳纤维的制备原理及方法

碳纤维是一种高新技术密集型产品，附加价值很高，它的研制和生产是一系列创新工程。其生产特点是工艺流程长，环环相扣，任何环节有误都会直接影响到产品的质量和产量。经过多年的研制和开发，关键技术逐步成熟。其中，原丝的结构和性能直接影响到最终碳纤维的质量，纤维原丝的质量至关重要。以下就以聚丙烯腈基（PAN）碳纤维的生产过程为例介绍，其生产过程主要分两个阶段；第一个阶段是聚丙烯腈基碳纤维原丝的生产阶段；第二个阶段是原丝的预氧化、碳化和石墨化阶段。

（1）聚丙烯腈基碳纤维的原丝生产　目前，制备聚丙烯腈基碳纤维原丝的方法有湿法纺丝、干法纺丝、干湿法纺丝和熔融纺丝等。其中发展历史较为悠久的是湿法纺丝，干法纺丝常用于制备民用聚丙烯腈基碳纤维，但由于纤维内残留有不易除去的溶剂，会造成预氧化阶段溶剂挥发而留下孔洞，致使碳纤维的强度大幅下降。熔融纺丝由于具有溶剂污染小等优点而获得较多的应用，而干湿法纺丝是一种新型的纺丝方法。

（2）原丝制造碳纤维的预氧化、碳化和石墨化　PAN纤维进行预氧化处理的目的，是使PAN的线型分子链转化为耐热的梯形结构，此结构在高温碳化时不熔不燃，并呈现纤维形态。碳纤维形成的主要阶段是碳化过程，在此期间，纤维中的大量氢、氮及其他元素会被去除。此时的碳纤维碳含量在95％左右。随后的石墨化过程可使碳纤维的碳含量不断增加，最后得到具有金属光泽的高模量、高强度的碳纤维-石墨纤维。由聚丙烯腈制造碳纤维的过程列于表5-6。

处理工序名称		预氧化	碳化	石墨化
处理条件	温度范围	200～300℃	800～1900℃	2500℃以上
	气氛	空气或氧气	氮气	氩气
纤维性能		机械性能下降	1300～1700℃之间抗拉强度最高	弹性模量提高

5.1.3　高分子材料的制备

高分子材料制备过程包含三个层次：第一层次为聚合物合成；第二层次为聚合物粒料、粉料或块状料的制备；第三层次为聚合物成型加工。对应用于涂料、黏合剂、助剂等领域的精细高分子，通过合成即可得到可实用的高分子材料。对于成型材料应用领域，通过聚合方法得到合成聚合物后，还需经过分离、后处理（洗涤、干燥和造粒等），制造成粒状、粉状或块状料，再按需求加入一定添加剂配合使用，经成型加工后制得符合使用要求的高分子材料。各层次高分子材料制备过程示意图见图5-13。

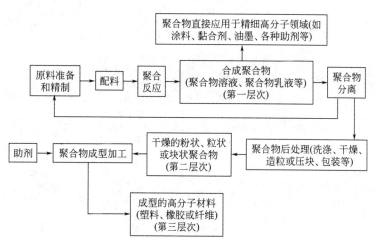

图5-13　各层次高分子材料制备过程示意图

本节主要介绍高分子材料制备的第一层次和第二层次，第三层次则在第5.2节中介绍。

5.1.3.1　原料准备与精制

这里所述原料主要为聚合物合成所需原料，包括聚合单体、引发剂、催化剂及聚合用其他组分（如乳化剂、分散剂、分子量调节剂、溶剂等）。原料的精制则包括对单体、引发剂、催化剂、乳化剂等的精制，其目的在于除去阻聚剂及其他杂质。对于液态原料（多数原料为液态），可通过蒸馏（常压蒸馏或减压蒸馏）或碱洗的方法来进行精制；对于固态原料（如引发剂、乳化剂及部分单体）则主要通过重结晶的方法进行精制。

5.1.3.2　聚合物合成

聚合物合成是将小分子或低分子化合物转化为高分子的过程，该过程称为聚合，产物为聚合物。由于聚合物结构直接影响到聚合物性能与应用效果，因此聚合物合成是高分子材料制备的重要和关键环节。根据聚合机理，聚合物的合成可分为自由基连锁聚合、

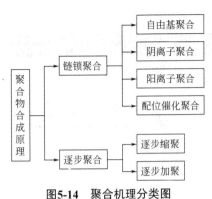

图5-14 聚合机理分类图

离子型聚合、配位催化聚合、逐步缩合聚合和逐步加成聚合。其中，含有不饱和键的单体一般通过链锁聚合机理聚合，根据反应活性中心类型又可分为自由基型连锁聚合、离子型连锁聚合和配位催化聚合；含有双官能团或多官能团的单体一般通过逐步聚合机理聚合，包括逐步缩聚和逐步加聚。二者区别在于，逐步缩聚反应过程中伴随有小分子副产物生成，逐步加聚无小分子副产物生成。图5-14为聚合机理分类图。

根据聚合物合成的工业实施过程，其具体实施方法有本体聚合、溶液聚合、悬浮聚合、乳液聚合，以及熔融缩聚、溶液缩聚、界面缩聚、固相缩聚和乳液缩聚等。其中前四种方法适用于连锁聚合机理，后四种方法适用于逐步聚合机理。表5-7列出了各种聚合实施方法的特点和适应性。

■ 表5-7 聚合物合成的工业实施方法

实施方法	主要成分	聚合场所	聚合机理和特征	生产特征	产物特性	聚合物体系举例
本体聚合	单体、引发剂	本体内	连锁聚合机理。提高聚合速率的因素往往使聚合物分子量降低	不易散热，主要为间歇生产，宜制板材和型材	聚合物纯净，宜于生产透明浅色制品，分子量分布较宽	聚甲基丙烯酸甲酯及共聚物，聚氯乙烯等
溶液聚合	单体、引发剂、溶剂	溶液内	连锁聚合机理。伴有向溶剂的链转移反应，一般聚合物分子量较低，反应速率也较低	散热容易，可连续生产，不宜制成干燥粉状或粒状树脂	所得聚合物溶液可直接使用	丙烯酸酯多元共聚物，聚丙烯腈，聚乙酸乙烯酯，聚丙烯酰胺等
悬浮聚合	单体、引发剂、分散介质、分散剂	单体珠滴内	与本体聚合类似	散热易，间歇生产，须有分离、洗涤、干燥等工序	比较纯净，可能留有少量分散剂	聚氯乙烯，聚苯乙烯等
乳液聚合	单体、溶解于分散介质的引发剂、分散介质、乳化剂	增溶胶束和乳胶粒内	连锁聚合机理。能同时提高聚合速率和聚合物分子量	散热易，可连续生产，制成固体树脂时，须经凝聚、洗涤、干燥等工序	留有少量乳化剂和其他助剂，聚合物乳液可直接使用	聚乙酸乙烯酯，聚氯乙烯，聚丙烯酸酯及其共聚物，丁苯胶乳，氯丁胶乳，丁腈胶乳等
熔融缩聚	单体	本体内	逐步聚合机理	设备简单且利用率高，可间歇生产，也可连续生产。反应温度高、反应时间长，且必须在惰性气氛中进行		尼龙6、尼龙66和涤纶等
溶液缩聚	单体、溶剂	溶液内	逐步聚合机理	反应缓和、平稳，无局部过热	所得聚合物比用熔融缩聚法制得的聚合物具有更高的分子量，但溶剂回收较麻烦	聚砜、聚酰亚胺、聚苯硫醚等
界面缩聚	单体、溶剂	相界面处	逐步聚合机理，扩散控制	反应可在常温甚至低温下进行	与溶液缩聚产物类似	聚酰胺、聚酯、聚氨酯和聚脲等
固相缩聚	单体、催化剂（也可无催化剂）	本体内	逐步聚合机理，动力学控制	可在较温和条件（较低温度）下聚合	产品纯度高、质量好	聚酰胺、聚酯、聚苯硫醚等耐热性高聚物

（1）本体聚合 本体聚合是指在不用溶剂和分散介质的情况下，仅存在单体本身或

加少量引发剂或催化剂的聚合。根据反应体系中物料的均相性可分为均相本体聚合和非均相本体聚合。均相本体聚合指聚合产物溶于单体，聚合过程中物料虽逐渐变稠，但始终为均一相态，最后变成硬块，如苯乙烯、甲基丙烯酸甲酯的本体聚合即属于均相本体聚合。非均相本体聚合是指单体聚合后所生成的聚合物不溶于单体，从而沉淀下来成为异相，即非均相，如氯乙烯的本体聚合。根据参加反应单体的相态又可分为液相本体聚合和气相本体聚合。苯乙烯、甲基丙烯酸甲酯的本体聚合是典型的液相本体聚合，而高压聚乙烯的生产则为最成熟的气相本体聚合。本体聚合具有生产流程短、产品纯度高、透明性好等优点，适于生产板材和其他型材。但当聚合达到一定转化率以后，体系黏度明显增高，自动加速效应显著，体系散热困难，因此只有当聚合反应器中搅拌、传热等工程问题解决之后才能有效实施。

（2）溶液聚合　溶液聚合是指单体和引发剂溶于适当溶剂中所进行的聚合。根据聚合物的溶解性，溶液聚合分均相溶液聚合和非均相溶液聚合（又称沉淀聚合）。若所生成的聚合物能溶于溶剂中则为均相溶液聚合，若不溶并析出者则为非均相溶液聚合。如丙烯腈在二甲基甲酰胺中的聚合为均相溶液聚合，而在水溶液中的聚合则为非均相溶液聚合。在高分子材料工业中，溶液聚合占据重要地位，如化学纤维产品中，聚丙烯腈、维尼纶的原料——聚乙酸乙烯酯即由溶液聚合生产。此外，溶液聚合技术还可用于生产许多有应用价值的精细化学品，如涂料、黏合剂等。溶液聚合的优点在于可有效控制体系的热量，但聚合速率及产物分子量较低，溶剂脱除困难，分离及后处理成本较高。

（3）悬浮聚合　悬浮聚合是在强力搅拌下，单体以小液珠状悬浮于水中进行的聚合反应。在悬浮聚合过程中，反应发生在单体珠滴中，每一个珠滴相当于一个小的本体聚合反应器。由于单体珠滴很小，且以水为分散介质，因此比本体聚合更易于排除聚合热。当聚合物溶于单体时，聚合后的最终产物为透明的珠状小球；如聚合物不溶于单体，则所得产品为不透明的粒子。悬浮聚合几乎为自由基聚合机理所独有，离子型聚合、配位聚合和逐步聚合机理很少采用悬浮聚合方法。

（4）乳液聚合　乳液聚合是单体在乳化剂的作用及机械搅拌下，在水中形成乳状液而进行聚合反应。乳液聚合体系由单体、分散介质、溶于分散介质的引发剂及乳化剂四个基本组分组成。根据各组分间的相互作用状态，有常规乳液聚合和非常规乳液聚合。常规乳液聚合中，单体为非水溶性单体，分散介质为水，引发剂和乳化剂均为水溶性。非常规乳液聚合包含无皂乳液聚合和反相乳液聚合等，前者不使用乳化剂或仅使用极少量的乳化剂，后者以有机溶剂作为分散介质，单体一般为水溶性化合物，而引发剂和乳化剂一般为油溶性物质。通过乳液聚合所得到的聚合物乳液在涂料、黏合剂等领域均具有重要应用，许多聚合物材料如聚丙烯酸酯弹性体、丁苯橡胶等均通过乳液聚合制得。从聚合机理看，本体聚合、溶液聚合和悬浮聚合三种方法类似，而乳液聚合机理比较独特。

（5）缩聚反应　缩聚反应是官能团间的反应，除形成聚合物外，还伴有水、醇、氨等低分子副产物产生。缩聚反应的方法很多，下面主要介绍熔融缩聚、溶液缩聚、界面缩聚和固相缩聚。

① 熔融缩聚　与本体聚合相似，反应中不加溶剂，反应温度在原料单体和缩聚产物熔化温度以上（一般高于熔点10～25℃）进行的缩聚反应叫熔融缩聚。其特点是反应温度高，一般在200℃以上，比生成的聚合物熔点高10～25℃。此时，不仅单体原料处于熔融状态，而且生成的聚合物也处于熔融状态。高温有利于提高反应速率和排除低

分子副产物。由于未采用溶剂，减少了溶剂蒸发的损失，有利于降低成本，减少环境污染。一般用于室温下反应速率很小的可逆缩聚反应，如尼龙6、尼龙66和涤纶。

② 溶液缩聚　当单体或缩聚产物在熔融温度下不够稳定而易分解变质时，为降低反应温度，可使缩聚反应在某种适当溶剂中进行，此即溶液缩聚。根据反应温度，溶液缩聚可分为高温溶液缩聚和低温溶液缩聚。前者一般为可逆平衡缩聚，其原料可为二元羧酸、二元醇或二元胺等，用以合成芳香族高熔点的聚酯、聚酰胺等。后者则是用高反应活性的原料（如二酸双酰氯、二异氰酸酯和二氧化丙二烯等）与二元醇、二元胺等反应，一般属于不可逆缩聚。按照缩聚产物在溶剂中的溶解情况又可分为均相溶液缩聚和非均相溶液缩聚。与熔融缩聚法相比，溶液缩聚法缓和、平稳，有利于热交换，避免了局部过热现象。此外，溶液缩聚过程中无需高真空。由此制备的聚合物溶液可直接作为清漆或膜材料使用，也可作为纺丝液纺制成纤。溶液缩聚是当前工业生产缩聚物的重要方法，也被广泛用于合成那些熔点接近其分解温度的聚合物，如聚芳酯和全芳族尼龙等。此外，许多新型耐高温材料如聚砜、聚酰亚胺、聚苯硫醚等也都采用溶液缩聚方法制备。

③ 界面缩聚　又称相间缩聚，是在多相（一般为两相）体系中，在相的界面处进行的缩聚反应。即界面缩聚是将两种单体分别溶解在两种互不相溶的溶剂（如水和烃类溶剂）中，反应时将两种单体溶液倒在一起，反应即发生在两相的界面处。这是一种复相反应，一般属于扩散控制。根据搅拌状况，界面缩聚分静态界面缩聚和动态界面缩聚。其中，静态界面缩聚无需搅拌，聚合物在界面生成，反应速率由扩散控制；动态界面缩聚则是在搅拌的条件下使两相能很好地混合，形成几乎是无限大的界面，使聚合反应在短期内完成。动态界面缩聚比静态界面缩聚对原料的摩尔比和纯度要求更高，但对溶剂和聚合物类型有较大的选择范围。图5-15和图5-16分别为静态界面缩聚和动态界面缩聚示意图。通过界面缩聚可以制备聚酰胺、聚酯、聚氨酯和聚脲等。

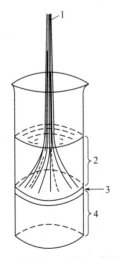

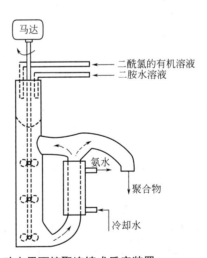

图5-15　静态界面缩聚示意图　　图5-16　动态界面缩聚连续式反应装置

④ 固相缩聚　固相缩聚有三种情况：a.缩聚反应在原料单体熔点以下进行，这是真正的固相缩聚。在这种情况下，固体的结构会影响缩聚反应的速率和生成聚合物的性质。b.缩聚反应在高于单体熔点、低于生成聚合物的熔点以下进行。即反应的第一阶段在单体的熔融状态下进行，反应的第二阶段则是在第一阶段生成的低聚体的固相中进行。c.环化反应：分两阶段进行。第一阶段由具有特殊结构的单体生成含有反应活性基团的线型聚合物分子

（这一阶段通常在溶液中进行）。在排除溶剂后第二阶段反应在固相中进行，使大分子活性基团间反应，并在聚合物链上生成环。体型缩聚反应也属于这种类型。固相缩聚法特别适用于那些熔点很高或在熔点以上易于分解的单体的缩聚，适用于耐高温聚合物，特别是无机聚合物的制备。表5-8列出了固相缩聚常用的单体。

■ 表5-8　固相缩聚的常用单体

聚合物	单体	反应温度/℃	单体熔点/℃	聚合物熔点/℃
聚酰胺	氨基酸	190～225	200～275	—
聚酰胺	二胺与二羧酸盐	150～235	170～180	250～350
聚酰胺	均苯四甲酸酯与二胺	200	—	>350
聚酰胺	己二酸与己二胺盐	183～185	195	265
聚酯	聚对苯二甲酸与乙二醇的预聚物	180～250	180	265
聚酯	羟基乙酸	220		245
聚苯硫醚	对溴硫酚的钠盐	290～300	315	—
聚苯并咪唑	芳香族四胺与二羧酸苯酯	280～400		500～600

5.1.3.3　聚合物分离（含单体和溶剂回收）

通过上述实施方法得到的聚合物体系一般为聚合物、未反应单体、引发剂（或催化剂）残渣、反应介质（水或有机溶剂）等的混合体系。而杂质的存在将严重影响聚合物的加工和使用性能。为提高产品纯度，获得较为纯净的聚合物，降低原材料的消耗，必须将聚合物与这些杂质分离，并将溶剂和残留单体进行脱除和回收。合成聚合物的分离主要包括：未反应单体的脱除与回收、溶剂的脱除与回收、引发剂和其他助剂及低聚物的脱除等。其分离过程分为两类，即脱除挥发分（如残留单体和低沸点有机溶剂等）和将聚合物从液体介质中分离。后者又包括化学破坏凝聚分离和离心分离。脱除挥发分的目的是脱除未反应的单体和低沸点有机溶剂，分离原理是把挥发分从液相转变为气相，分离效率由液相和气相在界面的浓度差和扩散系数来决定，最终可达到的浓度则由气液平衡所决定；化学凝聚分离是利用合成高聚物混合体系中的某些组分与酸、碱、盐或溶剂（沉淀剂）作用，破坏原有的混合状态，使固体聚合物析出，从而将聚合物分离；离心分离方法的原理则是借助于重力、离心力以及流体流动所产生的力作用于粒子、液体或液体与粒子的混合物上。由于这些作用力对作用对象产生的效果不同，从而使聚合物粒子与流体分离。对于某些场合，如通过乳液聚合得到的聚合物乳液和通过溶液聚合得到的聚合物溶液用作涂料、黏合剂、油墨等精细化学品领域时，只需将未反应单体分离即可，若反应转化率很高，且微量单体的存在不会影响使用效果时，则可直接使用而无需分离。

5.1.3.4　聚合物后处理（含洗涤、干燥、造粒等）

经脱挥发分、凝聚或离心分离后的聚合物含有一定量的可溶性杂质（如引发剂、乳化剂等），通过洗涤（水洗或碱洗）可使其净化。水洗得到的聚合物粗产品中含有大量水分，必须除去（包括脱水和干燥两个过程）。图5-17和图5-18分别给出了合成树脂和合成橡胶后处理过程示意图。

潮湿的粉状或粒状合成树脂和橡胶经脱水、干燥后，得到干燥的树脂和橡胶。干燥的树脂通过造粒得到合格的树脂粒料；干燥的橡胶经过压块则得到合格块状合成橡胶

（生胶料）。这些合格的树脂粒料和块状生胶即为合成高聚物的最终产品，同时又是高分子材料加工成制品的原料，即聚合物母料。

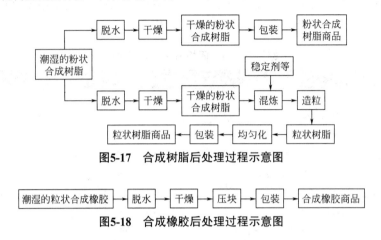

图5-17　合成树脂后处理过程示意图

图5-18　合成橡胶后处理过程示意图

5.2　材料的成型加工性

5.2.1　金属材料的加工工艺性

材料的工艺性能是材料在制造过程中适应加工工艺的性能。金属材料的工艺性可分为铸造、锻造、焊接、切削和粉末冶金五大类。

5.2.1.1　金属材料的铸造性

金属材料的铸造性是指金属材料进行铸造获得优质铸件的工艺性能。铸造是将液态的金属材料浇注到与零件形状和尺寸相适应的铸型空腔中，待其冷却凝固后获得铸件的生产方法。铸造加工具有成本低廉、适应性强的优点，但也存在工艺过程难控制、铸件易存在缺陷等缺点。铸造性主要包括金属材料的流动性、收缩性和偏析，这也是影响金属材料铸造性的主要因素。

（1）流动性　所谓流动性是指液态金属材料本身的流动能力。流动性越好，充型的能力越强，就越容易浇注出轮廓清晰、薄而复杂的铸件。好的流动性有利于液态金属材料在铸型中凝固收缩时得到补缩，还有利于从液态金属材料中排除气体和非金属，减少铸造缺陷（如气孔、缩孔、缩松等），为获得高质量铸件制造了有利条件。因此，人们在铸件设计、选择合金和制订铸造工艺时，常常需要考虑金属材料的流动性。

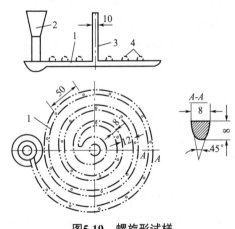

图5-19　螺旋形试样

金属材料流动性的大小，通常是用螺旋形试样（图5-19）的长度来测量。在相同的浇注条件下，浇出的螺旋形试样愈长，表明某种材料的流动性愈好。据试验统计，在常用的铸造合金中，共晶成分附近的灰铸铁其流动性最好，而处于两相区的铸钢，流动性最差。

影响流动性的主要因素有合金的化学成分、浇注温度和铸型填充条件。

① 化学成分　化学成分不同的合金有不同的结晶特点，对流动性的影响也不相同。如纯金属和共晶成分合金是在恒温下进行结晶，结晶时是从铸件表面开始向中心逐层凝固，由于已凝固的表面较光滑，对还未凝固的液态金属的流动阻力小，因此，流动性较好。而其他成分的合金结晶是在一个温度区间（双相区）内进行，结晶特点是以树枝晶方式生长，增大了液态金属流动阻力，加之树枝晶的导热系数大，加快了液态金属的冷却速度，所以流动性差。

② 浇注温度　提高浇注温度可以增加液态金属的热容量，同时传给铸型的热量增多，减缓了液态金属的冷却速度。因此，在相同的冷却条件下，使合金保持液态的时间长，黏度小，所以流动性好。

③ 铸型填充条件　液态金属充型时，铸型的阻力将影响其流动速度，而铸型与液态金属之间的热交换又将影响液态金属保持流动的时间。影响因素包括铸型的蓄热能力、铸型温度和铸型中的气体。

（2）收缩性　铸件在冷却凝固过程中体积和尺寸缩减的现象，称为收缩。收缩会给铸件带来许多缺陷，如缩孔、缩松、变形、裂纹等。铸造合金的收缩要经历以下三个阶段：

① 液态收缩　从浇注温度到凝固开始温度（即液相线温度）之间的收缩。

② 凝固收缩　从凝固开始温度到凝固终止温度（即固相线温度）之间的收缩。

③ 固态收缩　从凝固终止温度到室温之间的收缩。

影响收缩的因素有合金的化学成分、浇注温度、铸件结构和铸型条件等。

在铸造中，金属材料铸造成型最常用、最普通的生产方法是砂型铸造，砂型铸造的铸件占铸件总产量的90%以上。砂型铸造又分手工造型和机器造型。除此之外，还有金属型铸造、熔模铸造、离心铸造和压力铸造等特种铸造成型方法。

（3）偏析　金属在凝固过程中，因结晶先后差异造成铸锭或铸件化学成分和组织的不均匀现象称为偏析。偏析过大会使铸件各部位的力学性能不一致，降低制品的质量。

5.2.1.2　金属材料的可锻性

金属材料的可锻性是表征金属材料在进行压力加工时获得优质零件难易程度的一个工艺性能。可锻性好的金属材料，适宜于压力加工成型。可锻性的好坏是以金属材料的塑性和变形抗力来综合衡量的。塑性越好的金属材料在变形时越不易开裂，变形抗力越小，可锻性越好。

金属材料的可锻性由金属材料本质和加工条件决定。

（1）金属材料本质

① 化学成分的影响　化学成分不同，金属材料的塑性和变形抗力是不同的，也就是金属材料的可锻性不同。一般而言，纯金属的可锻性比合金好。如工业纯铁，它的碳含量很低，其塑性比碳含量高的钢好，而且变形抗力也小。而合金钢中由于含碳和合金含量较高，会形成碳化物（Fe_3C）和合金碳化物，脆性增加，可锻性显著下降。

② 组织的影响　金属材料的组织不同，导致可锻性差别也较大。单相组织（纯金属或固溶体）比多相组织塑性好，变形抗力小；对于多相组织，特别是含有脆性相（碳化物）的金属材料，在进行压力加工时，变形不均匀，使塑性降低，变形抗力增大。晶

粒细小而又均匀的组织，其可锻性好。

（2）金属材料加工条件（变形条件）

① 变形温度的影响　对于大多数金属材料而言，提高变形温度，使塑性增加，变形抗力减小，能够改善金属材料的可锻性，并影响金属材料的利用率和产品质量。但变形温度不宜过高，否则会产生过热、过烧、脱碳和严重氧化等现象，造成缺陷使零件报废。因此，在金属材料进行锻压时应严格控制锻造温度。

② 变形速率的影响　单位时间的变形程度称为变形速率，可用以下公式表示：

$$\varepsilon^* = \frac{\varepsilon}{t}$$

式中，ε^* 为变形速率；ε 为变形程度；t 为变形时间。

变形速率的变化会影响金属材料的可锻性。若变形速率增大，恢复和再结晶来不及完全消除金属材料塑性变形所产生的加工硬化现象，就会引起金属材料塑性下降，变形抗力增大，使可锻性变差。与此同时，金属材料在变形过程中，有一部分消耗于塑性变形的能量转变为热能，使金属材料温度升高，产生热效应现象。当变形速率愈大，热效应现象愈显著，使金属材料的塑性提高，变形抗力下降，这样，金属材料的可锻性又变好。由此看来，变形速率对金属材料可锻性的影响是矛盾的。

③ 应力状态的影响　金属材料在经受不同的方法进行变形时，所受的外力是不同的。由此产生的应力大小和应力方向（拉伸与压缩）也不相同。如金属材料在进行挤压变形时（图5-20），它在三个方向受压；而进行拉拔加工时（图5-21），它在两个方向受压，一个方向受拉。实验证明，金属材料在压应力状态中，压应力数目愈多，数值愈大，金属材料的塑性愈高。相反，金属材料受到的拉应力数目愈多，数值愈大，则其塑性愈低。其原因在于，金属材料在变形过程中的压应力使滑移面紧密结合，阻止滑移面上产生裂纹，而拉应力使滑移面趋向分离，易产生破裂。

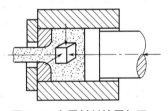
图5-20　金属材料挤压加工

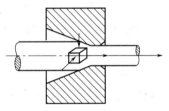
图5-21　金属材料拉拔加工

5.2.1.3　金属材料的可焊性

要了解金属材料的可焊性，必须知道什么是焊接。焊接是利用两个物体原子间产生的结合作用连接成一体，连接后不能再拆卸的连接方法。早在一千多年前，我们的祖先就已采用焊接技术。最早的焊接是把两块熟铁（钢）加热到红热状态后再用锻打的方法连接在一起的锻焊，后来产生了用火烙铁加热、连接低熔点铅锡合金的软钎焊方法。近代焊接技术是从1885年俄国人别那尔道斯发明碳弧焊开始，直到20世纪30年代，在生产上还只是采用气焊和手工电弧焊。由于焊接具有节省金属、生产率高、产品质量好和大大改善劳动条件等优点，所以焊接得到了迅速发展。40年代初出现了优质焊条，使焊接技术得到了一次飞跃。随后，电阻焊和埋弧焊的应用使焊接过程实现了机械化和自动化。50～60年代，不断出现电渣焊、各种气体保护焊、超声波焊、等离子弧焊、电子束焊和激光焊接等方法，使焊接技术达到了一个新的水平。80年代还进行了太空焊接试验。

（1）金属材料的可焊性概念　金属材料的可焊性实质上就是金属材料的焊接性，可焊性是指金属在采用一定的焊接方法、焊接材料、工艺参数及结构形式条件下，实现优质焊接接头的难易程度。

金属材料的可焊性不是一成不变的，同一种金属材料，采用不同的焊接方法和焊接材料，其可焊性可能有很大差别。如铸铁用普通焊条不容易保证质量，但用镍基焊条则质量较好。随着焊接技术的发展，过去某些很难焊接的金属材料，现在也可以用一定的方法进行焊接。例如钛的化学活泼性极强，焊接极其困难，认为钛的可焊性很不好，但氩弧焊的出现，使钛及其合金的焊接结构已在工业中广泛采用。此外，等离子焊、电子束焊、激光焊等新的焊接方法相继出现，使高熔点的金属（钨、钼、钽、铌和锆等）及其合金的焊接成为可能。

（2）金属材料可焊性评定　金属材料的可焊性是一项极其重要的工艺性能，可以按不同标准或不同角度来衡量。通常把金属材料在焊接时形成裂纹的倾向及焊接接头区脆化的倾向作为评价金属材料可焊性的主要指标。

① 用碳当量 C_E 来评定　影响金属材料可焊性的主要因素是化学成分。各种化学元素加入金属材料后，对焊缝组织与性能、夹杂物分布、焊接热影响区的淬硬程度等影响不同，产生裂缝的倾向也不同。在加入金属材料的各种元素中，碳的影响最明显，其他元素的影响可以折合成碳的影响，因此，人们用碳当量方法来估算被焊金属材料的可焊性。磷和硫是金属材料的有害元素，对可焊性影响很大，因此，应严格控制。

碳素钢和低合金结构钢的碳当量经验公式为：

$$C_E = C + \frac{Mn}{6} + \frac{Cr + Mo + V}{5} + \frac{Ni + Cu}{15} \times 100\%$$

式中，C、Mn、Cr、Mo、V、Ni、Cu 为钢中该元素含量的百分数。

根据经验，$C_E < 0.4\%$ 时，钢材塑性良好，淬硬倾向不明显，可焊性好，一般不会产生裂缝。C_E 在 $0.4\% \sim 0.6\%$，钢材塑性下降，强度增加，淬硬倾向明显，可焊性较差。工件应采取焊前预热、焊后缓冷等工艺防止裂缝。$C_E > 0.6\%$，钢材塑性较低，强度较高，淬硬倾向很强，可焊性不好。工件焊前预热到较高温度，焊接时采取减少焊接应力和防止开裂的工艺措施，焊后还应进行热处理，确保焊接接头质量。

② 用冷裂缝敏感系数来评定　用碳当量的方法评定金属材料的可焊性只考虑了化学成分，但忽略了材料板厚、焊缝含氢量等因素，不可能直接用于判断是否发生冷裂缝。因此，日本有人用2000多种钢进行大量试验，求出钢材焊接冷裂缝敏感系数 P_C。

$$P_C = C + \frac{Si}{30} + \frac{Mn}{20} + \frac{Cu}{20} + \frac{Ni}{60} + \frac{Cr}{20} + \frac{Mo}{15} + \frac{V}{10} + 5B + \frac{h}{600} + \frac{H}{60} \times 100\%$$

式中，h 为板厚，mm；H 为焊缝金属中扩散氢的含量，mL/100g。

P_C 式的适用范围：

C $0.07\% \sim 0.22\%$　Si $0 \sim 0.6\%$　　Mn $0.40\% \sim 1.40\%$　　Cu $0 \sim 0.50\%$

Ni $0 \sim 1.20\%$　　　Cr $0 \sim 1.2\%$　　Mo $0 \sim 0.70\%$　　　　N $0 \sim 0.12\%$

Nb $0 \sim 0.40\%$　　　Ti $0 \sim 0.05\%$　B $0 \sim 0.005\%$　　　　 $1.0 \sim 5.0$mg/100g

当板厚在 $19 \sim 50$mm 范围内时，用 P_C 值来判断和对比钢材在焊接时冷裂敏感性比用 C_E 值更好。

（3）常用的焊接方法

① 手工电弧焊　简称为手弧焊。如图5-22所示，它是利用焊条与工件之间产生的电弧热来熔化被焊金属的一种手工操作的焊接方法。手工电弧焊灵活方便，能进行全方位焊接，也可以焊不规则焊缝、短焊缝，还可以焊碳钢、低合金钢、不锈钢、耐热钢、铸铁和有色金属，所需的设备简单。缺点是焊工劳动强度大，生产率比自动焊低。手弧焊仍是焊接生产中应用最广泛的一种方法。

② 埋弧自动焊　埋弧自动焊又称为焊剂层下自动电弧焊，是目前生产效率较高的机械化焊接方法之一。焊接过程如图5-23所示。焊剂2从漏斗3流出后，均匀地堆敷在装配好的焊接工件1上，焊丝4由送丝机构经送丝滚轮5和导电嘴6送入焊接电弧区。焊接电源的两端分别接在导电嘴和焊接工件上。小车上装有控制盘、送丝机构和焊剂漏斗，并实现了焊接电弧的移动。焊接过程是通过操作控制盘上开关来实现自动控制。

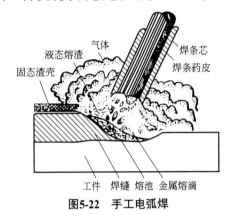

图5-22　手工电弧焊

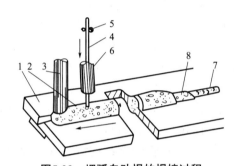

图5-23　埋弧自动焊的焊接过程

1—焊件；2—焊剂；3—焊剂漏斗；4—焊丝；
5—送丝滚轮；6—导电嘴；7—焊缝；8—渣壳

③ 氩弧焊　氩弧焊是以氩气为保护介质的一种电弧焊。氩气是一种惰性气体，它既不与金属起化学反应使被焊金属氧化或合金元素烧损，也不熔解于滚体金属中产生气孔，因此，氩气的保护十分可靠，焊缝质量高。

氩弧焊接所用电极不同，可分为熔化极氩弧焊和非熔化极氩弧焊两种，如图5-24所示。非熔化极氩弧焊以高熔点的钨棒作电极。焊接时，钨棒不熔化，只产生电弧。由于钨棒通过的电流密度有限，因此，只能焊接小于6mm的工件。熔化剂氩弧焊是以连续送进的焊丝作电极，电弧产生在焊丝与工件之间，焊丝熔化过渡到焊缝中。因此，可以用较大焊接电流。适用焊接厚度为25mm以下的焊接。

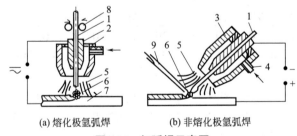

(a) 熔化极氩弧焊　　(b) 非熔化极氩弧焊

图5-24　氩弧焊示意图

1—焊丝或电极；2—导电嘴；3—喷嘴；4—进气管；5—氩气流；6—电弧；7—工件；8—送丝滚轮；9—填充焊丝

④ 二氧化碳气体保护焊　二氧化碳气体保护焊是以CO_2气体作为保护介质的电弧焊

方法。焊接装置与熔化极氩弧焊相似，以连续送进的金属焊丝为电极，采用自动或半自动方式进行焊接。

CO_2气体在1000℃以上高温下会分解产生CO和氧，有氧化作用，因此不宜焊接有色金属（铜、铝等）。焊接钢材时，为了保证焊缝机械性能，必须使用Mn、Si等元素含量高的焊丝，补足被烧损的元素，并起一定的脱氧作用。

⑤ 电渣焊　电渣焊是利用电流通过液态熔渣时产生的电阻热作为热源来熔化电极和焊件实现焊接的一种熔焊方法，如图5-25所示。在焊工件的两个端面之间保持一定的间隙，在间隙两侧有两个中间通水冷却的成型铜块紧贴于钢板，使被焊处构成一个方柱形空腔，在这个空腔内由一定导电性液态熔渣构成渣池。焊接时，焊丝送到渣池中，焊丝和工件之间的电流通过渣池产生很大的电阻热，渣池温度达1700～2000℃，高温的渣池将热量供给工件和焊丝，使工件边缘和送入的焊丝熔化，液态金属的相对密度较熔渣大，便沉集于渣池底部，形成熔池。随着焊丝和工件边缘不断熔化，熔池和渣池不断上升，当金属溶池达到一定深度后，熔池底部逐步冷却凝固成焊缝。由此，实现了两个焊件的连接。

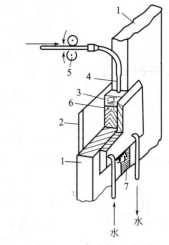

图5-25　电渣焊示意图
1—被焊工作；2—滑块；3—渣池；4—焊丝；
5—送丝枪；6—熔池；7—焊缝

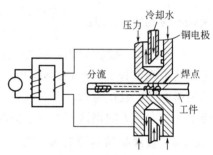

图5-26　点焊示意图

⑥ 电阻焊　电阻焊是利用电流通过工件接触处所产生的电阻热进行焊接，并在压力下形成焊接接头的方法。根据焊接接头的型式可分为点焊、对焊和缝焊三种形式。

a. 点焊　点焊是用柱状电极加压通电，把搭叠好的工件逐点焊合的方法，如图5-26所示。两个焊件接触面上电阻较大，通电后迅速达到焊接温度，并在压力作用下形成焊点。电极与焊件接触面上所产生的热量会被导热性良好的电极或其中的冷却循环水带走，不会使焊件与电极焊牢。

b. 对焊　对焊是利用电阻热使两个工件端面上焊接起来的一种方法。根据焊接操作方法的不同，又分为电阻对焊和闪光对焊。

i. 电阻对焊　工件端面清理干净后，在电极内夹紧，先施加一定初压力使两工件端面压紧，通电产生电阻热使其达到塑性状态，再向两工件施加较大的顶锻压力，同时断电，使工件高温端面产生塑性变形并在压力下焊接起来，如图5-27（a）所示。

ii. 闪光对焊　工件夹紧在电极内，通电使两工件逐渐接触，随后通以巨大电流，由于工件表面不平，使先行接触的金属迅

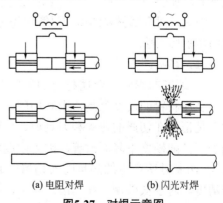

(a) 电阻对焊　　　　　(b) 闪光对焊

图5-27　对焊示意图

5

材料的制备与成型加工

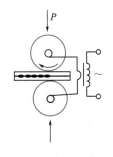

图5-28 缝焊示意图

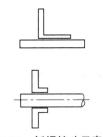

图5-29 钎焊接头示意图

速加热熔化，在电磁力作用下，液体金属发生爆破，以火花形式从接触处往外散开，形成"闪光"现象。继续送进工件，使闪光现象连续产生，待焊件端面全部被加热熔化时，迅速对焊件加压，并切断电流，焊件在压力下产生塑性变形而焊接在一起，如图5-27（b）所示。

iii. 缝焊　缝焊又称滚焊。缝焊的电极是一对旋转的圆盘。叠合的工件在圆盘间受压通电，随圆盘的转动而送进工件，于是形成连续重叠的焊点，即焊缝，把工件焊合。如图5-28所示。

⑦ 钎焊　钎焊是用钎料熔入接头之间来连接工件的焊接方法。钎料是熔点比工件低的合金。根据钎料熔点的不同，钎焊可分为软钎焊和硬钎焊。如图5-29所示。

a. 软钎焊　软钎焊所用钎料的熔点在450℃以下。常用的钎料是锡铅合金，又称锡焊。焊接的接头强度较低，一般不超过70MPa。由于钎料熔点低，熔液渗入接头间隙能力较强，故焊接工艺性能较好。钎料还有良好导电性，因此，软钎料广泛应用于受力不大的仪表、导电元件及钢铁、铜及铜合金等制造的构件。

b.硬钎焊　硬钎焊的钎料熔点在450℃以上。常用的钎料是黄铜和铜银合金、银基等。接头强度较高，都在200MPa以上。用银钎料焊接的接头具有较高的强度、导电性和耐腐蚀性，且熔点低，工艺性好。但银钎料较贵，只用于要求较高的焊件。硬钎焊主要用于受力较大的钢铁和铜合金构件及某些工具、刀具的焊接。

5.2.1.4　金属材料的切削加工性

（1）概述　金属材料的切削加工性是指金属材料被切削加工的难易程度的工艺性能。金属材料的切削加工性是一个综合指标，通常是指金属材料在被切削加工中的生产率、刀具耐用度、切削力、切屑形状及切削加工后的零件表面光洁度等。

根据人们的不同要求，金属材料切削加工性的主要指标也不相同。例如，在粗加工时，金属材料的切削加工性的主要指标是：生产率高、切削力小、刀具耐用。这时，要求被加工的金属材料硬度低或切削阻力小，也就是金属材料的切削加工性好。在精加工时，要求零件表面光洁度高，而韧性好的金属材料容易发生"粘刀"，这时，金属材料的切削加工性就不好。导热性差的金属材料会引起已变形层内热量高度集中，造成切削区温度很高，加快刀具磨损，使刀具耐用度下降，在这种情况下，金属材料的切削加工性就很差。因此，对金属材料的微观显微组织进行必要的了解和控制，有利于认识和改善金属材料的切削加工性。

（2）影响因素

① 硬度的影响　金属材料的硬度对切削加工性影响很大。在相同的切削加工条件下，金属材料的硬度愈高，则其切削加工性愈差。例如铸铁，在切削加工中，基本的切削功是消耗在切屑的粉碎和刀具前、后面与切屑、工件的摩擦上。实践证明，铸铁的切削加工性随硬度下降而改善，因为硬度较低的铸铁，具有分离切屑所必需的"加工软脆性"，切屑时所产生的热量随着切屑一起消除，就会提高刀具耐用度、切削速度和表面光洁度。对于低碳钢，在切削加工中，基本的切削功是消耗在切屑的分离和刀具前、后面与切屑的摩擦上。虽然低碳钢硬度不高，但延伸率高，韧性好，缺乏加工软脆性，使

切屑分离困难，所产生的高温带状切屑沿刀具前面流出，引起刀具热量升高，降低了刀具耐用度，使工件表面光洁度变差。在这种情况下，就不能只用硬度来评价低碳钢的切削加工性。对于中碳钢，硬度比低碳钢高但韧性较低，它具有适宜加工的软脆性，因此，中碳钢的切削加工性比低碳钢好。而对于高碳钢，硬度比中碳钢高，而韧性更低，不具有软脆性，故高碳钢切削加工性不好。因此，可以在一定程度上用硬度来评定金属材料的切削加工性，但不能简单地认为硬度越低，切削加工性越好。

② 切削阻力的影响　如果其他条件相同，硬度高、强度大的金属材料，切削阻力大，则切削加工性比硬度低、强度低的金属材料差。如果其他条件相同，韧性好的金属材料，切削阻力也大，其切削加工性比韧性低的金属材料差。例如，车削 σ_b=35MPa 的碳钢切削力假设为1，在车削 σ_b=85MPa 钢的切削力为1.41，只增加了41%。切削阻力并不按 σ_b 增加的比例增加，其原因在于，硬度高、强度大的钢的塑性、韧性比低碳钢小得多，只有同时具备抗拉强度高和延伸率好的钢，其切削阻力才最大。同样，如两种钢的 σ_b 都为80MPa，但硬度不同，第一种钢 HB 为242，第二种钢 HB 为178，切削时第二种钢的切削力比第一种钢多20%，原因是它的延伸率比第一种钢大一倍。由此看来，硬度、抗拉强度和延伸率这些力学性能对切削阻力都有很大影响，从而影响到金属材料的切削加工性。

③ 切屑的影响　金属材料可分为塑性材料和脆性材料。塑性材料有碳钢、不锈钢和紫铜等。脆性材料有铸铁、铅黄铜等。

塑性材料在切削时，切屑的形成大致是被加工工件表层受到刀具挤压，经弹性变形后发生塑性变形，达到断裂形成切屑。但塑性材料在其塑性变形未达到完全断裂时便形成切屑，沿刀具前面流出，这时切屑呈连续的带状，称为带状切屑。

脆性材料切削时切屑的形成大致是被加工工件表层受到刀具挤压，经弹性变形而不经塑性变形或稍有塑性变形即达到断裂形成切屑。这种切屑形状主要是崩碎的，或略呈卷片的松散碎屑，会四散飞溅。

总之，带状的、连续的切屑和崩碎、卷片的切屑都会对金属材料的切屑加工性产生影响。

④ 导热性的影响　金属材料传导热能的性质称为导热性。45号钢的导热性比不锈钢好，黄铜又比45号钢好。导热性小的材料，切削加工性差。所以黄铜切削加工性比45号钢好，而45号钢切削加工性又比不锈钢好。其原因是，导热性好，散热条件好，切削区温度低，提高了刀具耐用度。导热性差的材料加快刀具磨损，还会使工件内外产生温差，引起内应力，使工件开裂。如在加工奥氏体不锈钢或淬火钢时会发裂。

⑤ 显微组织的影响　金属材料的力学性能对切削加工性影响很大，而性能是由化学成分所决定的。一旦金属材料化学成分决定后，可以通过热处理调整组织，从而改变金属材料的力学性能，最终达到改善金属材料的切削加工性。如对低碳钢通过双相区淬火工艺，获得低碳马氏体和铁素体；对中碳钢进行正火得珠光体；对高碳钢采用球化退火获得粒状珠光体。这些得到的组织使金属材料的强度、硬度提高而塑性下降，改善了切削加工性。

5.2.1.5　金属材料的粉末冶金加工工艺

粉末冶金是一门正在迅速发展的技术学科，它是以金属粉末或金属化合物粉末为原料，经成型和烧结，制造金属材料、复合材料及各种制品的加工工艺。粉末冶金在经济建设中发挥着越来越重要的作用。粉末冶金生产过程是由混合、压制成型、烧结、再加压、浸渍、熔渗和其他处理组成。

① 混合　混合是指将数种不同种类金属粉或金属粉与非金属粉均匀混合。

② 压制成型　将已混合均匀的粉末按一定量装入精密模具内，再用压力机压制成所要求形状和尺寸的零件。

③ 烧结　烧结是在有保护气氛的烧结炉内烧结成型好的压坯。保护气氛的气体有真空、氩气、氦气、氮气、CO_2等惰性气体及氢、CO、分解氨气等还原气体。在烧结过程中要控制好加热速度、烧结温度、烧结时间和冷却速度等因素，确保制品的质量。

④ 再加压　经过烧结以后大部分制品可以使用，但是为了提高制品的尺寸精度和加工面质量，可以再用大吨位的压力机再加压。

⑤ 浸渍　所谓浸渍是将液态润滑剂或其他非金属物质浸入多孔的烧结制品的孔隙内，达到提高烧结制品润滑性或耐腐蚀性能的目的。

⑥ 熔渗　熔渗是将低熔点的金属或合金渗入到多孔烧结制品的孔隙中，主要是提高烧结件的密度、强度、硬度、塑性或冲击韧性等性能。其工艺过程是将小片状的低熔点金属或合金放在压坯上，然后在炉内烧结。这些金属小片熔化后借毛细管现象而浸入到压坯孔隙中，同时也进行了烧结。经这种方法处理后，制品的组织更加致密，机械性能也得到大幅度提高。

5.2.2　聚合物的成型加工特性及成型加工方法

聚合物加工是将聚合物（有时还加入各种添加剂、改性剂等）转变成实用材料或制品的一种工程技术。聚合物加工通常包括两个过程：首先使原材料产生变形或流动，并取得所需要的形状，然后设法保持所取得的形状，即固化。显然，要完成聚合物加工过程，就要了解聚合物材料的熔融、流动、固化等特性，进而设计并采用适当的方法加工成型为具有实用价值的聚合物制品。

5.2.2.1　聚合物的加工特性

与金属材料的成型加工相比，聚合物的成型加工无论是其过程原理，还是具体的操作方法以及对各种制品形状的适应性等都有其显著特点。这是由聚合物材料的固有加工特性所决定的。

（1）聚合物材料的熔融特性　聚合物材料的大多数成型操作由热软化或熔融的聚合物的流动和变形组成，所以熔融是聚合物材料加工的一个基本阶段。在金属材料或无机非金属材料的加热熔融中，热传导是最常见的和最重要的提高固体温度并使之熔融的方式。在传导熔融中，熔融速率的控制因素是热导率，可行的温度梯度，以及热源或熔融物与固体间的有效接触面积。然而，由于聚合物本身固有的较低的热导率，且多数聚合物对温度有较大的敏感性以及具有较高的黏度，这就使得传导性加热熔融方式在聚合物熔融中受到很大的局限性。

让我们首先了解一下别的工程领域是如何处理"熔融"问题的。在化学工程中，可把所涉及的可熔固体的可能熔融方法归类如下：①在一个加热的被搅拌的容器中，可以把固体加到已熔融的物料中；②固体可以排列得使热气体能在它上面循环，已熔的固体被排除；③可以把固体放在一个已加热的表面上，而将已熔的物料排出去。这些熔融方法分别导致应用混合熔融、对流熔融和接触熔融等三种常见形式的工业熔融器的出现。

如果我们试图将这些熔融方法中的任何一种直接应用于聚合物，都会遇到严重困难。例如，采用混合熔融法熔融装在加热的容器中的聚合物颗粒或粉末可能得到夹带许多气体的、部分降解的不均匀熔体。这显然会导致聚合物材料性能下降或者失去其使用价值。这种不希望的结果是由聚合物本身固有的物理性质所决定的。首先，聚合物较低的热导率决定了聚合物的混合熔融要么设置较大的温度梯度，要么需要较长的熔融时间，然而，聚合物的热不稳定性给聚合物可以暴露的最高温度以及暴露在高温下的可允许停留时间以较低的限度，这就限制了可能得到的温度梯度和熔融速率。其次，聚合物熔体的高黏度消除了自然对流，从而严重妨碍了熔体的混合，也妨碍了夹带气体的排除。

很明显，为了把混合熔融转化为聚合物的实际熔融方法，必须提供强烈搅拌。对熔融和部分熔融聚合物的高黏度混合物的强烈搅拌需要输入很大的机械能，因而主要依赖于传导性加热熔融的"经典"混合熔融方法就被所谓的"耗散混合熔融"方法所取代。这种熔融方法实质是依靠由搅拌转轴输入的机械能转化为熔融区的黏性耗散热（摩擦热）、固体（或粒子）区的机械变形和初始阶段粒子间的摩擦转变成的热，以使聚合物达到充分熔融。聚合物材料通过密炼机、连续混炼机、辊式混炼机的熔融都是这种熔融方法的典型例子。

至于其他两种熔融方法，都是建立在给固体表面提供热能和靠重力排除熔体的基础上的。但是，高黏度聚合物熔体不能靠重力"排出"。尽管如此，聚合物的熔融仍可借鉴对流熔融和接触熔融的部分原理。就对流熔融而论，若聚合物材料加热熔融不必有熔体迁移时就可采用对流熔融方法，使得聚合物材料被加热软化，如热成型中片材的加热软化等。实际上，这种熔融方法可归类为无熔体移走的传导熔融。同样，就接触熔融来看，若熔体的迁移是靠机械力来实现时，这种方法便可用于聚合物材料的熔融过程。如聚合物在单螺杆或双螺杆挤出机、螺杆式注射机中的熔融，已熔聚合物的连续强制迁移导致了在热接触表面和固体聚合物间连续地维持一薄层熔膜的可能性。这本身又意味着可以获得较大的温度梯度（即较大的传热速率），而只把聚合物暴露在中等温度之下，有效地避免了热分解。而且，聚合物从高温区快速迁移走也导致在高温下聚合物较短的停留时间。最后，熔体强制移走还会由于聚合物的高黏度导致黏性耗散而发热，这也有助于提高传热速率。这种熔融方法可以归类为强制熔体移走的传导熔融。

因此，聚合物的熔融方法主要有三种，即无熔体移走的传导熔融；强制熔体移走的传导熔融；耗散混合熔融。

总之，由于聚合物本身的固有物理性质，使其在熔融特性上有别于金属材料或无机非金属材料，黏性耗散发热在聚合物熔融中起着十分重要的作用。

（2）聚合物的流动特性　流动和变形是聚合物加工的重要环节，了解聚合物的流动特性，对于设计合理的加工方法和工艺条件十分重要。与低分子物相比，聚合物的流动有其明显的特点。

首先，聚合物流体的流动本质与低分子液体不同。低分子物的分子体积很小，其形状呈球形对称，流动为整个分子的运动，而聚合物为长链分子、呈缠结的无规线团结构，其分子链的移动是通过分子链段的移动来实现的，即先是若干链段的运动逐渐导致整个大分子的重心移动而产生流动，类似于蚯蚓蠕动使身体前进一样。

其次，聚合物流体的流动一般呈现"非牛顿性质"。即聚合物流体的黏度随着剪切应力或剪切速率的变化而改变，且多数聚合物流体表现出"切力变稀"的特性。也就是说，多数聚合物流体的黏度随着剪切应力或剪切速率的增加而降低，如图5-30所示。这是因为剪切流动的流体的各流层间流速不同，存在着速度梯度，一个细而长的大分子链同时穿过流速不同的液层时，由于剪切速率或剪切应力的差异而迫使整个大分子链进入同一流层中，就像随河水流动的细长绳子，自然地沿水流方向取向一样，高聚物流体的大分子链也沿流动方向取向，且剪切速率越大，取向程度越高。取向的结果是使原来缠结的大分子链出现解缠，从而降低了流动阻力。

再次，聚合物流体是一种黏弹性体系。由于聚合物大分子的长链结构和大分子运动的逐步性质，聚合物的形变和流动不可能是纯黏性的或纯弹性的，而是弹性和黏性的综合，即黏弹性的。它在流动过程中除呈现不可恢复的黏性变形外，还伴随着可恢复的弹性形变，这种弹性形变在低分子流体中是不存在的。去掉外力后，流体流动造成的形变，有一部分要恢复。这种恢复所需的时间因大分子链的柔顺性和活动能力存在一定差异，柔顺性越大，温度越高，弹性形变恢复得越快。在管道中流动的聚合物熔体流出管子的末端时，会由于弹性恢复而使熔体出现膨胀，聚合物流体流动中的这种"末端效应"就是聚合物流体弹性行为的一种表现形式，如图5-31所示。例如，挤出成型聚苯乙烯棒材时，在175～200℃温度下，将聚苯乙烯熔体快速挤出模孔，棒材直径可比模孔直径膨胀2.8倍。同样，由于聚合物流体流动的黏弹特性，在设计高聚物制品时，应尽量避免厚度差别悬殊的截面，这是因为薄的截面温度梯度大，冷却快，高弹形变恢复不充分，而厚的截面冷却慢，高弹形变恢复充分，导致制件尺寸偏离设计要求，而交界处存在的内应力常导致制件变形，甚至开裂。

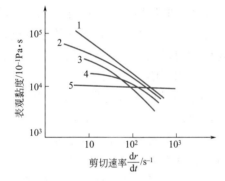
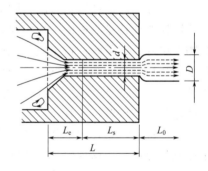

图5-30　剪切速率对几种高聚物熔体黏度的影响
1—氯化聚醚（200℃）；2—聚乙烯（180℃）；
3—聚苯乙烯（200℃）；4—醋酸纤维素（210℃）；
5—聚碳酸酯（302℃）

图5-31　聚合物熔体在管子的入口区域和出口区域的流动
L_e—入口效应区；L_s—剪切流动区；L_0—离模膨胀区

（3）高聚物的黏流温度及成型温度　与金属材料相比，聚合物的成型温度要低得多。毫无疑问，使聚合物材料加工为各种形状的制品所采用的成型操作相对说来迅速而容易，最适于大批量生产，而不必牺牲制品质量和美学方面的要求的重要原因正是聚合物较低的成型温度。在什么温度下加工成型是评定各种高聚物工艺性能的首要问题。从成型工艺要求上看，黏流温度低，在较低温度下可流动成型较理想。聚合物大分子链结构、分子量及外力都是影响聚合物黏流温度和成型温度的重要因素。

① 大分子链结构不同，链的柔顺性不同及分子间作用力不同，则黏流温度必然存在一定差异。分子链柔顺性好，链内旋转位阻小，链段也短，链段运动需要的自由体积（空穴）也小，故在较低温度下即可发生黏性流动，例如分子链具有较大柔顺性的聚乙烯的黏流温度为110～130℃，而分子链具有较大刚性的聚碳酸酯的黏流温度则高达

$220 \sim 230℃$。分子间作用力的大小与分子链的极性有关，一般来说，聚合物分子链极性大，分子间作用力也大，极性较大的分子链只有在较高的温度下才具有足够的活动能力。因此，降低分子间的作用力是降低黏流温度和成型温度的重要途径。例如，聚氯乙烯的黏流温度为$170 \sim 200℃$，而它的分子链在$140℃$便开始出现分解，为了顺利加工成型，一方面要加入某些高效热稳定剂，另一方面也可加入增塑剂来降低黏流温度。增塑的实质是通过降低大分子链间的作用力而增加聚合物的流动性、可塑性，降低成型温度。

② 分子量大意味着分子间作用力大（范德华力加和后的数值较大），分子链之间产生相对位移也困难，所以黏流温度高。例如，前面提及普通聚乙烯的黏流温度为$110 \sim 130℃$，而超高分子量的聚乙烯的黏流温度则达$260℃$以上。可见，为了保证良好的工艺性能，在不影响制品性能要求的前提下，适当降低分子量往往是必要的。

③ 由于高聚物的大分子的长链结构及分子链运动的逐步性，增加外力和延长外力作用时间可有效地提高链段沿外力方向运动的能力，使分子链之间的相对位移容易实现，这样，在较低的温度下，高聚物就可发生黏性流动。这也相当于降低了黏流温度。这就是所谓的"时温等效原理"。

聚合物材料的成型温度与聚合物所处的物理状态有密切的关系。前已述及，聚合物随温度变化表现出三种物理状态，处于不同聚集状态的聚合物，由于分子链间相互作用构成的内聚能不同而表现出一系列独特性质。这些性能在很大程度上决定了聚合物对各种加工技术的适应性。图5-32以线型聚合物的模量-温度曲线说明聚合物聚集态与成型加工方法的关系。由于线型聚合物的聚集态是可逆的，这使聚合物材料的加工性更为多样化。

处于玻璃化温度以下的聚合物为坚硬固体，机械强度高，弹性模量大。在外力作用下，虽然由于大分子主链上的键角或键长可发生一定的变形，但变形值小，在极限应力范围内该形变具有可逆性，这一状态不宜进行较大变形的加工，但可进行车、铣、削等机械加工。玻璃化转变温度T_g以上的高弹态，弹性模量大大降低，变形能力显著增大，但变形中的可逆成分较多，且有时间依赖性。对于无定形聚合物，在高弹态靠近黏流温度的一侧，由于黏度很大，可对某些聚合物进行真空成型、压力成型、压延成型、弯曲成型等。对于结晶聚合物，可在玻璃化转变温度至熔点（$T_g \sim T_m$）区间进行薄膜和纤维的拉伸；高弹态的上限温度是黏流温度T_f，由T_f开始聚合物变为黏流态，随着温度升高，黏度降低，不可逆的黏性形变逐渐占据优势，而可逆的弹性形变减少，在T_f以上不高的温度范围，表现出一定弹性的流动性质即类橡胶态流动性质，可进行压延、某些挤出和吹塑。在T_f以上更高的温度下，在不大的外力作用下就能引起熔体的流动变形，此时的变形主要为不可逆的黏性变形，熔体冷却形状即能保持下来。因此，这一温度范围常用来进行挤出、吹塑、贴合等成型。但温度过高，将引起聚合物的分解。对于热塑性聚合

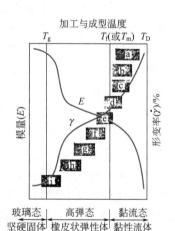

图5-32　线型高聚物的聚集态与成型加工的关系

加工与成型方法的适应性：a—熔融纺丝；b—注射成型；c—薄膜吹塑；d—挤出成型；e—压延成型；f—中空成型；g—真空和压力成型；h—薄膜和纤维热拉伸；i—薄膜和纤维冷拉伸

物材料的三大主要成型方法即挤压成型、注射成型和压延成型而言，合适的成型温度应在黏流温度和分解温度之间，可通过实验来确定。高聚物的黏流温度和分解温度的间隔越大，对其流动成型越有利。表5-9为几种高聚物的成型温度与分解温度。

■ 表5-9　几种常见高聚物的成型温度与分解温度

聚 合 物	热分解温度/℃	成型温度/℃	聚 合 物	热分解温度/℃	成型温度/℃
聚苯乙烯	310	170～250	聚丙烯	300	200～300
聚氯乙烯	170	150～190	聚甲醛	220橡胶240	195～220
聚甲基丙烯酸甲酯	280	180～240	聚酰胺-6	360	230～290
聚碳酸酯	380	270～320	聚对苯二甲酸乙二酯	380	260～280
氯化聚醚	290	180～270	聚酰胺-66	420	260～280
高密度聚乙烯	320	220～280	天然橡胶	198	<100
聚苯醚	350	260～300	丁苯橡胶	254	<100

5.2.2.2　聚合物加工中的结构变化

在聚合物材料的成型加工过程中，聚合物会发生一些结构变化。在某些条件下，聚合物能够结晶或改变结晶度；能借外力作用产生分子链取向；当聚合物分子链中存在薄弱环节或有活性反应基团时，还能发生降解或交联反应。加工过程中出现的这些结构变化不仅能引起聚合物出现力学、光学、热性质及其他性能的变化，而且对加工过程本身也有影响。例如，由于结晶聚合物的结晶过程是大分子链或链段重排的逐步过程，加工条件对聚合物的结晶形态有很大的影响，为了生产透明或有良好韧性的制品，应避免制品结晶或形成过大的晶粒尺寸，但有时为了提高制品使用过程中的尺寸稳定性，对结晶聚合物制品进行热处理（退火）以加快结晶速率，有利于避免在使用过程中发生缓慢的后结晶，引起制品尺寸和形状持续变化。又如，利用拉伸方法使聚合物薄膜或纤维中分子链形成取向结构，能获得具有特种性能的各向异性材料，扩展了聚合物材料的应用领域；利用加工中的交联作用可使线型聚合物形成网状结构，例如通过交联生产硫化橡胶和热固性塑料制品等，提高了聚合物制品的机械强度和热性能；利用降解反应可降低天然生胶的分子量，提高流动性，改善成型工艺性能。因此，了解聚合物成型过程中发生的结晶、取向、降解、交联等结构变化的特点以及成型条件对它们的影响，并根据产品性能和用途的需要，控制这些结构变化的进行及制品中聚合物的结构形态，对聚合物的成型加工与应用有重要的实际意义。

（1）聚合物加工中的结晶　结晶聚合物材料在成型加工中的冷却固化实际上是聚合物的结晶过程，聚合物的结晶是大分子链段重新排列进入晶格，并由无规变为有规的逐步过程。大分子重排需要一定的热运动能，形成结晶结构又需要分子间有足够的内聚能，而分子的热运动能和内聚能都与温度密切相关，随着温度的降低，分子的热运动能减小，而内聚能增加，因此需要在适当的温度范围才能形成结晶。聚合物结晶过程通常包括晶核形成和结晶生长两个过程。图5-33是聚合物晶核形成速率，晶粒生长速率及总体结晶速率与温度的关系。聚合物材料在成型加工过程中的结晶为动态过程，其结晶速率、结晶形态受到多种工艺因素的影响。

① 根据结晶速率与温度的关系，结晶聚合物成型中的冷却速度决定着制品是否能

形成结晶以及结晶速率、结晶度及晶体的尺寸。冷却速度慢，晶核的形成速率慢，晶核数目少，制品中易形成大尺寸的晶粒，导致制品发脆、力学性能下降；冷却速度过快时，使聚合物中的部分分子链来不及重排结晶，使制品的体积松散，在制品使用过程中易继续进行缓慢的后结晶过程，从而降低制品的尺寸稳定性。因此，结晶聚合物的成型加工中应根据聚合物的类别，制品用途和结晶动力学特点采用适当的冷却速度。

② 熔融温度和熔融时间也对聚合物结晶速率和晶体尺寸有一定的影响。结晶聚合物在成型前的聚集态或多或少具有一定有序结构（结晶结构），同时，结晶聚合物的熔化也是一个逐步过程，当被加热到熔化温度以上时，其残存的微小有序区域或晶核的数量与熔融温度和熔融时间有关。显然，熔融温度高、熔融时间长，残存的晶核数目少，故结晶速率慢，晶体尺寸大，相反，熔融温度低，熔融时间短，残存的晶核数目多，结晶速率快、晶粒尺寸小，有利于获得较佳的综合物理机械性能。聚合物的熔体温度及在该温度下的停留时间对晶核数的影响如图5-34所示。

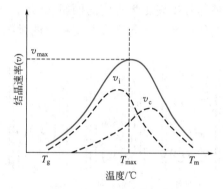 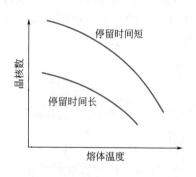

图5-33　结晶速率与温度的关系　　**图5-34　聚合物熔体中的晶核数与熔体温度和加热时停留时间的关系**

③ 聚合物的成型加工是一个流动形变而后保持所需形状的过程，聚合物的流动形变必然伴随着剪切应力或拉伸应力的作用。这些应力的作用导致结晶聚合物的结晶过程加快，并在一定程度上影响晶体的结构和形态。这是因为拉伸应力或剪切应力的作用导致大分子链沿应力作用方向取向，从而增加了有序程度，对晶核的形成和晶体生长有促进作用，使结晶速率加快。同时，大分子链在应力场中的取向也往往导致纤维状晶体的生成，使制品产生各向异性。

（2）聚合物加工中的取向　由于聚合物分子的长链结构，在成型加工中不可避免地会有不同程度的取向作用。通常有两种取向过程，一种是聚合物熔体或浓溶液中大分子链、链段或其中几何形状不对称的固体粒子（如纤维状填料）在剪切流动中沿着流动方向排列，称为流动取向；另一种是聚合物在受到外力拉伸时大分子链、链段或微晶体等这些结构单元沿受力方向排列，称为拉伸取向。取向时，如果结构单元只朝一个方向排列称为单轴取向，如果结构单元朝着两个垂直方向排列称为双轴取向或平面取向。

① 流动取向　加工过程中的聚合物熔体或浓溶液通常都必须在加工设备的管道或型腔中流动，在剪切应力或拉伸应力的作用下，蜷曲状大分子链逐渐沿流动方向舒展伸直和取向。流动取向可以是单轴的或是双轴的，主要视制品的结构形状、尺寸和物料在其中的流动情况而定。如果沿流动方向型腔的截面不变，熔体将主要向一个方向流动，故取向是单轴的；如果沿流动方向型腔的截面变化，则会出现向几个方面的同时流动，

从而导致平面取向或更为复杂的取向形式，如图5-35所示。

②拉伸取向　在高聚物薄膜或纤维的加工中，对薄膜和纤维进行拉伸以导致分子链取向可大幅度提高这类制品的物理机械性能（如拉伸方向的强度、模量等）。无定形聚合物和结晶聚合物拉伸取向过程及取向结构存在很大差异。对于无定形聚合物，其拉伸取向包含两个过程，即链段的变形和大分子链作为独立结构单元的变形，两个过程同时进行，但速率不同。外力作用下最先发生链段的取向，进一步发展才引起大分子链的取向，如图5-36所示。对于结晶聚合物，其取向过程包含结晶的破坏，大分子链的重排和重结晶以及微晶的取向等。由于通常的成型加工中的冷却，除静压力之外，无其他外力场作用为静态冷却而聚合物熔体静态冷却时均倾向于生成球晶结构，所以拉伸过程实际上是球晶的形变过程。在拉伸应力作用下，球晶首先被拉长呈椭球形、进而拉应力将链状分子从晶片中拉出，使这部分晶体熔化，同时应力又使晶片之间产生滑移、倾斜，迫使一部分晶片沿受力方向转动而取向，如图5-37所示。应力的继续作用，还使球晶界面或晶片间的薄弱部分被破坏而形成较小晶片，使晶片出现更大程度的倾斜和转动。被拉伸和平行排列的分子链重新结晶，并与已经取向的小晶片一起形成非常稳定的微纤维结构，如图5-38所示。

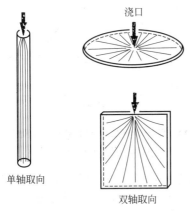

图5-35　聚合物注射成型时的流动取向

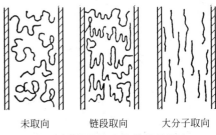

图5-36　非晶聚合物的拉伸取向

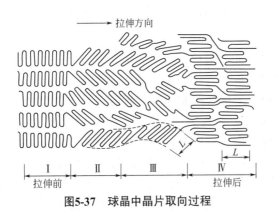

图5-37　球晶中晶片取向过程

图5-38　结晶聚合物纤维的结构模型

（3）聚合物加工中的降解　聚合物加工常常是在高温和应力作用下进行的。因此，聚合物大分子可能由于受到热和应力的作用或由于高温下聚合物中微量的水分、酸、碱等杂质及空气中氧的作用而导致分子量降低，大分子结构改变等化学变化。通常把分子量降低的作用称为降解。加工过程中聚合物的降解一般难于完全避免。除了少量有意进行的降解，如橡胶塑炼中的降解外，加工过程中的降解大多是有害的。轻度降解会使聚合物变色，进一步降解会使聚合物释放出低分子物质，分子量降低，制品的各项物理机械性能劣化。严重的降解会使聚合物焦化变黑，产生大量的分解物质，甚至使加工过程不能顺利进行。

加工过程聚合物能否发生降解和降解的程度与加工温度、应力、聚合物本身的热性质、水分等聚合物材料中的杂质有密切的关系。为了减少或避免聚合物加工中的降解，首先应严格控制原材料的质量指标，减少引起聚合物降解的各种杂质。根据聚合物的热特性，在聚合物材料配制中考虑使用抗氧剂、稳定剂等以加强聚合物对降解的抵抗能力。同时，确定合理的加工工艺和成型条件，使聚合物能在不易产生降解的条件下加工成型，这对于那些热稳定性较差，加工温度和分解温度非常接近的聚合物尤其重要。其次，应选择适当加工设备和设计合理的模具结构，减少或避免局部过热或热应力引起的聚合物降解。

（4）聚合物加工中的交联　聚合物加工过程中，线型大分子链转变成三维网状结构的化学反应称为交联。通过交联反应可制得交联聚合物。与线型聚合物比较，交联聚合物的机械强度、耐热性、耐溶剂性、化学稳定性和制品的形状稳定性等均有所提高。所以，在一些对强度、工作温度、蠕变等要求较高的场合，交联聚合物有广泛的应用。通过不同的途径如以模压、层压、铸塑等加工方法生产热固性塑料和硫化橡胶的过程，就存在着典型的交联反应，但在加工热塑性聚合物时，由于加工条件不适当或原料中引起交联反应的杂质等也可能导致聚合物中发生交联反应，使聚合物的性能劣化，这种交联是加工过程中应尽量避免的。与降解反应相似，影响聚合物交联的因素主要有聚合物结构（可参与交联反应的活性点或官能团的数目）、温度、受热时间及应力，在聚合物的成型加工中，应根据成型工艺和制品性能要求，通过控制以上因素来促进均匀交联或避免交联反应的发生。

5.2.2.3 聚合物加工的基本工艺过程

聚合物的加工过程一般包括聚合物材料的配制和准备、成型及制品的后处理等几个基本工艺过程。

（1）聚合物材料的配制　聚合物制品的生产中，只有极少数聚合物可单独使用，一般都必须与其他添加剂混合配料后才能进行成型加工。因此，通常听说的聚合物材料是指聚合物（树脂）为主要成分，同时辅以一定量的其他添加剂以满足成型工艺和制品性能要求的复合物。工业上用于成型的聚合物材料有粉料、粒料、溶液、分散体等多种形态，这些都由树脂添加各种助剂混合而成，其中以粉料和粒料使用最多。

粉、粒料的配制主要分两个阶段，即物料的初混合和熔融混合（混炼）。初混合是在聚合物熔融温度以下和较低的剪切应力作用下进行的一种简单混合。多数初混合过程仅仅在于增加各组分微小粒子之间的无规排列程度，而并不减少粒子本身。当然，有时也涉及添加剂的熔化和向高聚物粒子的扩散，如软质聚氯乙烯物料配制中的增塑过程及部分润滑剂的熔化等。初混合所采用的混合设备主要有低速捏合机和高速混合机两大类，其基本结构和工作原理如图5-39所示。经过初混合的物料，在某些场合可直接用于成型，但多数情况下还需要进行熔融混炼；混炼是使物料在剪切力作用下熔融、剪切、混合达到适当的柔软度和可塑性，使各组分的分散更趋均匀，同时还依赖于这种工艺来除去其中的挥发物，使物料的形态有利于输送和成型等，常用的混炼设备有双辊开炼机、密炼机及双螺杆挤出机，如图5-40所示。

（2）聚合物材料的成型　成型是将各种形态的物料（粉料、粒料、溶液和悬浮体）

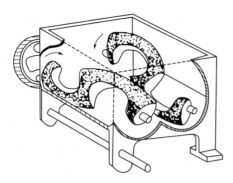
(a) 低速混合机

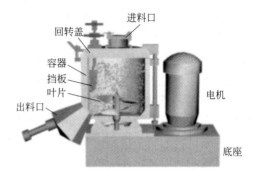
(b) 高速混合机

图5-39　两种常用的初混合设备

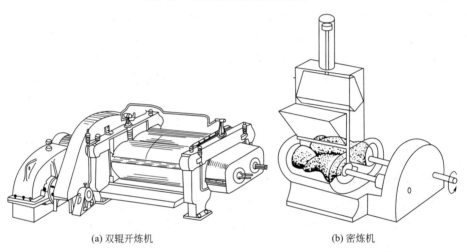

(a) 双辊开炼机　　　　　　　　　　　　　(b) 密炼机

双螺杆挤出机的基本结构

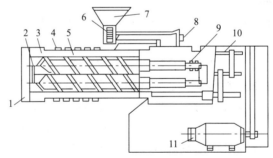

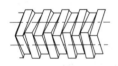

双螺杆啮合示意图

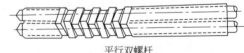

平行双螺杆

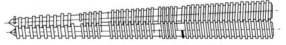

锥形双螺杆

(c) 混炼型双螺杆挤出机示意图

图5-40　几种常用的混炼设备

1—机头连接器；2—多孔板；3—机筒；4—加热器；5—螺杆；6—加料器；7—料斗；8—加料器传动机构；9—止推轴承；10—减速箱；11—电动机

制成所需形状制件或坯件的过程。成型方法很多、分类也不一致，常见的成型方法有挤压成型、注塑成型、压延成型、压制成型、中空吹塑成型、热成型、纤维纺丝、机械加工等。本节的以下部分将对这些成型方法的基本原理做进一步介绍。

（3）聚合物制品或坯件的后处理 聚合物制品或坯件的后处理是指为了完善或提高聚合物制品的性能的一种操作。例如，在热塑性塑料的加工中，为了增加制品的尺寸稳定性和消除内应力，通常要在一定的温度下进行热处理，类似金属的退火，以消除成型过程中的大分子链可回复的弹性形变对制品性能的劣化作用；对于具有较强吸湿性的聚酰胺塑料，有时还进行调湿处理，使制品达到吸湿平衡，提高制品在使用过程中的尺寸稳定性。又如，在橡胶加工中，为了提高橡胶制品的弹性和强度，要进行硫化交联处理，使线型大分子转变成网状结构，这就大大提高了橡胶制品的使用性能；再如，在化学纤维的加工中，经纺丝法制成的初生纤维要进行后拉伸及热处理。这是因为用各种纺丝法制成的初生纤维，虽然具有纤维的基本结构和性能，但是初生纤维的物理机械性能还不适宜作纤维成品，这是由于它的取向度和结晶度还较低，结晶还不稳定，结构也不紧密，所以这种初生纤维容易变形，纤维的外形和尺寸不稳定，因此需要进行后处理。初生纤维的后处理不仅强化了纤维的结构，提高了它的取向度和结晶度，同时还改善了它的综合性能。

5.2.2.4 热塑性聚合物的成型方法

热塑性聚合物制品的绝大部分是通过熔体加工的方法成型的。热塑性高聚物材料的成型方法很多，根据加工工艺、方法和加工时聚合物物料的特点，热塑性聚合物制品生产方法一般有一次成型技术和二次成型技术之分。一次成型是通过加热使聚合物物料处于黏流态的条件下，经过流动、成型和冷却硬化，而将聚合物物料制成各种形状的制品的方法；二次成型则是利用一次成型所得的片、管、板等聚合物半成品，加热使其处于类橡胶状态（在材料的 $T_g \sim T_f$ 或 T_m 间），通过外力作用使其形变而成型为各种较简单形状，再经冷却定型而得产品。一次成型法能制得从简单到极复杂形状和尺寸精密的制品，应用广泛，绝大多数聚合物制品是通过一次成型法制得的。一次成型包括挤出成型、注射成型、模压成型、铸塑成型、模压烧结成型、传递模塑（压注成型）、发泡成型等；二次成型包括中空吹塑成型、热成型、拉幅薄膜成型等。以下对一些主要的热塑性聚合物成型方法分别进行介绍。

（1）挤出成型 挤出成型（die forming）是指物料在熔融设备中通过加热、混合、加压，使物料以流动状态连续通过口模进行成型的方法。挤出成型有以下特点：生产过程可以是连续的，因而其产品也是连续的；生产效率高、应用范围广。挤出成型是塑料成型加工的重要方法之一，全世界超过60%的塑料制品是经挤出成型法生产的。

在挤出成型中，最常用的熔融设备是挤出机。塑料挤出所用的口模，是形状各异的金属流道或节流装置，以便达到当聚合物熔体流过时能获得特定的横截面形状的目的。根据机头和口模不同，可以生产管材、薄膜、板材与片材、棒材、异型材以及单丝、撕裂膜、打包带、网、电线电缆包覆物等。塑料的挤出成型是借助螺杆或柱塞的挤压作用，使受热熔化的聚合物材料在压力推动下，强行通过口模而成为具有恒定截面的连续型材的一种成型方法。典型的挤出成型设备示意如图5-41所示。

在挤出过程中，将颗粒状物料经挤出机料斗加入已预热的料筒，料筒中不断旋转的螺杆，连续地挤压熔融的聚合物物料并通过机头模孔，挤出所需的设计断面，后经定型冷却、牵伸获得制品。接近模孔的区段应能使物料的流动呈流线形。单螺杆挤出机的螺

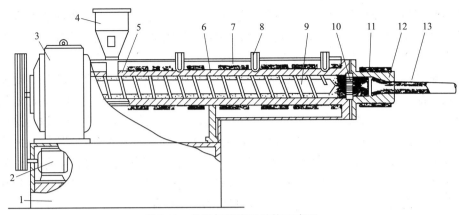

图5-41　单螺杆挤出机结构示意图

1—机座；2—电动机；3—传动装置；4—料斗；5—料斗冷却区；6—料筒；7—料筒加热器；8—热电偶控温点；
9—螺杆；10—过滤网及多孔板；11—机头加热器；12—机头；13—挤出物

杆可分为三段，从料斗至机头依次为加料段、压缩段、均化段，各段功能不同。加料段起着输送未熔融固体物料的作用；在压缩段中，聚合物物料逐渐从固态向黏流态转变，这种转变是通过料筒的热传导和螺杆旋转时剪切、搅拌摩擦等复杂作用实现的；均化段是将压缩段送来的熔融流体的压力进一步增大，使高聚物均匀塑化，然后控制其定压、定量地从机头模孔挤出。

采用挤出成型法生产的制品有管材、棒材、板材、薄膜、型材、单丝及包覆线缆，其成型工艺过程示意如图5-42所示。

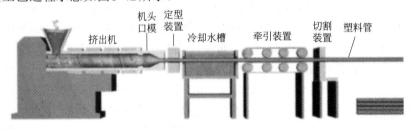

(a) 硬质管材的挤出成型

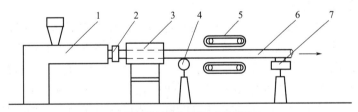

(b) 工程塑料棒材挤出成型工艺流程图

1—挤出机；2—机头；3—冷却定型装置；4—导轮；5—牵引装置；6—棒材；7—托架

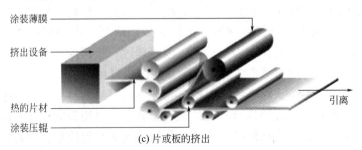

(c) 片或板的挤出

材料科学与工程基础

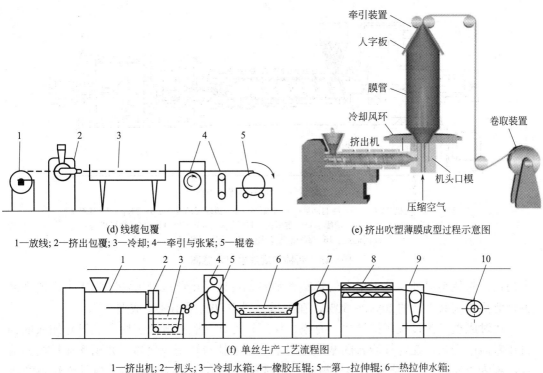

(d) 线缆包覆

1—放线; 2—挤出包覆; 3—冷却; 4—牵引与张紧; 5—辊卷

(e) 挤出吹塑薄膜成型过程示意图

(f) 单丝生产工艺流程图

1—挤出机; 2—机头; 3—冷却水箱; 4—橡胶压辊; 5—第一拉伸辊; 6—热拉伸水箱;

7—第二拉伸辊; 8—热处理烘箱; 9—热处理导丝辊; 10—卷取辊筒

图5-42　几种制品的挤出成型工艺过程示意图

（2）注塑成型　注塑成型是一种注射兼模塑的成型方法，又称注射成型。通用注塑方法是将聚合物材料（一般为粒料）放入注塑机的料筒内，经过加热、压缩、剪切、混合和输送作用，使物料进行熔融和均化，这一过程又称塑化。当呈流动状态时，再借助柱塞或螺杆向塑化好的聚合物熔体施加压力，则高温熔体便通过料筒前面的喷嘴和模具的浇道系统射入预先闭合好的低温模腔中，再经一定时间冷却定型就可开启模具，顶出制品，得到具有一定几何形状和精度的聚合物制品。这种成型方法是一种间歇操作过程。生产的制品主要为非连续性塑料制件。图5-43是常用的注射成型设备的示意图。迄

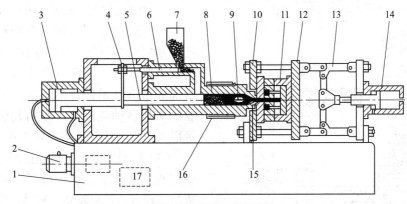

(a) 卧式柱塞式注塑机结构示意图

1—机座; 2—电动机及油泵; 3—注射油缸; 4—加料调节装置; 5—注射料筒柱塞; 6—加料筒柱塞;

7—料斗; 8—料筒; 9—分流梭; 10—定模板; 11—模具; 12—动模板; 13—锁模机构;

14—锁模(副)油缸; 15—喷嘴; 16—加热器; 17—油箱

图5-43

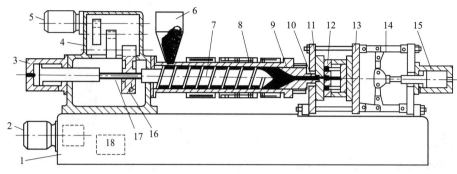

(b)卧式螺杆供料注塑机结构示意图

1—机座；2—电机及油泵；3—注射油缸；4—齿轮箱；5—齿轮传动电机；6—料斗；7—螺杆；
8—加热器；9—料筒；10—喷嘴；11—定模板；12—模具；13—动模板；14—锁模机构；
15—锁模用油缸；16—螺杆传动齿轮；17—螺杆花键槽；18—油箱

图5-43　两种常规注射机示意图

今为止，除氟塑料外，几乎所有的热塑性塑料都可以采用此成型方法。它所生产的产品占目前塑料制品生产的20%～30%，在工程塑料中80%采用注塑成型。

　　注射成型工艺过程包括塑化、充模、保压、冷却和脱模五个工序。从料斗加入的物料在料筒中受热，在螺杆旋转的摩擦作用下，由固体料转变成熔体，并积存在料筒的前端，称为"塑化"。塑化好的熔体被柱塞或螺杆向前推挤，经过喷嘴、模具浇注系统进入并充满型腔，这一阶段称"充模"。在模具中熔体冷却收缩保持施压状态的柱塞或螺杆，迫使浇口和喷嘴附近的熔体不断补充入模中（补料），使模腔中的物料能形成形状完整而致密的制品，这一阶段称为"保压"。当浇注系统的塑料已经冷却硬化后，继续保压已不再需要，因此可退回柱塞或螺杆，并加入新料，同时通入冷却水、油或空气等冷却介质，对模具进一步冷却，这一阶段称"冷却"。实际上冷却过程从塑料注射入模腔就开始了，它包括从充模完成，保压到脱模前这一段时间。制品冷却到所需温度后，即可用人工或机械的方式脱模。注射成型工艺过程如图5-44所示。

　　注射成型适应多种高聚物材料（热塑性塑料、热固性塑料、橡胶等）的成型要求。能够一次压出外形复杂、尺寸精确或带有金属嵌件的制品。工艺过程容易实现自动化操作，常用此法制造批量很大的中、小件日用品和工业品。

　　（3）压制成型　压制成型可分为模压成型和层压成型。模压成型又称压缩模塑，这种方法是将粉状、粒状、碎屑状或纤维状的聚合物材料放入加热的阴模模槽中，合上阳模后加热使其熔化，并在压力作用下使物料充满模腔，形成与模腔

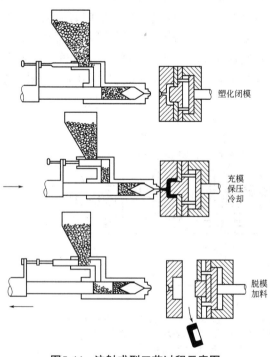

塑化闭模

充模
保压
冷却

脱模
加料

图5-44　注射成型工艺过程示意图

形状相仿的模制品，再经冷却固化，脱膜后即得制品。模压成型的优点是模具简单，对物料的流动性要求不高，但过程较慢，并且成型件存在着几何形状上的限制。为了克服模压成型的局限性又发展了传递模塑。它是模压成型法的延伸，使物料在分开的"料槽"中熔融。料槽是被加热模具的一部分，模具是闭合的，用柱塞通过浇道将已熔聚合物由"料槽"中压铸到闭合的模具中，后经固化脱模即得到制品。图5-45是模压成型与传递模塑的操作过程示意图。

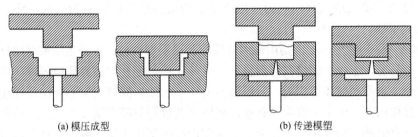

(a) 模压成型　　　　　　　　　　　　　　　　　(b) 传递模塑

图5-45　模压成型与传递模塑操作过程示意图

层压成型则是将片状物料按要求相重叠，在加热加压下成型为板状制品。压制成型主要用于生产形状相对简单的模制品和厚板。

（4）压延成型　压延成型就是将已经塑化的接近黏流温度的聚合物材料通过一系列相向旋转着的水平辊筒间隙，使物料承受挤压和延展作用，成为具有一定厚度、宽度与表面光洁的薄片状制品，主要用于生产片材、薄膜、人造革等。

压延成型是热塑性聚合物成型加工中生产薄膜和片材的主要方法，压延制品以PVC塑料消耗量最大，约占PVC制品总量的五分之一，压延成型产品除了薄膜和片材外，还有人造革和其他涂层制品。塑料压延成型一般适用于生产厚度为0.05～0.5mm的薄膜和厚度为0.3～1.0mm的片材。当制品厚度小于或大于这个范围时，一般不用压延成型，而采用吹塑或挤出等其他方法。压延软质PVC薄膜时，如果以布、纸或玻璃布作为增强材料，将其随同PVC物料通过压延机的最后一对辊筒，把黏流态的塑料薄膜紧覆在增强材料之上，所得的制品即为人造革或涂层布（纸），这种方法通称为压延涂层法。根据同样的原理，压延法也可用于塑料与其他材料（如铝箔、涤纶或尼龙薄膜等）贴合制造复合薄膜。

通常，聚合物材料的压延工艺包括混料、熔融、辊压和定型四个部分。图5-46是软质聚氯乙烯薄膜压延成型工艺流程。

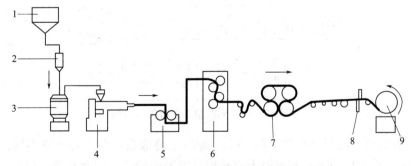

图5-46　软质聚氯乙烯薄膜压延成型工艺流程图

1—树脂料仓；2—计量斗；3—高速捏合机；4—塑化挤压机；5—辊筒机；
6—四辊压延机；7—冷却辊群；8—切边刀；9—卷绕装置

（5）铸塑成型　聚甲基丙烯酸甲酯、聚苯乙烯、聚酰胺、环氧树脂、聚氨酯、不饱和聚酯等都常用静态铸塑方法生产各种型材和制品。在静态铸塑的方法基础上还发展了其他一些铸塑方法，如嵌铸、离心浇铸、搪塑、滚塑等。

① 静态浇铸　用于静态浇铸的塑料一般须满足下列要求：浇铸原料熔体或溶液的流动好，容易充满模具型腔，浇铸成型的温度比产品的熔点低；原料在模具中固化时没有低沸点物或气体等副产物生成，制品不易产生气泡；浇铸原料固化后体积收缩较小，不易使制品出现缩孔或残余内应力。用静态浇铸成型的主要制品为尼龙、环氧树脂和聚甲基丙烯酸甲酯。

② 嵌铸　嵌铸使用最多的是用聚丙烯酸酯类透明塑料包封各种生物或医用标本、商品样本、纪念品等。工业上还借嵌铸而将某些电气元件及零件与外界环境隔绝，以便起到绝缘、防腐蚀、防震动破坏等作用，所用塑料为环氧树脂。嵌铸塑料的浇铸及固化与前述的静态铸塑过程相同，但由于嵌件的存在，嵌铸工艺过程与静态浇铸不同。为使塑料与嵌件之间没有不良影响（如发生化学反应、浸溶作用或阻聚作用等）或在嵌件上带有气泡，不能相互紧密黏合等，常需对嵌件做干燥、表面润湿、表面涂层和表面粗糙化等预处理；为使嵌件能安放在规定的位置，需预先将嵌件固定在模具上或采用分次浇铸的方法。

③ 离心浇铸　离心浇铸是将液状塑料浇入旋转的模具中，在离心力的作用下使其充满回转体形的模具，再使其固化定型而得到制品的一种方法。为获得足够大的离心力，模具的转速较大，通常从每分钟几十转到2000转。当制品轴线方向尺寸很大时，宜采用水平式（卧式）设备；而当制品直径较大而轴线方向尺寸较小时，宜用立式设备。单方向旋转的离心铸塑设备通常都用以生产空心制品，其壁厚靠浇入的塑料量控制；如欲制造实心制品，则在单向旋转后还需在紧压机上进行旋转，以保证制品的质量。此外也有同时使模具作两个方向旋转的。

④ 搪塑　搪塑是利用聚氯乙烯增塑糊制造空心软制品，如手套、玩具、雨靴的一种重要方法。成型基本过程是将预先配好的糊塑料倒入已加热至一定温度的模具（一般只用阴模）中，接近模壁的糊塑料在热的作用下因胶凝而附着于模具上，将模具中心未来得及胶凝的糊塑料倒出，再对模壁上已胶凝的塑料进行烘熔热处理，最后使其冷却，即可脱模取得空心制品。搪塑工艺流程如图5-47所示。

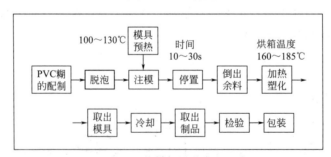

图5-47　PVC糊搪塑工艺流程示意图

⑤ 滚塑成型　滚塑又称作旋转成型，旋转浇铸成型。与离心浇铸不同，滚塑是靠聚合物溶液自重的作用流布并黏附于旋转模具的型腔壁内，因而转速较慢，一般每分钟只有几转到几十转。其方法是将定量的液状或糊状塑料加入模具中，闭合模具，并将其固定在旋转机上，旋转模具，同时用热空气或红外线等对模具进行加热，于是模具内的

糊塑料就随着模具的旋转均匀地流布于模腔表面，经胶凝、熔化及随后的冷却，即可定型成为所要求的中空制品。开模取出制品，就完成了一个成型周期。

滚塑最初主要用于聚氯乙烯糊塑料生产，如玩具、皮球、瓶罐等小制品，近来在大型制品生产上也有较多的应用，此法也衍生至用聚乙烯、改性聚苯乙烯、聚酰胺等粉状塑料代替液体或糊状塑料来滚塑成型。如生产内外层为聚乙烯、中间层为发泡聚乙烯的储槽；用尼龙11作内层，聚乙烯作外层的储槽。用特种牌号的聚碳酸酯生产大型容器（直径达2.5米），车、船及飞机壳体或结构体。

（6）热成型　热成型是20世纪60年代以后发展起来的一种成型加工方法。热成型是一种以热塑性塑料片材为成型对象的二次成型技术，首先将裁成一定尺寸和形状的片材，夹在模具的框架上，让其在高弹态的适宜温度加热软化，然后施加压力使坯件弯曲与延伸，使其紧贴模具的型面，取得与型面相仿的型样，在达到预定的型样后使其冷却定型，经过适当修整，即成为制品。热成型过程中对坯件施加的压力，在大多数情况下是靠真空和引进压缩空气在坯件两面形成气压差，有时也借助于机械压力或液压力。热成型是利用热塑性聚合物的片材作为原料来制造聚合物制品的一种方法。热成型主要用于生产形状简单、壁厚较为均匀的制品。图5-48是常用的几种典型的热成型工艺原理示意图。

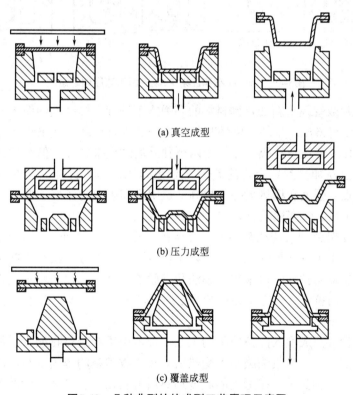

(a) 真空成型

(b) 压力成型

(c) 覆盖成型

图5-48　几种典型的热成型工艺原理示意图

（7）中空吹塑成型　中空吹塑成型就是将挤出或注射成型的聚合物管坯（型坯）趁热于半熔融的类橡胶状时，置于各种形状的模具内，并即时在管坯中通入压缩空气将其吹胀，使其紧贴于模腔内壁上成型。经冷却脱模后即得中空制品。以中空吹塑方法生产的制品主要有瓶、桶、壶和儿童玩具等。图5-49是两种常用的吹塑成型方法示意图。

（8）拉幅薄膜的成型　拉幅薄膜（tensility film）是将挤出成型所得的厚度为

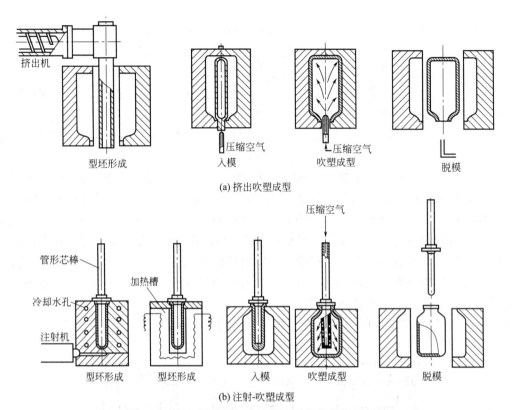

(a) 挤出吹塑成型

(b) 注射-吹塑成型

图5-49 挤出吹塑和注射-吹塑成型工艺原理示意图

1～3mm 的厚片或管坯重新加热到材料的高弹态下进行大幅度拉伸而形成的薄膜。拉幅薄膜的生产可以将挤出厚片坯或管坯与拉幅两个过程直接联系起来进行连续成型，也可以把挤出厚片坯或管坯与拉幅工序分为两个独立的过程来进行，但在拉伸前必须将已定型的片或管膜重新加热到聚合物的 T_g～T_f 温度范围。与未拉伸取向的薄膜相比，拉伸薄膜有以下特点：强度和模量大幅度提高；透明度和表面光泽好；对气体和水蒸气的渗透性等降低；耐热、耐寒性改善。

拉幅成型使聚合物长链在高弹态下受到外力作用沿拉伸作用力的方向伸长和取向，取向后聚合物产生了各向异性现象。所以拉幅薄膜就是大分子具有取向结构的一种薄膜材料。拉幅成型双向拉伸膜可采用平膜法和管膜法两种工艺，其基本过程都包括厚片或管坯的制备，双向拉伸，热定型和冷却等工序。图5-50和图5-51是拉伸薄膜成型的两种典型工艺过程示意图。

平膜法和管膜法成型双向拉伸膜的工艺，都可用于制造热收缩膜，但绝大多数热收缩膜是用管膜法生产。热收缩膜是指受热后有较大收缩率的薄膜制品，用适当大小的这种薄膜套在包装的物品外，在适当的温度加热后管膜在其长度和宽度两个方向上立即发生急剧收缩，收缩率一般可达30%～60%，从而使薄膜紧紧地包覆在物品外面成为良好的保护层。用管膜法生产热收缩膜时，除不必进行热定型外，其余工序均与成型一般双向拉伸膜相同。

（9）合成纤维的熔融纺丝 口模成型也用于合成纤维的纺丝加工。熔融纺丝是在熔融纺丝机中进行的，其生产原理示意如图5-52所示。聚合物颗粒加入纺丝挤出机后，受热熔融而成为熔体，熔体通过纺丝泵输送到喷丝头，在一定的压力下熔体通过喷丝头的

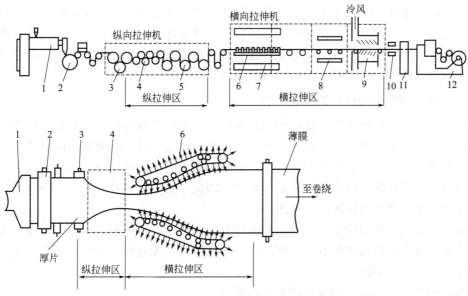

图5-50 平挤逐步双向拉伸薄膜的成型工艺过程示意图

1—挤出机；2—厚片冷却辊；3—预热辊；4—多点拉伸辊；5—冷却辊；6—横向拉幅机
夹子；7，8—加热装置；9—风冷装置；10—切边装置；11—测厚装置；12—卷绕机

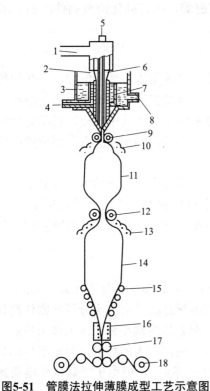

图5-51 管膜法拉伸薄膜成型工艺示意图

1—挤出机；2—管坯；3—冷却夹套；4—冷却水进
口；5—空气进口；6—探管；7—冷却套管；8—冷
却水出口；9，12，17—夹辊；10，13—加热装置；
11—双轴取向管膜；14—热处理管膜；15—导辊；
16—加热器；18—卷取

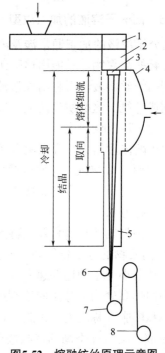

图5-52 熔融纺丝原理示意图

1—纺丝挤出机；2—喷丝头；3—喷丝板；
4—通道；5—通道下部；6—纺丝盘；
7—卷绕装置；8—卷绕装置

5

材料的制备与成型加工

小孔流出，形成液体细流。细流在纺丝通道中与空气或其他冷却介质接触，进行热交换冷却固化后成为初生纤维。初生纤维经过后拉伸及热处理等处理后即可得到具有多种用途的化学纤维。纺丝中丝线的粗细及根数受到通道冷却速率的限制。所以纺丝的速率也受冷却速率的限制，一般可达1000 ～ 1500m/s。

5.2.2.5　热固性聚合物材料的成型方法

热固性高聚物是网状分子链结构的高聚物。这类高聚物各分子之间都由化学键联结着，所以一般都是既不熔融，也不溶解（当交联密度较小时，在溶剂中能够产生溶胀）。但是，热固性聚合物在成型为制品之前，一般仍然保持非交联状态。酚醛、环氧等热固性塑料和需要硫化的橡胶都属于这类高聚物。因此，热固性聚合物加工一般包括物料配制，流动成型，交联固化等几个工艺过程。

和热塑性高聚物成型类似，也是利用模具，通过模压、注射、压延、铸压、浇注等方法成型，成型过程后期需升温，有时还需要加压，从而使聚合物分子链发生交联反应而固化，而非冷却固化。

和热塑性高聚物成型比较有以下几点不同。

① 物料需要在成型过程中发生化学反应而交联（即形成三维网状大分子结构），这种化学反应需要温度、压力和一定的时间，所以加工成型过程较慢，生产效率较低。

② 由于成型时固化或硫化交联反应是不可逆的，故已固化的废制件碎屑、溢料等不能重复使用，全部耗损。

5.2.2.6　高分子溶液的加工成型

高分子溶液的加工通常涉及浓度在15%以上的高分子浓溶液。例如，一些加热熔融时易分解的高聚物，不能用熔融纺丝法制取纤维，而是将它先溶解于适当的溶剂中，制成黏稠的纺丝溶液，再将纺丝溶液定量而均匀地从喷丝头小孔中压出，在特定介质中凝固后制成纤维。这类纺丝溶液一般都是浓溶液。一些胶黏剂和油漆则是更浓的高聚物溶液，浓度可达60%以上。

由于随浓度增大，高聚物分子链间距离缩小，有时会发生链的缠结或链上基团发生相互作用而形成交联，这些变化常使浓溶液呈半固化状态（产生冻胶或凝胶）。浓溶液的结构非常复杂，至今尚无成熟理论来描述其性质。下面简单介绍聚合物溶解过程特点和溶剂选择方法。

（1）高聚物溶解过程及其特点

① 高聚物的分子量很高，而且具有不同的分子量分布（多分散性），大分子的运动速率比溶剂小分子的运动速率要慢得多。高聚物溶解过程是溶剂小分子向固体高聚物中渗透和固体高聚物大分子向溶剂中扩散的过程。首先是溶剂小分子渗入高聚物后，使高聚物体积膨胀（称之为"溶胀"），然后才是大分子向溶剂内的扩散，最后形成均匀的高分子溶液。交联度不高的网状高聚物，也能产生"溶胀"，但由于交联化学键束缚，故不能溶解，不能形成溶液。

② 分子量大的高聚物，溶解度小；分子量小的溶解度大。温度升高，溶解度增大。同样，交联度大，溶胀度小。

③ 非晶高聚物分子链聚集松散而无规则，分子间作用力也小，所以容易在溶剂中产生溶胀和溶解并形成溶液。晶态高聚物在溶剂中的溶胀和溶解则要困难得多，特别是

非极性晶态高聚物，在室温很难溶解，需加热才行。

（2）溶剂的选择　人们在长期实践中总结出"极性相近"的溶剂选择原则，即溶质（高聚物）和溶剂极性越相近，两者形成溶液越容易。极性小的溶质溶于极性小的溶剂，如未硫化的天然橡胶是非极性的，可溶于汽油、苯、甲苯等非极性溶剂中；极性大的溶质溶于极性大的溶剂，如聚丙烯腈可溶于二甲基甲酰胺等极性溶剂中。除了单一溶剂外，有时混合溶剂对高聚物的溶解能力要比单一溶剂强得多。

（3）溶液纺丝和溶液流延成膜　尼龙（聚酰胺）和涤纶（对苯二甲酸乙二醇酯）等合成纤维是把熔融的聚合物通过喷丝头后再冷却固化制成的。而聚丙烯腈（腈纶，也叫人造毛）和聚氯乙烯等高聚物，由于分解温度较低，如采用熔融纺丝法，加热过程中还未达到黏流态，高聚物已产生了分解，故这类高聚物要纺丝成纤维，只能先把它们溶解在适当的溶剂中，形成浓溶液，然后由喷丝孔挤出制成细流，经除去溶剂凝固后制成。

流延工艺是制造高聚物薄膜和薄片的一种方法，就是将高聚物溶液，从料斗控制门的窄缝中，均匀地流到不断向前移动的金属带上，在溶剂蒸发后即可得到高聚物薄膜。作电影胶卷的醋酸纤维片基即用此法制得。

油漆、涂料也是高分子溶液，其涂覆加工便是利用这些高分子溶液涂覆在各种制品上，待溶剂挥发后得到一层很薄的高分子膜，从而对被涂覆材料或制品起美化和防护作用。

5.2.2.7　其他成型加工工艺

将通过注射成型（挤压成型、压制成型工艺）制得的高聚物半成品，如棒材、板材等进一步加工得到成品；或者将上述工艺制得的零件进一步加工以提高其尺寸精度；以及将各种零件组合装配成为完整的制品，还需要通过切削加工、焊接、粘接等工艺。

（1）切削加工　凡是切削金属材料的工艺方法，均可用于高聚物材料的加工，如车削、铣削、刨削、钻削、镗孔及锯、锉等。根据图纸要求，切削掉多余的部分，获得一定几何形状和尺寸精度的高聚物零件。切削高聚物材料时应注意以下几点。

① 高聚物材料比金属材料容易切削，所以应用刃口锋利的刀具（前角和后角大）。

② 高聚物刚度比金属小得多，加工时，工件不宜夹得过紧，否则变形过大。在加工过程中切削速率高，进刀量小时，零件表面光洁度较好。

③ 高聚物材料导热性能差，切削热产生后需有足够冷却（风冷或水冷），才能获得高质量制件。

④ 对于室温下处于高弹态的橡胶类制件，可以将它们降温至玻璃化温度以下，再进行必要的切削加工，以提高尺寸精度。然后在回升至室温后使用。

（2）焊接和粘接　将聚合物制件连接在一起组成结构复杂的部件的方法有许多，其中使用较多的有以下几种方法。

① 熔融粘接（亦称焊接）　将被连接的两制件的结合处加热至熔融态：使焊缝熔合在一起，冷却后即焊成。这种方法只适用于热塑性高聚物材料。

② 溶剂粘接　将被连接的两制件结合处涂以适当的溶剂，使两制件结合处均发生溶胀和软化，适当加压使两个制件紧紧贴合在一起，待溶剂挥发后，两制件就粘接在一起了。此法也仅适用于热塑性高聚物材料。

③ 黏合剂粘接　在两个被连接的制件之间涂上适当的黏合剂，靠黏胶层把制件连接在一起。

（3）高聚物的表面处理　高聚物表面镀层和涂层对提高机械强度、耐磨性、耐油性、防潮性，以及防止老化和防止静电集聚都有很大的作用。高聚物表面电镀是先通过化学还原法在其表面沉积一薄层银膜，再浸镀一层铜膜，之后用普通电镀法镀上需要的金属膜，如金、铬、镍等。高聚物的表面涂层是在聚合物制品表面涂覆一层金属或非金属的保护膜。例如，可在真空和高温条件下，将铝蒸气沉积到高聚物表面（表面需先净化，再喷一层硝基纤维漆），以实现高聚物表面涂覆改性。

选用高聚物材料时既必须考虑它的使用性能，又要兼顾其成型工艺性能。选定材料以后，通过各种工艺不仅可获得具有一定几何形状和外形尺寸的高聚物制件，而且还决定了该制件内部的微观组织结构。只有正确合理的工艺，才能保证获得高质量制件。成型工艺过程的科学化、合理化是不断提高高聚物制品质量的重要措施。

习题及思考题

5-1　解释以下名词：铸造、合金流动性、焊接性、碳当量。

5-2　炼铁过程的主要物理化学变化有哪些？写出反应式。

5-3　为什么在炼铁过程中要造渣？

5-4　炼钢的过程有哪些？要清除钢水中的杂质，应采取什么样的工艺措施？

5-5　简述铜制备原理及制备方法。

5-6　简述铝制备原理及制备方法。

5-7　简述制备陶瓷的基本过程。分析各工序对陶瓷性能的影响。

5-8　玻璃的共性有哪些？简述玻璃生成的一般过程。

5-9　分析浮法玻璃生产线的工作原理。

5-10　将低分子单体变为聚合物，可通过哪些聚合机理合成？采用哪些聚合实施方法实现？为什么？

5-11　制备高分子材料包括哪些过程？每一过程的作用和控制因素是什么？

5-12　影响金属材料可锻性的因素有哪些？

5-13　怎样评定金属材料的可焊性？

5-14　简述常用的焊接方法？

5-15　影响金属材料切削加工性的因素有哪些？

5-16　简述粉末冶金的加工工艺。

5-17　为什么在聚合物成型加工中，多采用耗散混合熔融的熔融方式？

5-18　聚合物加工中可能产生哪些物理变化和化学变化？

5-19　聚合物加工一般要经历哪些基本过程，举例说明。

5-20　简述热固性聚合物加工的一般工艺流程。

参考文献

[1] Callister W D. Fundamentals of Materials Science and Engineering[M]. 5th ed. 英文影印版. 北京：化学工业出版社，2002.

[2] Callister W D. 材料科学与工程基础[M]. 4版. 郭福，译. 北京：化学工业出版社，2016.

[3] 师昌绪. 材料科学技术百科全书[M]. 北京：中国大百科全书出版社，1995.

[4] 曾汉民. 高技术新材料要览[M]. 北京：中国科学技术出版社，1993.

[5] Van Vlack L H. Elements of Materials Science and Engineering[M]. 6th ed. Boston：Addison-Wesley Publishing Company，1994.

[6] 范弗莱克 L H [美]. 材料科学与工程基础 [M]. 4版. 夏宗宁等，译. 北京：机械工业出版社，1984.

[7] 罗尔斯 K M，等[美]. 材料科学与工程导论[M]. 范玉殿等，译. 北京：科学出版社，1982.

[8] 笠井芳夫[日]. 材料科学概论[M]. 张绶庆，译. 北京：中国建筑工业出版社，1981.

[9] 阿斯克兰 D R[美]. 材料科学与工程[M]. 刘海宽，等译. 北京：中国宇航出版社，1988.

[10] 谢希文，等. 材料科学基础[M]. 北京：北京航空航天大学出版社，1999.

[11] 郑兆勃. 非晶固体材料引论[M]. 北京：科学出版社，1987.

[12] 黄胜涛，等. 非晶态材料的结构和性能分析[M]. 北京：科学出版社，1987.

[13] 王润. 金属材料物理性能[M]. 修订版. 北京：冶金工业出版社，1993.

[14] 田莳，等. 金属物理性能[M]. 北京：北京航空工业出版社，1994.

[15] 关振铎，等. 无机材料物理性能[M]. 北京：清华大学出版社，1992.

[16] 马德柱，等. 高聚物的结构与性能[M]. 2版. 北京：科学出版社，1995.

[17] 林尚安，等. 高分子化学[M]. 北京：科学出版社，1982.

[18] 何曼君，等. 高分子物理[M]. 修订版. 上海：复旦大学出版社，1990.

[19] 江明，等. 高分子科学近代理论[M]. 上海：复旦大学出版社，1997.

[20] 石德珂. 材料科学基础[M]. 北京：机械工业出版社，1999.

[21] 宋维锡. 金属学[M]. 北京：冶金工业出版社，1980.

[22] 胡赓祥，等. 金属学[M]. 上海：上海科学技术出版社，1980.

[23] 史美堂. 金属材料及热处理[M]. 上海：上海科学技术出版社，1980.

[24] 李超. 金属学原理[M]. 哈尔滨：哈尔滨工业大学出版社，1989.

[25] 王健安. 金属学与热处理[M]. 北京：机械工业出版社，1980.

[26] 王定炎. 金属材料与热处理[M]. 北京：机械工业出版社，1984.

[27] 戴枝荣. 工程材料[M]. 北京：高等教育出版社，1992.

[28] 江东亮，等. 新材料[M]. 上海：上海科学技术出版社，1994.

[29] 张杏奎. 新材料技术[M]. 江苏：江苏科学技术出版社，1992.

[30] 高分子学会[日]. 高分子材料的实验方法及评价[M]. 朱洪法，译. 北京：化学工业出版社，1988.

[31] 许凤和. 高分子材料力学试验[M]. 北京：科学出版社，1988.

[32] 张开. 高分子物理[M]. 北京：化学工业出版社，1981.

[33] 殷凤仕，姜学波. 非金属材料学[M]. 北京：机械工业出版社，1998.

[34] 杨慧智. 工程材料及成型工艺基础[M]. 北京：机械工业出版社，1999.

[35] 林尚安，陆耘，梁兆熙. 高分子化学[M]. 北京：科学出版社，1982.

[36] 李克友，等. 高分子合成原理及工艺学[M]. 北京：科学出版社，1999.

[37] 沃丁柱. 复合材料大全[M]. 北京：化学工业出版社，1999.

[38] 陈华辉，等. 现代复合材料[M]. 北京：中国物资出版社，1998.

[39] 闻荻江. 复合材料原理[M]. 武汉：武汉工业大学出版社，1998.

[40]　叶恒强，等.材料界面结构与特性[M].北京：科学出版社，1999.

[41]　张立德.纳米材料[M].北京：化学工业出版社，2000.

[42]　王贵恒.高分子材料成型加工原理[M].北京：化学工业出版社，1982.

[43]　张海，赵素合.橡胶及塑料加工工艺[M].北京：化学工业出版社，1997.

[44]　Fenner R T[英].聚合物加工原理[M].钟平，译.北京：轻工业出版社，1990.

[45]　徐定宇.聚合物形态与加工[M].北京：中国石化出版社，1992.

[46]　Bai-jal M D[美].塑料聚合物科学与工艺学[M].贾德民，等译.广州：华南理工大学出版社，1991.

[47]　李慧.钢铁冶金概论[M].北京：冶金工业出版社，1993.

[48]　北京交通大学材料系.金属材料学[M].北京：中国铁道出版社，1982.

[49]　郭逵，郑明.冶金工艺导论[M].武汉：中南工业大学出版社，1991.

[50]　维格曼 E，等.炼铁学[M].北京：冶金工业出版社，1993.

[51]　王惠.金属材料冶炼工艺学[M].北京：冶金工业出版社.1995.

[52]　邓文英.金属工艺学[M].北京：高等教育出版社，1991.

[53]　日本钢铁协会.铸铁与铸钢[M].上海：上海科学技术出版社，1982.

[54]　姜焕中.电弧焊及电渣焊[M].北京：机械工业出版社，1993.

[55]　李遇昌，等.热加工工艺[M].成都：成都科技大学出版社，1988.

[56]　韩克笃.金属材料可切削性与刀[M].江苏：江苏科学技术出版社，1980.

[57]　松山芳治，等.粉末冶金学[M].北京：科学出版社，1978.

[58]　叶瑞伦，等.无机材料物理化学[M].北京：建筑工业出版社，1985.

[59]　赵品，等.材料科学基础[M].哈尔滨：哈尔滨工业大学出版社，2000.

[60]　国家自然科学基金委.无机非金属材料科学[M].北京：科学出版社，1997.

[61]　Morrision S R[美].表面化学物理[M].赵璧英，等译.北京：北京大学出版社，1984.

[62]　刘万生，等.无机非金属材料概论[M].武汉：武汉工业大学出版社，1996.

[63]　崔志萍，李小博.吸波材料的研究进展[J].中国化工贸易，2013，7：237.

[64]　邸永江，贾碧，望军.铁氧体复合吸波材料研究现状[J].材料导报，2014，8：134-141.

[65]　贺福.碳纤维及其应用技术[M].北京：化学工业出版社，2004.

[66]　何选明.煤化学[M].北京：冶金工业出版社，2010.

[67]　Geim A K. Graphene：Status and prospects[J]. Science，2009，324：1530-1534.

[68]　黄桂荣，陈建.石墨烯的合成与应用[J].炭素技术，2009，28：35-39.

[69]　徐秀娟，秦金贵，李振.石墨烯研究进展[J].化学进展，2009，21：2559-2567.

[70]　徐国才.纳米科技导论[M].北京：高等教育出版社，2005.

[71]　陈翌庆.纳米材料学基础[M].长沙：中南大学出版社，2009.

[72]　张德立，牟季美.纳米材料与纳米结构[M].北京：科学出版社，2001.

[73]　曹国华，张宝庆.有机电致发光器件及载流子输运特性[M].长春：吉林大学出版社，2018.